内蒙古植物志

（第三版）

第三卷

赵一之　赵利清　曹　瑞　主编

内蒙古人民出版社

2020·呼和浩特

图书在版编目（CIP）数据

内蒙古植物志：全6卷／赵一之，赵利清，曹瑞主编．—3版．—呼和浩特：内蒙古人民出版社，2020.1
ISBN 978-7-204-14546-1

Ⅰ．①内… Ⅱ．①赵… ②赵… ③曹… Ⅲ．①植物志—内蒙古 Ⅳ．①Q948.522.6

中国版本图书馆CIP数据核字（2017）第006496号

内蒙古植物志：全6卷
NEIMENGGU ZHIWUZHI:QUAN6 JUAN

丛书策划 吉日木图 郭 刚
策划编辑 田建群 刘智聪
主 编 赵一之 赵利清 曹 瑞
责任编辑 陈宇琪 白 阳 刘智聪
责任监印 王丽燕
封面设计 南 丁
版式设计 朝克泰 南 丁
出版发行 内蒙古人民出版社
地 址 呼和浩特市新城区中山东路8号波士名人国际B座5楼
网 址 http://www.impph.cn
印 刷 北京雅昌艺术印刷有限公司
开 本 889mm×1194mm 1/16
印 张 33
字 数 900千
版 次 2020年1月第1版
印 次 2020年1月第1次印刷
印 数 1—2000册
书 号 ISBN 978-7-204-14546-1
定 价 880.00元（全6卷）

图书营销部联系电话：（0471）3946267 3946269
如发现印装质量问题，请与我社联系。联系电话：（0471）3946120 3946124

FLORA INTRAMONGOLICA

EDITIO TERTIA

Tomus 3

Redactore Principali:Zhao Yi-Zhi Zhao Li-Qing Cao Rui

TYPIS INTRAMONGOLICAE POPULARIS

2020·HUHHOT

《内蒙古植物志》（第三版）编辑委员会

《内蒙古植物志》（第三版）专家委员会

《内蒙古植物志》（第一版）编辑委员会

《内蒙古植物志》（第二版）编辑委员会

说明

本书是在内蒙古大学和内蒙古人民出版社的主持下，由国家出版基金资助完成的。在研究过程中，得到国家自然科学基金项目“中国锦鸡儿属植物分子系统学研究”（项目号：30260010）、“蒙古高原维管植物多样性编目”（项目号：31670532）、“黄土丘陵沟壑区沟谷植被特性与沟谷稳定性关系研究”（项目号：30960067）、“脓疮草复合体的物种生物学研究”（项目号：39460007）、“绵刺属的系统位置研究”（项目号：39860008）等的资助。

全书共分六卷，第一卷包括序言、内蒙古植物区系研究历史、内蒙古植物区系概述、蕨类植物、裸子植物和被子植物的金粟兰科至马齿苋科，第二卷包括石竹科至蔷薇科，第三卷包括豆科至山茱萸科，第四卷包括鹿蹄草科至葫芦科，第五卷包括桔梗科至菊科，第六卷包括香蒲科至兰科。

本卷记载了内蒙古自治区被子植物的豆科至山茱萸科，计 39 科（包括蒺藜科、大戟科、鼠李科、锦葵科、柽柳科、柳叶菜科、伞形科等）、117 属、409 种，另有 1 栽培科、23 栽培属、43 栽培种。内容有科、属、种的各级检索表及科、属特征；每个种有中文名、别名、拉丁文名、蒙古文名、主要文献引证、特征记述、生活型、水分生态类群、生境、重要种的群落成员型及其群落学作用、产地（参考内蒙古植物分区图）、分布、区系地理分布类型、经济用途、彩色照片和黑白线条图等。在卷末附有植物的蒙古文名、中文名、拉丁文名对照名录及中文名索引和拉丁文名索引。

本卷由内蒙古大学赵一之、赵利清、曹瑞修订、主编，内蒙古师范大学哈斯巴根、乌吉斯古楞编写蒙古文名。

书中彩色照片除署名者外，其他均为赵利清在野外实地拍摄；黑白线条图主要引自第一、二版《内蒙古植物志》，此外还引用了《中国高等植物图鉴》《中国高等植物》《东北草本植物志》及 *Flora of China* 等有关植物志书和文献中的图片。

本书如有不妥之处敬请读者指正。

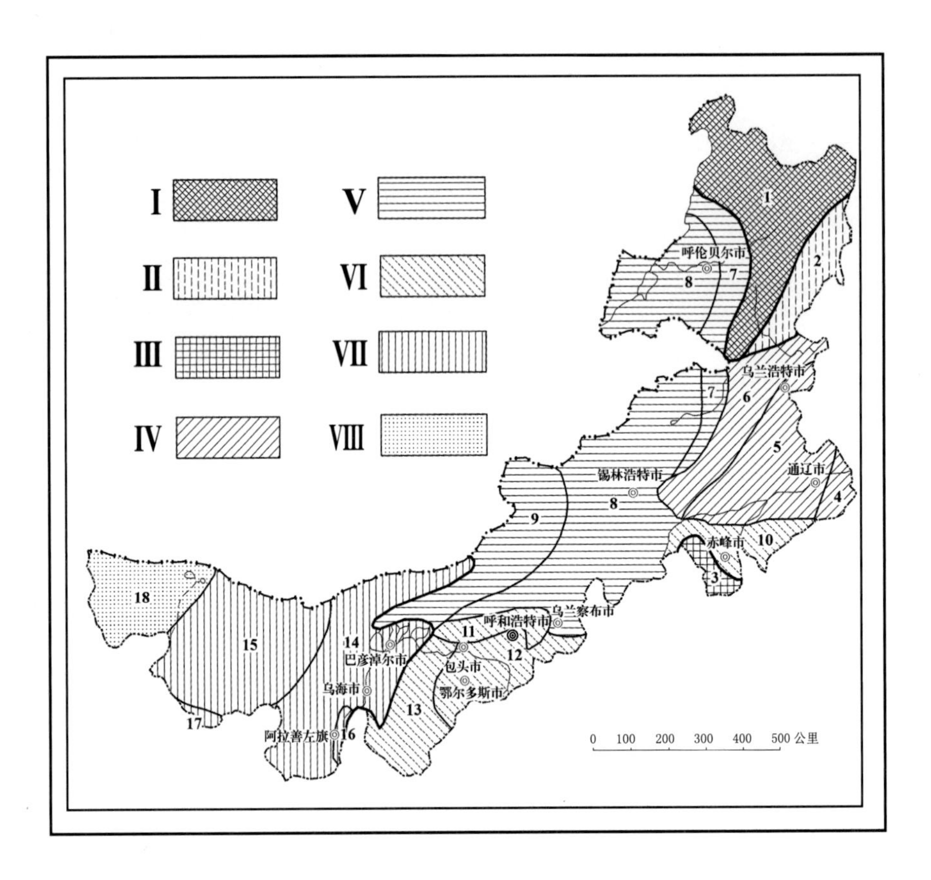

内蒙古植物分区图

Ⅰ. 兴安北部省
　1. 兴安北部州
Ⅱ. 岭东省
　2. 岭东州
Ⅲ. 燕山北部省
　3. 燕山北部州
Ⅳ. 科尔沁省
　4. 辽河平原州
　5. 科尔沁州
　6. 兴安南部州
Ⅴ. 蒙古高原东部省
　7. 岭西州
　8. 呼锡高原州
　9. 乌兰察布州
Ⅵ. 黄土丘陵省
　10. 赤峰丘陵州
　11. 阴山州
　12. 阴南丘陵州
　13. 鄂尔多斯州
Ⅶ. 阿拉善省
　14. 东阿拉善州
　15. 西阿拉善州
　16. 贺兰山州
　17. 龙首山州
Ⅷ. 中央戈壁省
　18. 额济纳州

目　录

53. 豆科 Leguminosae

草本、灌木或乔木。叶互生，少对生，羽状或掌状复叶，少为单叶；托叶 2，通常分离；常有小托叶；有时叶轴顶端有卷须。花序腋生，有时与叶对生或顶生，通常为总状或圆锥花序，少为穗状、近头状或单生；花通常两侧对称，两性，少有辐射对称或杂性；萼片 5，合生或分离，常不相等，有时为二唇形；花瓣 5，通常分离且不相等；雄蕊 10，少为少数或无定数，花丝各式，连合或少为分离，花药同型或不同型，2 室，通常纵缝裂开；子房为单心皮边缘胎座，具 1 至多数胚珠，花柱通常下弯，柱头顶生或侧生。果为荚果，沿二缝线裂开或有时不裂开，1 室，有时由于缝线伸入纵隔为 2 室或不完全 2 室，也有时在种子之间缢缩成节而构成节荚或节荚退化而仅具 1 节 1 粒种子；种子通常无胚乳。

内蒙古有 1 亚科、29 属、180 种，另有 1 栽培亚科、12 栽培属、22 栽培种。

分亚科检索表

1a. 花冠假蝶形，花瓣上升覆瓦状排列，旗瓣排列在最里面。栽培 …………**1. 云实亚科 Caesalpinioideae**

1b. 花冠蝶形，花瓣下降覆瓦状排列，旗瓣排列在最外面 ……………………**2. 蝶形花亚科 Papilionoideae**

I. 云实亚科 Caesalpinioideae

内蒙古有 1 栽培属、1 栽培种。

1. 皂荚属 Gleditsia L.

落叶乔木或灌木。干和枝通常具分枝的粗刺。叶互生，常簇生，一回或二回双数羽状复叶常并存于同一植株上；叶轴和羽轴具槽；小叶多数，近对生或互生，基部两侧稍不对称或近于对称，边缘具细锯齿或钝齿，少有全缘；托叶小，早落。花杂性或单性异株，淡绿色或绿白色，组成腋生或少有顶生的穗状花序或总状花序，稀为圆锥花序；花托钟状，外面被柔毛，里面无毛；萼裂片 3 ～ 5，近相等；花瓣 3 ～ 5，稍不等，与萼裂片等长或稍长；雄蕊 6 ～ 10，伸出，花丝中部以下稍扁宽，被长曲柔毛，花药背着；子房无柄或具短柄，花柱短，柱头顶生，具胚珠 1 至多数。荚果扁，劲直、弯曲或扭转，不裂或迟开裂；种子 1 至多数，卵形或椭圆形，扁或近柱形。

内蒙古有 1 栽培种。

1. 山皂荚

Gleditsia japonica Miq. in Ann. Mus. Bot. Lugd.-Bat. 3:54. 1867; Fl. China 10:38. 2010.

落叶乔木或小乔木，高达 25m。小枝紫褐色或脱皮后呈灰绿色，微有棱，具分散的白色皮孔，光滑无毛；刺略扁，粗壮，紫褐色至棕黑色，常分枝，长 2 ～ 15.5cm。叶为一回或二回羽状复叶（具羽片 2 ～ 6 对），长 11 ～ 25cm；小叶 3 ～ 10 对，纸质至厚纸质，卵状长圆形或卵状披针形至长圆形，长 2 ～ 7(～ 9)cm，宽 1 ～ 3(～ 4)cm（二回羽状复叶的小叶显著小于一回羽状复叶的小叶），先端圆钝，有时微凹，基部阔楔形或圆形，微偏斜，全缘或具波状疏圆齿，

上面被短柔毛或无毛，微粗糙，有时有光泽，下面基部及中脉被微柔毛，老时毛脱落；网脉不明显；小叶柄极短。花黄绿色，组成穗状花序；花序腋生或顶生，被短柔毛，雄花序长8～20cm，雌花序长5～16cm。雄花：直径5～6mm；花托长约1.5mm，深棕色，外面密被褐色短柔毛；萼片3～4，三角状披针形，长约2mm，两面均被柔毛；花瓣4，椭圆形，长约2mm，被柔毛；雄蕊6～8(～9)。雌花：直径5～6mm；花托长约2mm；萼片和花瓣均为4～5，形状与雄花的相似，长约3mm，两面密被柔毛；不育雄蕊4～8；子房无毛，花柱短，下弯，柱头膨大，2裂，具胚珠多数。荚果带形，扁平，长20～35cm，宽2～4cm，不规则旋扭或弯曲呈镰刀状，先端具长5～15mm的喙；果颈长1.5～3.5(～5)cm；果瓣革质，棕色或棕黑色，常具泡状隆起，无毛，有光泽；种子多数，椭圆形，长9～10mm，宽5～7mm，深棕色，光滑。花期4～6月，果期6～11月。

中生小乔木。原产我国辽宁、河北、山东、河南、安徽、江苏、浙江、江西、湖南，日本、朝鲜。为东亚分布种。内蒙古南部和西部地区有栽培，长势良好。

II. 蝶形花亚科 Papilionoideae

内蒙古有 29 属、180 种，另有 11 栽培属、21 栽培种。

分属检索表

1a. 雄蕊 10，分离。

2a. 叶为单数羽状复叶，花萼通常具 5 齿，荚果念珠状（**1. 槐族 Sophoreae**）…………**2. 槐属 Sophora**

2b. 叶为三出掌状复叶，花萼通常具 5 裂片，荚果扁平（**2. 野决明族 Thermopsideae**）。

3a. 常绿灌木，托叶贴生于叶柄上……………………………………**3. 沙冬青属 Ammopiptanthus**

3b. 多年生草本，托叶与叶柄分离 ………………………………………………**4. 黄华属 Thermopsis**

1b. 雄蕊 10，连合，呈两体。

4a. 荚果如含种子 2 粒以上时，不在种子间裂为荚节，通常 2 瓣裂或不开裂。

5a. 叶为羽状复叶。

6a. 叶为单数羽状复叶。

7a. 复叶有 5 小叶，顶生 3 小叶掌状三出，另外 2 小叶生于叶柄基部类似托叶状；花序常呈伞形或头状，其下苞片 1 至数片，叶状（**3. 百脉根族 Loteae**）……**5. 百脉根属 Lotus**

7b. 叶为正常的单数羽状复叶，稀为单叶或具 3 ～ 5 小叶的掌状复叶。

8a. 药隔顶端通常具腺体或延伸而成小毫毛，植株被贴生的丁字毛（**4. 木蓝族 Indigofereae**）……………………………………………………**6. 木蓝属 Indigofere**

8b. 药隔顶端不具任何附属体。

9a. 花仅有 1 旗瓣，无翼瓣和龙骨瓣；荚果通常含 1 粒种子而不裂开；叶常具腺点 （**5. 紫穗槐族 Amorpheae**）。栽培…………………**7. 紫穗槐属 Amorpha**

9b. 花为具 5 个花瓣的蝶形花冠；荚果大都含种子 2 至多数，2 瓣裂，或不裂，或延缓裂开。

10a. 乔木，荚果薄而扁平（**6. 刺槐族 Robinieae**）。栽培……**8. 刺槐属 Robinia**

10b. 灌木或草本，荚果圆筒形、膨胀或扁平（**7. 山羊豆族 Galegeae**）。

11a. 花柱的后方具纵列的须毛；旗瓣较宽而开展，常向后翻；花红色……………………………………………………**9. 苦马豆属 Sphaerophysa**

11b. 花柱通常光滑无毛；旗瓣较狭窄，或近圆形，或倒卵形，直立或开展。

12a. 灌木，总状花序 4 至多花，荚果圆筒形或条形…………………………………………………………………**10. 丽豆属 Calophaca**

12b. 草本或半灌木。

13a. 小叶全缘。

14a. 植株有腺毛或腺点；花药不等大，通常 5 个较小；荚果具刺或瘤状突起或光滑…**11. 甘草属 Glycyrrhiza**

14b. 植株无腺毛或腺点，花药等大，荚果通常无刺或瘤状突起。

15a. 花单生或 2 ～ 8 朵排成伞形或总状花序。

16a. 花 2～8 朵排成伞形，总花梗自叶丛间抽出；龙骨瓣约为翼瓣之半…………………………………………………………………………………………**12. 米口袋属 Gueldenstaedtia**

16b. 花单生或 2～3 朵排成总状或伞形，总花梗自叶腋间抽出；龙骨瓣与翼瓣等长或稍短。

17a. 草本，叶轴脱落，果皮非海绵质………………………**13. 旱雀儿豆属 Chesniella**

17b. 垫状半灌木，叶轴宿存，果皮海绵质…………………**14. 雀儿豆属 Chesneya**

15b. 花多数，常呈总状、穗状或头状花序，稀为腋生 1 至数朵花，极稀呈伞形花序。

18a. 龙骨瓣先端具喙……………………………………………**15. 棘豆属 Oxytropis**

18b. 龙骨瓣先端无喙……………………………………………**16. 黄芪属 Astragalus**

13b. 小叶边缘具锯齿，单花腋生，荚果膨胀（**8. 鹰嘴豆族 Cicereae**）。栽培…………………………………………………………………………………………**17. 鹰嘴豆属 Cicer**

6b. 叶为双数羽状复叶。

19a. 灌木，叶轴顶端硬化成刺，花柱光滑无毛（**9. 锦鸡儿族 Caraganeae**）。

20a. 总状花序具 2～4 花，淡紫色；荚果倒卵形，膨胀………**18. 盐豆木属 Halimodendron**

20b. 花单生或簇生，黄色，稀红色；荚果圆筒形或稍扁，小叶有时密集呈假掌状复叶……………………………………………………………………………**19. 锦鸡儿属 Caragana**

19b. 草本，叶轴顶端具卷须或少数呈刚毛状，花柱有毛（**10. 野豌豆族 Vicieae**）。

21a. 花柱圆柱形，在其上部四周被长柔毛或在顶端外面有一丛髯毛……………………………………………………………………………………**20. 野豌豆属 Vicia**

21b. 花柱扁，在其上部里面只有柔毛，如刷状。

22a. 托叶大于小叶，雄蕊管口截形。栽培……………………………**21. 豌豆属 Pisum**

22b. 托叶小于小叶，雄蕊管口斜形。

23a. 种子双凸镜状，花萼较花瓣稍长。栽培…………………………**22. 兵豆属 Lens**

23b. 种子不为双凸镜状，花萼较花瓣短…………………………**23. 山黧豆属 Lathyrus**

5b. 叶为三出复叶，稀为小叶仅 1 枚或多至 9 枚。

24a. 小叶边缘通常有锯齿，托叶常与叶柄连合，子房基部无鞘状花盘（**11. 车轴草族 Trifolieae**）。

25a. 叶为掌状三出复叶，通常具 3 小叶，稀具 5～7 小叶；花瓣的爪与雄蕊筒相连，花枯后不脱落；荚果小，几乎完全包于萼内…………………………………**24. 车轴草属 Trifolium**

25b. 叶为羽状三出复叶；花瓣的爪不与雄蕊筒相连，花脱落；荚果超出萼外，比萼长 1 至数倍。

26a. 荚果卷曲呈马蹄铁形、环形或螺旋形，少为镰形或肾形，含种子 1 至多数，不裂开；花序总状或近于头状……………………………………………**25. 苜蓿属 Medicago**

26b. 荚果直，有时稍弯，但不如上述情况。

27a. 总状花序细长而花稍稀疏；荚果小而膨胀，先端的喙短或不明显………………………………………………………………………………**26. 草木樨属 Melilotus**

27b. 总状花序短而花较密，或密集呈近头状，或 1 至数花簇生；荚果扁平，或膨胀而较狭长，或短小膨胀而先端具显著的长喙。

28a. 荚果扁平，椭圆形至狭矩圆形，具细短喙或喙不明显；花序通常短总状……

……………………………………………………………………**27. 扁蓿豆属 Melilotoides**

28b. 荚果膨胀或稍扁，不为扁平，圆筒状，具显著的长喙。栽培……………………………………

……………………………………………………………………**28. 胡卢巴属 Trigonella**

24b. 小叶全缘或具裂片，托叶不与叶柄连合；子房基部常有鞘状花盘包围之（**12. 菜豆族 Phaseoleae**）。

29a. 花常呈总状花序，总花梗于花的着生处常凸出为节或隆起如瘤，花柱的上部后方有须毛或在柱头周围有毛。栽培。

30a. 龙骨瓣先端螺旋卷曲……………………………………………**29. 菜豆属 Phaseolus**

30b. 龙骨瓣先端不螺旋卷曲，仅弯曲。

31a. 柱头侧生；荚果条状圆柱形，细长………………………………**30. 豇豆属 Vigna**

31b. 柱头顶生；荚果扁，镰刀形、半圆形或多少带形………………**31. 扁豆属 Lablab**

29b. 花常呈短总状花序，有时单生或簇生，总花梗延续一致，无节与瘤，花柱光滑无毛。

32a. 花分有花瓣与无花瓣两种类型，其无花瓣的闭锁花常伸入地下结实，另形成小球状荚果；子房基部有明显的由鞘状腺体构成的花盘……………**32. 两型豆属 Amphicarpaea**

32b. 花和荚果均为一种类型，地上结实；花盘存在，但不发达，环形…………………………

…………………………………………………………………………**33. 大豆属 Glycine**

4b. 荚果含种子 2 粒以上时，则与种子间横裂或紧缩成节，每荚节含 1 粒种子而不开裂，或有时退化而仅具 1 节 1 粒种子。

33a. 花后子房以雌蕊柄延长而伸入地中结实（**13. 合萌族 Aeschynomeneae**）。栽培……………………

……………………………………………………………………………**34. 落花生属 Arachis**

33b. 花后子房不伸入地中结实。

34a. 单数羽状复叶或单叶；荚果含种子 2 粒以上时，种子间横裂或紧缩成节，每荚节含 1 粒种子而不开裂（**14. 岩黄芪族 Hedysareae**）。

35a. 叶退化为单叶，带刺的半灌木……………………………………**35. 骆驼刺属 Alhagi**

35b. 叶为单数羽状复叶，无刺的半灌木或多年生草本。

36a. 荚果 2 至数节，荚节近圆形或方形。

37a. 多年生草本，龙骨瓣背脊呈钝角状，荚果扁平……**36. 岩黄芪属 Hedysarum**

37b. 半灌木，龙骨瓣背脊呈弧形弯曲，荚果球形或明显鼓凸………………………

……………………………………………………**37. 山竹子属 Corethrodendron**

36b. 荚果仅 1 节，荚节半圆形或肾形。栽培……………………**38. 驴豆属 Onobrychis**

34b. 叶为三出复叶，荚果含 1 粒种子（**15. 山蚂蝗族 Desmodieae**）。

38a. 灌木或半灌木；托叶细小，呈锥形。

39a. 苞片宿存，其腋间常具 2 花；花梗不具关节………………**39. 胡枝子属 Lespedeza**

39b. 苞片常脱落，其腋间常具 1 花；花梗具关节…………**40. 杭子梢属 Campylotropis**

38b. 一年生草本；托叶大型，膜质……………………………**41. 鸡眼草属 Kummerowia**

（1）槐族 Sophoreae

2. 槐属 Sophora L.

乔木、灌木、半灌木或多年生草本。单数羽状复叶；小叶对生或近对生，7 至多数；托叶小。总状花序或圆锥花序；花萼有 5 短齿；旗瓣圆形至矩圆状倒卵形；雄蕊 10，离生或基部合生；子房具短柄。荚果有梗，圆柱形；种子少至多数，种子间缢缩，呈串珠状，不开裂。

内蒙古有 2 种，另有 1 栽培种。

分种检索表

1a. 乔木，圆锥花序。栽培……………………………………………………………………**1. 槐 S. japonica**

1b. 多年生草本，总状花序。

2a. 枝与小叶密被灰白色平伏绢毛；小叶 11 ～ 25，矩圆状披针形、矩圆状卵形、矩圆形或卵形；翼瓣有耳………………………………………………………………**2. 苦豆子 S. alopecuroides**

2b. 枝与小叶无毛或疏生毛；小叶 11 ～ 19，卵状矩圆形、披针形或狭卵形；翼瓣无耳……………………………………………………………………………………**3. 苦参 S. flavescens**

1. 槐（槐树、国槐）

Sophora japonica L., Mant. Pl. 1:68. 1767; Fl. Intramongol. ed. 2, 3:188. t.75. f.7-12. 1989.

乔木，高约 10m。树冠圆形。树皮灰色或暗灰色，粗糙纵裂。一年生小枝暗褐绿色，密生短毛或光滑。单数羽状复叶，长 15 ～ 25cm，具小叶 7 ～ 15；托叶镰刀状，长约 8mm，早落；叶轴有毛，基部膨大；小叶柄长约 2mm；小叶卵状披针形或卵状矩圆形，长 3 ～ 6cm，宽 1.5 ～ 3cm，先端锐尖，有小尖头，基部圆形或宽楔形，全缘，上面深绿色，疏生短柔毛，下面灰绿色，疏生平伏的柔毛。圆锥花序顶生，长 15 ～ 30cm；花梗绿色，有毛；花萼钟状，萼齿浅三角形，疏生短柔毛。花冠黄白色，长 10 ～ 15mm；旗瓣宽心形，向外反卷，顶端微凹，具短爪；翼瓣及龙骨瓣均为矩形。雄蕊 10，不等长；子房筒状，有毛。荚果肉质，下垂，串珠状，长 2.5 ～ 5cm，成熟时黄绿色，不开裂；种子 1 ～ 6，肾形，长 7 ～ 9mm，黑褐色。花期 8 ～ 9 月，果期 9 ～ 10 月。

中生乔木。原产我国，为华北—华南种。在内蒙古及我国其他地区，日本、朝鲜、越南、美国，欧洲普遍栽培。

树姿优美，可做庭园及行道树。花果炒熟可代茶，花为黄色染料。槐花花蕾可食。花蕾、花、果、枝、叶入药，能清热、凉血、止血、降血，主治便血、痔疮出血、痢疾、吐血、子宫出血、高血压、烫火伤。枝、叶外用，治湿疹、疥癣。

本种尚有一栽培变型——龙爪槐 *Sophora japonica* L. f. *pendula* Hort.（Loud. in Arb. Brit. 2:564. 1838.），在内蒙古及北温带其他地区广泛栽培。

2. 苦豆子（苦甘草、苦豆根）

Sophora alopecuroides L., Sp. Pl. 1:373. 1753; Fl. Intramongol. ed. 2, 3:185. t.74. f.1-6. 1989.

多年生草本，高 30 ～ 60cm，最高可达 100cm，全体呈灰绿色。根发达，粗壮，质坚硬，外皮红褐色而有光泽。茎直立，分枝多呈帚状；枝条密生灰色平伏绢毛。单数羽状复叶，长 5 ～ 15cm，具小叶 11 ～ 25；托叶小，钻形；叶轴密生灰色平伏绢毛；小叶矩圆状披针形、矩圆状卵形、矩圆形或卵形，长 1.5 ～ 3cm，宽 5 ～ 10mm，先端锐尖或钝，基部近圆形或楔形，全缘，两面密生平伏绢毛。总状花序顶生，长 10 ～ 15cm；花多数，密生；花梗较花萼短；苞片条形，较花梗长；花萼钟形或筒状钟形，长 5 ～ 8mm，密生平伏绢毛，萼齿三角形。花冠黄色，长 15 ～ 17mm；旗瓣矩圆形或倒卵形，长 17 ～ 20mm，基部渐狭成爪；翼瓣矩圆形，比旗瓣稍短，有耳和爪；龙骨瓣与翼瓣等长。雄蕊 10，离生；子房有毛。荚果串珠状，长 5 ～ 12cm，密生短细而平伏的绢毛，含种子 3 至多数；种子宽卵形，长 4 ～ 5mm，黄色或淡褐色。花期 5 ～ 6 月，果期 6 ～ 8 月。

沙生中旱生植物。在暖温带草原和荒漠带的河滩覆沙地、平坦沙地、固定和半固定沙地可成为优势种或建群种，可形成密集的大面积的群落。产乌兰察布西部、阴南平原、阴南丘陵、鄂尔多斯、东阿拉善、西阿拉善、额济纳、贺兰山。分布于我国河北、河南北部、山西西部和北部、陕西北部、宁夏北部、甘肃（河西走廊）、青海、西藏东南部、新疆，蒙古国西南部、印度、巴基斯坦、阿富汗、伊朗，中亚、西亚。为古地中海分布种。

为有毒植物。青鲜状态家畜完全不食；干枯后，绵羊、山羊及骆驼采食一些残枝和荚果。根入药，能清热解毒，主治痢疾、湿疹、牙痛、咳嗽等症。根也入蒙药（蒙药名：胡兰－宝雅），能化热、调元、燥“黄化”、表疹，主治痘病、感冒发烧、风热、痛风、游痛症、麻疹、风湿性关节炎。枝叶可沤绿肥。又为固沙植物。

3. 苦参（苦参麻、山槐、地槐、野槐）

Sophora flavescens Aiton in Hort. Kew. 2:43. 1789; Fl. Intramongol. ed. 2, 3:186. t.74. f.7-12. 1989.

多年生草本，高 100 ～ 300cm。根圆柱状，外皮浅棕黄色。茎直立，多分枝，具不规则的纵沟，幼枝被疏柔毛。单数羽状复叶，长 20 ～ 25cm，具小叶 11 ～ 19；托叶条形，长 5 ～ 7mm；小叶卵状矩圆形、披针形或狭卵形，稀椭圆形，长 2 ～ 4cm，宽 1 ～ 2cm，先端锐尖或稍钝，基部圆形或宽楔形，全缘或具微波状缘，上面暗绿色，无毛，下面苍绿色，疏生柔毛；总状花序顶生，长 15 ～ 20cm；花梗细，长 5 ～ 10mm，有毛；苞片条形；花萼钟状，稍偏斜，长 6 ～ 7mm，疏生短柔毛或近无毛，顶端有短三角状微齿。花冠淡黄色，长约 1.5cm；旗瓣匙形，比其他花瓣稍长；翼瓣无耳。雄蕊 10，离生；子房筒状。荚果条形，长 5 ～ 12cm，于种子间微缢缩，呈不明显的串珠状，疏生柔毛，含种子 3 ～ 7 粒；种子近球形，棕褐色。花期 6 ～ 7 月，果期 8 ～ 10 月。

中旱生草本。生于森林带和草原带的沙地、田埂、山坡。产兴安北部及岭东和岭西（额尔古纳市、根河市、牙克石市、鄂伦春自治旗、扎兰屯市、鄂温克族自治旗）、兴安南部及科尔沁（科尔沁右翼前旗、科尔沁右翼中旗、扎赉特旗、阿鲁科尔沁旗、巴林右旗）、辽河平原（科尔沁左翼后旗）、赤峰丘陵（红山区、松山区）、燕山北部（喀喇沁旗、宁城县、敖汉旗）、锡林郭勒（浑善达克沙地）、阴山（大青山）、鄂尔多斯（毛乌素沙地）。分布于我国各地，日本、朝鲜、蒙古国东部和东北部、俄罗斯（西伯利亚地区、远东地区）、印度。为东古北极分布种。

根入药，能清热除湿、祛风杀虫、利尿，主治热痢便血、湿热疮毒、疥癣麻风、黄疸尿闭等症，又能抑制多种皮肤真菌和杀灭阴道滴虫。根也入蒙药（蒙药名：道古勒－额布斯），功能、主治同苦豆子。种子可做农药。茎皮纤维可织麻袋。

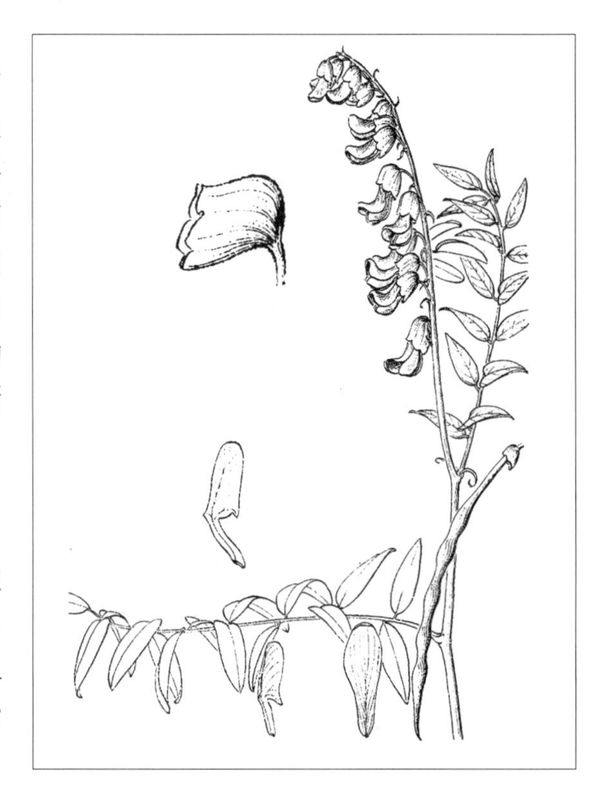

（2）野决明族 Thermopsideae

3. 沙冬青属 Ammopiptanthus S. H. Cheng

常绿灌木。枝开展。叶革质，单生或三出复叶；小叶卵形或宽椭圆形，密被银白柔毛；托叶小，三角形或条形，贴生于叶柄上。总状花序，花互生；苞片小；花萼钟状，萼齿4，三角形，先端稍钝；花冠黄色，旗瓣与翼瓣近于等长，龙骨瓣两片分离；雄蕊10，分离。荚果扁平。

内蒙古有1种。

1. 沙冬青（蒙古黄花木）

Ammopiptanthus mongolicus (Maxim. ex Kom.) S. H. Cheng in Bot. Zhurn. (Moscow et Leningrad) 44(10):1381. 1959; Fl. Intramongol. ed. 2, 3:188. t.75. f.1-6. 1989.——*Piptanthus mongolicus* Maxim. ex Kom. in Trudy Glavn. Bot. Sada 34:33. 1920.

常绿灌木，高150～200cm，多分枝。树皮黄色。枝粗壮，灰黄色或黄绿色，幼枝密被灰白色平伏绢毛。叶为掌状三出复叶，少有单叶；托叶小，三角形或三角状披针形，与叶柄连合而抱茎；叶柄长5～10mm，密被银白色绢毛；小叶菱状椭圆形或卵形，长2～3.8cm，宽6～20mm，先端锐尖或钝、微凹，基部楔形或宽楔形，全缘，两面密被银灰色毡毛。总状花序顶生，具花8～10朵；苞片卵形，长5～6mm，有白色绢毛；花梗长约1cm，近无毛；花萼钟状，稍革质，长约7mm，密被短柔毛，萼齿宽三角形，边缘有睫毛。花冠黄色，长约2cm；旗瓣宽倒卵形，边缘反折，顶端微凹，基部渐狭成短爪；翼瓣及龙骨瓣比旗瓣短，翼瓣近卵形，上部一侧稍内弯，爪长约为瓣片的1/2，耳短，圆形；龙骨瓣矩圆形，爪长约为瓣片的1/2，耳短而圆。子房披

针形，有柄，无毛。荚果扁平，矩圆形，长 5 ～ 8cm，宽 1.6 ～ 2cm，无毛，顶端有短尖，含种子 2 ～ 5 粒；种子球状肾形，直径约 7mm。花期 4 ～ 5 月，果期 5 ～ 6 月。

强旱生常绿灌木。生于荒漠区的沙质及沙砾质地，可成为建群种，形成沙冬青荒漠群落，亦见于低山砾石质坡地，在亚洲中部的旱生植物区系中它是古老的第三纪残遗种。产东阿拉善（乌拉特后旗、磴口县、乌海市、阿拉善左旗）、西阿拉善（阿拉善右旗北部）、贺兰山。分布于我国宁夏北部、甘肃（河西走廊北部），蒙古国南部。为阿拉善分布种。是国家二级重点保护植物。

为有毒植物，绵羊、山羊偶尔采食其花呈醉状，采食过多可致死。可做固沙植物。枝、叶入药，能祛风、活血、止痛；外用主治冻疮、慢性风湿性关节痛。

4. 黄华属（野决明属）Thermopsis R. Br.

多年生草本。茎直立。叶为掌状复叶，具 3 小叶；托叶离生，通常发达。花大型，黄色，轮生或互生，通常排列成顶生的总状花序；花萼钟状，二唇形，上唇 2 萼齿多少合生；花瓣均具长爪；雄蕊 10，分离，仅基部合生；子房条形，具胚珠多数。荚果扁平，条状矩圆形，含种子多数。

内蒙古有 4 种。

分种检索表

1a. 荚果条形，翼瓣比龙骨瓣窄，小叶通常被平伏的柔毛。

2a. 小叶长宽比不超过 5，通常上面光滑无毛；荚果顶端突然变狭。

3a. 荚果在种子间不缢缩，小叶长达 7.5cm……………………………**1. 披针叶黄华 T. lanceolata**

3b. 荚果在种子间缢缩，小叶长不超过 4cm…………………………………**2. 青海黄华 T. przewalskii**

2b. 小叶长宽比超过 5，通常两面被毛，下面尤其密；荚果顶端逐渐变狭……**4. 蒙古黄华 T. mongolica**

1b. 荚果长圆形，翼瓣与龙骨瓣等宽，小叶背面密被伸展的长柔毛……………………**3. 高山黄华 T. alpine**

1. 披针叶黄华（苦豆子、面人眼睛、绞蛆爬、牧马豆）

Thermopsis lanceolata R. Br. in Hort. Kew. ed. 2, 3:3. 1811; Fl. Intramongol. ed. 2, 3:190. t.76. f.1-6. 1989.

多年生草本，高 10 ～ 30cm。主根深长。茎直立，有分枝，被平伏或稍开展的白色柔毛。掌状三出复叶，具小叶 3；叶柄长 4 ～ 8mm；托叶 2，卵状披针形，叶状，先端锐尖，基部稍连合，背面被平伏长柔毛；小叶矩圆状椭圆形或倒披针形，长 30 ～ 50(～ 75)mm，宽 5 ～ 15mm，先端通常反折，基部渐狭，上面无毛，下面疏被平伏长柔毛。总状花序长 5 ～ 10cm，顶生，花于花序轴每节 3 ～ 7 朵轮生；苞片卵形或卵状披针形；花梗长 2 ～ 5mm；花萼钟状，长 16 ～ 18mm，萼齿披针形，长 5 ～ 10mm，被柔毛。花冠黄色；旗瓣近圆形，长 26 ～ 28mm，先端凹入，基部渐狭成爪；翼瓣与龙骨瓣比旗瓣短，有耳和爪。子房被毛。荚果条形，扁平，长 5 ～ 6cm，宽 (6 ～)9 ～ 10 (～ 15)mm，疏被平伏的短柔毛，沿缝线有长柔毛。花期 5 ～ 7 月，果期 7 ～ 10 月。

多年生耐盐中旱生草本。为草甸草原

带和草原带的草原化草甸、盐化草甸的伴生种，也见于荒漠草原和荒漠区的河岸盐化草甸、沙质地或石质山坡。产全区各地。分布于我国吉林西部、河北、山西、陕西、甘肃、青海、四川西北部、西藏、新疆，蒙古国东部和北部、俄罗斯、吉尔吉斯斯坦。为亚洲中部分布种。

羊、牛于晚秋、冬春喜食，或在干旱年份采食。全草入药，能祛痰、镇咳，主治痰喘咳嗽。牧民称其花与叶可杀蛆。

2. 青海黄华

Thermopsis przewalskii Czefr. in Bot. Mater. Gerb. Bot. Inst. Kom. Akad. Nauk S.S.S.R. 16:210. 1954; Fl. Reip. Pop. Sin. 42(2):403. t.104. f.8. 1998; Fl. China 10:103. 2010.

多年生草本，高 10 ～ 18（～ 35）cm。茎直立，多分枝，具纵槽纹，密被淡黄色贴伏短柔毛或绒毛。复叶长 3 ～ 4cm；叶柄短，长 3 ～ 7mm；托叶条状卵形，上部托叶呈披针形，长 1.7 ～ 2.4(～ 3.2)cm，宽 8 ～ 11(～ 16)mm，与小叶被同样毛；小叶条状倒卵形，长 1.7 ～ 3.8(～ 4)cm，宽 7 ～ 12mm，长宽比为 2.5 ～ 3 倍，先端钝圆，基部楔形，上面无毛，下面被贴伏柔毛。总状花序顶生，疏松，长 5 ～ 11(～ 20)cm，具花 3 ～ 6(～ 9) 轮，下部侧枝上也常具较短的花序；苞片卵形，先端锐尖，长 1.5 ～ 2.2cm，宽 7 ～ 10mm，被淡黄色柔毛，偶呈白色；萼钟形，长 1.8 ～ 2.1mm，被短绒毛。花瓣近等长；旗瓣圆形，偶近卵形，长 22 ～ 27mm，宽 17 ～ 20mm，先端阔凹缺；翼瓣最窄，宽 4 ～ 6(～ 7)mm；龙骨瓣宽 7 ～ 9mm。子房具柄，柄长 4 ～ 8mm，密被茸毛，具胚珠 10 ～ 18 枚。荚果直，条形，长 3.5 ～ 5cm，宽 0.8 ～ 1.5cm，先端骤尖至长尖喙，基部略比中部狭，密被短细茸毛，自花序轴水平方向伸出，种子处明显隆起，种子间缢缩，含种子 6 ～ 12 粒；种子圆形至肾形，长 3.5 ～ 4.5mm，宽 3 ～ 4mm，暗绿色，种脐灰白色。花期 5 ～ 7 月。

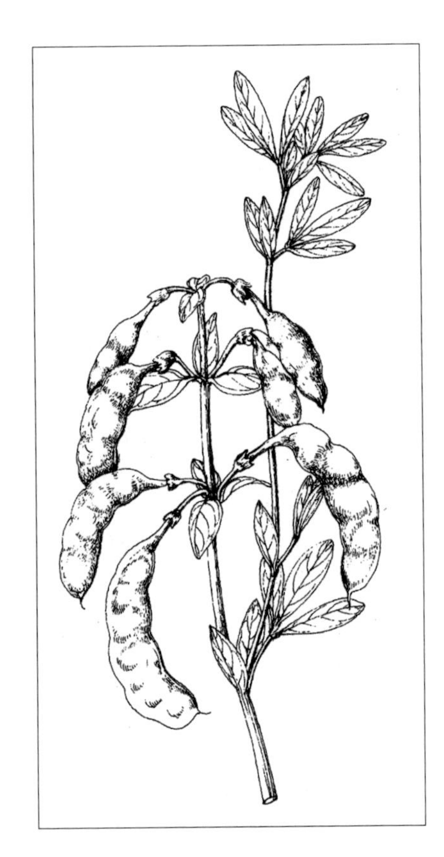

多年生中旱生草本。生于半荒漠带和草原带的河滩、湖岸、

盐渍地。产东阿拉善（阿拉善左旗）。分布于我国陕西、甘肃、青海、西藏，蒙古国东部和南部。为戈壁—蒙古分布种。

3. 高山黄华

Thermopsis alpina (Pall.) Ledeb. in Fl. Alt. 2:112. 1830; Fl. Reip. Pop. Sin. 42(2):401. t.103. f.7-13. 1998.——*Sophora alpina* Pall. in Sp. Astragal. 121. 1803.

多年生草本，高 12 ～ 30cm。根状茎发达。茎直立，分枝或单生，具沟棱，初被白色伸展柔毛，旋即脱净或在节上留存。托叶卵形或阔披针形，长 2 ～ 3. 5cm，宽 6 ～ 20mm，先端锐尖，基部楔形或近钝圆，上面无毛，下面和边缘被长柔毛，后渐脱落；小叶条状倒卵形至卵形，长 2 ～ 5. 5cm，宽 8 ～ 25mm，先端渐尖，基部楔形，上面沿中脉和边缘被柔毛或无毛，下面有时毛被较密。总状花序顶生，长 5 ～ 15cm，具花 2 ～ 3 轮，2 ～ 3 朵花轮生；苞片与托叶同型，长 10 ～ 18mm，宽约 7mm，被长柔毛；萼钟形，长 10 ～ 17mm，被伸展柔毛，背侧稍呈囊状隆起，上方 2 齿合生，齿长约 3mm，三角形，下方萼齿三角状披针形，与萼筒近等长。花冠黄色，花瓣均具长瓣柄；旗瓣阔卵形或近肾形，长 2 ～ 2. 8cm，宽 17 ～ 27mm，先端凹缺，基部狭至瓣柄，瓣柄长 5 ～ 9mm；翼瓣与旗瓣几等长，宽 9 ～ 12mm；龙骨瓣长 2 ～ 2. 1cm，与翼瓣近等宽。子房密被长柔毛，具短柄，柄长 2 ～ 5mm，具胚珠 4 ～ 8 枚。荚果长圆状卵形，长 2 ～ 5(～ 6)cm，宽 1 ～ 2cm，先端骤尖至长喙，扁平，亮棕色，被白色伸展长柔毛，种子处隆起，通常向下稍弯曲，含 3 ～ 4 粒种子；种子肾形，微扁，褐色，长 5 ～ 6mm，宽 3 ～ 4mm，种脐灰色，具长珠柄。花期 5 ～ 7 月，果期 7 ～ 8 月。

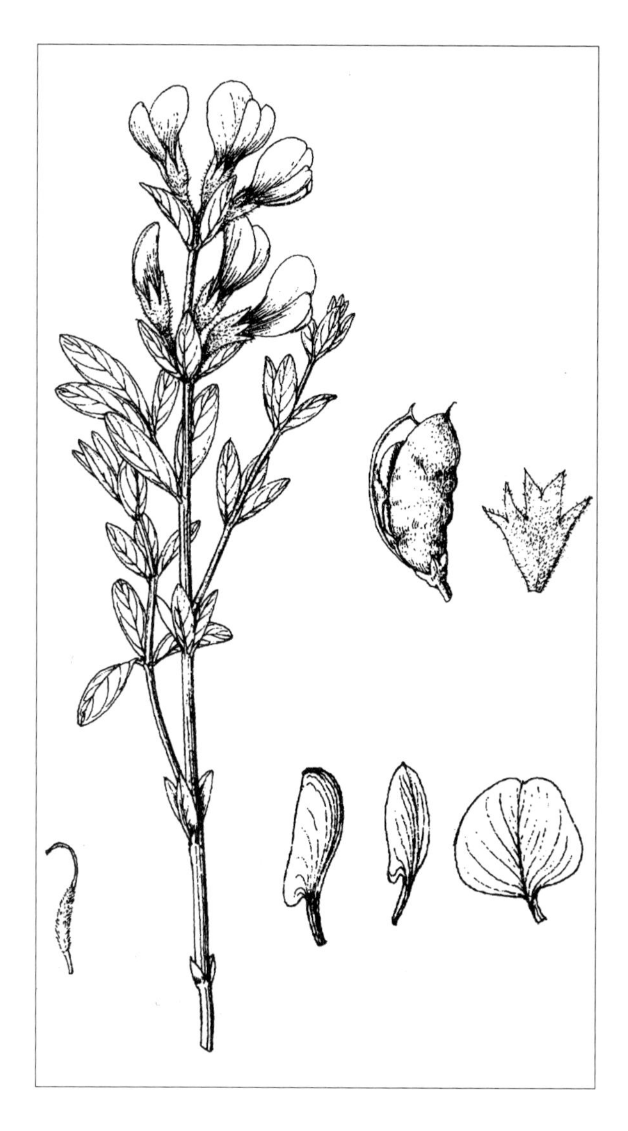

中生草本。生于荒漠带的高山草甸。产贺兰山。分布于我国河北西部、山西东北部、陕西南部、甘肃西南部、青海东南部、四川西部、云南西北部、西藏中部和东部、新疆中部和西部，蒙古国、俄罗斯（西伯利亚地区）、哈萨克斯坦。为亚洲中部山地分布种。

4. 蒙古黄华

Thermopsis mongolica Czefr. in Bot. Mater. Gerb. Bot. Inst. Kom. Akad. Nauk S.S.S.R. 16:213. 1954; Fl. Reip. Pop. Sin. 42(2):406. 1998; Fl. China 10:103. 2010.

多年生草本，高 20 ～ 30(～ 40)cm。具根状茎，茎直立，单一或分枝，具纵槽棱，被贴伏或伸展白色细柔毛。复叶长 2 ～ 8cm；叶柄长 3 ～ 8mm；小叶条状披针形至线形，长 3 ～ 7cm，宽 0.6 ～ 2.2cm，先端锐尖，基部楔形，两面被贴伏柔毛，且下面较密，常混生长柔毛。总状花序顶生，疏松，长 5 ～ 18cm；苞片狭卵形至卵形，长 1.2 ～ 2(～ 3)cm，宽 0.5 ～ 1.3cm，渐尖，密被绢毛；花长 2.5 ～ 2.7mm；花萼长 1.4 ～ 2cm，背部稍呈囊状隆起，上方萼齿披针形，与萼筒几等长，被贴伏白色细柔毛。花冠黄色；旗瓣阔卵形，先端具宽而浅的凹缺，基

部渐狭至瓣柄；翼瓣稍短，长圆状线形，宽为龙骨瓣的一半。子房具短柄，密被贴伏绢毛，具胚珠 9 ～ 14 枚。荚果条形，劲直或稍弧曲，长 4 ～ 8cm，宽 0.7 ～ 1cm，先端急尖，水平方向伸出，几与茎成直角，含种子 5 ～ 12 粒；种子位于中央，稍隆起，被白色短茸毛，圆肾形，长 3.5 ～ 4.5mm，宽 3 ～ 3.5mm，黑褐色，稍具斑纹，种脐白色，点状。花期 6 ～ 7 月，果期 8 ～ 9 月。

旱生草本。生于荒漠带的砾石质荒漠和盐渍沙滩上。产东阿拉善（阿拉善左旗）、额济纳。分布于我国甘肃、新疆北部，蒙古国西部和南部、俄罗斯（西西伯利亚地区）、哈萨克斯坦。为戈壁分布种。

（3）百脉根族 Loteae

5. 百脉根属 Lotus L.

多年生草本。叶具小叶 5，其中 2 小叶生于叶柄基部而类似托叶，其余 3 小叶生于叶柄顶端。花单生或为伞形花序；花冠淡红色、黄色或白色；花萼钟状，萼齿相等或近于相等。旗瓣宽，有爪；翼瓣矩圆形或倒卵形；龙骨瓣弯曲。雄蕊 10，呈 9 与 1 两体；子房无柄，具多数胚珠，花柱长而弯折，无毛。荚果圆筒形，开裂，含种子多数。

内蒙古有 1 种。

1. 细叶百脉根（中亚百脉根）

Lotus krylovii Schisachk. et Serg. in Sist. Zametki. Mater. Gerb. Krylova Tomsk. Gosud. Univ. Kuybysheva 1932(7-8):5. 1932; Fl. Intramongol. ed. 2, 3:206. t.81. f.1-5. 1989.

多年生草本，高 10 ～ 30cm。茎多斜升；枝细弱，无毛或疏被柔毛，具纵条棱。单数羽状复叶，具小叶 5，其中 3 小叶生于叶柄顶端，其余的 2 小叶生于叶柄基部；小叶卵形、披针形或倒卵形，长 5 ～ 15mm，宽 3 ～ 6mm，先端锐尖或钝，基部楔形或近圆形，两面无毛或疏生柔毛。花 1 ～ 2(～ 3) 朵，生于长 2 ～ 5cm 的总花梗上；花萼钟状，长 5 ～ 6mm，无毛或被短柔毛，萼齿条状披针形。花淡黄色，干后红色，长 5 ～ 11mm；旗瓣近圆形，长 7 ～ 10mm，基部渐狭成爪；翼瓣与龙骨瓣近等长，倒卵形，基部有爪及耳；龙骨瓣弯曲，顶端尖呈喙状，基部有爪。子房无毛。荚果圆筒形，长 1.5 ～ 3cm，宽 2 ～ 3mm，干后棕褐色，顶端有小尖，具网纹。花期 6 ～ 7 月，果期 7 ～ 8 月。

中旱生草本。生于荒漠区、荒漠草原区和草原群落或水边。产阴南平原（呼和浩特市、托克托县、土默特左旗、包头市九原区）、阴南丘陵（准格尔旗）、鄂尔多斯（东胜区、毛乌素沙地）、东阿拉善（阿拉善左旗）、贺兰山。分布于我国陕西、宁夏北部、甘肃东部、四川中部、青海东南部、西藏、新疆，蒙古国西部和西南部、俄罗斯（西伯利亚地区、欧洲部分）、印度、巴基斯坦、阿富汗，中亚、西南亚、欧洲东南部。为古地中海分布种。加拿大有逸生。

（4）木蓝族 Indigofereae

6. 木蓝属 Indigofera L.

灌木、半灌木或草本。叶为单数羽状复叶，少为 3 小叶或单小叶；小叶全缘；托叶小，基部与叶柄连合。花通常淡红色至紫色，为腋生总状花序；苞片早落；花萼小，萼齿 5，略相等，或最下 1 齿较长；旗瓣圆形至矩圆形，翼瓣矩圆形，龙骨瓣两侧具有伸长的矩状凸起；子房无柄或近无柄。荚果近球形至条状矩圆形、圆筒状或有棱角少扁平，开裂，中具隔膜。

内蒙古有 2 种。

分种检索表

1a. 花序与叶近等长；花冠长约 1.5cm；小叶宽卵形、菱状卵形或椭圆形，长 1.5 ～ 3.5cm……………………………………………………………………………………………**1. 花木蓝 I. kirilowii**

1b. 花序比叶长；花冠长约 5mm；小叶矩圆形或倒卵状矩圆形，长 3 ～ 6mm…………**2. 铁扫帚 I. bungeana**

1. 花木蓝（吉氏木蓝、朝鲜庭藤）

Indigofera kirilowii Maxim. ex Palib. in Trudy Glavn. Bot. Sada. 17:62. 1898; Fl. Intramongol. ed. 2, 3:208. t.82. f.1-7. 1989.

小灌木，高 20 ～ 90cm。幼枝淡绿色或褐绿色，有纵棱，无毛；老枝呈灰褐色，圆筒形。单数羽状复叶，具小叶 7 ～ 11；托叶条形；叶柄和小叶柄均有毛；小托叶条形，与小叶柄等长；小叶宽卵形、椭圆形或菱状卵形，长 1.5 ～ 3.5cm，宽 1 ～ 3cm，先端圆形或锐尖，有短刺尖，基部圆形或宽楔形，全缘，上面绿色，下面苍绿色，两面疏生白色丁字毛。总状花序腋生，与叶近等长；花萼很小，长约 3mm，萼筒杯状，顶端不整齐 5 裂，裂片披针状条形，稍有毛。花淡紫红色，长约 1.5cm；旗瓣、翼瓣、龙骨瓣三者近等长；旗瓣椭圆形，顶端钝或微凹，无爪，周边有短柔毛；翼瓣矩圆形，顶端钝，基部渐狭成爪，一侧有矩状凸起；龙骨瓣基部有爪和耳，周边有毛。子房条形，无毛。荚果条形，褐色至赤褐色，无毛，顶端尖，含多数种子。花期 6 ～ 7 月，果期 8 ～ 9 月。

喜暖中生灌木。生于草原带的固定沙地。产科尔沁（科尔沁沙地）、燕山北部（宁城县、敖汉旗），呼和浩特市、包头市亦有栽培。分布于我国吉林东南部、辽宁、河北、河南、山东、山西、陕西南部、江苏，日本、朝鲜。为东亚北部分布种。

供观赏用。花可食，茎皮纤维可制人造棉、纤维板与造纸，枝条可编筐，种子可榨油。又可做饲料，牛最喜食。根可代“山豆根”入药。

2. 铁扫帚（河北木蓝、本氏木蓝、野兰枝子）

Indigofera bungeana Walp. in Linnaea. 13:525. 1839; Fl. Intramongol. ed. 2, 3:210. t.82. f.8-13. 1989.

灌木，高 40 ～ 100cm。茎直立，褐色，多分枝；嫩枝灰褐色，密被白色平伏丁字毛。单数

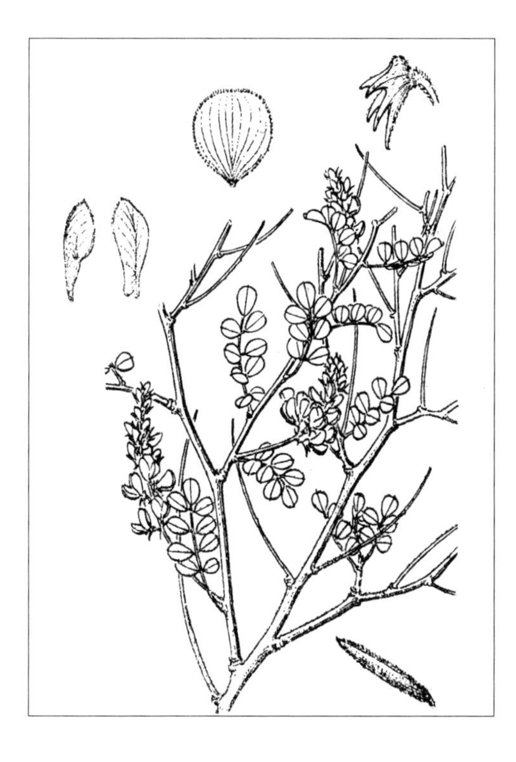

羽状复叶，具小叶 7 ～ 9；托叶钻状；叶柄和小叶柄均密被白色丁字毛；小叶矩圆形或倒卵状矩圆形，长 3 ～ 6mm，宽 1 ～ 3mm，先端钝，有小尖头，基部圆形，两面被平伏丁字毛。总状花序腋生，比叶长，具花 10 ～ 15 朵；花梗短，长约 1mm；萼钟状，萼齿 5，下面的 3 齿较长；花冠紫色或紫红色，长约 5mm，外面被毛。荚果圆柱形，长 2.5 ～ 3cm，宽约 3mm，褐色，被白色丁字毛。花期 6 ～ 8 月，果期 8 ～ 10 月。

中生灌木。生于阔叶林带的山坡灌丛间。产赤峰丘陵、燕山北部（喀喇沁旗、宁城县）。分布于我国辽宁、河北、河南、山东、山西、陕西、宁夏、甘肃东部、青海、四川中西部、广西东北部、云南、贵州、安徽、江西、江苏、浙江、福建、湖北、湖南、西藏东部，日本、朝鲜。为东亚分布种。

全草药用，能清热止血、消肿生肌；外敷治创伤。

（5）紫穗槐族 Amorpheae

7. 紫穗槐属 Amorpha L.

落叶灌木。叶为单数羽状复叶；小叶较小，全缘；托叶条形，早落。花小，蓝紫色密集为顶生圆锥状总状花序；花萼钟形，具5个相等或不等的齿，通常有腺点；旗瓣存在，无翼瓣及龙骨瓣；雄蕊10，成两体；子房无柄，具2枚胚珠。荚果短，通常含1粒种子，不开裂，通常有腺点。

内蒙古有1栽培种。

1. 紫穗槐（棉槐、椒条）

Amorpha fruticosa L., Sp. Pl. 2:713. 1753; Fl. Intramongol. ed. 2, 3:210. t.83. f.1-4. 1989.

灌木，高100～200cm，丛生，枝叶繁密。树皮暗灰色，平滑。小枝灰褐色，有凸起的锈色皮孔，嫩枝密被短柔毛。叶互生，单数羽状复叶，具小叶11～25；托叶条形，先端渐尖；叶柄基部稍膨大，密被短柔毛；小叶卵状矩圆形、矩圆形或椭圆形，长1～3.5cm，宽6～15mm，先端钝尖，圆

形或微凹，具短刺尖，基部宽楔形或圆形，全缘，上面绿色，有短柔毛或近无毛，下面淡绿色，有长柔毛，沿中脉较密，并有黑褐色腺点。花序集生于枝条上部，呈密集的圆锥状总状花序，长可达15cm；花梗纤细，长2～3mm，有毛；花萼钟状，长约4mm，密被短柔毛并有腺点，萼齿三角形，顶端钝或尖，有睫毛。花冠蓝紫色；旗瓣倒心形，包住雌雄蕊；无翼瓣和龙骨瓣。荚果弯曲，棕褐色，有瘤状腺点，长7～9mm，宽约3mm，顶端有小尖。花期6～7月，果期8～9月。

喜暖中生灌木。原产北美，为北美种。在我国内蒙古及其他各地均有栽培。

枝条可编制筐篓，并为造纸及人造纤维原料。嫩枝叶可做饲料。果含芳香油，种子含油10%左右，可做油漆、甘油及润滑油。栽植供观赏，花为蜜源植物，又可栽植于河岸、沙堤、沙地、山坡及铁路两旁，做护岸、防沙、护路、防风造林等树种，并有改良土壤的作用。

（6）刺槐族 Robinieae

8. 刺槐属 Robinia L.

落叶乔木或灌木。冬芽小，裸露，在落叶前隐藏于叶柄的基部；小枝常具托叶状的刺。单数羽状复叶，小叶对生，有小叶柄与小托叶。花白色或红色，呈下垂的总状花序；花萼钟状，具5齿，微呈二唇形。旗瓣近圆形，反折；翼瓣向外反曲；龙骨瓣不反曲，瓣片下部连合。雄蕊二体，对旗瓣的1枚分离。荚果矩圆形或条状矩圆形，扁平，具2瓣裂，含种子多数。

内蒙古有2栽培种。

分种检索表

1a. 花冠白色，荚果无毛，具托叶刺……………………………………………………**1. 刺槐 R. pseudoacacia**

1b. 花冠红色，荚果密被粗硬腺毛，无托叶刺……………………………………………**2. 毛刺槐 R. hispida**

1. 刺槐（洋槐）

Robinia pseudoacacia L., Sp. Pl. 2:722. 1753; Fl. Intramongol. ed. 2, 3:212. t.83. f.5-9. 1989.

乔木，高10～20m。树皮灰黑褐色，深纵裂。小枝灰褐色，无毛或于幼时微有柔毛。单数羽状复叶，具小叶7～19，对生或互生；托叶2，呈刺状，宿存；叶轴与叶柄具纵条棱，疏生柔毛，基部膨大；小叶具短柄，有毛；小叶矩圆形、椭圆形、卵状矩圆形或矩圆状披针形，长1.5～4.5cm，宽1～2cm，先端圆形或微凹，有小刺尖，基部圆形或宽楔形，全缘，两面无毛或幼时疏生短柔毛。总状花序腋生；总花梗长10～20cm，密被短柔毛；花梗长约7mm，有密毛；花萼钟状，先端不整齐5浅裂，稍带二唇形，密被柔毛。花白色，芳香，长1.5～2cm；旗瓣

圆形，顶端微凹，有短爪，基部有黄色斑点；翼瓣矩圆形，有爪及耳；龙骨瓣向内弯，顶端钝尖。子房圆筒状，无毛，花柱顶端有柔毛。荚果扁平，深褐色，条状矩圆形，长 3 ～ 10cm，宽 1 ～ 1.5cm，含种子 3 ～ 13 粒；种子肾形，黑色。花期 5 ～ 6 月，果期 8 ～ 9 月。

喜暖中生灌木。原产美国东部，为北美种。我国内蒙古及其他各地均有栽培。

木材可制枕木、车辆、家具等。种子可榨油，做肥皂及油漆原料。花可做香料。嫩叶及花可食。树皮可供造纸及人造棉。花、茎皮、根、叶入药，能凉血、止血，主治便血、咯血、吐血、子宫出血。本种可栽植做行道树与庭园树，或做荒山造林树种。

2. 毛刺槐

Robinia hispida L., Mant. Pl. 1:101. 1767; High. Pl. China 7:126. 2001; Fl. China 10:320. 2010.

落叶灌木，高 100 ～ 300cm。幼枝绿色，密被紫红色硬腺毛及白色曲柔毛；二年生枝深灰褐色，密被褐色刚毛，毛长 2 ～ 5mm。羽状复叶长 15 ～ 30cm；叶轴被刚毛及白色短曲柔毛，上面有沟槽；小叶 5 ～ 7(～ 8) 对，椭圆形、卵形、阔卵形至近圆形，长 1.8 ～ 5cm，宽 1.5 ～ 3.5cm，通常叶轴下部 1 对小叶最小，两端圆，先端芒尖，幼嫩时上面暗红色，后变绿色，无毛，下面灰绿色，中脉疏被毛；小叶柄被白色柔毛；小托叶芒状，宿存。总状花序腋生，除花冠外，均被紫红色腺毛及白色细柔毛，花 3 ～ 8 朵；总花梗长 4 ～ 8.5cm；苞片卵状披针形，长 5 ～ 6mm，有时上部 3 裂，先端渐尾尖，早落；花萼紫红色，斜钟形，萼筒长约 5mm，萼齿卵状三角形，长 3 ～ 6mm，先端尾尖至钻状。花冠红色至玫瑰红色，花瓣具柄；旗瓣近肾形，长约 2cm，宽约 3cm，先端凹缺；翼瓣镰形，长约 2cm；龙骨瓣近三角形，长约 1.5cm，先端圆，前缘合生，与翼瓣均具耳。雄蕊二体，对旗瓣的 1 枚分离，花药椭圆形；子房近圆柱形，长约 1.5cm，密布腺状凸起，沿缝线微被柔毛，柱头顶生，具胚珠多数。荚果线形，长 5 ～ 8cm，宽 8 ～ 12mm，扁平，密被腺刚毛，先端急尖，含种子 3 ～ 5 粒。花期 5 ～ 6 月，果期 7 ～ 10 月。

中生灌木。原产北美，为北美种。我国内蒙古及华北地区有栽培，是美丽的园林观赏树。

（7）山羊豆族 Galegeae

9. 苦马豆属 Sphaerophysa DC.

草本或半灌木。单数羽状复叶，小叶多数。总状花序腋生，花红色；花萼5齿裂；旗瓣开展或反卷，翼瓣较龙骨瓣短；雄蕊10，常成9与1两体；子房有柄，花柱内弯，内侧有纵列须毛，具胚珠多数。荚果宽卵形或矩圆形，膨胀，1室。

内蒙古有1种。

1. 苦马豆（羊卵蛋、羊尿泡）

Sphaerophysa salsula (Pall.) DC. in Prodr. 2:271. 1825; Fl. Intramongol. ed. 2, 3:213. t.84. f.1-5. 1989.——*Phaca salsula* Pall. in Reise Russ. Reich. 3:747. 1776.

多年生草本，高20～60cm。茎直立，具开展的分枝，全株被灰白色短伏毛。单数羽状复叶，具小叶13～21；托叶披针形，长约3mm，先端锐尖或渐尖，有毛；小叶倒卵状椭圆形或椭圆形，长5～15mm，宽3～7mm，先端圆钝或微凹，有时具1小刺尖，基部宽楔形或近圆形，两面均被平伏的短柔毛，有时上面毛较少或近无毛；小叶柄极短。总状花序腋生，比叶长；总花梗有毛；花梗长3～4mm；苞片披针形，长约1mm；花萼杯状，长4～5mm，有白色短柔毛，萼齿三角形。花冠红色，长12～13mm；旗瓣圆形，开展，两侧向外翻卷，顶端微凹，基部有短爪；翼瓣比旗瓣稍短，矩圆形，顶端圆，基部有爪及耳；龙骨瓣与翼瓣近等长。子房条状矩圆形，有柄，被柔毛，花柱稍弯，内侧具纵列须毛。荚果宽卵形或矩圆形，膜质，膀胱状，长1.5～3cm，直径1.5～2cm，有柄；种子肾形，褐色。花期6～7月，果期7～8月。

耐盐旱生草本。在草原带的盐碱性荒地、河岸低湿地、沙质地上常可见到，也进入荒漠带。产兴安南部及科尔沁（科尔沁右翼中旗、扎鲁特旗、阿鲁科尔沁旗、巴林右旗、克什克腾旗、翁牛特旗、敖汉旗）、辽河平原（科尔沁左翼后旗）、赤峰丘陵（红山区）、锡林郭勒（苏尼特左旗、正蓝旗）、乌兰察布（达尔罕茂明安联合旗）、阴山及阴南平原与丘陵（呼和浩特市、包头市、和林格尔县、凉城县、准格尔旗）、鄂尔多斯、东阿拉善（巴彦淖尔市西部、阿拉善左旗）、西阿拉善（阿拉善右旗）、额济纳。分布于我国吉林西部、辽宁北部、河北西北部、山西北部、陕西北部、宁夏、甘肃中部和西部、青海、新疆，蒙古国西部和南部、俄罗斯（西伯利亚地区）。为亚洲中部分布种。

青鲜状态家畜不乐意采食；秋季干枯后，绵羊、山羊、骆驼采食一些。全草、果入药，能利尿、止血，主治肾炎、肝硬化腹水、慢性肝炎浮肿、产后出血。

10. 丽豆属 Calophaca Fisch. ex DC.

灌木或小灌木。叶为单数羽状复叶，具小叶 5 ～ 27 片，革质，全缘，不具小托叶；叶轴常脱落；托叶大，膜质或草质，通常披针形或宽披针形，贴生于叶柄基部。花 4 朵或多数组成总状花序；苞片和 2 小苞片很少宿存；花萼管状，斜生于花梗上，萼齿 5，近等长，或上边 2 齿合生。花冠黄色，颇大；旗瓣卵形或近圆形，直立，边缘反折；翼瓣倒卵状长圆形或近镰形，分离；龙骨瓣内弯，与翼瓣近等长，先端钝。雄蕊二体，花药圆形；子房无柄，被有柄腺毛或柔毛，花柱丝状，下部被白色长柔毛，上部无毛，柱头小，顶生，具胚珠多数。荚果圆筒状或条形，被柔毛及腺毛，先端尖，1 室，内部具柔毛或无毛，2 瓣裂，具宿存的花萼；种子近肾形，大，光滑，不具种阜。

内蒙古有 1 种。

1. 丽豆

Calophaca sinica Rehd. in J. Arnold Arbor. 14:210. 1933; Fl. China 10:528. 2010.

直立灌木，高 2 ～ 2.5m。全株密被白色长柔毛。茎分枝粗壮，树皮剥落，淡棕白色，幼枝树皮紫棕色。羽状复叶长 4 ～ 11cm（连叶柄）；叶柄长 2 ～ 3cm；托叶草质，淡棕色，与叶柄基部贴生，披针形，长约 15mm，先端渐尖，宿存；小叶 7 ～ 9（～ 11），小叶坚纸质，宽椭圆形或倒卵状宽椭圆形，长 12 ～ 25mm，宽 7 ～ 14mm，先端圆或近截平，基部圆形或近心形，上面绿色，几无毛，下面苍白色，疏被白色长柔毛；叶脉 5 ～ 6 对，上面比下面更显隆起，中脉微凸，网脉明显；小叶柄长约 1mm，被长柔毛。短总状花序生 5 ～ 7 朵花；总花梗长 5 ～ 10cm，被开展的白色长柔毛和腺毛；花长约 25mm；花萼钟状，长 15 ～ 20mm，被白色柔毛和褐色腺毛，基部偏斜，萼齿宽披针形，与萼筒近等长。花冠黄色；旗瓣近圆形，长 20 ～ 25mm，宽 15 ～ 20mm，先端微缺，外面微被短柔毛，瓣柄长约 6mm；翼瓣长约 20mm，上部宽，先端微缺，瓣柄长约 5mm，耳较短；龙骨瓣与翼瓣等长，微弯，较宽，先端黏合，瓣柄长约 6mm，耳较短。子房密被白色长柔毛，花柱扁平，弯曲，上部有白色长柔毛，柱头很小。荚果狭长圆形，长 30 ～ 50mm，宽约 8mm，先端细长喙状，密被有柄腺毛和白色长柔毛；种子椭圆形，长约 5mm，宽约 4mm，绿色。花期 5 ～ 6 月，果期 6 ～ 8 月。

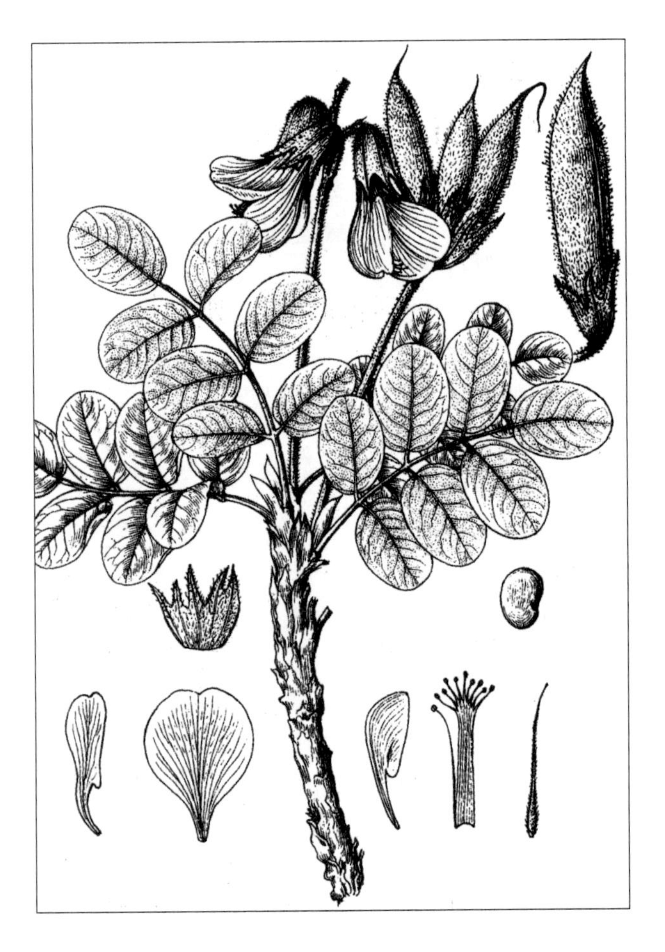

旱中生灌木。生于草原带的黄土沙地、山地沟谷、灌丛间。产阴南丘陵。分布于我国河北西部、山西。为华北分布种。

11. 甘草属 Glycyrrhiza L.

多年生草本。具粗的根状茎及根，通常有腺毛及鳞片状腺体。叶为单数羽状复叶，托叶宿存。花序总状或穗状，腋生；花淡蓝紫色或白色、黄色等；花萼钟状，萼齿5，其中2萼齿较短，稍合生；雄蕊10，呈9与1两体，花药大小不等，药室顶端连合。荚果卵形、椭圆形或条状矩圆形等，有时弯曲呈镰刀形或环形，具刺状或瘤状腺体或不具腺体。

内蒙古有5种。

分种检索表

1a. 荚果条形或条状矩圆形，弯曲呈镰刀状或环状，或为矩圆形且直伸或稍弯；小叶卵形、倒卵形或近圆形，基部圆形或宽楔形。

  2a. 荚果条形或条状矩圆形，弯曲成镰刀状或环状。

    3a. 荚果不为念珠状，具刺毛状腺体和瘤状突起；植株较高大，高30～70cm……………………………………………………………………………………………**1. 甘草 G. uralensis**

    3b. 荚果念珠状，无毛；植株较矮小，高10～30cm………………………**2. 粗毛甘草 G. aspera**

  2b. 荚果矩圆形，直伸或稍弯………………………………………………………**3. 胀果甘草 G. inflata**

1b. 荚果近圆形、圆肾形或卵圆形，具瘤状突起、鳞片状腺体或硬刺；小叶长圆形或披针形。

  4a. 荚果近圆形或圆肾形，具瘤状突起和密生鳞片状腺点；小叶长圆形，先端钝或微凹；总状花序圆柱形……………………………………………………………………**4. 圆果甘草 G. squamulosa**

  4b. 荚果卵圆形，有硬刺；小叶披针形，先端渐尖；总状花序长圆形………**5. 刺果甘草 G.pallidiflora**

1. 甘草（甜草苗）

Glycyrrhiza uralensis Fisch. ex DC. in Prodr. 2:248. 1825; Fl. Intramongol. ed. 2, 3:246. t.98. f.1-6. 1989.

多年生草本，高30～70cm。具粗壮的根状茎，常由根状茎向四周生出地下匐枝。主根圆柱形，粗而长，可达1～2m或更长，伸入地中，根皮红褐色至暗褐色，有不规则的纵皱及沟纹，横断面内部呈淡黄色或黄色，有甜味。茎直立，稍带木质，密被白色短毛及鳞片状、点状或小刺状腺体。单数羽状复叶，具小叶7～17；叶轴长8～20cm，被细短毛及腺体；托叶小，长三角形、披针形或披针状锥形，早落；小叶卵形、倒卵形、近圆形或椭圆形，长1～3.5cm，宽1～2.5cm，先端锐尖、渐尖或近于钝，稀微凹，基部圆形或宽楔形，全缘，两面密被短毛及腺体。总状花序腋生，花密集，长5～12cm；花梗甚短；苞片披针形或条状披针形，长3～4mm；花萼筒状，密被短毛及腺点，长6～7mm，裂片披针形，比萼筒稍长或近等长。花淡蓝紫色或紫红色，长14～16mm；旗瓣椭圆形或近矩圆形，顶端钝圆，基部渐狭成短爪；翼瓣比旗瓣短，而比龙骨瓣长，均具长爪。雄蕊长短不一；子房无柄，矩圆形，具腺状凸起。荚果

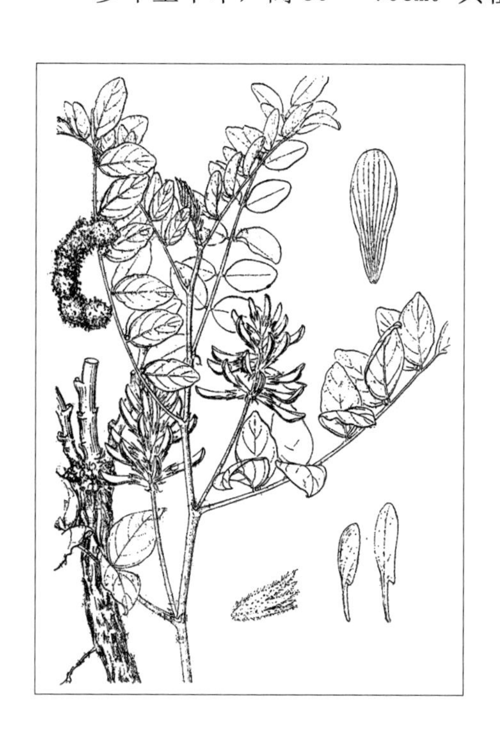

条状矩圆形、镰刀形或弯曲呈环状，长 2 ～ 4cm，宽 4 ～ 7mm，密被短毛及褐色刺状腺体，刺长 1 ～ 2mm，含种子 2 ～ 8 粒；种子扁圆形或肾形，黑色，光滑。花期 6 ～ 7 月，果期 7 ～ 9 月。

中旱生草本。生于碱化沙地、沙质草原、沙土质的田边、路旁、低地边缘及河岸轻度碱化的草甸，生态幅度较广，在荒漠草原、草原、森林草原以及落叶阔叶林带均有生长；在草原沙质土上，有时可成为优势植物，形成大面积的甘草群落。产内蒙古各地，鄂尔多斯高原为其生产地。分布于我国黑龙江西南部、吉林西部、辽宁西北部、河北、山东北部、山西、陕西北部、宁夏、甘肃中部和东部、青海中部和东部、新疆，蒙古国、俄罗斯（西伯利亚地区）、巴基斯坦、伊朗、阿富汗、叙利亚、约旦，中亚。为古地中海分布种。

根入药，能清热解毒、润肺止咳、调和诸药等，主治咽喉肿痛，咳嗽、脾胃虚弱、胃及十二指肠溃疡、肝炎、癔症、痈疖肿毒、药物及食物中毒等症。根及根状茎入蒙药（蒙药名：希和日 - 额布斯），能止咳润肺、滋补，止吐、止渴、解毒，主治肺痨、肺热咳嗽、吐血、口渴、各种中毒、“白脉”病、咽喉肿痛、血液病。在食品工业上可做啤酒的泡沫剂或酱油、蜜饯果品香料剂，又可做灭火器的泡沫剂及纸烟的香料。为中等饲用植物，现蕾前骆驼乐意采食，绵羊、山羊亦采食，但不十分乐食；渐干后各种家畜均采食，绵羊、山羊尤喜食其荚果。鄂尔多斯市牧民常刈制成干草于冬季喂幼畜。

2. 粗毛甘草

Glycyrrhiza aspera Pall. in Reise Russ. Reich. 1:499. 1771; Fl. Reip. Pop. Sin. 42(2):172. t.45. f.5. 1998; Fl. China 10:510. 2010.

多年生草本。根和根状茎较细瘦，直径 3 ～ 6mm，外面淡褐色，内面黄色，具甜味。茎直立或铺散，有时稍弯曲，多分枝，高 10 ～ 30cm，疏被短柔毛和刺毛状腺体。叶长 2.5 ～ 10cm；托叶卵状三角形，长 4 ～ 6cm，宽 2 ～ 4mm；叶柄疏被短柔毛与刺毛状腺体；小叶 (5 ～)7 ～ 9，卵形、宽卵形、倒卵形或椭圆形，长 10 ～ 30mm，宽 3 ～ 18mm，上面深灰绿色，无毛，下面灰绿色，沿脉疏生短柔毛和刺毛状腺体，两面均无腺点，顶端圆，具短尖，有时微凹，基部宽楔形，边缘具微小的钩状刺毛。总状花序腋生，具多数花；总花梗长于叶（花后常延伸），疏被短柔毛和刺毛状腺体；苞片条状披针形，膜质，长 3 ～ 6mm；花萼筒状，长 7 ～ 12mm，疏被短柔毛，无腺点，萼齿 5，条状披针形，与萼筒近等长，上部的 2 齿微连合。花冠淡紫色或紫色，基部带绿色；旗瓣长圆形，长 13 ～ 15mm，宽 5 ～ 6.5mm，顶端圆，基部渐狭成瓣柄；

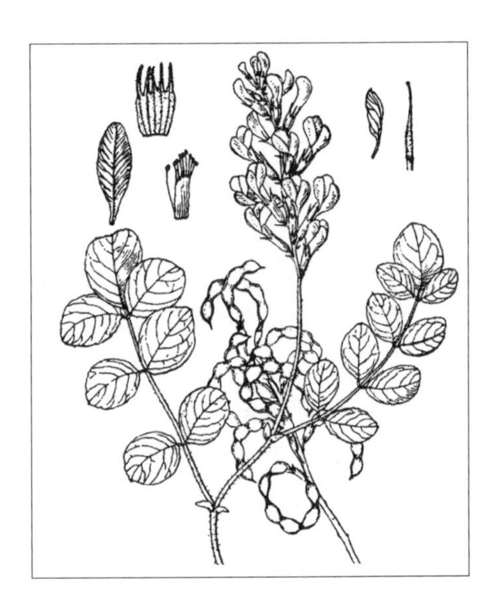

翼瓣长 12 ～ 14mm；龙骨瓣长 10 ～ 11mm。子房几无毛。荚果念珠状，长 15 ～ 25mm，常弯曲呈环状或镰刀状，无毛，成熟时褐色，含种子 2 ～ 10 粒，种子近圆形，长 2.5 ～ 3mm，黑褐色。花期 5 ～ 6 月，果期 7 ～ 8 月。

中旱生草本。生于荒漠带的田边、沟边和荒地。产东阿拉善（阿拉善左旗）。分布于我国陕西西北部、甘肃（河西走廊东部）、青海东北部、新疆，俄罗斯（欧洲部分、西伯利亚地区）、伊朗、阿富汗，中亚。为古地中海分布种。

3. 胀果甘草

Glycyrrhiza inflata Batalin in Trudy Imp. St.-Petersb. Bot. Sada 11:484. 1891; Fl. China 10:509. 2010.

多年生草本。根与根状茎粗壮，外皮褐色，被黄色鳞片状腺体，里面淡黄色，有甜味。茎直立，基部带木质，多分枝，高 50 ～ 150cm。叶长 4 ～ 20cm；托叶小，三角状披针形，褐色，长约 1mm，早落；叶柄、叶轴均密被褐色鳞片状腺点，幼时密被短柔毛；小叶 3 ～ 7(～ 9)，卵形、椭圆形或长圆形，长 2 ～ 6cm，宽 0.8 ～ 3cm，先端锐尖或钝，基部近圆形，上面暗绿色，下面淡绿色，两面被黄褐色腺点，沿脉疏被短柔毛，边缘或多或少波状。总状花序腋生，具多数疏生的花；总花梗与叶等长或短于叶，花后常延伸，密被鳞片状腺点，幼时密被柔毛；苞片长圆状披针形，长约 3mm，密被腺点及短柔毛；花萼钟状，长 5 ～ 7mm，密被橙黄色腺点及柔毛，萼齿 5，披针形，与萼筒等长，上部 2 齿在 1/2 以下连合。花冠紫色或淡紫色；旗瓣长椭圆形，长 6 ～ 9(～ 12)mm，宽 4 ～ 7mm，先端圆，基部具短瓣柄；翼瓣与旗瓣近等大，明显具耳及瓣柄；龙骨瓣稍短，均具瓣柄和耳。荚果椭圆形或长圆形，长 8 ～ 30mm，宽 5 ～ 10mm，直或微弯，二种子间胀膨或与侧面不同程度下隔，被褐色的腺点和刺毛状腺体，疏被长柔毛，含种子 1 ～ 4 粒，种子圆形，绿色，直径 2 ～ 3mm。花期 5 ～ 7 月，果期 6 ～ 10 月。

中旱生草本。生于荒漠带的河岸。产额济纳。分布于我国甘肃、新疆，中亚。为戈壁分布种。

根和根状茎供药用。

4. 圆果甘草（马兰秆）

Glycyrrhiza squamulosa Franch. in Nouv. Arch. Mus. Hist. Nat. Ser. 2, 5:245; Pl. David. 1:93. 1883; Fl. China 10:511. 2010; Fl. Intramongol. ed. 2, 3:248. t.98. f.11-14. 1989.

多年生草本，高 30 ～ 60cm。茎直立，稍带木质，具条棱，有白色短毛和鳞片状腺体。单数羽状复叶，具小叶 9 ～ 13；托叶披针形或宽披针形，有短毛和鳞片状腺体；小叶矩圆形、倒卵状矩圆形或椭圆形，长（5 ～）10 ～ 30（～ 35）mm，宽 5 ～ 8mm，先端钝或微凹，具小刺尖，基部楔形或宽楔形，两面密被腺点，并有鳞片状腺体，边缘有长毛及腺体；小叶柄短。总状花序腋生，较叶长或短于叶；总花梗长 6 ～ 10cm，密被白色长柔毛及腺体；花梗长约 1mm；苞片披针形，较花梗长近 1 倍；花白色，干时呈黄色，长约 8mm；花萼筒状钟形，长约 3mm，密被鳞

片状腺体并疏生长柔毛，萼齿披针形，渐尖，与萼筒等长，长约 1.5mm。花瓣均密被腺体；旗瓣矩圆状卵形，顶端钝，基部渐狭成短爪；翼瓣较旗瓣短，但比龙骨瓣稍长或等长，均具爪，爪长为鳞片的 1/2。子房密被腺体。荚果扁，宽卵形、矩圆形或近圆形，褐色，长 5 ～ 7mm，宽 4 ～ 6mm，有瘤状突起，顶端有短尖，含种子 2 粒。花期 6 ～ 7 月，果期 8 ～ 9 月。

多年生中旱生草本。生于草原带的田野、路旁、撂荒地、轻度盐碱地和河岸阶地。产乌兰察布（四子王旗卫境苏木、达尔罕茂明安联合旗北部）、阴山及阴南平原（呼和浩特市、包头市）、鄂尔多斯（达拉特旗、鄂托克旗）。分布于我国河北、河南北部、宁夏西部和北部、山西、陕西北部。为华北分布种。

5. 刺果甘草（头序甘草、山大料）

Glycyrrhiza pallidiflora Maxim. in Prim. Fl. Amur. 79. 1859; Fl. Intramongol. ed. 2, 3:248. t.98. f.7-10. 1989.

多年生草本，高 100cm 左右。茎直立，基部木质化；枝具棱，有鳞片状腺体。单数羽状复叶，具小叶 9 ～ 15；托叶披针形或长三角形，渐尖，长 6 ～ 13mm；小叶椭圆形、菱状椭圆形或椭圆

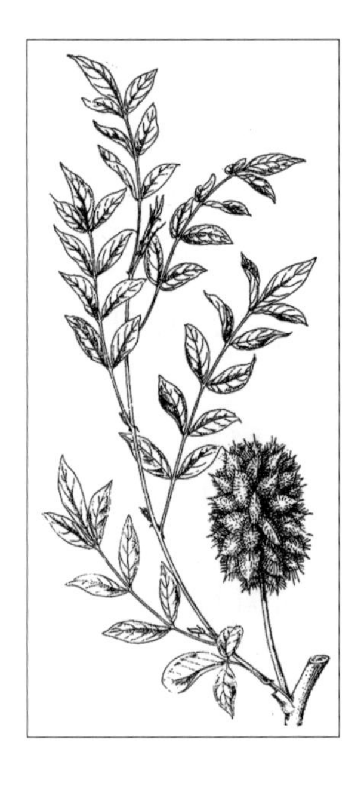

状披针形，长 2 ～ 5cm，宽 1 ～ 1.5cm，先端渐尖，基部近楔形，全缘，两面密被小腺点。总状花序腋生，花多数，密集呈长圆形；花萼钟状，萼齿 5，其中 2 萼齿较短。花淡蓝紫色，长 7 ～ 9mm；旗瓣矩圆状卵形或近椭圆形，长约 8mm；翼瓣稍呈半月形弯曲，具耳和爪；龙骨瓣近椭圆形，亦具耳及爪。子房有毛。荚果卵形或椭圆形，长 11 ～ 15mm，宽 6 ～ 7mm，黄褐色，密被细长刺，刺长 3 ～ 5mm，通常含种子 2 粒，荚果密集呈椭圆形或矩圆状果序。花期 7 ～ 8 月，果期 8 ～ 9 月。

中旱生草本。散生于森林草原带的田野、路旁和河边草地。产兴安南部和科尔沁（科尔沁右翼前旗、科尔沁右翼中旗、阿鲁科尔沁旗、巴林右旗、敖汉旗）。分布于我国黑龙江、辽宁、河北、河南北部、山东中北部、江苏中部、陕西西南部、四川、云南，俄罗斯（西伯利亚地区、远东地区）。为西伯利亚—东亚分布种。

果实入药，有催乳作用。

12. 米口袋属 Gueldenstaedtia Fisch.

多年生草本。主根粗壮。茎短缩或无茎。托叶贴生于叶柄或分离；单数羽状复叶，集生于短茎上端，形成莲座叶丛。总花梗自叶丛间抽出，顶端集生 2 ～ 8 朵花，排列成伞形，稀单花；花蓝紫色或黄色；花萼钟状，具 5 齿，萼齿不相等。旗瓣圆形；龙骨瓣显著短小，约为旗瓣的 1/3 ～ 1/2。雄蕊 10，成 9 与 1 两体；子房无柄，花柱上端卷曲，具胚珠多数。荚果圆筒状，无假隔膜，1 室；种子肾形，具凹点或平滑。

内蒙古有 3 种。

分种检索表

1a. 小叶椭圆形或卵形，伞形花序通常有 6 ～ 8 朵花……………………………………**1. 米口袋 G. multiflora**

1b. 小叶披针形、条形或矩圆状披针形，伞形花序通常有 2 ～ 4 朵花。

  2a. 花萼长 6 ～ 8mm，旗瓣长 12 ～ 14mm，小叶果期长卵形或披针形……………**2. 少花米口袋 G. verna**

  2b. 花萼长 4 ～ 5mm，旗瓣长 6 ～ 9mm，小叶果期条形 ………………………**3. 狭叶米口袋 G. stenophylla**

1. 米口袋（米布袋、紫花地丁）

Gueldenstaedtia multiflora Bunge in Mem. Acad. St.-Petersb. Sav. Etrang. 2:98. 1883; Fl. Intramongol. ed. 2, 3:242. t.96. f.8-12. 1989.

多年生草本，高 10 ～ 20cm。主根圆锥形。茎短缩，在根颈上丛生，全株被白色长柔毛。单数羽状复叶，具小叶 11 ～ 21；托叶三角形，基部与叶柄合生，外面被长柔毛；小叶椭圆形、长椭圆形或卵形，长 4 ～ 20mm，宽 3 ～ 8mm，先端圆或稍尖，基部圆形或宽楔形，两面密被白色长柔毛，老时近无毛。总花梗自叶丛间抽出，伞形花序有花（2 ～）6 ～ 8 朵；花梗极短；苞片及小苞片披针形；花萼钟状，长 5 ～ 8mm，被长柔毛，萼齿不等长，上面 2 萼齿较大。花紫红色或蓝紫色；旗瓣宽卵形，长 12 ～ 13mm，顶端微凹，基部渐狭成爪；翼瓣矩圆形，长约 10mm，上端稍宽，具斜截头，基部具短爪；龙骨瓣卵形，长约 6mm。子房密被长柔毛。荚果圆筒状，1 室，长 1.5 ～ 2cm，宽约 3.5mm，被长柔毛。花期 5 月，果期 6 ～ 7 月。

旱生草本。散生于森林带和森林草原带的田野、路旁和山坡。产兴安南部（巴林右旗、克什克腾旗）、燕山北部（喀喇沁旗、宁城县、敖汉旗）、阴山（大青山）、贺兰山。分布于我国黑龙江、吉林、辽宁、河北、河南、山东、山西、陕西、甘肃、青海东部、四川、江苏、湖北、广西、云南，朝鲜北部。为东亚种。

为良好的饲用植物。幼嫩时绵羊、山羊采食，结实后则乐意采食其荚果。全草入药，能清热解毒，主治痈疽、疔毒、瘰疬、恶疮、黄疸、痢疾、腹泻、目赤、喉痹、毒蛇咬伤。

2. 少花米口袋（地丁、多花米口袋）

Gueldenstaedtia verna (Georgi) Boriss. in Spisok Rast. Gerb. Fl. S.S.S.R. Bot. Inst. Vsesojuzn. Akad. Nauk 12:122. 1953; Fl. Intramongol. ed. 2, 3:243. t.97. f.7-10. 1989.——*Astragalus vernus* Georgi in Reise Russ. Reich. 1:226. 1775.

多年生草本，高 10 ～ 20cm。全株被白色长柔毛，果期后毛渐稀少。主根圆锥形，粗壮，不分枝或少分枝。茎短缩，在根颈上丛生。单数羽状复叶，具小叶 9 ～ 21；托叶卵形、卵状三

角形至披针形，基部与叶柄合生，外面被长柔毛；小叶长卵形至披针形，长 4 ～ 15mm，宽 2 ～ 8mm，先端钝或稍尖，具小尖头，基部圆形或宽楔形，全缘，两面被白色长柔毛，或上面毛较少以至近无毛。总花梗数个自叶丛间抽出，花期之初较叶长，后则约与叶等长；伞形花序，具花 2 ～ 4 朵；花梗极短或近无梗；苞片及小苞片披针形至条形；花萼钟状，长 6 ～ 8mm，密被长柔毛，萼齿不等长，上 2 萼齿较大，其长与萼筒相等，下 3 萼齿较小。花蓝紫色或紫红色；旗瓣宽卵形，长 12 ～ 14mm，顶端微凹，基部渐狭成爪；翼瓣矩圆形，较旗瓣短，长 8 ～ 11mm，上端稍宽，具斜截头，基部有爪；龙骨瓣长 5 ～ 6mm。子房密被柔毛，花柱顶端卷曲。荚果圆筒状，1 室，长 13 ～ 20（～ 22）mm，宽 3 ～ 4mm，被长柔毛；种子肾形，具浅的蜂窝状凹点，有光泽。花期 5 月，果期 6 ～ 7 月。

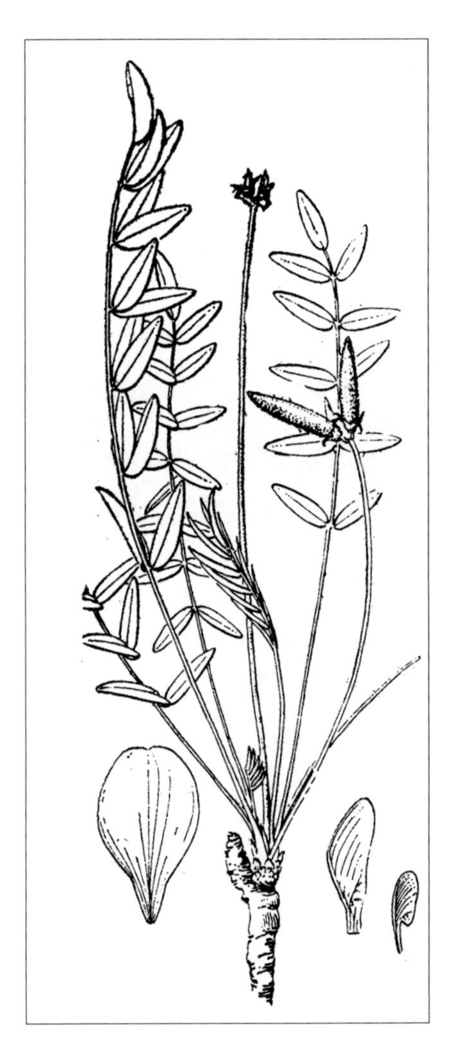

旱生草本。散生于草原带的沙质草原或石质草原，虽多度不高，但分布稳定。产兴安北部及岭西（额尔古纳市、牙克石市）、岭东（阿荣旗）、呼伦贝尔（满洲里市、新巴尔虎左旗、新巴尔虎右旗）、兴安南部及科尔沁（扎赉特旗、科尔沁右翼前旗、科尔沁右翼中旗、阿鲁科尔沁旗、巴林右旗、克什克腾旗）、赤峰丘陵（红山区）、燕山北部（喀喇沁旗、宁城县、敖汉旗）、锡林郭勒（锡林浩特市、镶黄旗）。分布于我国黑龙江、吉林、辽宁、河北北部，俄罗斯（西伯利

亚地区）。为东古北极分布种。

用途同米口袋。

3. 狭叶米口袋（甘肃米口袋、地丁）

Gueldenstaedtia stenophylla Bunge in Mem. Acad. St.-Petersb. Sav. Etrang. 2:98. 1883; Fl. Intramongol. ed. 2, 3:245. t.97. f.1-6. 1989.——*G. gansuensis* H. P. Tsui in Bull. Bot. Lab. N.-E. Forest. Inst. Harbin 5:44. t.3. f.4., t.5. f.2. 1979; Fl. Intramongol. ed. 2, 3:243. t.97. f.11-14. 1989.

多年生草本，高 5 ～ 15cm。全株被长柔毛。主根圆柱状，较细长。茎短缩，在根颈上丛生，短茎上有宿存的托叶。单数羽状复叶，具小叶 7 ～ 19；托叶三角形，基部与叶柄合生，外面被长柔毛；小叶矩圆形至条形，或春季小叶常为近卵形（通常夏秋季的小叶变窄，呈条状矩圆形或条形），长 2 ～ 35mm，宽 1 ～ 6mm，先端锐尖或钝尖，具小尖头，全缘，两面被白柔毛，花期毛较密，果期毛少或有时近无毛。总花梗数个自叶丛间抽出，顶端各具 2 ～ 3（～ 4）朵花，排列成伞形；花梗极短或无梗；苞片及小苞片披针形；花萼钟形，长 4 ～ 5mm，密被长柔毛，上 2 萼齿较大。花粉紫色；旗瓣近圆形，长 6 ～ 9mm，顶端微凹，基部渐狭成爪；翼瓣比旗瓣短，长约 7mm；龙骨瓣长约 4.5mm。荚果圆筒形，长 14 ～ 18mm，被灰白色长柔毛。花期 5 月，果期 5 ～ 7 月。

旱生草本。生于草原带的河岸沙地、固定沙地，少量向东进入森林草原带，向西渗入荒漠草原带，为沙质草原的伴生种。产赤峰丘陵（红山区、松山区、元宝山区）、燕山北部（喀喇沁旗）、锡林郭勒（锡林浩特市、苏尼特左旗、苏尼特右旗）、乌兰察布（达尔罕茂明安联合旗、固阳县、乌拉特中旗）、阴山（大青山）、阴南平原（呼和浩特市、包头市九原区）、阴南丘陵（和林格尔县、

准格尔旗）、鄂尔多斯（鄂托克旗）、东阿拉善（腾格里沙漠边缘）、西阿拉善（阿拉善右旗）、贺兰山。分布于我国黑龙江、辽宁、河北北部、河南、山东、山西、陕西、宁夏、甘肃东部、青海东部、江苏、安徽、浙江，朝鲜北部、蒙古国东北部（蒙古—达乌里地区）。为东古北极分布种。

用途同米口袋。

13. 旱雀儿豆属 **Chesniella** Boriss.

多年生草本。茎平卧，纤细，基本木质化。羽状复叶，具小叶 3 ～ 11；托叶膜质宿存，与叶柄分离。花单生于叶腋；花萼管状，基部微呈囊状，萼齿 5，近相等；花冠紫红色或黄色，旗瓣的背面通常被毛；雄蕊 10，两体；子房无柄，具多数胚珠。荚果倒卵形至条形，1 室，被平伏或开展的柔毛。

内蒙古有 2 种。

分种检索表

1a. 萼齿稍短于萼筒，小叶 3 ～ 7，茎与叶密被贴伏绢毛……………………………**1. 蒙古旱雀豆 C. mongolica**

1b. 萼齿长为萼筒的 1.5 ～ 2 倍，小叶 9，茎与叶密长柔毛…………………………**2. 戈壁旱雀豆 C. ferganensis**

1. 蒙古旱雀豆（蒙古切思豆）

Chesniella mongolica (Maxim.) Boriss. in Nov. Sist. Vyssh. Rast. 1964:184. 1964; Fl. China 10:503. 2010.——*Chesneya mongolica* Maxim. in Bull. Acad. Imp. Sci. St.-Petersb. 27(4):462. 1882; Fl. Intramongol. ed. 2, 3:238. t.95. f.1-6. 1989.

多年生草本。根直伸，木质化。多数细长枝条由基部分出，匍匐地面，枝常呈“之”字形屈曲，密被绢毛。单数羽状复叶，具小叶 3 ～ 7；托叶卵状披针形，先端渐尖，有毛，常反折；叶轴长约 1cm，密被绢毛；小叶倒三角形或倒卵形，长 5 ～ 7mm，宽 4 ～ 6mm，先端截形、微凹或近圆形，基部宽楔形，上面灰绿色，密布褐色腺点与平伏绢毛，下面银灰色，密被绢毛，叶缘粗厚而隆起。花单生于叶腋，橘黄紫色，长约 14mm；花梗长 7 ～ 8mm，较叶为短，有毛；小苞片卵形，长 0.7 ～ 1mm；花萼筒状，长约 7mm，密被平伏绢毛，基部偏斜呈囊状，萼齿近等

长，三角形，先端渐尖，尖端常呈暗红褐色。旗瓣倒卵形，顶端微凹，基部渐狭成爪；翼瓣比旗瓣短或等长，矩圆形，顶端钝，基部具短爪及耳；龙骨瓣与翼瓣近等长，顶端尖。子房有毛，花柱曲折，柱头周围有髯毛。荚果条状矩圆形，长约 15mm，宽约 3mm，顶端渐尖，密被绢毛。花期 6 月。

旱生草本。稀疏地散生于荒漠带和荒漠草原带的沙砾质地，沿沟谷生长或见于盐渍荒漠中。产东阿拉善（乌拉特后旗、鄂托克旗西部、阿拉善左旗）。分布于我国宁夏、甘肃，蒙古国西部和南部。为戈壁分布种。

青鲜状态为绵羊、山羊所喜食。

2. 戈壁旱雀豆（甘肃旱雀豆）

Chesniella ferganensis (Korsh.) Boriss. in Nov. Sist. Vyssh. Rast. 1964:183, 184. 1964; Fl. China 10:503. 2010.——*Chesneya ferganensis* Korsh. in Zap. Imp. Akad. Nauk. Fiz.-Mat. Otd., Ser. 8, 4(4):90. 1896. ——*Chesneya grubovii* Yakovl. in Nov. Syst. Pl. Vasc. 16:136. 1979; Fl. Intramongol. ed. 2, 3:238. t.95. f.7-12. 1989.——*C. gansuensis* Y. X. Liou in Act. Phytotax. Sin. 22(3):215. 1984.

多年生草本。被灰白色长柔毛，呈灰绿色。根直伸，木质化。茎丛生于短缩的木质化根状茎上，平卧或斜升，长（2～）10～15cm。单数羽状复叶，具小叶9；托叶披针形或卵形，先端锐尖或钝；小叶柄极短；小叶倒卵形或倒三角形，长3～10mm，宽2～5mm，先端平截，极

少圆形，具刺尖，基部楔形，两面被柔毛。花单生于叶腋，红色，长10～13mm；花梗长8～18mm，上部具苞，很小；萼筒宽钟状，长2～3mm，齿三角形，先端长渐尖，齿长为筒长的1.5～2倍。旗瓣近圆形，长10～13mm，爪甚短，先端微凹，背部被丁字毛和鳞粉；翼瓣矩圆形，与旗瓣近等长，爪长约1mm，具短钝耳；龙骨瓣稍短于旗瓣，爪长不到1mm，具短钝耳。荚果矩圆形，长13～15mm，宽4～5mm，开裂，扁平，密被短柔毛，先端尖；种子肾形，长约2.5mm，宽约2mm，有蜂窝状孔。花期6～7月，果期7～8月。

旱生草本。散生于荒漠带的石质山坡、戈壁。产西阿拉善（阿拉善右旗南部）、额济纳。分布于我国甘肃，蒙古国西南部（准噶尔戈壁）。为戈壁分布种。

14. 雀儿豆属 Chesneya Lindl. ex Endl.

垫状半灌木或多年生草本。茎通常短缩。单数羽状复叶，稀双数羽状复叶；托叶全缘或具齿，与叶柄基部连合；叶轴宿存。花单生于叶腋或数朵组成总状花序；花萼管状或管状钟形，萼齿 5。旗瓣倒卵形，爪与瓣片等长或较短；龙骨瓣与翼瓣的爪较瓣片长 1.5 ～ 2 倍。雄蕊 10，两体；花柱较长，子房具多数胚珠。荚果圆柱状，果皮海绵质，1 室，有时具不明显的横隔膜。

内蒙古有 1 种。

1. 大花雀儿豆（红花海绵豆、红花雀儿豆）

Chesneya macrantha S. H. Cheng ex H. C. Fu in Fl. Intramongol. 3:291. 1977; Fl. China 10:502. 2010.——*Spongiocarpella grubovii* (Ulzij.) Yakovl. in Bot. Zurn. S.S.S.R. 72(2):258. 1987; Fl. Intramongol. ed. 2, 3:240. t.96. f.1-7. 1989.——*Oxytropis grubovii* Ulzij. in Bot. Zurn. S.S.S.R. 56(8):1149. 1971.

垫状半灌木，高 10 ～ 15cm。多分枝，当年枝短缩。单数羽状复叶，具小叶 7 ～ 11；托叶三角状披针形，革质，密被平伏短柔毛与白色绢毛，先端渐尖，与叶柄基部连合；叶轴长 3 ～ 5cm，宿存并硬化呈针刺状；小叶椭圆形、菱状椭圆形或倒卵形，长 3 ～ 7mm，宽 2 ～ 4mm，先端钝或锐尖，基部宽楔形或近圆形，上面被浅黑色腺点，两面被平伏的白色绢毛。花梗长 9 ～ 11mm；小苞片条状披针形，褐色，对生，有白色缘毛；花萼管状钟形，长 1.2 ～ 1.5cm，二唇形，锈褐色，密被柔毛；萼齿条状披针形，长 5 ～ 7mm，有白色缘毛，里面密被白色长柔毛。花较大，长 2.5 ～ 3cm，紫红色；旗瓣倒卵形，长 22 ～ 24mm，顶端微凹，基部渐狭，背面密被短柔毛；翼瓣长约 18mm，顶端稍宽、钝；龙骨瓣长 18 ～ 20mm，顶端钝，基部均有长爪。子房有毛。荚果矩圆状椭圆形，长 12 ～ 13mm，宽 4 ～ 5mm，革质，顶端具短喙，密被长柔毛。花期 6 ～ 7 月，果期 8 ～ 9 月。

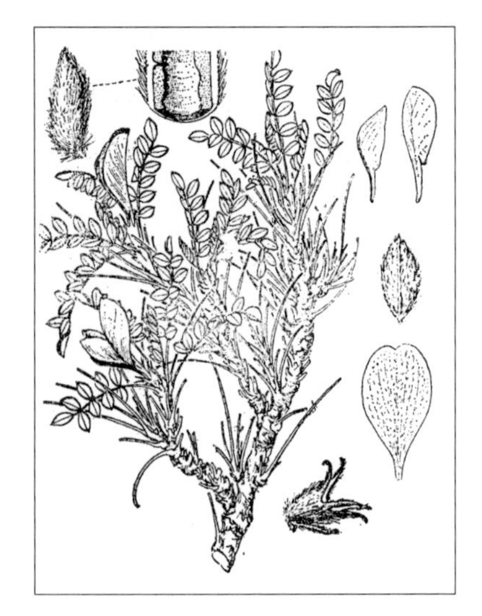

旱生垫状半灌木。散生于荒漠带或荒漠草原带的山地石缝中、低山丘陵砾石地、剥蚀残丘或沙地。产乌兰察布（达尔罕茂明安联合旗）、东阿拉善（狼山、桌子山、阿拉善左旗）、西阿拉善（阿拉善右旗）、贺兰山。分布于我国宁夏（贺兰山）、新疆，蒙古国南部。为戈壁—蒙古分布种。

15. 棘豆属 Oxytropis DC.

多年生草本或半灌木。单数羽状复叶或复叶具轮生小叶。花序总状、穗状或有时密集如头状；萼钟形或筒状，5齿裂；花冠紫色、蓝紫色、白色或黄色等，龙骨瓣先端具喙；雄蕊10，呈两体，花药同形；子房具多数胚珠，花柱向内弯曲。荚果矩圆形、卵形、宽卵形或近球形等，通常膨胀，膜质或革质，通常沿缝线裂开，单室（无假隔膜）或不完全2室（稍具假隔膜），少为2室（具完全的假隔膜）。

内蒙古有35种。

分种检索表

1a. 荚果单室，无假隔膜（**1. 单室棘豆亚属** Subgen. **Phacoxytropis** Bunge）。

2a. 托叶与叶柄分离，具发达的地上茎或有时茎缩短。

3a. 花小，长6～8mm；茎发达；花萼被白色或混生黑毛；总状花序。

4a. 茎斜升，少分枝；小叶25～39，密集；荚果矩圆形，被黑色开展的长柔毛……………………………………………………………………………………**1. 急弯棘豆 O. deflexa**

4b. 茎匍匐，多分枝；小叶11～19，疏离；荚果长椭圆形，被白色或黑色贴伏的短柔毛。

5a. 植株较大，分枝粗壮；小叶较大，长10～30mm，宽3～10mm；荚果长椭圆形，长10～17mm；密被白色平伏短柔毛……………………**2a. 小花棘豆 O. glabra** var. **glabra**

5b. 植株较小，分枝细弱；小叶小，长5～12mm，宽2～3mm；荚果椭圆形，长6～8mm；密被黑色平伏短柔毛………………………………**2b. 小叶小花棘豆 O. glabra** var. **tenuis**

3b. 花较大，长10～13mm；茎有时缩短；花萼被黑毛；小叶9～25；近头状花序………………………………………………………………………………**3. 黑萼棘豆 O. melanocalyx**

2b. 托叶与叶柄连合，茎缩短或近无茎。

6a. 花黄色；小叶7～19，卵形或椭圆状卵形……………………**4. 贺兰山棘豆 O. holanshanensis**

6b. 花蓝紫色、紫红色或白色。

7a. 荚果向上直立，小叶21～31（～41）。

8a. 小叶片长约5mm，宽1～2mm，干后反卷；花长6～7mm；荚果长5～10mm……………………………………………………………………………………**5. 线棘豆 O. filiformis**

8b. 小叶片长5～15mm，宽2～5mm，干后不反卷；花长约10mm；荚果长12～18mm……………………………………………………………………………………**6. 蓝花棘豆 O. caerulea**

7b. 荚果下垂，小叶11～25 ……………………………………………**7. 米尔克棘豆 O. merkensis**

1b. 荚果不完全2室，具假隔膜（**2. 棘豆亚属** Subgen. **Oxytropis**）。

9a. 多年生草本。

10a. 叶轴不为针刺状，脱落。

11a. 羽状复叶，小叶对生。

12a. 具地上茎，花黄色 ……………………………………………**8. 黄花棘豆 O. ochrocephala**

12b. 茎短缩或近于无茎。

13a. 荚果革质或薄革质，非泡状；总状花序有花多数，常4至多朵。

14a. 小叶两面密被柔毛；花较大，长20～30mm。

15a. 荚果薄革质，植株被黄色或白色平伏绢毛，旗瓣倒卵状矩圆形，

苞片宽椭圆形……………………………………………**9. 宽苞棘豆 O. latibractata**

15b. 荚果革质，植株被白色平伏柔毛，旗瓣倒卵形，苞片披针形………………………………………………………………………………………………**10. 大花棘豆 O. grandiflora**

14b. 小叶两面或一面疏生长硬毛；花较小，长 15 ～ 20mm。

16a. 总状花序近头状，有花 3 ～ 10 朵而较疏松；植株被平伏长硬毛；小叶条状披针形或披针形。

17a. 花萼管状钟形，膨大，花后壶状或近球状；苞片卵形，长 4 ～ 5mm；小叶两面疏生长硬毛……………………………………………**11. 囊萼棘豆 O. sacciformis**

17b. 花萼管状，不膨大；苞片条形，长约 6mm；小叶上面无毛或疏生平伏长硬毛，下面密生长硬毛…………………………………**12. 四子王棘豆 O. siziwangensis**

16b. 总状花序呈长穗状，有花多数而密集；植株被开展的长硬毛；花萼不膨大；小叶卵状披针形或长椭圆形，上面无毛，下面和边缘疏生长硬毛；苞片条状披针形，长 15 ～ 20mm ………………………………………………………**13. 硬毛棘豆 O. hirta**

13b. 荚果膜质，泡状。

18a. 小叶 5 至多数。

19a. 花黄色或白色，小叶平展。

20a. 总状花序有花 3 ～ 7 朵，近头状。

21a. 小叶片两面无毛，仅边缘疏生长柔毛；荚果无毛……**14. 缘毛棘豆 O. ciliata**

21b. 小叶片上面无毛，下面被毛；荚果密被长柔毛……**15. 丛棘豆 O. caespitosa**

20b. 总状花序有花多数，卵状；小叶片两面被长柔毛；荚果密被长柔毛……………………………………………………………………………**16. 大青山棘豆 O. daqingshanica**

19b. 花紫色、蓝紫色或紫红色，小叶内卷而呈条形。

22a. 小叶两面无毛，但疏生缘毛；苞片卵状椭圆形，长约 10mm；荚果密被长柔毛……………………………………………………………………**17. 阴山棘豆 O. inschanica**

22b. 小叶上面无毛，下面密被平伏长柔毛；苞片椭圆状披针形，长 3 ～ 5mm；荚果密被短柔毛。

23a. 叶狭条形，长 13 ～ 35mm；翼瓣的耳长为爪的 1/4；垂直或斜伸的根状茎少分枝，不呈垫状…………………………**18. 薄叶棘豆 O. leptophylla**

23b. 叶狭披针形，长 4 ～ 12mm；翼瓣的耳长为爪的 2/5；垂直或斜伸的根状茎多分枝，呈垫状…………………………………**19. 达茂棘豆 O. turbinata**

18b. 小叶 1 或 3。

24a. 小叶 1，同型，椭圆形或椭圆状披针形；花白色或淡紫色；旗瓣狭，匙形……………………………………………………………………………**20. 内蒙古棘豆 O. neimonggolica**

24b. 小叶 3 或 1，异型，初生小叶 3，椭圆形，后生小叶 1，条形；花黄色；旗瓣宽，倒卵形…………………………………………………………**21. 异叶棘豆 O. diversifolia**

11b. 复叶具轮生小叶。

25a. 具发达的地上茎，多分枝；花 1 ～ 3 朵，生于叶腋…………………**22. 多枝棘豆 O. ramosissima**

25b. 茎极缩短或近于无茎；花多数，稀少数，生于总花梗顶端。

26a. 萼筒和荚果具瘤状腺质突起…………………………………………**23. 瘤果棘豆 O. microphylla**

26b. 植株无腺体。

27a. 荚果革质，非泡状。

28a. 每叶具小叶 25 ～ 32 轮，总状花序有花多数……………**24. 多叶棘豆 O. myriophylla**

28b. 每叶具小叶 18 轮以下。

29a. 每叶具小叶 2 ～ 5 轮，总状花序有花 1 ～ 3 朵，总花梗比叶短……………………………………………………………………………………**25. 狼山棘豆 O. langshanica**

29b. 每叶具小叶 8 ～ 18 轮，总状花序有花多数。

30a. 托叶密被白色长柔毛。

31a. 总花梗比叶长；小叶非肉质，条形或条状披针形，两面密被白色长柔毛；子房和荚果被毛…………………………**26. 二色棘豆 O. bicolor**

31b. 总花梗比叶长；小叶肉质，长圆形或披针形，上面无毛，下面疏被柔毛；子房和荚果无毛………………………………**27. 平卧棘豆 O. prostrata**

30b. 托叶、小叶密被白色绵毛，总花梗比叶短，子房和荚果被毛，小叶长圆形或披针形…………………………………………………**28. 绵毛棘豆 O. lanata**

27b. 荚果膜质，泡状。

32a. 苞片披针状条形，与花冠近等长；花黄色或白色；植株被黄色长柔毛……………………………………………………………………………………**29. 黄毛棘豆 O. ochrantha**

32b. 苞片条形，比萼短或与花梗近等长。

33a. 旗瓣和翼瓣黄色，带绿色彩调，龙骨瓣顶端紫色；每叶具小叶 4 ～ 6 轮……………………………………………………………………**30. 黄绿花棘豆 O. viridiflava**

33b. 花红紫色或粉红色，稀为白色。

34a. 每叶具小叶 6 ～ 12 轮，每轮有 4 ～ 6 小叶；花冠长 8 ～ 10mm；荚果长约 10mm。

35a. 子房和荚果密被短柔毛………**31a. 砂珍棘豆 O. racemosa** var. **racemosa**

35b. 子房和荚果光滑无毛…**31b. 光果砂珍棘豆 O. racemosa** var. **glabricarpa**

34b. 每叶具小叶 3 ～ 9 轮，每轮有 2(～ 3) ～ 4(～ 6) 片小叶；花冠长 14 ～ 18mm；荚果长 10 ～ 18mm。

36a. 子房和荚果密被短柔毛……**32a. 尖叶棘豆 O. oxyphylla** var. **oxyphylla**

36b. 子房和荚果光滑无毛……**32b. 光果尖叶棘豆 O. oxyphylla** var. **leiocarpa**

10b. 叶轴宿存，近针刺状；萼筒上密生鳞片状腺体；花葶极短，为叶的 1/3 ～ 1/2……………………………………………………………………………………**33. 鳞萼棘豆 O. squammulosa**

9b. 小半灌木；叶轴宿存，常为针刺状；茎多分枝，全体呈半球状植丛。

37a. 荚果泡状，膜质；单数羽状复叶，具小叶 7 ～ 13，卵形至矩圆形，先端无刺尖……………………………………………………………………**34. 胶黄芪状棘豆 O. tragacanthoides**

37b. 荚果矩圆形，革质；双数羽状复叶，具小叶 4 ～ 6，条形，先端具刺尖……………………………………………………………………………………**35. 刺叶柄棘豆 O. aciphylla**

1. 急弯棘豆

Oxytropis deflexa (Pall.) DC. in Astrag. 96. 1802; Fl. Intramongol. ed. 2, 3:331. t.128. f.7-12. 1989.——*Astragalus deflexus* Pall. in Act. Acad. Sci. Imp. Petrop. 2:268. 1779.

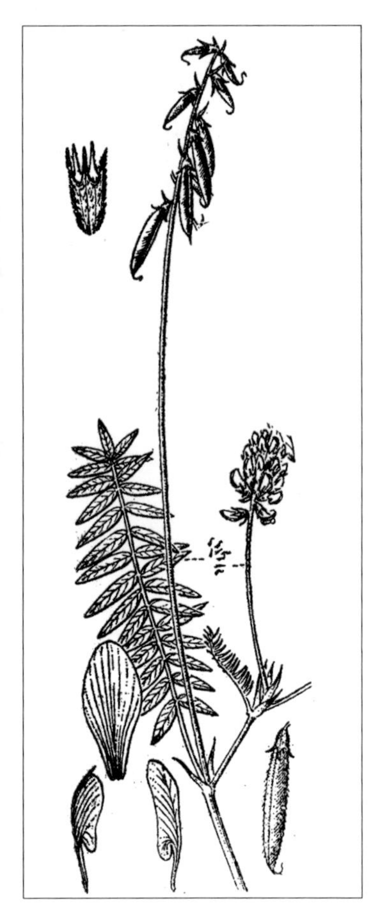

多年生草本，高 10 ～ 20cm。全株被开展的短柔毛，呈灰绿色。茎长 1.5 ～ 15cm，斜升。单数羽状复叶，长 5 ～ 15cm，具小叶 25 ～ 39；叶柄比叶轴短；托叶披针形，长渐尖，分离，基部与叶柄连合，密被长柔毛；小叶密集，卵状披针形，长 5 ～ 15mm，宽 2 ～ 5mm，先端短渐尖或钝，基部宽楔形或圆形，两面被半开展的柔毛。总花梗长 5 ～ 20cm，与叶等长或较之稍长；总状花序长 2 ～ 3cm，密生多花，以后延伸；苞片条形，膜质，与萼筒等长，超出花梗；花萼钟状，长约 6mm，被白色或黑色柔毛，萼齿条形，长约 2.5mm。花小，淡蓝紫色，在完全开放时下垂；旗瓣长约 8mm，卵形，先端微凹；翼瓣与旗瓣等长；龙骨瓣较翼瓣稍短，喙长约 1mm。荚果矩圆状卵形，长 12 ～ 16mm，果梗长 2 ～ 4mm，被开展的黑色或黑色与白色混杂的长柔毛。花期 6 ～ 7 月。

多年生中生草本。生于荒漠带和草原带的山地沟谷与草甸。产阴山（大青山辉腾梁）、贺兰山、龙首山。分布于我国宁夏、陕西、甘肃、青海、西藏、新疆，蒙古国北部和西部及南部、俄罗斯（西伯利亚地区），北美洲。为亚洲—北美分布种。

2. 小花棘豆（醉马草、包头棘豆）

Oxytropis glabra (Lam.) DC. in Astrag. 95. 1802; Fl. Intramongol. ed. 2, 3:330. t.128. f.13-19. 1989.——*Astragalus glaber* Lam. in Encycl. 1(2):525. 1783.

2a. 小花棘豆

Oxytropis glabra (Lam.) DC. var. **glabra**

多年生草本，高 20 ～ 30cm。茎伸长，匍匐，上部斜升，多分枝，疏被柔毛。单数羽状复叶，长 5 ～ 10cm，具小叶（5 ～）11 ～ 19；托叶披针形、披针状卵形、卵形至三角形，长 5 ～ 10mm，草质，疏被柔毛，分离或基部与叶柄连合；小叶披针形、卵状披针形、矩圆状披针形至椭圆形，长（5 ～）10 ～ 20（～ 30）mm，宽 3 ～ 7（～ 10）mm，先端锐尖、渐尖或钝，基部圆形，上面疏被平伏的柔毛或近无毛，下面被疏或较密的平伏柔毛。总状花序腋生，花排列稀疏；总花梗较叶长，疏被柔毛；苞片柔条状披针形，长约 2mm，先端尖，被柔毛；花梗长约 1mm；花萼钟状，长 4 ～ 5mm，被平伏的白色柔毛，萼齿披针状钻形，长 1.5 ～ 2mm。花小，长 6 ～ 8mm，淡蓝紫色，稀白色；旗瓣宽倒卵形，长 5 ～ 8mm，先端近截形，微凹或具细尖；翼瓣稍短于旗瓣；龙骨瓣稍短于翼瓣，喙长 0.3 ～ 0.5mm。荚果长椭圆形，长 10 ～ 17mm，宽 3 ～ 5mm，下垂，膨胀，背部圆，腹缝线稍凹，喙长 1 ～ 1.5mm，密被平伏的短柔毛。花期 6 ～ 7 月，果期 7 ～ 8 月。

轻度耐盐的中生草本。生于草原带、荒漠草原带和荒漠带的低湿地上，在湖盆边缘或沙地间的盐湿低地上有时可成为优势种，也伴生于芨芨草盐生草甸群落中，为轻度耐盐的盐生草甸种。产阴南平原及阴南丘陵、乌兰察布、鄂尔多斯、东阿拉善、西阿拉善、额济纳。分布于我国宁夏、陕西、甘肃、青海（柴达木盆地）、西藏、新疆，蒙古国东部和北部及西部和中部、俄罗斯（西伯利亚地区南部）、哈萨克斯坦，克什米尔地区。为古地中海分布种。

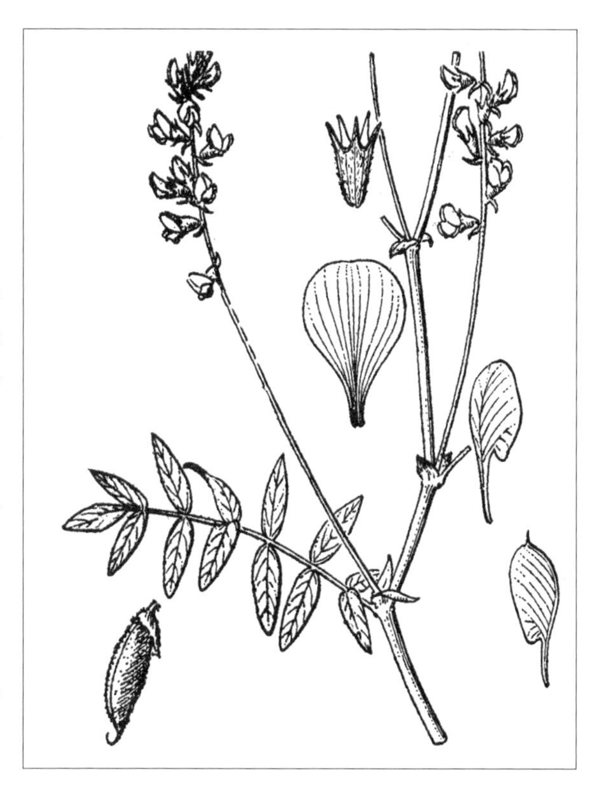

为有毒植物。据研究，它含有具强烈溶血活性的蛋白质毒素，家畜大量采食后，能引起慢性中毒，其中以马最为严重，其次为牛、绵羊与山羊。家畜采食后，开始发胖，继续采食，则出现腹胀、消瘦、双目失明、体温增高、口吐白沫，不思饮食，最后死亡。若在刚中毒时改饲其他牧草，或将中毒家畜驱至生长有葱属植物或冷蒿的放牧地上，可以解毒。据报道，采用机械铲除或用 2,4-D 丁酯进行化学除莠，效果较好。此外，采取去毒饲喂的方法可变害为利。

2b. 小叶小花棘豆

Oxytropis glabra (Lam.) DC. var. **tenuis** Palib. in Bull. Herb. Boiss. Ser. 2, 8(3):160. 1908; Fl. Intramongol. ed. 2, 3:331. 1989.

本变种与正种的不同点在于：植株较小，枝细弱。小叶 19 ～ 25，长 5 ～ 12mm，宽 2 ～ 3mm。荚果较小，长 6 ～ 8mm，宽 3 ～ 4mm。

轻度耐盐的中生草本。生于草原带的盐渍化低湿草甸。产呼伦贝尔（新巴尔虎右旗）、科

尔沁（克什克腾旗）、锡林郭勒（锡林浩特市、西乌珠穆沁旗）、阴南平原（呼和浩特市、包头市）、鄂尔多斯（伊金霍洛旗、乌审旗）。分布于我国山西北部、甘肃、青海、新疆，蒙古国。为亚洲中部分布变种。

3. 黑萼棘豆

Oxytropis melanocalyx Bunge in Mem. Acad. Imp. Sci. St.-Petersb. Ser. 7, 22(1):8. 1874; Fl. China 479. 2010.

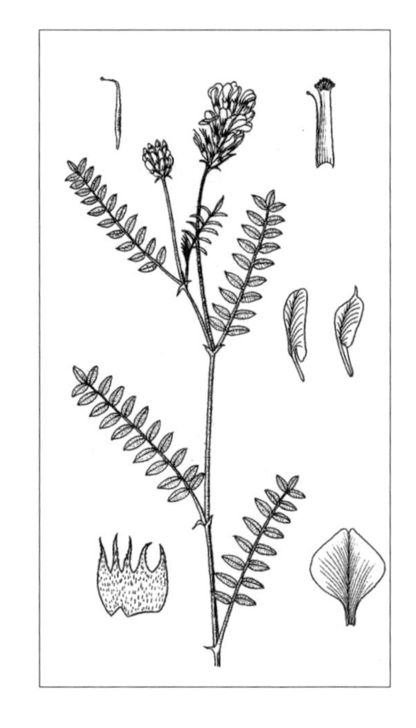

多年生草本，高 10 ～ 15cm。较幼的茎几成缩短茎，高 7.5 ～ 10cm；着花的茎多从基部伸出，细弱，散生，有羽状复叶 4 ～ 6 片，被白色及黑色短硬毛。羽状复叶长 5 ～ 7(～ 15)cm；托叶草质，卵状三角形，先端急尖，基部合生但与叶柄分离，下部托叶宿存；叶轴细，疏被黄色长柔毛；小叶 9 ～ 25，卵形至卵状披针形，长 5 ～ 11mm，宽 2 ～ 4mm，先端急尖，基部圆形，两面疏被黄色长柔毛。3 ～ 10 花组成腋生伞形总状花序；总花梗在开花时长约 5cm，略短于叶，而后伸长至 8 ～ 14cm，细弱，下部被白色柔毛，上部被黑色和白色杂生的柔毛；苞片较花梗长，干膜质；花长约 12mm；花萼钟状，长 4 ～ 6mm，宽 2 ～ 3.5mm，密被黑色短柔毛，并混有黄色或白色长柔毛，萼齿披针状线形，较萼筒短，不超过 5mm。花冠蓝色；旗瓣宽卵形，长约 12.5mm，宽约 9mm，先端 2 浅裂，基部有长瓣柄；翼瓣长约 10mm，先端微凹，近微缺，基部具极细瓣柄；龙骨瓣长约 7.5mm，喙长约 0.5mm。荚

果纸质，宽长椭圆形，膨胀，下垂，长 15 ～ 20mm，宽 7 ～ 12mm，具紫色彩纹，两端尖，具极短的小尖头，密被黑色杂生的短柔毛，沿两侧缝线成扁的龙骨状凸起，二缝线无毛，1 室，无梗。花期 7 ～ 8 月，果期 8 ～ 9 月。

中生草本。生于荒漠带海拔约 3000m 的高山草甸。产贺兰山。分布于我国陕西西南部、甘肃东南部及祁连山、青海、四川西部、云南西北部、西藏东部。为横断山脉分布种。

4. 贺兰山棘豆

Oxytropis holanshanensis H. C. Fu in Act. Phytotax. Sin. 20(3):313. 1982; Fl. Intramongol. ed. 2, 3:318. t.123. f.13-19. 1989.

多年生草本，高 5 ～ 10cm。主根粗壮，木质化，向下直伸，深褐色。茎短缩，多分枝，形成密丛，枝周围具多数褐色枯叶柄。单数羽状复叶，长 5 ～ 10mm，具小叶 7 ～ 19；叶轴密被长伏毛；托叶膜质，卵形，先端尖，密被长伏毛，与叶柄基部连合，宿存；小叶卵形或椭圆状卵形，长 2 ～ 3mm，宽约 1mm，先端锐尖，基部近圆形，两面密被长伏毛，呈灰白色，常反折。花黄色，常 10 ～ 15 朵排列成密集的短总状花序；总花梗纤细，长 2 ～ 8cm，密被长伏毛；苞片条状披针形，长约 1mm，先端尖，两面被长伏毛；花梗极短，长约 0.5mm；花萼钟状，长 2.5 ～ 3mm，外面密被白色和黑色长伏毛，萼齿条形，长约 1mm。旗瓣倒卵形，长约 7mm，宽约 4.5mm，先端圆形，微凹，基部渐狭成爪；翼瓣比旗瓣短，长约 5mm，顶端微缺，爪长约 2mm，耳长约 1mm；龙骨瓣比翼瓣稍长，长约 6mm，喙长约 1mm。子房有毛，花柱弯曲，具子房柄。荚果狭卵形，平展或下垂，顶端具短喙，被平状的柔毛，果梗与萼筒近等长。花期 7 ～ 8 月。

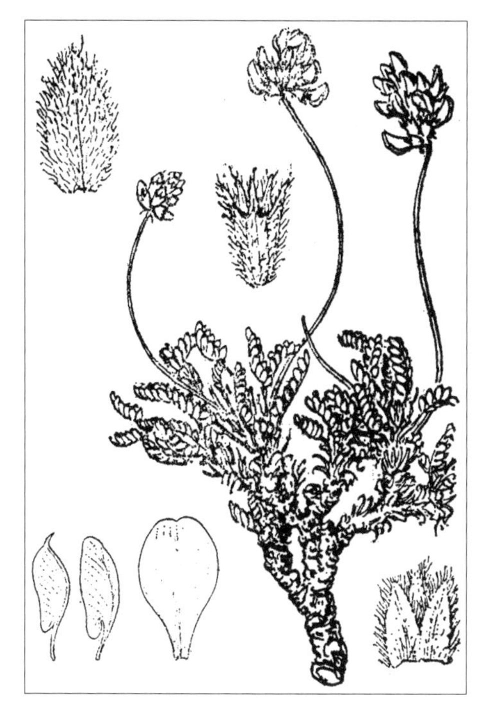

旱生草本。生于海拔 2000 ～ 2400m 的山坡和山麓，为山地草原群落的偶见种。产贺兰山。为贺兰山分布种。

5. 线棘豆

Oxytropis filiformis DC. in Astrag. 80. 1802; Fl. Intramongol. ed. 2, 3:328. t.127. f.7-12. 1989.

多年生草本，高 10 ～ 15cm。无地上茎或茎极短缩，分枝（常于表土下），形成密丛。单数羽状复叶，长 6 ～ 12cm；托叶长卵形，膜质，密被硬毛，基部与叶柄合生，彼此连合或近分离；小叶 21 ～ 31（～ 41），披针形、条状披针形或卵状披针形，长约 5mm，宽 1 ～ 2mm，先端渐尖，

基部圆形，两面均被平伏柔毛，干后边缘反卷。总花梗细弱，常弯曲，有毛，比叶长；总状花序长 2.5 ～ 5cm，具花 10 ～ 15 朵；萼钟状，长 2.5（～ 3）mm，萼齿三角形，长约 1mm，表面混生白色与黑色的短柔毛。花蓝紫色，长 6 ～ 7mm；旗瓣近圆形，长 6 ～ 7mm，基部楔形，顶端微凹；翼瓣与旗瓣近等长，比龙骨瓣稍长；龙骨瓣顶端的喙长约 2mm。荚果宽椭圆形或卵形，长 5 ～ 8（～ 10）mm，宽 3 ～ 5mm，先端具喙，表面疏生短毛。花期 7 ～ 8 月，果期 8 月。

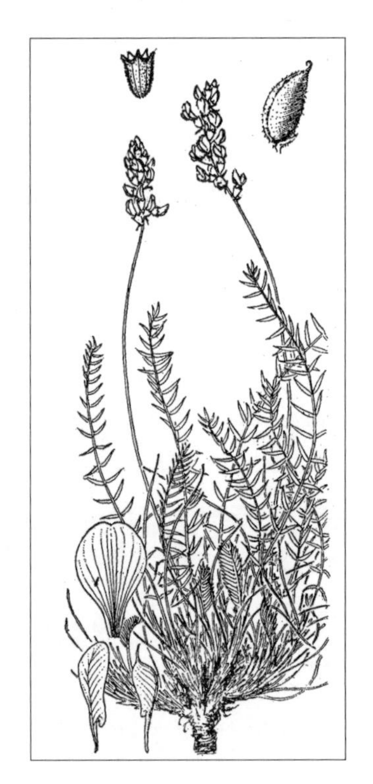

砾石生旱生草本。生于典型草原带的山地或丘陵砾石质坡地，为稀疏生长的伴生成分，是山地丘陵砾石质草原群落的特征种。产呼伦贝尔（满洲里市）、兴安南部（阿鲁科尔沁旗、巴林左旗、巴林右旗、克什克腾旗）、锡林郭勒（东乌珠穆沁旗、西乌珠穆沁旗、锡林浩特市）、乌兰察布（白云鄂博矿区）、阴山（大青山）。分布于蒙古国东部和北部，俄罗斯（达乌里地区）。为东蒙古砾石质草原分布种。

夏季和秋季绵羊和山羊喜采食。

6. 蓝花棘豆（东北棘豆）

Oxytropis caerulea (Pall.) DC. in Astrag. 68. 1802; Fl. China 10:490. 2010.——*Astragalus caeruleus* Pall. in Reis. Russ. Reich. 3:293. 1776.——*O. mandshurica* auct. non Bunge : Fl. Intramongol. ed. 2, 3:326. t.127. f.1-6.1989.——*O. mandshurica* Bunge f. *albiflora* H. C. Fu in Fl. Intramongol. ed. 2, 3:328. 673. 1989.

多年生草本，高 20 ～ 30cm。主根粗壮，暗褐色。无地上茎或茎短缩，常于表土下分枝，形成密丛。单数羽状复叶，长 5 ～ 20cm，具小叶 21 ～ 33；托叶披针形，先端长渐尖，膜质，中部以下与叶柄连合，被柔毛；叶轴细弱，疏被长柔毛至近柔毛，小叶卵状披针形或矩圆状

披针形，长 5 ～ 15mm，宽 2 ～ 5mm，先端锐尖或钝，基部圆形，两面疏被平伏的长柔毛，或上面近无毛。总花梗细弱，比叶长，疏被平伏的长柔毛；总状花序长 3 ～ 10cm，花多数，疏生；苞片条状披针形，长约 3mm，先端渐尖；花萼钟状，长 4 ～ 5mm，被白色与黑色短柔毛，

萼齿披针形，长 1 ～ 1.5mm。花紫红色或蓝紫色，稀白色，长约 10mm；旗瓣长 9 ～ 10mm，瓣片宽卵形，顶端钝圆，具小尖；翼瓣与旗瓣等长或稍短；龙骨瓣与翼瓣等长或稍短，喙长 1.5 ～ 2mm。荚果矩圆状卵形，长 12 ～ 18mm，宽 4 ～ 5mm，膨胀，先端具喙，被白色平伏的短柔毛，1 室，果梗长 0.5 ～ 1mm。花期 6 ～ 7 月，果期 7 ～ 8 月。

中生草本。生于森林带和森林草原带的林间草甸、河谷草甸、草原化草甸，为其伴生种。产兴安南部（科尔沁右翼前旗、突泉县、阿鲁科尔沁旗、巴林右旗、克什克腾旗、西乌珠穆沁旗）、燕山北部（喀喇沁旗、兴和县苏木山）、锡林郭勒（正蓝旗）、阴山（大青山）。分布于我国河北、河南、山西、陕西、甘肃，蒙古国东部和北部、俄罗斯（达乌里地区）。为黄土—蒙古森林草原分布种。

茎叶柔嫩，各种家畜均喜食。

7. 米尔克棘豆

Oxytropis merkensis Bunge in Bull. Soc. Imp. Nat. Mosc. 39(2):65. 1866; Fl. Intramongol. ed. 2, 3:324. t.126. f.8-12. 1989.

多年生草本，高 15 ～ 30cm。主根较粗壮，淡褐色。无茎或茎短缩，有少数分枝，周围密被多数枯叶柄及托叶，形成密丛。全体密被灰色短柔毛，呈灰绿色。单数羽状复叶，长 5 ～ 15cm，具小叶 11 ～ 25；托叶下部与叶柄连合，分离部分狭三角形或披针状钻形，密被平伏的白色柔毛；叶柄短于叶轴；小叶披针形、卵状披针形、卵形或椭圆形，长 5 ～ 10mm，宽 2 ～ 4mm，先端尖，基部圆形或宽楔形，两面密被平伏的柔毛。总花梗纤细，长于叶 2 ～ 4 倍，被平伏的短柔毛；总状花序具多花，疏散，盛花期和果期伸长至 10 ～ 12cm；苞片披针形，长 1 ～ 2mm；花萼钟状，长 4 ～ 5mm，被白色和黑色柔毛，萼齿丝状条形，长 1.5 ～ 2mm。花冠紫色或白色；旗瓣长 7 ～ 10mm，瓣片宽倒卵形，先端微凹；翼瓣与旗瓣等长或稍短；龙骨瓣等长于或长于翼瓣，有暗紫色斑，喙长 1.5 ～ 2mm。荚果卵状矩圆形，长 5 ～ 12mm，宽 4 ～ 5mm，下垂，顶端具短喙，密被平伏的短柔毛，果梗短于萼。花期 6 ～ 7 月。

旱生草本。生于荒漠带的山地阳坡。产贺兰山、龙首山。分布于我国宁夏南部和西北部、甘肃东部和祁连山、青海北部和东部、西藏、新疆（天山），中亚（西天山）。为中亚—亚洲中部山地分布种。

8. 黄花棘豆

Oxytropis ochrocephala Bunge in Mem. Acad. Imp. Sci. St.-Petersb. Ser. 7, 22(1):57. 1874; Fl. Intramongol. ed. 2, 3:328. t.128. f.1-6. 1989.

多年生草本，高 10 ～ 20cm。根粗壮，圆柱状，褐色。茎基部有分枝，密被黄色或白色长柔毛。单数羽状复叶，长 10 ～ 12cm，具小叶 13 ～ 29；叶轴具纵沟棱，密被长柔毛，脱落；托叶卵形，先端尖，密被长柔毛，基部与叶柄连合；小叶卵状披针形，长 10 ～ 18mm，宽 4 ～ 6mm，先端渐尖，基部圆形，两面密被长柔毛。总状花序腋生，圆筒状或卵圆形，花多数，密集；总花梗长 10 ～ 15cm，较叶长，密被长柔毛；苞片披针形，长约 6mm；花萼钟状，长 7 ～ 10mm，密被黑色短柔毛和白色长柔毛，萼齿条状披针形，长约 4mm。花冠黄色；旗瓣长约 14mm，瓣片扇形，先端圆形，中部以下渐狭成爪；翼瓣矩圆形，

先端圆形，较旗瓣稍短，爪较瓣片稍长；龙骨瓣较翼瓣短，喙长约1mm。子房有毛，具短柄。荚果矩圆状卵形，长12～15mm，膨胀，喙长约3mm，密被黑色短柔毛。花期6～7月，果期8月。

中生草本。生于荒漠带的高山草甸，为草场的毒草之一。产龙首山（桃花山）。分布于我国宁夏南部、甘肃、青海东部和南部、四川西北部、西藏东北部和南部。为青藏高原分布种。

9. 宽苞棘豆

Oxytropis latibracteata Jurtz. in Bot. Mater. Gerb. Bot. Inst. Kom. Akad. Nauk S.S.S.R. 19:269. 1959; Fl. Intramongol. ed. 2, 3:324. t.126. f.1-7. 1989.

多年生草本，高5～15cm。主根粗壮，黄褐色。茎短缩或近无茎，多少分枝，枝周围具多数褐色枯叶柄，形成密丛。单数羽状复叶，长4～11cm，具小叶（7～）13～15(～23)；

叶轴及叶柄密被平伏或开展的绢毛；托叶膜质，卵形或三角状披针形，先端渐尖，密被长柔毛，与叶柄基部连合；小叶卵形至披针形，长5～12mm，宽3～5mm，先端渐尖，基部圆形，两面密被平伏的白色或黄褐色绢毛。总状花序近头状，长2～3cm，具花5～9朵；总花梗较细弱，较叶长或与之近等长，密被短柔毛或混生长柔毛，上端混杂有黑色短毛；苞片宽椭圆形，两端尖，较萼短，稀近等长，密被绢毛；花萼筒状，长9～12mm，宽4～5mm，密被绢毛，并混生黑色短毛，萼齿披针形，长2.5～3.5mm。花冠蓝紫色、紫红色或天蓝色；旗瓣长20～25mm，瓣片倒卵状矩圆形或矩圆形，先端微凹，中部以下渐狭；翼瓣长18～20mm，瓣片矩圆状倒卵形，先端钝，爪与瓣片近等长；龙骨瓣长约17mm，爪较瓣片长1.5～2倍，喙长约 2mm。荚果卵状矩圆形，长 1.5 ～ 2cm，宽约 6mm，膨胀，先端具短喙，密被黑色和白色短柔毛。花期 6 ～ 7 月。

中生草本。稀疏地生于荒漠带的高山草甸。产贺兰山、龙首山。分布于我国河北西部、山西东北部、陕西北部、甘肃东部和河西走廊南山、青海、四川西北部、西藏。为华北—横断山脉分布种。

全草入蒙药（蒙药名：查干 - 萨日得马），能利尿、清肺，主治水肿、肺热咳嗽、尿闭。

10. 大花棘豆

Oxytropis grandiflora (Pall.) DC. in Astrag. 71. 1802; Fl. Intramongol. ed. 2, 3:323. t.125. f.13-17. 1989.——*Astragalus grandiflorus* Pall. in Sp. Astrag. 57. t.46. 1800.

多年生草本，高 20 ～ 35cm。通常无地上茎，叶基生或近基生，呈丛生状，全株被白色平伏柔毛。单数羽状复叶，长 5 ～ 25cm；托叶宽卵形，先端尖，稍贴生于叶柄，密生白色柔毛；小叶 15 ～ 25，矩圆状披针形，有时为矩圆状卵形，长 10 ～ 25（～ 30）mm，宽 5 ～ 7mm，先端渐尖，基部圆形，全缘，两面被白色绢状柔毛。总状花序比叶长，花大，密集于总花梗顶端呈穗状或头状；苞片矩圆状卵形或披针形，渐尖，长 7 ～ 13mm，被毛；花萼筒状，长 10 ～ 14mm，带紫色，被毛，萼齿三角状披针形，长 2 ～ 3mm。花冠红紫色或蓝紫色，长 20 ～ 30mm；旗瓣宽卵形，顶端圆，基部有长爪；翼瓣比旗瓣短，比龙骨瓣长，具细长的爪及稍弯的耳；龙骨瓣顶端有稍弯曲的短喙，喙长 2 ～ 3mm，基部具长爪。子房有密毛。荚果矩圆状卵形或矩圆形，革质，长 20 ～ 30mm，宽 4 ～ 8mm，被白色平伏柔毛，有时混生有黑色毛，顶端渐狭，具细长的喙，腹缝线深凹，具宽的假隔膜，成假 2 室，含种子多数。花期 6 ～ 7 月，果期 7 ～ 8 月。

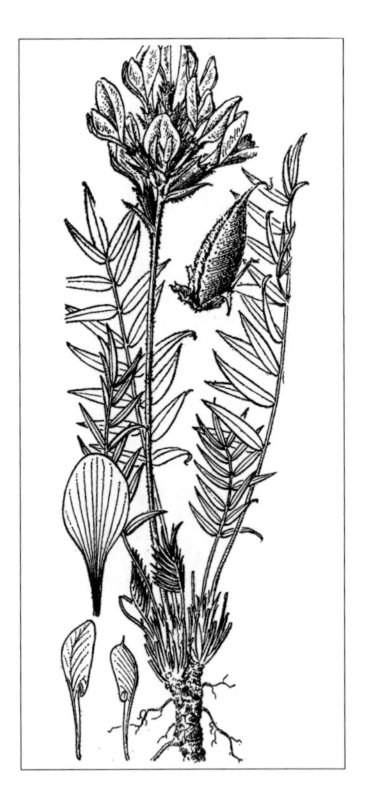

旱中生草本。主要生于森林草原带的山地杂类草草甸草原，是常见的伴生植物。产兴安北部（额尔古纳市、根河市、牙克石市）、呼伦贝尔（鄂温克族自治旗、海拉尔区、满洲里市）、兴安南部及科尔沁（科尔沁右翼前旗、扎赉特旗、突泉县、扎鲁特旗、阿鲁科尔沁旗、巴林右旗、克什克腾旗、翁牛特旗）、锡林郭勒（东乌珠穆沁旗、西乌珠穆沁旗、锡林浩特市、正蓝旗、太仆寺旗）。分布于我国河北西北部，蒙古国东部和东北部、俄罗斯（达乌里地区）。为达乌里—蒙古分布种。

11. 囊萼棘豆

Oxytropis sacciformis H. C. Fu in Act. Phytotax. Sin. 20(3):311. f.1. 1982; Fl. Intramongol. ed. 2, 3:319. t.124. f.1-7. 1989.

多年生草本，高 10 ～ 15cm。主根粗壮，木质化，向下直伸，常扭曲，黑褐色。茎短缩，多少分枝（常于表土下），枝周围具多数褐色枯叶柄。单数羽状复叶，长 2 ～ 8cm，具小叶 7 ～ 17；叶轴密被或疏被白色平伏的短硬毛；托叶膜质，卵形，密被长硬毛，与叶柄基部连合，宿存；小叶条状披针形、披针形或椭圆形，长 3 ～ 20mm，宽 1 ～ 2mm，先端渐尖或锐尖，基部楔形或宽楔形，两面疏生平伏的长硬毛。花蓝紫色，3 ～ 10 朵排列成近头状的总状花序；总花梗长 7 ～ 12cm，较叶长，密被或疏被平伏的长硬毛或短硬毛；苞片卵形，长 4 ～ 5mm，疏生长硬毛；花梗甚短或近无梗；花萼管状钟形，长约 10mm，宽约 3mm，外面密被长硬毛，花后膨胀为壶状或近球形，萼齿条状披针形，长 3 ～ 4mm，通常上方的 2 萼齿稍宽。

旗瓣匙形，长 18 ～ 20mm，先端圆形或微凹，基部渐狭成爪，翼瓣比旗瓣短，长 15 ～ 17mm，顶端偏斜，耳长约 1mm，龙骨瓣比翼瓣短，长约 14mm，喙长约 1.5mm；子房有毛。荚果卵形，长 7 ～ 8mm，密被白色短硬毛，通常腹缝线间内凹陷形成很窄的假隔膜，成熟后包藏于花萼内，不外露。花果期 8 ～ 9 月。

旱生草本。生于荒漠草原带的丘陵坡地，为砾石质荒漠草原的偶见种。产乌兰察布（达尔罕茂明安联合旗百灵庙镇）。为乌兰察布分布种。

12. 四子王棘豆

Oxytropis siziwangensis Y. Z. Zhao et Zong Y. Zhu in Act. Sci. Nat. Univ. Intramongol. 26(6):721. 1995.

多年生草本，高约 10cm。主根粗壮，木质化。茎短缩，分枝。单数羽状复叶，长 5 ～ 7cm；托叶卵形，膜质，与叶柄基部连合，密被白色长硬毛；小叶 3 ～ 5 对，条状披针形，长 8 ～ 15mm，宽 1 ～ 4mm，先端渐尖或锐尖，上面无毛或疏被平伏的白色长硬毛，下面密被平伏的白色长硬毛。总状花序疏松，具花 3 ～ 10 朵；总花梗长 5 ～ 9cm，密被平伏的白色长硬毛；苞片条形，长约 6mm，上面无毛，下面被平伏的白色长硬毛；花萼管状，长约 13mm，宽约 3mm，外面被白色长硬毛，具长 3 ～ 4mm 的萼齿。花冠蓝紫色；旗瓣倒卵形，长约 20mm，先端圆形；翼瓣长约 17mm；龙骨瓣长约 15mm，先端具长约 1.5mm 的喙。荚果卵形，长约 6mm，密被白色长硬毛，内具很窄的假隔膜。

多年生旱生草本。生于草原带的沙质地。产乌兰察布（四子王旗王爷府）。为乌兰察布分布种。

13. 硬毛棘豆（毛棘豆）

Oxytropis hirta Bunge in Mem. Acad. Imp. Sci. St.-Petersb. Div. Sav. 2:91. 1835; Fl. Intramongol. ed. 2, 3:319. t.124. f.8-14. 1989.

多年生草本，高 20 ～ 40cm。全株被长硬毛。无地上茎。叶基生，单数羽状复叶，长 15 ～ 25cm；叶轴粗壮；托叶披针形，与叶柄基部合生，上部分离，膜质，密生长硬毛；小叶 5 ～ 19，对生或近对生，卵状披针形或长椭圆形，长 1.5 ～ 5cm，宽 5 ～ 15mm，先端锐尖或稍钝，基部圆形，上面无毛或近无毛，下面和边缘疏生长毛。总状花序呈长穗状，长 5 ～ 15cm，花多而密；总花梗粗壮，通常显著比叶长；苞片披针形或条状披针形，比萼长或近等长；花梗极短或近无梗；花萼筒状或近于筒状钟形，长 10 ～ 13mm，宽约 3.5mm，密被毛，萼齿条形，与萼筒等长或稍短。花黄白色，少蓝紫色，长 15 ～ 18mm；旗瓣椭圆形，顶端近圆形，基部渐狭成爪；翼瓣与旗瓣近等长或稍短；龙骨瓣较短，顶端具喙，喙长 1 ～ 3mm。子房密被白毛。荚果藏于萼内，长卵形，长约 12mm，宽约 4.5mm，密被长毛，具假隔膜，为不完全 2 室，顶

端具短喙。花期 6 ～ 7 月，果期 7 ～ 8 月。

旱中生草本。常伴生于森林草原带和草原带的山地杂类草草原和草甸草原群落中。产兴安北部及岭东和岭西（海拉尔区、鄂温克族自治旗、鄂伦春自治旗、扎兰屯市、阿荣旗）、兴安南部（科尔沁右翼前旗、科尔沁右翼中旗、扎赉特旗、阿鲁科尔沁旗、巴林左旗、巴林右旗、克什克腾旗）、赤峰丘陵（红山区、松山区、翁牛特旗）、燕山北部（喀喇沁旗、敖汉旗）、锡林郭勒（西乌珠穆沁旗、锡林浩特市、正蓝旗）、乌兰察布（白云鄂博矿区）、阴山（大青山）。分布于我国黑龙江西部、吉林西部、辽宁西部、河北北部和西部、河南西北部、山东东北部、山西、陕西南部、甘肃东南部，蒙古国东部（大兴安岭）、俄罗斯（达乌里地区）。为华北—东蒙古分布种。

家畜不食。地上部分入蒙药（蒙药名：旭润－奥日都扎），能杀“黏”、消热、燥“黄水”、愈伤、生肌、止血、消肿、通便，主治瘟疫、发症、丹毒、腮腺炎、阵刺痛、肠刺痛、脑刺病、麻疹、痛风、游病症、创伤、月经过多、创伤出血、吐血、咳痰。

14. 缘毛棘豆

Oxytropis ciliata Turcz. in Bull. Soc. Imp. Nat. Mosc. 5:186. 1832; Fl. Intramongol. ed. 2, 3:318. t.123. f.7-12. 1989.

多年生草本，高 5 ～ 20cm。全株带灰绿色。无地上茎，或茎极短缩。根粗壮，通常呈圆柱状伸长，黄褐色至黑褐色，根颈部有多数残存的枯叶柄。叶基生，呈密丛状；托叶宽卵形，下部与叶柄基部连合，先端钝，膜质，具明显的中脉，外面及边缘密被白色或黄色长柔毛；单数羽状复叶，长达 15cm；叶轴稍扁；小叶 9 ～ 13，条状矩圆形、矩圆形、条状披针形或倒披针形，长 5 ～ 20mm，宽 2 ～ 6mm，先端锐尖或钝，基部楔形，两面无毛，仅叶缘疏生长柔毛。总花梗弯曲或直立，比叶短或近相等，3 ～ 7 朵花集生于总花梗顶部构成短总状花序；花萼筒状，长约 13mm，疏生柔毛，萼齿披针形，约为萼筒长的 1/3。花白色或淡黄色，长 2 ～ 2.5cm；旗瓣椭圆形，顶端圆形，基部渐狭；翼瓣比旗瓣短，顶端斜截形，具细长的爪和短耳；龙骨瓣比翼瓣短，顶端喙长约 2mm。子房有短柔毛，花柱顶部弯曲。荚果卵形，长 20 ～ 25mm，宽 12 ～ 15mm，近纸质，紫褐色或黄褐色，膨大，顶端具喙，表面无毛，内具较窄的假隔膜。花期 5 ～ 6 月，花期 6 ～ 7 月。

旱生草本。生于草原带的山坡、丘陵碎石坡地。产锡林郭勒（集宁区、察哈尔右翼后旗土牧尔台镇）、阴山（大青山）。分布于我国河北西北部、宁夏。为华北分布种。

15. 丛棘豆

Oxytropis caespitosa (Pall.) Pers. in Syn. Pl. [Persoon] 2(2): 333. 1807; Act. Bot. Bor. -Occid. Sin. 33(5): 1052. t.1. f.D. 2013.——*Astragalus caespitosa* Pall. in Astrag. 70. 1800.

多年生丛生草本。无茎。根状茎粗壮直伸，黑褐色。基部具残存的弯曲老叶轴。单数羽状复叶，长 10 ～ 20cm；托叶与叶柄合生，膜质，外面及边缘具白色长柔毛；叶轴和叶柄近无毛

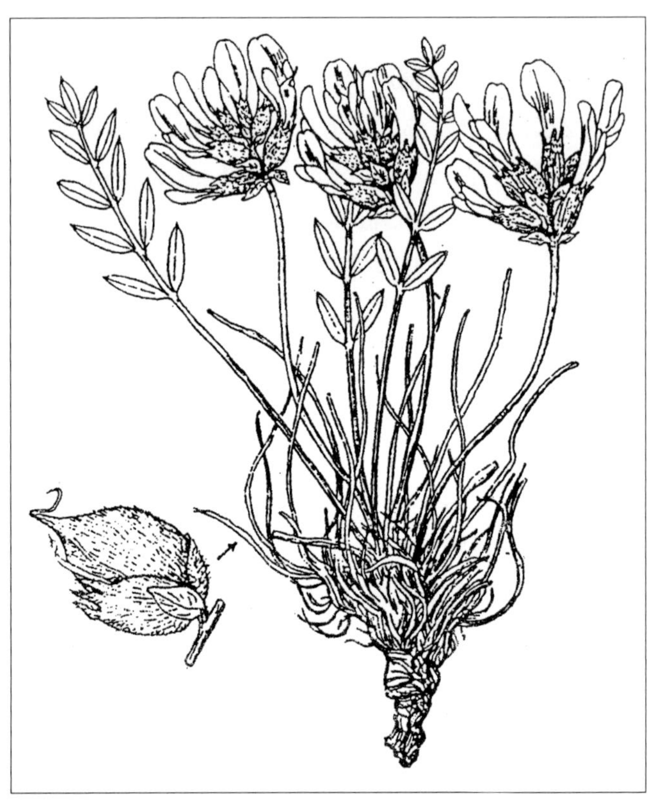

或光滑；小叶 5 ～ 7 对，长椭圆形，上面光滑无毛，下面被贴伏柔毛，长 10 ～ 25mm，宽 2 ～ 7mm。总花梗果期短于叶或与叶近等长，被柔毛；总状花序近伞形，生于总花梗顶端，具 2 ～ 6 朵小花；苞片卵状披针形，具白色纤毛，长不超过花萼的 1/3；花萼管状，膨大，长 13 ～ 17mm，被开展的白色和黑色的毛，萼齿长 2 ～ 4mm。花冠乳白色，干后黄色；旗瓣长（22 ～）30 ～ 33mm，瓣片长圆状椭圆形；翼瓣长 25 ～ 27mm；龙骨瓣短于翼瓣，顶端边缘紫色，喙长 2 ～ 3mm。荚果卵形，泡囊状膨胀，膜质，长 20 ～ 30mm，宽 12 ～ 15mm，被白色和黑色柔毛，内侧具窄的假隔膜。花果期 5 ～ 8 月。

旱中生草本。生于石质坡地。产呼伦贝尔（额尔古纳市黑山头）。分布于蒙古国北部和东北部。为达乌里—蒙古分布种。

16. 大青山棘豆

Oxytropis daqingshanica Y. Z. Zhao et Zong Y. Zhu in Act. Sci. Nat. Univ. Intramongol. 27(1):83. 1996.

多年生草本，高 10 ～ 15cm。茎短缩。单数羽状复叶，长 6 ～ 12cm；叶轴密被长柔毛；托叶披针形，膜质，中下部与叶柄连合，密被长柔毛；小叶 4 ～ 7 对，全部对生，矩圆形或

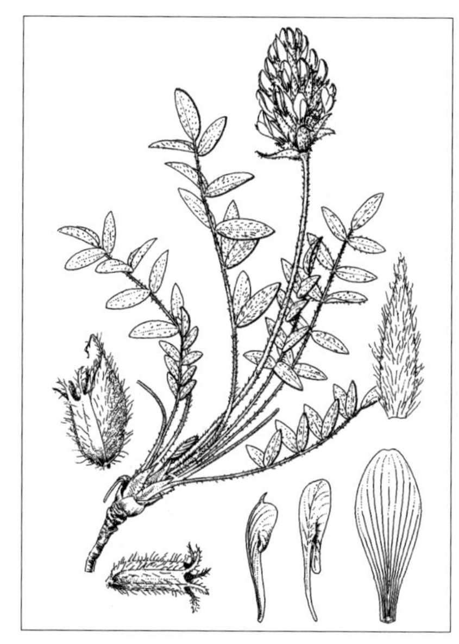

狭矩圆形，长 7 ～ 20mm，宽 3 ～ 6mm，先端钝或急尖，上面疏被长柔毛，下面密被长柔毛。总状花序，有花多数，紧密排列呈卵状；总花梗与叶近等长，密被长柔毛；苞片卵状披针形或披针形，与花近等长，先端渐尖，密被长柔毛；花萼筒状，长约 11mm，密被长柔毛，萼齿钻形，长约 3mm。花冠黄色；旗瓣椭圆形，长约 17mm，顶端圆形，基部渐狭；翼瓣长约 14mm，龙骨瓣长约 13mm，先端具长约 1mm 的喙。子房密被长柔毛。荚果长卵形，膨胀，长约 11mm，宽约 5mm，半 2 室，密被长柔毛。花期 7 ～ 8 月，果期 9 月。

多年生旱生草本。生于草原带的山坡。产阴山（大青山、蛮汗山）。为阴山分布种。

17. 阴山棘豆

Oxytropis inschanica H. C. Fu et S. H. Cheng in Fl. Intramongol. 3:223,289. t.113. f.1-7. 1977; Fl. Intramongol. ed. 2, 3:323. t.125. f.7-12. 1989.

多年生草本。无地上茎。主根深长而粗壮。单数羽状复叶，长 5 ～ 8cm；托叶披针形，基部与叶柄合生，密被长柔毛；小叶 5 ～ 9，条形，长 1 ～ 3cm，宽 0.5 ～ 1.5mm，先端渐尖，基部楔形，两面无毛，边缘常内卷并疏生缘毛。总花梗密生或疏生长柔毛，比叶短或

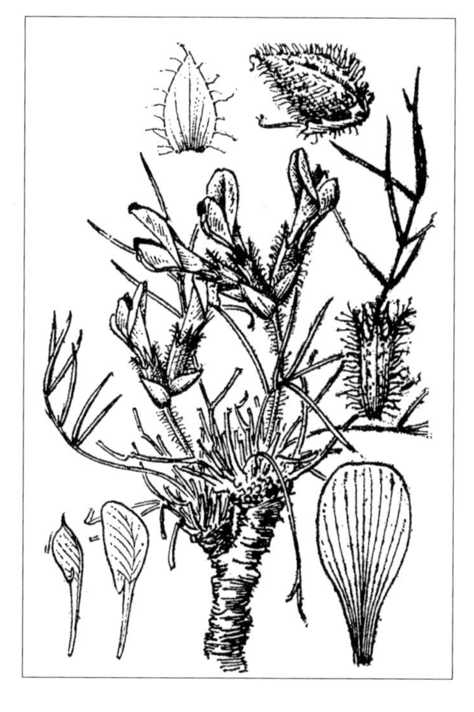

与叶等长；花 2 ～ 5 朵集生于总花梗顶部构成短总状花序；花紫红色或蓝紫色，长 2 ～ 3cm；苞片卵状椭圆形，长约 1cm，宽 5 ～ 7mm，先端尖，两面无毛，但疏生缘毛；花萼筒状，长 1 ～ 1.5cm，萼齿条状披针形，长约 4mm，表面密被白色与黑色长柔毛。旗瓣近椭圆形，长约 25mm，顶端圆形或稍截形；翼瓣较旗瓣短，长约 20mm，具细长的爪和短耳；龙骨瓣较翼瓣短或等长，顶端喙长约 1.5mm。子房有毛，具短的子房柄。荚果卵形，长 1 ～ 1.5cm，宽约 8mm，膜质，膨胀，密被长柔毛，顶端具短喙。花期 5 ～ 7 月，果期 7 ～ 8 月。

中旱生草本。生于草原带海拔 1000 ～ 2000m 的山顶岩石缝间或山坡。产阴山（大青山的旧窝铺、梁山、笔架山）。为大青山分布种。

18. 薄叶棘豆（山泡泡、光棘豆）

Oxytropis leptophylla (Pall.) DC. in Astrag. 77. 1802; Fl. Intramongol. ed. 2, 3:321. t.125. f.1-6. 1989.——*Astragalus leptophyllus* Pall. in Reise Russ. Reich. 3:749. 1776.

多年生草本。无地上茎。根粗壮，通常呈圆柱状伸长。单数羽状复叶，具小叶 7 ～ 13；叶轴细弱；托叶小，披针形，与叶柄基部合生，密生长毛；小叶对生，条形，长 13 ～ 35mm，宽 1 ～ 2mm，通常干后边缘反卷，两端渐尖，上面无毛，下面被平伏柔毛。总花梗稍倾斜，常弯曲，与叶略等长或稍短，密生长柔毛；花 2 ～ 5 朵集生于总花梗顶部构成短总状花序；苞片椭圆状披针形，长 3 ～ 5mm；萼筒状，长 8 ～ 12mm，宽约 3.5mm，密被毛，萼齿条状披针形，长为萼

筒的 1/4。花紫红色或蓝紫色，长 18 ～ 20mm；旗瓣近椭圆形，顶端圆或微凹，基部渐狭成爪；翼瓣比旗瓣短，瓣片椭圆形，耳长为爪的 1/4；龙骨瓣稍短于翼瓣，顶端有长约 1.5mm 的喙。子房密被毛，花柱顶部弯曲。荚果宽卵形，长 14 ～ 18mm，宽 12 ～ 15mm，膜质，膨胀，顶端具喙，表面密生短柔毛，内具窄的假隔膜。花期 5 ～ 6 月，果期 6 月。

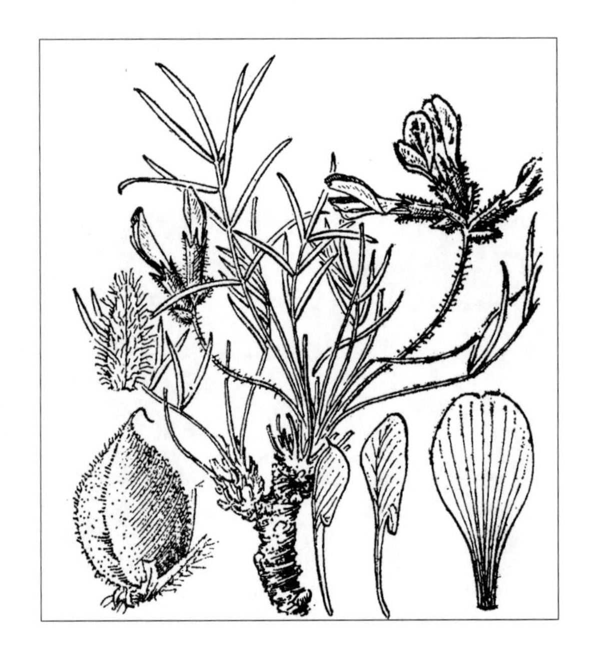

旱生草本。生于森林草原带和典型草原带的砾石质和沙砾质草原群落中，为多度不高的伴生成分。产岭西及呼伦贝尔（鄂温克族自治旗、新巴尔虎右旗）、兴安南部（科尔沁右翼前旗、扎赉特旗、阿鲁科尔沁旗、巴林右旗、克什克腾旗）、

赤峰丘陵（红山区、翁牛特旗、敖汉旗）、锡林郭勒（东乌珠穆沁旗、锡林浩特市、阿巴嘎旗、正蓝旗、镶黄旗、化德县、察哈尔右翼中旗、集宁区）、阴山（大青山）、阴南丘陵（准格尔旗）。分布于我国黑龙江西南部、吉林西部、河北西部、山西、陕西北部、宁夏南部、甘肃东部，蒙古国东部和东北部、俄罗斯（达乌里地区）。为黄土—蒙古高原东部分布种。

茎叶较柔嫩，为绵羊、山羊所喜食。秋季采食它的荚果。

19. 达茂棘豆（陀螺棘豆）

Oxytropis turbinata (H. C. Fu) Y. Z. Zhao et L. Q. Zhao comb. nov.——*Oxytropis leptophylla* (Pall.) DC. var. *turbinata* H. C. Fu in Act. Phytotax. Sin. 20(3):315. 1982; Fl. Intramongol. ed. 2, 3:323. 1989.

多年生草本。无地上茎，垂直或斜伸的根状茎多分枝，呈垫状。根粗壮，通常呈圆柱状伸长。

单数羽状复叶，具小叶 5 ～ 11；叶轴粗壮；托叶小，披针形，与叶柄基部合生，密生长毛；小叶对生，条状披针形，长 4 ～ 12mm，宽 1 ～ 2mm，通常干后边缘向上反卷，先端渐尖，上面无毛，下面被平伏柔毛。总花梗稍倾斜，常弯曲，与叶略等长或稍短，密生短毛；花 2 ～ 5 朵集生于总花梗顶部构成短总状花序；苞片椭圆状披针形，长 3 ～ 7mm；萼筒状，长 10 ～ 14mm，宽约 3.5mm，密被短毛，萼齿条状披针形，长约为萼筒的 1/3。花紫红色，长 20 ～ 22mm；旗瓣瓣片倒卵形，顶端圆或微凹，基部渐狭成爪；翼瓣比旗瓣短，瓣片倒三角形，顶端微凹或平截，耳长为爪的 2/5；龙骨瓣稍短于翼瓣，顶端有长约 2mm 的喙。子房密被短毛，花柱顶部弯曲。荚果宽卵形，长 20 ～ 23mm，宽 11 ～ 13mm，膜质，膨胀，顶端具喙，表面密生短毛，内具窄的假隔膜。花果期 6 ～ 8 月。

旱生草本。生于草原带的低山石质丘陵坡地。产乌兰察布（集宁区、察哈尔右翼中旗、达尔罕茂明安联合旗、白云鄂博矿区）。为乌兰察布分布种。

20. 内蒙古棘豆

Oxytropis neimonggolica C. W. Zhang et Y. Z. Zhao in Act. Phytotax. Sin. 19(4):523. 1981; Fl. Intramongol. ed. 2, 3:306. 1989. ——*O. monophylla* auct. non Grub.: Fl. China 10:499. 2010; Fl. Helan Mount. 325. t.53. f.3. 2011.

多年生矮小草本，高 3 ～ 7cm。主根粗壮，向下直伸，黄褐色。茎短缩。具 1 小叶；总叶柄长 2 ～ 5cm，密被贴伏白色绢状柔毛，先端膨大，宿存；托叶卵形，膜质，与总叶柄基部贴

生较高，长约 4mm，上部分离，先端尖，被白色长柔毛；小叶近革质，椭圆形或椭圆状披针形，长 10 ～ 30mm，宽 3 ～ 7mm，先端锐尖或近锐尖，基部楔形，全缘或边缘加厚，上面被平伏白色的疏柔毛或无毛，绿色，下面密被白色长柔毛，灰绿色，易脱落。花葶较叶短，长 10 ～ 20mm，密被白色长柔毛，通常具 1 ～ 2 朵花；花梗密被白色长柔毛，长约 3mm；苞片条形，长约 3mm，密被白色长柔毛；花萼筒状，长 10 ～ 14mm，宽约 4mm，密被平伏的白色长柔毛，并混生黑色短毛，萼齿钻形，长约 2mm。花冠白色或淡紫色，干后淡黄色；旗瓣匙形或近匙形，长约 20mm，常反折，先端近圆形，微凹或 2 浅裂，基部渐狭成爪；翼瓣长约 16mm，矩圆形，爪长约 9mm，具短耳；龙骨瓣长约 14mm，上部蓝紫色，先端具长约 0.5mm 外弯的宽三角形短喙。子房被毛。荚果卵球形，长 15 ～ 20mm，宽约 10mm，膨胀，先端尖且具喙，密被白色长柔毛，近不完全 2 室；种子圆肾形，长约 1.5mm，褐色。花期 5 月，果期 6 月。

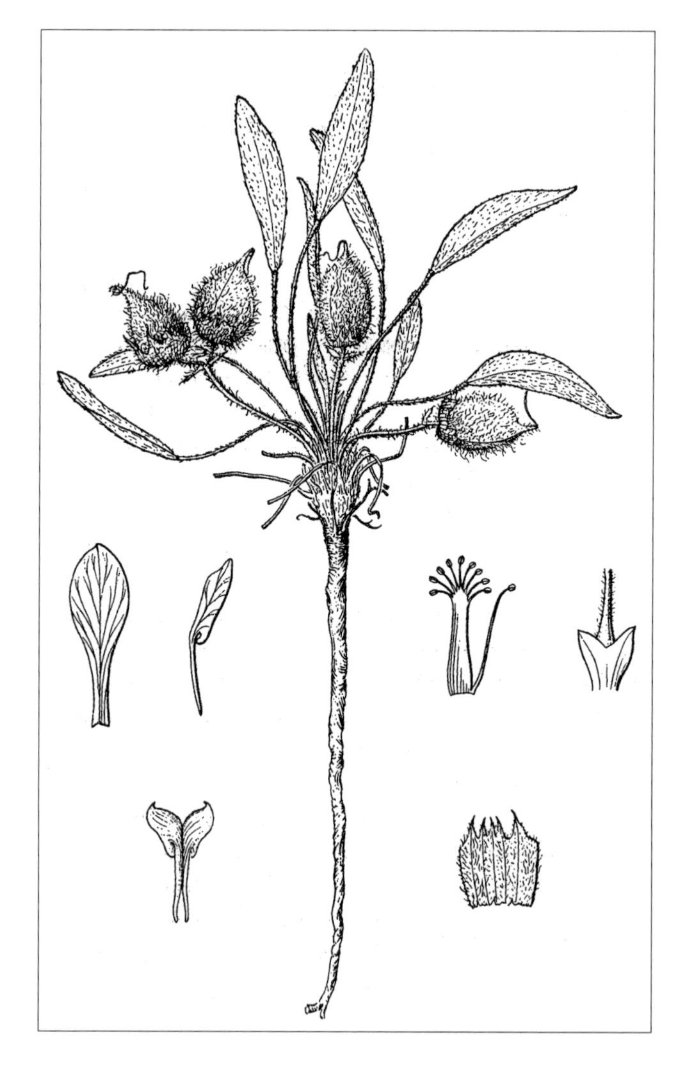

旱生草本。生于荒漠带海拔 2100m 左右的砾石质山坡及荒漠草原带的砾石质坡地。产乌兰察布（达尔罕茂明安联合旗北部、四子王旗）、东阿拉善（桌子山）、贺兰山。分布于蒙古国南部。为东戈壁—东阿拉善山地分布种。

本种荚果密被白色长柔毛，旗瓣匙形（宽为长的 1/3），翼瓣和龙骨瓣显著具短耳，明显具总花梗。而 *O. monophylla* 荚果无毛，旗瓣卵圆形（长、宽近相等），翼瓣和龙骨瓣无耳，花基生，无总花梗，与本种明显不同。*O. monophylla* 在中国没有分布。

《内蒙古植物志》第二版第三卷 304 页图版 118 图 12 ～ 16 插图绘错，实为异叶棘豆 *Oxytropis diversifolia* E. Peter。

21. 异叶棘豆（二型叶棘豆、变叶棘豆）

Oxytropis diversifolia E. Peter in Act. Hort. Gothob. 12(3):78. 1938; Fl. Intramongol. ed. 2, 3:306. t.118. f.17-21. 1989.

多年生矮小草本，高 3 ～ 5cm。主根粗壮，木质化，向下直伸，褐色，根颈部有几个根头。叶轴宿存；托叶卵形，长约 4mm，先端尖，膜质，表面有白色柔毛，与叶柄基部连合；

小叶 3，二型，初生小叶无柄，椭圆形至椭圆状披针形，长 5 ～ 10mm，宽 2 ～ 3mm，先端锐尖或钝，基部楔形，两面密生白色柔毛；后生小叶无柄，条形，长 20 ～ 45mm，宽 2 ～ 4mm，全缘，干后边缘反卷，先端尖，基部渐狭，两面密生绢状柔毛。花葶短，长 2 ～ 15mm，密被柔毛，具 1 ～ 2 朵花；花萼筒状，长约 1cm，表面密生白色长柔毛，萼齿披针形，长 2 ～ 3mm。花冠淡黄色；旗瓣倒卵形，长约 22mm，顶端圆，常反折，基部渐狭成爪；翼瓣比旗瓣短，具细长的爪和短耳；龙骨瓣较翼瓣稍短，顶端具长约 1mm 的喙。荚果近球形，长 10 ～ 15mm，膨胀，顶端具喙，表面密生白色长柔毛。花期 4 ～ 5 月，果期 5 ～ 6 月。

旱生草本。散生于荒漠草原带的沙砾质草原低丘和干河床中。产乌兰察布（二连浩特市、苏尼特右旗、达尔罕茂明安联合旗、固阳县、乌拉特中旗、四子王旗）、东阿拉善（狼山）。分布于蒙古国西部和南部。为东戈壁分布种。

22. 多枝棘豆

Oxytropis ramosissima Kom. in Repert. Spec. Nov. Regni Veg. 13:227. 1914; Fl. Intramongol. ed. 2, 3:312. t.120. f.6-11. 1989.

多年生草本。具多数茎，铺散，茎细弱，多分枝，密生白色长柔毛。根较纤细，伸长，黄褐色。托叶披针形或条状披针形，长 5 ～ 7mm，先端尖或钝，与叶柄分离，密被长柔毛；叶为具轮生小叶的复叶，每叶有 5 轮，每轮有 4 小叶，均密生长柔毛；小叶条形或条状矩圆形，长 5 ～ 10mm，宽 1 ～ 3mm，先端渐尖或钝尖，基部楔形，边缘常内卷。花 1 ～ 3 朵生于叶腋；花梗纤细，长约 1cm，密被柔毛；苞片条形，长 2 ～ 3mm；萼筒状，

蓝紫色，密被柔毛，长 3 ～ 4mm，宽 1.5 ～ 2mm，萼齿狭三角形，长 1 ～ 2mm。花小，蓝紫色；旗瓣倒卵形，长约 12mm，顶端微凹，基部渐狭；翼瓣与旗瓣近等长；龙骨瓣长约 10mm，顶端喙长约 1mm。子房疏生短柔毛。荚果椭圆形或卵形，膨胀，长 8 ～ 10mm，宽约 5mm，密生柔毛。花期 5 ～ 8 月，果期 8 ～ 9 月。

旱生草本。生于草原带和草原化荒漠带的固定沙丘或沙质坡地，为偶见种。产鄂尔多斯（乌审旗、杭锦旗、鄂托克旗）、东阿拉善（磴口县、阿拉善左旗东部）。分布于我国陕西北部、宁夏东北部。为鄂尔多斯高原分布种。

23. 瘤果棘豆（小叶棘豆）

Oxytropis microphylla (Pall.) DC. in Astrag. 83. 1802; Fl. Intramongol. ed. 2, 3:315. t.122. f.6-11. 1989.——*Phaca microphylla* Pall. in Reise Russ. Reich. 3:744. 1776.

多年生草本，高 5 ～ 10cm。无地上茎。托叶与叶柄合生至中部以上，彼此基部连合，表面密被白绵毛；叶轴有白绵毛；叶为具 18 ～ 25 轮的轮生小叶的复叶，每轮有小叶 4 ～ 6；小叶椭圆形、倒卵形、宽卵形或近圆形，质厚，长 1.5 ～ 2mm，宽 1 ～ 1.5mm，两端钝圆，两面被开展的白色长柔毛。总花梗直立，密生白色长柔毛，比叶长或与叶等长；总状花序顶生，具花 7 ～ 15（～ 20）朵，密集，近头状；苞片条状披针形，长 4 ～ 6mm，有白色长柔毛和腺质凸起；萼筒形，长 8 ～ 10mm，宽 3 ～ 4mm，有腺质凸起和白毛，萼齿条状披针形，长约 2mm。花红紫色，长约 20mm；旗瓣宽椭圆形，顶端微凹，基部渐狭成爪；翼瓣比

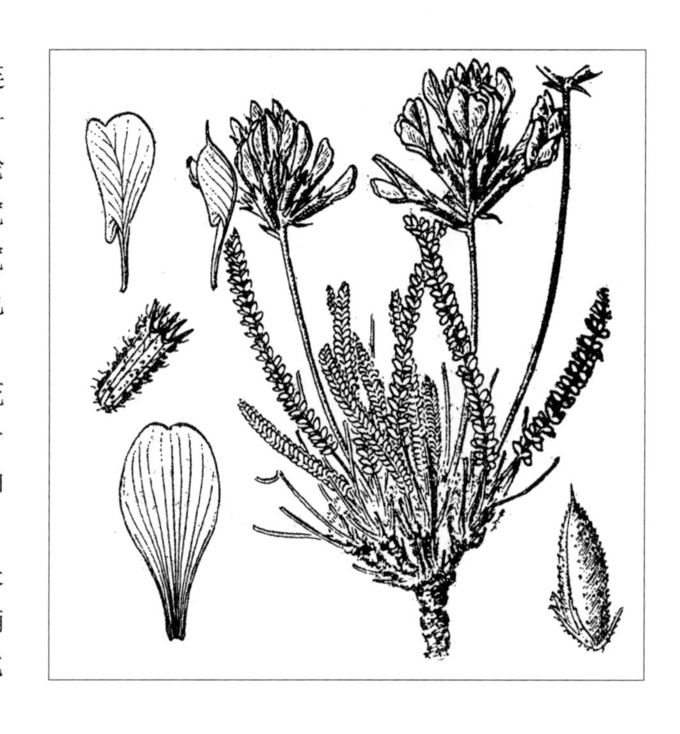

旗瓣短，比龙骨瓣长；龙骨瓣顶端具长约2mm的喙。荚果条状矩圆形，长12～16mm，稍侧扁，具瘤状的腺质凸起，无毛，假2室。花期6～7月，果期7～8月。

旱生草本。生于草原带的山地石质丘陵坡地，是石质丘陵草原的伴生种。产锡林郭勒（阿巴嘎旗）、乌兰察布（达尔罕茂明安联合旗）、阴南平原（土默特右旗）。分布于我国河北北部、宁夏（六盘山）、甘肃中部、青海东部、西藏、新疆北部和西部，蒙古国东部和西部、俄罗斯东西伯利亚地区（贝加尔湖附近、达乌里地区）、尼泊尔、印度（锡金）、巴基斯坦、伊朗、阿富汗，克什米尔地区，中亚。为中亚—亚洲中部山地分布种。

24. 多叶棘豆（狐尾藻棘豆）

Oxytropis myriophylla (Pall.) DC. in Astrag. 87. 1802; Fl. Intramongol. ed. 2, 3:307. t.119. f.9-15. 1989.——*Phaca myriophylla* Pall. in Reise Russ. Reich. 3:745. 1776.

多年生草本，高20～30cm。主根深长，粗壮。无地上茎或茎极短缩。托叶卵状披针形，膜质，下部与叶柄合生，密被黄色长柔毛；叶为具轮生小叶的复叶，长10～20cm，通常可达25～32轮，每轮有小叶（4～）6～8（～10）；小叶条状披针形，长3～10mm，宽0.5～1.5mm，先端渐尖，干后边缘反卷，两面密生长柔毛。总花梗比叶长或近等长，疏或密生长柔毛；总状花序具花10余朵；花梗极短或近无梗；苞片披针形，比萼短；萼筒状，长8～12mm，宽3～4mm，萼齿条形，长2～4mm，苞及萼均密被长柔毛。花淡红紫色，长20～25mm；旗瓣矩圆形，顶端圆形或微凹，基部渐狭成爪；翼瓣稍短于旗瓣；龙骨瓣短于翼瓣，顶端具长2～3mm的喙。子房圆柱形，被毛。荚果披针状矩圆形，长约15mm，宽约5mm，先端具长而尖的喙，喙长5～7mm，表面密被长柔毛，内具稍厚的假隔膜，成不完全的2室。花期6～7月，果期7～9月。

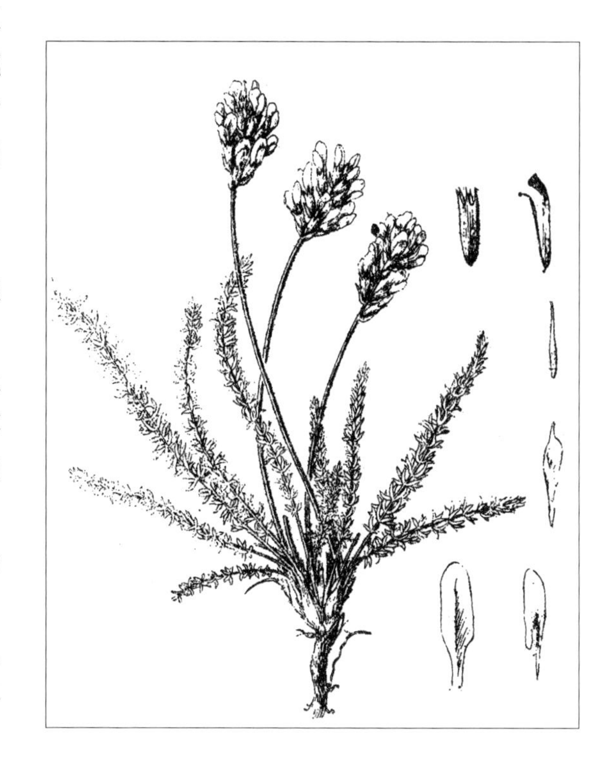

砾石生中旱生草本。生于森林草原带的丘陵顶部和山地砾石质土壤上，为草甸草原群落的伴生成分或次优势种，也进入干草原地带和森林带的边缘，但总生于砾石质或沙质土壤上。产兴安北部及岭东（额尔古纳市、鄂伦春自治旗、阿荣旗）、岭西及呼伦贝尔（陈巴尔虎旗、鄂温克族自治旗、新巴尔虎左旗、新巴尔虎右旗、海拉尔区、满洲里市）、兴安南部及科尔沁（科

尔沁右翼前旗、科尔沁右翼中旗、扎赉特旗、扎鲁特旗、阿鲁科尔沁旗、巴林右旗、克什克腾旗）、赤峰丘陵（红山区、松山区、翁牛特旗、敖汉旗）、辽河平原（科尔沁左翼后旗）、锡林郭勒（东乌珠穆沁旗、西乌珠穆沁旗、锡林浩特市、苏尼特左旗、镶黄旗、正蓝旗、浑善达克沙地）、阴山（大青山、蛮汗山、乌拉山）。分布于我国黑龙江西部、吉林西部、辽宁西北部、河北西北部、山西、陕西、宁夏、甘肃东部，蒙古国东部和北部、俄罗斯（达乌里地区）。为黄土—蒙古高原东部分布种。

青鲜状态各种家畜均不采食，夏季或枯后绵羊、山羊采食少许，饲用价值不高。全草入药，能清热解毒、消肿、祛风湿、止血，主治流感、咽喉肿痛、痈疮肿毒、创伤、瘀血肿胀、各种出血。地上部分入蒙药（蒙药名：那布其日哈嘎－奥日都扎），功能、主治同硬毛棘豆。

根据过去文献记载，在内蒙古巴彦淖尔市的乌拉特地区，尚有达威棘豆 *Oxytropis davidi* Franch. 的分布（模式产地），其形态与本种近似。区别在于叶具小叶 22 轮，每轮有小叶 4 ～ 5，在叶轴上端或下端的小叶互生或对生；苞片长 15 ～ 18mm；萼筒长 7 ～ 8mm；旗瓣为倒卵形，顶端尖。我们尚未采到标本，仅此存疑，有待研究。

25. 狼山棘豆

Oxytropis langshanica H. C. Fu in Fl. Intramongol. ed. 2, 3:313, 672. t.121. f.1-7. 1989.

多年生草本，高 3 ～ 5cm，全株密被长柔毛，呈灰白色。根粗壮，木质化，暗褐色。茎短缩，多少分枝（常于表土下），枝周围具多数褐色枯叶柄，形成密丛。托叶卵形，膜质，密被长柔毛，中部以下与叶柄连合；叶柄 1 ～ 5cm；叶轴密被长柔毛；叶为具轮生小叶的复叶，每叶有 2 ～ 5 轮，每轮具小叶 3 ～ 4，少有 2 片对生；小叶条形或条状披针形，长 4 ～ 8mm，宽 1 ～ 1.5mm，先端锐尖，基部近圆形，边缘常反卷，两面密被绢状长柔毛。总花梗比叶短，密被白色长柔毛；

贾昆峰 摄

苞片卵形，长约 4mm，先端钝，密被长柔毛；花梗长 2 ～ 2.5mm；花萼管状，长 10 ～ 15mm，密被开展的白色长柔毛，萼齿披针形，长 2 ～ 3mm。花蓝紫色，1 ～ 3 朵着生于总花梗顶端；旗瓣长 21 ～ 32mm，瓣片菱形，先端微凹，中部以下渐狭成爪；翼瓣长 18 ～ 20mm，瓣片矩圆形，先端钝，爪长约 10mm，具短耳；龙骨瓣长约 16mm，瓣片矩圆状倒卵形，爪长约 10mm，具短耳，喙长约 2mm。子房有长柔毛。荚果矩圆状卵形，长 16 ～ 23mm，宽 8 ～ 10mm，背腹稍扁，顶端具短喙，密被白色绵毛，假 2 室。花果期 5 ～ 6 月。

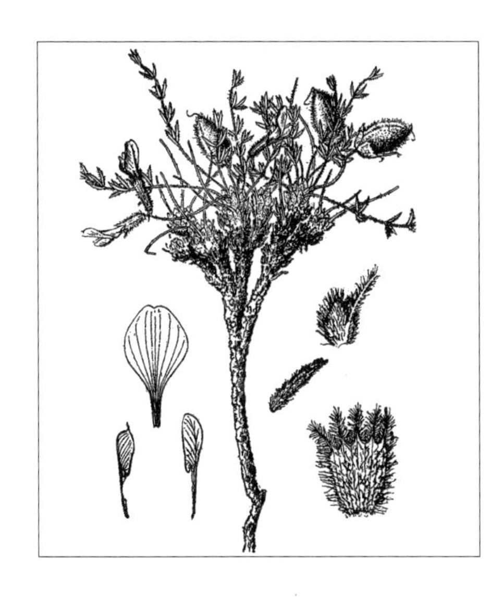

旱生草本。生于荒漠草原带的沙质地。产乌兰察布（乌拉特后旗）。为乌兰察布分布种。

本种与近轮叶棘豆 *Oxytropis subverticillaris* Ledeb. 近似，但全株密被长柔毛；每叶具小叶 2 ～ 5 轮，小叶条形或条状披针形，先端锐尖；旗瓣菱形，长达 23mm，宽约 10mm，先端微凹；荚果矩圆状卵形，可以区别。

26. 二色棘豆（地角儿苗）

Oxytropis bicolor Bunge in Mem. Acad. Imp. Sci. St.-Petersb. Div. Sav. 2:91. 1835; Fl. Intramongol. ed. 2, 3:313. t.122. f.1-5. 1989.

多年生草本，高 5 ～ 10cm。植物体各部有开展的白色绢状长柔毛。茎极短，似无茎状。托叶卵状披针形，先端渐尖，与叶柄基部连生，密被长柔毛；叶轴密被长柔毛；叶长 2.5 ～ 10cm，叶为具轮生小叶的复叶，每叶有 8 ～ 14 轮，每轮有小叶 4，少有 2 片对生；小叶片条形或条状披针形，长 5 ～ 6mm，宽 1.5 ～ 3.5mm，先端锐尖，基部圆形，全缘，边缘常反卷，两面密被绢状长柔毛。总花梗比叶长或与叶近相等，被白色长柔毛；花蓝紫色，于总花梗顶端疏或密地排列成短总状花序；苞片披

针形，长约3mm，先端锐尖，有毛；花萼筒状，长约9mm，宽2.5～3mm，密生长柔毛，萼齿条状披针形，长2～3mm。旗瓣菱状卵形，干后有黄绿色斑，长15～18mm，顶端微凹，基部渐狭成爪；翼瓣较旗瓣稍短，具耳和爪；龙骨瓣顶端有长约1mm的喙。子房有短柄，密被长柔毛。荚果矩圆形，长约17mm，宽约5mm，腹背稍扁，顶端有长喙，密被白色长柔毛，假2室。花期5～6月，果期7～8月。

中旱生草本。生于沙质地、干山坡、撂荒地，为典型草原和沙质草原群落的伴生种，是暖温性草原群落的特征种。产锡林郭勒（苏尼特左旗）、阴山（大青山）、阴南平原（呼和浩特市、土默特右旗）、阴南丘陵（准格尔旗）、鄂尔多斯（东胜区、毛乌素沙地、鄂托克旗）。分布于我国河北、河南、山东西部、山西、陕西、宁夏、甘肃东部、青海东部。为华北分布种。

27. 平卧棘豆

Oxytropis prostrata (Pall.) DC. in Astrag. 85. 1802; Pl. As. Central. 8b:62. 1998; Pl. Sci. J. 29(2): 248. 2011.——*Phaca prostrata* Pall. in Reise Russ. Reich. 3(2):744. 1776.

多年生草本。植株平卧。根粗壮，深而长。茎短缩，基部多分枝（分枝多簇生于表土下）。托叶大部分与叶柄连合，裂片卵形，先端急尖，外面具多条凸出的脉，密被白色长茸毛，使短缩的茎顶端呈白色绒球状；叶长5～25cm；叶轴疏被平伏的白色长柔毛；小叶2～4枚轮生，10～17轮，狭矩圆形，先端钝圆、截形或微凹，边缘反卷，幼叶被平伏的白色长柔毛，后渐稀疏，长6～14mm，宽2～4mm。总花梗较叶长，疏被平伏的长柔毛；花蓝紫色，稀白色，于总花梗顶端稀疏地排列成总状花序；苞片狭椭圆形，草质，长3～6mm，宽1.5～2.5mm，先端渐尖或钝圆；花萼筒状，长8.5～11mm，疏生开展的长柔毛，萼齿披针形、线形，长约2mm。旗瓣长18～22(～25)mm，瓣片菱形，中央有黄绿色斑，先端钝圆

或微凹；翼瓣长16(～20)mm，瓣片斜倒卵形，爪长7～9mm，耳长约2mm；龙骨瓣顶端有长约2mm的喙。子房无柄，光滑，花柱光滑。荚果长15～17mm，弯曲、光滑，假2室。花期5～6月，果期6～8月。

多年生旱生草本。生于草原带的湖边砾石质滩地。产呼伦贝尔（新巴尔虎右旗达赉湖边）。分布于蒙古国东部（蒙古—达乌里地区、东蒙古地区）、俄罗斯东西伯利亚地区（达乌里地区）。为达乌里—蒙古分布种。

28. 绵毛棘豆

Oxytropis lanata (Pall.) DC. in Astrag. 89. 1802; Fl. China 10:465. 2010.——*Phaca lanata* Pall. in Reise Russ. Riech. 3:746. 1776.

多年生草本，高5～8cm。茎短缩，具多分枝的根头，丛生，被枯萎的托叶和绢毛。托叶膜质，与叶柄贴生；叶长5～7cm，小叶12～18轮，每轮具小叶4～8片；小叶片矩圆形至条形，长3～12mm，宽1～2.5mm，被短绵状柔毛，先端钝。总状花序紧缩，呈宽椭圆形，具多数小花；花葶较叶短或稍长，密被开展的绵毛；花萼筒状，长11～12mm，宽3～3.5mm，萼齿三角状披针形，长约2mm。花冠粉红色至紫红色；旗瓣长2～2.5cm，瓣片卵状圆形，宽1～1.2cm，顶端圆形至微凹；翼瓣长1.8～2cm，瓣片较爪长；龙骨瓣长1.5～1.6cm，喙长约2mm。荚果卵状矩圆形，长12～14mm，宽约6mm，稍膨胀，薄革质，不完全2室，被绵毛。花期6～7月。

旱生草本。生于草原带的沙地、河岸和湖边的沙地。产锡林郭勒（苏尼特右旗）。分布于蒙古国北部和中部、俄罗斯（安格拉—萨彦地区、达乌里地区）。为蒙古高原草原区沙地分布种。

29. 黄毛棘豆（黄土毛棘豆、黄穗棘豆）

Oxytropis ochrantha Turcz. in Bull. Soc. Imp. Nat. Mosc. 5:188. 1832; Fl. Intramongol. ed. 2, 3:307. t.119. f.1-8. 1989.——*O. ochrantha* Turcz. var. *longibracteata* Tang et Wang fide herb.; Fl. Intramongol. ed. 2, 3:307. 1989.——*O. ochrantha* Turcz. f. *diversicolor* H. C. Fu et Y. C. Ma in Fl. Intramongol. 3:232, 290. 1977; Fl. Intramongol. ed. 2, 3:307. 1989.

多年生草本，高 10 ～ 30cm。无地上茎或茎极短缩。羽状复叶，长 8 ～ 25cm；叶轴有沟，密生土黄色长柔毛；托叶膜质，中下部与叶柄连合，分离部分披针形，表面密生土黄色长柔毛；

小叶 8 ～ 9 对，对生或 4 枚轮生，卵形、披针形、条形或矩圆形，长 6 ～ 25mm，宽 3 ～ 10mm，先端锐尖或渐尖，基部圆形，两面密生或疏生白色或土黄色长柔毛。花多数，排列成密集的圆柱状的总状花序；总花梗几与叶等长，密生土黄色长柔毛；苞片披针状条形，与花近等长，先端渐尖，有密毛；花萼筒状，近膜质，长约 10mm，萼齿披针状锥形，与筒部近等长，密生土黄色长柔毛。花冠白色或黄色，稀蓝色；旗瓣椭圆形，长 13 ～ 22mm，顶端圆形，基部渐狭成爪；翼瓣与龙骨瓣较旗瓣短；龙骨瓣顶端具喙，喙长约 1.5mm。子房密生土黄色长柔毛。荚果卵形，膨胀，长 12 ～ 15mm，宽约 6mm，1 室，密生土黄色长柔毛。花期 6 ～ 7 月，果期 7 ～ 8 月。

旱生草本。散生于森林草原带的干山坡与干河谷沙地上，也见于芨芨草草滩。产兴安南部（阿鲁科尔沁旗、巴林右旗、克什克腾旗）、赤峰丘陵（红山区、松山区、翁牛特旗）、燕山北部（敖汉旗）、锡林郭勒（西乌珠穆沁旗、锡林浩特市、苏尼特左旗、正蓝旗）、乌兰察布（达尔罕茂明安联合旗南部）、阴山（大青山、蛮汗山、乌拉山）。分布于我国河北西部、山西北部、陕西中部和北部、宁夏南部、甘肃东部、青海东部、四川北部、西藏。为华北—横断山脉分布种。

30. 黄绿花棘豆

Oxytropis viridiflava Kom. in Repert. Spec. Nov. Regni Veg. 13:227. 1914; Act. Bot. Bor. -Occid. Sin. 33(5):1051. t.1. f.A-C. 2013.

多年生草本，高 5 ～ 15cm。根圆柱形，黄褐色或黑褐色。茎短缩或几乎无地上茎。叶丛生；托叶卵状三角形，膜质，先端尖，疏被长柔毛；叶轴细弱，密生长柔毛；叶为具轮生小叶的复叶，

每叶有 4 ～ 6 轮，每轮有 3 ～ 4 小叶，均密被长柔毛；小叶披针形，长 5 ～ 20mm，宽 1 ～ 2.5mm，先端渐尖，基部楔形，边缘常反卷。总花梗稍弯曲或直立，比叶长或近等长，被长柔毛；总状花序近头状，生于总花梗顶端；苞片条状披针形，明显短于萼筒；花萼管状，长 6 ～ 8mm，宽 2 ～ 3mm，密被长柔毛，萼齿狭三角状条形，长约为萼筒的 1/2 ～ 1/5，被长柔毛。花黄绿色，长 13 ～ 15mm；旗瓣狭倒卵形或匙形，黄色，具绿色条纹，顶端圆或微凹，基部渐狭成爪；翼瓣比旗瓣稍短，黄色，具绿色条纹；龙骨瓣比翼瓣稍短，顶端紫色，具长约 1.5mm 的喙。子房密被柔毛。荚果宽卵形，膨胀，长约 1cm，密被长柔毛，顶端具短喙。花果期 6 ～ 8 月。

旱生草本。生于草原带的山地草原。产锡林郭勒（阿巴嘎旗宝格达山）。分布于蒙古国北部和东部、俄罗斯（东西伯利亚地区南部）。为蒙古高原草原区分布种。

31. 砂珍棘豆（泡泡草、砂棘豆）

Oxytropis racemosa Turcz. in Bull. Soc. Imp. Nat. Mosc. 5:187. 1832; Fl. China 10:467. 2010.——*O. gracilima* Bunge in Linnaea 17:5. 1843; Fl. Intramongol. ed. 2, 3:309. t.120. f.1-5. 1989.——*O. gracilima* Bunge f. *albiflora* (P. Y. Fu et Y. A. Chen) H. C. Fu in Fl. Intramongol. ed. 2, 3:310. 1989.——*O. psammocharis* Hance f. *albiflora* P. Y. Fu et Y. A. Chen in Fl. Pl. Herb. Bor.-Orient. China 5:115. 176. 1976.

31a. 砂珍棘豆

Oxytropis racemosa Turcz. var. **racemosa**

多年生草本，高 5 ～ 15cm。根圆柱形，伸长，黄褐色。茎短缩或几乎无地上茎。叶丛生，多数；托叶卵形，先端尖，密被长柔毛，大都与叶柄连合；叶轴细弱，密生长柔毛；叶为具轮生小叶的复叶，每叶约有 6 ～ 12 轮，每轮有 4 ～ 6 小叶，均密被长柔毛；小叶条形、披针形或条状矩圆形，长 3 ～ 10mm，宽 1 ～ 2mm，先端锐尖，基部楔形，边缘常内卷。总花梗比叶长或与叶近等长；总状花序近头状，生于总花梗顶端；苞片条形，比花梗稍短；萼钟状，长 3 ～ 4mm，

宽 2 ～ 3mm，密被长柔毛，萼齿条形，与萼筒近等长或为萼筒长的 1/3，密被长柔毛。花较小，长 8 ～ 10mm，粉红色或带紫色，稀白色；旗瓣倒卵形，顶端圆或微凹，基部渐狭成短爪；翼瓣比旗瓣稍短；龙骨瓣比翼瓣稍短或近等长，顶端具长约 1mm 的喙。子房被短柔毛，花柱顶端稍弯曲。荚果宽卵形，膨胀，长约 1cm，顶端具短喙，表面密被短柔毛，腹缝线向内凹形成 1 条狭窄的假隔膜，为不完全的 2 室。花期 5 ～ 7 月，果期（6 ～）7 ～ 8（～ 9）月。

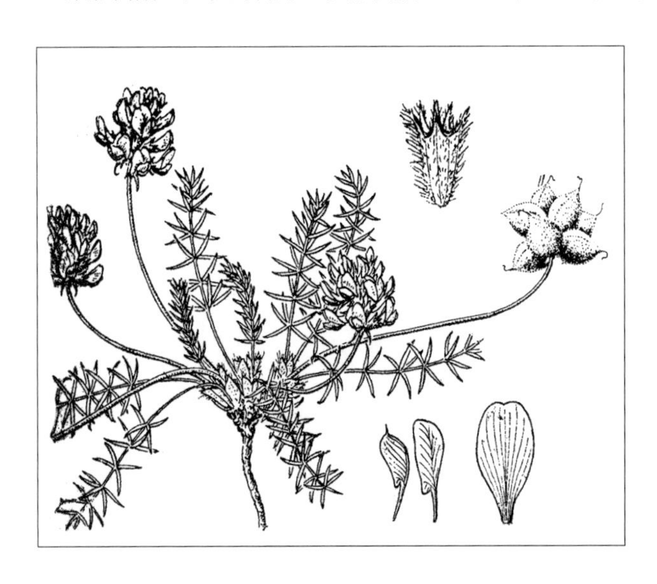

沙生旱生草本。生于沙丘、河岸沙地、沙质坡地，在草原带和森林草原带的沙质草原中为伴生成分，是沙质草原群落的特征种。产岭西及呼伦贝尔（陈巴尔虎旗、新巴尔虎左旗、海拉尔区）、兴安南部及科尔沁（阿鲁科尔沁旗、克什克腾旗、翁牛特旗、科尔沁区）、辽河平原（科尔沁左翼后旗）、锡林郭勒（锡林浩特市、正蓝旗、正镶白旗、镶黄旗、苏尼特左旗、浑善达克沙地、察哈尔右翼中旗、兴和县）、乌兰察布（四子王旗、武川县、达尔罕茂明安联合旗、固阳县、乌拉特前旗、乌拉特中旗）、阴山（大青山）、阴南平原（呼和浩特市、包头市）、阴南丘陵（和林格尔县、清水河县、准格尔旗）、鄂尔多斯（东胜区、伊金霍洛旗、乌审旗、鄂托克旗）、东阿拉善。分布于我国辽宁西北部、河北西北部、山西北部和西部、陕西中部和北部、宁夏东部、甘肃东部，蒙古国东部和东南部及北部和西部。为黄土—蒙古分布种。

绵羊、山羊采食少许，饲用价值不高（鄂尔多斯市牧民反映各种家畜均采食）。全草入药，能消食健脾，主治小儿消化不良。

本种因生境不同，其个体差异较大，在小叶的长度、花葶的长短、花序外形以及花的大小等方面有诸多变异。

31b. 光果砂珍棘豆

Oxytropis racemosa Turcz. var. **glabricarpa** Y. Z. Zhao in Class. Fl. Ecol. Geogr. Distr. Vasc. Pl. Inn. Mongol. 285. 2012.

本变种与正种的区别：本种子房与荚果光滑无毛。

旱中生草本。生于森林草原带的林缘草甸。产兴安南部（西乌珠穆沁旗迪彦林场）。为兴安南部分布变种。

32. 尖叶棘豆（海拉尔棘豆、山棘豆）

Oxytropis oxyphylla (Pall.) DC. in Astrag. 84. 1802; Fl. China 10:467. 2010.——*Phaca oxyphylla* Pall. in Reise Russe Reich. 3:743. 1776.——*O. hailarensis* Kitag. in Bot. Mag. Tokyo 48(575):907. 1934; Fl. Intramongol. ed. 2, 3:310. t.120. f.12-17. 1989.

32a. 尖叶棘豆

Oxytropis oxyphylla (Pall.) DC. var. **oxyphylla**

多年生草本，高 7 ～ 20cm。根深而长，黄褐色至黑褐色。茎短缩，基部多分枝，稀为少分枝、不分枝或近于无地上茎。托叶宽卵形或三角状卵形，下部与叶柄基部连合，先端锐尖，膜质，具明显的中脉或有时为 2 ～ 3 脉，外面及边缘密生白色或黄色长柔毛；叶长 2.5 ～ 14cm；叶轴密被白色柔毛；小叶轮生或有时近轮生，3 ～ 9 轮，每轮有小叶（2 ～）3 ～ 4（～ 6），条状披针形、矩圆状披针形或条形，长 10 ～ 20（～ 30）mm，宽 1 ～ 2.5（～ 3）mm，先端渐尖，全缘，边缘常反卷，两面密被绢状长柔毛。总花梗稍弯曲或直立，比叶长或近等长，被白色柔毛；短总状花序于总花梗顶端密集为头状；苞片披针形或狭披针形，渐尖，外面被长柔毛，通常比萼短而比花梗长；萼筒状，长 6 ～ 8mm，外面密被白色与黑色长柔毛，有时只生白色毛，萼齿条状披针形，比萼筒短，通常上方的 2 萼齿稍宽。花红紫色、淡紫色或稀为白色；旗瓣椭圆状卵形，长（13 ～）14 ～ 18（～ 21）mm，顶端圆形，基部渐狭成爪；翼瓣比旗瓣短，具明显的耳部及长爪；龙骨瓣又比翼瓣短，顶端具长 1.5 ～ 3mm 的喙。子房有毛。

荚果宽卵形或卵形，膜质，膨大，长 10 ～ 18（～ 20）mm，宽 9 ～ 12mm，被黑色或白色（有时混生）短柔毛，通常腹缝线向内凹形成很窄的假隔膜。花期 6 ～ 7 月，果期 7 ～ 8 月。

旱生草本。稀疏地生于草原带的沙质草原中，有时也进入石质丘陵坡地。产呼伦贝尔（陈巴尔虎旗、鄂温克族自治旗、新巴尔虎左旗、新巴尔虎右旗、满洲里市、海拉尔区）、兴安南部（巴林右旗、克什克腾旗）、锡林郭勒（锡林浩特市、浑善达克沙地）、乌兰察布（达尔罕茂明安联合旗），蒙古国东部和北部、俄罗斯（达乌里地区）。为达乌里—蒙古分布种。

32b. 光果尖叶棘豆

Oxytropis oxyphylla (Pall.）DC. var. **leiocarpa**(H.C.Fu)Y. Z. Zhao in Act. Sci. Nat. Univ. Intramongol. 25(4):434. 1994. ——*O. hailarensis* Kitag. f. *leiocarpa* (H. C. Fu) P. Y. Fu et Y. A. Chen in Fl. Pl. Herb. Bor.-Orient. China 5:113. 1976; Fl. Intramongol. ed. 2, 3:312. 1989.——*O. hailarensis* Kitag. var. *leiocarpa* H. C. Fu in Intramongol. Bot. Reser. 1:28. 1965. nom. subnud., nom. illegit.

本变型与正种的区别：本种子房无毛、荚果无毛。

旱生植物。生于固定沙丘及沙质地。产呼伦贝尔（海拉尔区）、锡林郭勒（锡林浩特市）。为东蒙古分布变种。

33. 鳞萼棘豆

Oxytropis squammulosa DC. in Astrag. 79. 1802; Fl. Intramongol. ed. 2, 3:315. t.123. f.1-6. 1989.

多年生矮小草本，高 3 ～ 5cm。根粗壮，常扭曲呈辫状，向下直伸，褐色。茎极短，丛生。叶轴宿存，近于刺状，淡黄色，无毛；托叶膜质，条状披针形，先端渐尖，边缘疏生长毛，与叶柄基部连合；单数羽状复叶，具小叶 7 ～ 13；小叶条形，常内卷呈圆筒状，长 5 ～ 10mm，宽 1 ～ 1.5mm，先端渐尖，基部圆形或宽楔形，两面有腺点，无毛或于先端疏生白毛。花葶极短，具花 1 ～ 3 朵；苞片披针形，膜质，长 5 ～ 6mm，先端渐尖，表面有腺点，边缘疏生白毛；花萼筒状，长 12 ～ 14mm，宽约 4mm，表面密生鳞片状腺体，无毛，萼齿近三角形，长约 2mm，边缘疏生白毛。花冠乳黄白色，龙骨瓣先端带紫色；旗瓣匙形，长约 25mm，宽达 6mm，顶端钝，基部渐狭；翼瓣较旗瓣短 1/3，有长爪及短耳，龙骨瓣较翼瓣短，顶端具喙，长约 1mm。荚果卵形，革质，膨胀，长约 10 ～ 15mm，宽 7 ～ 8mm，顶端有硬尖。花期 4 ～ 5 月，果期 6 月。

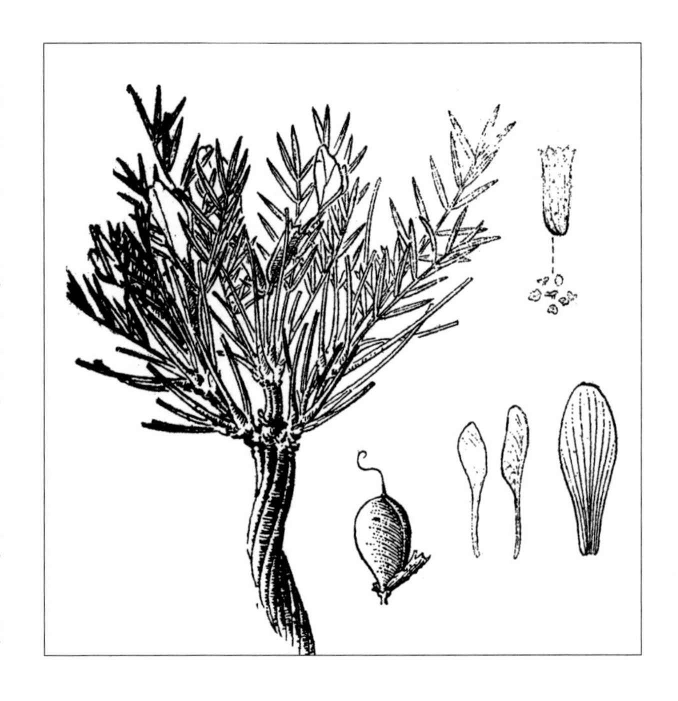

矮小旱生草本。生于荒漠草原带和草

原带的砾石质山坡与丘陵、沙砾质河谷阶地薄层的沙质土上。产呼伦贝尔、锡林郭勒（阿巴嘎旗、苏尼特左旗、苏尼特右旗、浑善达克沙地）、乌兰察布（达尔罕茂明安联合旗、乌拉特中旗）、鄂尔多斯（伊金霍洛旗）。分布于我国陕西北部、宁夏东北部、甘肃东部、青海东北部，蒙古国东部和东南部及中部和西部、俄罗斯（达乌里地区）。为黄土—蒙古分布种。

34. 胶黄芪状棘豆

Oxytropis tragacanthoides Fisch. ex DC. in Prodr. 2:280. 1825; Fl. Intramongol. ed. 2, 3:304. t.118. f.7-11. 1989.

矮小半灌木，高 5 ～ 20cm。根粗壮，暗褐色。老枝粗壮，丛生，密被针刺状宿存的叶轴，红褐色，形成半球状株丛；一年枝短缩，长 0.5 ～ 1.5cm。单数羽状复叶，长 1.5 ～ 7cm，具小叶 7 ～ 13；托叶膜质，疏被白毛，具明显脉，下部与叶柄连合，上部离生，先端三角状，有缘毛；叶轴粗壮，初时密被白色平伏的柔毛，叶落后变成无毛的刺状；叶柄稍短于叶轴；小叶卵形至矩圆形，长 5 ～ 15mm，宽 1.5 ～ 5mm，先端钝，两面密被白色绢毛。总状花序具花 2 ～ 5 朵，紫红色；总花梗短于叶，长 1 ～ 1.5cm，密被绢毛；苞片条状披针形，长 3 ～ 4mm，被白色

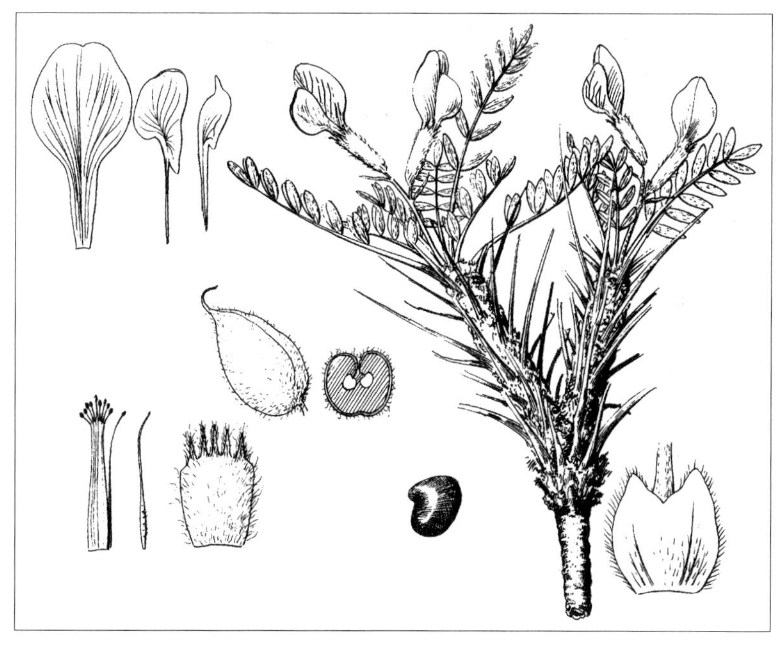

和黑色长柔毛；花萼管状，长约 11mm，宽约 4mm，密被白色和黑色长柔毛，萼齿条状钻形，长约 3mm。旗瓣倒卵形，长 20 ～ 25mm，先端稍圆，爪长与瓣片相等，翼瓣长 20 ～ 23mm，上部较宽，先端斜截形，具锐尖耳，爪较瓣片稍长；龙骨瓣长约 18mm，爪长于瓣片，喙长约 1mm。荚果球状卵形，长 17 ～ 20mm，宽 10 ～ 12mm，近无果柄，喙长 2 ～ 3mm，膨胀呈膀胱状，密被白色和黑色长柔毛。花期 5 ～ 6 月，果期 7 ～ 8 月。

强旱生丛生矮小半灌木。生于荒漠带的山地草原、石质和砾质阳坡，是山地荒漠草原群落的伴生种。产东阿拉善（乌拉特后旗狼山）、贺兰山、龙首山（桃花山）。分布于我国甘肃西部、青海东北部、新疆东部和北部，蒙古国北部和西部及中部、俄罗斯（阿尔泰地区）。为戈壁—蒙古分布种。

35. 刺叶柄棘豆（猫头刺、鬼见愁、老虎爪子）

Oxytropis aciphylla Ledeb. in Fl. Alt. 3:279. 1831; Fl. Intramongol. ed. 2, 3:303. t.118. f.1-6. 1989.

矮小半灌木，高 10 ～ 15cm。根粗壮，深入土中。茎多分枝，开展，全体呈球状株丛。叶轴宿存，木质化，呈硬刺状，长 2 ～ 5cm，下部粗壮，向顶端渐细瘦而尖锐，老时淡黄色或黄褐色，嫩时灰绿色，密生平伏柔毛；托叶膜质，下部与叶柄连合，先端平截或尖，后撕裂，表面无毛，边缘有白色长毛；双数羽状复叶，小叶对生，有小叶 4 ～ 6；小叶条形，长 5 ～ 15mm，宽 1 ～ 2mm，先端渐尖，有刺尖，基部楔形，两面密生银灰色平伏柔毛，边缘常内卷。总状花序腋生，具花 1 ～ 2 朵；总花梗短，长 3 ～ 5mm，密生平伏柔毛；苞片膜质，小，披针状钻形；花萼筒状，长 8 ～ 10mm，宽约 3mm，花后稍膨胀，密生长柔毛，萼齿锥状，长约 3mm。花冠蓝紫色、红紫色以至白色；旗瓣倒卵形，长 14 ～ 24mm，顶端钝，基部渐狭成爪；翼瓣短于旗瓣；龙骨瓣较翼瓣稍短，顶端喙长 1 ～ 1.5mm。子房圆柱形，花柱顶端弯曲，被毛。荚果矩圆形，硬革质，长 1 ～ 1.5cm，宽 4 ～ 5mm，密生白色平伏柔毛，背缝线深陷，隔膜发达。花期 5 ～ 6 月，果期 6 ～ 7 月。

强旱生多刺的丘垫状半灌木。生于荒漠带和荒漠草原带的砾石质平原、薄层覆沙地以及丘陵坡地，为干燥沙质草原化荒漠群落的建群种，在荒漠草原砾石性较强的小针茅草原群落中为常见的伴生种，有时多度增高可成为次优势种。产锡林郭勒（苏尼特左旗、苏尼特右旗）、乌兰察布（达尔罕茂明安联合旗、固阳县、乌拉特前旗、乌拉特中旗）、阴南丘陵（准格尔旗）、

鄂尔多斯（达拉特旗、伊金霍洛旗、乌审旗、鄂托克旗）、东阿拉善（乌拉特后旗、磴口县、阿拉善左旗）、西阿拉善（阿拉善右旗）、贺兰山。分布于我国河北北部、宁夏北部、陕西北部、甘肃中部和河西走廊南部、青海北部、新疆东北部，蒙古国西部和南部及东南部、俄罗斯（阿尔泰地区）。为戈壁—蒙古分布种。

春季绵羊、山羊采食一些花和小叶，骆驼有时采食一些嫩枝叶。春季发芽时马刨食其根。鄂尔多斯市牧民反映，幼嫩时马乐意采食。其茎叶捣碎煮汁可治脓疮。

16. 黄芪属 Astragalus L.

多年生、一年生或二年生草本。植株通常被单毛或丁字毛。茎发达或短缩，以至于无茎。单数羽状复叶或仅具小叶 1 ～ 3，少为单叶；托叶离生或与叶柄合生。花序总状或紧缩呈头状或穗状；花蓝紫、白、黄等各色；花萼筒状或钟状，萼齿近相等；花瓣近等长或翼瓣及龙骨瓣较旗瓣为短；雄蕊 10，两体；子房无柄或有柄，胚株多数，柱头头状。荚果椭圆形、矩圆形、卵形、圆筒形等，膜质或革质，有时为木质，通常由腹缝线或背缝线伸入将荚果分隔为 2 室或不完全 2 室，少为 1 室。

内蒙古有 52 种。

分种检索表

1a. 植株被单毛。

2a. 多年生草本。

3a. 荚果坚果状，果皮较厚，革质，密布横皱纹；小叶 13 ～ 27，椭圆形至矩圆形；花黄色………………………………………………………………………………………………**1. 华黄芪 A. chinensis**

3b. 荚果不为坚果状，果皮较薄，膜质或近革质，无横皱纹，而为明显或不明显的脉纹。

4a. 叶基生；无总花梗；花白色，密集于叶丛基部……………………**2. 草原黄芪 A. dalaiensis**

4b. 叶茎生，具总花梗，花排列成疏或密的花序。

5a. 花近无梗，密集呈头状或穗状花序；荚果卵形，膨胀，长 7 ～ 8mm，被白色长柔毛；花红紫色…………………………………………………………**3. 丹黄芪 A. danicus**

5b. 花通常有梗，排列呈疏松的总状花序，稀稍紧密。

6a. 荚果半椭圆形，长 20 ～ 30mm，一侧直伸，另一侧弓形弯曲，膨胀，薄膜质；植株较高大，高 50 ～ 100cm；花黄色，较大，长 12 ～ 18mm。

7a. 子房和荚果被短毛；小叶 13 ～ 27，通常椭圆状卵形，较大，长达 30mm，排列疏松………………………………………………**4. 膜荚黄芪 A. membranaceus**

7b. 子房和荚果光滑无毛；小叶较小，通常长不超过 10mm。

8a. 小叶 25 ～ 37，通常椭圆形，先端圆钝，基部圆形或宽楔形，排列紧密；花冠较小，长 12 ～ 18mm………………………**5. 蒙古黄芪 A. mongholicus**

8b. 小叶 19 ～ 31，倒卵形或椭圆状倒卵形，先端微凹或平截，基部楔形，排列较疏松；花冠较大，长 18 ～ 20mm…**6. 北蒙古黄芪 A. borealimongolicus**

6b. 荚果为其他形状。

9a. 荚果小，近球形、卵状球形、卵形、倒卵形或椭圆形，长 2.5 ～ 6mm；花小，长 5 ～ 8mm。

10a. 翼瓣顶端 2 裂，花白色、淡红色、橙色、淡蓝色、淡黄色或黄色。

11a. 荚果较大，长 4 ～ 6mm；小叶 3 ～ 15，椭圆形或长圆形，长 3 ～ 22mm，宽 1.5 ～ 11mm，长宽比小于 3………………**7. 草珠黄芪 A. capillipes**

11b. 荚果较小，长 2 ～ 4mm；小叶 3 ～ 17，长宽比通常大于 3。

12a. 总状花序细长，花排列稀疏，非头状。

13a. 小叶 3 ～ 7，条状矩圆形或狭条形，宽 0.5 ～ 3mm，两面短毛；花白色或淡红色；荚果长 2.5 ～ 3.5mm。

14a. 小叶条状矩圆形，宽 1.5 ～ 3mm………………**8. 草木樨状黄芪 A. melilotoides**

14b. 小叶狭条形，宽约 0.5mm…………………………………**9. 细叶黄芪 A. tenuis**

13b. 小叶 7 ～ 17。

15a. 花序轴稀疏被长达 0.5mm 的柔毛；花橙黄色；小叶狭椭圆形，先端钝圆或微凹，两面被柔毛………………………………**10. 橙黄花黄芪 A. aurantiacus**

15b. 花序轴光滑或稀疏被长达 0.2mm 的平伏短柔毛；花白色或淡红色；小叶条状倒披针形、条形或矩圆形，先端圆形或近截形，上面无毛，下面密被贴伏短柔毛………………………………………………………**11. 小米黄芪 A. satoi**

12b. 总状花序花排列密集呈头状，荚果球形，小叶 11 ～ 17。

16a. 花淡黄色；荚果疏被平伏的短毛；小叶椭圆形或倒卵形，先端圆形，上面无毛，下面密被贴伏短柔毛……………………………………**12. 阿拉善黄芪 A. alaschanus**

16b. 花黄色；荚果密被长柔毛；小叶卵形至长圆状披针形，先端钝圆或短渐尖…………………………………………………………………**13. 马衔山黄芪 A. mahoschanicus**

10b. 翼瓣顶端全缘；花蓝紫色或天蓝色；总状花序较短，花密集；荚果近椭圆形。

17a. 荚果柄稍长于萼筒；萼齿长为萼筒的 1/2 或稍长；荚果直伸，卵状椭圆形，稍膨胀……………………………………………………………………**14. 察哈尔黄芪 A. zacharensis**

17b. 荚果柄短于萼筒；萼齿与萼筒近等长；荚果弯曲，镰状，不膨胀…………………………………………………………………………………**15. 多枝黄芪 A. polycladus**

9b. 荚果大，矩圆形或半椭圆形，长 9mm 以上；花较大，长 8 ～ 30mm。

18a. 柱头被簇毛；植株高大，高可达 1m。

19a. 子房和荚果密被毛；荚果长 2.5 ～ 3.5cm，具短于萼筒的柄；花冠白色或带紫色，长 9 ～ 12mm；小叶椭圆形………………………………**16. 扁茎黄芪 A. complanatus**

19b. 子房和荚果无毛；荚果长 5 ～ 6cm，具明显长于萼筒的柄；花冠紫红色，长 25 ～ 30mm；小叶宽卵形或近圆形…………………………………………**17. 粗壮黄芪 A. hoantchy**

18b. 柱头无毛；植株矮小，高 10 ～ 30cm；花冠小，长约 8mm。

20a. 子房和荚果无毛，花冠淡紫色，小叶条形或条状披针形…………………………………………………………………………**18. 大青山黄芪 A. daqingshanicus**

20b. 子房和荚果密被毛，花冠蓝紫色或天蓝色，小叶矩圆状卵形或椭圆形……………………………………………………………………………**19. 高山黄芪 A. alpinus**

2b. 一年生草本。

21a. 总状花序不呈头状，有花 10 ～ 25 朵；花紫色或紫红色；荚果直或稍弯曲呈镰状。

22a. 植株高 10 ～ 25cm；小叶 5 ～ 7；花紫色，长 8 ～ 9mm；荚果矩圆形，长 7 ～ 15mm，直或微弯，无毛…………………………………………………………**20. 了墩黄芪 A. pavlovii**

22b. 植株高 30 ～ 60cm；小叶 11 ～ 21；花紫红色，长 10 ～ 15mm；荚果圆筒形，长 2 ～ 2.5cm，通常呈镰刀状弯曲，被毛………………………………**21. 达乌里黄芪 A. dahuricus**

21b. 总状花序呈头状，有花 5 ～ 10 朵；花黄色；荚果镰刀状弯曲或环状……**22. 环荚黄芪 A. contortuplicatus**

1b. 植株被丁字毛。

23a. 单叶，条形，长 2 ～ 12cm，宽 1 ～ 2mm；花淡紫色或紫红色…………**23. 单叶黄芪 A. efoliolatus**

23b. 单数羽状复叶。

24a. 萼筒在花后不膨胀，亦不包被荚果。

25a. 小叶 1 或 3。

26a. 小叶 1，披针形或披针状椭圆形；花白色至紫色；荚果无毛…………………………………………………………………………………**24. 单小叶黄芪 A. vallestris**

26a. 小叶 1 或 3，宽卵形、宽椭圆形或近圆形；花淡黄色；荚果密被白色绵毛……………………………………………………………………………**25. 长毛荚黄芪 A. monophyllus**

25b. 小叶 3 至多数。

27a. 地上茎发达。

28a. 荚果具明显的果柄，果柄较萼长；萼筒钟形，长 4 ～ 5mm；萼齿三角形，长为萼筒的 1/8 ～ 1/7；翼瓣顶端 2 裂……………**26. 灰叶黄芪 A. discolor**

28b. 荚果无明显的果柄。

29a. 翼瓣顶端全缘。

30a. 花淡黄色。

31a. 茎通常直立；花萼筒状，长 7 ～ 11mm；荚果矩圆形，长 9 ～ 13mm，无毛……………………**27. 湿地黄芪 A. uliginosus**

31b. 茎上升或直立；花萼钟状，长 7 ～ 8mm；荚果卵形或矩圆形，长约 9mm，被平伏的黑毛…………**28. 北黄芪 A. inopinatus**

30b. 花蓝紫色、紫红色或近蓝色，稀白色。

32a. 荚果棍棒状，长 20 ～ 30mm，表面无毛或疏被毛；花萼管状，长 6 ～ 9mm；小叶椭圆形或卵状披针形，长 5 ～ 10mm，宽 1 ～ 3mm，先端锐尖……………**29. 莲山黄芪 A. leansanicus**

32b. 荚果矩圆形，长 7 ～ 15cm，表面密被黑色或白色丁字毛；花萼筒状钟形，长 5 ～ 6mm；小叶卵状椭圆形、椭圆形或矩圆形，长 10 ～ 25mm，宽 2 ～ 8mm，先端圆形或钝圆…………………………………………………**30. 斜茎黄芪 A. laxmannii**

29b. 翼瓣顶端 2 裂。

33a. 花黄色；小叶披针状椭圆形或披针状卵形，长 10 ～ 30mm，宽 5 ～ 15mm，先端急尖…………**31. 中戈壁黄芪 A. centrali-gobicus**

33b. 花红色、紫红色或蓝紫色。

34a. 花较大，长 15 ～ 25mm。

35a. 小叶 11 ～ 25，披针形、狭披针形或狭椭圆形，先端渐尖；茎细弱，但发达…………**32. 兰州黄芪 A. lanzhouensis**

35b. 小叶 5 ～ 9，狭条形、条形或条状披针形；茎短缩，长不超过 10cm…………………………………………………………………………………………**34. 玉门黄芪 A. yumenensis**

34b. 花较小，长不足 13mm。

36a. 小叶丝状、狭条形、条形或条状披针形；花萼钟状；花粉红色，稀白色，长 7 ～ 8mm；植株高 7 ～ 15cm；枝细弱……………………………………………**33. 细弱黄芪 A. miniatus**

36b. 小叶矩圆形、椭圆形或披针形，花长 8 ～ 11mm。

37a. 萼齿长约为萼筒的 1/4；小叶卵状矩圆形、倒卵状矩圆形或条状矩圆形，先端钝、圆形或微凹……………………………………………………**35. 变异黄芪 A. variabilis**

37b. 萼齿与萼筒近等长；小叶披针形或条状披针形，先端渐尖或锐尖…………………………………………………………………………**36. 哈拉乌黄芪 A. halawuensis**

27b. 无地上茎或茎缩短；花白色（干后淡黄色）或黄色，有时粉红色或紫红色。

38a. 小叶两面密被平伏丁字毛，稀上面无毛。

39a. 花萼密被平伏丁字毛。

40a. 旗瓣倒卵状椭圆形，长 18 ～ 24mm，宽 8 ～ 9mm，中部不收缢；总状花序具花 3 ～ 5 朵；植株高 8 ～ 15cm………………………………………**37. 糙叶黄芪 A. scaberrimus**

40b. 旗瓣狭椭圆形或狭倒卵形，长 20 ～ 30mm，宽 6 ～ 7mm，中部稍收缢；总状花序具花 1 ～ 2 朵；植株高 3 ～ 6cm……………………………………**38. 短叶黄芪 A. brevifolius**

39b. 花萼密被开展的不对称丁字毛或长柔毛。

41a. 小叶 3 ～ 7。

42a. 小叶 3 ～ 5，旗瓣狭长圆形，萼齿与萼筒近等长或稍短，翼瓣瓣片与瓣柄近等长……………………………………………**39. 西域黄芪 A. pseudoborodinii**

42b. 小叶 5 ～ 7。

43a. 龙骨瓣长为翼瓣的 1/3，旗瓣倒披针形，翼瓣瓣片长为瓣柄的 2 倍………………………………………………………**40. 短龙骨黄芪 A. parvicarinatus**

43b. 龙骨瓣长为翼瓣的 3/4，旗瓣长圆状倒卵形，翼瓣瓣片较瓣柄短…………………………………………………………**41. 酒泉黄芪 A. jiuquanensis**

41b. 小叶 (5 ～)9 ～ 25，龙骨瓣长为翼瓣的 2/3 或稍短。

44a. 荚果近球形或卵球形；小叶椭圆形、披针形或倒卵形，先端钝尖，两面密被平伏丁字毛……………………………………………**42. 圆果黄芪 A. junatovii**

44b. 荚果卵形或矩圆状卵形；小叶矩圆形、披针形或条状披针形，先端锐尖或渐尖，上面无毛或疏被丁字毛或仅靠近边缘被丁字毛，下面密被平伏丁字毛…………………………………………………………………**43. 乳白花黄芪 A. galactites**

38b. 小叶密被开展或半开展丁字毛，小叶 9 ～ 29；花萼密被不对称的开展、半开展丁字毛。

45a. 荚果卵形，先端明显具喙；小叶椭圆形、宽椭圆形、倒卵形、宽倒卵形或近圆形，先端钝圆或钝尖。

46a. 小花梗无小苞片，花白色或淡粉色…………………………**44. 卵果黄芪 A. grubovii**

46b. 小花梗具两枚狭条形小苞片，花紫红色………………**45. 荒漠黄芪 A. alaschanensis**

45b. 荚果圆球形，先端喙不明显；小叶狭披针形或披针形，先端渐尖或锐尖……………………………………………………………………………………**46. 乌兰察布黄芪 A. wulanchabuensis**

24b. 萼筒在花后膨胀，包被荚果。

47a. 花蓝紫色、紫红色，花萼被开展的长柔毛。

48a. 总花梗较叶长 1 ～ 2 倍，小叶 9 ～ 19，苞片长 2 ～ 3mm…………**47. 乌拉山黄芪 A. ochrias**

48b. 总花梗较叶长或与之近等长，小叶 5 ～ 15，苞片长约 5mm……………………………………………………………………………………**48. 戈壁阿尔泰黄芪 A. gobi-altaicus**

47b. 花白色，干后变淡黄色。

49a. 总花梗较叶短或与之近等长。

50a. 花萼被开展的长柔毛。

51a. 小叶 5 ～ 11，较大，长 10 ～ 35mm，宽 3 ～ 12mm；萼齿长 5 ～ 6mm；苞片披针形，长 6 ～ 9mm…………………………………………**49. 包头黄芪 A. baotouensis**

51b. 小叶 9 ～ 17，较小，长 5 ～ 15mm，宽 3 ～ 5mm；萼齿长 4 ～ 5mm；苞片条状披针形，长 2 ～ 3mm…………………………………………**50. 胀萼黄芪 A. ellipsoideus**

50b. 花萼被贴伏的丁字毛；小叶 9 ～ 25，较小，长 3 ～ 5mm，宽 2 ～ 3mm；萼齿长 3 ～ 4mm；苞片披针形，长 3 ～ 5mm……………………………**51. 库尔楚黄芪 A. kurtschumensis**

49b. 总花梗较叶长 1.5 ～ 2 倍；花萼被开展的长柔毛；萼齿长 2 ～ 3mm；苞片条状披针形，长 4 ～ 5mm…………………………………………………**52. 阿卡尔黄芪 A. arkalycensis**

1. 华黄芪（地黄芪）

Astragalus chinensis L. f. in Dec. Pl. Hort. Upsal. 1:5. 1762; Fl. Intramongol. ed. 2, 3:255. t.99. f.1-7. 1989.

多年生草本，高 20 ～ 90cm。茎直立，通常单一，无毛，有条棱。单数羽状复叶，具小叶 13 ～ 27；托叶条状披针形，长 7 ～ 10mm，与叶柄分离，基部彼此稍连合，无毛或稍有毛；小叶椭圆形至矩圆形，长 1.2 ～ 2.5cm，宽 4 ～ 9mm，先端圆形或稍截形，有小尖头，基部近圆形或宽楔形，上面无毛，下面疏生短柔毛。总状花序于茎上部腋生，比叶短，具花 10 余朵；苞片狭披针形，长约 5mm；花萼钟状，长约 5mm，无毛，萼齿披针形，长为萼筒的 1/2。花黄色，长 13 ～ 17mm；旗瓣宽椭圆形至近圆形，开展，长 12 ～ 17mm，顶端微凹，基部具短爪；翼瓣长 9 ～ 12mm；龙骨瓣与旗瓣近等长或稍短。子房无毛，有长柄。荚果椭圆形或倒卵形，长 10 ～ 15mm，宽 8 ～ 10mm，革质，膨胀，密布横皱纹，无毛，顶部有长约 1mm 的喙，柄长 5 ～ 10mm，几乎为完全的 2 室，成熟后开裂；种子略呈圆形而一侧凹陷，呈缺刻状，长 2.5 ～ 3mm，黄棕色至灰棕色。花期 6 ～ 7 月，果期 7 ～ 8 月。

旱中生草本。生于轻度盐碱地、沙砾地，在草原带的草甸草原群

落中为多度不高的伴生种。产呼伦贝尔（新巴尔虎右旗、满洲里市）、兴安南部及科尔沁（科尔沁右翼前旗、乌兰浩特市、科尔沁区、奈曼旗、阿鲁科尔沁旗）、辽河平原（科尔沁左翼后旗）、锡林郭勒（锡林浩特市、正镶白旗）、阴山（乌拉山）、阴南平原（土默特右旗）、鄂尔多斯（东胜区）。分布于我国黑龙江、吉林西南部、辽宁北部、河北、山东、山西东北部、青海，蒙古国东部和东北部（大兴安岭、蒙古—达乌里地区）、俄罗斯（远东地区）。为华北—满洲分布种。

种子可做“沙苑子”入药，能补肝肾、固精、明目，主治腰膝酸疼、遗精早泄、尿频、遗尿、白带过多、视物不清等症。

2. 草原黄芪

Astragalus dalaiensis Kitag. in J. Jap. Bot. 22:172. 1948; Fl. Intramongol. ed. 2, 3:257. 1989.

多年生草本。根木质化，分枝。茎丛生，短缩，通常覆盖于表土下。叶基生，具长柄，长可达 22cm，叶柄及叶轴被白色单毛；单数羽状复叶，具小叶 13 ～ 27；托叶下部与叶柄连合，上部彼此分离，长约 10mm，外面及边缘被长柔毛，里面无毛；小叶椭圆形、矩圆形或宽椭圆形，长 1 ～ 15mm，先端稍尖至圆形，两面被白色长柔毛，呈灰绿色。花白色，无梗，密集于叶丛基部；花萼筒形，长约 10mm，被白色绵毛，萼齿钻状条形，长 2. 5 ～ 3mm。旗瓣长约 12mm，瓣片宽椭圆形，顶端圆，基部渐狭成极短的爪；翼瓣长约 16mm，瓣片狭矩圆形，顶端圆，中部缢缩，基部具短的圆形耳和细长爪，爪与瓣片等长；龙骨瓣长约 17mm，瓣片卵状椭圆形，顶端钝，基部亦具细长爪，爪较瓣片长。荚果稍扁，椭圆状卵形，长约 10mm，直立，密被白色长柔毛。

中旱生草本。生于草原及森林草原带的草原群落中。产兴安北部（阿尔山市）、呼伦贝尔（新巴尔虎右旗达赉湖附近）。为呼伦贝尔分布种。

根据文献记载，我们尚未采到标本。

3. 丹黄芪

Astragalus danicus Retz. in Observ. Bot. 3:41. 1783; Fl. Intramongol. ed. 2, 3:257. t.100. f.1-6. 1989.

多年生草本，高 15 ～ 45cm。茎斜升或直立，常由下部分枝，具细棱，被白色和黑色短毛。单数羽状复叶，具小叶 17 ～ 29；托叶卵形至卵状披针形，通常彼此连合至中部，边缘和顶端疏生缘毛，长 3 ～ 7mm；小叶矩圆状卵形、矩圆形、椭圆形或卵形，长 6 ～ 15mm，宽 3 ～ 6mm，先端圆形、钝或微凹，基部圆形，两面被白色长柔毛。花序腋生；总花梗比叶长 1. 5 倍，花近无梗，约 10 ～ 20 余朵集生于总花梗的顶端而呈头状、椭圆状或矩圆状花序；花序长 2. 2 ～ 4cm；苞片长卵形，长 2 ～ 4mm，密被黑色毛，有时混生白毛；花萼筒状钟形，长约 8mm，密被黑色毛，并混生少数白毛，萼齿条状披针形，为萼筒长的 1/3 或近 1/2。花冠红紫色，长 13 ～ 17mm；旗瓣卵形，基部渐狭；翼瓣矩圆形，比旗瓣稍短，具耳和细长爪；龙骨瓣比翼瓣短。子房具短柄，密被白色长柔毛。荚果椭圆状卵形，长 7 ～ 8mm，膨胀，具短柄，先端有短尖，被白色长柔毛，背部有深沟，2 室。花期 6 ～ 7 月，果期 7 ～ 8 月。

多年生中生草本。在森林及森林草原带的草甸群落或林间草甸中

为伴生种。产兴安北部（牙克石市）。分布于我国黑龙江、吉林，蒙古国西部、俄罗斯、哈萨克斯坦，欧洲。为古北极分布种。

4. 膜荚黄芪

Astragalus membranaceus Bunge in Mem. Acad. Imp. Sci. St.-Petersb. Ser. 7, 11(16):25. 1868; Fl. Intramongol. ed. 2, 3:259. t.100. f.7-12. 1989.

多年生草本，高 50 ～ 100cm。主根粗而长，直径 1.5 ～ 3cm，圆柱形，稍带木质，外皮淡棕黄色至深棕色。茎直立，上部多分枝，有细棱，被白色柔毛。单数羽状复叶，互生；托叶披针形、卵形至条状披针形，长 6 ～ 10mm，有毛；小叶 13 ～ 27，排列疏松，通常椭圆状卵形，长 7 ～ 30mm，宽 3 ～ 10mm，先端钝、圆形或微凹，具小刺尖或不明显，基部圆形或宽楔形，上面绿色，近无毛，下面带灰绿色，有平伏白色柔毛。总状花序于枝顶部腋生；总花梗比叶稍长或近等长，至果期显著伸长，具花 10 ～ 25 朵，较稀疏；花梗与苞片近等长，有黑色毛；苞片条形；花萼钟状，长约 5mm，常被黑色或白色柔毛，萼齿不等长，为萼筒长的 1/5 或 1/4，三角形至锥形，上萼齿（即位于旗瓣一方者）较短，下萼齿（即位于龙骨瓣一方者）较长。花黄色或淡黄色，长 12 ～ 18mm；旗瓣矩圆状倒卵形，顶端微凹，基部具短爪；翼瓣与龙骨瓣近等长，比旗瓣微短，均有长爪和短耳。子房有柄，被柔毛。荚果半椭圆形，一侧边缘呈弓形弯曲，膜质，稍膨胀，长 20 ～ 30mm，宽 8 ～ 12mm，顶端有短喙，基部有长柄，伏生黑色短柔毛，含种子 3 ～ 8 粒；种子肾形，棕褐色。花期 6 ～ 8 月，果期（7 ～）8 ～ 9 月。

中生草本。生于山地林缘、灌丛及疏林下，在森林带、森林草原带和草原带的林间草甸中为稀见的伴生杂类草，也零星渗入林缘灌丛及草甸草原群落中。产兴安北部（大兴安岭）、岭东（阿荣旗）、兴安南部（科尔沁右翼前旗、巴林右旗、克什克腾旗）、阴山（大青山）。分布于我国黑龙江东部和北部、吉林东部、辽宁东部、河北北部和西部、山东西部、山西、陕西南部、宁夏南部、甘肃东部、青海东部、四川北部，朝鲜北部、蒙古国东部和北部及西部、俄罗斯（西伯利亚地区、远东地区）。为西伯利亚南部—东亚北部分布种。是国家三级重点保护植物。

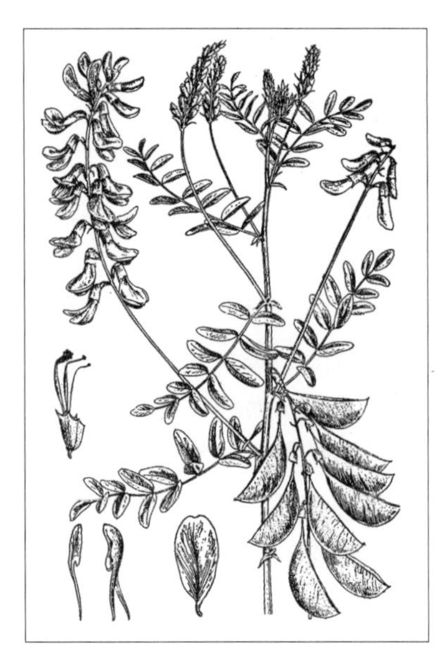

药用同蒙古黄芪。

Flora of China (10:343. 2010.) 将其并入蒙古黄芪 *A. mongholicus* Bunge 显然不妥，正如本文检索表中所述，二者明显不同。

5. 蒙古黄芪

Astragalus mongholicus Bunge in Mem. Acad. Imp. Sci. St.-Petersb. Ser. 7, 11(16):25. 1868 —— *A. membranaceus* Bunge var. *mongholicus* (Bunge) P. K. Hsiao in Act. Pharmac. Sin. 11:117. 1964; Fl. Intramongol. ed. 2, 3:259. t.100. f.13. 1989.

多年生草本，高 50 ～ 70cm。主根粗而长，直径 1.5 ～ 3cm，圆柱形，稍带木质，外皮淡棕黄色至深棕色。茎直立，上部多分枝，有细棱，被白色柔毛。单数羽状复叶，互生；托叶披针形、卵形至条状披针形，长 6 ～ 10mm，有毛；小叶 25 ～ 37，排列紧密，通常椭圆形，长 5 ～ 10mm，宽 3 ～ 5mm，先端圆钝，基部圆形或宽楔形，上面绿色，近无毛，下面带灰绿色，有平伏白色柔毛。总状花序于枝顶部腋生；总花梗比叶稍长或近等长，至果期显著伸长，具花 10 ～ 25 朵，较稀疏；花梗与苞片近等长，有黑色毛；苞片条形；花萼钟状，长约 5mm，常被黑色或白色柔毛，萼齿不等长，为萼筒长的 1/5 或 1/4，三角形至锥形，上萼齿（位于旗瓣一方者）较短，下萼齿（位于龙骨瓣一方者）较长；花黄色或淡黄色，长 12 ～ 18mm；旗瓣矩圆状倒卵形，顶端微凹，基部具短爪；翼瓣与龙骨瓣近等长，比旗瓣微短，均有长爪和短耳。子房有柄，无毛。荚果半椭圆形，一侧边缘呈弓形弯曲，膜质，稍膨胀，长 20 ～ 30mm，宽 8 ～ 12mm，顶端有短喙，基部有长柄，无毛，含种子 3 ～ 8 粒；种子肾形，棕褐色。花期 6 ～ 8 月，果期（7 ～）8 ～ 9 月。

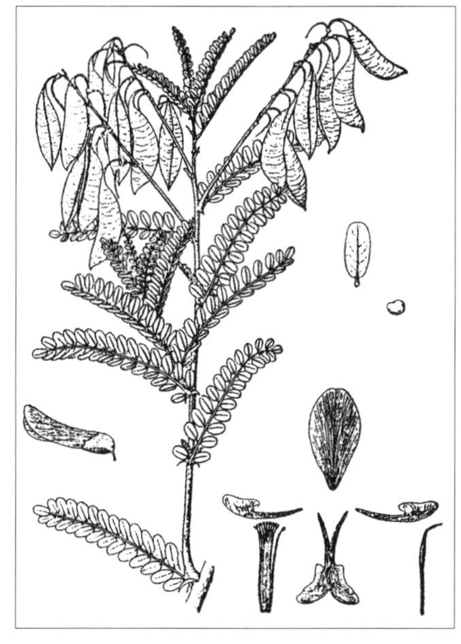

旱中生草本。生于森林草原带的山地草原、灌丛、林缘、沟边。产兴安南部（克什克腾旗、锡林浩特市巴彦锡勒牧场）、乌兰察布（固阳县大庙乡）、阴山（大青山、蛮汗山、乌拉山）。分布于我国河北西北部、山西北部。为华北北部山地分布种。是国家三级重点保护植物。

黄芪为本草之“首”，中药之“长”，是我国重要的中药之一，内蒙古为其主要产地。蒙古黄芪的根做黄芪入药，能补气、固表、托疮生肌、利尿消肿，主治体虚自汗、久泻脱肛、子宫脱垂、体虚浮肿、疮疡溃不收口等症。根也入蒙药（蒙药名：好恩其日），能止血、治伤，主治金伤、内伤、跌扑肿痛。并可做兽药，治风湿。据报道，根状茎之 10 倍水浸液对马铃薯晚疫病菌约有 50% 的抑制作用。

6. 北蒙古黄芪

Astragalus borealimongolicus Y. Z. Zhao in Bull. Bot. Res. Harbin 26(5):536. 2006.

多年生草本，高 50 ～ 70cm。主根粗而长，直径 1.5 ～ 3cm，圆柱形，稍带木质，外皮淡棕黄色至深棕色。茎直立，上部多分枝，有细棱，被白色柔毛。单数羽状复叶，互生；托叶披针形、卵形至条状披针形，长 6 ～ 10mm，有毛；小叶 19 ～ 31，排列较疏松，倒卵形或椭圆状倒卵形，长 5 ～ 10mm，宽 3 ～ 5mm，先端微凹或平截，基部楔形，上面绿色，近无毛，下面带灰绿色，有平伏白色柔毛。总状花序于枝顶部腋生；总花梗比叶稍长或近等长，至果期显著伸长，具花 10 ～ 25 朵，较稀疏；花黄色或淡黄色，长 18 ～ 20mm；花梗与苞片近等长，有黑色毛；苞片条形；花萼钟状，长约 5mm，常被黑色或白色柔毛，萼齿不等长，为萼筒长的 1/5 或 1/4，三角形至锥形，上萼齿（位于旗瓣一方者）较短，下萼齿（位于龙骨瓣一方者）较长，旗瓣矩圆状倒卵形，顶端微凹，箍部具短爪，翼瓣与龙骨瓣近等长，比旗瓣微短，均有长爪和短耳；子房有柄，无毛。荚果半椭圆形，一侧边缘呈弓形弯曲，膜质，稍膨胀，长 20 ～ 30mm，宽 8 ～ 12mm，顶端有短喙，基部有长柄，无毛，有种子 3 ～ 8 粒；种子肾形，棕褐色。花期 6 ～ 8 月，果期（7 ～）8 ～ 9 月。

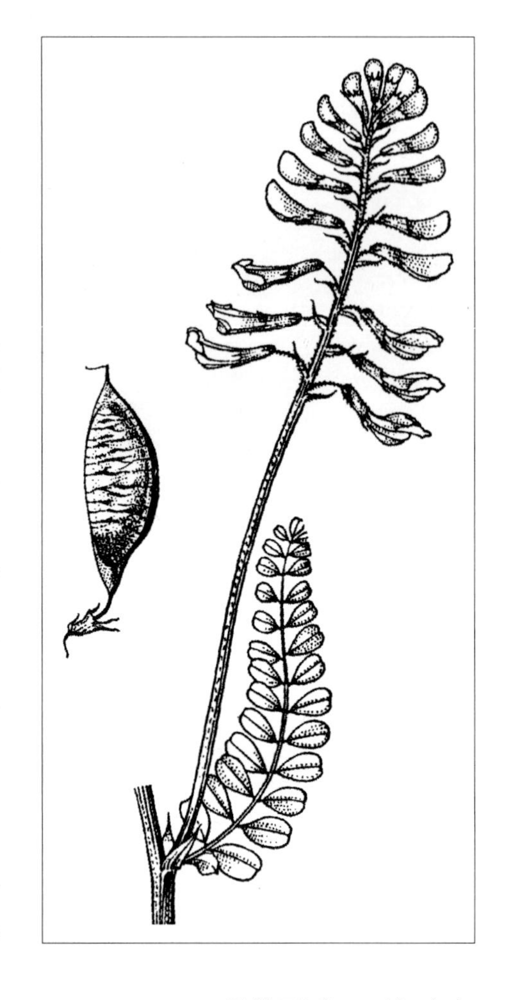

旱中生草本。生于草原带的沙地、沙质草原、山地灌丛及林缘。产呼伦贝尔（满洲里市南山）。分布于我国新疆北部（哈巴河），蒙古国北部。为北蒙古分布种。

Flora of China (10:343. 2010.) 将其并入蒙古黄芪 *A. mongholicus* Bunge 显然不妥，正如本文检索表中所述，二者明显不同。

7. 草珠黄芪

Astragalus capillipes Fisch. ex Bunge in Mem. Acad. Imp. Sci. St.-Petersb. Ser. 7, 11(16):20. 1868; Fl. Intramongol. ed. 2, 3:260. t.101. f.1. 1989.

多年生草本，高 30 ～ 60cm。茎斜升或近直立，无毛。单数羽状复叶，具小叶 3 ～ 15；托叶三角形，基部彼此稍连合；小叶椭圆形、矩圆形、卵形或倒卵形，长 5 ～ 20mm，宽 3 ～ 10mm，通常顶生小叶稍大，先端近截形、近圆形或微凹，基部圆形或宽楔形，全缘，上面无毛，下面有白色平伏短柔毛，具短柄。总状花序腋生，比叶长；苞片小，三角形，比花梗短；

花萼斜钟状，被短毛，萼齿短，三角形，约为萼齿的1/4（1/5）长。花小，白色或淡红色，稍多数，疏散；旗瓣倒卵形，长5.5～7mm，顶端微凹，基部具短爪；翼瓣矩圆形，与旗瓣近等长，顶端为不均等的2裂，基部有圆耳和细长爪；龙骨瓣较短，亦具耳及爪。子房无毛。荚果近球形或卵状球形，长4～6mm，无毛，具隆起的脉纹，顶端有弯曲的宿存花柱，2室。花期7～9月，果期8～9月。

旱中生草本。为草原带的山地草原、山地草甸中多度不高的伴生种，在河滩沙质地上也有零星分布。产燕山北部（喀喇沁旗、宁城县）、阴山（大青山）、阴南丘陵（准格尔旗）、东阿拉善（磴口县）。分布于我国河北、山西、陕西北部、宁夏。为华北分布种。

8. 草木樨状黄芪（扫帚苗、层头、小马层子）

Astragalus melilotoides Pall. in Reise Russ. Reich. 3:748. 1776; Fl. Intramongol. ed. 2, 3:261. t.101. f.2-7. 1989; Fl. China 10:372. 2010.

多年生草本，高30～100cm。根深长，较粗壮。茎多数由基部丛生，直立或稍斜升，多分枝，有条棱，疏生短柔毛或近无毛。单数羽状复叶，具小叶3～7；托叶三角形至披针形，基部彼此连合；叶柄有短柔毛；小叶矩圆形或条状矩圆形，长5～15mm，宽1.5～3mm，先端钝、截形或微凹，基部楔形，全缘，两面疏生白色短柔毛；小叶有短柄。总状花序腋生，比叶显著长；苞片甚小，锥形，比花梗短。花萼钟状，疏生短柔毛，萼齿三角形，比萼筒显著短；花小，长约5mm，粉红色或白色，多数，疏生；旗瓣近圆形或宽椭圆形，基部具短爪，顶端微凹；翼瓣比旗瓣稍短，顶端为不均等的2裂，基部具耳和爪；龙骨瓣比翼瓣短。子房无毛，无柄。荚果近圆形或椭圆形，长2.5～3.5mm，顶端微凹，具短喙，表面有横纹，无毛，背部具稍深的沟，2室。花期7～8月，果期8～9月。

中旱生草本。为典型草原及森林草原最常见的伴生植物，在局部地段可成为次优势成分，多适应于沙质及轻壤质土壤。产兴安北部、岭东、岭西、呼伦贝尔、兴安南部、辽河平原、燕山北部、赤峰丘陵、锡林郭勒、乌兰察布、阴山、阴南平原和丘陵、鄂尔多斯、东阿拉善、贺兰山。分布于我国黑龙江、吉林、辽宁、河北、山东、

山西、陕西、宁夏、甘肃、青海、四川、湖南，日本、蒙古国东部和北部及南部、俄罗斯（西伯利亚地区）。为东古北极分布种。

为良等饲用植物。春季幼嫩时，羊、马、牛喜采食，可食率达 80%；开花后茎质逐渐变硬，可食率降为 40% ～ 50%。骆驼四季均采食，且为其抓膘草之一。此草又可做水土保持植物。全草入药，能祛湿，主治风湿性关节疼痛、四肢麻木。

9. 细叶黄芪

Astragalus tenuis Turcz. in Bull. Soc. Imp. Nat. Mosc. 15:768. 1842; Fl. China 10:372. 2010.——*A. melilotoides* Pall. var. *tenuis* (Turcz.) Ledeb. in Fl. Ross. 1:618. 1842; Fl. Intramongol. ed. 2, 3:261. 1989.

多年生草本，高 20 ～ 45cm。根深长，较粗壮。茎多数由基部丛生，直立或稍斜升，多分枝，呈扫帚状，有条棱，疏生短柔毛或近无毛。单数羽状复叶，具小叶 3 ～ 5；托叶三角形至披针形，基部彼此连合；叶柄有短柔毛；小叶狭条形或丝状，长 10 ～ 15mm，宽约 0.5mm，先端尖，全缘，两面疏生白色短柔毛；小叶有短柄。总状花序腋生，比叶显著长；苞片甚小，锥形，比花梗短；花萼钟状，疏生短柔毛，萼齿三角形，比萼筒显著短。花小，长约 5mm，粉红色或白色，多数，疏生；旗瓣近圆形或宽椭圆形，基部具短爪，顶端微凹；翼瓣比旗瓣稍短，顶端为不均等的 2 裂，基部具耳和爪；龙骨瓣比翼瓣短。子房无毛，无柄。荚果近圆形或椭圆形，长 2.5 ～ 3.5mm，顶端微凹，具短喙，表面有横纹，无毛，背部具稍深的沟，2 室。花期 7 ～ 8 月，果期 8 ～ 9 月。

多年生旱生草本。为典型草原常见的伴生植物，喜生于轻壤质土壤上。产兴安北部、岭东、岭西、呼伦贝尔、兴安南部、辽河平原、燕山北部、赤峰丘陵、锡林郭勒、乌兰察布、阴山、阴南丘陵、鄂尔多斯、东阿拉善。分布于我国河北北部，蒙古国东部、俄罗斯（达乌里地区）。为东蒙古分布种。

10. 橙黄花黄芪

Astragalus aurantiacus Hand.-Mazz. in Symb. Sin. 7:557. 1933; Fl. China 10:371. 2010.

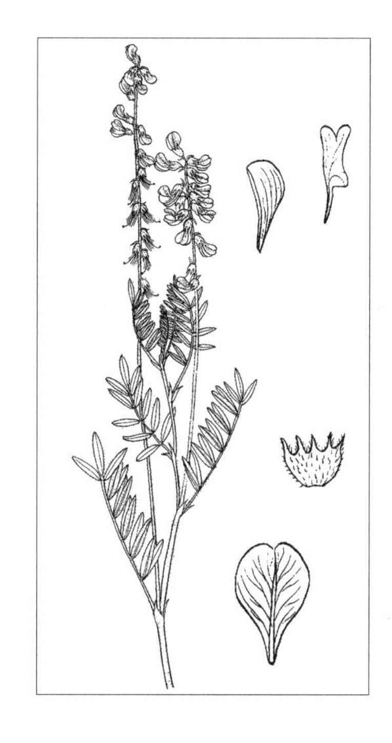

多年生草本。根粗壮，直伸，灰白色。茎基部多分枝，直立或上升，高 20 ～ 65cm，散生白色短柔毛。单数羽状复叶，长 3 ～ 5cm，小叶 7 ～ 15；叶柄长 0.5 ～ 1cm；托叶离生，狭三角形，长 7 ～ 13mm，下面散生短柔毛；小叶狭椭圆形，长 5 ～ 10mm，宽 1.5 ～ 3mm，先端钝圆或微凹，基部圆形，上面疏被柔毛，下面密被短柔毛；具短的小叶柄。总状花序生多数花，稀疏；花序轴长 3 ～ 8cm；总花梗长 7 ～ 13cm，疏被白色短柔毛；苞片钻形，长 2 ～ 3cm；花萼钟状，长 2 ～ 2.5mm，疏被黑色或混生白色短柔毛，萼齿狭三角形，长 0.3 ～ 0.5mm。花冠橙黄色；旗瓣倒卵形，长 5 ～ 7mm，先端微凹，基部渐狭成不明显的瓣柄；翼瓣长 5 ～ 6mm，瓣片狭长圆形，先端不等 2 裂，基部具短耳，瓣柄细，长约 1.5mm；龙骨瓣长 4 ～ 5mm，瓣片半圆形，基部具短耳及长约 1.5mm 的细瓣柄。子房无毛，几无柄。荚果椭圆形，长 3 ～ 4mm，先端具细弯长喙，淡栗褐色，有隆起的横纹，假 2 室，有薄的假纵隔，含种子 4 ～ 5 粒；种子圆肾形，褐色，直径约 1mm。花果期 5 ～ 7 月。

旱生草本。生于草原带的山坡砾石地。产阴山（大青山）。分布于我国甘肃（兴隆山）、青海东部、四川北部。为华北西部山地分布种。

11. 小米黄芪

Astragalus satoi Kitag. in Bot. Mag. Tokyo 48:99. f.12. 1934; Fl. Intramongol. ed. 2, 3:263. t.101. f.8. 1989.

多年生草本，高 30 ～ 60cm。茎直立或近直立，有条棱，无毛，多分枝，稍呈扫帚状。单数羽状复叶，具小叶 7 ～ 15；托叶狭三角形，基部彼此稍连合，先端狭细呈刺尖状，长 2 ～ 3mm，无毛；小叶条状倒披针形、条形或矩圆形，长 5 ～ 15mm，宽 1 ～ 3mm，先端圆形或近截形，稀微凹，基部楔形，全缘，上面无毛，下面有平伏短柔毛。总状花序长，花多数，稍稀疏；苞片狭三角形，长 1.5 ～ 2mm；花萼钟状，长 2 ～ 2.5mm，有毛，萼齿狭三角形，比萼筒显著短。花小，长 5 ～ 6mm，白色或带粉紫色；旗瓣宽倒卵形，顶端微凹，基部具短爪；翼瓣比

旗瓣稍短，顶端不均等2裂，基部有近圆形的耳和细长爪；龙骨瓣比翼瓣短。子房无毛。荚果宽倒卵形，长宽近相等，为3～3.5mm，顶端有喙，表面无毛，具不明显的横纹，2室。花期7～8月，果期8～9月。

中旱生草本。生于草原带的山地草甸草原，为其伴生种，也出现于灌丛间。产兴安北部（牙克石市）、呼伦贝尔（满洲里市）、燕山北部（宁城县）、阴山（大青山）、阴南丘陵（准格尔旗）。分布于我国河北北部、陕西北部、甘肃东部、青海东部。为华北—兴安分布种。

12. 阿拉善黄芪（鄂尔多斯黄芪、秦氏黄芪）

Astragalus alaschanus Bunge in Bull. Acad. Imp. Sci. St.-Petersb. 24(1):31. 1877; Fl. Intramongol. ed. 2, 3:265. 1989；Fl. China 10:366. 2010.——*A. chingianus* Peter. in Act. Hort. Gothob. 12:36. 1937; Fl. Intramongol. ed. 2, 3:260. t.99. f.8-12. 1989.

多年生矮小草本，高3～30cm。茎细弱，斜升，密被白色平伏的短柔毛。单数羽状复叶，长2～5cm，具小叶11～17；托叶卵形，长2～3mm，有毛，基部彼此稍连合；小叶椭圆形或倒卵形，长3～7mm，宽2～5mm，先端圆形或微凹，基部宽楔形或圆形，全缘，上面无毛或近无毛，下面密被白色贴伏的短柔毛。总状花序腋生或顶生，具花10～12朵，排列紧密呈头状；总花梗比叶短或比叶长，密被白色平伏的短毛，在上端混生黑色短柔毛；苞片卵状披针形，长约2mm，膜质，先端尖，有毛；花长6～7mm，淡黄色；花萼钟状，长约3mm，有平伏的黑色毛，萼齿不等长，上萼有2齿较短，狭三角形，长0.5～0.7mm，下萼有3齿较长，条状披针形，长约1mm。旗瓣宽倒卵形，长约6mm，顶端凹；翼瓣与旗瓣等长或稍短，矩圆形，顶端2裂，基部有短爪和耳；龙骨瓣较短，长4～5mm。子房无毛或有毛。荚果近球形，稍被毛。花期6～7月。

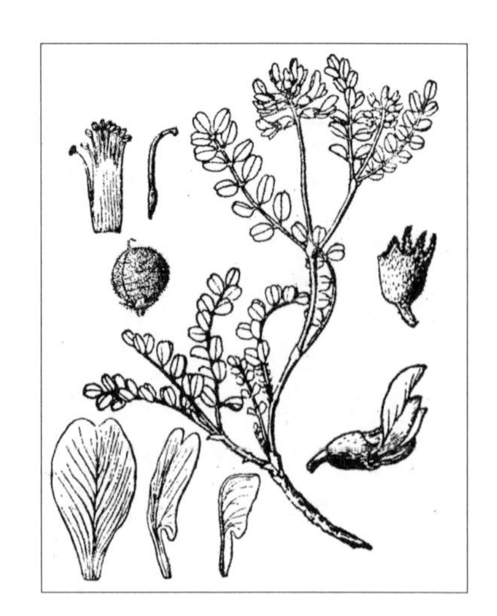

矮小中生草本。生于荒漠带海拔2000～2300m的

沟谷、山脚、山沟溪水边灌丛中及山脚林下。产东阿拉善（桌子山）、贺兰山。分布于我国宁夏、甘肃、新疆，蒙古国。为亚洲中部山地分布种。

《内蒙古植物志》第二版第三卷264页图版102图11～15应为多枝黄芪*A. polycladus*的图。

13. 马衔山黄芪（马河山黄芪）

Astragalus mahoschanicus Hand.-Mazz. in Oesterr. Bot. Zeitschr. 82:247. 1933; Fl. Intramongol. ed. 2, 3:263. 1989.

多年生草本，高15～30cm。全株有平伏的短柔毛。茎直立，较细弱，常有分枝。单数羽状复叶，具小叶9～19；托叶宽三角形，与叶柄离生，长3～5mm，先端尖，下面被白色柔毛；小叶卵形至长圆状披针形，长10～35mm，宽3～13mm，先端钝圆或短渐尖，基部近圆形，上面无毛，下面连同叶轴被白色贴伏柔毛。总状花序生15～40朵花，密集呈圆柱状；总花梗长达10cm，被黑色或混有白色贴伏柔毛；苞片披针形，长1.5～3mm；花萼钟状，长4～5mm，被较密的黑色贴伏柔毛，萼齿钻状，与萼筒近等长。花黄色；旗瓣长圆形，长约7mm，顶端微凹，基部渐狭成瓣柄；翼瓣较旗瓣稍短，长约6mm，瓣片长圆形，先端有不等的2裂；龙骨瓣最短，长约5mm。子房球形，密被白色和黑色的长柔毛，具短柄。荚果近球形，直径约3mm，被长柔毛，近假2室，每室具1粒种子。花果期6～8月。

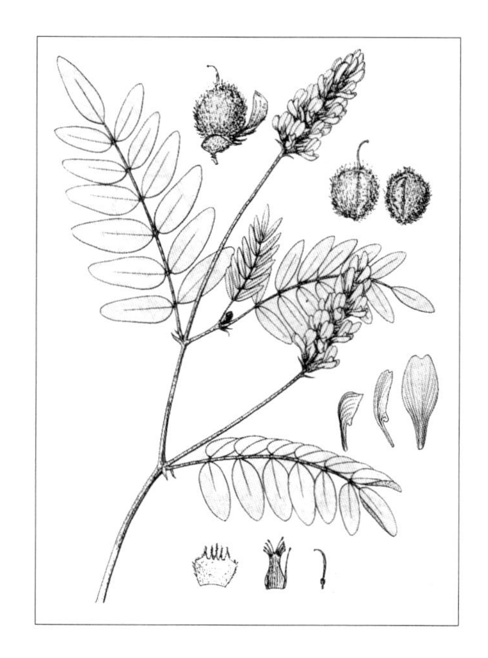

中生草本。生于荒漠带的高山草甸。产龙首山。分布于我国宁夏、甘肃（马衔山）、青海、四川西部、新疆。为天山—唐古特分布种。

《内蒙古植物志》第二版第三卷264页图版102图1～5应为阿拉善黄芪*A. alaschanus*的图。本种在《内蒙古植物志》（ed. 2, 3:264.）依据标本有误，贺兰山不产，仅分布于龙首山。

14. 察哈尔黄芪（皱黄芪、小果黄芪）

Astragalus zacharensis Bunge in Mem. Acad. Imp. Sci. St.-Petersb. Ser. 7, 11(16):23. 1868; Pl. As. Centr. 8b:32. 2000; Fl. China 10:388. 2010.——*A. tataricus* Franch. in Nouv. Arch. Mus. Hist. Nat. Ser. 2, 5:239. 1883; Fl. Intramongol. ed. 2, 3:265. t.102. f.6-10. 1989.

多年生草本，高10～30cm。全株被白色单毛。根粗壮。茎多数，细弱，斜升或斜倚，有条棱，基部近木质化，常自基部分枝，形成密丛。单数羽状复叶，具小叶13～21；托叶宽三角形至

三角状披针形，长 1.5 ～ 2.5mm，先端尖，与叶柄离生，但基部彼此稍合生，表面及边缘有毛；小叶披针形、椭圆形、长卵形、倒卵形或矩圆形，长 2 ～ 10mm，宽 2 ～ 5mm，先端钝，微凹或近截形，基部圆形或宽楔形，全缘，上面疏生白色平伏柔毛或近无毛，下面被白色平伏柔毛。短总状花序腋生；总花梗比叶长；花 5 ～ 12 朵集生于总花梗顶端，紧密或稍疏松，或近似头状；苞片披针形或卵形，与花梗近等长，有黑色睫毛；花萼钟状，长约 3mm，被黑色及白色伏柔毛，萼齿狭披针形、狭三角形或近锥形，长为萼筒的 1/2 或稍长。花冠淡蓝紫色或天蓝色，长 6 ～ 8mm；旗瓣宽椭圆形，顶端凹，基部有短爪；翼瓣瓣片狭窄，与龙骨瓣近等长，均较旗瓣短。子房具柄，有毛。荚果卵形、近椭圆形或近矩圆形，微膨胀，长 3 ～ 7mm，顶端有短喙，基部有与萼近等长的果梗，密被平伏的短柔毛。花期 6 ～ 7 月，果期 7 ～ 8 月。

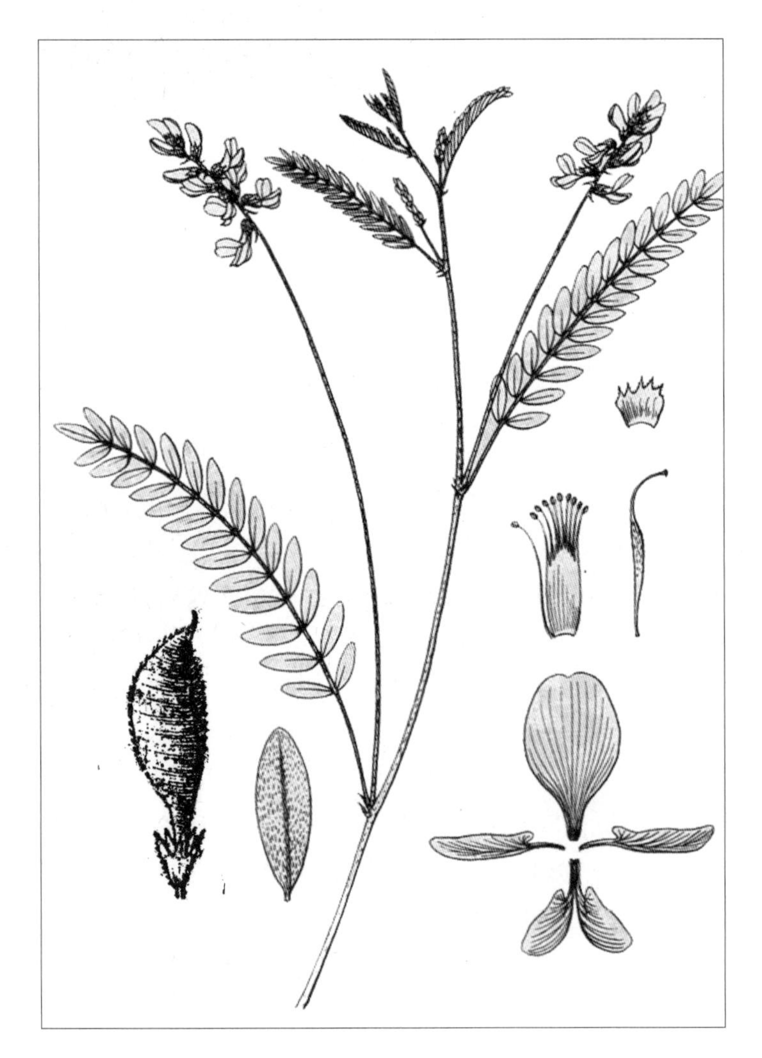

中旱生草本。生于森林草原带和草原带的草甸草原群落中，为其伴生种，在小溪旁、干河床砾石地或草原化草甸及山地草原中有零星生长。产岭西（额尔古纳市）、呼伦贝尔（满洲里市）、兴安南部（阿鲁科尔沁旗、克什克腾旗）、赤峰丘陵（翁牛特旗、敖汉旗）、锡林郭勒（西乌珠穆沁旗、锡林浩特市、阿巴嘎旗、正蓝旗、镶黄旗、察哈尔右翼后旗、集宁区）、乌兰察布（达尔罕茂明安联合旗、固阳县）、阴山（大青山、蛮汗山）、阴南丘陵（清水河县）、贺兰山。分布于我国辽宁西部、河北北部、山西北部、陕西、宁夏、甘肃、青海、四川。为华北—东蒙古分布种。

15. 多枝黄芪

Astragalus polycladus Bur. et Franch. in J. Bot. Morot 5:23. 1891; Fl. China 10:386. 2010.

多年生草本。根粗壮。茎多数，纤细，丛生，平卧或上升，高 5 ～ 35cm，被灰白色伏贴柔毛或混有黑色毛。单数羽状复叶，长 2 ～ 6cm，具小叶 11 ～ 23；叶柄长 0.5 ～ 1cm，向上逐

渐变短；托叶离生，披针形，长 2 ～ 4mm；小叶披针形或近卵形，长 2 ～ 7mm，宽 1 ～ 3mm，先端钝尖或微凹，基部宽楔形，两面被白色伏贴柔毛；小叶具短柄。总状花序生多数花，密集呈头状；总花梗腋生，较叶长；苞片膜质，线形，长 1 ～ 2mm，下面被伏贴柔毛；花梗极短；花萼钟状，长 2 ～ 3mm，外面被白色或混有黑色短伏贴毛，萼齿线形，与萼筒近等长。花冠红色或青紫色；旗瓣宽倒卵形，长 7 ～ 8mm，先端微凹，基部渐狭成瓣柄；翼瓣与旗瓣近等长或稍短，具短耳，瓣柄长约 2mm；龙骨瓣较翼瓣短，瓣片半圆形。子房线形，被白色或混有黑色短柔毛。荚果长圆形，微弯曲，长 5 ～ 8mm，先端尖，被白色或混有黑色伏贴柔毛，1 室，含种子 5 ～ 7 粒，种子基部的柄较宿萼短。花期 7 ～ 8 月，果期 9 月。

旱中生草本。生于海拔 2900m 左右的林缘草甸或灌丛。产贺兰山（南寺雪岭子沟）。分布于我国甘肃、青海、四川、西藏、云南、新疆（和田市、塔什库尔干塔吉克自治县）。为昆仑山—横断山脉分布种。

16. 扁茎黄芪（夏黄芪、沙苑子、沙苑蒺藜、潼蒺藜、蔓黄芪）

Astragalus complanatus R. Br. ex Bunge in Mem. Acad. Imp. Sci. St.-Petersb. Ser. 7, 11(16):4. 1868; Fl. Intramongol. ed. 2, 3:266. t.103. f.7-13. 1989.

多年生草本。全株疏生短毛。主根粗长。茎数个至多数，有棱，略扁，通常平卧，长可达1m，不分枝或稍分枝。单数羽状复叶，具小叶 9 ～ 21；托叶离生，狭披针形，长 2 ～ 3.5mm，有毛；小叶椭圆形或卵状椭圆形，长 5 ～ 15mm，宽 3 ～ 7mm，先端钝圆或微凹，有小细尖，基部圆形，具短柄，全缘，上面通常无毛，下面有短伏毛。总状花序腋生，比叶长，具花 3 ～ 9 朵，疏生；苞片锥形，比花梗稍长或稍短；花萼钟状，长约 6mm，被黑色和白色短硬毛，萼齿披针形或近锥形，与萼筒等长或比萼筒稍短，在萼的下方常有小苞片 2。花白色或带紫色，长 9 ～ 12mm；旗瓣近圆形，顶端深凹，基部有短爪；龙骨瓣比旗瓣稍短或有时近等长；翼瓣比龙骨瓣短且狭窄。子房圆柱状，密被毛，有柄，花柱弯曲，柱头有簇状毛。荚果纺锤状矩圆形，长 25 ～ 35mm，稍膨胀，腹背压扁，顶端有尖喙，基部有短柄，表面被黑色短硬毛，含种子 20 ～ 30 粒；种子圆肾形，长约 2mm，宽约 1.5mm，灰棕色至深棕色，光滑。花期（7 ～）8 ～ 9 月，果期（8 ～）9 ～ 10 月。

旱中生草本。生于草原带的微碱化草甸、山地阳坡或灌丛中，为其伴生种。产科尔沁（科尔沁右翼中旗、奈曼旗、阿鲁科尔沁旗、巴林右旗）、赤峰丘陵（红山区、敖汉旗）、燕山北部（喀喇沁旗、宁城县）、阴山（大青山）、阴南平原（呼和浩特市、包头市九原区）、阴南丘陵（准格尔旗）、鄂尔多斯（毛乌素）。分布于我国黑龙江西南部、吉林西部、辽宁中部和西部、河北北部、河南北部、山西、陕西、宁夏、甘肃东部、青海东部、四川西部、云南北部。为东亚（满洲—华北—横断山脉）分布种。

种子入药，功能、主治同华黄芪。

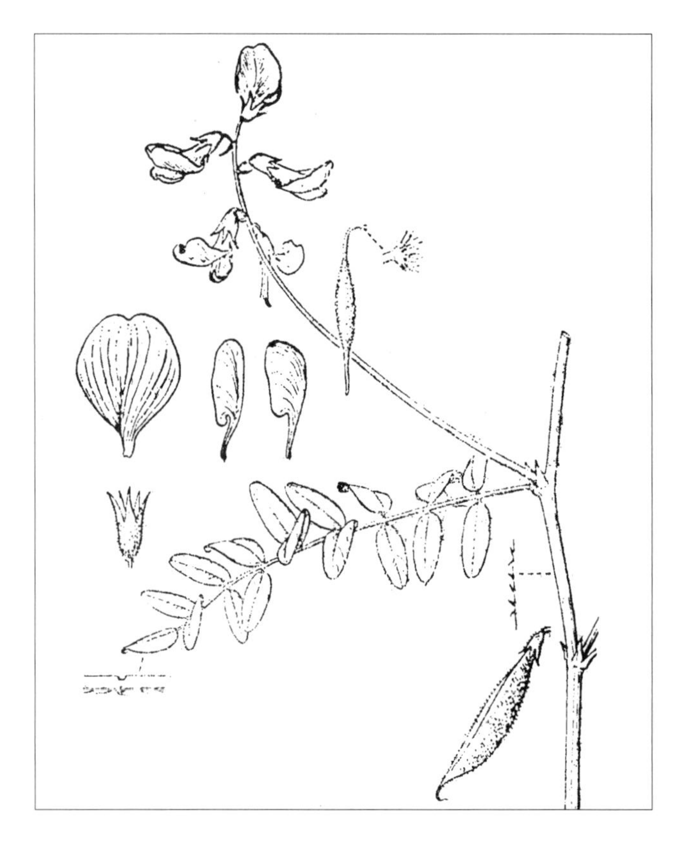

17. 粗壮黄芪（乌拉特黄芪）

Astragalus hoantchy Franch. in Nouv. Arch. Mus. Hist. Nat. Ser. 2, 5:238; Pl. David. 1:86. 1883; Fl. Intramongol. ed. 2, 3:266. t.103. f.14-18. 1989.

多年生草本，高可达 1m。茎直立，多分枝，具条棱，无毛或疏生白色和黑色的长柔毛。单数羽状复叶，长 20 ～ 25cm，具小叶 9 ～ 25；叶柄疏生白色长柔毛；托叶卵状三角形，膜质，长 7 ～ 10mm，与叶柄分离，先端尖，有毛；小叶宽卵形、近圆形或倒卵形，长 5 ～ 20mm，

宽 4 ～ 15mm，先端圆形、微凹或截形，有小凸尖，基部宽楔形或圆形，全缘，两面中脉上疏被白色或黑色长柔毛或无毛；小叶柄长 1 ～ 2mm。总状花序腋生，疏具 12 ～ 15 朵花；总花梗长 10 ～ 25cm；花梗长 5 ～ 8mm，疏生长柔毛；苞片披针形，膜质，先端渐尖，较花梗长，有毛；花萼钟状筒形，近膜质，长 9 ～ 12（～ 17）mm，结果时基部一侧膨大呈囊状，外面疏生黑色或白色长柔毛，上萼齿 2，较短，近三角形，长约 5mm，下萼齿 3，较长，披针形，长约 6mm。花紫红色或紫色，长 25 ～ 30mm；旗瓣宽卵形，长 25 ～ 28mm，顶端微凹，基部渐狭成爪；翼瓣矩圆形，爪等于瓣长度的 1/2，翼瓣和龙骨瓣均较旗瓣稍短。子房无毛，有子房柄，柱头具簇状毛。荚果下垂，两侧扁平，有长柄，矩圆形，顶端渐狭，有网纹，长 5 ～ 6cm（包括长 15 ～ 20mm 的柄），宽约 1cm；种子矩圆状肾形，长 5 ～ 6mm，黑褐色，有光泽，在一侧中上部有一个近三角状缺口。花期 6 月，果期 7 月。

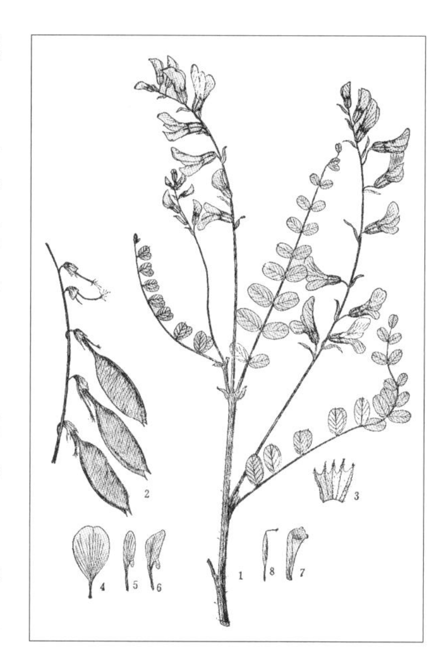

旱中生草本。散生于草原带和荒漠带的石质山坡或沟谷中，以及山地灌丛中。产阴山（大青山、乌拉山）、东阿拉善（狼山、桌子山）、贺兰山。分布于我国宁夏西北部、甘肃中部、青海东部。为华北西部山地分布种。

18. 大青山黄芪

Astragalus daqingshanicus Z. G. Jiang et Z. T. Yin in Act. Phytotax. Sin 29(3):272. f.1. 1991; Fl. China 10: 367. 2010.

多年生草本，高 10 ～ 25cm。根粗壮。茎数个，直立或斜升，被短的白毛。叶长 2 ～ 5.5cm，近无柄或具长不超过 5mm 的短柄；托叶膜质，与叶柄分离，靠茎一侧中下部连合，长约 4mm，

边缘具纤毛；小叶 13 ～ 15 对，条形或条状披针形，长 5 ～ 12mm，宽 0.5 ～ 1.5mm，下面疏被短毛，上面光滑无毛，先端锐尖。总状花序长 1 ～ 2.5cm，具 2 ～ 10 朵小花；花序梗长 6 ～ 7cm；苞片膜质，锥形，长 3 ～ 4mm，光滑或疏被白色短毛；花萼长 3.5 ～ 4.5mm，被白色和黑色混生的短毛，萼齿长约 1mm。花淡紫色；龙骨瓣先端呈紫色；旗瓣宽椭圆形，长 7 ～ 7.5mm，宽 5 ～ 5.5mm，先端圆形；翼瓣长约 7mm，瓣片深裂。龙骨瓣长约 5.5mm。荚果无柄，卵形，长约 11mm，宽约 4mm，腹面具钝的龙骨凸起，背面具槽，2 室，果皮近革质，光滑，含种子 5 ～ 6 粒。花期 6 ～ 7 月，果期 7 ～ 8 月。

多年生旱生草本。生于草原带的山地。产阴山（大青山）。为大青山分布种。

19. 高山黄芪

Astragalus alpinus L., Sp. Pl. 2:760. 1753; Fl. Intramongol. ed. 2, 3:268. t.103. f.1-6. 1989.

多年生草本，高 10 ～ 30cm。植株被白色和黑色单毛。茎斜升或近直立，常由下部分枝。单数羽状复叶，具小叶 19 ～ 23；托叶与叶柄离生，彼此基部连合，卵形或卵状三角形，渐尖，长 3 ～ 5mm，常具缘毛；小叶矩圆状卵形、卵形或近椭圆形，长 8 ～ 16mm，宽 3 ～ 7mm，先端钝，圆形或微凹，基部圆形，上面近无毛，下面被平伏的白色毛。总状花序腋生；总花梗与叶近等长或较之稍长；花 8 ～ 19 朵，密集于总花梗顶端，花序长 1.5 ～ 3cm；苞片小，卵形，比花梗短或与之等长，有缘毛；花梗长约 1mm，密被黑色毛或混有少数白色毛；花萼钟形，长约 3mm，密被黑色毛，有时混有少数白毛，萼齿披针形，比萼筒短；花冠蓝紫色或天蓝色，长 8 ～ 9mm。旗瓣椭圆形，顶端微凹，基部具短爪；翼瓣比旗瓣及龙骨瓣短，瓣片披针状矩圆形，顶端近全缘，基部具长的耳及细长爪；龙骨瓣与旗瓣近等长。子房有柄，密被毛。荚果半椭圆形，长 9 ～ 12mm，具柄，密被黑色毛，有时混生少数白毛，顶端具短喙，内有窄的隔膜，形成不完全 2 室。花果期 7 ～ 8 月。

中生草本。生于大兴安岭寒温性针叶林带的砾石质山坡、山麓及河滩灌丛。产兴安北部（额尔古纳市、根河市、牙克石市）。分布于我国新疆（天山），蒙古国、俄罗斯（西伯利亚地区、远东地区），中亚，欧洲、北美洲。为泛北极分布种。

20. 了墩黄芪（刘氏黄芪、甘新黄芪）

Astragalus pavlovii B. Fedtsch. et Basil in Byull. Moskovsk. Obshch. Isp. Prir., Otd. Biol. 38:90. 1929; Fl. China 10:369. 2010.——*A. lioui* H. T. Tsai et T. T. Yu in Bull. Fan. Mem. Inst. Biol. Bot. 7(1):21. 1936; Fl. Intramongol. ed. 2, 3:269. t.104. f.7-12. 1989.

一年生草本，高 10 ～ 25cm，植株各部被平伏的短毛。主根明显，细长，黄褐色。由基部丛生多数茎，较细，直立或稍斜升，少分枝。单数羽状复叶，长 2 ～ 3cm，具小叶 5 ～ 7；托叶三角状卵形，长 1 ～ 2mm，先端锐尖，基部与叶柄连合；小叶矩圆状倒卵形或矩圆状倒披针形，稀近椭圆形，长（5 ～）10 ～ 12mm，宽 2 ～ 6mm，先端圆形、截形或微凹，基部楔形，上面无毛或近无毛，下面被平伏的白色短毛。短总状花序腋生，花序长 1 ～ 2.5cm，具花（5 ～）15 ～ 25 朵，紧密，紫色；总花梗较叶长；苞片卵状披针形，长约 1mm，膜质；萼筒钟状，长约 2mm，有毛，萼齿短，三角状卵形。旗瓣长 8 ～ 9mm，瓣片倒卵形，先端微凹，基部渐狭；翼瓣长约 8mm，瓣片矩圆形，先端微凹，爪长为瓣片之半，具耳；龙骨瓣短于翼瓣，顶端稍钝，爪稍短于瓣片。子房无毛。荚果矩圆形，长 7 ～ 15mm，直或稍弯，背面有窄沟，两端稍尖，被网纹，无毛，近 2 室。花期 5 ～ 7 月，果期 6 ～ 8 月。

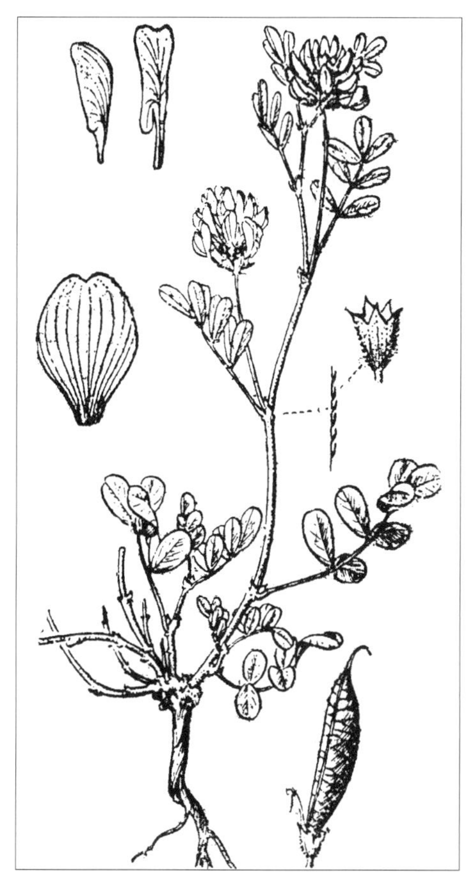

旱生草本。散生于荒漠带的干河床、浅洼地及沙砾质地。产东阿拉善（阿拉善左旗）、西阿拉善（阿拉善右旗）、额济纳。分布于我国宁夏西部、甘肃（河西走廊）、青海、新疆东部，蒙古国。为戈壁分布种。

本种全株被极短的单毛。过去在我国的一些文献中，由于观察的失误，将这种容易忽略的单毛误认为丁字毛，

以致将它划分为丁字毛黄芪亚属 Subgen. *Cercidcthrix* Bunge 中的一个种，即了墩黄芪 *Astragalus lioui* Tsai et Yu。实际在该种的原文献中，已经清楚地说明它被基部着生的单毛，而应归入单毛黄芪亚属 Subgen. *Phaca* （L.）Bunge 中的 *Hemiphaca* 组内。看来，此种的原描述与标本是吻合的，划分亚属与组也是正确的。

此外，据文献记载，本种为多年生草本，但产于本区的为一年生草本。

21. 达乌里黄芪（驴干粮、兴安黄芪、野豆角花）

Astragalus dahuricus (Pall.) DC. in Prodr. 2:285. 1825; Fl. Intramongol. ed. 2, 3:269. t.104. f.1-6. 1989.

一、二年生草本，高 30 ～ 60cm。全株被白色柔毛。根较深长，单一或稍分枝。茎直立，单一，通常多分枝，有细沟，被长柔毛。单数羽状复叶，具小叶 11 ～ 21；托叶狭披针形至锥形，与叶柄离生，被长柔毛，长 5 ～ 10mm；小叶矩圆形、狭矩圆形至倒卵状矩圆形，稀近椭圆形，长 10 ～ 20mm，宽（1.5 ～）3 ～ 6mm，先端钝尖或圆，基部楔形或近圆形，全缘，上面疏生白色伏柔毛，下面毛较多；小叶柄极短。总状花序腋生，通常比叶长；总花梗长 2 ～ 5cm；花序较紧密或稍稀疏，具 10 ～ 20 朵花；苞片条形或刚毛状，有毛，比花梗长；花萼钟状，被长柔毛，萼齿不等长，上萼有 2 齿较短，与萼筒近等长，三角形，下萼有 3 齿较长，比萼筒长约 1 倍，条形。花紫红色，稀白色，长 10 ～ 15mm；旗瓣宽椭圆形，顶端微缺，基部具短爪；龙骨瓣比翼瓣长，比旗瓣稍短；翼瓣狭窄，宽为龙骨瓣的 1/3 ～ 1/2。子房有长柔毛，具柄。荚果圆筒状，呈镰刀状弯曲，有时稍直，背缝线凹入成深沟，纵隔为 2 室，顶端具直或稍弯的喙，基部有短柄，长 2 ～ 2.5cm，宽 2 ～ 3mm，果皮较薄，表面具横纹，被白色短毛。花期 7 ～ 9 月，果期 8 ～ 10 月。

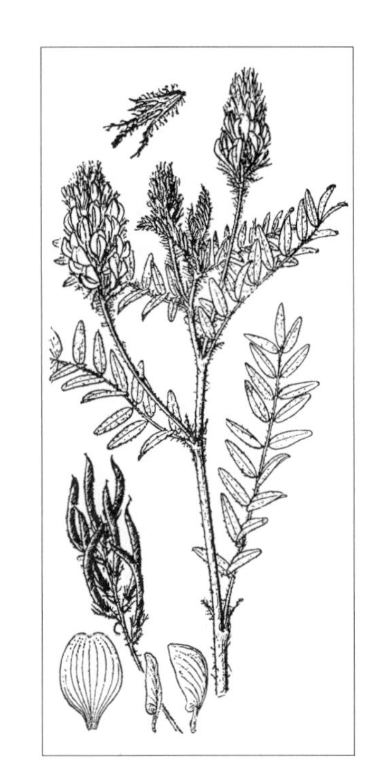

旱中生草本。为草原化草甸及草甸草原的伴生种，在农田、撂荒地及沟渠边也常有散生。除阿拉善和额济纳外，几产全区。分布于我国黑龙江、吉林、辽宁、河北、河南西部和北部、山东西部、山西、陕西、宁夏北部、甘肃东部、青海东部、四川北部、湖南、新疆东部，朝鲜、蒙古国东部和北部及西部、俄罗斯（西伯利亚地区、远东地区）。为东古北极分布种。

为良好饲用植物，各种家畜均喜食。冬季其叶脱落，残存的茎枝甚粗老，家畜多不食。可引种栽培，用做放牧或刈制干草。又可做绿肥。

22. 环荚黄芪

Astragalus contortuplicatus L., Sp. Pl. 2:758. 1753; Fl. Reip. Pop. Sin. 42(1):241. 1993; Fl. China 10:335. 2010.

一年生草本。通常由基部分枝，被开展或半开展的白色长柔毛。茎平卧或上升，稀近直立，长 5 ～ 45cm。单数羽状复叶，长 5 ～ 15cm，具小叶 13 ～ 21，叶柄长 2 ～ 2.5cm；托叶分离，基部与叶柄合生，卵形至长圆状披针形，长 5 ～ 6mm，先端渐尖；小叶长圆状卵形或宽椭圆形，长 5 ～ 12mm，宽 3 ～ 4.5mm，先端微缺或微浅裂状，基部宽楔形。总状花序呈头状，生 5 ～ 10 朵花，密集，长 2.5 ～ 3.3cm；总花梗长 1.5 ～ 2cm，连同花序轴均被白色柔毛，较叶短；苞片狭线形，长 2.5 ～ 3mm，具缘毛；花梗很短；花萼钟状，长 4.5 ～ 5.5mm，萼筒长 1.5 ～ 2.5mm，萼齿狭线形，长 2.5 ～ 4mm，内面有毛。花冠黄色；旗瓣倒卵状椭圆形，长 5.5 ～ 7.5mm，宽 2.5 ～ 3.5mm，先端微缺，基部渐狭；翼瓣长 4.5 ～ 6.5mm，瓣片狭长圆形，长 3.5 ～ 4mm，宽 0.4 ～ 1.2mm，先端钝或尖，基部耳向内弯，瓣柄长 2 ～ 3mm；龙骨瓣长 5.5 ～ 7mm，瓣片半圆形，长 3.5 ～ 4.5mm，宽 1.5 ～ 2.2mm，先端钝，瓣柄长 2 ～ 3mm。子房近无柄，被开展、白色长柔毛。荚果条状长圆形密集，长 1 ～ 2cm，宽 2 ～ 3mm，呈镰刀状或环形，稍扁，半 2 室，含 20 余粒种子，近无果梗；种子红棕色，具淡黄色花纹，肾形，长不及 1mm，宽约 1mm，平滑。花期 5 ～ 9

月，果期 6 ～ 10 月。

一年生中生草本。生于荒漠区的河滩低湿地。产额济纳。分布于我国新疆（准噶尔盆地、塔里木盆地），巴基斯坦，中亚、西南亚、中欧。为古地中海分布种。

23. 单叶黄芪

Astragalus efoliolatus Hand.-Mazz. in Oesterr. Bot. Zeitschr. 85:215. 1936; Fl. Intramongol. ed. 2, 3:271. t.105. f.1-5. 1989.

多年生矮小草本，高 5 ～ 10cm。地上茎短缩，形成密丛。主根细长，直伸，黄褐色或暗褐色。单叶互生，排列紧密，集生于枝的顶端，呈簇生状；托叶卵形或披针状卵形，长 5 ～ 6mm，膜质，先端渐尖或撕裂，中脉明显，外面疏生丁字毛；叶条形，呈禾草状，长 2 ～ 12cm，宽 1 ～ 2mm，先端渐尖，两面疏生白色丁字毛，全缘，下部边缘常内卷，中脉明显。短总状花序腋生，具花 2 ～ 5 朵；花梗长约 2mm；苞片卵形，膜质，顶端渐尖，与花梗等长；花萼钟状筒形，长 5 ～ 7mm，密被白色丁字毛，萼齿条状锥形，与萼筒近等长。花较小，长 8 ～ 12mm，淡紫色或紫红色；旗瓣倒披针形，长约 11mm，顶端钝，基部有短爪；翼瓣长约 9mm，顶端微 2 裂；龙骨瓣较翼瓣短，长约 7mm，两者均具爪和耳。子房有毛。荚果卵状矩圆形，长约 1cm，宽约 2.5mm，先端尖，表面疏生白色丁字毛。花期 6 ～ 9 月，果期 9 ～ 10 月。

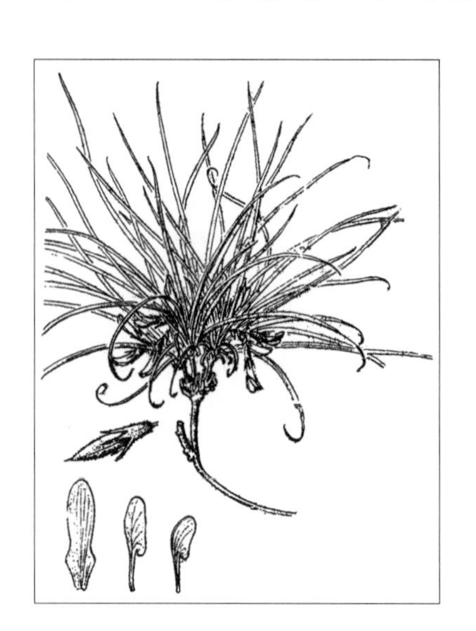

矮小旱生草本。为荒漠草原群落的伴生种，生长于沙地、河漫滩等地，一般多度不高，但颇常见，也可渗入荒漠区和典型草原地带。产锡林郭勒（正蓝旗、正镶白旗）、乌兰察布（乌拉特中旗）、鄂尔多斯（乌审旗、鄂托克旗、鄂托克前旗）、东阿拉善（乌拉特后旗、乌海市、阿拉善左旗）。分布于我国宁夏、陕西北部、甘肃中北部。为戈壁—蒙古分布种。

青鲜状态绵羊、山羊喜食。

24. 单小叶黄芪（线沟黄芪）

Astragalus vallestris Kamelin in Nov. Sist. Vyssh. Rast. 15:173. 1979; Key Vasc. Pl. Mongol. 163. f.378. 1982; Pl. As. Centr. 8B:135. 2000; Fl. China 10:440. 2010.

多年生草本，高 2 ～ 4cm。茎极度短缩，不明显。叶仅有 1 小叶，长 1 ～ 2.5cm；托叶膜质，卵圆形，基部稍合生，长 3 ～ 4mm，边缘和外面密被基部或近基部着生的白色毛，长 1 ～ 1.5mm，里面无毛；叶柄长 5 ～ 8mm，密被伏贴的白色丁字毛，长 0.8 ～ 1mm；小叶披针形或披针状椭圆形，先端具短尖，灰绿色，长 0.5 ～ 1.5cm，宽 0.2 ～ 0.4cm，两面密被白色伏贴丁字毛，长 0.6 ～ 0.8mm。总状花序几无梗，有花 2 ～ 4 朵聚集生于基部叶腋；苞片膜质；小苞片膜质，线形，长 5 ～ 6mm，被白色毛；花萼管状，长 8 ～ 9mm，密被白色开展的丁字毛和单毛，长 1 ～ 1.5mm，萼齿狭披针形，长 1.5 ～ 2mm。花冠白色至淡粉红色，干后黄色；旗瓣长圆状倒卵形，长 12 ～ 14mm，宽 5 ～ 6mm；翼瓣长 11 ～ 13mm，瓣片短于瓣柄；龙骨瓣长 10 ～ 12mm。子房具长约 1mm 的柄，椭圆形，被白色单毛。荚果长圆形，膨胀，疏被丁字毛，先端尖；种子圆形，扁平，新鲜时黄色，干燥后棕褐色。花期 4 ～ 5 月，果期 5 ～ 6 月。

多年生矮小旱生草本。生于荒漠带的砂砾质坡地。产东阿拉善（阿拉善左旗北部）。分布于蒙古国南部。为北阿拉善分布种。

25. 长毛荚黄芪

Astragalus monophyllus Maxim. in Bull. Acad. Imp. Sci. St.-Petersb. 26(3):473. 1880; Fl. Intramongol. ed. 2, 3:271. t.105. f.11-16. 1989.——*A. macrotrichus* E. Peter in Act. Hort. Gothob. 12:67. 1938.

多年生矮小草本，高 3 ～ 5cm，被白色平伏长丁字毛。主根较粗，木质化。茎极短或无地上茎。叶基生，三出复叶，具小叶 1 或 3；托叶膜质，与叶柄连合达 1/2，上部狭三角形，密被白色丁字毛；叶柄长 1 ～ 4cm；小叶宽卵形、宽椭圆形或近圆形，长 7 ～ 22mm，宽 7 ～ 15mm，

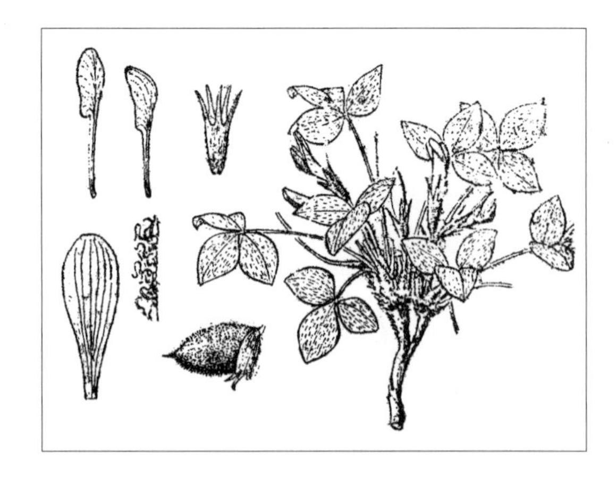

先端锐尖，基部近圆形，上面疏被平伏的丁字毛，下面毛较密，深绿色，稍厚硬。总花梗短于叶，密被毛；总状花序具花 1 ～ 2 朵，淡黄色；苞片膜质，卵状披针形，长 5 ～ 6mm，先端渐尖，被毛；萼筒钟状管形，长 8 ～ 10mm，萼齿披针形或条形，长 4 ～ 6mm，被白色平伏丁字毛。旗瓣倒披针形，长 15 ～ 18mm，顶端圆形，基部渐狭；翼瓣较旗瓣短，长 14 ～ 16mm，顶端钝或稍尖，具长爪及圆耳；龙骨瓣较翼瓣短，长 12 ～ 14mm，具爪及耳。子房密被毛。荚果矩圆形、矩圆状椭圆形或矩圆状卵形，长 2 ～ 3cm，宽 6 ～ 8mm，稍膨胀，喙长 5 ～ 6mm，密被白色绵毛。花期 5 月，果期 6 ～ 7 月。

矮小旱生草本。生于荒漠带的砾石质山坡、戈壁，为荒漠草原和荒漠群落的伴生种。产乌兰察布（二连浩特市、达尔罕茂明安联合旗北部）、东阿拉善（乌拉特后旗、阿拉善左旗）、西阿拉善（阿拉善右旗）、额济纳。分布于我国山西北部、甘肃（河西走廊）、青海、新疆东北部，蒙古国西部和南部及东南部、俄罗斯（西伯利亚地区）。为戈壁—蒙古分布种。

26. 灰叶黄芪

Astragalus discolor Bunge in Bull. Acad. Imp. Sci. St.-Petersb. 24(1):33. 1877; Fl. Intramongol. ed. 2, 3:276. t.107. f.1-5. 1989.

多年生草本，高 30 ～ 50mm。植物体各部有丁字毛，呈灰绿色。主根直伸，木质化，具多数根头。茎直立或斜升，上部稍分枝，具条棱，密被白色平伏的丁字毛。单数羽状复叶，具小叶 9 ～ 25；托叶狭三角形，先端尖，与叶柄分离；小叶矩圆形或条状矩圆形，长 4 ～ 13mm，宽 1 ～ 4mm，先端钝或微凹，基部楔形，上面绿色，下面灰绿色，两面被白色平伏的丁字毛。总花梗显著比叶长；总状花序生于枝上部叶腋，具花 8 ～ 15 朵，疏散；苞片卵形，很小，顶端锐尖；花梗短，长约 1mm；花萼筒状钟形，长 4 ～ 5mm，萼齿三角形，长 0.5 ～ 0.7mm，外面被黑色和白色的平伏而短的丁字毛。花蓝紫色，稀白色，长 10 ～ 15mm，伸展或稍反折；旗瓣倒卵形，长约 12mm，顶端深凹，基部渐狭；翼瓣矩圆形，与旗瓣等长，顶端 2 裂；龙骨瓣较翼瓣短。子房具柄，有毛。荚果条形，

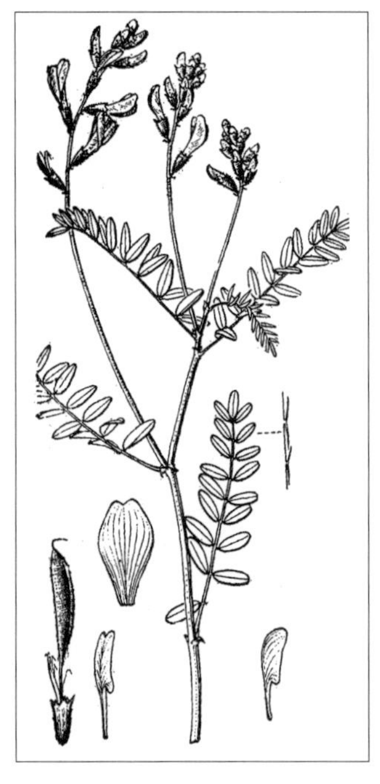

稍弯，两侧扁，两端尖，果柄显著较萼长，顶端有短喙，外面被黑色和白色平伏的丁字毛，长20～30mm（包括果柄）。花期7～8月，果期（7～）8～9月。

旱生草本。生于草原带和荒漠草原带的砾质或沙质地，为其伴生种。产阴山（大青山、乌拉山）、乌兰察布（达尔罕茂明安联合旗旗、固阳县、乌拉特中旗和乌拉特前旗）、阴南丘陵（准格尔旗阿贵庙）、鄂尔多斯（伊金霍洛旗）、东阿拉善（乌拉特后旗狼山、桌子山）、贺兰山。分布于我国河北西北部、山西北部、陕西北部、宁夏西北部、甘肃中部。为华北西部山地分布种。

27. 湿地黄芪

Astragalus uliginosus L., Sp. Pl. 2:757. 1753; Fl. Intramongol. ed. 2, 3:278. t.108. f.1-6. 1989.

多年生草本，高30～60cm。茎单一或数个丛生，通常直立，被白色或黑色的丁字毛。单数羽状复叶，具小叶（13～）15～23（27）；托叶膜质，与叶柄离生，下部彼此连合，卵状三角形或卵状披针形，渐尖，长5～10mm，有毛；小叶椭圆形至矩圆形，长10～20（～25）mm，宽5～10mm，先端圆形至稍锐尖，常带小刺尖，基部圆形或宽楔形，上面无毛，下面被白色丁字毛。总状花序于茎上部腋生；总花梗与叶近等长或稍长；苞片卵状披针形，长5～6mm，比萼短或近等长，膜质，疏生黑色伏毛，有时混生少数白毛；花萼筒状，长7～11mm，被较密的黑色伏毛，有时稍混生白毛，萼齿披针状条形，长约为萼筒的1/2。花多数，密集，下垂，淡黄色，长13～15mm；旗瓣宽椭圆形，顶端微凹，基部渐狭成短爪；翼瓣比旗瓣短；龙骨瓣比翼瓣稍短。子房无毛。荚果矩圆形，长9～13mm，宽约3mm，厚约5mm，膨胀，向上斜立，无柄，顶端具反曲的喙，果皮革质，背缝线凹入，腹缝线稍隆起，表面无毛，具细横纹，内具假隔膜，2室。花期6～7月，果期8～9月。

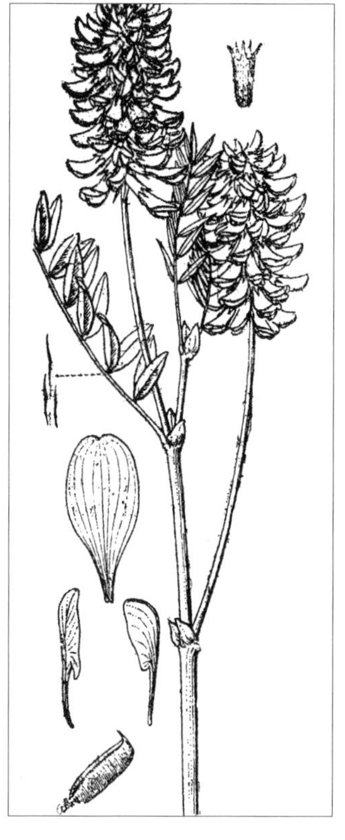

湿中生草本。为森林带的林下草甸、沼泽化草甸的伴生种，草原带的山地河岸边、柳灌丛下也有零星生长。产兴安北部及岭西（额尔古纳市、牙克石市、陈巴尔虎旗、阿尔山市五岔沟）、兴安南部（科尔沁右翼前旗、锡林浩特市东南部）。分布于我国黑龙江、吉林东部、辽宁东北部，朝鲜北部、蒙古国北部、俄罗斯（西伯利亚地区、远东地区）。为西伯利亚—满洲分布种。

28. 北黄芪

Astragalus inopinatus Boriss. in Bot. Syst. Mater. Gerb. Bot. Inst. Kom. Acad. Nauk. S.S.S.R. 10:51. 1947; Fl. Intramongol. ed. 2, 3:280. t.108. f.7-11. 1989.

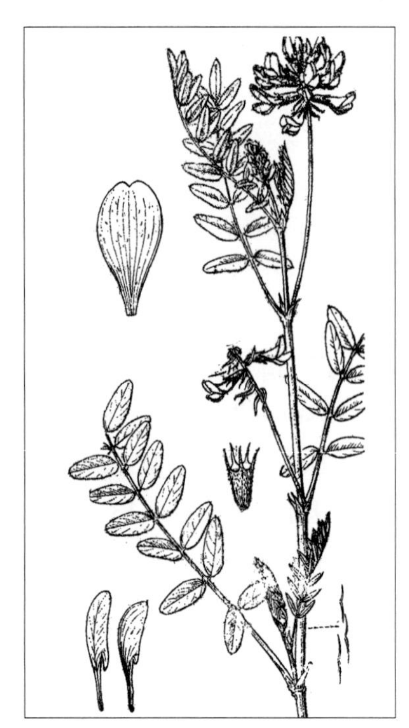

多年生草本，高 15 ～ 35cm。根木质化。茎数个或单一，上升或直立，被平伏的丁字毛。单数羽状复叶，具小叶 13 ～ 33；托叶披针形，长 5 ～ 8mm，草质或膜质，长渐尖，基部与叶柄连合，被疏毛；小叶矩圆形至披针形，长 4 ～ 25mm，宽 2 ～ 8mm，先端稍尖或稍钝，具短刺尖，基部宽楔形或近圆形，上面无毛或疏被白色平伏的丁字毛，下面毛较密，有时呈银白色。总状花序紧密，具多花，淡黄色，长 13 ～ 15mm；总花梗比叶长；苞片条状披针形，比萼筒稍短；花萼钟形，长 7 ～ 8mm，密被平伏的黑色毛，萼齿丝状钻形，比萼筒的一半稍短至稍长。旗瓣倒卵形，长 13 ～ 15mm，顶端微凹，向基部渐狭，疏被少量的白毛；翼瓣长 10 ～ 13mm，瓣片矩圆形，爪与瓣片近等长，具较长的耳；龙骨瓣长 11 ～ 12mm，瓣片近椭圆形，长约 4mm，具爪及耳。子房矩圆形，被平伏的白色和黑色毛。荚果卵形或矩圆形，长约 9mm，宽约 3mm，顶端具喙，表面被平伏的黑色毛。花果期 6 ～ 8 月。

中生草本。生于落叶松林的林缘草甸。产兴安北部（额尔古纳市、根河市、牙克石市）。分布于蒙古国东部和北部及南部、俄罗斯（西伯利亚地区）。为西伯利亚分布种。

29. 莲山黄芪（毛果莲山黄芪、历安山黄芪）

Astragalus leansanicus Ulbr. in Bot. Jahrb. Syst. 36(Beibl.82):62. 1905; Fl. Intramongol. ed. 2, 3:276. t.107. f.6-10. 1989.——*A. leansanicus* Ulbr. var. *pilocarpus* Z. Y. Chu et C. Z. Liang in Fl. Helan Mount. 313. 2011.

多年生草本，高 15 ～ 40cm。茎丛生，多分枝，有棱角，疏被白色丁字毛。单数羽状复叶，具小叶 9 ～ 17；托叶卵状披针形至披针形，长约 1mm；叶柄长 0.5 ～ 1cm；小叶椭圆形、矩圆形或卵状披针形，长 5 ～ 10mm，宽 1 ～ 3mm，先端钝或锐尖，基部钝圆或楔形，两面被白色平伏的丁字毛。总状花序腋生，具花 6 ～ 10 朵；总花梗长于叶，疏被白色丁字毛；苞片卵形，长约 1mm，膜质，被白色毛；花萼管状，长 6 ～ 9mm，萼齿条形，长 1 ～ 2.5mm，被黑色或白色毛。花冠红色或蓝紫色；旗瓣匙形，长 12 ～ 17mm，先端微凹，具短爪或不明显；翼瓣较旗瓣短，瓣片矩圆形，稍长于爪；龙骨瓣较翼瓣短，瓣片先端稍尖，稍短于爪。子房疏被丁字毛，柄长约 0.5mm。荚果棍棒状，长 2 ～ 3cm，粗 2 ～ 3mm，直或稍弯，先端渐尖，背部具沟槽，腹部龙骨状，疏被短丁字毛。花期 4 ～ 9 月，果期 5 ～ 10 月。

旱中生草本。生于荒漠带的低山或山前砾石质滩地或河床。产东阿拉善（乌兰布和沙漠）、贺兰山。分布于我国宁夏（贺兰山）、陕西南部（秦岭）、甘肃东南部、四川东北部（剑阁—巫溪）。为华北西部（东阿拉善—秦岭—大巴山）分布种。

未见标本，仅具《中国沙漠植物志》（2:272. t. 96. f. 10-14.1987.）和《内蒙古植物志》（ed. 2, 3:276. t.107. f.6-10. 1989.）记载而录。

30. 斜茎黄芪（直立黄芪、马拌肠）

Astragalus laxmannii Jacq. in Hort. Bot. Vindob. 3:22. 1776; Fl. China 10:409. 2010.——*A. adsurgens* Pall. in Sp. Astrag. 40. t.31. 1800; Fl. Intramongol. ed. 2, 3:280. t.109. f.1-6. 1989.

多年生草本，高 20 ～ 60cm。根较粗壮，暗褐色。茎数个至多数丛生，斜升，稍被毛或近无毛。单数羽状复叶，具小叶 7 ～ 23；托叶三角形，渐尖，基部彼此稍连合或有时分离，长 3 ～ 5mm；

小叶卵状椭圆形、椭圆形或矩圆形，长 10 ～ 25（～ 30）mm，宽 2 ～ 8mm，先端钝或圆，有时稍尖，基部圆形或近圆形，全缘，上面无毛或近无毛，下面有白色丁字毛。总状花序于茎上部腋生；总花梗比叶长或近相等；花序矩圆形，少为近头状；花梗极短；苞片狭披针形至三角形，先端尖，通常较萼筒显著短；花萼筒状钟形，长 5 ～ 6mm，被黑色或白色丁字毛或两者混生，萼齿披针状条形或锥状，约为萼筒的 1/3 ～ 1/2，或比萼筒稍短。花多数，密集，有时稍稀疏，蓝紫色、近蓝色或红紫色，稀白色，长 11 ～ 15mm；旗瓣倒卵状匙形，长约 15mm，顶端深凹，基部渐狭；翼瓣比旗瓣稍短，比龙骨瓣长。子房被白色丁字毛，基部有极短的柄。荚果矩圆形，长 7 ～ 15mm，具 3 棱，稍侧扁，背部凹入成沟，顶端具下弯的短喙，基部有极短的果梗，表面被黑色、褐色或白色的丁字毛，或彼此混生，由于背缝线凹入将荚果分隔为 2 室。花期 7 ～ 8（～ 9）月，果期 8 ～ 10 月。

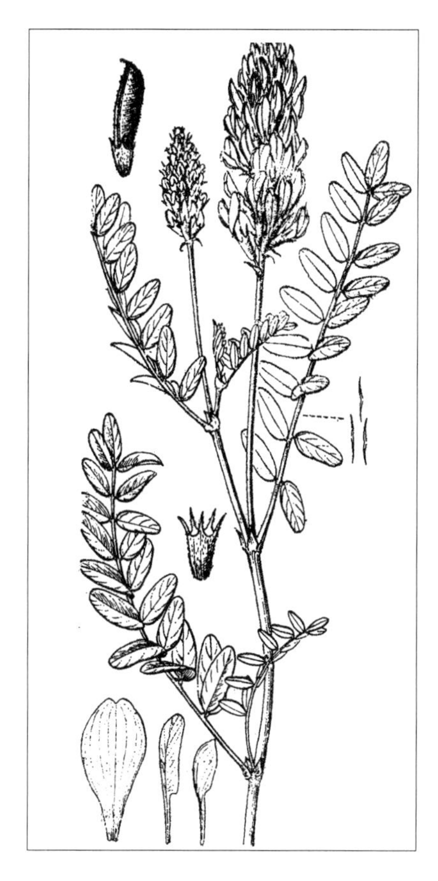

中旱生草本。在森林草原带和草原带中是草甸草原的重要伴生种或亚优势种，有的渗入河滩草甸、灌丛和林缘下层成为伴生种，少数进入森林带和草原带的山地。产兴安北部、岭东和岭西、呼伦贝尔、兴安南部、科尔沁、辽河平原、燕山北部、赤峰丘陵、锡林郭勒、乌兰察布、阴山、阴南平原和丘陵、鄂尔多斯、东阿拉善、西阿拉善。分布于我国黑龙江西部、吉林西部、辽宁西北部、河北、河南北部、山东南部、江苏西北部、山西、陕西、宁夏、甘肃、青海、四川西部、云南北部、西藏东北部、新疆中部，日本、朝鲜、蒙古国、俄罗斯（西伯利亚地区、远东地区）、哈萨克斯坦。为东古北极分布种。

为优等饲用植物。开花前，牛、马、羊均乐食；开花后，茎质粗硬，适口性降低，骆驼冬季采食。可做改良天然草场和培育人工牧草地之用，引种试验栽培颇有前途。又可做绿肥植物，用以改良土壤。种子可做“沙苑子”入药，功能、主治同华黄芪。

30a. 沙打旺

Astragalus laxmannii Jacq. cv. **Shadawang**——*A. adsurgens* Pall. cv. *Shadawang* in Fl. Intramongol. ed. 2, 3:281. 1989.

本栽培变种与野生种的区别：本种植株高10～20cm；茎直立和近直立，绿色，粗壮；小叶椭圆形或卵状椭圆形，长20～35mm；总状花序具花17～79（～135）朵。

在通辽市、赤峰市、锡林郭勒盟、乌兰察布市、呼和浩特市、包头市、鄂尔多斯市、巴彦淖尔市等地多引种栽培。此外，在我国黄河以北各省区亦多引种栽培。

为良好的牧草。

31. 中戈壁黄芪

Astragalus centrali-gobicus Z. Y. Chu et Y. Z. Zhao in Act. Univ. Intramongol. 14(4): 447. f.1. 1983.——*A. hamiensis* auct. non S. B. Ho : Fl. Intramongol. ed. 2, 3:274. t.106. f.7-12. 1989.

多年生草本，高20～50cm。茎丛生，直立或斜升，多分枝，疏被灰白色贴伏的丁字毛。托叶正三角形，基部合生，被贴伏的丁字毛；单数羽状复叶，具小叶3～9；小叶披针状椭圆形或披针状卵形，先端急尖，基部楔形，长10～30mm，宽5～15mm，两面被贴伏的丁字毛。总花梗长1～4cm，腋生，疏被贴伏的丁字毛；总状花序，具花4～9朵，较密集；苞片披针形，较花梗长，被贴伏的丁字毛；花萼钟状管形，长7～9mm，被贴伏的丁字毛，具一长2～3mm的钻状齿和长5～6mm的管。花冠黄色，先端稍微淡红色；旗瓣狭倒卵形，长约15mm，宽6～7mm，先端微缺，爪不明显；翼瓣比旗瓣稍短，长约14mm，瓣片狭矩圆形，先端微缺，基部具耳，瓣片与爪等长；龙骨瓣比翼瓣稍短，长约12mm，瓣片椭圆形，长约5mm，爪长约7mm。子房无柄，被白色贴伏毛。荚果细圆柱形，

成熟时长约 4.5cm，宽 2 ~ 3mm，稍弯，先端具短喙，被白色贴伏的丁字毛，2 室，每室含多数种子。花果期 8 ~ 9 月。

多年生旱生草本。生于荒漠带的盐渍低地。产额济纳。分布于我国甘肃西部、新疆东部。为中戈壁分布种。

本种与哈密黄芪 *A. hamiensis* 相近，但本种翼瓣顶端 2 浅裂（非全缘）；小叶披针状卵形或披针状椭圆形，先端通常锐尖，基部宽楔形（非小叶椭圆形，先端钝圆，基部圆形），与之明显不同，并非同种。

32. 兰州黄芪（长齿狭荚黄芪）

Astragalus lanzhouensis Podlech et L. R. Xu in Sendtnera 7:185. 2001——*A. stenoceras* C. A. Mey. var. *longidentatus* S. B. Ho in Bull. Bot. Res. 3(1):64. f.17. 1983; Fl. Intramongol. ed. 2, 3:278. t.107. f.11-15. 1989.

多年生草本，高约 15cm。主枝短缩，暗褐色，枝细弱，密被平伏的丁字毛，呈灰绿色。单数羽状复叶，具小叶 11 ~ 15（~ 21）；托叶分离，卵状披针形，长 1.5 ~ 2mm，被平伏的丁字毛，混以黑色毛；叶长 2 ~ 5cm；叶柄短于叶轴，被平伏白色丁字毛；小叶长椭圆形或近披针形，长 4 ~ 7mm，宽 1 ~ 1.5mm，先端渐尖或锐尖，基部宽楔形，两面密被平伏的丁字毛。总花梗长于叶 1.5 ~ 2 倍，稀近相等，被平伏白色丁字毛；短总状花序近伞房状，长 2 ~ 2.5cm，有 4 ~ 10 朵花，淡紫色；苞片披针形，长约 4mm，较花梗长约 1 倍，疏被白色和黑色丁字毛；萼筒管状，长 6 ~ 8mm，密被平伏的白色和黑色丁字毛，齿丝状，长 3 ~ 4mm。旗瓣长 20 ~ 24mm，瓣片矩圆状倒卵形，顶端稍凹，中下部渐狭，爪短而宽；翼瓣长 17 ~ 22mm，瓣片矩圆形，顶端凹入或近全缘；龙骨瓣长 16 ~ 20mm，瓣片倒卵形，爪长于瓣片或与之近等长。荚果条形，长约 1.5cm，直或稍弯，革质，密被平伏的白色和黑色丁字毛，不完全 2 室。花期 5 ~ 6 月。

旱生草本。生于荒漠带的砾石质山坡。产贺兰山、龙首山。分布于我国甘肃（兰州市、武威市天祝藏族自治县）。为河西走廊分布种。

33. 细弱黄芪（红花黄芪、细茎黄芪）

Astragalus miniatus Bunge in Mem. Acad. Imp. Sci. St.-Petersb. Ser. 7, 11(16):98. 1868; Fl. Intramongol. ed. 2, 3:273. t.105. f.6-10. 1989.

多年生草本，高 7 ~ 15cm。全株被白色平伏的丁字毛，稍呈灰白色。茎自基部分枝，细弱，

斜升。单数羽状复叶，具小叶 5 ～ 11；托叶三角状，渐尖，下部彼此连合，被毛，长在 2mm 以下；小叶丝状或狭条形，长 7 ～ 14mm，宽 0.2 ～ 0.8mm，先端钝，基部楔形，上面无毛，下面被白色平伏的丁字毛，边缘常内卷。总状花序腋生或顶生，具花 4 ～ 10 朵；总花梗与叶近等长或超出于叶；苞片卵状三角形，长 0.7 ～ 0.9mm；花梗长 0.7 ～ 1.5mm；花萼钟状，长 2.5 ～ 3mm，被白色丁字毛，有时混生黑毛，上萼齿较短，近三角形，下萼齿较长，狭披针形。花粉红色，稀白色，长 7 ～ 8mm；旗瓣椭圆形或倒卵形，顶端微凹，基部渐狭，具短爪；翼瓣比旗瓣稍短，比龙骨瓣长，顶端 2 裂。子房无柄，圆柱状，有毛。荚果圆筒形，长 9 ～ 14mm，宽 1.5 ～ 2mm，顶端具短喙，喙长约 1mm，背缝线深凹，具沟，将荚果纵隔为 2 室，果皮薄革质，表面被白色丁字毛。花期 5 ～ 7 月，果期 7 ～ 8 月。

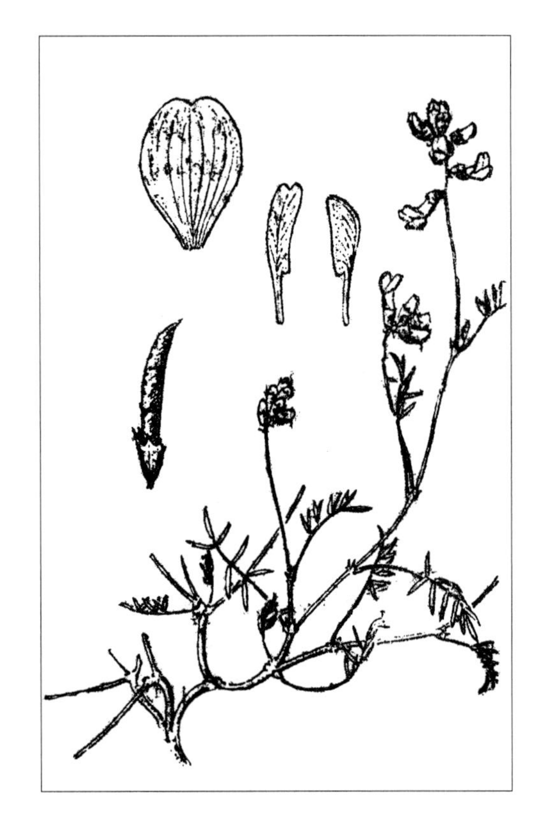

旱生草本。生于草原带和荒漠草原带的砾石质坡地及盐化低地。产呼伦贝尔（满洲里市、新巴尔虎右旗）、锡林郭勒（东乌珠穆沁旗、锡林浩特市、正蓝旗、苏尼特左旗）、乌兰察布（达尔罕茂明安联合旗、乌拉特中旗、乌拉特后旗）。分布于我国黑龙江、新疆，蒙古国北部和西部及中部和东南部、俄罗斯（西伯利亚地区）。为蒙古高原草原分布种。

各种家畜均乐食，羊、马最喜食。

34. 玉门黄芪

Astragalus yumenensis S. B. Ho in Cat. Type Spec. Herb. China 419. 1994; Fl. China 10:418. 2010.——*A. yumenensis* S. B. Ho in Bull. Bot. Res. Harbin 3(1):65. f.18. 1983; Fl. Intramongol. ed. 2, 3:274. t.106. f.1-6. 1989.

多年生草本，高 15 ～ 30cm。根粗壮，木质，黄褐色，皮部纵裂，颈部多分枝。茎短缩，被平伏的灰色丁字毛。单数羽状复叶，长 5 ～ 7cm，具小叶 5 ～ 7；托叶三角形，基部与叶柄连合；叶柄长于叶轴；小叶条形或条状披针形，长 10 ～ 25mm，宽 1 ～ 2mm，先端渐尖，基部楔形，两面被平伏的丁字毛。总花梗较叶长 1 ～ 3 倍，较叶柄粗壮，密被白色平伏的丁字毛；总状花序长 3 ～ 8cm；苞片披针形，近膜质，长约 2mm；萼筒管状，长 8 ～ 12mm，被白色和黑色的平伏丁字毛，萼齿钻状，长约 2mm。花紫红色；旗瓣长倒卵形，长 17 ～ 20mm，先端微凹，基部渐狭成爪；翼瓣长 14 ～ 16mm，瓣片条状矩圆形，先端微凹，爪细长；龙骨瓣长 10 ～ 14mm，瓣片较爪稍短。子房无柄，被平伏的黑色或白色丁字毛。荚果稍弯曲，长 10 ～ 15mm，粗约 2mm，被白色和少量黑色的丁字毛。

旱生草本。生于荒漠带的砾石质坡地。产西阿拉善（阿拉善右旗）。分布于甘肃（酒泉市至玉门市、张掖市肃南裕固族自治县）。为河西走廊分布种。

由于*A. yumenensis* S. B. Ho 在 1983 年发表时指出 2 张模式标本，系无效发表。

35. 变异黄芪

Astragalus variabilis Bunge in Bull. Acad. Imp. Sci. St.-Petersb. 24(1):33. 1877; Fl. Intramongol. ed. 2, 3:281. t.109. f.7-12. 1989.

多年生草本，高 10 ～ 30cm。植物体各部有丁字毛，呈灰绿色。主根伸长，黄褐色，木质化。由基部丛生多数茎，较细，直立或稍斜升，具分枝，密被白色丁字毛。单数羽状复叶，具小叶 11 ～ 15；托叶小，三角形或卵状三角形，与叶柄分离；小叶矩圆形、倒卵状矩圆形或条状矩圆形，长 3 ～ 10mm，宽 1 ～ 3mm，先端钝、圆形或微凹，基部宽楔形或圆形，全缘，上面绿色，疏生白色平伏的丁字毛，下面灰绿色，毛较密。总花梗较叶短，被毛；短总状花

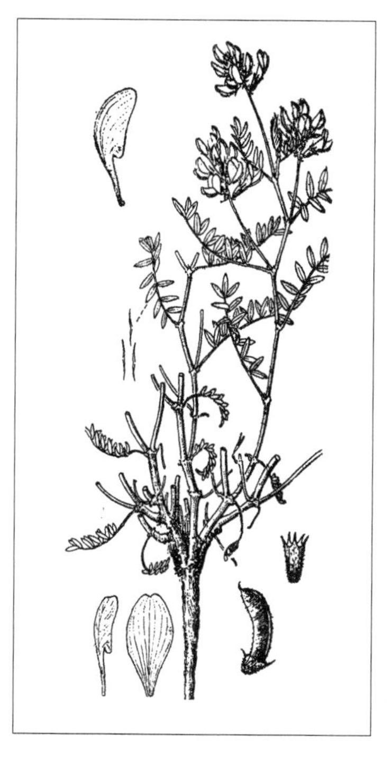

序腋生，具花多数，紧密；花梗短，长约 1mm，被毛；苞片卵形或卵状披针形，长约 1mm，近边缘疏生黑毛；花萼钟状筒形，长 5 ～ 6mm，萼齿条状锥形，长 1 ～ 2mm，均被黑色和白色丁字毛。花小，长 8 ～ 11mm，淡蓝紫色或淡紫红色；旗瓣倒卵状矩圆形，长约 10mm，顶端深凹，基部渐狭；翼瓣与旗瓣等长；龙骨瓣较短，两者有爪及耳。子房有毛。荚果矩圆形，稍弯，两侧扁，长 10 ～ 13mm，宽约 3mm，先端锐尖，有短喙，表面密被白色平伏的丁字毛，2 室。花期 5 ～ 6 月，果期 6 ～ 8 月。

旱生草本。散生于荒漠带的覆沙戈壁、干河床、浅洼地、浅沟底部，很少进入草原带。产乌兰察布（察哈尔右翼后旗、达尔罕茂明安联合旗、乌拉特中旗、乌拉特后旗、磴口县）、东阿拉善（库布齐沙漠西部、鄂托克旗西部、阿拉善左旗）、西阿拉善（阿拉善右旗）、贺兰山、龙首山、额济纳。分布于我国宁夏西北部、甘肃（河西走廊）、青海（柴达木盆地）、新疆东部，

蒙古国西部和南部。为戈壁分布种。

为有毒植物。青鲜状态各种家畜均喜食，但食后有中毒现象。春季和夏季在开花时毒性最强。有报道说，它在秋季渐干状态也是有毒的。中毒症状：山羊表现为初期精神异常，逐渐四肢行动不灵，继而全身僵化、摇摆，中毒解剖发现肺叶变成黑紫色，淋巴肿大；绵羊中毒后一般表现如常，但逐渐消瘦，喘气，死亡后解剖发现肺部有化脓现象。中毒后的肉变为黄色。多数牧民一致肯定它可使家畜慢性中毒，中毒后往往经过 1 ～ 2 月才能显现出来。骆驼最能忍受中毒。群众的解毒方法是灌酸奶肉汤、醋等。

36. 哈拉乌黄芪

Astragalus halawuensis Y. Z. Zhao et L. Q. Zhao in Class. Fl. Ecol. Geogr. Distr. Vasc. Pl. Inn. Mongol. 294. t.4. f.A-F. 2012.——*A. polycladus* auct. non Bur. et Franch.: Fl. Helan Mount. 314. t.50. f.5. 2011.

多年生旱生草本，高 5 ～ 15cm。全株各部（除花冠外）密被灰白色丁字毛。直根，细长，黄褐色。茎丛生，直立或斜升。羽状复叶，具小叶 9 ～ 17；托叶卵形或披针形，长 2 ～ 3mm；小叶披针形或条状披针形，长 3 ～ 10mm，宽 1 ～ 2mm，先端渐尖或锐尖，基部楔形，具长约 0.5mm 的小叶柄。总状花序顶生或腋生，有花 9 ～ 11 朵，密集或稍疏松；总花梗明显比叶长；苞片条形，长 1 ～ 2mm；花梗长约 1mm；花萼管状钟形，长 5 ～ 6mm，萼筒钟形，长 2.5 ～ 3mm，萼齿细条形，长约 2.5mm，被黑色丁字毛。花冠紫红色或蓝紫色；旗瓣倒卵形，长约 12mm，顶端凹缺，翼瓣长约 9mm，顶端二凹缺；龙骨瓣长约 7mm。子房被毛。荚果矩圆形，长达 15mm，稍侧扁，密被贴伏丁字毛，2 室。花期 5 ～ 6 月，果期 6 ～ 7 月。

旱生草本。生于荒漠带海拔 1900 ～ 2200m 的山地沟口砾石质坡地和山前冲积扇。分布于东阿拉善（阿拉善左旗、卓资山、狼山）。产贺兰山。为东阿拉善分布种。

本种与变异黄芪 *Astragalus variabilis* Bunge ex Maxim. 相近，但萼齿与萼筒近等长（非萼齿短，长为花萼的 1/4 ～ 1/5）；小叶披针形或条状披针形（非卵状矩圆形或条状矩圆形），先端渐尖或锐尖（非钝圆）；旗瓣倒卵形（非倒卵状矩圆形），翼瓣和龙骨瓣明显短于旗瓣（非近等长）；荚果比花萼稍长（非 2 ～ 3 倍），而明显不同。

原描述中果为嫩果，矩圆形，较短。成熟后的果为条形，长约 1.5cm，常镰状弯曲。

37. 糙叶黄芪（春黄芪、掐不齐）

Astragalus scaberrimus Bunge in Enum. Pl. China Bor. 17. 1833; Fl. Intramongol. ed. 2, 3:283. t.110. f.1-6. 1989.

多年生草本。全株密被白色丁字毛，呈灰白色或灰绿色。地下具短缩而分枝的、木质化的茎或具横走的木质化根状茎，无地上茎或有极短的地上茎或有稍长的平卧的地上茎。叶密集于地表，呈莲座状；单数羽状复叶，长5～10cm，具小叶7～15；托叶与叶柄连合达1/3～1/2，长4～7mm，分离部分为狭三角形至披针形，渐尖；小叶椭圆形或近矩圆形，有时为披针形，长5～15mm，宽2～7mm，先端锐尖或钝，常有小凸尖，基部宽楔形或近圆形，全缘，两面密被白色平伏的丁字毛。总状花序由基部腋生；总花梗长1～3.5cm，具花3～5朵；苞片披针形，比花梗长；花萼筒状，长6～9mm，外面密被丁字毛，萼齿条状披针形，长为萼筒的1/3～1/2。花白色或淡黄色，长15～20mm；旗瓣倒卵状椭圆形，顶端微凹，中部以下渐狭，具短爪；翼瓣和龙骨瓣较短，翼瓣顶端微缺。子房有短毛。荚果矩圆形，稍弯，长10～15mm，宽2～4mm，喙不明显，背缝线凹入成浅沟，果皮革质，密被白色丁字毛，内具假隔膜，2室。花期5～8月，果期7～9月。

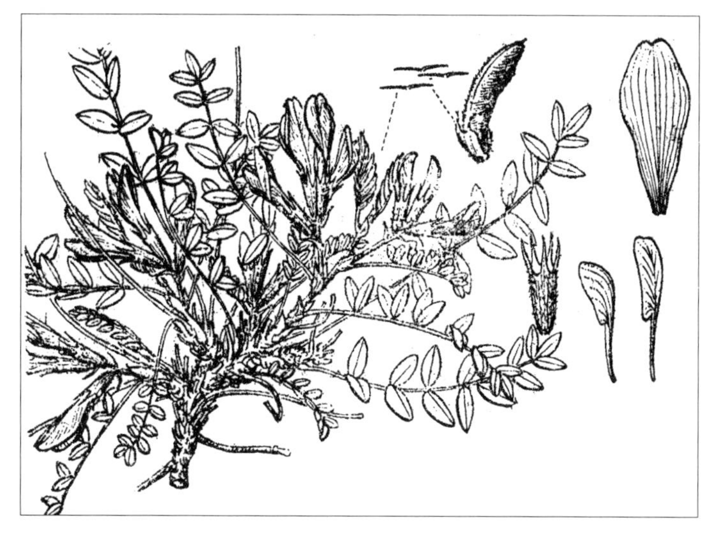

旱生草本。为草原带常见的伴生植物，多生于山坡、草地和沙质地，也见于草甸草原、山地、林缘。产兴安北部及岭西、呼伦贝尔、兴安南部、科尔沁、辽河平原、赤峰丘陵、燕山北部、锡林郭勒、乌兰察布、阴山、阴南平原与丘陵、鄂尔多斯。分布于我国黑龙江西北部、吉林西部、辽宁西北部、河北、河南西部、山东西部、山西、陕西、宁夏、甘肃、青海东部、四川北部、湖北中部、新疆东部，蒙古国东部和北部、俄罗斯（西伯利亚地区）。为东古北极分布种。

为中等饲用植物。春季开花时，绵羊、山羊最喜食其花；夏秋采食其枝叶，可食率达50%～80%以上。可做水土保持植物。

38. 短叶黄芪

Astragalus brevifolius Ledeb. in Fl. Alt. 3:334. 1831; Fl. China 10:432. 2010.

多年生矮小草本，高 3 ～ 6cm，被平伏的白色丁字毛。叶长 1 ～ 4cm；托叶长 3 ～ 6mm，下部 1 ～ 2mm 与叶柄合生，近光滑至密被平伏的丁字毛；叶柄长 0.5 ～ 2cm，密被平伏的丁字毛；小叶 2 ～ 4 对，狭椭圆形或狭倒卵状椭圆形，长 4 ～ 10mm，宽 1 ～ 3mm，两面密被平伏的丁字毛。

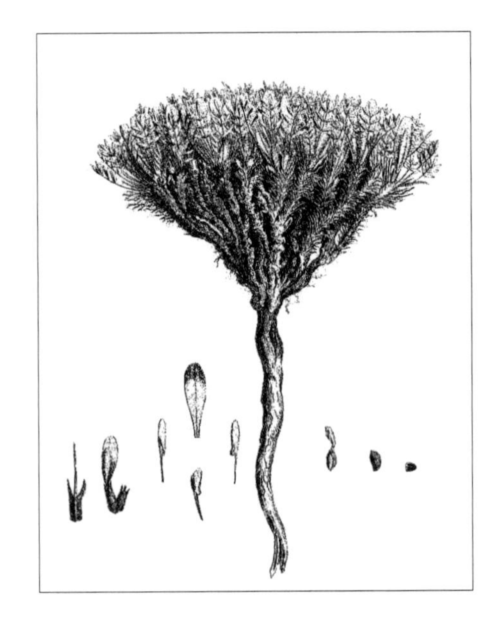

总状花序近无梗，具 1 ～ 2 朵小花；苞片 4 ～ 5mm，背部被稀疏的平伏丁字毛，边缘具稀疏的近基部着生的粗毛；花萼长 7 ～ 9mm，密被黑白混生的平伏丁字毛，萼齿长 1 ～ 2.5mm。花白色（干后变黄），龙骨瓣先端有时淡紫色；旗瓣狭椭圆形或狭倒卵形，长 20 ～ 30mm，宽 6 ～ 7mm，中部以下渐窄；翼瓣长 18 ～ 25mm，瓣片先端钝或微凹。龙骨瓣长 16 ～ 21mm，爪长约为瓣片的 2 倍。荚果长圆形，直或微弯曲，2 室，密被平伏的丁字毛。花期 4 ～ 5 月，果期 5 ～ 6 月。

多年生旱生草本。生于草原化荒漠带的砾石质地。产东阿拉善（阿拉善左旗）。分布于我国新疆，蒙古国东部和北部及西部、俄罗斯（西伯利亚地区）。为蒙古高原分布种。

39. 西域黄芪

Astragalus pseudoborodinii S. B. Ho in Bull. Bot. Res. Harbin. 3(1):54. 1983; Fl. China 10:437. 2010.

多年生丛生小草本，高 3 ～ 7cm。茎短缩，被白色长毛和残存的叶柄。单数羽状复叶，具小叶 3 ～ 5，长 2 ～ 5cm；叶柄较叶轴长；托叶中部以下合生，密被开展的长柔毛，上部三角形，长 3 ～ 4mm，有白色缘毛；小叶倒卵状长圆形，长 5 ～ 10mm，先端钝圆或具短尖，两面密被白色伏贴毛。花 2 ～ 3 朵簇生于叶腋；无总花梗；苞片线状披针形，与花萼等

长或稍长，被白色长柔毛；花萼管状钟形，长 7 ～ 12mm，密被白色长柔毛，萼齿丝状线形，与萼筒等长或稍短。花冠淡黄色；旗瓣狭长圆形，长 10 ～ 18mm，先端全缘，基部渐狭；翼瓣长 8 ～ 10mm，瓣片狭长圆形，先端稍狭，与瓣柄等长；龙骨瓣较翼瓣短，瓣片微尖，瓣柄与瓣片等长。子房卵圆形，无柄，被白色长毛。荚果未见。花期 6 ～ 7 月。

旱生草本。生于荒漠带的山坡。产额济纳。分布于我国新疆。为戈壁分布种。

40. 短龙骨黄芪

Astragalus parvicarinatus S. B. Ho in Bull. Bot. Res. Harbin 3(1):55. f.10. 1983; Fl. Intramongol. ed. 2, 3:285. t.110. f.7-11. 1989.

多年生矮小草本，高 5 ～ 10cm。根粗壮，木质化，褐色。地上部分具极短缩的茎。叶、花密集于地表，呈簇生状。单数羽状复叶，具小叶（3 ～）5 ～ 7；托叶长 1 ～ 3mm，中部以下与叶柄合生，离生部分长三角形，密被白色长毛；小叶矩圆形或椭圆形，长 4 ～ 7mm，宽 2 ～ 3mm，先端钝，基部宽楔形，两面密被白色平伏的丁字毛。花由基部腋生，白色；无总花梗；苞片条状披针形，较花萼稍短；花萼筒状，长 8 ～ 10mm，外面密被白色开展的长柔毛，萼齿丝状，长 3 ～ 4mm。旗瓣倒披针形，长 16 ～ 23mm，宽 5 ～ 10mm，先端微凹，基部渐狭成爪；翼瓣较旗瓣稍短，瓣片条状矩圆形，顶端微凹，爪丝状，长为瓣片的 1/2；龙骨瓣短，翼瓣较之长 1.5 倍，瓣片半圆形，爪与瓣片近等长。子房有柄，被白色柔毛。荚果不详。花期 5 月。

矮小旱生草本。生于荒漠带的沙砾质土壤上。产东阿拉善（阿拉善左旗巴彦浩特镇）、贺兰山南部、西阿拉善（阿拉善右旗北部）。分布于我国宁夏（银川市）。为南阿拉善分布种。

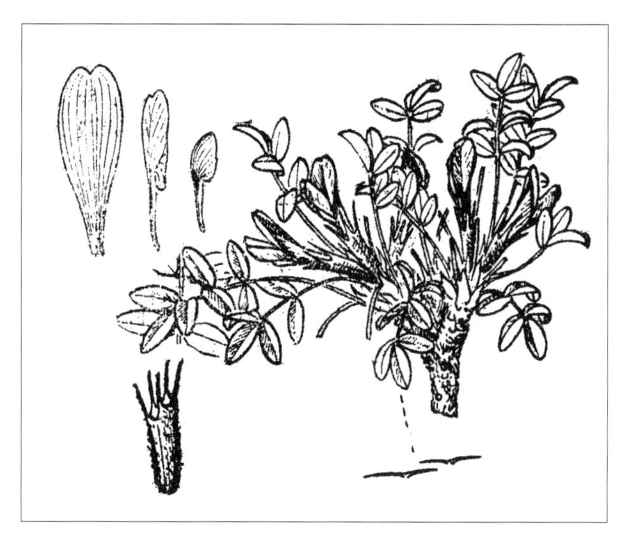

41. 酒泉黄芪

Astragalus jiuquanensis S. B. Ho in Bull. Bot. Res. Harbin 3(1):56. 1983; Fl. China 10:434. 2010.

多年生草本，高 5 ～ 10cm，被灰白色伏贴毛。根粗壮。茎极短缩。单数羽状复叶，具小叶 5 ～ 7，长 3 ～ 6cm；托叶中部以下与叶柄贴生，上部披针形，长 3 ～ 4mm，被白色开展的长毛；小叶卵圆形或倒卵形，长 4 ～ 7mm，宽 3 ～ 5mm，先端钝圆或凸尖，基部近圆形或楔形，两面被白色伏贴毛。花簇生于叶腋，状如基生；苞片披针形，与花萼近等长或稍短，被白色开展的柔毛；花萼管状，长 9 ～ 11mm，被白色开展的毛，萼齿丝状，长为萼筒的 1/2。花冠淡黄白色，有时边缘微带淡紫色；旗瓣倒卵形，先端微凹，中部以下渐狭成宽楔形的瓣柄，长 20 ～ 25mm，宽 7 ～ 9mm；翼瓣较旗瓣稍短，瓣片倒卵形，先端 2 裂，较瓣柄稍短；龙骨瓣长 15 ～ 18mm，较翼瓣短，瓣片长 5 ～ 6mm。子房有短伏贴毛。荚果未见。花期 8 月。

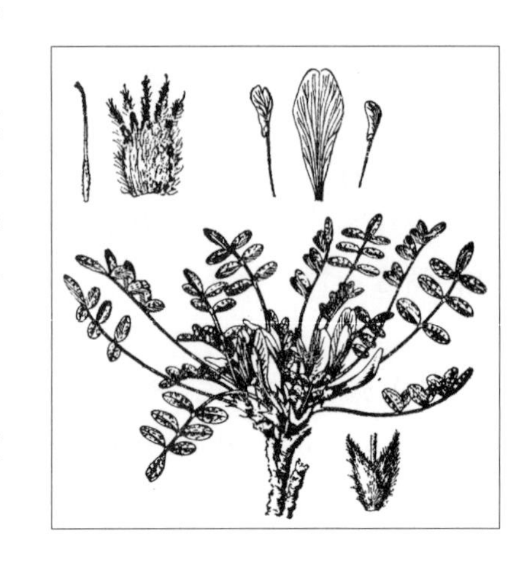

旱生草本。生于荒漠带的覆沙戈壁。产东阿拉善（阿拉善左旗北部）、额济纳。分布于我国甘肃（河西走廊）。为阿拉善分布种。

42. 圆果黄芪

Astragalus junatovii Sanchir. in Bot. Zhurn. Moscow et Leningrad. 59(3):368. 1974; Fl. Intramongol. ed. 2, 3:285. t.110. f.12-17. 1989.

多年生草本，高 5 ～ 15cm。地上部分无茎或具极短缩的茎。叶密集于地表呈丛生状。单数羽状复叶，具小叶（5 ～）9 ～ 11（～ 15）；托叶长 4 ～ 12mm，下部与叶柄连合，离生部分披针形，尖端渐尖，密被白色硬毛；叶长（2 ～）3 ～ 10（～ 15）cm；叶柄与叶轴近等长，密被平伏的丁字毛；小叶椭圆形、倒卵形或披针形，长 8 ～ 16mm，宽 2 ～ 4mm，先端钝尖，两面密被平伏的白色丁字毛，呈灰绿色，有时近无毛而呈黄绿色。短总状花序，疏生花 2 ～ 4 朵，白色；花序梗短；苞片披针状条形或条形，长 2 ～ 3mm，先端渐尖，被半开展的长毛；花萼筒状，长 10 ～ 15mm，萼齿条状钻形，长 2 ～ 5mm，密被开展的白色长柔毛。旗瓣长 18 ～ 22（～ 24）mm，瓣片矩圆状倒卵形，顶端圆形或微凹，中部稍缢缩，中下部渐狭成爪；翼瓣长 16 ～ 20（～ 22）mm，瓣片矩圆状条形，具爪及短耳；龙骨瓣长 13 ～ 17mm，瓣片矩圆状卵形，具爪及小耳。荚果近球形或卵状球形，长 3 ～ 7mm，宽 3 ～ 5mm，顶端具短喙，密被白色柔毛，2 室。花期 5 ～ 6 月，

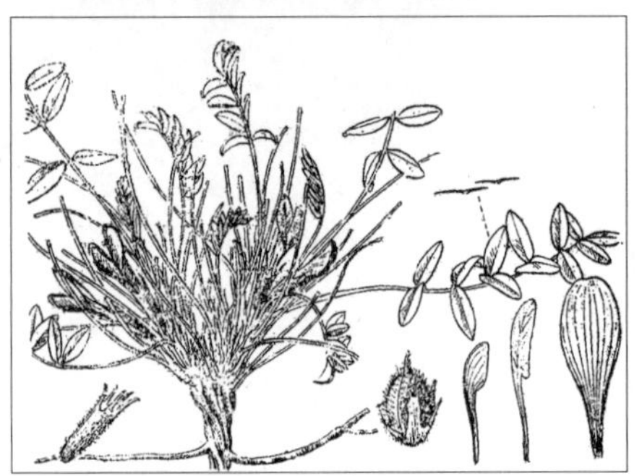

果期 6 ～ 7 月。

旱生草本。生于荒漠草原带的砾质沙地。产东阿拉善（乌拉特后旗、阿拉善左旗）。分布于我国甘肃、宁夏，蒙古国西部和南部及东南部。为东戈壁—阿拉善分布种。

43. 乳白花黄芪（河套盐生黄芪、科布尔黄芪、宁夏黄芪）

Astragalus galactites Pall. in Sp. Astrag. 85. t.69. 1802; Fl. Intramongol. ed. 2, 3:287. t.112. f.1-6. 1989.——*A. salsugineus* Kar. et Kir. var. *hetaoensis* H. C. Fu in Fl. Intramongol. ed. 2, 3:293, 672. t.114. f.1-5. 1989.——*A. grubovii* Sancz. var. *angustifolius* H. C. Fu in Fl. Intramongol. ed. 2, 3:289, 671. t.112. f.13. 1989.——*A. koburensis* Bunge in Gen. Astrag. Sp. Geront. 1:116., 2:196. 1869; Pl. Centr. 8B:131. 2000. ——*A. ningxiaensis* Podlech et. L. R. Xu in Novon 17:247. 2007; Fl. China 10:436. 2010.

多年生草本，高 5 ～ 10cm。具短缩而分枝的地下茎，地上部分无茎或具极短的茎。单数羽状复叶，具小叶 9 ～ 21；托叶下部与叶柄合生，离生部分卵状三角形，膜质，密被长毛；小叶矩圆形、椭圆形、披针形至条状披针形，长 5 ～ 10（～ 15）mm，宽 1. 5 ～ 3mm，先端钝或锐尖，有小凸尖，基部圆形或楔形，全缘，上面无毛或疏被丁字毛或仅靠近边缘被丁字毛，下面密被白色平伏的丁字毛。花序近无梗；通常每叶腋具花 2 朵，密集于叶丛基部；苞片披针形至条状披针形，长 5 ～ 9mm，被白色长柔毛；花萼筒状钟形，长 8 ～ 13mm，萼齿披针状条形或近锥形，为萼筒的 1/2 长至近等长，密被开展的白色长柔毛。花白色或稍带黄色；旗瓣菱状矩圆形，长 20 ～ 30mm，顶端微凹，中部稍缢缩，中下部渐狭成爪，两侧呈耳状；翼瓣长 18 ～ 26mm，龙骨瓣长 17 ～ 20mm，翼瓣及龙骨瓣均具细长爪。子房有毛，花柱细长。荚果小，卵形，长 4 ～ 5mm，先端具喙，通常包于萼内，幼果密被白毛，以后毛较少，1 室，通常含 2 粒种子。花期 5 ～ 6 月，果期 6 ～ 8 月。

旱生草本。草原区广泛分布的植物种，也进入荒漠草原群落中。春季在草原群落中可形成明显的开花季相，喜生于砾石质和沙砾质土壤，尤其在放牧退化的草场上大量繁生。产呼伦贝尔（新巴尔虎左旗、新巴尔虎右旗、海拉尔区、满洲里市）、兴安南部和科尔沁（扎赉特旗、科尔沁右翼前旗、科尔沁右翼中旗、乌兰浩特市、阿鲁科尔沁旗、巴林左旗、巴林右旗、克什克腾旗）、辽河平原（科尔沁左翼后旗）、赤峰丘陵（红

山区、松山区、翁牛特旗）、锡林郭勒（西乌珠穆沁旗、锡林浩特市、正蓝旗、镶黄旗、苏尼特左旗、苏尼特右旗）、乌兰察布（四子王旗、达尔罕茂明安联合旗、乌拉特中旗）、阴山（大青山）、阴南平原（包头市九原区）、阴南丘陵（准格尔旗）、鄂尔多斯（东胜区、乌审旗、鄂托克旗）、东阿拉善（乌拉特后旗）。分布于我国黑龙江西南部、吉林西部、辽宁西北部、河北北部、山西北部、陕西北部、宁夏北部、甘肃中部、青海东北部，蒙古国、俄罗斯（达乌里地区）。为黄土—蒙古分布种。

为中等饲用植物。绵羊、山羊春季喜食其花和嫩叶，花后采食其叶；马春夏季均喜食。据锡林郭勒盟访问资料，牧民认为羊吃花后便稀粪，多食易发生中毒现象，尚待研究。

44. 卵果黄芪（新巴黄芪、拟糙叶黄芪、格尔乌苏黄芪、鄂托克黄芪、盐生黄芪）

Astragalus grubovii Sancz. in Bot. Zhurn. Moscow et Leningrad 59(3):367. 1974; Pl. As. Centr. 8b:126. 2000; Fl. China 10:434. 2010; Fl. Intramongol. ed. 2, 3:289. t.112. f.7-12. 1989.——*A. hsinbaticus* P. Y. Fu et Y. A. Chen in Fl. Pl. Herb. China Bor.-Orient. 5:103,175. t.46. f.1-8. 1976; Fl. China 10:434. 2010.——*A. pseudoscaberrimus* Wang et Tang ex S. B. Ho in Bull. Bot. Res. Harbin 3(1):57. 1983; Pl. As. Cnetr. 8b:128. 2000; Fl. China 10:438. 2010.——*A. geerwusuensis* H. C. Fu in Fl. Intramongol. ed. 2, 3:285,671. t.111. f.1-6., 1989; Pl. As. Centr. 8b:125. 2000; Fl. China 10:433. 2010.——*A. ordosicus* H. C. Fu in Fl. Intramongol. ed. 2, 3:290, 671. t.113. f.1-7. 1989.——*A. long-ranii* Podl. in Novon 14:225. 2004; Fl. China 10:435. 2010.——*A. salsugineus* Kar. et Kir. in Bull. Soc. Nat. Mosc. 15:941. 1842; Pl. As. Centr. 8b:127. 2000.——*A. salsugineus* Kar. et Kir. var. *multijugus* S. B. Ho in Bull. Bot. Res. 3(1):52. f.7. 1983; Fl. Intramongol. ed. 2, 3:293. 1989.——*A. scabrisetus* auct. non Bong.: Key Vasc. Pl. Inn. Mongol. 134. 2014.——*A. scabrisetus* Bong. var. *multijugus* Hand.-Mazz. in Oesterr. Bot. Zeitschr. 88: 303. 1939.

多年生草本，高 5 ～ 20cm。全株灰绿色，密被开展的丁字毛。无地上茎或有多数短缩存在于地表的或埋入表土层的地下茎。叶与花密集于地表呈丛生状。根粗壮，直伸，黄褐色或褐色，木质。单数羽状复叶，长 4 ～ 20cm，具小叶 9 ～ 29；托叶披针形，长 7 ～ 15mm，膜质，长渐尖，基部与叶柄连合，外面密被长柔毛；小叶椭圆形

或倒卵形，长（3～）5～10（～15）mm，宽（2～）3～8mm，先端圆钝或钝尖，基部楔形或近圆形，两面密被开展的丁字毛。花序近无梗；通常每叶腋具5～8朵花，密集于叶丛的基部；苞片披针形，长3～6mm，膜质，先端渐尖，外面被开展的白毛；花萼筒形，长10～15mm，密被半开展的白色长柔毛，萼齿条形，通常长5～6mm。花淡黄色；旗瓣矩圆状倒卵形，长17～24mm，宽6～9mm，先端圆形或微凹，中部稍缢缩，基部具短爪；翼瓣长16～20mm，瓣片条状矩圆形，顶端全缘或微凹，基部具长爪及耳；龙骨瓣长14～17mm，瓣片矩圆状倒卵形，先端钝，爪较瓣片长约2倍。子房密被白色长柔毛。荚果无柄，矩圆状卵形，长10～15mm，稍膨胀，喙长（2～）3～6mm，密被白色长柔毛，2室。花期5～6月，果期6～7月。

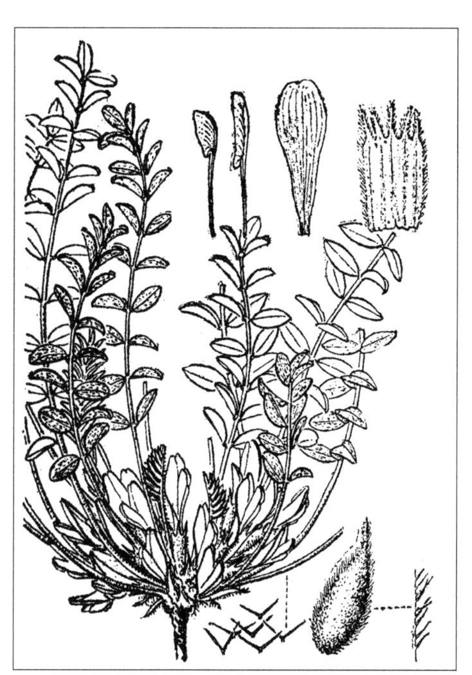

旱生草本。生于草原带和荒漠带的砾质或沙砾质地、干河谷、山麓、湖盆边缘、覆沙戈壁或沙质草原。产呼伦贝尔（新巴尔虎右旗）、锡林郭勒（苏尼特左旗、苏尼特右旗）、乌兰察布（达尔罕茂明安联合旗）、鄂尔多斯（乌审旗、鄂托克旗）、东阿拉善（阿拉善左旗、磴口县、乌海市、乌拉特中旗）、西阿拉善（阿拉善右旗）。分布于我国宁夏、甘肃（河西走廊），蒙古国南半部。为戈壁—蒙古分布种。

本种花通常白色，干后变淡黄色，有时粉红色。

45. 荒漠黄芪

Astragalus alaschanensis H. C. Fu in Fl. Intramongol. 3:288. 1977 ——*A. dengkouensis* H. C. Fu Fl. Intramongol. ed. 2, 3: 290. t.114. f.6-11. 1989.

多年生草本，高 15 ～ 25cm。全株密被开展的丁字毛，茎及叶柄基部被毛极密，呈毡毛状。根粗壮，直伸，褐色。具多数短缩的地上茎，形成密丛。单数羽状复叶，具小叶 11 ～ 25；托叶披针形或卵状披针形，长 5 ～ 10mm，基部与叶柄连合，外面密被白色长毛；小叶宽椭圆形、宽倒卵形或近圆形，长 5 ～ 15mm，宽 3 ～ 7mm，先端圆形或钝，基部圆形或近宽楔形，全缘，两面密被开展的丁字毛。短总状花序，腋生，具花 10 余朵，多数花序密集于叶丛的基部，类似根

生；总花梗长 2 ～ 4cm，密被白色长毛；花梗长达 5mm；苞片条状披针形或条形，渐尖，长 10 ～ 15mm，被开展的长毛；小苞片 2，狭条形，长 2 ～ 3mm；花萼筒状，长 15 ～ 18mm，密被开展的白色长毛，萼齿条形，长 5 ～ 9mm。花紫红色，长 18 ～ 22mm；旗瓣矩圆形或匙形，长 20 ～ 22mm，先端圆形或微凹，中部稍缢缩，基部渐狭成爪；翼瓣比旗瓣稍短，比龙骨瓣稍长。子房狭矩圆形，有毛，花柱细长。荚果近无柄，卵形或矩圆状卵形，稍膨胀，顶端渐尖，基部圆形，密被白色长硬毛，长 10 ～ 15mm（连喙），喙长 3 ～ 5mm，2 室；种子肾形或椭圆形，长约 2mm，橘黄色。

旱生植物。多生于荒漠或荒漠草原带的平坦沙地、半固定沙地。产东阿拉善（阿拉善左旗北部、阿拉善右旗东北部）。为东阿拉善北部分布种。

46. 乌兰察布黄芪（细叶卵果黄芪）

Astragalus wulanchabuensis L. Q. Zhao et Z. Y. Zhao comb. nov., not Lam. (1783)——*A. grubovii* Sancz. var. *angustifolia* H. C. Fu in Fl. Intramongol. ed. 2, 3:289. t.112. f.13. 1989.

多年生草本，高 5 ～ 15cm。全株灰绿色，密被开展的丁字毛。根粗壮，直伸，黄褐色或褐

色，木质。无地上茎。叶与花密集于地表呈丛生状。单数羽状复叶，长 4 ～ 15cm，具小叶 9 ～ 17；托叶披针形，长 7 ～ 15mm，膜质，长渐尖，基部与叶柄连合，外面密被长柔毛；小叶狭披针形或披针形，长 6 ～ 10mm，宽 1 ～ 2mm，两端尖，两面密被开展的丁字毛。花序近无梗；通常每叶腋具 3 ～ 5 朵花，密集于叶丛的基部；苞片条状披针形，长 8 ～ 10mm，膜质，先端渐尖，外面被开展的白毛；花萼筒形，长 10 ～ 15mm，密被半开展的白色长柔毛，萼齿条形，通常长 3 ～ 5mm。花淡黄色；旗瓣矩圆状倒卵形，长 17 ～ 24mm，宽 6 ～ 9mm，先端圆形或微凹，中部稍缢缩，基部具短爪；翼瓣长 16 ～ 20mm，瓣片条状矩圆形，顶端全缘或微凹，基部具长爪及耳；龙骨瓣长 14 ～ 17mm，瓣片矩圆状倒卵形，先端钝，爪较瓣片长约 2 倍。子房密被白色长柔毛。荚果无柄，圆球形，长 10 ～ 15mm，稍膨胀，喙不明显，密被白色长柔毛，2 室。花期 5 ～ 6 月，果期 6 ～ 7 月。

旱生草本。生于荒漠草原带的沙质地。产乌兰察布（苏尼特右旗、达尔罕茂明安联合旗）。分布于蒙古国（东戈壁地区）。为乌兰察布分布种。

47. 乌拉山黄芪（中宁黄芪）

Astragalus ochrias Bunge in Bull. Acad. Imp. Sci. St.-Petersb. 24(1):33. 1877; Pl. As. Centr. 8b:145. t.8. f.1. 2000; Fl. China 10:451. 2010.

多年生草本，高 5 ～ 15cm。具短缩而分枝的地下茎，地上部分无茎。叶基生，形成较大的密丛，被白色平伏丁字毛，呈灰绿色。单数羽状复叶，具小叶 9 ～ 19；托叶卵形，长 6 ～ 8mm，

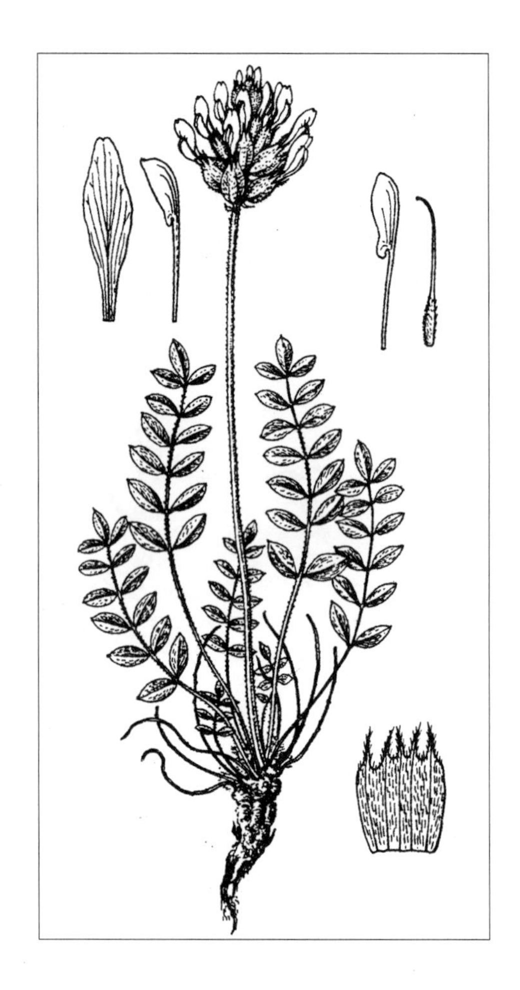

基部与叶柄离生，密被白色丁字毛；叶长 3 ～ 5cm；叶柄与叶轴等长或近等长；小叶矩圆形或椭圆形，长 5 ～ 10mm，宽 3 ～ 5mm，先端锐尖或钝，基部宽楔形，两面密被平伏的白色丁字毛。总花梗粗壮，较叶长 1 ～ 2 倍，长 10 ～ 25cm，平卧或斜卧，被白色毛；短总状花序圆头形或卵圆形，长 2 ～ 4cm，花密集；苞片条状披针形，长 2 ～ 3mm，被白色或黑色毛；花萼筒形，长约 12mm，果时膨胀，呈卵形，长 11 ～ 15mm，密被开展的白色长柔毛，萼齿丝状条形，长 2 ～ 4mm，常密被黑色毛。花冠蓝紫色、紫红色，有时黄色，但具红色红晕；旗瓣长 17 ～ 20mm，瓣片矩圆状倒披针形，先端微凹，下部渐狭；翼瓣长 16 ～ 18mm，瓣片矩圆形，爪较瓣片长；龙骨瓣与翼瓣近等长，瓣片近矩圆形，爪较之长，两者均具耳。荚果矩圆形，长 7 ～ 8mm，宽 3 ～ 4mm，1 室，无柄，密被开展的长柔毛。花期 5 ～ 6 月，果期 6 ～ 7 月。

旱生草本。生于荒漠带和荒漠草原带的山地砾石质山坡或沙地。产阴山西部（乌拉山）、东阿拉善（桌子山）、贺兰山。分布于我国宁夏、青海，蒙古国（东戈壁、西戈壁、阿拉善戈壁）。为戈壁—蒙古分布种。

48. 戈壁阿尔泰黄芪（小花兔黄芪）

Astragalus gobi-altaicus Ulzij. in Bull. Soc. Nat. Mosc. Ser. biol. 95. 2:83. 1990; Pl. As. Centr. 8b:146. 2000.——*A. laguroides* Pall. var. *micranthus* S. B. Ho in Bull. Bot. Res. 3(4):57. t.5. f.1-9. 1983; Fl. Intramongol. ed. 2, 3:295. t.115. f.6-10. 1989.——*A. novissimus* Rodl. et L. R. Xu in Novon 14:223. 2004; Fl. China 10:451. 2010.

多年生草本，高 5 ～ 10cm。茎短缩。单数羽状复叶，具小叶 5 ～ 15；托叶卵状披针形，渐尖，长 6 ～ 7mm，基部与叶柄连合，密被平伏的白色硬毛；小叶椭圆形、宽椭圆形或披针形，长 5 ～ 12mm，宽 3 ～ 7mm，先端锐尖，基部宽楔形，两面密被平伏的丁字毛，呈灰绿色。总花梗较叶长或与之等长，密被平伏的白色丁字毛；短总状花序，花密集呈头状，长 2 ～ 3cm；苞片条形，长约 5mm，疏被丁字毛；花萼筒状，长 11 ～ 14mm，结果时膨胀为卵形，密被开展的白色硬毛，萼齿钻状，长 3 ～ 4mm。花冠紫红色；旗瓣长

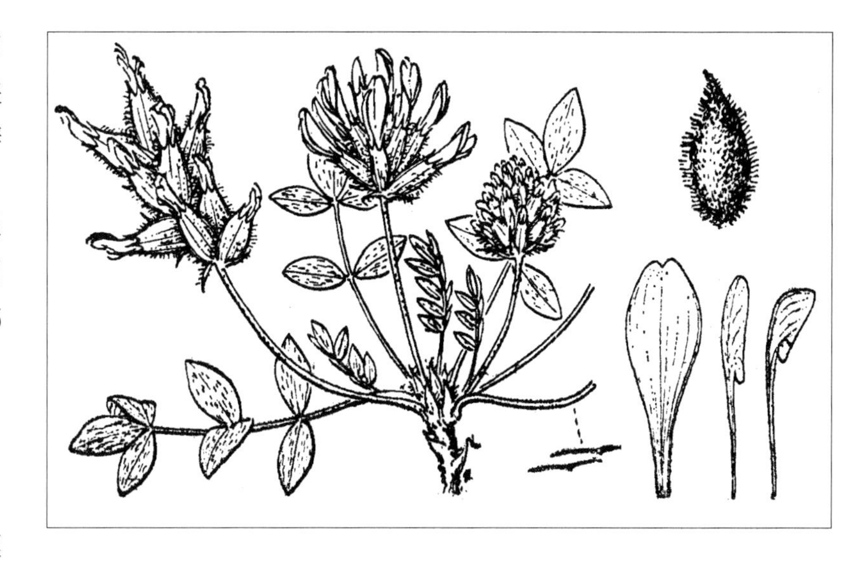

达 16mm，瓣片矩圆状倒卵形，顶端微凹，下部渐狭成爪；翼瓣长约 15mm，瓣片矩圆形，基部具耳及爪，爪较瓣片稍长；龙骨瓣较翼瓣稍短，瓣片矩圆状椭圆形，顶端钝，爪较瓣片长 1.5 倍。子房椭圆形，近无柄。荚果矩圆形，长 7 ～ 8mm，被开展的白色硬毛，1 室。花期 5 ～ 6 月。

旱生草本。生于荒漠带的沙质地。产东阿拉善（乌拉特后旗巴干毛塔苏木）。分布于蒙古国（戈壁阿尔泰地区）。为戈壁阿尔泰—东阿拉善分布种。

49. 包头黄芪

Astragalus baotouensis H. C. Fu in Fl. Intramongol. ed. 2, 3: 670. t.116. f.1-7. 1989.

多年生草本，高 15 ～ 30cm。根粗壮，黄褐色，木质化，颈部多分枝。茎短缩，形成密丛。单数羽状复叶，具小叶 5 ～ 11；托叶狭三角形，长 10 ～ 17mm，先端渐尖，分离，外面密被平伏的丁字毛；叶柄长 5 ～ 15cm；小叶椭圆形、长椭圆形、矩圆形或倒披针形，长 10 ～ 30（～ 35）mm，宽 3 ～ 12mm，先端锐尖，基部宽楔形或楔形，两面被平伏的丁字毛。总花梗粗壮，与叶近等长或较叶短，被白色或黑色平伏的丁字毛；总状花序宽卵形或矩圆形，长 3 ～ 7cm，宽 3 ～ 3.5cm；苞片披针形，长 6 ～ 9mm，膜质，有白色缘毛；萼筒管状，长约 10mm，果期膨胀，呈宽卵形或宽椭圆形，长 12 ～ 15mm，萼齿条状披针形，长 5 ～ 6mm，密被开展的白色长柔毛，有时混生黑色毛。花多数，紧密，淡黄色；旗瓣长 20 ～ 22mm，瓣片圆状倒卵形，先端微凹，中部渐狭成爪；翼瓣长约 20mm，瓣片矩圆形，长 8 ～ 10mm，爪长 10 ～ 12mm，具耳；龙骨瓣长约 18mm，瓣片椭圆状矩圆形，爪与瓣片近等长或较之稍长，具短耳。子房密被短柔毛。荚果不详。

中旱生草本。生于草原带的石质山坡。产乌兰察布（白云鄂博矿区、乌拉特后旗东部）。为乌兰察布分布种。

本种与酒花黄芪（拟）*Astragalus lupulinus* Pall. 近似，但后者托叶为狭三角形，长10～17mm；具小叶2～5对，长10～30（～35）mm；总花梗粗壮；苞片披针形；萼齿条状披针形，长5～6mm；旗瓣的瓣片矩圆状倒卵形，中下部不缢缩，可以与本种区别。

50. 胀萼黄芪

Astragalus ellipsoideus Ledeb. in Fl. Alt. 3:319. 1831; Fl. Intramongol. ed. 2, 3:297. t.117. f.6-10. 1989.——*A. dilutus* auct. non Bunge: Fl. Intramongol. ed. 2, 3:293. t.115. f.1-5. 1989.

多年生草本，高10～30cm。根粗壮，褐色或黄褐色。近无茎。单数羽状复叶，具小叶9～17；托叶卵形，长5～8mm，基部与叶柄连合，密被白色丁字毛；叶柄与叶轴等长或约为其1.5倍；

小叶椭圆形或倒卵形，长5～15mm，宽3～5mm，先端锐尖或钝，基部宽楔形，两面密被平伏的白色丁字毛。总花梗与叶近等长或稍长，被平伏的白色丁字毛；短总状花序卵形、近球形或圆筒形，长3～6cm；苞片条状披针形，长2～3mm，被白色毛，有时被黑色缘毛；花萼筒形，长约10mm，结果时膨胀，长12～16mm，萼齿条状锥形，长4～5mm，被白色与黑色长柔毛。花密集，黄色；旗瓣长20～27mm，瓣片矩圆状倒披针形，先端微凹或圆，中部渐窄，爪长为瓣片的1/3～1/2；翼瓣比旗瓣稍短，瓣片条状矩圆形，为爪长的2/3；龙骨瓣长15～18mm，爪长于瓣片。荚果卵状矩圆形，长12～15mm，宽约4mm，短渐尖，包于萼筒内，革质，2室，密被开展的白色丁字毛。花期5月，果期6月。

旱生草本。生于荒漠草原带和荒漠带的砾石质山坡、山前沙砾质地、石质残丘坡地浅洼径流线处。产东阿拉善（乌拉特中旗、乌拉特后旗、狼山、桌子山）、贺兰山、龙首山。分布于我国宁夏、甘肃（河西走廊）、青海（柴达木盆地）、新疆北部，蒙古国西南部（准噶尔戈壁）、俄罗斯（阿尔泰地区）、哈萨克斯坦（近巴尔哈斯台山、准噶尔—塔尔巴哈斯台）。为戈壁分布种。

51. 库尔楚黄芪

Astragalus kurtschumensis Bunge in Mem. Acad. Imp. Sci. St.-Petersb. Ser. 7, 11(16):139. 1868; Fl. Intramongol. ed. 2, 3:299. t.115. f.11-15. 1989.

多年生草本，高约 5cm。全株除苞片与花萼外，均被白色或灰色平伏或开展的丁字毛，呈灰绿色。根褐色，辫状扭曲。具短缩而分枝的地下茎，地上部分无茎或茎短缩。叶基生，与花葶形成密丛。单数羽状复叶，长 3 ～ 5cm，具小叶 9 ～ 25；托叶宽卵形，长 4 ～ 5mm，上端披

针形，渐尖，下部与叶柄连合，密被白色平伏的丁字毛；叶柄与叶轴近等长；小叶椭圆形，长 3 ～ 5mm，宽 2 ～ 3mm，先端钝或尖，基部宽楔形，两面密被平伏的丁字毛。总花梗与叶等长或较叶长，密被白色平伏或稍开展的丁字毛，上端混生黑色丁字毛；短总状花序近球形；苞片披针形，长 3 ～ 5mm，被白色或黑色毛；花萼筒形，长 10 ～ 12mm，果时膨胀，呈宽卵形，长 13 ～ 14mm，疏被或密被平伏或稍开展的黑色和白色丁字毛，萼齿丝状条形，长 3 ～ 4mm。花密集，淡黄色；旗瓣长 18 ～ 24mm，瓣片矩圆状倒卵形，先端微凹，下部渐狭；翼瓣长 16 ～ 20mm，瓣片矩圆形，先端微凹，爪长约为瓣片的 2 倍；龙骨瓣长 13 ～ 18mm，瓣片近椭圆形，爪较之长约 2 倍，两者均具耳。荚果椭圆形，长 11 ～ 13mm，宽约 2mm，2 室，果柄长 1 ～ 1.5mm，疏被长柔毛。花期 6 月。

旱生草本。生于荒漠带的砾石质山坡、山前沙砾质地。产东阿拉善（乌拉特中旗）、贺兰山。分布于我国宁夏、新疆，蒙古国西部、俄罗斯（阿尔泰地区南部）、哈萨克斯坦。为戈壁分布种。

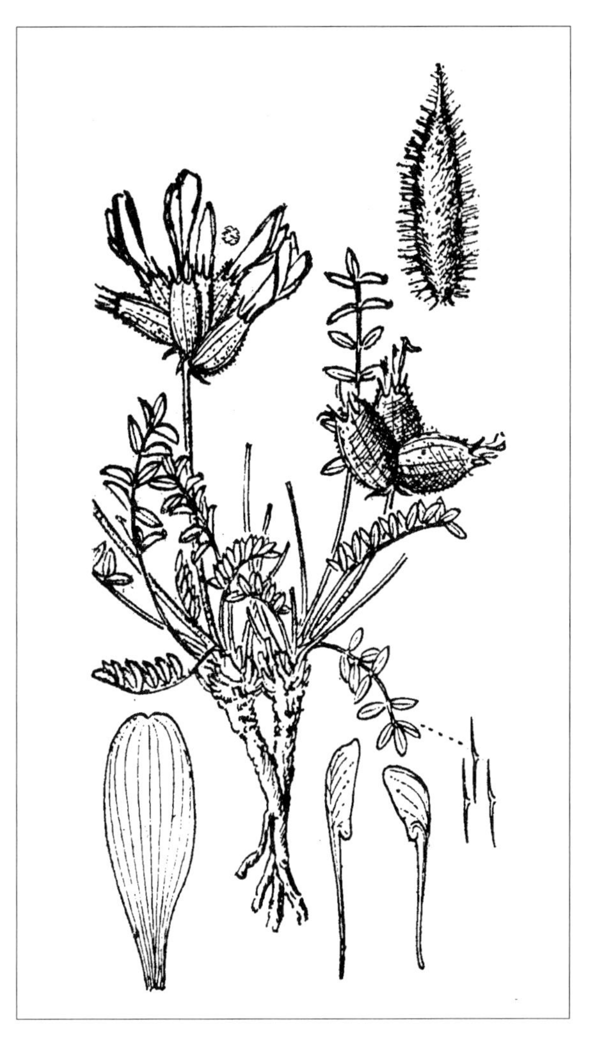

52. 阿卡尔黄芪（边塞黄芪、草原黄芪）

Astragalus arkalycensis Bunge in Mem. Acad. Imp. Sci. St.-Petersb. Ser. 7, 11(16):139. 1868; Fl. Intramongol. ed. 2, 3:297. t.117. f.1-5. 1989.

多年生草本，高 5 ～ 15cm。具短缩而分枝的地下茎，地上部分无茎。叶基生，形成密丛，被白色平伏丁字毛，呈灰绿色。单数羽状复叶，叶长 3 ～ 5cm，具小叶（11 ～）15 ～ 23（～ 29）；托叶卵形，长 6 ～ 8mm，先端渐尖，基部与叶柄连合，密被白色丁字毛；叶柄与叶轴等长或近等长；小叶矩圆状椭圆形或矩圆状倒卵形，长 3 ～ 5mm，宽 1.5 ～ 3mm，先端锐尖或钝，基部

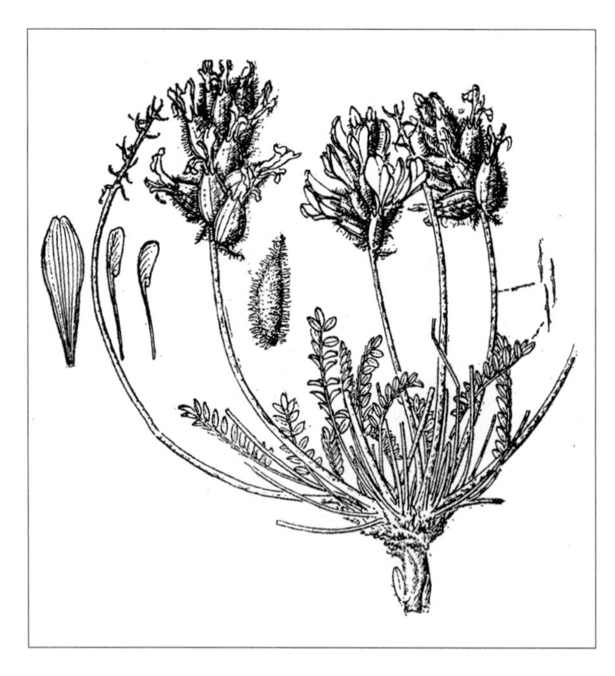

宽楔形，两面密被平伏的白色丁字毛。总花梗较叶长 1.5 ～ 2 倍，被平伏的白色丁字毛；短总状花序球形或卵状球形，长 3 ～ 4cm；苞片条状披针形，长 4 ～ 5mm，被白色或黑色毛；花萼筒形，长约 10mm，果时膨胀，呈卵形，长 13 ～ 15mm，密被开展的白色长柔毛，萼齿丝状条形，长 2 ～ 3mm，密被白色或黑色毛。花密集，黄色；旗瓣长 18 ～ 22mm，瓣片矩圆状倒披针形，先端微凹，下部渐狭；翼瓣长 17 ～ 20mm，瓣片矩圆形，先端微凹，爪较瓣片长约 2 倍；龙骨瓣长 16 ～ 19mm，瓣片近矩圆形，爪较之长约 2 倍，两者均具耳。荚果矩圆形，长 9 ～ 12mm，宽 3 ～ 4mm，革质，2 室，无柄，密被开展的长柔毛。花期 5 ～ 6 月。

旱生草本。生于荒漠带的砾石质山坡。产东阿拉善（乌拉特后旗）、贺兰山。分布于我国宁夏北部、甘肃、新疆北部，蒙古国西部、俄罗斯（阿尔泰阿尔卡累克山、萨彦）、哈萨克斯坦（近巴尔哈斯台山）。为戈壁分布种。

（8）鹰嘴豆族 Cicereae

17. 鹰嘴豆属 Cicer L.

一年生或多年生草本。单数羽状复叶或双数羽状复叶，在叶轴末端有小刺或有不发达的卷须，小叶边缘有锯齿或牙齿；托叶大，通常有齿。花小，白色或带紫色，单生或数朵腋生；花萼筒偏斜或正直，萼齿披针形；旗瓣宽大，翼瓣分离；雄蕊 10，呈 9 与 1 两体；子房无柄，具胚珠 2 至多数，花柱内弯，无毛。荚果短，膨胀；种子大。

内蒙古有 1 栽培种。

1. 鹰嘴豆（桃豆、鸡豆）

Cicer arietinum L., Sp. Pl. 2:738. 1753; Fl. Intramongol. ed. 2, 3:362. t.140. f.6-9.1989.

一年生草本，高 20 ～ 50cm。多分枝，枝稍呈“之”字形屈曲，具纵条棱，有白色腺毛。单数羽状复叶，具小叶 9 ～ 15；托叶大，具 3 ～ 5 个不整齐的锯齿，有白色腺毛；叶轴密被白色腺毛；小叶对生或互生，卵形、倒卵形或椭圆形，长 5 ～ 15mm，宽 3 ～ 8mm，先端锐尖或钝圆，基部圆形或宽楔形，两侧边缘 2/3 以上有锯齿，1/3 以下为全缘，两面均被白色腺毛，叶脉明显。花单生于叶腋；花梗长 1 ～ 2cm，密被腺毛；花萼浅钟形，长约 1cm，密被白色腺毛，萼齿披针形，渐尖，长约 6mm。花白色或淡紫色，长 8 ～ 10mm；旗瓣宽卵形，顶端钝；翼瓣与龙骨瓣近等长，而均较旗瓣短，翼瓣倒卵状矩圆形，基部具短爪及耳；龙骨瓣顶端尖，耳圆形，爪短。子房有毛。荚果矩圆状卵形，膨胀，淡黄色，下垂，长 18 ～ 25mm，宽约 12mm，顶端具短喙，密被白色腺毛，含种子 1 ～ 2 粒；种子卵形，直径 7 ～ 9mm，有皱纹，基部具细尖，白色、红色或黑色。花期 6 ～ 7 月，果期 8 月。

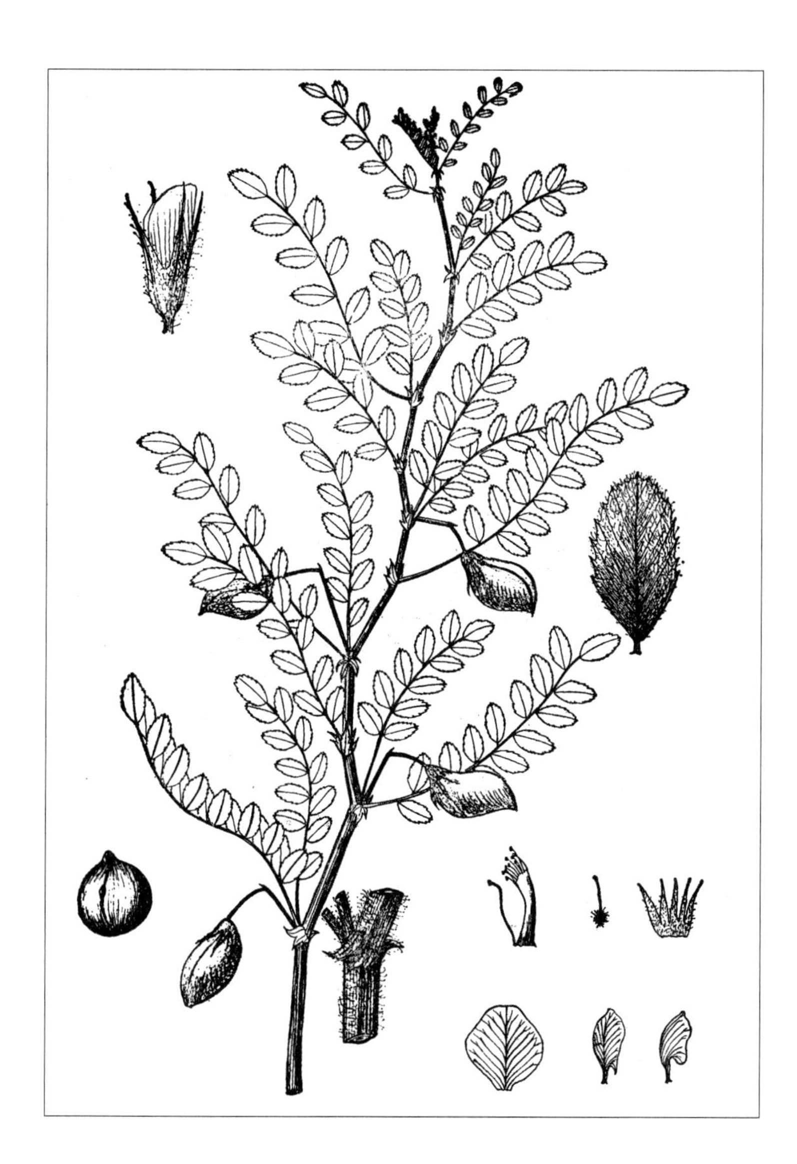

中生草本。原产地不明。我国及世界各地均有栽培，内蒙古西部亦有栽培。

种子可食用，炒熟做干果，酥脆味美。

（9）锦鸡儿族 Caraganeae

18. 盐豆木属 **Halimodendron** Fisch. ex DC.

属的特征同种。单种属。

1. 盐豆木（铃铛刺）

Halimodendron halodendron (Pall.) Druce in Rep. Bot. Soc. Exch. Club Brit. Isles 4:626. 1917; Fl. Intramongol. ed. 2, 3:213. t.84. f.6-9. 1989.——*Robinia halodendron* Pall. in Reis. Russ. Reich. 2:741. 1773.

灌木，高 100 ～ 300cm。老枝灰褐色。双数羽状复叶，具小叶 2 ～ 6；托叶针刺状；叶轴硬

化成刺，长 1.5 ～ 5cm，宿存；小叶倒披针形，长 1 ～ 2cm，宽 3 ～ 7mm，先端钝圆或微凹，具小尖头，基部楔形，两面无毛至密被毛；小叶柄甚短。总花梗长 1.5 ～ 4cm；总状花序具花 2 ～ 4 朵；花梗长约 4mm；苞片 2；小苞片 1 ～ 2，长均小于 1mm；萼筒钟形，被短柔毛，萼齿 5，宽三角形。花冠淡紫色；旗瓣宽卵形或近圆形，长宽约 15mm，先端微凹，基部具短爪；翼瓣矩圆形，与旗瓣近等长，爪长为瓣片的 1/4，耳与爪近等长；龙骨瓣长约 13mm，爪长约为瓣片的 1/2。子房无毛，具柄。荚果矩圆状倒卵形，革质，膨胀，长 1.5 ～ 2.5cm，宽 8 ～ 12mm，果柄长为萼筒的 2 倍，沿背缝线和腹缝线凹入；种子多数，肾形。花期 5 ～ 7 月，果期 6 ～ 8 月。

旱生灌木。生于荒漠盐化沙地或河流沿岸。产东阿拉善（腾格里沙漠）、西阿拉善（巴丹吉林沙漠）。分布于我国甘肃（河西走廊）、新疆，蒙古国西部和西南部、俄罗斯（西伯利亚地区），中亚，高加索地区。为古地中海分布种。

可做绿化及固沙用。骆驼和羊在秋冬采食小叶及果。

19. 锦鸡儿属 Caragana Fabr.

落叶灌木。叶常簇生或互生，双数羽状复叶或假掌状复叶，具小叶 4 ～ 20，全缘；叶轴脱落或宿存并硬化成针刺；托叶小，脱落或宿存而硬化成针刺。花单生；花梗有关节；萼筒状或钟状，基部偏斜，稍呈浅囊状或呈囊状凸起，萼齿 5，大小相等。花冠黄色，少红紫色或带红色；旗瓣直立，向外反卷；翼瓣及龙骨瓣有长爪及短耳。雄蕊 10，两体；子房近于无柄，具胚珠多数。荚果圆筒形或披针形，膨胀或扁平，顶端尖；种子偏斜，椭圆形或球形。

内蒙古有 15 种。

分种检索表

1a. 叶轴全部脱落（**1. 落轴亚属** Subgen. **Caragana**）；小叶多对，羽状排列（**1. 锦鸡儿组** Sect. **Caragana**）。

2a. 子房和荚果基部无柄。

3a. 翼耳短条形，长为爪的 1/3；花萼钟状，长宽近相等，萼齿短钝；托叶刺细弱，脱落；小叶较大，通常在 10mm 以上……………………………………………………**1. 树锦鸡儿 C. arborescens**

3b. 翼耳短小，齿状，长为爪的 1/5；花萼钟形或管状钟形，长显著大于宽，萼齿尖锐；托叶刺宿存；叶较小，通常在 10mm 以下。

4a. 旗瓣近圆形；小叶倒卵形或倒卵状矩圆形，先端钝、平截、微凹或稍尖；树皮灰黄色、灰褐色或黄色，无光泽；一般灌木，枝条扩展，植株高达 1.5m；荚果细长，长为宽的 4 ～ 10 倍……………………………………………………**2. 小叶锦鸡儿 C. microphylla**

4b. 旗瓣较宽，扁圆形；小叶条状披针形或倒披针形，先端锐尖；树皮金黄色，有光泽；高大灌木，枝条向上伸展，植株高达 5(～8)m；荚果粗短，长为宽的 1.5 ～ 4 倍………………………………………………………………………**3. 柠条锦鸡儿 C. korshinskii**

2b. 子房和荚果基部显著具柄；翼耳短条形，长为爪的 1/3；小叶近圆形、倒卵形或椭圆形，先端圆形……………………………………………………………**4. 秦晋锦鸡儿 C. purdomii**

1b. 叶轴全部宿存，或仅长枝叶轴宿存而短枝叶轴脱落。

5a. 叶轴全部宿存（**2. 宿轴亚属** Subgen. **Jubatae** Y. Z. Zhao）；小叶 3 ～ 7 对，羽状排列［**2. 鬼箭组** Sect. **Jubatae** (Kom.) Y. Z. Zhao］。

6a. 荚果里面无毛，翼耳与爪近等长。

7a. 花黄色；花冠外面被长柔毛；宿存叶轴较细短，长 1.5 ～ 2cm；小叶倒卵形或矩圆形………………………………………………………………………**5. 荒漠锦鸡儿 C. roborovskyi**

7b. 花玫红色、粉红色或粉白色；花冠无毛；宿存叶轴较粗长，长 5 ～ 7cm；小叶长椭圆形或条状长椭圆形……………………………………………………**6. 鬼箭锦鸡儿 C. jubata**

6b. 荚果里面密被柔毛；翼耳短小，齿状；小叶狭条形，两边向内卷曲呈管状………………………………………………………………………………**7. 卷叶锦鸡儿 C. ordosica**

5b. 仅长枝叶轴宿存而短枝叶轴脱落（**3. 宿落轴亚属** Subgen. **Frutescentes** Y. Z. Zhao）。

8a. 小叶在长枝叶轴上羽状着生，在短枝叶轴上密接呈假掌状，2 ～ 3 对［**3. 针刺组** Sect. **Spinosae** (Kom.) Y. Z. Zhao］；翼耳短，长约 1mm；花萼长 10 ～ 13mm；小叶倒卵状披针形………………………………………………………………………………**8. 粉刺锦鸡儿 C. pruinosa**

8b. 小叶全部假掌状着生，全部 2 对，极少 3 对［**4. 掌叶组** Sect. **Frutescentes** (Kom.) Sancz.］。

9a. 小叶宽，矩圆状倒卵形或披针状倒卵形，先端圆钝或微凹，极少急尖。

10a. 旗瓣较狭，矩圆状倒卵形；花冠黄色，带紫红色或粉红色，后期变为红色…………………………………………………………………………………………………**9. 红花锦鸡儿 C. rosea**

10b. 旗瓣较宽，宽倒卵形；花冠黄色，不变色。

11a. 花梗长 6 ～ 25mm，花冠长 20 ～ 25mm，小叶倒卵状披针形，小叶、花萼、子房和荚果无毛、疏被毛或密被毛……………………………………………………………**10. 甘蒙锦鸡儿 C. opulens**

11b. 花梗长 2 ～ 6mm，花冠长 20mm，小叶倒卵形，小叶和花萼密被毛，子房和荚果无毛…………………………………………………………………………………**11. 昆仑锦鸡儿 C. polourensis**

9b. 小叶狭条形、条状披针形、条状倒披针形、倒披针形或倒卵状披针形，先端锐尖或渐尖。

12a. 花萼长 9 ～ 11mm；花冠长 20 ～ 25mm；翼耳短小，长为爪的 1/5；小叶倒披针形；老枝树皮红褐色…………………………………………………………………………**12. 短脚锦鸡儿 C. brachypoda**

12b. 花萼长 4 ～ 9mm，花冠长 10 ～ 20mm。

13a. 翼耳短条形，长为爪的 1/4 ～ 1/3；花萼长 7 ～ 9mm，萼筒明显长大于宽；小叶狭条形，叶片多少对折；花梗中部以上具关节……………………………**13. 窄叶锦鸡儿 C. angustissima**

13b. 翼耳条形，长 2 ～ 3mm，长为爪的 2/5 ～ 2/3；花萼长 4 ～ 6mm，萼筒长与宽近相等；花梗中部以下具关节。

14a. 翼耳长为爪的 1/2 ～ 2/3；仅长枝叶轴小叶有时近羽状着生，狭倒卵形或倒卵状披针形，叶片平展，先端钝或锐尖，背面常带紫色…………**14. 白皮锦鸡儿 C. leucophloea**

14b. 翼耳长为爪的 2/5 ～ 1/2；小叶全部假掌状着生，狭条形或狭倒披针形，叶片多少对折，先端渐尖…………………………………………………**15. 狭叶锦鸡儿 C. stenophylla**

1. 树锦鸡儿（蒙古锦鸡儿、骨担草）

Caragana arborescens Lam. in Encycl. 1:615. 1785.——*C. sibirica* Medik. in Vorles. Charpfalz. Phys.-Ocon. Ges. 2:365.1787; Fl. Intramongol. ed. 2, 3:232. t.92. f.6-10. 1989.

灌木或小乔木，高 1 ～ 3m，有时可达 6 ～ 7m。树皮灰绿色，平滑而有光泽。小枝细弱，暗绿褐色，有棱，幼枝被伏柔毛。托叶三角状披针形，脱落，长枝上的托叶有时宿存并硬化成粗

壮的针刺，长达10mm；叶轴细瘦，有沟，长4～9cm，脱落；小叶8～14，羽状排列，矩圆状卵形、矩圆状倒卵形、宽椭圆形或长椭圆形，长10～25mm，宽5～12mm，先端圆，有刺尖，基部圆形或宽楔形，幼时两面均有毛，后无毛或近无毛。花1朵或偶有2朵生于一花梗上；花梗簇生或单生，长2～6cm，近上部具关节；花萼钟形，长约6mm，无毛，基部偏斜，萼齿三角形，长0.5～1mm，边缘有睫毛。花黄色，长16～19mm；旗瓣宽卵形，顶端钝，具短爪，与翼瓣及龙骨瓣近等长；翼瓣长椭圆形，爪长为瓣片的3/4，耳距状；龙骨瓣较旗瓣稍短，钝头，爪较瓣片稍短，耳三角状。子房圆筒形，无毛或被短柔毛。荚果圆筒形，稍扁，长4～6cm，宽4～7mm，无毛；种子扁椭圆形，栗褐色至紫褐色，光亮。花期5～6月，果期7～8月。

中生灌木或小乔木。生于森林带的林下、林缘。产岭东（鄂伦春自治旗大杨树镇）、燕山北部（敖汉旗大黑山）。分布于我国黑龙江东部、辽宁西北部、河北北部和西部、河南西部、山西、陕西南部、甘肃东南部、新疆北部，朝鲜北部、蒙古国西北部、哈萨克斯坦东北部、俄罗斯（西伯利亚地区、远东地区）。为西伯利亚—东亚北部分布种。

可做庭园绿化和防风固沙树种。

2. 小叶锦鸡儿（柠条、连针）

Caragana microphylla Lam. in Encycl. 1(2):615. 1785; Fl. Intramongol. ed. 2, 3:234. t.93. f.1-5. 1989. ——*C. microphylla* Lam. var. *cinerea* Kom. in Trudy Imp. St.-Petersb. Bot. Sada 29(2):348. 1908; Fl. Intramongol. ed. 2, 3:235. 1989.——*C. intermedia* Kuang et H. C. Fu in Fl. Intramongol. 3:178,287. t.90. f.1-6. 1977; Fl. Intramongol. ed. 2, 3:236. t.94. f.1-6. 1989.——*C. erenensis* Liou f. in Act. Phytotax. Sin. 22(3):210. f.1(2a-2f.). 1984.——*C. potaninii* auct. non Kom.: Fl. Intramongol. ed. 2, 3:232. t.93. f.11-15. 1989. ——*C. davazamcii* acut. non Sanc.: Fl. China 10:538. 2010.——*C. liouana* Zhao Y. Chang et Yakovl. in Fl. China 10:539. 2010. syn. nov.

灌木，高 40 ～ 70cm，最高可达 150cm。树皮灰黄色或黄白色。小枝黄白色至黄褐色，直伸或弯曲，具条棱，幼时被短柔毛。长枝上的托叶宿存硬化成针刺，长 5 ～ 8mm，常稍弯曲；叶

轴长 15 ～ 55mm，幼时被伏柔毛，后无毛，脱落；小叶 10 ～ 20，羽状排列，倒卵形或倒卵状矩圆形，近革质，绿色，长 3 ～ 10mm，宽 2 ～ 5mm，先端微凹或圆形，少近截形，有刺尖，基部近圆形或宽楔形，幼时两面密被绢状短柔毛，后仅被极疏短柔毛。花单生，长 20 ～ 25mm；花梗长 10 ～ 20mm，密被绢状短柔毛，近中部有关节；花萼钟形或管状钟形，基部偏斜，长 9 ～ 12mm，宽 5 ～ 7mm，密被短柔毛，萼齿宽三角形，长约 3mm，边缘密生短柔毛。花冠黄色；旗瓣近圆形，顶端微凹，基部有短爪；翼瓣爪长为瓣片的 1/2，耳短，圆齿状，长约为爪的 1/5；龙骨瓣顶端钝，爪约与瓣片等长，耳不明显。子房无毛或被毛。荚果圆筒形，长（3 ～）4 ～ 5cm，宽 4 ～ 6mm，深红褐色，无毛或被毛，顶端斜长渐尖。花期 5 ～ 6 月，果期 8 ～ 9 月。

广幅旱生灌木。生于草原区的高平原、平原及沙地、森林草原区的山地阳坡、黄土丘陵。在沙砾质、沙壤质或轻壤质土壤的针茅草原群落中形成灌木层片，并可成为亚优势成分。在群落外貌上十分明显，成为草原带景观植物，组成了一类独特的灌丛化草原群落。这种景观是蒙古高原上植被的一大特色。产呼伦贝尔、兴安南部、科尔沁、辽河平原、赤峰丘陵、锡林郭勒、乌兰察布、阴山、阴南平原和丘陵、鄂尔多斯、东阿拉善（阿拉善左旗）、贺兰山南部。分布于我国河北北部和西部、河南西北部、山东、江苏西北部、山西、陕西北部和东南部、宁夏北部，蒙古国东部和北部及东南部、俄罗斯（达乌里地区）。为华北—蒙古分布种。

为良好的饲用植物。绵羊、山羊及骆驼均乐意采食其嫩枝，尤其于春末喜食其花。牧民认为它的花营养价值高，有抓膘作用，能使经冬后的瘦弱家畜迅速肥壮起来。马、牛不乐意采食。全草、根、花、种子入药。花能降压，主治高血压。根能祛痰止咳，主治慢性支气管炎。全草能活血调经，主治月经不调。种子能祛风止痒、解毒，主治神经性皮炎、牛皮癣、黄水疮等症。种子入蒙药（蒙药名：乌和日 - 哈日嘎纳），能清热、消“奇哈”，主治咽喉肿痛、高血压、血热头痛、脉热。

本种随着地理和生态条件的不同，外形变化很大，如小叶的形状大小，毛的多少和有无，花的大小，花梗的长短等。

C. davazamcii Sancz. 子房具柄，与本种明显不同。该种只产蒙古国，中国没有分布。

3. 柠条锦鸡儿（柠条、白柠条、毛条）

Caragana korshinskii Kom. in Trudy Imp. St.-Petersb. Bot. Sada 29(2):351. 1908; Fl. Intramongol. ed. 2, 3:235. t.93. f.7-10. 1989.

灌木，高 150 ～ 500（～ 800）cm，树干基部直径约 3 ～ 4cm。树皮金黄色，有光泽。枝条细长，小枝灰黄色，具条棱，密被绢状柔毛。长枝上的托叶宿存并硬化成针刺，长 5 ～ 7mm，有毛；叶轴长 3 ～ 5cm，密被绢状柔毛，脱落；小叶 12 ～ 16，羽状排列，倒披针形或矩圆状倒

披针形，长 7 ～ 13mm，宽 3 ～ 6mm，先端钝或锐尖，有刺尖，基部宽楔形，两面密生绢毛。花单生，长约 25mm；花梗长 12 ～ 25mm，密被短柔毛，中部以上有关节；花萼钟状或筒状钟形，长 7 ～ 10mm，宽 5 ～ 6mm，密被短柔毛，萼齿三角形或狭三角形，长约 2mm。花冠黄色；旗瓣扁圆形或宽卵形，顶端圆，基部有短爪；翼瓣爪长为瓣片的 1/2，耳短，牙齿状；龙骨瓣矩圆形，爪约与瓣片近等长，耳极短，瓣片基部呈截形。子房密生短柔毛。荚果披针形或矩圆状披针形，略扁，革质，长 20 ～ 35mm，宽 6 ～ 7mm，深红褐色，顶端短渐尖，近无毛。花期 5 ～ 6 月，果期 6 ～ 7 月。

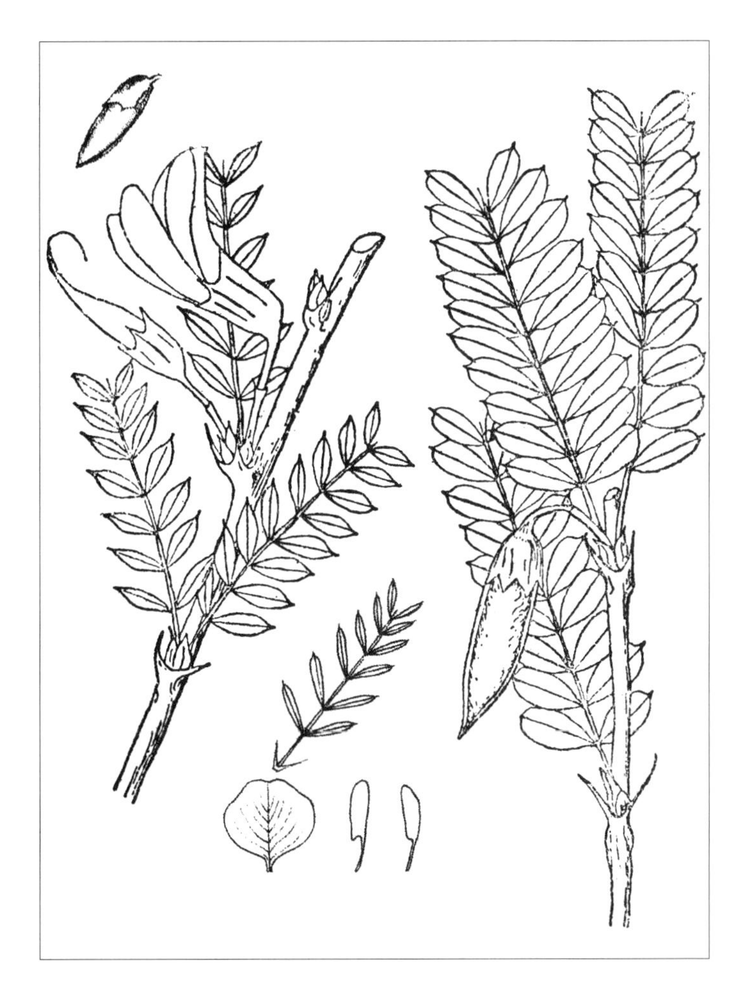

高大旱生灌木或小乔木状。散生于荒漠带和荒漠草原带的流动沙丘及半固定沙地。产东阿拉善（库布齐沙漠西段、西鄂尔多斯、乌兰布和沙漠、腾格里沙漠、乌拉特后旗）、西阿拉善（巴丹吉林沙漠北缘）。分布于我国甘肃（河西走廊东段北部）、宁夏北部，蒙古国南部。为阿拉善分布种。

为中等饲用植物。羊在春季采食其幼嫩枝叶，夏秋采食较少，秋霜后又开始喜食。马、牛采食较少。耐沙性较强，可做固沙造林树种。群众多用作农田防护植物，并能沤做绿肥。刈割后制成干草粉，可代饲料用。

4. 秦晋锦鸡儿（普氏锦鸡儿、马柠条）

Caragana purdomii Rehd. in J. Arnold. Arbor. 7:168. 1926; Fl. Intramongol. ed. 2, 3:230. t.92. f.1-5. 1989.

灌木，高 150 ～ 300cm。老枝灰绿色；嫩枝疏被伏生柔毛，后变无毛。托叶硬化成针刺，长 5 ～ 12mm，开展或反曲；叶轴长 2 ～ 4cm，脱落；小叶 10 ～ 16，羽状排列，倒卵形、椭圆

形或狭椭圆形，长 5 ～ 10mm，宽 3 ～ 7mm，先端圆形或微尖，具短刺尖，基部楔形，两面疏被柔毛，上面深绿色，下面淡绿色。花单生或 2 ～ 4 枚簇生；花梗长 10 ～ 20mm，上部具关节；苞片小，钻形；萼筒钟形，长 7 ～ 10mm，宽 5 ～ 6mm，被短柔毛或疏被长柔毛，后期近无毛，萼齿宽三角形。花冠黄色，长约 25mm；旗瓣倒卵圆形；翼瓣矩圆形，爪长约为瓣片的 2/3，耳距状；龙骨瓣矩圆形，先端钝，基部骤狭成长爪。子房具柄，先端渐尖，两端疏被柔毛，或仅基部被毛，或完全无毛。荚果狭长椭圆形，扁，长 2 ～ 3.5cm，宽 4 ～ 6mm，两端渐尖，无毛，子房柄长度长于或等于萼筒。花期 5 月，果期 7 月。

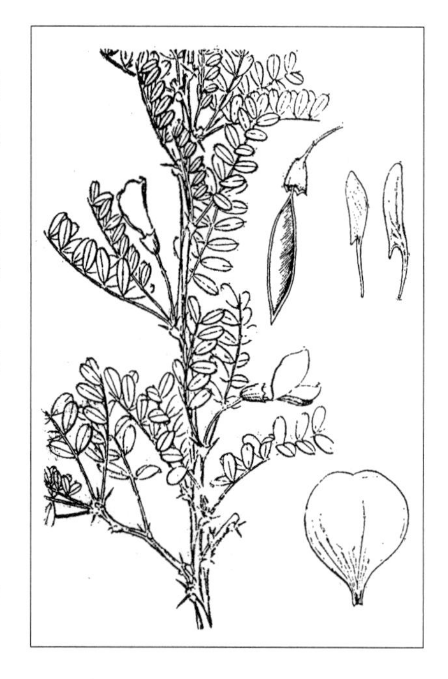

喜暖的中生灌木。生于黄土丘陵区的疏林下或灌丛中。产阴南丘陵（准格尔旗阿贵庙和神山林场）。分布于我国山西北部、陕西北部。为黄土高原分布种。

为保持水土优良植物。

5. 荒漠锦鸡儿（洛氏锦鸡儿）

Caragana roborovskyi Kom. in Trudy Imp. St.-Peterb. Bot. Sada 29(2):280. 1908; Fl. Intramongol. ed. 2, 3:230. t.91. f.7-11. 1989.

矮灌木，高 30 ～ 50cm。树皮黄褐色，略有光泽，稍呈不规则的条状剥裂。小枝黄褐色或灰褐色，具灰色条棱，嫩枝密被白色长柔毛。托叶狭三角形，长约 5mm，中肋隆起，边缘膜质，先端具刺尖，密被长柔毛；叶

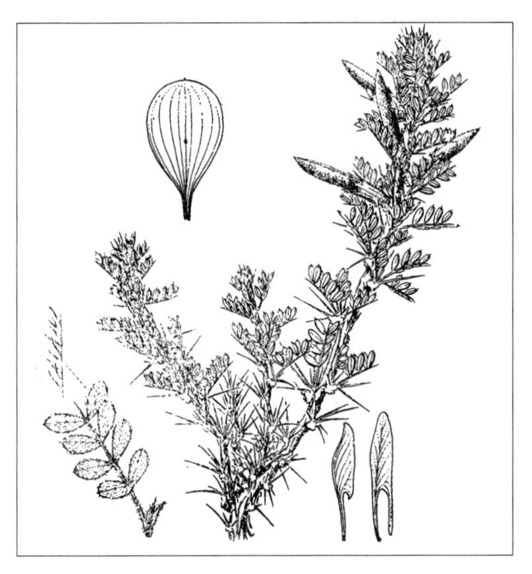

轴全部宿存并硬化成针刺，长 15 ～ 20mm，密被长柔毛；小叶 6 ～ 10，羽状排列，宽倒卵形、倒卵形或倒披针形，长 5 ～ 7mm，宽 2 ～ 5mm，先端圆形，有细尖，基部楔形，两面密被绢状长柔毛，下面叶脉明显。花单生，长约 30mm；花梗极短，长 3 ～ 5mm，密被长柔毛，在基部有关节；花萼筒状，长约 10mm，宽约 7mm，密被长柔毛，萼齿狭三角形，长约 3mm，渐尖而具刺尖。花冠黄色，全部被短柔毛；旗瓣倒宽卵形，顶端圆，稍具凸尖，基部有短爪；翼瓣长椭圆形，爪长约为瓣片的 1/2，耳条形，与爪等长；龙骨瓣顶端锐尖，向内方弯曲，爪较瓣片稍短或近等长，耳较短。子房密被柔毛。荚果圆筒形，长 25 ～ 30mm，宽约 4mm，有毛，顶端渐尖。花期 5 ～ 6 月，果期 6 ～ 7 月。

强旱生小灌木。生于荒漠带和荒漠草原带的干燥剥蚀山坡、山间谷地及干河床，并可沿干河床构成小面积呈条带状的荒漠群落。产鄂尔多斯西部、东阿拉善（阿拉善左旗）、贺兰山、龙首山。分布于我国宁夏西北部、甘肃（河西走廊）、青海东部、新疆（天山）。为南戈壁分布种。

6. 鬼箭锦鸡儿（鬼见愁）

Caragana jubata (Pall.) Poir. in Encycl. Suppl. 2(1):89. 1811; Fl. Intramongol. ed. 2, 3:225. t.89. f.1-5. 1989.——*C. jubata* (Pall.) Poir. var. *biaurita* Y. X. Liu in Act. Phytotax. Sin. 22(3): 214. 1984.——*C. jubata* (Pall.) Poir. var. *recurva* Y. X. Liu in Act. Phytotax. Sin. 22(3): 214. 1984.

多刺灌木，高 100cm 左右。茎直立或横卧，基部多分枝。树皮灰绿色、深灰色或黑色。托叶纸质，与叶柄基部连合，宿存，但不硬化成针刺；叶轴全部宿存，并硬化成针刺，细瘦，易折断，幼时密被长柔毛，长 5 ～ 7cm，深灰色；小叶 8 ～ 12，羽状排列，长椭圆形或条状长椭圆形，长 5 ～ 15mm，宽 2 ～ 5mm，先端钝或尖，具短刺尖，基部圆形，两面密被长柔毛或有时被疏柔毛。花单生；花梗短，基部具关节；苞片条形；花萼钟状筒形，长

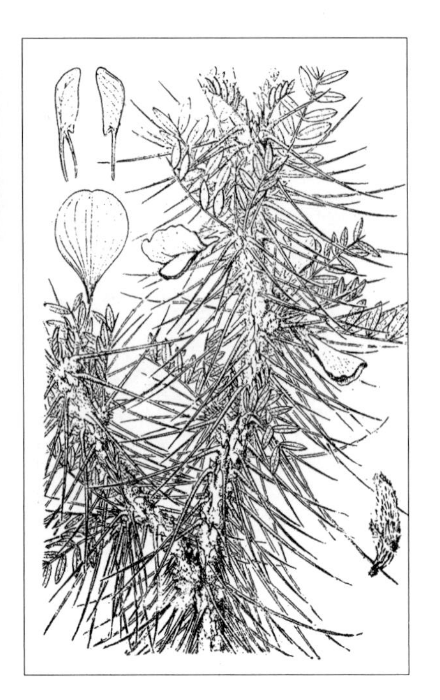

14～17mm，密被长柔毛，萼齿披针形，长3～7mm。花冠玫红色、粉红色或粉白色，长27～32mm；旗瓣宽倒卵形，向基部渐狭成爪；翼瓣矩圆形，上端稍宽或等宽，耳与爪近等长或稍短，翼瓣有时具双耳，上耳可长可短；龙骨瓣先端斜截而稍凹，爪与瓣片近等长，耳短三角形。子房密被长柔毛。荚果圆筒形，长约2cm，宽约5mm，先端渐尖，密被长柔毛。花期6～7月，果期8～9月。

耐寒的中生灌木。在高山、亚高山灌丛中为多度较高的伴生种，有时可达优势种，森林顶部或高山草甸中也常有出现，可成为建群种。产贺兰山。分布于我国宁夏北部和南部、河北、山西、陕西南部、甘肃南部和祁连山、青海东部和东南部、四川西部、云南西北部、西藏东部、新疆，蒙古国北部和西部、俄罗斯（东西伯利亚地区、远东地区）、尼泊尔、印度（锡金）、不丹，帕米尔高原，中亚。为亚洲高山分布种。

花和根均可入药。茎纤维可制绳索和麻袋。

7. 卷叶锦鸡儿（垫状锦鸡儿）

Caragana ordosica Y. Z. Zhao, Zong Y. Zhu et L. Q. Zhao in Bull. Bot. Res. 25(4):386. f.1. 2005.——*C. tibetica* auct. non Kom.: Fl. Intramongol. ed. 2, 3:227. t.91. f.1-6. 1989.

垫状矮灌木，高15～30cm。树皮灰黄色，多裂纹。枝条短而密，灰褐色，密被长柔毛。托叶卵形或近圆形，先端渐尖，膜质，褐色，密被长柔毛；叶轴全部宿存并硬化成针刺，长2～3cm，带灰白色，无毛，幼嫩叶轴长约2cm，灰绿色，密被长柔毛；小叶6～8，羽状排列，自叶轴成锐角展开，条形，常内卷呈管状，质较硬，长6～15mm，宽0.5～1mm，先端尖，有刺尖，密生绢状长柔毛，灰白色。花单生，长25～30mm，几无梗；花萼筒状，基部稍偏斜，长10～15mm，宽约5mm，密生长柔毛，萼齿卵状披针形，渐尖，长约3mm。花冠黄色；旗瓣倒卵形，顶端微凹，基部有爪，爪长为瓣片的1/2；翼瓣爪约与瓣片等长或较瓣片稍长，耳短而狭或钝圆；龙骨瓣的爪较瓣片长，耳短，稍呈牙齿状。子房密生柔毛。荚果短，椭圆形，外面密被长柔毛，里面密生毡毛。花期5～7月，果期7～8月。

强旱生小灌木。生于沙砾质高平原、低山沟坡、山前平原。为草原化荒漠的建群种，构成卷叶锦鸡儿荒漠

群系，它极少伴生于其他群落中。在鄂尔多斯高原有广泛分布，可成为草原带和荒漠带的分界线。产乌兰察布（达尔罕茂明安联合旗、乌拉特后旗）、鄂尔多斯（杭锦旗、鄂托克旗）、东阿拉善（乌海市）、贺兰山。分布于我国宁夏北部、甘肃北部，蒙古国南部。为东戈壁—东阿拉善分布种。

为中等饲用植物。山羊、绵羊在春季喜食其嫩枝叶和花。马于冬季往往掘食其枝条及干叶，夏季也稍采食。荒旱年份羊四季均采食，马、牛少量采食。

8. 粉刺锦鸡儿

Caragana pruinosa Kom. in Trudy Imp. St.-Petersb. Bot. Sada 29(2):265. 1908; Fl. Intramongol. ed. 2, 3:227. t.90. f.1-8. 1989.

灌木，高 100 ～ 200cm。老枝黄褐色，稍有光泽；嫩枝褐色，密被长柔毛。托叶三角形或近卵形，长 4 ～ 5mm，上部近膜质，褐色，有睫毛，下部密被短茸毛，背部中脉上部隆起，粗而硬，常宿存；叶轴密被白色柔毛，硬化成针刺，长 7 ～ 15mm，宿存；小叶在长枝上的有 4 ～ 6，羽状排列，在短枝上的有 4，密接呈假掌状，倒卵状披针形，长 8 ～ 10mm，宽 2 ～ 3mm，先端钝，有时近截形，具短刺尖，基部渐狭，两面疏被伏生柔毛。花单生；花梗长约 4mm，基部具关节；花萼筒状，基部偏斜成囊，长 10 ～ 13mm，宽 5 ～ 6mm，密被短柔毛，萼齿三角形，长约 2mm。花冠黄色，长 20 ～ 22mm；旗瓣倒卵形，先端微凹，基部渐狭成短爪；翼瓣近矩圆形，与旗瓣等长，瓣片上端稍宽，顶端截形，爪与瓣片等长，耳短而圆；龙骨瓣与翼瓣近等长，先端锐尖爪较瓣片稍长，耳短而圆。子房密被绢毛。荚果圆筒形，长 20 ～ 23mm，先端具短尖头，密被灰白色绢毛。花期 5 ～ 6 月，果期 7 ～ 8 月。

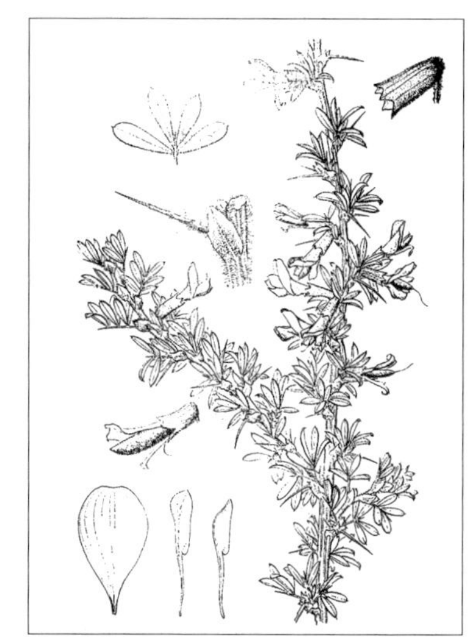

旱生灌木。生于荒漠带海拔约 2900m 的石质山坡。产龙首山。分布于我国新疆，中亚。为亚洲中部山地（天山—昆仑山—龙首山间断）分布种。

9. 红花锦鸡儿（金雀儿、黄枝条）

Caragana rosea Turcz. ex Maxim. in Prim. Fl. Amur. 470. 1859; Fl. Intramongol. ed. 2, 3:222. t.88. f.1-5. 1989.

多枝直立灌木，高 60 ～ 90cm。树皮灰褐色或灰黄色。小枝细长，灰褐色，具条棱，无毛。

长枝上的托叶宿存并硬化成针刺，长 3 ～ 4mm，短枝上的托叶脱落；叶轴长 5 ～ 10mm，脱落或宿存成针刺；小叶 4，假掌状排列，矩圆状倒卵形，近革质，长 10 ～ 25mm，宽 4 ～ 10mm，先端圆或微凹，有刺尖，基部楔形，无毛，下面叶脉明显而稍隆起。花单生；花梗长约 1cm，中部有关节，无毛；花萼筒状，基部稍偏斜，长 9 ～ 11mm，宽约 4mm，无毛，萼齿三角形，有刺尖，边缘有短柔毛；花冠长 20 ～ 25mm，黄色，龙骨瓣白色，或全为粉红色，凋谢时变为红紫色；旗瓣矩圆状倒卵形，基部渐狭成爪，翼瓣矩圆形，钝头，具比瓣片稍短的爪及短耳；龙骨瓣具爪及短耳；子房条形，无毛。荚果圆筒形，顶端渐尖至锐尖，土褐色至暗赤褐色，长达 6cm。花期 5 ～ 6 月，果期 6 ～ 7 月。

喜暖的中生灌木。零星生于阔叶林带的山地灌丛及山地沟谷灌丛中。产赤峰丘陵（红山区、松山区、元宝山区）、燕山北部（喀喇沁旗、宁城县黑里河林场）。分布于我国辽宁、河北、河南北部、山东、山西、陕西、甘肃南部、四川北部。为华北分布种。

10. 甘蒙锦鸡儿

Caragana opulens Kom. in Trudy Imp. St.-Petersb. Bot. Sada 29(2):208. 1908; Fl. Intramongol. ed. 2, 3:223. t.88. f.10-14. 1989.

直立灌木，高 40 ～ 80cm。树皮灰褐色，有光泽。小枝细长，带灰白色，有条棱。长枝上的托叶宿存并硬化成针刺，长 2 ～ 3mm，短枝上的托叶脱落；叶轴短，长 3 ～ 4.5mm，在长枝上的硬化成针刺，直伸或稍弯；小叶 4，假掌状排列，倒卵状披针形，长 3 ～ 10mm，宽 1 ～ 4mm，先端圆形，有刺尖，基部渐狭，绿色，上面无毛、近无毛或密被毛，下面疏生短柔毛。花单生；花梗长约 15mm，无毛，中部以上有关节；花萼筒状钟形，基部显著偏斜呈囊状凸起，长 8 ～ 10mm，宽约 6mm，无毛，萼齿三角形，长约 1mm，具针尖，边缘有短柔毛。花冠黄色，略带红色；旗瓣长 20 ～ 25mm，宽倒卵形，顶端微凹，基部渐狭成爪；翼瓣长椭圆形，顶端圆，基部具爪及矩状尖耳；龙骨瓣顶端钝，基部具爪及齿状耳。子房筒状，无毛被毛。荚果圆筒形，无毛、疏被毛或密被毛，带紫褐色，长 2.5 ～ 4cm，宽 3 ～ 4mm，

顶端尖。花期 5 ～ 6 月，果期 6 ～ 7 月。

喜暖中旱生灌木。散生于草原带的山地、丘陵、沟谷及混生于山地灌丛中，也进入荒漠区的山地。产燕山北部、锡林郭勒（察哈尔右翼后旗）、乌兰察布（二连浩特市、四子王旗）、阴山（大青山、蛮汗山、乌拉山）、阴南丘陵（准格尔旗）、鄂尔多斯（达拉特旗）、东阿拉善（阿拉善左旗）、贺兰山、龙首山。分布于我国河北北部、山西北部、陕西北部和西南部、宁夏、甘肃中部和东部、青海东部、四川西部、西藏东部。为华北—横断山脉分布种。

11. 昆仑锦鸡儿

Caragana polourensis Franch. in Bull. Mus. Hist. Nat. Paris. 3:321. 1897; Y. Z. Zhao in Cllassif. Florist. Geogr. *Caragana* World 76. 2009.

矮灌木，高 30 ～ 50cm。树皮褐色或淡褐色，无光泽，有不规则灰白色或褐色条棱。分枝多，幼枝密被短柔毛。托叶长 5 ～ 7mm，宿存；长枝叶轴硬化成针刺，长 8 ～ 10mm，宿存，短枝叶轴脱落；小叶 2 对，假掌状排列，倒卵形，长 6 ～ 10mm，宽 2 ～ 4mm，先端锐尖或圆钝，

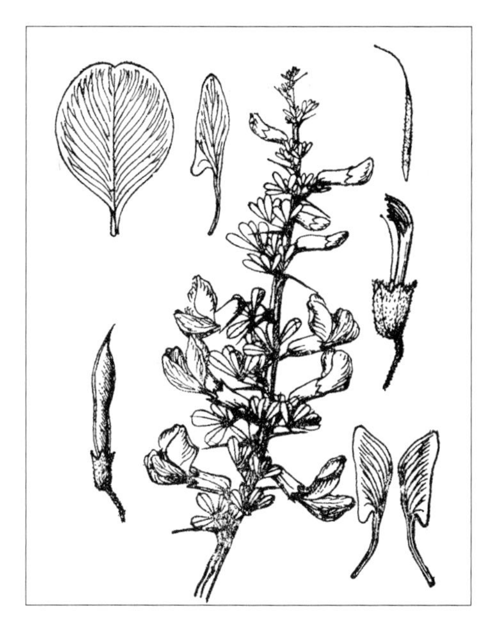

有时凹入，具刺尖，基部楔形，两面被贴伏短柔毛。花梗单生，长 2 ～ 6mm，被柔毛，中上部具关节；花萼管状，长 8 ～ 10mm，宽 4 ～ 5mm，密被柔毛，萼齿三角形。花冠黄色，长约 20mm；旗瓣近圆形或倒卵形，有时有橙色斑；翼瓣长圆形，爪短于瓣片，耳短条形，长为爪的 1/4；龙骨瓣的爪较瓣片短，耳短小。子房无毛。荚果圆筒形，长 2.5 ～ 3.5cm，宽 3 ～ 4mm，无毛，先端短渐尖。花期 4 ～ 5 月，果期 6 ～ 7 月。

强旱生灌木。生于荒漠带的干旱山坡。产龙首山。分布于我国新疆（南天山南坡、昆仑山北坡）、甘肃（祁连山北坡）。为环塔里木分布种。

12. 短脚锦鸡儿

Caragana brachypoda Pojark. in Bot. Mater. Gerb. Bot. Inst. Kom. Akad. Nauk S.S.S.R. 13:135. 1950; Fl. Intramongol. ed. 2, 3:216. t.85. f.1-6. 1989.

矮灌木，高约 20cm。树皮黄褐色有光泽。枝条短而密集并多针刺，小枝近四棱形，褐色或黄褐色，具白色隆起的纵条纹。长枝上的托叶宿存并硬化成针刺，长 2 ～ 4mm；长枝上的叶轴

宿存并硬化成针刺，长 4 ～ 12mm，稍弯曲，短枝上的叶无叶轴；小叶 4，假掌状排列，倒披针形，长 3 ～ 6.5mm，宽 1 ～ 1.5mm，先端锐尖，有刺尖，基部渐狭，淡绿色，两面有短柔毛，上面毛较密，边缘有睫毛。花单生；花梗粗短，长 2 ～ 3mm，近中部具关节，有毛；花萼筒状，基部偏斜稍成浅囊状，长 9 ～ 11mm，宽约 4mm，红紫色或带黄褐色，被粉霜，疏生短毛，萼齿卵状三角形或三角形，长约 2mm，有刺尖，边缘有短柔毛。花冠黄色，常带红紫色，长  20 ～ 25mm；旗瓣倒卵形，中部黄绿色，顶端微凹，基部渐狭成爪；翼瓣与旗瓣等长，顶端斜截形，有与瓣片近等长的爪及短耳；龙骨瓣与翼瓣等长，具长爪及短耳。子房无毛。荚果近纺锤形，长约 27mm，宽约 5mm，无毛，基部狭长，顶端渐尖。花期 4 ～ 5 月，果期 6 月。

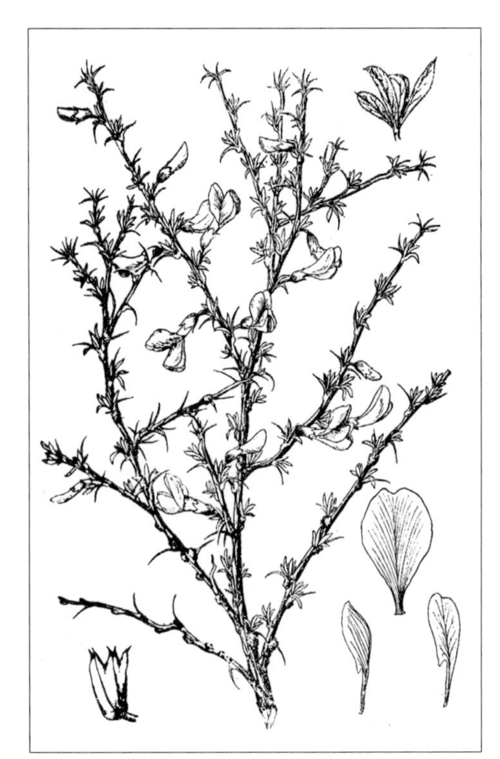

强旱生小灌木。散生于荒漠带的覆沙戈壁、低山坡、山前平原、固定沙地，为荒漠草原及荒漠植被的伴生植物，并与绵刺一起组成灌木荒漠群落，多出现于覆沙坡地及沙砾质荒漠中。产乌兰察布（二连浩特市、达尔罕茂明安联合旗）、东阿拉善（乌拉特后旗、杭锦旗、乌海市、阿拉善左旗）、西阿拉善（阿拉善右旗）。分布于我国宁夏北部、甘肃（河西走廊），蒙古国南部。为东戈壁—阿拉善分布种。

为良好的饲用植物。绵羊、山羊于春、夏和秋三季均喜采食其嫩枝条，春季最喜采食其花及嫩枝，夏秋喜食其当年生枝条。骆驼一年四季均乐食其枝条。

13. 窄叶锦鸡儿

Caragana angustissima (C. K. Schneid.) Y. Z. Zhao in Vosc. Pl. Plat. Ordos 35. 159. 2006.——*C. pygmaea* (L.) DC. var. *angustissima* C. K. Schneid. in Ill. Handb. Laubhlzk. 2:102. 1907; Fl. Intramongol. ed. 2, 3:220. t.87. f.6. 1989.——*C. pygmaea* auct. non (L.)DC.: Fl. Intramongol. ed. 2, 3:218. t.87. f.1-5. 1989.

高灌木，高 100 ～ 170cm，形成稀疏灌丛。树皮金黄色，有光泽。小枝细长，嫩时被短柔毛，呈灰绿色。托叶针刺状，长 1.5 ～ 4mm，硬化，宿存；叶轴在长枝者长 5 ～ 8mm，硬化，宿存，在短枝上无叶轴；小叶 2 对，假掌状排列，狭条形或狭条状披针形，长 8 ～ 15mm，宽约 1mm，先端渐尖，多少对折，两面被毛，呈灰绿色。花梗长 6 ～ 18mm，中部以上具关节；花萼管状，长 7 ～ 9mm，被灰白色短柔毛，萼齿狭三角形，先端有针尖，长为萼筒的 1/3。花冠黄色，长 15 ～ 17mm；旗瓣宽倒卵形，顶端圆形，基部有短爪；翼瓣矩圆形，爪长为瓣片的 1/2，耳短条形，长为爪的 1/4 ～ 1/3；龙骨瓣比翼瓣稍短，爪与瓣片近等长，耳短小，齿状。子房密被灰白色毛。荚果圆筒形，长 20 ～ 30mm，宽 3 ～ 3.5mm，密被毛。花期 5 月，果期 6 月。

强旱生灌木。散生于荒漠草原带的沙质高平原或草原化荒漠带的石质残丘，也进入与典型草原带相邻的边缘地区，具有明显的景观作用，是荒漠草原的特征植物。产锡林郭勒（东乌珠穆沁旗西北部）、乌兰察布（二连浩特市、苏尼特左旗、苏尼特右旗北部、四子王旗北部、达尔罕茂明安联合旗旗北部、乌拉特中旗）、鄂尔多斯北部（杭锦旗南部）。分布于我国河北西北部，蒙古国南部和东南部。为戈壁—蒙古分布种。

为良好的饲用植物。绵羊、山羊均乐意采食，春季特别喜食它的花，其他各季乐意采食它的当年生枝条。骆驼一年四季均乐意采食其枝条。亦有良好的固沙性能，可做草场改良的补播材料或做沙障。此外，茎可抽取纤维，供造纸及制作人造纤维板。种子可榨油。

14. 白皮锦鸡儿

Caragana leucophloea Pojark. in Fl. U.R.S.S. 11:347. 399. 1945; Fl. Intramongol. ed. 2, 3:218. t.86. f.1-5. 1989.

灌木，高 100 ～ 150cm。树皮淡黄色或金黄色，有光泽。小枝具纵条棱，嫩枝被短柔毛，常带紫红色。托叶在长枝上的硬化成针刺，长 2 ～ 5mm，宿存，在短枝上的脱落；叶轴在长枝

上的硬化成针刺，长 5 ～ 8mm，宿存，短枝上的叶无叶轴；小叶 4，假掌状排列，狭倒披针形或条形，长 4 ～ 12mm，宽 1 ～ 3mm，先端锐尖，有短刺尖，无毛或被伏生短毛。花单生；花梗长 3 ～ 10mm，近中部具关节；花萼钟状，长 5 ～ 6mm，宽 3 ～ 5mm，萼齿三角形，锐尖或渐尖。花冠黄色，长 13 ～ 21mm；旗瓣宽倒卵形，先端微凹，爪宽短；翼瓣条状矩圆形，长与旗瓣近相等，爪长为瓣片的 1/3，耳条形，长 2 ～ 3mm，长为爪的 1/2 ～ 2/3；龙骨瓣稍短于旗瓣，爪长为瓣片的 1/3，耳短小，齿状。子房无毛或被毛。荚果圆筒形，长 2.5 ～ 3.5cm，宽 2 ～ 4mm，无毛或被毛。花期 5 ～ 6 月，果期 6 ～ 8 月。

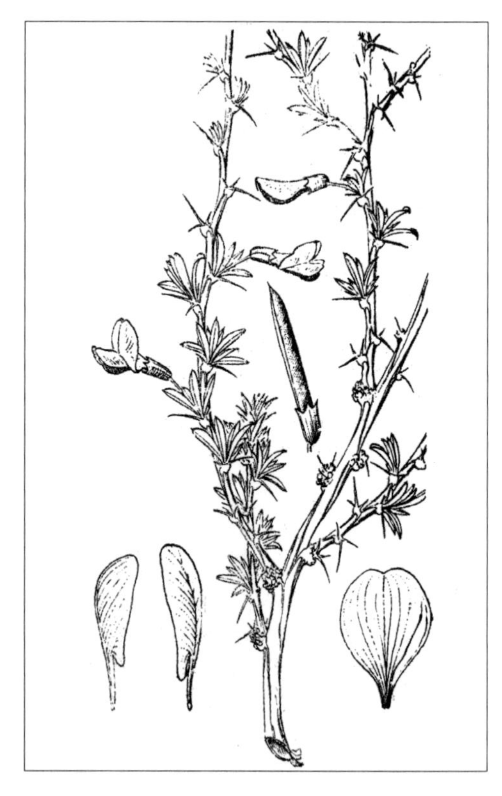

强旱生灌木。生于荒漠带的山坡、山前平原、山谷、戈壁滩，有时也进入草原带西部的山坡。产阴南丘陵（准格尔旗）、东阿拉善（狼山）、西阿拉善（阿拉善右旗北部）、额济纳。分布于我国甘肃（河西走廊）、新疆北部和东部，蒙古国北部和西部及南部和东南部，中亚。为戈壁荒漠分布种。

15. 狭叶锦鸡儿（红柠条、羊柠角、红刺、柠角）

Caragana stenophylla Pojark. in Fl. U.R.S.S. 11:344. 397. 1945; Fl. Intramongol. ed. 2, 3:220. t.86. f.6-12. 1989.——*C. pygmaea* (L.) DC. var. *parviflora* H. C. Fu in Fl. Intramongol. 3:168,287. 1977; Fl. Intramongol. ed. 2, 3:220. t.87. f.7. 1989.

矮灌木，高 15 ～ 70cm。树皮灰绿色、灰黄色、黄褐色或深褐色，有光泽。小枝纤细，褐色、

黄褐色或灰黄色，具条棱，幼时疏生柔毛。长枝上的托叶宿存并硬化成针刺，长约 3mm；叶轴在长枝上者亦宿存而硬化成针刺，长达 7mm，直伸或稍弯曲，短枝上的叶无叶轴；小叶 4，假掌状排列，条状倒披针形，长 4 ～ 12mm，宽 1 ～ 2mm，先端锐尖或钝，有刺尖，基部渐狭，绿色，或多或少纵向折叠，两面疏生柔毛或近无毛。花单生；花梗较叶短，长 5 ～ 10mm，有毛，中下部有关节；花萼钟形或钟状筒形，基部稍偏斜，长 5 ～ 6.5mm，无毛或疏生柔毛，萼齿三角形，有针尖，长为萼筒的 1/4，边缘有短柔毛。花冠黄色，长 14 ～ 17(～ 20)mm；旗瓣圆形或宽倒卵形，有短爪，长为瓣片的 1/5；翼瓣上端较宽呈斜截形，瓣片约为爪长的 1.5 倍，爪为耳长的 2 ～ 2.5 倍；龙骨瓣比翼瓣稍短，具较长的爪（与瓣片等长或为瓣片的 1/2 以下），耳短而钝。子房无毛或被毛。荚果圆筒形，长 20 ～ 30mm，宽 2.5 ～ 3mm，无毛或被毛，两端渐尖。花期 5 ～ 9 月，果期 6 ～ 10 月。

旱生小灌木。生于典型草原带和荒漠草原带及草原化荒漠带的高平原、黄土丘陵、低山阳坡、干谷、沙地，喜生于沙砾质土壤、覆沙地及砾石质坡地，可在典型草原、荒漠草原、山地草原及草原化荒漠等植被中成为稳定的伴生种。产呼伦贝尔（满洲里市、新巴尔虎左旗、新巴尔虎右旗、鄂温克族自治旗）、科尔沁（阿鲁科尔沁旗、巴林右旗、翁牛特旗）、锡林郭勒（锡林浩特市、镶黄旗、苏尼特左旗、苏尼特右旗）、乌兰察布（四子王旗、达尔罕茂明安联合旗、固阳县、乌拉特中旗、乌拉特前旗）、阴山（大青山、蛮汗山）、阴南平原（土默特左旗、土默特右旗）、阴南丘陵（准格尔旗）、鄂尔多斯（东胜区、鄂托克旗、乌审旗）、东阿拉善（乌海市、乌拉特后旗、阿拉善左旗）、贺兰山。分布于我国河北西北部、山西北部、陕西东北部、宁夏、甘肃北部、青海东北部，蒙古国东部和东南部、俄罗斯（东西伯利亚地区的达乌里地区）。为华北—蒙古高原东部分布种。

为良好的饲用植物。绵羊、山羊均乐意采食其一年生枝条，尤其在春季最喜食其花，食后体力恢复较快，易上膘。骆驼一年四季均乐意采食其枝条。

（10）野豌豆族 Vicieae

20. 野豌豆属 Vicia L.

一年生或多年生草本。茎攀援，稀直立或匍匐。叶为双数羽状复叶；叶轴末端呈卷须状或刺状，极稀形成小叶或扩大呈叶状；托叶通常为半边箭头形。花序腋生，总状、复总状，或仅具 1 ～ 3 朵花；花萼通常钟状，下萼齿较上萼齿长。旗瓣多为倒卵形或矩圆形，顶端微凹，通常比翼瓣及龙骨瓣长；龙骨瓣仅中部连生，通常比翼瓣短。雄蕊 10，呈 9 与 1 两体，花药同型，雄蕊筒的顶端倾斜（不呈截形）；花柱圆柱形（或有时上部微扁），上端周围有毛或于顶端具一束髯毛。荚果通常稍扁，内含种子多数。

内蒙古有 14 种，另有 2 栽培种。

分种检索表

1a. 叶轴末端卷须发达，单一或分枝（**1. 卷须亚属** Subgen.**Vicia**）。

2a. 总状花序梗长，超出叶或等长于或稍短于叶。

3a. 总状花序多花，通常 5 朵以上（**1. 广布野豌豆组** Sect. **Cracca** S. F. Gray）。

4a. 龙骨瓣明显比旗瓣短，长为旗瓣的 1/2 ～ 2/3。

5a. 小叶侧脉不直达边缘，植株被短柔毛，多年生草本。

6a. 小叶侧脉斜展，不明显，最下一对侧脉向上斜展至小叶的中部以上；小叶条形、矩圆状条形或披针状条形。

7a. 小叶上面无毛或近无毛，下面疏生短柔毛，呈绿色，常宽而质薄……………………………………………………………**1a. 广布野豌豆 V. cracca** var. **cracca**

7b. 小叶两面密被长柔毛，呈灰色，常狭而质厚……………………………………………………………………………………**1b. 灰野豌豆 V. cracca** var. **canescens**

6b. 小叶侧脉横展，极密而明显，与主脉成直角，在末端连合；小叶卵状矩圆形或卵状椭圆形；植株无毛或稍有毛………………………**2. 黑龙江野豌豆 V. amurensis**

5b. 小叶侧脉直达边缘而不明显，末端互不连合；小叶矩圆状条形或披针状条形；植株被长柔毛；一年生草本。栽培…………………………………**3. 长柔毛野豌豆 V. villosa**

4b. 龙骨瓣与旗瓣近等长，长为旗瓣的 4/5 以上。

8a. 小叶侧脉不直达边缘，在边缘连合。

9a. 小叶椭圆形、卵形或长卵形，近膜质；托叶小，长 3 ～ 7mm，2 深裂至基部，裂片条形或披针状条形…………………………………………**4. 东方野豌豆 V. japonica**

9b. 小叶卵形或椭圆状卵形，质较厚；托叶半箭头形，非 2 深裂，长 8mm 以上，边缘无齿或具 1 或数个锯齿。

10a. 植株被白色长柔毛；小叶卵形或椭圆形，下面密生柔毛，有时有霜粉；总状花序稀疏，具花 5 ～ 10 朵，长 6 ～ 8mm；托叶半箭头形，边缘无齿………………………………………………………………**5. 大野豌豆 V. sinogigantea**

10b. 植株稍有毛或无毛；小叶卵形，下面疏生柔毛或近无毛；总状花序密集，具花 20 ～ 25 朵，长 10 ～ 14mm；托叶半箭头形，边缘具 1 至数个锯齿……………………………………………………………**6. 大叶野豌豆 V. pseudo-orobus**

8b. 小叶侧脉直达边缘，末端互不连合。

11a. 花淡黄色；小叶矩圆形、椭圆形或近于披针形，长 7 ～ 17(～ 25)mm，宽 2 ～ 5mm………………………………………………………………………………**7. 肋脉野豌豆 V. costata**

11b. 花紫红色、蓝紫色或淡紫色，稀白色。

12a. 花紫色或蓝紫色，干后不变为褐色；小叶叶形多变，矩圆状卵形、矩圆形、椭圆形、卵状披针形或条形。

13a. 小叶侧脉两面明显凸出；托叶小，长 3 ～ 6mm，茎上部托叶 2 裂，裂片条形或披针状条形，下部托叶为半戟形或半箭头形……**8. 多茎野豌豆 V. multicaulis**

13b. 小叶侧脉仅下面明显，但不凸出；托叶大，长 8 ～ 16mm，全部为半戟形或半箭头形，具数个大锯齿……………………………………**9. 山野豌豆 V. amoena**

12b. 花紫红色，干后变为褐色；小叶披针形至披针状条形……………………………………………………………………………………**10. 大龙骨野豌豆 V. megalotropis**

3b. 总状花序少花，通常 5 朵以下［**2. 四籽野豌豆组** Sect. **Ervum**（L.）S. F. Gray］。

14a. 小叶狭条形，先端钝，长 20 ～ 30mm，宽 1.5 ～ 3mm………**11. 索伦野豌豆 V. geminiflora**

14b. 小叶矩圆形、倒卵形或倒卵状矩圆形，先端截形、微凹或为不整齐的牙齿，状长 10 ～ 25mm，宽 2.5 ～ 6mm……………………………………………**12. 大花野豌豆 V. bungei**

2b. 总状花序梗短或近无梗，有花 1 ～ 2 朵，腋生状（**3. 野豌豆组** Sect. **Vicia**）；小叶椭圆形、矩圆形或倒卵状矩圆形；一年生草本。栽培或逸生…………………………………**13. 救荒野豌豆 V. sativa**

1b. 叶轴末端为刺状，卷须不发达［**2. 针须亚属** Subgen. **Faba** (Adans) Gray］。

15a. 总状花序梗长，超出叶或等长于或稍短于叶，花多数；多年生草本（**4. 歪头菜组** Sect. **Oroboidea** Stankev）。

16a. 小叶 2 ～ 4 对，卵形、卵状披针形、条状披针形或条形，先端渐尖……………………………………………………………………………………**14. 柳叶野豌豆 V. venosa**

16b. 小叶 1 对，卵状披针形，先端锐尖或钝…………………………………**15. 歪头菜 V. unijuga**

15b. 总状花序梗短或近无梗，花 1 ～ 4 朵，腋生状；荚果肥厚，种子间有横隔膜；一年生草本。栽培（**5. 蚕豆组** Sect. **Faba** L.）…………………………………………………………**16. 蚕豆 V. faba**

1. 广布野豌豆（草藤、落豆秧）

Vicia cracca L., Sp. Pl. 2:735. 1753; Fl. Intramongol. ed. 2, 3:370. t.143. f.1-5. 1989.

1a. 广布野豌豆

Vicia cracca L. var. **cracca**

多年生草本，高 30 ～ 120cm。茎攀援或斜升，有棱，被短柔毛。叶为双数羽状复叶，具小叶 10 ～ 24；叶轴末端成分枝或单一的卷须；托叶为半边箭头形或半戟形，长（3 ～）5 ～ 10mm，有时狭细呈条形；小叶条形、矩圆状条形或披针状条形，膜质，长 10 ～ 30mm，宽 2 ～ 4mm，先端锐尖或圆形，具小刺尖，基部近圆形，全缘，叶脉稀疏，不明显，上面无毛或近无毛，下面疏生短柔毛，稍呈灰绿

色。总状花序腋生；总花梗超出于叶或与叶近等长，具 7 ～ 20 朵花；花萼钟状，有毛，下萼齿比上萼齿长。花紫色或蓝紫色，长 8 ～ 11mm；旗瓣中部缢缩呈提琴形，顶端微缺，瓣片与瓣爪近等长；翼瓣稍短于旗瓣或近等长；龙骨瓣显著短于翼瓣，先端钝。子房有柄，无毛，花柱急弯，上部周围有毛，柱头头状。荚果矩圆状菱形，稍膨胀或压扁，长 15 ～ 25mm，无毛，果柄通常比萼筒短，含种子 2 ～ 6 粒。花期 6 ～ 9 月，果期 7 ～ 9 月。

中生草本。生于草原带的山地和森林带的河滩草甸、林缘、灌丛、林间草甸，亦生于林区的撂荒地，为山地草甸种，稀进入草甸草原。产兴安北部及岭东和岭西（额尔古纳市、根河市、牙克石市、鄂伦春自治旗）、呼伦贝尔（陈巴尔虎旗、海拉尔区、鄂温克族自治旗、满洲里市）、兴安南部（科尔沁右翼前旗、科尔沁右翼中旗、扎赉特旗、巴林右旗、克什克腾旗）、燕山北部（宁城县黑里河）、锡林郭勒（东乌珠穆沁旗、锡林浩特市、多伦县）。分布于我国黑龙江、吉林、辽宁、河北、河南西部、山西、宁夏南部、陕西南部、甘肃东南部、青海东部、四川、安徽、湖北、湖南、江西、广东、广西、贵州、云南西北部、西藏东部、新疆（天山、阿尔泰山），日本、朝鲜、蒙古国北部和东部及西部、俄罗斯、越南北部，中亚、西南亚、欧洲、北美洲、北非。为泛北极分布种。

为优等饲用植物。品质良好，有抓膘作用，但产草量不甚高，可补播改良草场或引入与禾本科牧草混播。也可做水土保持及绿肥植物。全草可做“透骨草”入药。

1b. 灰野豌豆

Vicia cracca L. var. **canescens** (Maxim.) Franch. et Sav. in Enum. Pl. Jap. 1(1):104. 1874; Fl. Intramongol. ed. 2, 3:370. 1989.——*V. cracca* L. f. *canescens* Maxim. in Prim. Fl. Amur. 82. 1859.

本变种与正种的区别：本种植株及小叶两面密生长柔毛，呈灰白色。

中生草本。生于森林带的林间草甸、林缘草甸、灌丛、沟边。产兴安北部和岭西（额尔古纳市、根河市、牙克石市、鄂温克族自治旗、海拉尔区）、兴安南部（科尔沁右翼前旗）。分布于我国黑龙江西北部、陕西，日本、蒙古国、俄罗斯。为东古北极分布变种。

用途同正种。

2. 黑龙江野豌豆

Vicia amurensis Oett. in Trudy Bot. Sada Imp. Yurevsk. Univ. 6:143. t.2. 1906; Fl. Intramongol. ed. 2, 3:372. t.143. f.10-11. 1989.——*V. amurensis* Oett. f. *alba* H. Ohashi et Tateishi in J. Jap. Bot. 52(1):116.1977.——*V. amurensis* Oett. f. *sanheensis* Y. Q. Jiang et S. M. Fu in Fl. Intramongol. ed. 2, 3:372,673. 1989.

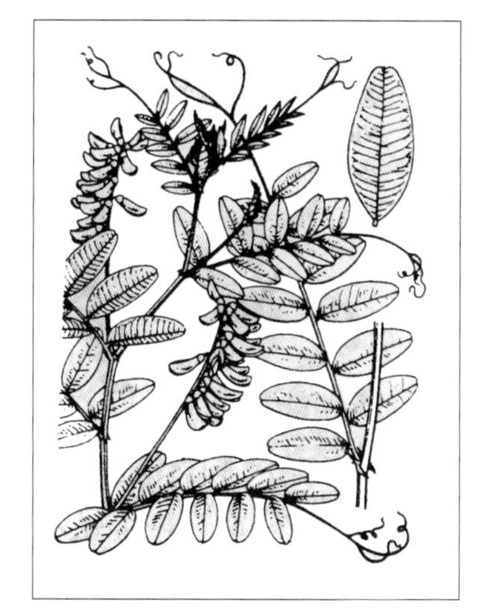

多年生草本。茎上升或攀援，长 50 ～ 100cm，无毛或稍有毛。复叶具 (6 ～)8 ～ 12 片小叶；叶轴末端具分枝的卷须；托叶小，长 3 ～ 7mm，通常 3 裂，稀 2 裂呈半边箭头状；小叶卵状矩圆形或卵状椭圆形，长 16 ～ 33(～ 40)mm，宽 (6 ～)10 ～ 16mm，基部近圆形，先端微缺，全缘，无毛或嫩叶背面稍有细毛，侧脉极密而明显凸出，与主脉近成直角（60 度～ 85 度）。总状花序腋生，比叶长或近等长，具 (10 ～)16 ～ 26(～ 36) 朵花；花无梗或仅具约 2mm 长的短梗；萼钟形，上萼齿比下萼齿短。花蓝紫色，稀紫色，长 8 ～ 10(～ 11)mm；旗瓣矩圆状倒卵形或矩圆形，顶端微缺；翼瓣比旗瓣稍短或近等长，但比龙骨瓣长。荚果矩圆状菱形，长 15 ～ 25mm，含种子 1 ～ 3 粒。花期 7 ～ 8 月，果期 8 ～ 9 月。

陈宝瑞 / 摄

中生草本。生于森林带的林间草甸、林缘草甸 、灌丛、河滩，为山地森林草甸伴生种。产兴安北部及岭东和岭西（额尔古纳市、根河市、牙克石市、鄂伦春自治旗、陈巴尔虎旗、鄂温克族自治旗）、兴安南部（阿鲁科尔沁旗）。分布于我国黑龙江、吉林、辽宁、河北东北部、山西，日本、朝鲜、蒙古国的东北部、俄罗斯（达乌里地区、远东地区）。为达乌里—东亚北部分布种。

为优良牧草，是一种抗寒性和耐霜性强的珍贵种质资源，可引种栽培和研究。

3. 长柔毛野豌豆（毛叶苕子）

Vicia villosa Roth in Teth. Fl. Germ. 2(2):182. 1793; Fl. Intramongol. ed. 2, 3:364. t.141. f.6-10. 1989.

一年生草本。植株各部被长柔毛。茎有棱，攀援，长 30 ～ 100cm。托叶披针形，稀深裂呈半边戟形或半边箭形；叶轴末端成分枝卷须；小叶 10 ～ 20，矩圆状条形或披针状条形，长 10 ～ 35mm，宽 2 ～ 5mm，先端钝，基部楔形。总状花序腋生；花轴超出于叶，具 10 ～ 20 朵花，排列于总花梗的一侧；花萼斜筒状，萼齿 5，下面 3 齿较长。花冠紫色，长 15 ～ 18mm；旗瓣矩圆形，中部缢缩呈提琴状，先端微凹；翼瓣短于旗瓣，具耳和爪，龙骨瓣短于翼瓣。荚果矩圆形，长 25 ～ 30mm，宽 8 ～ 12mm，两侧扁平，含种子 2 ～ 8

粒，种子球形。花期 7 ～ 8 月，果期 8 ～ 9 月。

中生草本。原产欧洲、中亚、伊朗、北非。为欧洲—中亚—北非种。现世界一些地区有栽培，内蒙古赤峰市、巴彦淖尔市（磴口县）、鄂尔多斯市（准格尔旗）也有栽培。

为优良牧草，青饲、干贮均可。亦可做绿肥植物。

4. 东方野豌豆

Vicia japonica A. Gray in Mem. Amer. Acad. Arts. n. s., 6(2):385. 1858; Fl. Intramongol. ed. 2, 3:372. t.143. f.6-9. 1989.

多年生草本。茎攀援，长 60 ～ 120cm，稍有毛或无毛。复叶具小叶 (8 ～)10 ～ 14；叶轴末端具分枝卷须；托叶小，长 3 ～ 7mm，2 深裂至基部，多呈半边戟形，裂片披针状条形，锐尖；小叶质薄近膜质，椭圆形或卵形至矩圆形或长卵形，长 10 ～ 25(～ 35)mm，宽 6 ～ 12 （～ 15)mm，基部圆形，先端微凹，全缘，上面绿色，无毛，下面淡绿，伏生细柔毛，侧脉与主脉成锐角（45 度～ 60 度)，较稀疏。总状花序腋生，比叶稍长，具 7 ～ 12（～ 15）朵花；花具较长的梗，长 3 ～ 6mm；萼钟形，上萼齿比下萼齿稍短。花蓝紫色或紫色，长 10 ～ 15mm；旗瓣倒卵形，先端微缺；翼瓣比旗瓣稍短，与龙骨瓣近等长。荚果近矩圆形，长 18 ～ 20 （～ 30)mm，含种子 1 ～ 4 粒。花期 7 ～ 8 月，果期 8 ～ 9 月。

中生草本。生于河岸湿地、沙质地、山坡、路旁，为森林草原带的林缘和草甸的伴生种。产兴安北部及岭东和岭西（额尔古纳市、根河市、牙克石市、鄂伦春自治旗)、兴安南部(科尔沁右翼前旗、阿鲁科尔沁旗、巴林右旗、西乌珠穆沁旗）。分布于我国黑龙江、吉林、辽宁、陕西，日本北部、朝鲜北部、蒙古国东部(大兴安岭)、俄罗斯(达乌里外贝加尔、远东地区）。为达乌里—东亚北部分布种。

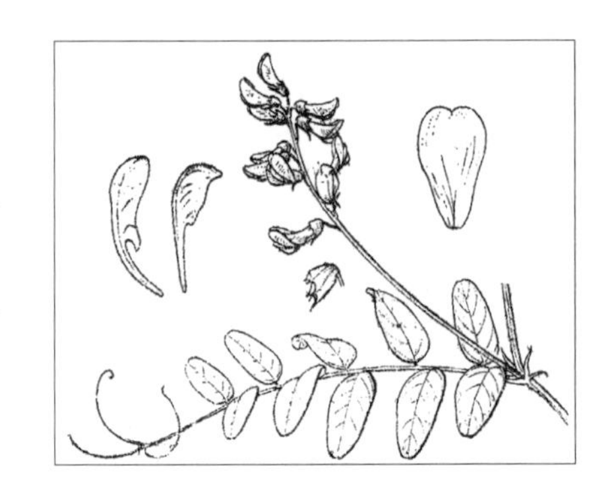

本种是抗寒、耐霜的优良牧草种质资源，可引种栽培和研究。

5. 大野豌豆（野豌豆、大巢菜）

Vicia sinogigantea B. J. Bao et Turland in Fl. China 10:566. 2010.——*V. gigantea* Bunge in Enum. Pl. China Bor. 19. 1833, not *V. gigantea* Hook. in Fl. Bor.-Amer. 1(3):157. 1831; X. Y. Zhu et al. in Legum. China 216. 2007.——*V. gigantea* Bunge in Mem. Acad. Imp. Sci. St.-Petersb. Sav. Etrang. 3:93. 1835; Fl. Intramongol. ed. 2, 3:364. t.141. f.1-5. 1989.

多年生草本。植株各部有白色长柔毛。茎直立或攀援，高 60 ～ 100cm，基部木质化，多分枝，开展，稍有棱。叶为双数羽状复叶，具小叶 4 ～ 20，互生；叶轴末端成分枝或单一的卷须，被柔毛；托叶半边箭头状，无齿；小叶卵形或椭圆形，长 12 ～ 30mm，宽 6 ～ 20mm，先端钝或圆，有刺尖，基部圆形或宽楔形，全缘，上面有疏柔毛，下面密生柔毛，有时下面有霜粉。总状花序，腋生；总花梗常超出于叶，具花 5 ～ 10 朵，排列偏于一侧；花萼钟状，密被长柔毛，萼齿 5，上萼齿 2，较短，三角形，下萼齿 3，披针状锥形。花白色、粉红色或紫色，长 6 ～ 8mm；旗瓣倒卵形，顶端微凹；翼瓣比旗瓣短或近等长；龙骨瓣短于翼瓣。子房无毛，有柄，花柱上部周围有短柔毛。荚果矩圆形，长 15 ～ 20mm，无毛。花期 6 ～ 7 月，果期 7 ～ 9 月。

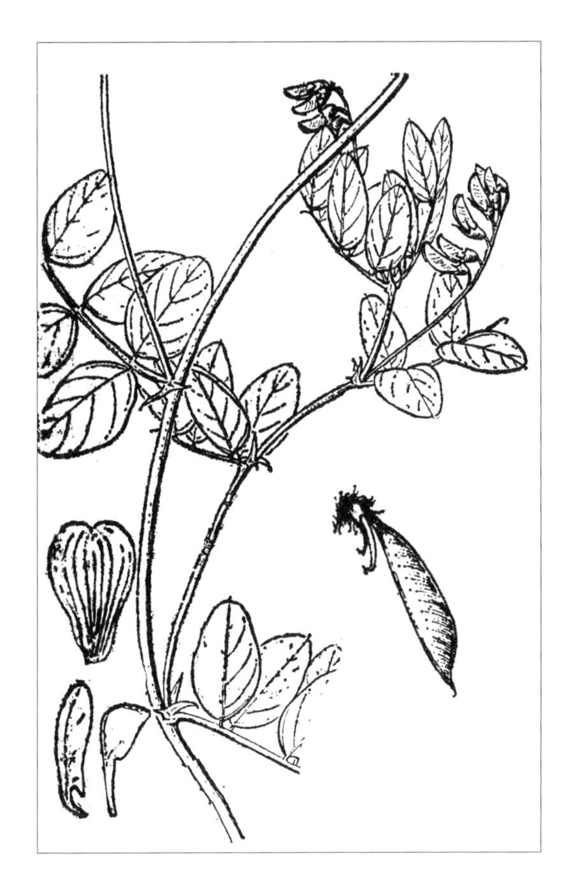

中生草本。生于森林草原带的山地草甸、林缘草甸、灌丛及石质山坡。产锡林郭勒（正镶白旗）、阴山（大青山、蛮汗山）。分布于我国河北北部和西部、河南西部、山西、陕西中部和南部、甘肃东南部、湖北西北部、四川北部、贵州、云南。为华北—横断山脉分布种。

据报道此草对牲畜有毒。

6. 大叶野豌豆（假香野豌豆、大叶草藤）

Vicia pseudo-orobus Fisch. et C. A. Mey. in Index Sem. Hort. Petrop. 1:41. 1835; Fl. Intramongol. ed. 2, 3:368. t.142. f.6-10. 1989.

多年生草本，高 50 ～ 150cm。根状茎粗壮，分枝；茎直立或攀援，有棱，被柔毛或近无毛。叶为双数羽状复叶，具小叶 6 ～ 10，互生；叶轴末端成分枝或单一的卷须；托叶半边箭头形，边缘通常具 1 至数个锯齿，长 8 ～ 15mm；小叶卵形、椭圆形或披针状卵形，近革质，长 (15 ～) 20 ～ 30 （～ 40) mm，宽 (8 ～) 12 ～ 25mm，先端钝，有时稍尖，有刺尖，基部圆形或宽楔形，全缘，上面无毛，下面疏生柔毛或近无毛，

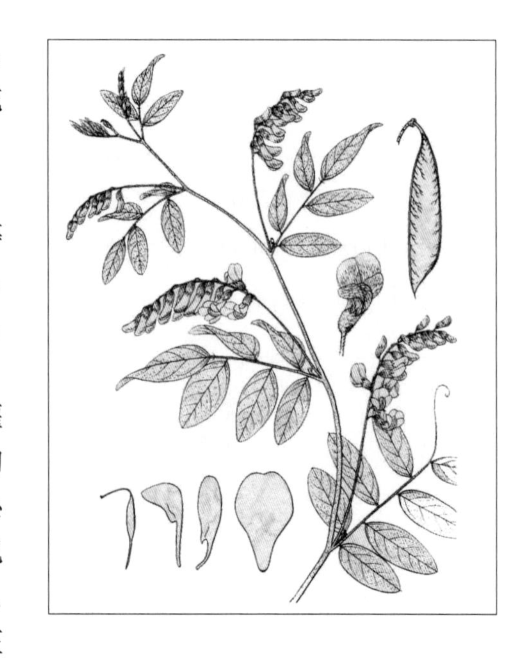

叶脉明显，侧脉不达边缘，在末端连合呈波状或牙齿状。总状花序腋生，具花 20 ～ 25 朵；总花梗超出于叶；花梗有毛；花萼钟状，无毛或近无毛，萼齿短，三角形。花紫色或蓝紫色，长 10 ～ 14mm；旗瓣矩圆状倒卵形，先端微凹，瓣片稍短于瓣爪或近等长；翼瓣与龙骨瓣等长，稍短于旗瓣。子房有柄，花柱急弯，上部周围有毛，柱头头状。荚果扁平或稍扁，矩圆形，顶端斜尖，无毛，含种子 2 ～ 3 粒。花期 7 ～ 9 月，果期 8 ～ 9 月。

中生草本。生于落叶阔叶林下、林缘草甸、山地灌丛及森林草原带的丘陵阴坡，多散生，为山地森林草甸伴生种。产兴安北部及岭东和岭西、兴安南部及科尔沁（扎赉特旗、阿鲁科尔沁旗、扎鲁特旗、巴林左旗、巴林右旗、克什克腾旗）、燕山北部（喀喇沁旗、宁城县、敖汉旗）、锡林郭勒（西乌珠穆沁旗、锡林浩特市、正蓝旗、太仆寺旗、多伦县）。分布于我国黑龙江、吉林、辽宁、河北北部和西部、河南西部、山东、山西东部、陕西南部、宁夏南部、甘肃东南部、安徽东部、江苏、湖北西北部、湖南、四川、贵州、云南北部，日本、朝鲜、蒙古国国东部（大兴安岭）、俄罗斯（达乌里地区、远东地区南部）。为东蒙古—东亚分布种。

为优等饲用植物。本种植株高大，叶量丰富，各种家畜均喜食。全草可做“透骨草”入药。

7. 肋脉野豌豆（新疆野豌豆）

Vicia costata Ledeb. in Icon. Pl. 2:7. 1830; Fl. Intramongol. ed. 2, 3:364. t.141. f.6-10. 1989.

多年生草本，高 20 ～ 60cm。茎攀援或近直立，多分枝，具棱，无毛或疏生柔毛。叶为双数羽状复叶，具小叶 (6 ～)10 ～ 16；叶轴末端成分枝的卷须；托叶半边箭头形，上部的托叶为披针形，长 3 ～ 5.5mm，脉纹凸出，被微毛；小叶矩圆形、椭圆形或近于披针形，互生，革质，灰绿色，长 7 ～ 17（～ 25）mm，宽 2 ～ 5mm，先端钝或锐尖，具小刺尖，基部圆形或宽楔形，叶脉凸出，上面无毛，下面疏生短柔毛。总状花序腋生，具 3 ～ 10 朵花，排列于一侧，超出于叶；花萼钟状，疏生柔毛或无毛，上萼齿短，三角形，下萼齿长，披针形。花淡黄色或白色，长约 16mm，下垂；旗瓣倒卵状矩圆形，先端微凹，中部微缢缩；翼瓣稍短于旗瓣而长于龙骨瓣。子房条形，无毛，花柱急弯，上部周围有短柔毛，柱头头状。荚果扁平，稍膨胀，无毛，椭圆状矩圆形，两端尖，长 15 ～ 25mm，宽 5 ～ 7mm，含种子 1 ～ 3 粒；

种子近球形，黑色。花期 6 ～ 7 月，果期 7 ～ 8 月。

旱中生草本。为荒漠草原的伴生种，在草原带西部也可以见到，可渗入荒漠带内。生于古河床、干谷地的砾石质及砾质基质上、碎石堆积物以及山地丘陵的石砾质坡地。产锡林郭勒（苏尼特右旗）、乌兰察布（二连浩特市、达尔罕茂明安联合旗、乌拉特中旗）、东阿拉善（乌拉特后旗、临河区、狼山）、贺兰山。分布于我国青海东部和南部、新疆（天山、阿尔泰山），蒙古国东部和南部及西部、俄罗斯（阿尔泰地区、图瓦共和国）、哈萨克斯坦东部。为亚洲中部分布种。

为优等饲用植物。各类牲畜四季均喜食，在花果期羊喜采食它的花和嫩荚果。现已引种栽培。

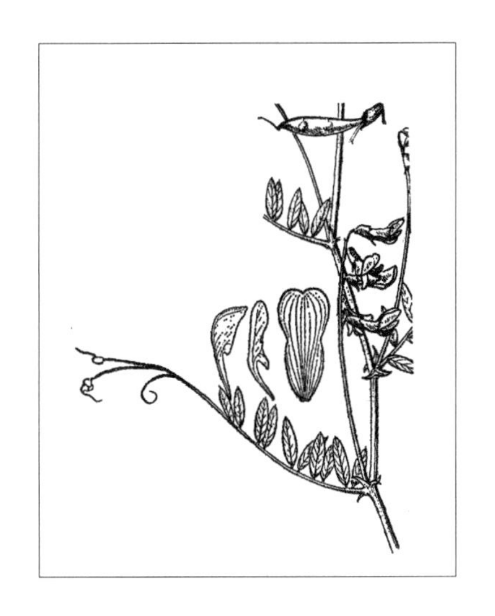

8. 多茎野豌豆

Vicia multicaulis Ledeb. in Fl. Alt. 3:345. 1831; Fl. Intramongol. ed. 2, 3:366. t.142. f.1-5. 1989.

多年生草本，高 10 ～ 50cm。根状茎粗壮；茎数个或多数，直立或斜升，有棱，被柔毛或近无毛。叶为双数羽状复叶，具小叶 8 ～ 16；叶轴末端成分枝或单一的卷须；托叶 2 裂呈半边箭头形或半戟形，长 3 ～ 6mm，脉纹明显，有毛，上部的托叶常较细，下部托叶较宽；小叶矩圆形或椭圆形至条形，长 10 ～ 20mm，宽 1.5 ～ 5mm，先端钝或圆，具短刺尖，基部圆形，全缘，叶脉特别明显，侧脉排列呈羽状或近于羽状，上面无毛或疏生柔毛，下面疏生柔毛或近无毛。总状花序腋生，超出于叶，具 4 ～ 15 朵花；花萼钟状，有毛，萼齿 5，上萼齿短，三角形，下萼齿长，狭三角状锥形。花紫色或蓝紫色，长 13 ～ 18mm；旗瓣矩圆状倒卵形，中部缢缩或微缢缩，瓣片比瓣爪稍短；翼瓣及龙骨瓣比旗瓣稍短或近等长。子房有细柄，花柱上部周围有毛。花期 6 ～ 7 月，果期 7 ～ 8 月。

中生草本。生于森林带和草原带的山地和丘陵坡地，散见于林缘、灌丛、山地森林上限的草地，也进入河岸沙地与草甸草原。产兴安北部及岭东和岭西（额尔古纳市、根河市、牙克石市、鄂伦春自治旗、陈巴尔虎旗、海拉尔区、鄂温克族自治旗）、兴安南部（科尔沁右翼前旗、科尔沁右翼中旗、阿鲁科尔沁旗、巴林右旗、克什克腾旗）、赤峰丘陵（红山区、翁牛特旗）、燕山北部（喀喇沁旗）、锡林郭勒（西乌珠穆沁旗、锡林浩特市）、阴山（大青山）。分布于我国黑龙江、吉林、辽宁东北部、河北西北部、山西北部、陕西、宁夏南部、甘肃东南部、青海东南部、四川西北部、西藏东北部、新疆，日本、蒙古国北部和西部及南部、俄罗斯（西伯利亚地区、远东地区）、哈萨克斯坦。为东古北极分布种。

秋季为羊所乐食。

9. 山野豌豆（山黑豆、落豆秧、透骨草）

Vicia amoena Fisch. ex Seringe in Prodr. 2:355. 1825; Fl. Intramongol. ed. 2, 3:368. t.142. f.11-16. 1989.——*V. amoena* Fisch. var. *oblongifolia* Regel in Tent. Fl. Ussur. 11:132. 1861; Fl. Intramongol. ed. 2, 3:369. 1989.——*V. amoena* Fisch. var. *sericea* Kitag. in Rep. Inst. Sci. Res. Mansh. 4:83. t.3. f.1. 1940; Fl. Intramongol. ed. 2, 3:369. 1989.

多年生草本，高 40 ～ 80cm。主根粗壮。茎攀援或直立，具四棱，疏生柔毛或近无毛。叶为双数羽状复叶，具小叶 (6 ～)10 ～ 14，互生；叶轴末端成分枝或单一的卷须；托叶大，2 或 3 裂呈半边戟形或半边箭头形，长 10 ～ 16mm，有毛；小叶椭圆形或矩圆形，长 15 ～ 30mm，宽 (6 ～)8 ～ 15mm，先端圆或微凹，具刺尖，基部通常圆形，全缘，侧脉与中脉成锐角，通常达边缘，在末端不连合呈波状、牙齿状或不明显，上面无毛，下面沿叶脉及边缘疏生柔毛或近无毛。总状花序腋生；总花梗通常超出叶，具 10 ～ 20 朵花；花萼钟状，有毛，上萼齿较短，三角形，下萼齿较长，披针状锥形。花梗有毛；花红紫色或蓝紫色，长 10 ～ 13(～ 16)mm；旗瓣倒卵形，顶端微凹；翼瓣与旗瓣近等长；龙骨瓣稍短于翼瓣，顶端渐狭，略呈三角形。子房有柄，花柱急弯，上部周围有毛，柱头头状。荚果矩圆状菱形，长 20 ～ 25mm，宽约 6mm，无毛，含种子 2 ～ 4 粒；种子圆形，黑色。花期 6 ～ 7 月，果期 7 ～ 8 月。

中生草本。生于山地林缘、灌丛和广阔的草甸草原群落中，为草甸草原和林缘草甸的优势种或伴生种，也见于沙地、溪边、丘陵低湿地。产兴安北部及岭东和岭西、呼伦贝尔、兴安南部、科尔沁、辽河平原（大青沟）、赤峰丘陵、燕山北部、锡林郭勒（东乌珠穆沁旗、西乌珠穆沁旗、锡林浩特市、多伦县、太仆寺旗、正蓝旗、兴和县）、乌兰察布（达尔罕茂明安联合旗吉穆斯泰山、

固阳县）、阴山（大青山、蛮汗山、乌拉山）、阴南丘陵（准格尔旗）、鄂尔多斯（达拉特旗、乌审旗）。分布于我国黑龙江、吉林、辽宁、河北、山西、山东、河南、陕西、宁夏、甘肃东部、青海东部和南部、四川西部和南部、西藏东部、云南西北部、安徽、江西西南部、湖北西北部，湖南东部，日本、朝鲜、蒙古国东部和北部及西部、俄罗斯（西伯利亚地区、远东地区、库页岛）、哈萨克斯坦。为东古北极分布种。

为优等饲用植物。茎叶柔嫩，各种牲畜均乐食。羊喜采食其叶，马于秋、冬、春季采食，骆驼四季均采食。种子采收容易，发芽率高，耐荫性强，可与多年生丛生性禾本科牧草混播，用做改良天然草场和打草。

全草入蒙药（蒙药名：乌拉音 - 给希），能解毒、利尿、主治水肿。

本种分布较广泛。由于生境不同，小叶的形状和大小都有较大的变化：有的植株小叶以椭圆形为主，有的以矩圆形为主，有的以披针形为主。小叶大小变化较大，同一株的小叶形状变化也较大。

10. 大龙骨野豌豆

Vicia megalotropis Ledeb. in Fl. Alt. 3:344. 1831; Pl. As. Centr. 8a:71. 1988; Fl. China 10:563. 2010.

直立或斜升草本，高 50 ～ 80cm。茎单生；根状茎纤细，疏被柔毛。双数羽状复叶；叶轴顶端卷须分枝，长 1 ～ 3cm；托叶长 0.5 ～ 0.8cm，半箭头形或披针形，托叶下部有 1 至 2 裂齿，上部线状披针形；小叶 7 ～ 12 对，披针形至条状披针形，长 2 ～ 3.5(～ 4)cm，宽 1.5 ～ 4(～ 6)mm，先端锐尖或钝，被贴伏柔毛。总状花序与叶近等长，具花 10 ～ 20 朵，密集并偏向一侧；萼钟形，萼齿三角形，下方 1 齿较长，几等长于萼筒；花长 12 ～ 15mm，紫红色；旗瓣长于翼瓣和龙骨瓣。荚果菱形、长圆形，长 2 ～ 2.5cm，宽 6 ～ 7mm，含种子 3 ～ 6 粒。花果期 6 ～ 7 月。

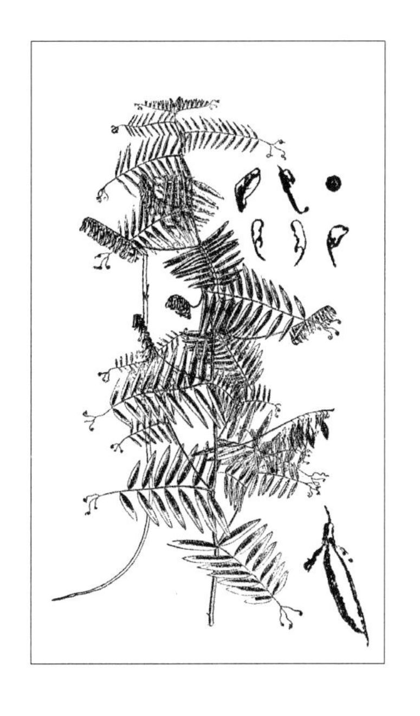

中生草本。生于草原带的阳坡灌丛、疏林下、山地草甸，为山地草甸伴生种，有时也进入草甸草原中。产岭西（陈巴尔虎旗）。分布于我国山西、宁夏（固原市隆德县）、甘肃（兰州市榆中县、临夏回族自治州）、青海东部、新疆北部，蒙古国北部、俄罗斯（西伯利亚地区）。为西伯利亚—华北分布种。

11. 索伦野豌豆

Vicia geminiflora Trautv. in Trudy. Imp. St.-Petersb. Bot. Sada 3(1):42. 1875; Fl. Intramongol. ed. 2, 3:373. 1989.

多年生草本。植株稍有毛或近无毛。根状茎细，常于地下横走，茎细，稍分枝，上升，借卷须攀援，高 30 ～ 50cm。复叶具小叶 6 ～ 10；叶轴末端具单一或稀分枝的卷须；托叶细小，长 3 ～ 7mm，半边箭头形，全缘；小叶狭条形，长 20 ～ 30mm，宽 1.5 ～ 3mm，基部圆形，先端钝，

具小刺尖，叶脉不明显。总状花序腋生，超出于叶，具 2 ～ 3(～ 4) 朵花；萼钟状，稀生细柔毛，萼齿三角形至条状披针形，下萼齿较细长。花冠蓝色或紫色，长 18 ～ 24mm；旗瓣倒卵状矩圆形，顶端微缺，龙骨瓣为旗瓣的 2/3 长；翼瓣比旗瓣短，比龙骨瓣长。子房有细长柄，无毛，只有柱头附近密生长毛。花期 6 ～ 7 月。

湿中生草本。生于森林草原带的河岸柳灌丛间草甸，为湿生草甸种。产呼伦贝尔（陈巴尔虎旗）、兴安南部（科尔沁右翼前旗索伦镇、突泉县）。分布于我国黑龙江、吉林、辽宁，蒙古国东北部（蒙古—达乌里地区）、俄罗斯（东西伯利亚达乌里地区）。为东西伯利亚—满洲分布种。

12. 大花野豌豆（三齿萼野豌豆）

Vicia bungei Ohwi in J. Jap. Bot. 12(5):330. 1936; Fl. Intramongol. ed. 2, 3:373. 1989.

一年生草本。茎有棱，多分枝，高 15 ～ 30(～ 40)cm，无毛或稍被细柔毛。双数羽状复叶，具小叶 6 ～ 8(～ 10)；叶轴末端为单一或分枝的卷须；托叶半边箭头形，长 3 ～ 7mm；小叶矩圆形、倒卵状矩圆形或倒卵形，长 10 ～ 25mm，宽 2.5 ～ 6(～ 8.5)mm，基部圆形，先端截形或微凹，有时呈不整齐的牙齿状，全缘，上面无毛，下面疏生细毛，叶脉明显。总状花序腋生，比叶稍长，具 2 ～ 3 朵花；花梗比萼短，有毛；萼钟形，被细毛，萼齿三角形至披针形，下齿比上齿长。花紫红色，长 20 ～ 25mm；旗瓣倒卵状披针形，顶端微缺；翼瓣短于旗瓣，长于龙骨瓣。子房有细长柄，沿腹、背缝线有毛，常为金黄色毛，柱头附近密生长毛。荚果矩圆形，稍膨胀或扁。花期 5 ～ 7 月，果期 6 ～ 8(～ 9) 月。

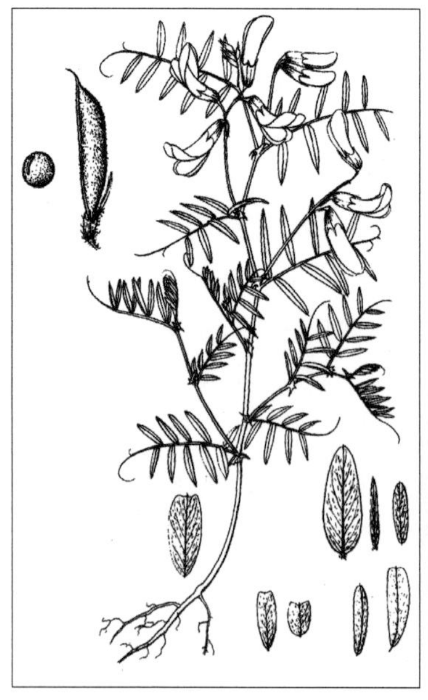

中生草本。生于校园草坪。产阴南平原（呼和浩特市）。分布于我国黑龙江西南部、吉林西部、辽宁、河北、河南北部、山西、山东、安徽、江苏、宁夏南部、陕西、甘肃东部、青海东部、四川西半部、云南北部、西藏，朝鲜。为东亚分布种。

13. 救荒野豌豆（巢菜、箭筈豌豆、普通苕子）

Vicia sativa L., Sp. Pl. 2:736. 1753; Fl. Intramongol. ed. 2, 3:377. t.144. f.12. 1989.——*V. angustifolia* L. ex Reichard in Fl. Moeno-Francof. 2:44. 1778; High. Pl. China 7:419. f.662. 2001;Y. B. Liu et Y. Z. Zhao in Act. Sci Nat. Univ. Intramongol. 32(1):72. 2001.

一年生草本，高 20 ～ 80cm。茎斜升或借卷须攀援，单一或分枝，有棱，被短柔毛或近无毛。叶为双数羽状复叶，具小叶 8 ～ 16；叶轴末端具分枝的卷须；托叶半边箭头形，通常具 1 ～ 3

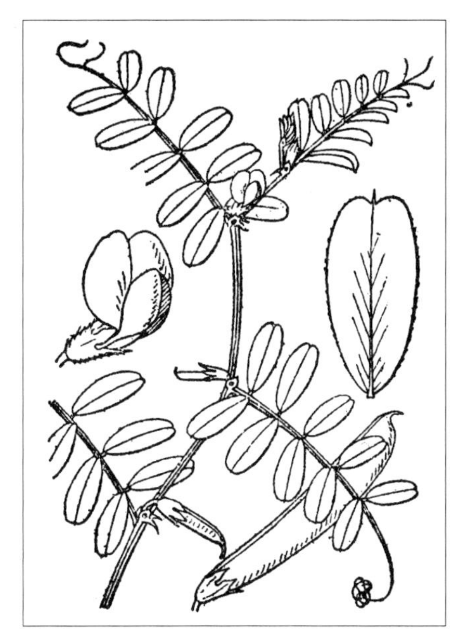

个披针状的齿裂；小叶椭圆形至矩圆形，或倒卵形至倒卵状矩圆形，长 10 ～ 25mm，宽 5 ～ 12mm，先端截形或微凹，具刺尖，基部楔形，全缘，两面疏生短柔毛。花 1 ～ 2 朵腋生；花梗极短；花萼筒状，被短柔毛，萼齿披针状锥形至披针状条形，比萼筒稍短或近等长。花紫色或红色，长 20 ～ 23(～ 26)mm；旗瓣长倒卵形，顶端圆形或徽凹，中部微缢缩，中部以下渐狭；翼瓣短于旗瓣，显著长于龙骨瓣。子房被微柔毛，花柱很短，下弯，顶端背部有淡黄色髯毛。荚果条形，稍压扁，长 4 ～ 6cm，宽 5 ～ 8mm，含种子 4 ～ 8 粒；种子球形，棕色。花期 6 ～ 7 月，果期 7 ～ 9 月。

中生草本。原产欧洲南部和亚洲西部，为南欧—西亚种。我国南北均有栽培，也常自生于平原以至海拔 1600m 以下的山脚草地、路旁、灌木林下及麦田中。内蒙古赤峰丘陵（红山区）、燕山北部（喀喇沁旗旺业甸林场）和东阿拉善（杭锦后旗）有栽培或逸生。

为优等的饲用植物和绿肥植物。营养价值较高，含有丰富的蛋白质和脂肪。据报道，其种子混入粮食中人食后有中毒现象。

14. 柳叶野豌豆（北野豌豆、脉叶野豌豆）

Vicia venosa (Willd. ex Link) Maxim. in Bull. Acad. Imp. Sci. St.-Petersb. 18(4):395. 1873; Fl. Intramongol. ed. 2, 3:374. t.144. f.5. 1989.——*V. ramuliflora* (Maxim.) Ohwi in J. Jap. Bot. 12(5):331. 1936; Fl. Intramongol. ed. 2, 3:374. t.144. f.1-4. 1989; Y. B. Liu et Y. Z. Zhao in Act. Sci Nat. Univ. Intramongol. 32(1):70. 2001.

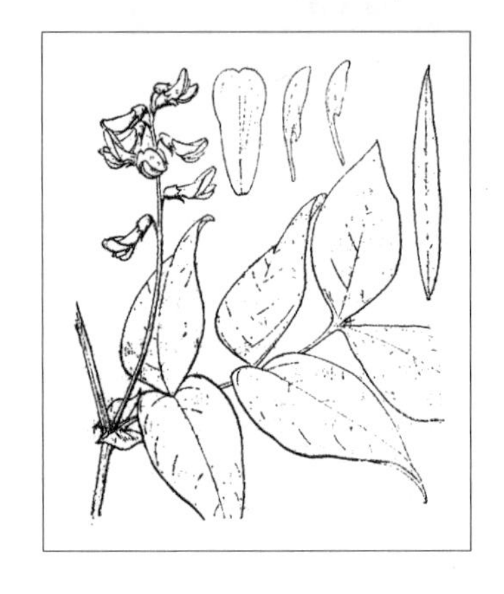

多年生草本，高 40 ～ 80cm。常数茎丛生，通常直立，无毛。复叶具小叶 4 ～ 8；叶轴末端呈针刺状；托叶半边卵形或稀半边箭头形，长（8 ～）10 ～ 16mm，渐尖，全缘或基部稍具锯齿；小叶卵状椭圆形、卵形、卵状披针形、条状披针形或条形，稀近披针形，长 40 ～ 90mm，宽 5 ～ 10mm，基部楔形，先端渐尖，全缘或为不规则的微波状缘，无毛或仅在边缘及背面脉上有纤毛。总状花序腋生，比叶短或稍长，有时分枝呈复总状；花梗比萼短，稍有毛或无毛；萼钟状，萼齿很短，稍有毛或无毛。花冠蓝色或蓝紫色，近白色，长 10 ～ 13(～ 14)mm；旗瓣比翼瓣稍长；翼瓣与龙骨瓣近等长。荚果稍膨胀或近于扁平，矩圆形，先端斜楔形，长 25 ～ 30mm，宽 5 ～ 6mm，无毛，具种子 3 ～ 6 粒，种脐约占种子周长的 1/3。花期 7 ～ 8 月，果期 8 ～ 9 月。

中生草本。生于针阔混交林下、林间和林缘草甸、山地草甸，为山地森林带及其山麓森林草原带常见的伴生成分。产兴安北部及岭西（额尔古纳市、根河市、牙克石市、阿尔山市、东乌珠穆沁旗宝格达山）、兴安南部（科尔沁右翼前旗、阿鲁科尔沁旗、巴林右旗、克什克腾旗）。分布于我国黑龙江、吉林、辽宁、河北北部和中部、山东、河北（衡水市）、安徽（黄山）、浙江（湖州市安吉县）、江苏（溧阳市），日本、朝鲜、蒙古国东北部、俄罗斯（东西伯利亚地区、远东地区、库页岛）。为东古北极分布种。

可做牧草。

15. 歪头菜（草豆）

Vicia unijuga A. Br. in Index Sem. Hort. Berol.1853:22. 1853; Fl. Intramongol. ed. 2, 3:376. t.144. f.6-11.1989.

多年生草本，高 40 ～ 100cm。根状茎粗壮，近木质；茎直立，常数茎丛生，有棱，无毛或疏生柔毛。叶为双数羽状复叶，具小叶 2；叶轴末端呈刺状；托叶半边箭头形，长（6 ～）8 ～ 20mm，具 1 至数个齿裂，稀近无齿；小叶卵形或椭圆形，有时为卵状披针形、长卵形、近菱形等，长 30 ～ 60mm，宽 20 ～ 35mm，先端锐尖或钝，基部楔形、宽楔形或圆形，全缘，具微凸出的小齿，上面无毛，下面无毛或沿脉疏生柔毛，叶脉明显，呈密网状。总状花序腋

生或顶生，比叶长，具花 15 ～ 25 朵；总花梗疏生柔毛；小苞片短，披针状锥形；花萼钟形或筒状钟形，疏生柔毛，萼齿长，三角形，上萼齿较短，披针状锥形。花蓝紫色或淡紫色，长 11 ～ 14mm；旗瓣倒卵形，顶端微凹，中部微缢缩，比翼瓣长；翼瓣比龙骨瓣长。子房无毛，花柱急弯，上部周围有毛，柱头头状。荚果扁平，矩圆形，两端尖，长 20 ～ 30mm，宽 4 ～ 6mm，无毛，含种子 1 ～ 5 粒；种子扁圆形，褐色。花期 6 ～ 7 月，果期 8 ～ 9 月。

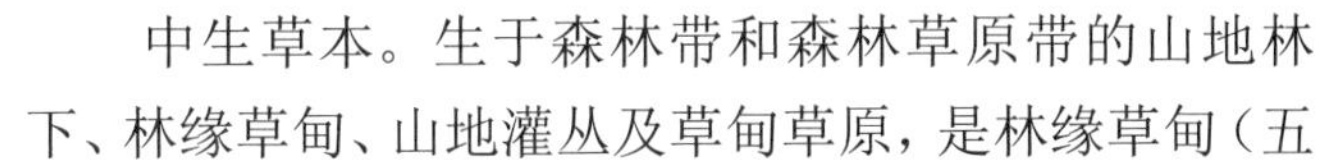

中生草本。生于森林带和森林草原带的山地林下、林缘草甸、山地灌丛及草甸草原，是林缘草甸（五花草甸）的亚优势种或伴生种。产兴安北部及岭东和岭西（额尔古纳市、根河市、牙克石市、鄂伦春自治旗、东乌珠穆沁旗宝格达山、阿荣旗）、呼伦贝尔（陈巴尔虎旗、鄂温克族自治旗）、兴安南部及科尔沁（科尔沁右翼前旗、扎赉特旗、扎鲁特旗、阿鲁科尔沁旗、巴林左旗、巴林右旗、克什克腾旗）、赤峰丘陵（翁牛特旗）、燕山北部（喀喇沁旗、宁城县黑里河林场、敖汉旗）、

锡林郭勒（东乌珠穆沁旗、西乌珠穆沁旗、锡林浩特市、多伦县）、阴山（大青山、乌拉山）。分布于我国黑龙江、吉林、辽宁、河北北部和西部、河南中部和西部、山东、山西、陕西、宁夏南部、甘肃东部、青海东部、四川、西藏东部、云南北部、贵州西部、安徽、江苏、浙江、江西、湖北西北部，日本、朝鲜、蒙古国东部和北部及西部、俄罗斯（西伯利亚地区、远东地区、库页岛）。为东古北极分布种。

为优等饲用植物。马、牛最喜食其嫩叶和枝，干枯后仍喜食。羊一般采食，枯后稍食。营养价值较高，耐牧性强，可做改良天然草地和混播之用，也可做水土保持植物。全草入药，能解热、利尿、理气、止痛，主治头晕、浮肿、胃病；外用治疔毒。

16. 蚕豆（大豆、胡豆）

Vicia faba L., Sp. Pl. 2:737. 1753; Fl. Intramongol. ed. 2, 3:377. 1989.

一年生草本，高 30 ～ 100cm。茎直立，粗壮，具四棱，少分枝，无毛。叶为双数羽状复叶，

具小叶 2 ～ 6；叶轴末端呈刺状；托叶半边箭头形或三角状卵形，长 10 ～ 20mm，稍有不整齐的锯齿；小叶椭圆形至矩圆形或为倒卵形，长 4 ～ 10cm，宽 2 ～ 4cm，先端圆形、稍钝或锐尖，具短刺尖，基部楔形，全缘，两面无毛。总状花序腋生，具花 1 ～ 4(～ 6) 朵；花梗极短或近于无梗；花萼钟状，萼齿披针形，长渐尖，上萼齿比下萼齿短。花白色，带紫色斑晕，长 2 ～ 3（～ 3.5）cm；旗瓣中部微缢缩，基部渐狭，顶端钝或微凹；翼瓣比旗瓣短，而比龙骨瓣长。子房条形，无毛。荚果近圆柱形，肥厚，长 5 ～ 10cm，宽约 2cm 或更宽，荚果内种子之间有横隔膜；种子大，椭圆状，略扁，种脐很短。花期 6 月，果期 8 月。

中生草本。原产地中海沿岸、北非、西南亚，为地中海沿岸—西南亚种。我国及世界其他国家都有栽培；内蒙古各农业区及山区多栽培。

种子供食用和做饲料。据报道，花、果皮、叶入药，能止血、降压，主治吐血、咯血、高血压；种皮能利尿，主治浮肿及脚气。

21. 豌豆属 Pisum L.

一年生或多年生草本。叶为羽状复叶，小叶通常 2 ～ 6；叶轴末端有羽状分枝的卷须；托叶大，叶状，通常大于小叶。花单生或为具少数花的腋生总状花序；花冠白色或带紫红色；花萼稍偏斜或基部呈浅囊状；雄蕊 10，为 9 与 1 两体，雄蕊筒顶端截形或近截形；花柱扁，其上部里面有长柔毛。荚果较膨胀，稍压扁，含种子多数。

内蒙古有 1 栽培种。

1. 豌豆

Pisum sativum L., Sp. Pl. 2:727. 1753; Fl. Intramongol. ed. 2, 3:384. t.147. f.1-6.1989.

一年生攀援草本，高 30 ～ 50cm。全株光滑无毛，带白粉。双数羽状复叶，具小叶 2 ～ 6；叶轴末端有羽状分枝的卷须；托叶呈叶状，通常大于小叶，下缘具疏齿；小叶卵形、卵状椭圆形或倒卵形，长 2 ～ 5cm，宽 1 ～ 2.5cm，先端钝圆或稍尖，具小刺尖，基部宽楔形或圆形，全缘，有时也有不规则的疏锯齿。花单生或 2 ～ 3 朵生于腋出的总花梗上；花萼钟状，萼齿披针形。花白色或带紫红色；旗瓣的瓣片近扁圆形，长约 13mm，宽约 18mm，顶端微凹，基部具较宽的短爪；翼瓣的瓣片近宽卵形，长宽约 10mm，下部具耳和爪；龙骨瓣的瓣片近半圆形。子房条状矩圆形，花柱弯曲与子房成直角。荚果长圆筒状，稍压扁，长 5 ～ 7（～ 10）cm，含种子多数；种子球形，青绿色，干后变为黄色。花期 6 ～ 7 月，果期 7 ～ 9 月。

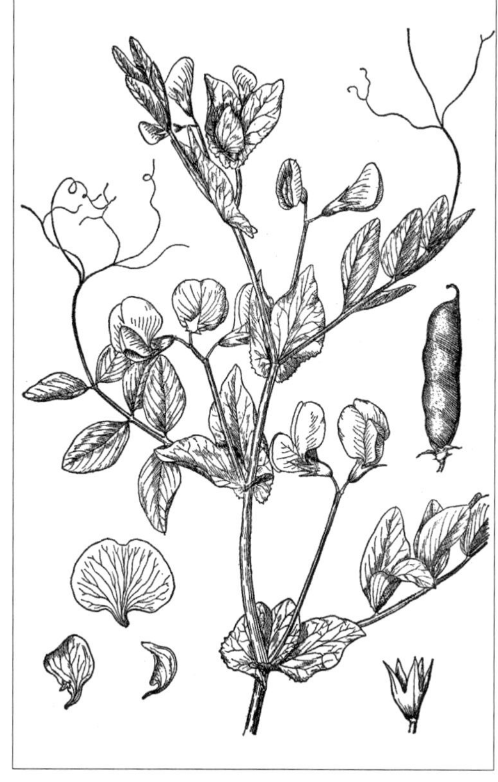

中生攀援草本。原产欧洲，为欧洲种。我国各地和其他国家常有栽培，内蒙古亦有栽培。

本种的品种较多，种子的外形、颜色等有差异。种子、嫩荚、嫩苗均可食用。种子入药，有强壮、利尿、止泻作用；茎、叶能清凉解暑。花入蒙药（蒙药名：豌豆 - 宝日其根 - 其其格），能止血、止泻，主治吐血、便血、崩漏等各种出血，肠刺痛，腹痛，腹泻，赤白带下。可做绿肥和饲料。

22. 兵豆属 Lens Mill.

一年生草本。茎直立或攀援。叶为羽状复叶，小叶 2 至多数，狭而全缘，顶端无小叶或变成卷须及刺毛状。花小，不显著，单生或数朵排成总状花序；萼齿甚狭；翼瓣与龙骨瓣连合；雄蕊呈 9 与 1 两体；花柱沿内侧生髯毛。荚果短，扁平，含种子 1 ～ 2 粒；种子两面凸形。

内蒙古有 1 栽培种。

1. 兵豆（扁豆、小扁豆、滨豆）

Lens culinaris Medikus in Vorles. Churpf. Phys.-Ocon. Ges. 2:361. 1787; Fl. Intramongol. ed. 2, 3:378. t.148. f.1-6. 1989.

一年生草本，高 10 ～ 25cm。多分枝，枝细，疏生长柔毛，具纵沟棱。双数羽状复叶，具小叶 8 ～ 14；顶端小叶变为卷须或呈刺毛状；托叶披针形，长 2.5 ～ 7mm，先端渐尖，有毛；小叶对生或近对生，倒卵状披针形或倒卵形、倒卵状矩圆形，长 5 ～ 15mm，宽 2 ～ 5mm，先端圆形、截形或微凹，基部楔形，两面疏生长柔毛。总状花序腋生，比叶短，具花 1 ～ 2 朵；总花梗疏生长柔毛；苞片条形，长 1 ～ 3mm；花萼浅杯状，有长柔毛，萼齿条状披针形，渐尖，长约 5mm，较萼筒长 2 ～ 3 倍，较花瓣稍长。花白色或淡紫色，长 4 ～ 6.5mm；旗瓣倒卵形，基部尖狭；翼瓣及龙骨瓣均具爪和耳。子房无毛，具短柄，花柱顶端里面有 1 纵列髯毛。荚果矩圆形，呈牛耳刀状，膨胀，无毛，成熟后呈黄色，具网状脉纹，长 10 ～ 14mm，宽 5 ～ 7mm，含种子 1 ～ 2 粒；种子近圆形，扁，两面凸起，褐色，直径 3 ～ 4mm。花期 6 ～ 7 月，果期 8 ～ 9 月。

中生草本。原产地中海地区和西亚，为地中海沿岸—西亚分布种。我国河北、河南、陕西、甘肃、四川、云南、西藏等地有栽培，内蒙古西部地区有少量栽培。

种子可食用，又可做家畜饲料。

23. 山黧豆属 Lathyrus L.

一年生或多年生草本。茎攀援，少直立或平卧。叶为双数羽状复叶，叶轴末端形成卷须或小刺，托叶半箭头形或箭头形。总状花序腋生；萼齿近相等或上萼齿较短。旗瓣宽倒卵形或近圆形；翼瓣多为矩圆形或镰刀状倒卵形；龙骨瓣通常较短，仅中部连合或近于分离。雄蕊 10，呈 9 与 1 两体，花药同型，雄蕊筒顶端截形，不倾斜；花柱近扁平，上端的下面有髯毛。荚果稍扁或近圆柱形，含种子 2 至多数。

内蒙古有 5 种，另有 1 栽培种。

分种检索表

1a. 叶轴末端为卷须。

2a. 小叶 1 对，花柱扭转。栽培……………………………………………………**1. 家山黧豆 L. sativus**

2b. 小叶 1 ～ 5 对，花柱不扭转。

3a. 花黄色；托叶大，长 2 ～ 7cm………………………………………………**2. 大山黧豆 L. davidii**

3b. 花红紫色、蓝紫色或紫色；托叶较小，长在 2cm 以下。

4a. 小叶卵形或椭圆形，具网状脉……………………………………………**3. 矮山黧豆 L. humilis**

4b. 小叶矩圆状披针形、披针形、条状披针形或条形。

5a. 托叶细长，长 5 ～ 15mm，宽 0.5 ～ 1.5mm；小叶具 5 条明显凸出的纵脉；卷须单一不分枝…………………………………………………………**4. 山黧豆 L. quinquenervius**

5b. 托叶较宽，长 6 ～ 15mm，宽 1.5 ～ 4mm；小叶的叶脉不明显；卷须通常分枝……………………………………………………………………………**5. 毛山黧豆 L. palustris** var. **pilosus**

1b. 叶轴末端为刺状；小叶矩圆形、椭圆形或披针形，具 3（～ 5）条中脉…**6. 三脉山黧豆 L. komarovii**

1. 家山黧豆（栽培山黧豆）

Lathyrus sativus L., Sp. Pl. 2:730. 1753; Fl. Intramongol. ed. 2, 3:379. t.145. f.1-5. 1989.

一年生草本，高 30 ～ 50cm。植株通常无毛。茎斜升或近直立，借助卷须攀援，多分枝，具细棱，有狭翅。双数羽状复叶，具小叶 2；叶柄具翅；叶轴末端成分枝的卷须；托叶为狭的半箭头形，渐尖，长 1.8 ～ 2.5cm，宽 2 ～ 4mm；小叶条状披针形或披针状条形，长 4 ～ 10cm，宽 2 ～ 4mm，先端渐尖，基部楔形，具 3 ～ 5 条纵脉。花腋生，通常单生，稀为 2 朵；总花梗比叶柄稍长或稍短；花萼短钟状，萼齿狭披针形或披针形，渐尖，比萼筒长 1 ～ 2 倍。花梗基部有 1 ～ 2 条形或披针形的苞片；花白色，长 1.2 ～ 1.5（～ 2）cm；旗瓣宽椭圆形，顶端微凹，基部具短爪；翼瓣矩圆形，上端稍宽，基部具耳及爪；龙骨瓣显著短于翼瓣。荚果近椭圆形或矩圆形，扁平，长 2.5 ～ 3.5（～ 4）cm，宽 1.2 ～ 1.5cm，顶端具弯曲的短喙，沿腹缝线有 2 条明显的翅，含种子 2 ～ 6 粒。花期 6 ～ 7 月，果期 8 月。

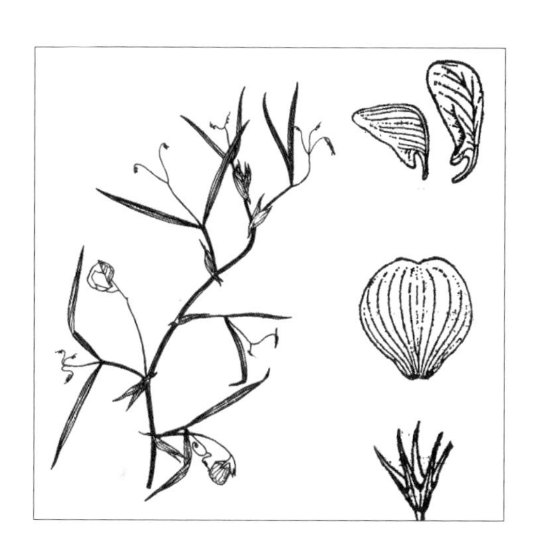

中生草本。原产欧洲，为欧洲种。我国北部有栽培，内蒙古西部有少量栽培。

我国北方地区栽培做家畜饲料。

2. 大山黧豆（大豌豆）

Lathyrus davidii Hance in J. Bot. 9:130. 1871; Fl. Intramongol. ed. 2, 3:379. t.145. f.6-11.1989.

多年生草本，高 80 ～ 100cm。茎近直立或斜升，稍攀援，圆柱状，有细沟棱，无毛。双数羽状复叶，具小叶 6 ～ 8(～ 10)；上部叶的叶轴顶端常具分枝的卷须，下部叶的叶轴顶端多为单一的卷须或呈长刺状；托叶大，半箭头形，长 2 ～ 7cm，宽 8 ～ 30mm，全缘或下缘稍有锯齿；小叶卵形或椭圆形，有时为菱状卵形或长卵形，长 4 ～ 10(～ 12)cm，宽 1.5 ～ 6(～ 8)cm，先端钝或圆形，稀锐尖，具短刺尖，基部圆形或宽楔形，两面无毛，下面带苍白色，叶脉网状。总状花序腋生，比叶长或近等长，有时稍短，通常有花 10 余朵，有时花轴分枝而具多数花；花梗与萼近等长；萼钟形，无毛，萼齿比萼筒显著短，上萼齿三角形，下萼齿狭三角形至锥形。花黄色，长 16 ～ 20mm；旗瓣矩圆形或倒卵状矩圆形，在中部稍上处微缢缩；翼瓣与旗瓣近等长，有细长稍弯的爪；龙骨瓣稍短，具长爪。子房无毛。荚果条形，两面膨胀，长 6 ～ 10cm，宽 5 ～ 6mm，无毛；种子近球形，褐色，直径约 3mm。花期 6 ～ 7 月，果期 8 ～ 9 月。

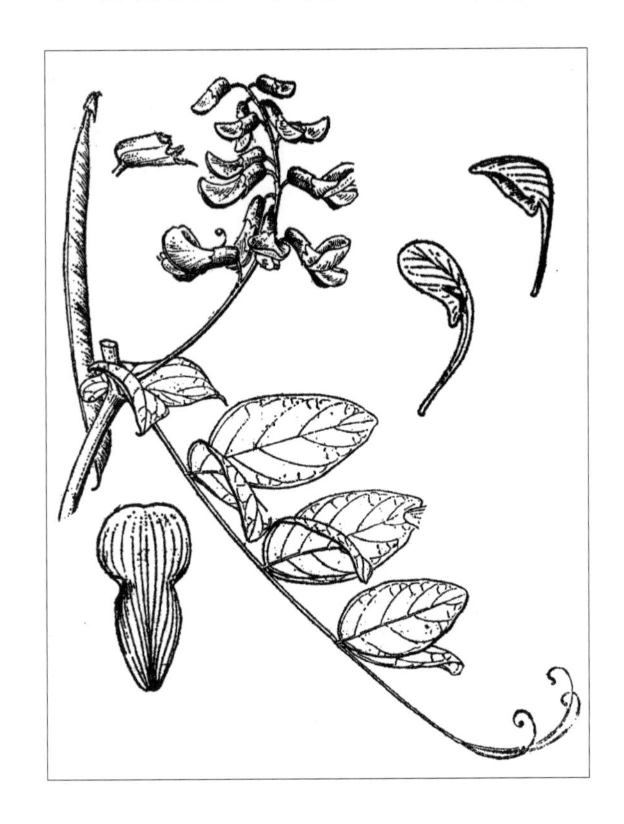

中生草本。生于阔叶林带的山地林下、林缘、灌丛及草甸。产燕山北部（宁城县、敖汉旗）。分布于我国黑龙江东南部、吉林东部、辽宁、河北、河南、山东、山西、陕西南部、甘肃东南部、安徽西部、湖北西北部、湖南、四川北部，日本、朝鲜、俄罗斯（远东地区）。为东亚分布种。

可做绿肥及饲料。种子入药，能镇痛，治子宫内膜炎及痛经。

3. 矮山黧豆（矮香豌豆）

Lathyrus humilis (Ser.) Spreng. in Syst. Veg. 3:263. 1826; Fl. Intramongol. ed. 2, 3:381. t.145. f.12-16.1989.——*Orobus humilis* Ser. in Prodr. 2:378. 1825.

多年生草本，高 20 ～ 50cm。根状茎细长，横走地下；茎有棱，直立，稍分枝，常呈“之”字形屈曲。双数羽状复叶，具小叶 6 ～ 10；叶轴末端成单一或分枝的卷须；托叶半箭头形或斜卵状披针形，长 6 ～ 16mm 或更长，下缘常有齿；小叶卵形或椭圆形，长 20 ～ 40mm，宽 8 ～ 20mm，先端钝或锐尖，具小刺尖，基部圆形或近宽楔形，全缘，上面绿色，无毛，下面无毛或疏生柔毛，有

霜粉，带苍白色，有较密的网状脉。总状花序腋生，有 2 ～ 4 朵花；总花梗比叶短或近等长，花梗与花萼近等长；花萼钟状，长约 6mm，无毛，萼齿三角形，下萼齿比上萼齿长。花红紫色，长 18 ～ 20mm；旗瓣宽倒卵形，于中部缢缩，顶端微凹；翼瓣比旗瓣短，椭圆形，顶端钝圆，具稍弯曲的瓣爪；龙骨瓣半圆形，比翼瓣短，顶端稍尖，具细长爪。子房条形，无毛，花柱里面有白色髯毛。荚果矩圆状条形，长 3 ～ 5cm，宽约 5mm，无毛，灰棕色，顶端锐尖，有明显网脉。花期 6 月，果期 7 月。

耐阴中生草本。生于森林带的针阔混交林及阔叶林下，可成为优势植物，森林带和草原带的灌丛草甸群落中常作为伴生种出现。产兴安北部（额尔古纳市、根河市、牙克石市）、岭东（扎兰屯市）、兴安南部（科尔沁右翼前旗、阿鲁科尔沁旗、巴林右旗、克什克腾旗、东乌珠穆沁旗、西乌珠穆沁旗、锡林浩特市）、阴山（大青山、乌拉山）。分布于我国黑龙江、吉林东部、辽宁、河北、山西、甘肃，朝鲜、蒙古国北部、俄罗斯（远东地区）。为华北—满洲—蒙古分布种。

为良好的饲用植物，青鲜时为牛所乐食，秋季羊采食一些。

4. 山黧豆（五脉山黧豆、五脉香豌豆）

Lathyrus quinquenervius (Miq.) Litv. in Opred. Rast. Dal'nevost. Kraia 2:683. 1932; Fl. Intramongol. ed. 2, 3:381. t.146. f.1-6. 1989.——*Vicia quinquenervius* Miq. in Ann. Mus. Bot. Lugd.-Bat. 3:50. 1867.

多年生草本，高 20 ～ 40cm。根状茎细而稍弯，横走地下；茎单一，直立或稍斜升，有棱，具翅，有毛或近无毛。双数羽状复叶，具小叶 2 ～ 6；叶轴末端成单一不分枝的卷须，下

部叶的卷须很短，常呈刺状；托叶为狭细的半箭头状，长 5 ～ 15mm，宽 0.5 ～ 1.5mm；小叶矩圆状披针形、条状披针形或条形，长 4 ～ 6.5cm，宽 2 ～ 8mm，先端锐尖或渐尖，具短刺尖，基部楔形，全缘，上面无毛或近无毛，下面有柔毛，有时老叶渐无毛，具 5 条明显突出的纵脉。总状花序腋生，花序的长短多变化，通常为叶的 2 倍至数倍长，具 3 ～ 7 朵花；花梗与花萼近等长或稍短，疏生柔毛；花萼钟状，长约 6mm，被长柔毛，上萼齿三角形，先端锐尖或渐尖，比萼筒显著短，下萼齿锥形或狭披针形，比萼筒稍短或近等长。花蓝紫色或紫色，长 15 ～ 20mm；旗瓣宽倒卵形，于中部缢缩，顶端微缺；翼瓣比旗瓣稍短或近等长；龙骨瓣比翼瓣短。子房有毛，花柱下弯。荚果矩圆状条形，直或微弯，顶端渐尖，长 3 ～ 5cm，宽约 5mm，有毛。花期 6 ～ 7 月，果期 8 ～ 9 月。

中生草本。为森林草原带山地草甸、河谷草甸群落的伴生种，也进入草原带的草甸草原群落。产兴安北部（额尔古纳市、牙克石市）、岭东（扎兰屯市）、岭西（陈巴尔虎旗、鄂温克族自治旗）、兴安南部及科尔沁（科尔沁右翼前旗、科尔沁右翼中旗、扎赉特旗、阿鲁科尔沁旗、巴林左旗、巴林右旗）、燕山北部（喀喇沁旗、宁城县）、锡林郭勒（锡林浩特市、苏尼特左旗）、阴山（大青山、乌拉山）、鄂尔多斯（乌审旗）。分布于我国黑龙江、吉林、辽宁、河北、河南、山东、山西、陕西、甘肃东部、青海东北部、四川、江苏、湖北，日本、朝鲜、蒙古国北部（杭爱）、俄罗斯（远东地区）。为蒙古北部—东亚分布种。

5. 毛山黧豆（柔毛山黧豆）

Lathyrus palustris L. var. **pilosus** (Cham.) Ledeb. in Fl. Ross. 1(3):686. 1843; Fl. Intramongol. ed. 2, 3:382. t.146. f.7-12.1989.——*L. pilosus* Cham. in Linnaea 6:548. 1831.

多年生草本，高 30 ～ 50cm。根状茎细，横走地下；茎攀援，常呈“之”字形屈曲，有翅，通常稍分枝，疏生长柔毛。双数羽状复叶，具小叶 4 ～ 8(～ 10)；叶轴末端具分枝的卷须；托叶半箭头形，长 6 ～ 15mm，宽 1.5 ～ 4mm；小叶披针形、条状披针形、条形或近矩圆形，长

2.5 ～ 6.5cm，宽 2 ～ 7mm，先端钝，具短刺尖，基部宽楔形或近圆形，上面绿色，有柔毛，下面淡绿色，密或疏生长柔毛。总状花序腋生，通常比叶长，有时近等长，具花 2 ～ 6 朵；花蓝花梗比萼短或近等长；花萼钟形，长约 6mm，有长柔毛，上萼齿较短，三角形至披针形，下萼齿较长，狭三角形。紫色，长 (13 ～)15 ～ 16(～ 18)mm；旗瓣宽倒卵形，于中部缢缩，顶端微凹；翼瓣比旗瓣短，比龙骨瓣长，具稍弯曲的瓣爪；龙骨瓣的瓣片半圆形，顶端稍尖，具细长爪。子房条形，有毛至近无毛。荚果矩圆状条形或条形，扁或稍膨胀，两端狭，顶端具短喙，长 4 ～ 6cm，宽 6 ～ 8mm，被柔毛或近无毛。花期 6 ～ 7 月，果期 8 ～ 9 月。

中生草本。为森林草原和草原带的沼泽化草甸和草甸群落的伴生种，也进入山地林缘和沟谷草甸。产兴安北部（额尔古纳市、牙克石

市）、岭东（莫力达瓦达斡尔族自治旗、扎兰屯市）、岭西及呼伦贝尔（海拉尔区、鄂温克族自治旗、新巴尔虎左旗）、兴安南部及科尔沁（科尔沁右翼前旗、扎赉特旗、阿鲁科尔沁旗、巴林右旗、克什克腾旗）、辽河平原（科尔沁左翼后旗）、燕山北部（喀喇沁旗、宁城县、兴和县苏木山）、锡林郭勒（东乌珠穆沁旗、锡林浩特市、阿巴嘎旗、苏尼特左旗）、阴山（大青山）。分布于我国黑龙江、吉林、辽宁、河北、山西北部、甘肃东南部、青海东部、四川、云南、江苏、浙江、湖北，日本、朝鲜、蒙古国东部和北部及西部、俄罗斯。为东古北极分布变种。

为良好的饲用植物。羊在秋季采食一些，马、牛乐食其嫩枝叶。

本变种与正种 *L. palustris* L. 的区别在于植株通常有毛。

6. 三脉山黧豆（具翅香豌豆）

Lathyrus komarovii Ohwi in J. Jap. Bot. 12(5):329. 1936; Fl. Intramongol. ed. 2, 3:384. t.146. f.13-16.1989.

多年生草本，高 40 ～ 60cm。根状茎细长，横走；茎直立，单一，有时分枝，有棱，并有狭翅，无毛。双数羽状复叶，具小叶 (4 ～)6 ～ 10；叶轴有狭翅，末端具短刺；叶柄比托叶稍短至稍长；托叶半箭头形，全缘，有时稍有锯齿，长 1.5 ～ 2.5cm，宽 3 ～ 8mm；小叶矩圆形、椭圆形或披针形，长 3 ～ 6cm，宽 8 ～ 25mm，先端渐尖或锐尖，稀钝，具短刺尖，基部楔形或宽楔形，稀近圆形，全缘，质薄，上面绿色，下面淡绿色，无毛，具 3(～ 5) 条中脉，再分生侧脉。总状花序腋生，具 3 ～ 8 朵花；总花梗通常比叶短；花梗比萼短，花梗基部有鳞片状苞片；萼钟状，无毛，上萼齿三角状，下萼齿披针形。花紫色或红紫色，长 13 ～ 18mm；旗瓣倒卵形，于中部缢缩，顶端微凹；翼瓣比旗瓣稍短，具细长爪；龙骨瓣最短，亦具细长爪。子房条形，无毛。荚果条形，稍膨胀或扁，两端稍狭，长约 4cm，宽 5 ～ 6mm，近黑褐色，无毛。花期 5 ～ 6(～ 7) 月，果期 6 ～ 8 月。

耐阴中生草本。在山地针阔混交林的林缘、林下、林间草甸为常见的伴生种，也进入草甸群落。产兴安北部（额尔古纳市、鄂伦春自治旗）。分布于我国黑龙江、吉林、辽宁，朝鲜、俄罗斯（东西伯利亚地区、远东地区）。为东西伯利亚—满洲分布种。

可做家畜饲料。

（11）车轴草族 Trifolieae

24. 车轴草属 Trifolium L.

一年生、二年生或多年生草本。掌状复叶，通常具小叶 3，稀为 5 ～ 7；托叶与叶柄合生。花小，无梗或有梗；花多数密集成头状或穗状花序；花萼钟状，5 齿裂；花冠有红、紫、黄、白等色；花瓣的爪与雄蕊筒相连合，干后不脱落；雄蕊 10，呈 9 与 1 两体；子房无柄或有柄，花柱丝状，柱头多少倾斜。荚果小，几乎完全包于花萼内。

内蒙古有 3 种。

分种检索表

1a. 叶通常 5，稀 3 ～ 7 小叶……………………………………………………………**1. 野火球 T. lupinaster**

1b. 叶具 3 小叶。栽培或逸生。

  2a. 茎匍匐，花通常白色……………………………………………………………**2. 白车轴草 T. repens**

  2b. 茎直立，花紫红色………………………………………………………………**3. 红车轴草 T. pratense**

1. 野火球（野车轴草）

Trifolium lupinaster L., Sp. Pl. 2:766. 1753; Fl. Intramongol. ed. 2, 3:203. t.80. f.1-5.1989.——*T. lupinaster* L. f. *albiflorum* (Ser.) P. Y. Fu et Y. A. Chen in Fl. Pl. Herb. Bor.-Orient. China 5:79. 1976; Fl. Intramongol. ed. 2, 3:204. 1989.——*T. lupinaster* L. var. *albiflorum* Ser. in Prodr. 2:204. 1825.

多年生草本，高 15 ～ 30cm。通常数茎丛生。根系发达，主根粗而长。茎直立或斜升，多分枝，略呈四棱形，疏生短柔毛或近无毛。掌状复叶，通常具小叶 5，稀为 3 ～ 7；托叶膜

质，鞘状，紧贴生于叶柄上，抱茎，有明显脉纹；小叶长椭圆形或倒披针形，长 1.5 ～ 5cm，宽(3 ～)5 ～ 12(～ 16)mm，先端稍尖或圆，基部渐狭，边缘具细锯齿，两面密布隆起的侧脉，下面沿中脉疏生长柔毛。花序呈头状，顶生或腋生；花梗短，有毛；花萼钟状，萼齿锥形，长于萼筒，均有柔毛。花多数，红紫色或淡红色；旗瓣椭圆形，长约 14mm，顶端钝或圆，基部稍狭；翼瓣短于旗瓣，矩圆形，顶端稍宽而略圆，基部具稍向内弯曲的耳，爪细长；龙骨瓣比翼瓣稍短，耳较短，爪细长，顶端带有 1 小凸起。子房条状矩圆形，有柄，通常内部边缘有毛，花柱长，上部弯曲，柱头头状。荚果条状矩圆形，含种子 1 ～ 3 粒。花期 7 ～ 8 月，果期 8 ～ 9 月。

中生草本。在森林草原地带是林缘草甸（五花草塘）的伴生种或次优势种，也见于草甸草原、山地灌丛或沼泽化草甸，多生于肥沃的壤质黑钙土及黑土上，但也可适应于砾石质粗骨土。产兴安北部及岭东和岭西、呼伦贝尔、兴安南部及科尔沁（科尔沁右翼前旗、科尔沁右翼中旗、扎鲁特旗、阿鲁科尔沁旗、巴林左旗、巴林右旗、克什克腾旗）、锡林郭勒（东乌珠穆沁旗、锡林浩特市、察哈尔右翼前旗）、阴山（大青山）。分布于我国黑龙江、吉林、辽宁北部、河北北部和西北部、山西东北部、新疆北部，日本、朝鲜、蒙古国东部和北部及西部、俄罗斯（西伯利亚地区、远东地区），欧洲东部。为古北极分布种。

为良好的饲用植物。青嫩时为各种家畜所喜食，其中以牛为最喜食；开花后质地粗糙，适口性稍有下降；刈制成干草各种家畜均喜食。可在水分条件较好的地区引种驯化，推广栽培，与禾本科牧草混播建立人工打草场及放牧场。又为蜜源植物。全草入药，能镇静、止咳、止血。

2. 白车轴草（白三叶）

Trifolium repens L., Sp. Pl. 2:767. 1753; Fl. Intramongol. ed. 2, 3:204. t.80. f.6. 1989.

多年生草本。根系发达。茎匍匐，随地生根，长 20 ～ 60cm，无毛。掌状复叶，具 3 小叶；托叶膜质鞘状，卵状披针形，抱茎；叶柄长达 10cm；小叶柄极短；小叶倒卵形、倒心形或宽椭

圆形，长 10 ～ 25mm，宽 8 ～ 18mm，先端凹缺，基部楔形，叶脉明显，边缘具细锯齿，两面几无毛。花序具多数花，密集成簇或呈头状，腋生或顶生；总花梗超出于叶，长 20cm 以上；小苞片卵状披针形，无毛；花梗短；花萼钟状，萼齿披针形，近等长。花冠白色、稀黄白色或淡粉红色；旗瓣椭圆形，长 7 ～ 9mm，基部具短爪，顶端圆；翼瓣显著短于旗瓣，比龙骨瓣稍长。子房条形，花柱长而稍弯。荚果倒卵状矩圆形，含种子 3 ～ 4 粒。花期 7 ～ 8 月，果期 8 ～ 9 月。

中生草本。原产中亚、西南亚、欧洲和北非，为地中海地区分布种。大兴安岭北部山地（牙克石市乌奴耳镇）曾从俄罗斯引种栽培，现已成为逸生种，生于海拔 800 ～ 1200m 的针阔混交林林间草甸及林缘草甸和路边。见于兴安北部（牙克石市）、呼和浩特市等地。在我国东北、华北、华中、西南等温凉湿

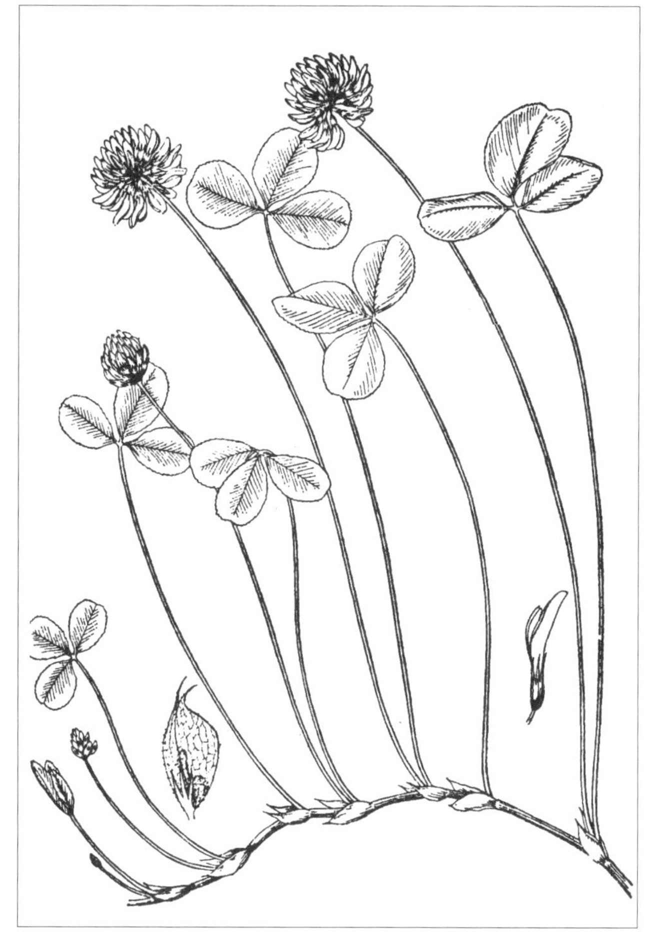

润地区有引种栽培，亚洲、北美洲、欧洲、大洋洲也有栽培。

本种是世界著名的优良栽培牧草之一，是建立人工放牧场和草坪的重要草种。产于大兴安岭山地的逸生种的抗寒性和耐霜性极强，可在气温 -50℃安全越冬，在无霜期 80 ～ 100 天的条件下生长发育正常。为植物育种的极珍贵的种质资源。现已引种栽培和研究。

3. 红车轴草（红三叶）

Trifolium pratense L., Sp. Pl. 2:768. 1753; Fl. Intramongol. ed. 2, 3:206. t.80. f.7. 1989.

多年生草本。根系粗壮。茎直立或上升，多分枝，高 20 ～ 50cm，疏生柔毛或近无毛。掌状复叶，具 3 小叶；托叶近卵形，先端具芒尖，基部抱茎；基生叶柄长达 20cm；小叶柄短；小叶卵形、宽椭圆形或近圆形，稀长椭圆形，长 20 ～ 50mm，宽 10 ～ 30mm，先端钝圆或微缺，基部渐狭，

边缘锯齿状或近全缘，两面被柔毛。花序具多数花，密集成簇或呈头状，腋生或顶生；总花梗超出于叶，长达 15cm；小苞片卵形，先端具芒尖，边缘具纤毛；花无梗或具短梗；花萼钟状，具 5 齿，其中 1 齿比其他齿长近 1 倍。花冠紫红色，长 12 ～ 15mm；旗瓣长菱形；翼瓣矩圆形，短于旗瓣，基部具内弯的耳和丝状的爪；龙骨瓣比翼瓣稍短。子房椭圆形，花柱丝状，细长。荚果小，通常含 1 粒种子。花期 7 ～ 8 月，果期 8 ～ 9 月。

中生草本。原产小亚细亚、欧洲西南部及北非，为地中海地区分布种。大兴安岭北部山地（牙克石市乌奴耳镇）曾从俄罗斯引种栽培，现已成为逸生种，生于海拔约 1000m 的针阔混交林林间草甸及林缘草甸和路边。见于兴安北部（牙克石市）、呼和浩特市等地。在我国东北、华北、华中、西南有引种栽培，亚洲、北美洲、欧洲、大洋洲也有栽培。

本种是世界著名的优良栽培牧草之一，是建立人工割草地的主要草种。同白车轴草一样，也是植物育种的极珍贵的种质资源。

25. 苜蓿属 Medicago L.

一年生或多年生草本。茎直立、斜升或平卧。叶为羽状三出复叶；托叶与叶柄合生；小叶边缘上部有锯齿，中下部全缘。总状花序密集呈头状，腋生；花小，黄色、紫色或蓝紫色；花萼钟状，有毛，萼齿5，近相等；雄蕊10，成9与1两体。荚果螺旋形、镰刀形或肾形，不开裂，含种子1至多数。

内蒙古有3种，另有1栽培种。

分种检索表

1a. 荚果螺旋形，常卷曲1～3圈；花紫色或蓝紫色。栽培或逸生……………………**1. 紫花苜蓿 M. sativa**

1b. 荚果弯曲呈肾形、镰刀形、马蹄形或为卷曲1圈的环形，花黄色、淡黄色或黄白色。

  2a. 荚果弯曲呈肾形，长2～3mm，含种子1粒；小叶宽倒卵形或倒卵形……**2. 天蓝苜蓿 M. lupulina**

  2b. 荚果弯曲呈镰刀形、马蹄形或为卷曲1圈的环形，含种子2～4粒。

    3a. 荚果弯曲呈镰刀形；花梗短，长约2mm；花黄色；小叶倒披针形、条状倒披针形，稀倒卵形或矩圆状倒卵形…………………………………………………………**3. 黄花苜蓿 M. falcata**

    3b. 荚果弯曲呈马蹄形或为卷曲1圈的环形；花梗长，长2～5mm；花白色、淡黄色，稀黄色；小叶矩圆状倒卵形、楔形或倒披针形……………………………**4. 阿拉善苜蓿 M. alaschanica**

1. 紫花苜蓿（紫苜蓿、苜蓿）

Medicago sativa L., Sp. Pl. 2:778. 1753; Fl. Intramongol. ed. 2, 3:196. t.78. f.1-5. 1989.

多年生草本，高30～100cm。根系发达，主根粗而长，入土深度达2m以上。茎直立或有时斜升，多分枝，无毛或疏生柔毛。羽状三出复叶，顶生小叶较大；托叶狭披针形或锥形，长5～10mm，长渐尖，全缘或稍有齿，下部与叶柄合生；小叶矩圆状倒卵形、倒卵形或倒披针形，长(5～)7～30mm，宽3.5～13mm，先端钝或圆，具小刺尖，基部楔形，叶缘上部有锯齿，中下部全缘，上面无毛或近无毛，下面疏生柔毛。短总状花序腋生，具花5～20余朵，通常较密集；总花梗超出于叶，有毛；花梗短，有毛；苞片小，条状锥形；花萼筒状钟形，长5～6mm，有毛，萼齿锥形或狭披针形，渐尖，比萼筒长或与萼筒等长。花紫色；旗瓣倒卵形，长5.5～8.5mm，

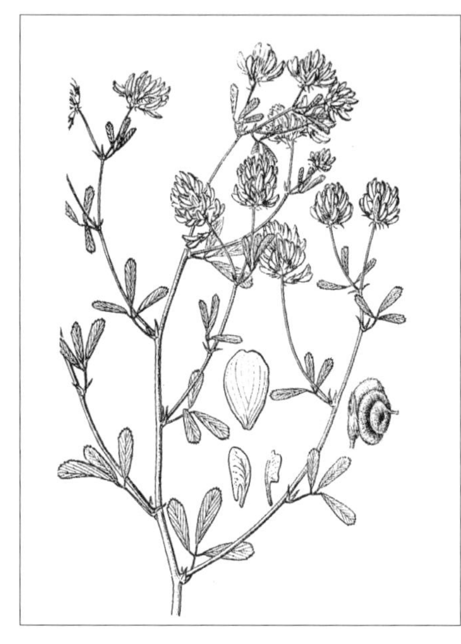

先端微凹，基部渐狭；翼瓣比旗瓣短，基部具较长的耳及爪；龙骨瓣比翼瓣稍短。子房条形，有毛或近无毛，花柱稍向内弯，柱头头状。荚果螺旋形，通常卷曲 1 ～ 2.5 圈，密生伏毛，含种子 1 ～ 10 粒；种子小，肾形，黄褐色。花期 6 ～ 7 月，果期 7 ～ 8 月。

中生草本。原产亚洲西南部的高原地区，为西南亚分布种。两千四百年前已开始引种栽培，现在已成为世界上栽培最广的多年生优良豆科牧草。

我国栽培紫花苜蓿的历史也达两千年以上，目前主要分布在黄河中下游及西北地区，东北的南部也有少量栽培。阴山山脉以南和大兴安岭以东栽培效果良好。阴山山脉以北及大兴安岭西麓地区虽有较广泛的试验栽培，但越冬尚有一定困难，可通过育种的途径，培育更抗寒的品种。

全草入药，能开胃、利尿排石，主治黄疸、浮肿、尿路结石。又为蜜源植物。可用以改良土壤及做绿肥。

2. 天蓝苜蓿（黑荚苜蓿）

Medicago lupulina L., Sp. Pl. 2:779. 1753; Fl. Intramongol. ed. 2, 3:198. t.78. f.6-7. 1989.

一、二年生草本，高 10 ～ 30cm。茎斜倚或斜升，细弱，被长柔毛或腺毛，稀近无毛。羽状三出复叶；叶柄有毛；托叶卵状披针形或狭披针形，先端渐尖，基部边缘常有牙齿，下部与

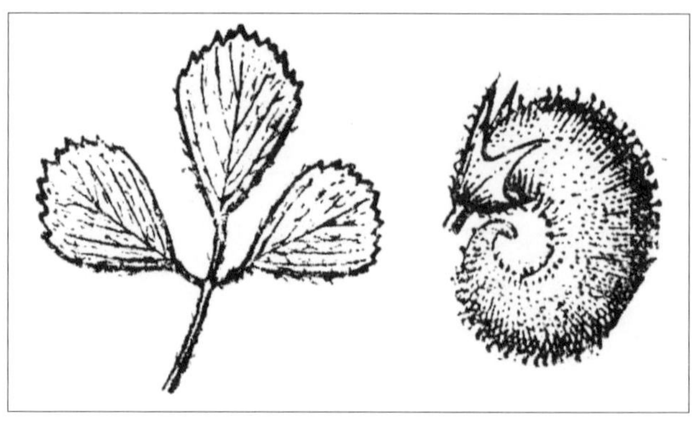

叶柄合生，有毛；小叶宽倒卵形、倒卵形至菱形，长 7 ～ 14mm，宽 4 ～ 14mm，先端钝圆或微凹，基部宽楔形，边缘上部具锯齿，下部全缘，上面疏生白色长柔毛，下面密被长柔毛。花 8 ～ 15 朵密集呈头状花序，生于总花梗顶端；总花梗长 2 ～ 3cm，超出叶，有毛；花梗短，有毛；苞片极小，条状锥形；花萼钟状，密被柔毛，萼齿条状披针形或条状锥形，比萼筒长 1 ～ 2 倍。花小，黄色；旗瓣近圆形，顶端微凹，基部渐狭；翼瓣显著比旗瓣短，具向内弯的长爪及短耳；龙骨瓣与翼瓣近等长或比翼瓣稍长。子房长椭圆形，内侧有毛，花柱向内弯曲，柱头头状。荚果弯曲呈肾形，长 2 ～ 3mm，成熟时黑色，表面具纵纹，疏生腺毛，有时混生细柔毛，含种子 1 粒；种子小，黄褐色。花期 7 ～ 8 月，果期 8 ～ 9 月。

中生草本。多生于微碱性草甸、沙质草原、田边、路旁等处，为草原带的草甸常见的伴生种。产兴安北部及岭西（额尔古纳市、鄂温克族自治旗）、兴安南部及科尔沁（科尔沁右翼前旗、科尔沁右翼中旗、阿鲁科尔沁旗、巴林右旗、克什克腾旗）、赤峰丘陵（红山区、元宝山区、翁牛特旗）、燕山北部（喀喇沁旗、宁城县、敖汉旗）、锡林郭勒（锡林浩特市、苏尼特左旗、兴和县）、乌兰察布（达尔罕茂明安联合旗南部）、阴山（大青山、蛮汗山）、阴南平原（呼和浩特市、九原区）、阴南丘陵（准格尔旗）、鄂尔多斯、贺兰山。分布于我国除广东、海南外的其他各地，日本、朝鲜、蒙古国北部和中部及西部、俄罗斯、印度，西亚、欧洲。为古北极分布种。

为优等饲用植物。营养价值较高，适口性好，各种家畜一年四季均喜食，其中以羊最喜食。牧民称家畜采食此草上膘快。可以与禾本科牧草混播或用于改良天然草场。此外，还可做水土保持植物及绿肥植物。全草入药，能舒筋活络、利尿，主治坐骨神经痛、风湿筋骨痛、黄疸型肝炎、白血病。

3. 黄花苜蓿（野苜蓿、镰荚苜蓿）

Medicago falcata L., Sp. Pl. 2:779. 1753; Fl. Intramongol. ed. 2, 3:199. t.78. f.8. 1989.

多年生草本。根粗壮，木质化。茎斜升或平卧，长 30 ～ 60(～ 100)cm，多分枝，被短柔毛。叶为羽状三出复叶；托叶卵状披针形或披针形，长 3 ～ 6mm，长渐尖，下部与叶柄合生；小叶倒披针形、条状倒披针形，稀倒卵形或矩圆状倒卵形，长 (5 ～)9 ～ 13(～ 90)mm，宽 2.5 ～ 5(～ 7)mm，先端钝圆或微凹，具小刺尖，基部楔形，边缘上部有锯齿，下部全缘，上面近无毛，下面被长柔毛。总状花序密集呈头状，腋生，通常具花 5 ～ 20 朵；总花梗长，超出叶；花梗长约 2mm，有毛；苞片条状锥形，长约 1.5mm；花萼钟状，密被柔毛，萼齿狭三角形，长渐尖，比萼筒稍长或与萼筒近等长。花黄色，长 6 ～ 9mm；旗瓣倒卵形；翼瓣比旗瓣短，耳较长；龙骨瓣与翼瓣

近等长，具短耳及长爪。子房宽条形，稍弯曲或近直立，有毛或近无毛，花柱向内弯曲，柱头头状。荚果稍扁，镰刀形，稀近于直，长7～12mm，被伏毛，含种子2～3（～4）粒。花期7～8月，果期8～9月。

耐寒的旱中生草本。喜生于沙质或沙壤质土，多见于河滩、沟谷等低湿生境中，在森林草原带和草原带的草原化草甸群落中可形成优势种或伴生种，可成为草甸化羊草草原的亚优势成分。产兴安北部及岭东和岭西、呼伦贝尔（新巴尔虎左旗、鄂温克族自治旗、海拉尔区）、兴安南部（巴林右旗、克什克腾旗）、锡林郭勒（东乌珠穆沁旗、锡林浩特市、正镶白旗）。分布于我国黑龙江西部和南部、吉林、河北、山东西部、河南北部、山西北部、陕西西北部、宁夏南部、新疆北部和中部、西藏东南部，蒙古国东部和北部及西部，中亚、西亚、欧洲。为古北极分布种。

为优等饲用植物。营养丰富，适口性好，各种家畜均喜食。牧民称此草有增加产乳量之效，对幼畜则能促进发育。产草量较高，用做放牧或打草均可。茎多为半直立或平卧，可选择直立型的进行驯化栽培，也可做杂交育种材料。全草入药，能宽中下气、健脾补虚、利尿，主治胸腹胀满、消化不良、浮肿等。

4. 阿拉善苜蓿

Medicago alaschanica Vass. in Bot. Mater. Gerb. Bot. Inst. Kom. Acad. Nauk. S.S.S.R. 12:113. 1950; Fl. Intramongol. ed. 2, 3:199. 1989.

多年生草本，高50cm以上。根系发达，主根粗壮。茎直立或斜升，粗壮，分枝繁茂，疏被短柔毛或近无毛。羽状三出复叶，顶生小叶较大；托叶卵状披针形，长5～8mm，先端呈锥状，全缘或稍有粗锯齿，下部与叶柄合生；小叶矩圆状倒卵形、楔形，稀倒披针形，长10～20mm，宽4～10mm，先端圆或截形，基部楔形，叶缘上部有锯齿，中下部全缘，上面无毛或近无毛，下面密生短柔毛。总状花序腋生，花多而密集，具花10～25(～35)朵；总花梗超出于叶，疏生短柔毛；花梗明显，长2～5mm；苞片小，呈锥形；花萼钟状，密被长柔毛，萼齿狭三角形，先端渐尖呈锥状，比萼筒长或与萼筒近等长。花冠白色、淡黄色；稀黄色，长6～9mm；旗瓣倒卵形或近矩圆形；翼瓣短于旗瓣，耳较长；龙骨瓣等长或稍短于翼瓣，具短耳及长爪。子房条形，稍弯曲，花柱向内弯曲，柱头头状。荚果稍扁，马蹄形或卷曲1圈的环形，直径约4mm，密被柔毛，含种子2～4粒。花果期5～7月。

旱中生草本。生于荒漠带的绿洲。产东阿拉善（巴彦浩特镇）。分布于我国宁夏（贺兰山东坡山谷及山前河滩地）。为东阿拉善分布种。

26. 草木樨属 Melilotus (L.) Mill.

一、二年生草本。茎直立。叶为羽状三出复叶；托叶小，贴生于叶柄上；小叶有锯齿。总状花序细长呈穗状，腋生；花萼钟状，萼齿近等长。花小，黄色、白色或淡紫色；旗瓣矩圆形或倒卵形，无爪。雄蕊 10，成 9 与 1 两体；花柱细长，上部向内弯曲。荚果小而膨胀，卵形、椭圆形或矩圆形，不开裂，含种子 1 ～ 2 粒。

内蒙古有 3 种，其中有 2 逸生种。

分种检索表

1a. 花黄色。

2a. 小叶边缘具疏锯齿；托叶基部两侧无齿裂，稀具 1 或 2 个齿裂……………**1. 草木樨 M. officinalis**

2b. 小叶边缘具密的细锯齿，托叶基部两侧有齿裂……………………………**2. 细齿草木樨 M. dentatus**

1b. 花白色，小叶边缘具疏锯齿，托叶基部两侧无齿裂………………………………**3. 白花草木樨 M. albus**

1. 草木樨（黄花草木樨、马层子、臭苜蓿）

Melilotus officinalis (L.) Lam. in Fl. Franc. 2:594. 1779; Fl. China 10:552. 2010.——*Trifolium officinalis* L., Sp. Pl. 2:765. 1753.——*Melilotus suaveolens* Ledeb. in Ind. Sem. Hort. Dorp. Suppl. 2:5. 1824; Fl. Intramongol. ed. 2, 3:200. t.79. f.1-5.1989.

一、二年生草本，高 60 ～ 90cm，有时可达 1m 以上。茎直立，粗壮，多分枝，光滑无毛。叶为羽状三出复叶；托叶条状披针形，基部无齿裂，稀有靠近下部叶的托叶基部具 1 或 2 齿裂；小叶倒卵形、矩圆形或倒披针形，长 15 ～ 27(～ 30)mm，宽 (3 ～)4 ～ 7(～ 12)mm，先端钝，基部楔形或近圆形，边缘有不整齐的疏锯齿。总状花序细长，腋生，有多数花；花萼钟状，长约 2mm，萼齿 5，三角状披针形，近等长，稍短于萼筒。花黄色，长 3.5 ～ 4.5mm；旗瓣椭圆形，先端圆或微凹，基部楔形；翼瓣比旗瓣短，与龙骨瓣略等长。子房卵状矩圆形，无柄，花柱细长。荚果小，近球形或卵形，长约 3.5mm，成熟时近黑色，表面具网纹，含种子 1 粒；种子近圆形或椭圆形，稍扁。花期 6 ～ 8 月，果期 7 ～ 10 月。

旱中生草本。原产欧洲，为欧洲种。外来入侵种，现多逸生于河滩、沟谷、湖盆洼地等低湿地生境中，在森林草原带和草原带的草甸或轻度盐化草甸中为常见伴生种，并可进入荒漠草原的河滩低湿地以及轻度盐化草甸。产兴安北部及岭东和岭西（额尔古纳市、根河市、鄂伦春自治旗、鄂温克族自治旗）、兴安南部及科尔沁（科尔沁右翼中旗、扎鲁特旗、赤峰市）、辽

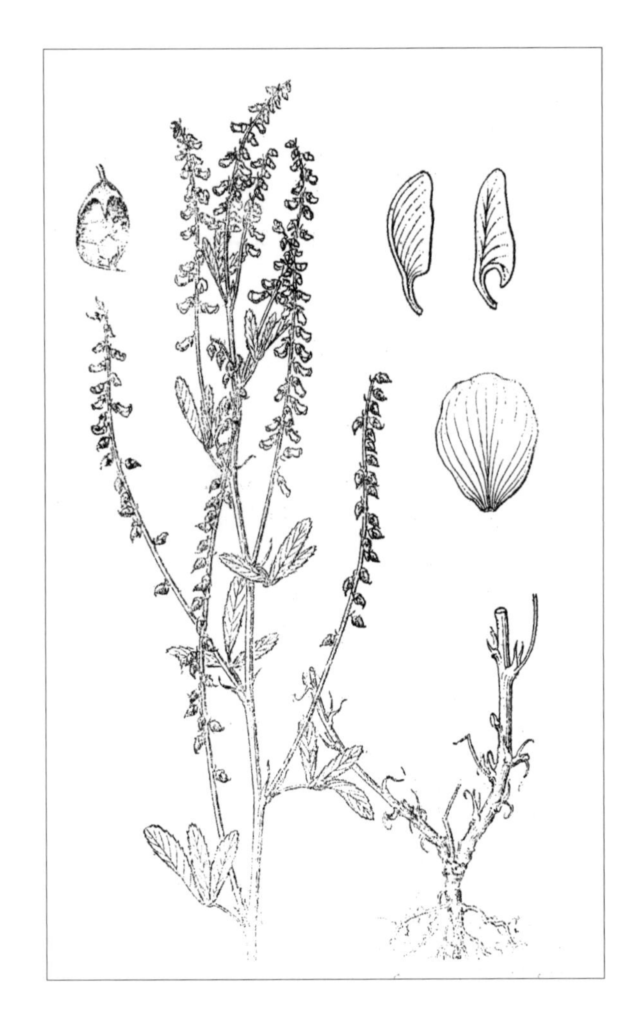

河平原（科尔沁左翼后旗）、赤峰丘陵、燕山北部、锡林郭勒（东乌珠穆沁旗、锡林浩特市、苏尼特左旗）、乌兰察布（达尔罕茂明安联合旗、固阳县）、阴山（大青山、蛮汗山）、阴南丘陵（准格尔旗）、鄂尔多斯、东阿拉善（磴口县、阿拉善左旗）、西阿拉善（阿拉善右旗）、额济纳。分布于我国除广东、广西、福建、海南外的各地，日本、朝鲜、蒙古国、俄罗斯（西伯利亚地区、远东地区）。为东古北极分布逸生种。

为优等饲用植物。现已广泛栽培。幼嫩时为各种家畜所喜食；开花后质地粗糙，有强烈的“香豆素”气味，故家畜不乐意采食，但逐步适应后，适口性还可提高。营养价值较高，适应性强，较耐旱，可在内蒙古中西部地区推广种植做饲料、绿肥及水土保持之用。又可做蜜源植物。

全草入药，能芳香化浊、截疟，主治暑湿胸闷、口臭、头胀、头痛、疟疾、痢疾等。全草也入蒙药（蒙药名：呼庆黑），能清热、解毒、杀“黏”，主治毒热、陈热。

2. 细齿草木樨（马层、臭苜蓿）

Melilotus dentatus (Wald. et Kit.) Pers. in Syn. Pl. 2(2):348. 1807; Fl. Intramongol. ed. 2, 3:201. t.79. f.6-7. 1989.

二年生草本，高 20 ～ 50cm。茎直立，有分枝，无毛。叶为羽状三出复叶；托叶条形或条状披针形，先端长渐尖，基部两侧有齿裂；小叶倒卵状矩圆形，长 15 ～ 30mm，宽 4 ～ 10mm，先端圆或钝，基部圆形或近楔形，边缘具密的细锯齿，上面无毛，下面沿脉稍有毛或近无毛。总状花序细长，腋生；花萼钟状，长约 2mm，萼齿三角形，近等长，稍短于萼筒。花多而密，花黄色，长 3.5 ～ 4mm；旗瓣椭圆形，先端圆或微凹，无爪；翼瓣比旗瓣稍短；龙骨瓣比翼瓣稍短或近等长。子房条状矩圆形，无柄，花柱细长。荚果卵形或近球形，长 3 ～ 4mm，表面具网纹，成熟时黑褐色，含种子 1 ～ 2 粒；种子近圆形或椭圆形，稍扁。花期 6 ～ 8 月，果期 7 ～ 9 月。

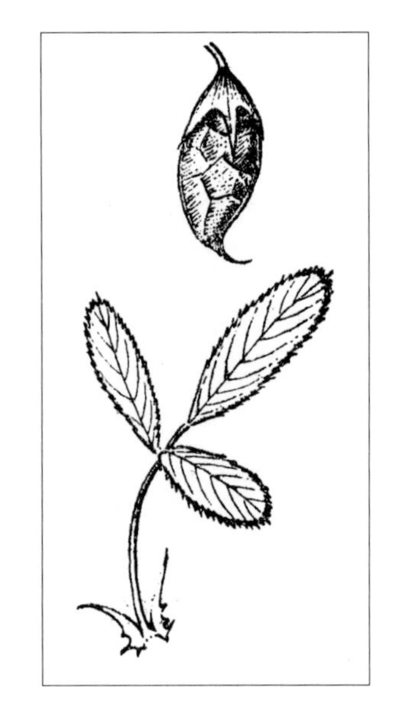

中生草本。多生于低湿草甸、路旁、滩地，在森林草原带和草原带的草甸及轻盐化草甸群落中是常见的伴生种。产兴安北部（额尔古纳市、根河市）、呼伦贝尔（海拉尔区、新巴尔虎左旗、满洲里市）、兴安南部（科尔沁右翼中旗、阿鲁科尔沁旗、巴林右旗、克什克腾旗）、赤峰丘陵（红山区）、燕山北部（喀喇沁旗、敖汉旗）、阴山（大青山）、阴南丘陵（凉城县、准格尔旗）、鄂尔多斯、贺兰山。分布于我国黑龙江南部、吉林、辽宁、河北、河南西部和北部、山东西部、山西、陕西北部、宁夏北部、甘肃西南部、青海东部、新疆北部，蒙古国东部和北部及西部、俄罗斯，中亚、欧洲。为古北极分布种。

用途同草木樨。

3. 白花草木樨（白香草木樨）

Melilotus albus Medik. in Vorles. Churpfalz. Phys.-Ocon. Ges. 2:382. 1787; Fl. Intramongol. ed. 2, 3:201. t.79. f.8-9.1989.

一、二年生草本，高 100cm 以上。全株有香味。茎直立，圆柱形，中空。叶为羽状三出复叶；托叶锥形或条状披针形；小叶椭圆形、矩圆形、卵状矩圆形或倒卵状矩圆形等，长 15 ～ 30mm，

宽 6 ～ 11mm，先端钝或圆，基部楔形，边缘具疏锯齿。总状花序腋生，花小，多数，稍密生；花萼钟状，萼齿三角形。花冠白色，长 4 ～ 4.5mm；旗瓣椭圆形，顶端微凹或近圆形；翼瓣比旗瓣短，比龙骨瓣稍长或近等长。子房无柄。荚果小，椭圆形或近矩圆形，长约 3.5mm，初时绿色，后变黄褐色至黑褐色，表面具网纹，含种子 1 ～ 2 粒；种子肾形，褐黄色。花果期 7 ～ 8 月。

中生草本。原产亚洲西部，为西亚种。生于路边、沟旁、盐碱地及草甸，外来入侵种。产兴安北部及岭东（鄂伦春自治旗）、兴安南部及科尔沁（科尔沁右翼前旗、阿鲁科尔沁旗）、赤峰丘陵（红山区、松山区、元宝山区）、燕山北部（喀喇沁旗、宁城县、敖汉旗）、锡林郭勒（锡林浩特市、苏尼特左旗）、乌兰察布（达尔罕茂明安联合旗、固阳县）、阴山（大青山）、阴南丘陵、鄂尔多斯、东阿拉善（阿拉善左旗）、西阿拉善（阿拉善右旗）、额济纳。我国及亚洲其他国家、欧洲各国有栽培并逸生。为古北极分布逸生种。

用途同草木樨。

27. 扁蓿豆属 **Melilotoides** Heist. ex Fabr.

多年生或一年生草本。茎直立、斜升或平卧。羽状三出复叶；托叶全缘或有齿裂；小叶边缘有齿，通常可达基部附近，少为边缘下部全缘。总状花序通常短，具数花至稍多数花，疏或稍密；花萼钟状，萼齿5，近相等。花黄色，常带淡蓝色或紫色晕彩；通常旗瓣最长，龙骨瓣最短，少为龙骨瓣比翼瓣长。雄蕊10，呈9与1两体。荚果扁平，宽椭圆形至矩圆形，少为条状矩圆形，通常直，不弯曲，终端具短喙或不明显，含种子1至多数。

内蒙古有1种。

1. 扁蓿豆（花苜蓿、野苜蓿）

Melilotoides ruthenica (L.) Sojak in Sborn. Nar. Muz. Praze 1-2:104. 1982; Fl. Intramongol. ed. 2, 3:194. t.77. f.6-13.1989.——*Trigoneila ruthenica* L., Sp. Pl. 2:776. 1753.——*M. ruthenica* (L.) Sojak var. *oblongifolia* (Fr. ex Vass.) H. C. Fu et Y. Q. Jiang in Fl. Intramongol. ed. 2, 3:195. t.77. f.11.1989.——*M. ruthenicus* (L.) Sojak var. *liaosiensis* (P. Y. Fu et Y. A. Chen) H. C. Fu et Y. Q. Jiang in Fl. Intramongol. ed. 2, 3:195. t.77. f.12.1989.——*Pocockia liaosiensis* P. Y. Fu et Y. A. Chen in Fl. Pl. Herb. Bor.-Orient. 5:70. t.31. f.1-11. 1976.——*M. ruthenica* (L.) Sojak var. *inshnica* (H. C. Fu et Y. Q. Jiang) H. C. Fu et Y. Q. Jiang in Fl. Intramongol. ed. 2, 3:196. t.77. f.13.1989.——*Pocockia ruthenica* (L.) Boiss. var. *inshnica* H. C. Fu et Y. Q. Jiang in Fl. Intramongol. 3:146. 1977.——*Medicago ruthenica* (L.) Trautv. in Bull. Sci. Acad. Imp. Sci. St.-Petersb. 8:271. 1841; Fl. China 10:554. 2010.

多年生草本，高20～60cm。根状茎粗壮；茎斜升、近平卧或直立，多分枝，茎、枝常四棱形，疏生短毛。叶为羽状三出复叶；托叶披针状锥形、披针形或半箭头形，顶端渐尖，全缘或基部具牙齿或裂片，有毛；小叶卵形、长卵形、倒卵形、矩圆状倒披针形、矩圆状楔形、条状楔形或条形，长5～15(～25)mm，宽1～4(～7)mm，先端钝或微凹，有小尖头，基部楔形，边缘常在中上部有锯齿，有时中下部亦具锯齿，上面近无毛，下面疏生伏毛，叶脉明显。总状花序腋生，稀疏，具花(3～)4～10(～12)朵；总花梗超出于叶，疏生短毛；苞片极小，锥形；花梗长2～3mm，有毛；花萼钟状，长2～2.5(～3)mm，密被伏毛，萼齿披针形，比萼筒短或近等长。花黄色，带深紫色，长5～6mm；旗瓣矩圆状倒卵形，顶端微凹；翼瓣短于旗瓣，近矩圆形，顶端钝而稍宽，基部具爪和耳；龙骨瓣短于翼瓣。子房条形，有柄。荚果扁平，矩圆形或椭圆形，长8～12(～18)mm，宽3.5～5mm，网纹明显，先端有短喙，含种子2～4粒；种子矩圆状椭圆形，长2～2.5mm，淡黄色。花期7～8月，果期8～9月。

广幅中旱生草本。生于草原带和森林草原带的丘陵坡地、山坡、林缘、路旁、沙质地、固定或半固定沙地，为典型草原或草甸草原常见的伴生成

分，有时多度可达次优势种，在沙质草原也可见到。产兴安北部（额尔古纳市、牙克石市）、呼伦贝尔（海拉尔区、鄂温克族自治旗、新巴尔虎左旗、新巴尔虎右旗、满洲里市）、兴安南部及科尔沁（科尔沁右翼前旗、科尔沁右翼中旗、阿鲁科尔沁旗、巴林左旗、巴林右旗、林西县、

克什克腾旗）、辽河平原（科尔沁左翼后旗）、燕山北部（喀喇沁旗、宁城县）、锡林郭勒、阴山（大青山、乌拉山）、阴南平原（呼和浩特市）、阴南丘陵（准格尔旗）、鄂尔多斯、东阿拉善（乌海市）、贺兰山。分布于我国黑龙江、吉林西部、辽宁西部、河北北部、河南、山东西部、山西、陕西、宁夏、甘肃东部、青海东部、四川北部，朝鲜、蒙古国东部和北部及西部、俄罗斯（西伯利亚地区、远东地区）。为东古北极分布种。

为优等饲用植物。营养价值高，适口性好，各种家畜一年四季均喜食。牧民称家畜采食此草后，15～20 天便可上膘。乳畜食后，乳的质量可提高。孕畜所产仔畜肥壮。可选择直立类型引种驯化、推广种植。也可作为补播材料改良草场。又为水土保持植物。

28. 胡卢巴属 Trigonella L.

一年生草本。羽状三出复叶，托叶下部通常与叶柄合生，小叶边缘有齿。花 1 ～ 2(～ 4) 朵腋生，或为短总状花序或总状花序，短缩密集呈头状或伞形；花淡黄色、白色或紫色；雄蕊 10，成 9 与 1 两体。荚果膨胀或稍扁，但不扁平，通常为条形或圆筒形，有时短缩为披针形或宽椭圆形，先端具长喙或有时近无喙。

内蒙古有 1 栽培种。

1. 胡卢巴（香草、卢巴子）

Trigonella foenum-graecum L., Sp. Pl. 2:777. 1753; Fl. Intramongol. ed. 2, 3:192. t.77. f.1-5.1989.

一年生草本，高 20 ～ 45cm。全株有香气。茎直立，稍分枝，疏生柔毛或近无毛。叶为羽状三出复叶；托叶卵形，渐尖，全缘，有毛，基部与叶柄连合；小叶倒卵形、矩圆状倒披针形或椭圆形，长 10 ～ 30mm，宽 5 ～ 15mm，先端钝圆，基部楔形，边缘上部 1/3 ～ 2/3 具疏锯齿，下部全缘，上面通常无毛，下面疏生长柔毛或近无毛。花萼筒状，长约 7mm，被白色柔毛，萼齿 5，近相等，披针形，比萼筒稍短或近等长。花无梗，1 ～ 2 朵生于叶腋，白色或淡黄色，基部微带蓝紫色，长 13 ～ 18mm；旗瓣矩圆状椭圆形，先端具深波状凹缺，基部具短爪；翼瓣矩圆形，短于旗瓣；龙骨瓣倒卵形，短于翼瓣。子房条形，花柱被短柔毛，柱头头状。荚果圆筒状，直或稍弯曲，长 5 ～ 10cm（不连喙），宽 3.5 ～ 5mm，先端渐尖，具 2 ～ 2.5cm 长的喙，无毛或疏被柔毛，表面有纵长网纹，含种子 10 ～ 20 粒；种子大，近椭圆形，稍扁，黄褐色。花期 6 ～ 7 月，果期 7 ～ 9 月。

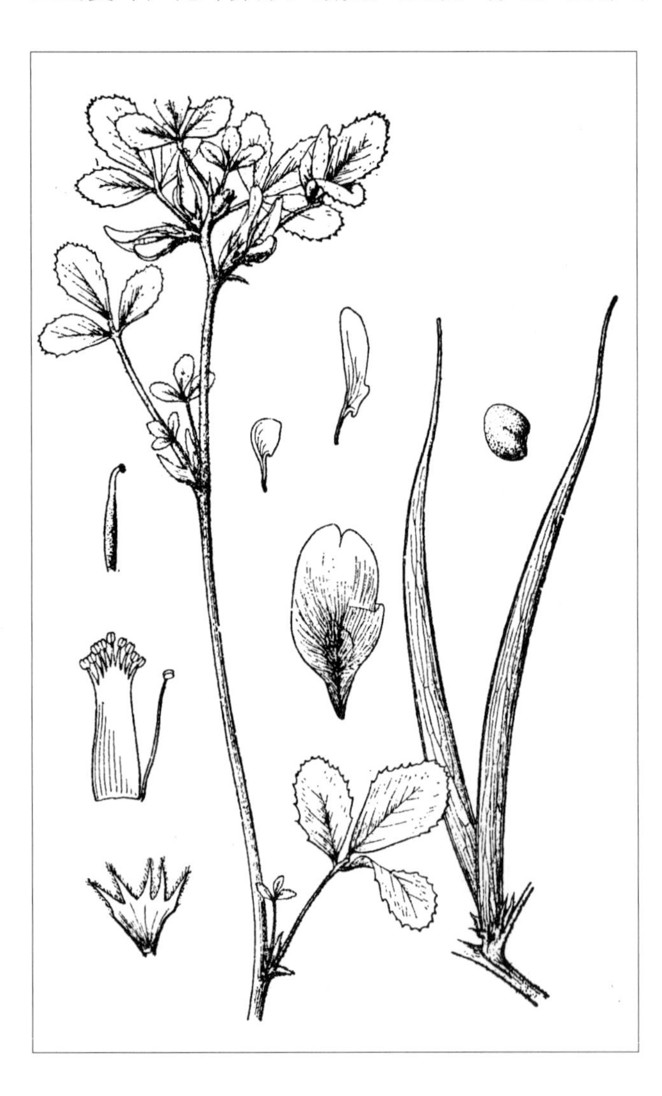

中生草本。原产地中海东岸、伊朗高原、中东、喜马拉雅，为古地中海种。我国东北、河北、陕西、甘肃、青海、新疆等地有栽培，内蒙古亦有少量栽培。

种子入药，能补肾阳、祛寒湿，主治肾虚腰酸、寒气腹痛、疝痛、睾丸痛、胃痉挛、脚气肿痛等。种子也入蒙药（蒙药名：昂黑鲁马－宝日其格），能燥脓、止泻、祛“赫依”，主治肺脓肿、腹泻。全草有特殊香气，置箱柜枕内可防虫灭虱。

（12）菜豆族 Phaseoleae

29. 菜豆属 Phaseolus L.

缠绕或直立草本。羽状三出复叶，有宿存的托叶及小托叶。花数朵至多数排成总状花序，有时单生或数花簇生；花萼下有小苞片 2。花冠白色、黄绿色、红色或紫色等；龙骨瓣狭长，上端卷曲半圈至数圈，其下部有时有角状凸起。雄蕊 10，成 9 与 1 两体；花柱随龙骨瓣卷曲，柱头斜生。荚果条形或少为矩圆形，稍扁，含种子数粒至多数。

内蒙古有 2 栽培种。

分种检索表

1a. 花白色、淡红色或淡紫色，托叶基部着生，花序短于叶……………………………**1. 菜豆 P. vulgaris**

1b. 花鲜红色，托叶在基部以上着生，花序长于叶…………………………………**2. 红花菜豆 P. coccineus**

1. 菜豆（芸豆、豆角、四季豆、莲豆）

Phaseolus vulgaris L., Sp. Pl. 2:723. 1753; Fl. Intramongol. ed. 2, 3:389. t.149. f.1-5. 1989.

一年生草本。全株被短毛。茎缠绕或直立。羽状三出复叶；托叶小，卵状披针形或三角

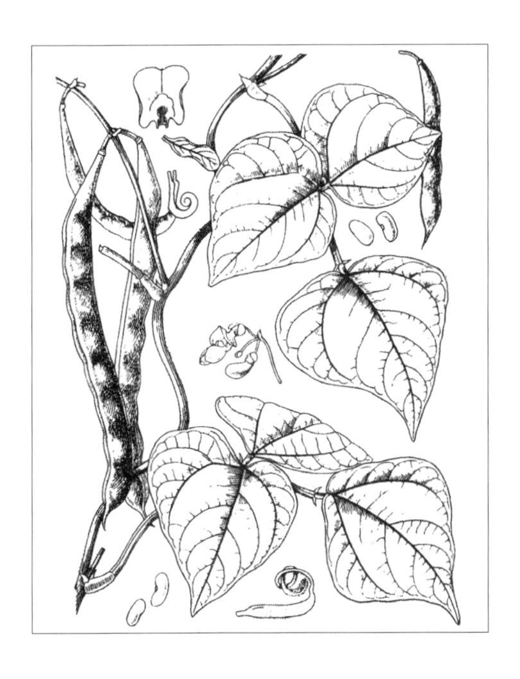

状披针形，基部着生；小托叶披针形或倒披针形；叶柄长（5～）7～13cm；小叶菱状卵形或宽卵形，长 6～8cm，宽 5～7cm，先端短渐尖至渐尖，有时凸尖，基部圆形或宽楔形，侧生小叶的基部偏斜，全缘，两面有毛。总状花序腋生，通常具花数朵，有时可多至 10 余朵；小苞片卵形、斜卵形或宽卵形，较萼长；花萼钟状，萼齿二唇形，下唇 3 齿，上唇 2 齿几乎全部愈合。花白色、淡红色或淡紫色等，长 1.5～2cm；旗瓣扁圆形或肾形，具短爪；翼瓣匙形，基部有截形的耳或不发达的耳，并具短爪；龙骨瓣上端卷曲 1 圈或 2 圈。子房条形，花柱及花丝随龙骨瓣卷曲。荚果条形，膨胀或略扁，长 10～15cm，宽 8～20mm，顶端呈喙状，表面无毛，含种子数粒；种子矩圆形或肾形，

白色或带红色或具花斑，或为其他颜色，光亮，长 13 ～ 15mm。花期 6 ～ 8 月，果期 8 ～ 9 月。

缠绕中生草本。原产中美洲，为中美洲种。我国和世界各地常有栽培，内蒙古农区有栽培。

嫩荚果为最普通的蔬菜，种子可做多种食品。种子入药，有清凉利尿、消肿作用。据国外报道，其豆荚的煎剂和浸膏可治糖尿病，并用植株、种子、豆荚做抗癌、肿瘤、疣等药。

此外，在本区还栽培有矮菜豆（变种）var. *humilis* Alef，又名豆角、菜豆角、六月鲜，它与正种的主要区别在于植株矮小且直立。其嫩荚可做蔬菜用。

2. 红花菜豆（荷包豆、多花菜豆、龙爪豆）

Phaseolus coccineus L., Sp. Pl. 2:724. 1753; Fl. Intramongol. ed. 2, 3:390. 1989.

多年生或一年生缠绕草本。茎分枝，长 2m 以上，有时更长，嫩时被短毛，后几无毛。羽状三出复叶；托叶椭圆形，基部以上着生；小托叶条形；顶生小叶卵形或宽菱状卵形，长 5 ～ 9cm，宽 4 ～ 6cm，先端锐尖，基部圆形或宽楔形，全缘，无毛，侧生小叶斜卵形。总状花序腋生，花多而密；小苞片披针形，与萼近等长；花萼钟状，萼齿 5，上方 2 齿合生，卵形，被短柔毛。花冠鲜红色，长 18 ～ 25mm；旗瓣向后反折，常较翼瓣为短；龙骨瓣卷旋。子房条形，疏被柔毛，花柱较短而肥厚，拳卷，顶部周围被黄色髯毛。荚果条形，长 10 ～ 16cm，宽约 2cm，微弯，下垂，有短喙，嫩时微被短毛，后几无毛，含 3 ～ 5 粒种子；种子肾形，长 1.3 ～ 2.5cm，宽约 1.5cm，近黑红色，有红色斑纹。花期 6 ～ 9 月，果期 8 ～ 9 月。

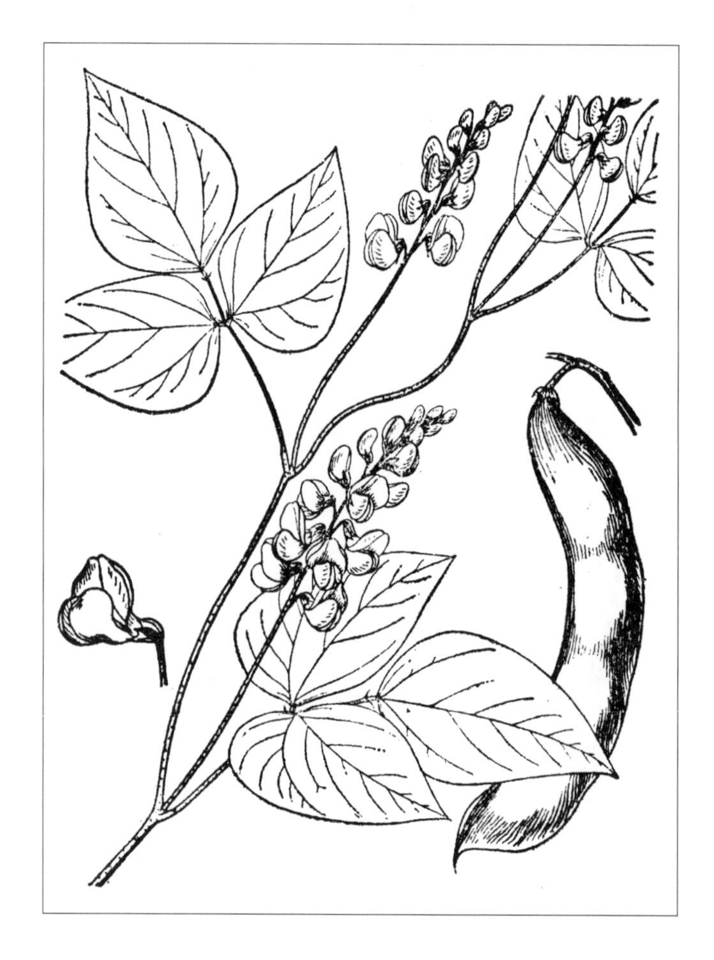

缠绕中生草本。原产中美洲，为中美洲种。我国和世界温带地区广泛栽培，内蒙古农区及一些城镇有少量栽培。

花色美丽，可供观赏。荚果供食用。

30. 豇豆属 Vigna Savi

缠绕草本或藤本。羽状三出复叶，有托叶及小托叶。总状花序；花大，淡蓝紫色、淡黄色、白色或红紫色等；花萼钟状，萼齿5，上方2萼齿合生或部分合生；雄蕊10，呈9与1两体；子房无柄，具胚珠多数，花柱顶部里面有髯毛，柱头侧生而倾斜。荚果细长，圆柱形，通常含种子多数。

内蒙古有3栽培种。

分种检索表

1a. 荚果被毛，茎直立，龙骨瓣先端弯曲约半圈，种子绿色……………………………**1. 绿豆 V. radiata**

1b. 荚果无毛，种子通常暗红色。

2a. 茎直立；托叶箭形，长0.9～1.7cm；荚果长5～8cm；龙骨瓣先端镰状弯曲…**2. 赤豆 V. angularis**

2b. 茎缠绕；托叶披针形，长约1cm；荚果长20～30cm；龙骨瓣先端稍弯曲…**3. 豇豆 V. unguiculata**

1. 绿豆

Vigna radiata (L.) R. Wilczek in Fl. Congo Belge 6:386. 1954; High. Pl. China 7:233. f.348. 2001; Fl. China 10:257. 2010.——*Phaseolus radiatus* L., Sp. Pl. 2:725. 1753; Fl. Intramongol. ed. 2, 3:390. t.150. f.1-7.1989.

一年生草本，高30～50cm。全株被淡褐色长硬毛。茎直立，有时上部稍呈缠绕状。羽状三出复叶；托叶大，卵形或宽卵形，长约1cm，基部以上着生，边缘有长硬毛；小托叶条形；叶柄长6～11cm；小叶卵形、宽卵形或菱状卵形，长6～9cm，宽5～9cm，先端通常渐尖，基部宽楔形或近圆形，侧生小叶基部歪斜，全缘，两面疏生短硬毛。总状花序腋生，短于叶柄或近等长；苞片卵形或近矩圆形；小苞片条状披针形或矩圆形，边缘有长硬毛；花萼钟状，萼齿三角形，上方2齿近愈合，边缘有长硬毛。花冠淡绿黄色或淡黄色，长约1cm；旗瓣近肾形，顶端深凹，基部心形；翼瓣具较长的耳，与爪近等长；龙骨瓣与翼瓣近等长，上端弯曲约半圈，其中1片于中部以下有角状凸起。子房条形，有毛。荚果条状圆筒形，长6～8cm，初时平展，后渐下垂，成熟时近黑绿色，开裂，疏生短硬毛，含种子10余粒；种子椭圆形或近矩圆形，熟时暗绿色或绿褐色，有白色种脐。花期7月，果期9月。

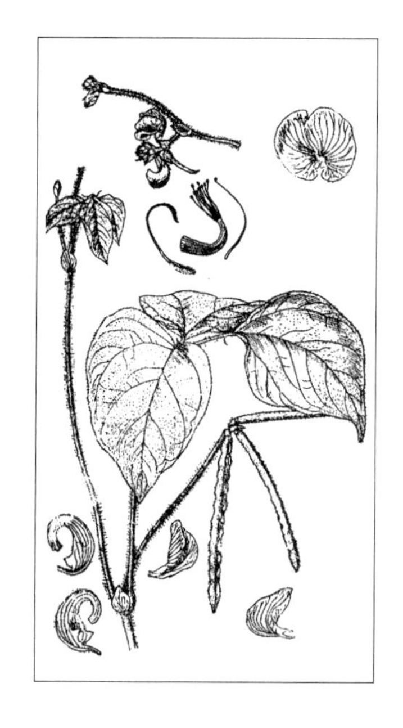

中生草本。原产热带，为热带种。我国及世界各地普遍栽培，内蒙古农区亦有栽培。

种子供食用，又可入药，能清热、祛暑、解毒，主治暑热烦渴、疮疖肿毒、药物和食物中毒。

2. 赤豆（小豆、赤小豆、红小豆）

Vigna angularis (Willd.) Ohwi et H. Ohashi in J. Jap. Bot. 44(1):29. 1969; High. Pl. China 7:234. f.350. 2001; Fl. China 10:259. 2010.——*Dolichos angularis* Willd. in Sp. Pl. ed. 4. 3(2):1051. 1800.——*Phaseolus angularis* (Willd.) W. Wight. in U.S.D.A. Bur. Pl. Industr. Bull. 137:17. 1909; Fl. Intramongol. ed. 2, 3:392. t.149. f.6-10.1989.

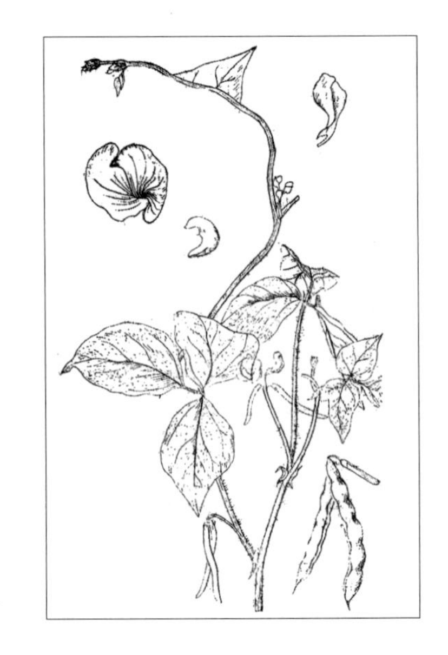

一年生直立草本，高30～60cm。全株被倒生的短硬毛。羽状三出复叶；托叶箭形，基部稍延长，长9～17mm；小托叶条形；叶柄长达14cm；顶生小叶菱状卵形，侧生小叶宽卵形，长4～9cm，宽2.5～5cm，全缘或3浅裂，先端渐尖或凸尖，基部宽楔形或近圆形，两侧小叶的基部通常偏斜，两面疏生短硬毛。总状花序腋生，花数朵，黄色，长约1cm；花萼钟状，萼齿三角形，钝；旗瓣扁圆形或近肾形，常稍歪斜，顶端凹，翼瓣比龙骨瓣宽，具短爪及耳，龙骨瓣上端弯曲近半圈，其中1片在中下部有1角状凸起，基部有爪；子房条形，花柱弯曲，近先端有毛。荚果圆柱形，稍扁，具微毛或近无毛，长5～8cm，宽5～6mm，成熟时种子间缢缩，含种子6～10粒；种子近矩圆形，微具棱，通常为暗红色，种脐白色，长5～7mm，宽近5mm。花期7～8月，果期8～9月。

中生草本。原产温带亚洲，为东古北极种。我国及世界各地常有栽培，内蒙古农区亦有栽培。

种子供食用，又可入药，能行血、利水、消肿，主治水肿、脚气、泻痢、臃肿等。

3. 豇豆

Vigna unguiculata (L.) Walp. in Repert. Bot. Syst. 1(5):779. 1842; High. Pl. China 7:235. f.352. 2001; Fl. China 10:258. 2010.——*Dolichos unguiculatus* L., Sp. Pl. 2:725. 1753.——*Vigna sinensis* (L) Endl. ex Hassk. in Pl. Jav. Rar. 386. 1848; Fl. Intramongol. ed. 2, 3:392. t.150. f.8-14.1989.——*Dolichos sinensis* L. in Cent. Pl. 2:28.1756.

一年生草本。茎缠绕，无毛或近无毛。羽状三出复叶；托叶椭圆形或卵状披针形，先端尾尖，基部略向一侧延伸出短尾状尖；具小托叶；顶生小叶菱状卵形，长5～13cm，宽4～6cm，先端渐尖，基部楔形，侧生小叶斜卵形，长6.5～10cm，宽4～5.5cm，先端渐尖或锐尖，基部为斜的宽楔形，两面无毛。总状花序腋生，具花2～8朵；花萼钟状，萼齿5，披针形。花大，淡蓝紫色，长约2cm；旗瓣扁圆形，顶部微凹，基部稍有耳，具短爪；翼瓣略呈三角形，具爪；龙骨瓣稍弯，亦具爪。子房条形，有短柔毛。荚果条状圆柱形，稍肉质而柔软，长20～30cm，宽5～12mm，具多数种子，成熟时种子间缢缩；种子肾形。花期7～8月，果期9月。

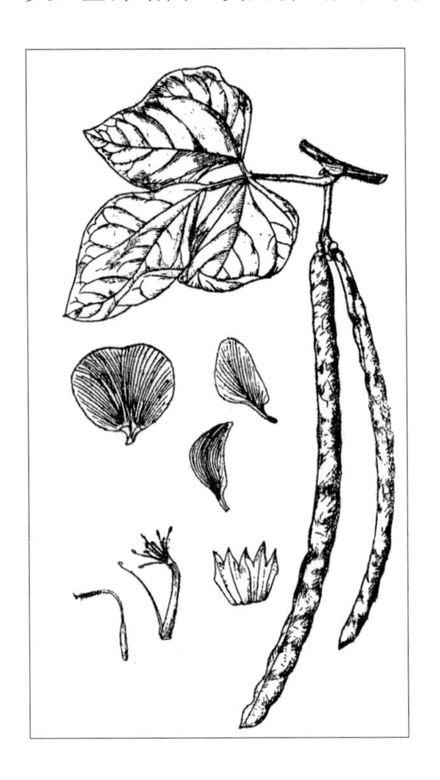

缠绕中生草本。原产非洲，为非洲种。我国及世界各地广为栽培，内蒙古农区亦有少量栽培。

嫩荚果为蔬菜。种子可为咖啡之代用品，还可入药，有消炎、利尿作用。植株可做饲料。

本属植物除豇豆在本区有少量栽培外，另有一种饭豇豆 *Vigna cylindrica* (L.) Skeels 亦有栽培。该植株矮小，直立，高20～40cm；荚果长7.5～13cm；种子通常暗红色，种子可掺米熬粥或做豆饭。

31. 扁豆属 Lablab Adans.

一年生或多年生缠绕草本。羽状三出复叶，有小托叶。花白色、带红色或紫色，单生或簇生于总状花序的结节上；苞片与小苞片近于宿存；花萼钟状，萼齿二唇形，下唇有 3 齿，上唇 2 齿合生。旗瓣宽，基部两侧有附属体；翼瓣连于龙骨瓣；龙骨瓣内弯。雄蕊 10，成 9 与 1 两体；花柱内弯，柱头顶生，花柱下面或围绕柱头有毛。荚果扁，镰刀形或半月形或带形而弯曲，顶端有向下弯曲的喙；种子球形或扁，种脐与种脊长而隆起。

内蒙古有 1 栽培种。

1. 扁豆（白扁豆）

Lablab purpureus (L.) Sweet in Hort. Brit. 481. 1826; Fl. China 10:253. 2010.——*Dolichos purpureus* L., Sp. Pl. ed. 2, 2:1021. 1763.——*Dolichos lablab* L., Sp. Pl. 2:725. 1753; Fl. Intramongol. ed. 2, 3:394. t.151. f.1-10.1989.

一年生草本。茎缠绕，疏生短毛或无毛。羽状三出复叶；托叶三角状卵形；小托叶披针形至条状披针形；小叶菱状宽卵形、卵状或近圆形，长 6 ～ 12(～ 17)cm，宽 6 ～ 13(～ 18)cm，先端渐尖，基部宽楔形或近圆形，全缘，两面疏生毛。总状花序腋生，花数朵至 10 余朵，白色或淡紫红色；小苞片 2，脱落；花萼钟状，萼齿二唇形，上唇 2 齿稍宽，几完全合生，下唇 3 齿较狭，不合生。旗瓣近肾形，长 8 ～ 10mm，宽 12 ～ 14mm，顶端微凹，基部两侧有 2 个附属体，并下延为 2 耳，具短爪；翼瓣歪倒卵形，有耳及内弯的长爪；龙骨瓣宽条形，由中部向内弯成直角。子房条形，有毛，基部具腺体，花柱近顶部有白色髯毛。荚果扁，镰刀状或半椭圆形，长 5 ～ 8cm，宽 1 ～ 3cm，边缘弯曲，并稍有不整齐的细小锯齿，顶端有长而弯曲的喙，含种子 3 ～ 5 粒；种子矩圆形，略扁，白色或黑色，长约 8mm。花期 7 ～ 8 月，果期 9 ～ 10 月。

缠绕中生草本。原产非洲，为非洲种。我国及世界温带地区广为栽培，内蒙古农区亦有少量栽培。

嫩荚果做蔬菜。种子入药，能补脾胃、化暑湿、解毒，主治脾胃虚弱、泄泻、呕吐、暑湿内蕴、脘腹胀满、带下等症，又能解酒毒、河豚毒。鲜叶捣敷，治毒蛇咬伤。

32. 两型豆属 Amphicarpaea Ell. ex Nutt.

缠绕草本。羽状三出复叶，有托叶及小托叶。总状花序腋生。花两型，一为闭锁花，无花瓣，于地下结实；一为完全花，于地上正常结实。花萼筒状，基部斜形，萼齿不相等；花冠远伸出于萼外，旗瓣瓣片的基部两侧常有耳；雄蕊 10，成 9 与 1 两体；子房近无柄或具柄。荚果通常扁平，矩圆形、条形或镰刀状，地下成熟的荚果通常呈椭圆形或近球形，肿胀。

内蒙古有 1 种。

1. 两型豆（阴阳豆、山巴豆、三籽两型豆）

Amphicarpaea edgeworthii Benth. in Pl. Jongh. 231. 1852; High. Pl. China 7:222. f.334. 2001; Fl. China 10:249. 2010.——*A. trisperma* (Miq.) Baker ex Jackson in Index Kew 1:111. 1893; Fl. Intramongol. ed. 2, 3:386. t.148. f.7-11. 1989.

一年生缠绕草本。茎纤细，长可达 80cm，被逆向斜生淡褐色粗毛。羽状三出复叶；托叶小，披针形或卵状披针形，宿存；小叶纸质，宽卵形或菱状卵形，长 2.5 ～ 6.5cm，宽 1.5 ～ 4.5cm，先端钝或锐尖，基部宽楔形、圆形或近截形，全缘，上面绿色，有毛，下面淡绿色，仅沿叶脉有毛，通常侧生小叶比顶生小叶小。总状花序，具 3 ～ 7 朵花，腋生，比叶短；苞片小，椭圆形，先端圆；小苞片 2，披针形；萼筒状，长约 4mm，萼齿 5，长三角形，锐尖，被褐色长毛。花冠淡紫色，长 11 ～ 14mm；旗瓣倒卵状椭圆形，先端圆，基部两侧有短耳；翼瓣椭圆形，先端圆，基部有耳，比旗瓣稍短或有时近等长；龙骨瓣椭圆形，短于翼瓣。另一种闭锁花生于茎部附近。荚果近矩圆形，扁平，长 2 ～ 2.5cm，先端有短尖，具微细的网纹，无毛，沿两侧缝线有长硬毛，通常含种子 3 粒；种子矩圆状肾形，稍扁，褐色，有黑色斑纹。花期 7 ～ 8 月，果期 8 ～ 9 月。

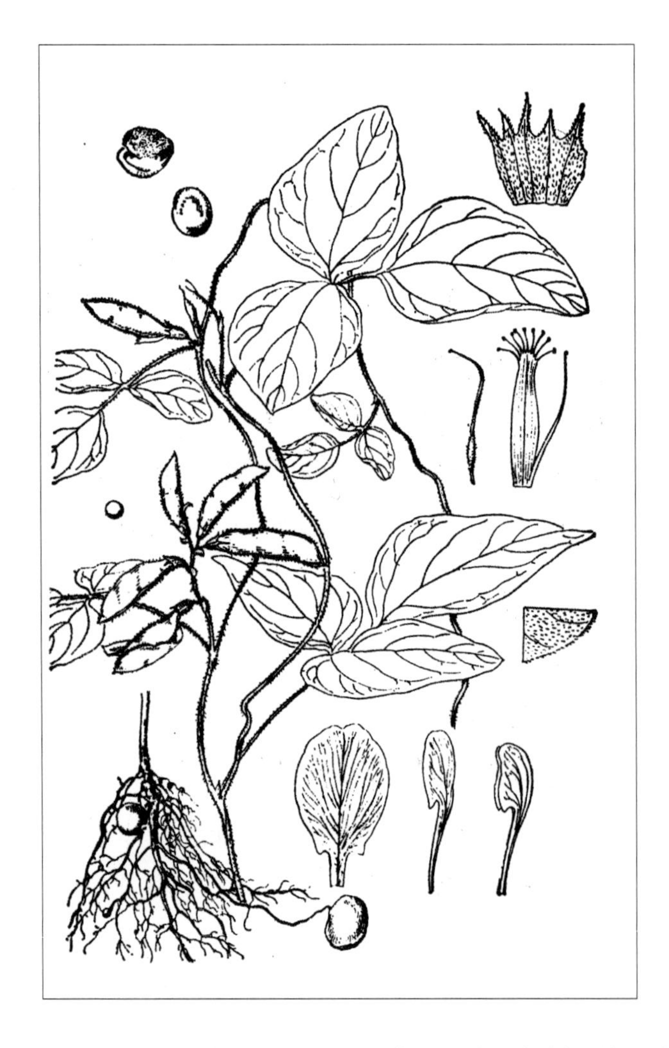

缠绕中生草本。生于森林带和森林草原带的林缘、林下、灌丛、湿草甸。产兴安南部（科尔沁右翼中旗罕山）、燕山北部（宁城县、敖汉旗）。分布于我国黑龙江东部、吉林中部和东部、辽宁、河北、河南、山东、山西、陕西南部、甘肃东南部、四川、江苏、安徽、浙江、福建、台湾、江西、湖北、湖南、海南、贵州、云南、西藏，日本、朝鲜、俄罗斯（远东地区）、越南、印度。为东亚分布种。

可做家畜饲料。

33. 大豆属 Glycine Willd.

一年生草本。茎缠绕、匍匐或直立。叶通常具小叶 3，有时 5 ～ 7；具托叶。总状花序腋生；苞小；花萼钟状，有毛，上 2 萼齿多少合生。花小，白色或淡红紫色；旗瓣大；翼瓣微贴生于龙骨瓣上。雄蕊 10，合生成单体或为 9 与 1 两体；花柱无毛。荚果扁或略凸，种子间通常缢缩。

内蒙古有 1 种，另有 1 栽培种。

分种检索表

1a. 茎直立；荚果肥大，长 3 ～ 5cm，宽 8 ～ 12mm；种子大。栽培……………………………**1. 大豆 G. max**

1b. 茎缠绕；荚果瘦小，长 1.5 ～ 2.3cm，宽 4 ～ 5mm；种子小…………………………………**2. 野大豆 G. soja**

1. 大豆（毛豆、黄豆、黑豆）

Glycine max (L.) Merr. in Interpr. Herb. Amboin. 274. 1917; Fl. Intramongol. ed. 2, 3:388. 1989.——*Phaseolus max* L., Sp. Pl. 2:725. 1753.

一年生草本，高 60 ～ 90cm。茎粗壮，通常直立，具条棱，密被黄褐色长硬毛。叶为羽状三出复叶；托叶披针形，渐尖；小托叶条状披针形；托叶、小托叶、叶轴及小叶柄均密被黄色长硬毛；小叶卵形或菱状卵形，长 7 ～ 13cm，宽 3 ～ 7cm，先端尖锐或钝圆，有时渐尖，基部宽楔形或圆形，两面均被白色长柔毛，侧生小叶较小，斜卵形。总状花序腋生；苞片及小苞片披针形，有毛；花萼钟状，长 4 ～ 6mm，密被黄色长硬毛，萼齿披针形，下面 1 萼齿最长。花小，白色至淡紫色，长 6 ～ 8mm；旗瓣近圆形，顶端微凹，基部具短爪；翼瓣矩圆形，具爪和耳；龙骨瓣斜倒卵形，具短爪。子房有毛。荚果矩圆形，略弯，下垂，长 3 ～ 5cm，宽 8 ～ 12mm，在种子间缢缩，密被黄褐色长硬毛；种子椭圆形、近球形、宽卵形或近矩圆形等，黄色、黑色、淡绿色等。花期 6 ～ 7 月，果期 7 ～ 8(～ 9) 月。

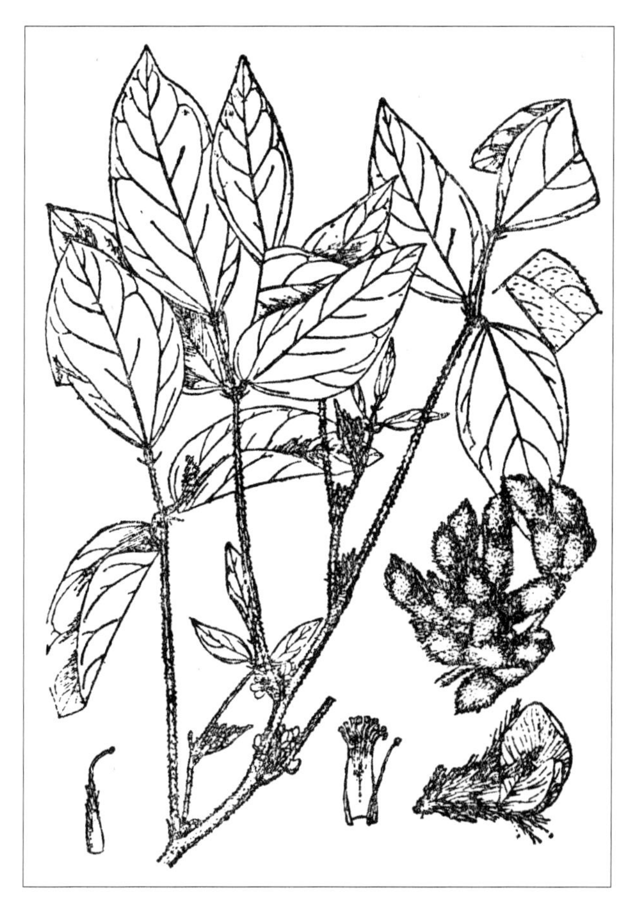

中生草本。原产中国，为东亚种。我国及世界各地广泛栽培，内蒙古农区亦有栽培。

大豆种子含丰富的脂肪和蛋白质，为非常有经济价值的油料和粮食，可做多种副食品。茎、叶及豆饼为良好的饲料。豆饼为多种食品、干酪素、味精、造纸、塑胶工业、人造纤维、火药等原料。豆油除食用外，还为润滑油、油漆、肥皂、瓷釉、人造橡胶、塑胶质、防腐剂等重要原料。据报道，大豆在工业上的用途有四百种以上。种子可加工为“大豆黄卷”“淡豆豉”“黑豆油” 入药。

2. 野大豆（乌豆）

Glycine soja Sieb. et Zucc. in Abh. Math.-Phys. Cl. Konigl. Bayer. Akad. Wiss. 4(2):119. 1843; Fl. Intramongol. ed. 2, 3:388. t.148. f.12-15. 1989.

一年生草本。茎缠绕，细弱，疏生黄色长硬毛。叶为羽状三出复叶；托叶卵状披针形；小托叶狭披针形，有毛；小叶薄纸质，卵形、卵状椭圆形或卵状披针形，长 1 ～ 5(～ 6)cm，宽 1 ～ 2.5cm，先端锐尖至钝圆，基部近圆形，全缘，两面有长硬毛。总状花序腋生；苞片披针形；花萼钟状，密生长毛，萼齿三角状披针形，先端渐尖，与萼筒近等长。花小，淡紫红色，

长 4 ～ 5mm；旗瓣近圆形，顶端圆或微凹，基部有短爪；翼瓣歪倒卵形，有明显的耳；龙骨瓣较旗瓣及翼瓣短小。子房有毛。荚果矩圆形或稍弯呈近镰刀形，两侧稍扁，长 15 ～ 23mm，宽 4 ～ 5mm，密被黄褐色长硬毛，种子间缢缩，含种子 2 ～ 4 粒；种子椭圆形，稍扁，长 2.5 ～ 4mm，宽 1.5 ～ 2.5mm，黑色。果期 8 月。

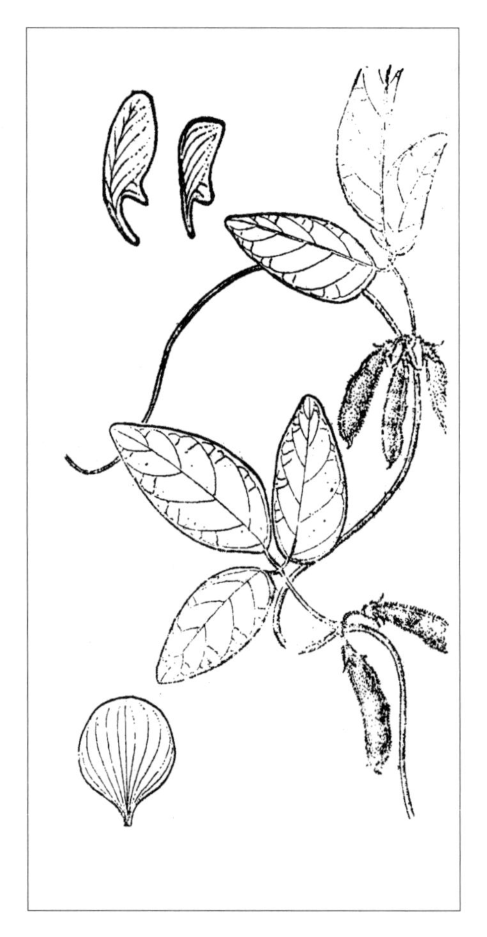

湿中生草本。生于森林带和草原带的湿草甸、山地灌丛和草甸、田野。产兴安北部（大兴安岭）、兴安南部及科尔沁（科尔沁右翼前旗、科尔沁右翼中旗、乌兰浩特市、科尔沁左翼中旗、阿鲁科尔沁旗、巴林右旗、翁牛特旗、克什克腾旗）、燕山北部（喀喇沁旗、宁城县、敖汉旗）、阴山（大青山）、阴南平原（包头市九原区）、阴南丘陵（准格尔旗）、鄂尔多斯。分布于我国黑龙江、吉林、辽宁、河北、河南、山东、山西、陕西、宁夏、甘肃东南部、四川东部、云南北部、江苏、安徽、浙江、福建、湖北、湖南、江西、广西、贵州、西藏，日本、朝鲜、俄罗斯（远东地区）。为东亚分布种。国家三级重点保护植物。

青鲜时各种家畜均喜食，可选为短期放牧及混播用牧草。种子可食，又可入药，有强壮利尿、平肝敛汗作用。

（13）合萌族 Aeschynomeneae

34. 落花生属 Arachis L.

一年生草本。双数羽状复叶，小叶通常 4，无卷须；托叶显著。花单生或少数簇生于叶腋；具有花梗状的细长萼管；花冠及雄蕊着生于萼管喉部；雄蕊 10，成 9 与 1 两体，花药有长与短两种形状；花后子房因子房柄延繁而伸入地中结实。荚果不开裂，果皮厚，表面有网脉，含种子 1 ～ 4 粒。

内蒙古有 1 栽培种。

1. 落花生（花生）

Arachis hypogaea L., Sp. Pl. 2:741. 1753; Fl. Intramongol. ed. 2, 3:347. t.135. f.7-10. 1989.

一年生草本。根部有丰富的根瘤。茎直立或匍匐，高 20 ～ 30cm，有棕色长柔毛。双数羽状复叶，具小叶 4；托叶大，长 2 ～ 3cm，条状披针形，下部与叶柄连合；叶柄长 5 ～ 10cm；小叶倒卵形、倒卵状椭圆形或倒卵状矩圆形，长 2.5 ～ 5cm，宽 1.5 ～ 2.5cm，先端圆形，具小刺尖，基部宽楔形或近圆形，两面无毛，边缘疏生长柔毛。花单生或少数簇生于叶腋；开花期无花梗；花萼筒管状细长，上方的 4 枚萼裂片几乎愈合到先端，下方 1 裂片细长，均疏生长毛；花冠及雄蕊着生于萼管喉部，旗瓣宽大，近圆形或扁圆形，顶端微凹，翼瓣倒卵形，具有短的耳和爪，龙骨瓣向后弯曲，顶端渐狭尖呈喙状，较翼瓣短；雄蕊 9 枚合生，1 枚退化，花药二型，5 枚为圆形，4 枚为矩圆状卵形；子房藏于萼管中，具 1 至多数胚珠，花柱上部有须毛；受精后花瓣及雄蕊脱落。荚果矩圆形，膨胀，果皮厚，具明显的网纹，种子间通常缢缩，含 1 ～ 3 粒种子。

中生草本。原产巴西，为巴西种。我国及世界各地广为栽培，内蒙古科尔沁、阴南丘陵（准格尔旗）有栽培。

花生仁为营养丰富的食品，可配制多种糖果点心。花生油除食用外，还可作为许多工业用原料。油渣约含 50% 的蛋白质，为食品、轻工业、饲料等原料。花生壳重约占果重的 1/3，含丰富的纤维素，为饲用酵母、酒精及糠醛等原料。

（14）岩黄芪族 Hedysareae

35. 骆驼刺属 **Alhagi** Gagneb.

多年生草本或半灌木。茎具针刺，宿存。单叶，全缘。总状花序腋生，先端钟刺状；萼筒钟状，具 5 齿。花冠红色；旗瓣倒卵形，向外反卷，先端稍凹入；翼瓣矩网形。雄蕊 10，两体。荚果念珠状，直或稍弯。

内蒙古有 1 种。

1. 骆驼刺（疏叶骆驼刺）

Alhagi sparsifolia Shap. ex Keller et Shap. in Sovetsk. Bot. 3-4:167. 1993.——*A. maurorum* Medic. var. *sparsifolium* (Shap.) Yakovl. in Fl. As. Centr. 8a.:47. t.2. f.4a. 1988; Fl. Intramongol. ed. 2, 3:360. t.140. f.1-5.1989.

半灌木，高 40 ～ 60cm。茎直立，多分枝，无毛，绿色，外倾；针刺长（1 ～）2.5 ～ 3.5cm，

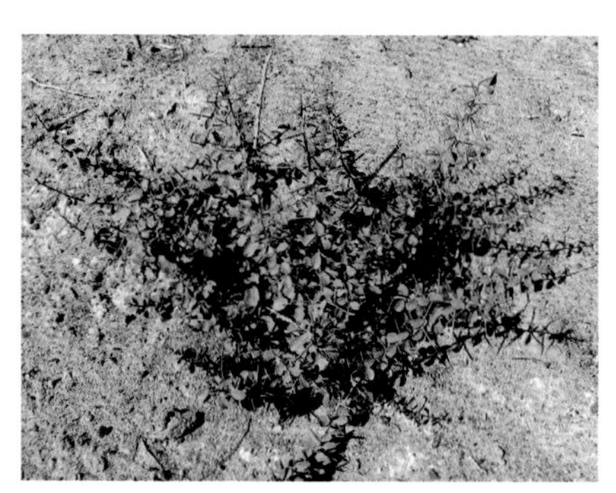

硬直，开展，果期木质化。叶宽卵形、矩圆形或宽倒卵形，长 1.5 ～ 3cm，宽 8 ～ 15mm，先端钝，基部宽楔形或近圆形，脉不明显，无毛，果期不脱落；叶柄长 1 ～ 2mm。每针刺有花 3 ～ 6；苞片钻形，小或缺；萼筒钟状，无毛，齿锐尖。花冠红色，长 9 ～ 10mm；旗瓣宽倒卵形，长 8 ～ 9mm，宽 5 ～ 6mm，爪长约 2mm；翼瓣矩圆形，与旗瓣近等长，稍弯；龙骨瓣长 9 ～ 10mm，爪长约 3mm。子房无毛。荚果念珠状，直或稍弯，长 1.2 ～ 2.5cm，宽约 2.5mm，含种子 1 ～ 6 粒；种子肾形，长约 8mm。花期 6 ～ 7 月，果期 8 ～ 9 月。

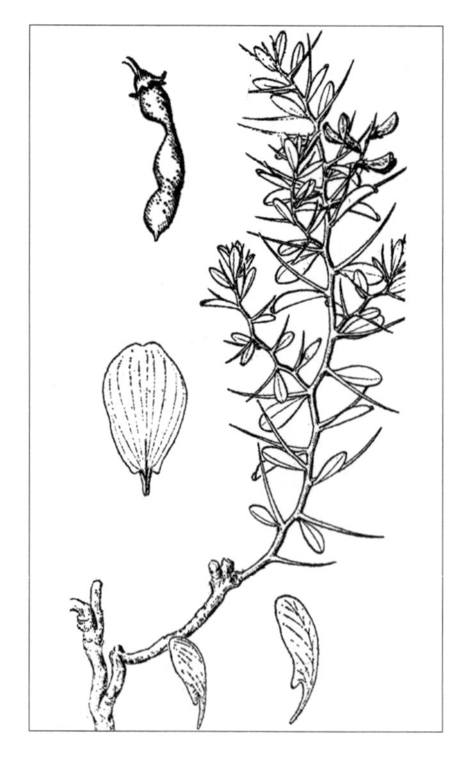

强旱生半灌木。生于荒漠带的沙质荒漠中，为其优势种，在轻度盐化的低地也有稀疏分布。产西阿拉善（阿拉善右旗）、额济纳。分布于我国甘肃（河西走廊）、青海（柴达木盆地东部）、新疆北部，蒙古国西南部（外阿尔泰戈壁），中亚。为戈壁分布种。

为良好的饲用植物、蜜源植物。种子可治胃病。

36. 岩黄芪属 Hedysarum L.

多年生草本。茎直立或斜升，有分枝，有时茎不发达，花茎从根状茎的上部生出。单数羽状复叶，托叶膜质。总状花序腋生，多花；苞片宿存或脱落；萼齿常不等长，萼筒基部具 2 小苞片。花通常紫红色、淡黄色或白色等；旗瓣比龙骨瓣稍长或稍短；龙骨瓣通常较翼瓣长 2 ～ 4 倍，少有较短者，背脊呈钝角状。雄蕊 10，呈两体，花柱丝状，常屈曲。荚果通常有 1 ～ 6 荚节，不开裂，荚节扁平，表面具网状脉，有毛或无毛，有时有针刺。

内蒙古有 8 种。

分种检索表

1a. 有明显的地上茎，叶茎生，总状花序腋生或顶生。

  2a. 荚节无针刺（**1. 无刺岩黄芪组** Sect. **Obscura** B. Fedtsch.）；子房和荚节无毛或被贴伏短柔毛；萼齿短于萼管；翼瓣与旗瓣近等长；翼耳细长，与爪近等长。

    3a. 花淡黄色或乳白色。

      4a. 子房和荚节无毛；小叶较窄，椭圆形或卵状矩圆形，宽 3 ～ 10mm，下面中脉上被长柔毛；花冠长 10 ～ 12mm，乳白色……………………………………**1. 阴山岩黄芪 H. yinshanicum**

      4b. 子房和荚节被贴伏短柔毛；小叶较宽，卵形或矩圆状卵形，宽 8 ～ 15mm，下面被贴伏短柔毛；花冠长 14 ～ 16mm，淡黄色……………………………**2. 宽叶岩黄芪 H. przewalskii**

    3b. 花紫红色，子房和荚节无毛……………………………………………………**3. 山岩黄芪 H. alpinum**

  2b. 荚节具针刺（**2. 从枝岩黄芪组** Sect. **Muliticaulia** Boiss）；子房和荚节被贴伏短柔毛；萼齿长于萼管；翼瓣短于旗瓣；翼耳短小，明显短于爪。

    5a. 花黄色，萼齿长为萼管的 2 ～ 3 倍，翼瓣长约为旗瓣的 4/5…**4. 达乌里岩黄芪 H. dahuricum**

    5b. 花紫红色。

      6a. 翼瓣长为旗瓣的 1/2，萼齿与萼管近等长……………………**5. 短翼岩黄芪 H. brachypterum**

      6b. 翼瓣长为旗瓣的 2/3，萼齿比萼管长 1.5 ～ 3 倍……………………**6. 华北岩黄芪 H. gmelinii**

1b. 茎缩短或不发育（**3. 无茎岩黄芪组** Sect. **Subacaulia** Boiss），叶基生，总状花序腋生。

  7a. 萼齿长为萼管的 3 ～ 5 倍，翼瓣长为旗瓣的 1/3………………………**7. 贺兰山岩黄芪 H. petrovii**

  7b. 萼齿长为萼管的 1.5 ～ 2 倍，翼瓣长为旗瓣的 1/2………………………**8. 短茎岩黄芪 H. setigerum**

1. 阴山岩黄芪

Hedysarum yinshanicum Y. Z. Zhao in Class. Fl. Ecolog. Geogr. Distr. Vasc. Pl. Inn. Mongol. 314. 2012.——*H. vicioides* auct. non Turcz.: Fl. Intramongol. 3:241. t.122. f.1-7. 1977.

多年生草本，高达 100cm。直根粗长，圆柱形，长 20 ～ 50cm，直径 0.5 ～ 2cm，黄褐色。茎直立，有毛或无毛。单数羽状复叶，长 5 ～ 12cm，具小叶 9 ～ 21；托叶披针形或卵状披针形，膜质，褐色，无毛；小叶卵状矩圆形或椭圆形，长 5 ～ 20mm，宽 3 ～ 10mm，先端微凹或圆形，基部圆形或宽楔形，上面绿色无毛，下面淡绿色，沿中脉被长柔毛；小叶柄极短。总状花序腋

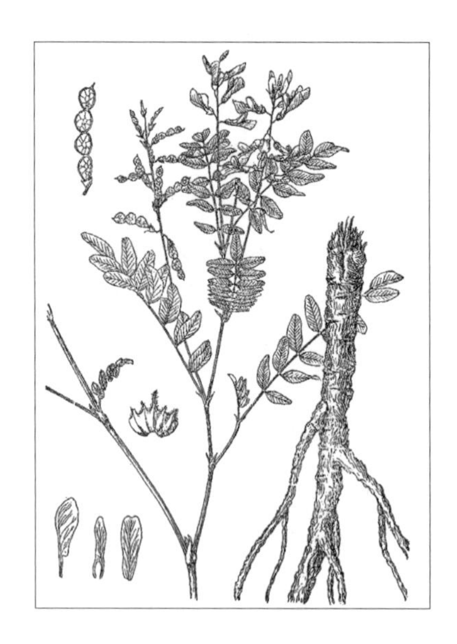

生，长达25cm，有花7～11朵，总状花序明显比叶长；花梗长2～3mm；苞片披针形，膜质，褐色；花萼斜钟形，长约3mm，无毛或近无毛，萼齿短三角状钻形，下面的1枚萼齿较其他的长1倍，边缘具长柔毛。花乳白色，长10～12mm；旗瓣矩圆状倒卵形，顶端微凹；翼瓣矩圆形，与旗瓣等长，耳条形，与爪等长；龙骨瓣较旗瓣和翼瓣长，基部具爪和短耳。子房无毛。荚果3～6荚节，荚节斜倒卵形或近圆形，边缘具狭翅，扁平，表面具疏网纹，无毛。花期7～8月，果期8～9。

中生草本。多生于草原带的山地林下、林缘、灌丛、沟谷草甸。产阴山（大青山、蛮汗山、乌拉山）。分布于我国河北西部、山西北部。为华北分布种。

本种虽然与拟蚕豆岩黄芪 *H. vicioides* Turcz. 相近，都是子房、荚果无毛和总状花序明显比叶长，但后者萼齿比萼筒稍长或近等长，花冠长17～18mm，花梗长4～5mm，与本种明显不同。本种虽然又与多序岩黄芪 *H. polybotrys* Hand.-Mazz. 相近，都是萼齿短于萼管，但后者总状花序与叶近等长，子房和荚果密被短柔毛，小叶下面被贴伏短柔毛，与本种明显不同。

2. 宽叶岩黄芪

Hedysarum przewalskii Yakovl. in Fl. As. Centr. 8a:61. t.4. f.2. 1988.——*H. polybotrys* Hand.-Mazz. var. *alaschanicum* (B. Fedtsch.) H. C. Fu et Z. Y. Chu in Fl. Intramongol. ed. 2, 3:341. t.132. f.7-12. 1989.——*H. seminovii* Regel et Herder var. *alaschanicum* B. Fedtsch. in Trudy Imp. St.-Petersb. Bot. Sada 19(3):250. 1902.

多年生草本，高可达100cm。根粗长，圆柱形，少分枝，主根长20～50cm，直径0.5～2cm，外皮棕黄色、棕红色或暗褐色。茎直立，坚硬，稍分枝，有毛或无毛。单数羽状复叶，长5～15cm，具小叶7～25；托叶三角状披针形或卵状披针形，基部彼此合生呈鞘状，膜质，褐色，无毛或近无毛；小叶卵形或矩圆状卵形，长10～30mm，宽8～15mm，先端近平截、微凹、圆形或钝，基部圆形或宽楔形，上面绿色，无毛，下面淡绿色，中脉上有长柔毛；小叶柄甚短。总状花序腋生，较叶长，果期长可达25cm，有花20～25朵；花梗纤细，长2～3mm，被长柔毛；苞片锥形，长1～1.5mm，膜质，褐色；小苞片极小；花萼斜钟状，长约3mm，被短柔毛，萼齿三角状钻形，最下面的1枚萼齿较其余的萼齿长1倍，边缘有长柔毛。花淡黄色，长14～16mm；旗瓣矩圆状倒卵形，顶端微凹；翼瓣矩圆形，与旗瓣等长，耳条形，与爪等长；龙骨瓣较旗瓣及翼瓣长，顶端斜截形，基部有爪及短耳。子房被毛。荚果有3～5荚节，荚节斜倒卵形或近圆形，边缘有狭翅，扁平，表面有稀疏网纹，疏被平伏的短柔毛。花期7～8月，果期8～9月。

中生草本。生于荒漠带海拔1900～2300m的山地林缘。产贺兰山。分布于我国宁夏（贺兰山）。为贺兰山分布种。

3. 山岩黄芪

Hedysarum alpinum L., Sp. Pl. 2:750. 1753; Fl. Intramongol. ed. 2, 3:342. t.133. f.1-5. 1989.

多年生草本，高40～100cm。根粗壮，暗褐色。茎直立，具纵沟，无毛。单数羽状复叶，具小叶9～21；托叶披针形或近三角形，基部彼此合生或合生至中部以上，膜质，褐色；小叶卵状矩圆形、狭椭圆形或披针形，长15～30mm，宽4～10mm，先端钝或稍尖，基部圆形或宽楔形，全缘，上面无毛，下面疏生短柔毛或近无毛，侧脉密而明显。总状花序腋生，显著比叶长；花多数，20～30(～60)朵；花梗长2～4mm；苞片条形，长约2mm，膜质，褐色；萼短钟状，长3～4mm，有短柔毛，萼齿5，三角形至狭披针形，下方的萼齿稍狭长。花紫红色，长13～17mm，稍下垂；旗瓣长倒卵形，顶端微凹，无爪；翼瓣比旗瓣稍短或近等长，宽不及旗瓣的1/2，耳条形，约与爪等长；龙骨瓣比旗瓣及翼瓣显著长，有爪及短耳。子房无毛。荚果有荚节(1～) 2～3 (～4)，荚节近扁平，椭圆形至狭倒卵形，两面具网状脉纹，无毛。花期7月，果期8月。

中生草本。多生于森林带和森林草原带的山地林间草甸、林缘草甸、山地灌丛、河谷草甸，为耐寒的高山或亚高山草甸伴生种。产兴安北部及岭东和岭西（额尔古纳市、根河市、牙克石市、鄂伦春自治旗、陈巴尔虎旗、鄂温克族自治旗）、兴安南部（科尔沁右翼前旗、扎鲁特旗、阿鲁科尔沁旗、巴林右旗、克什克腾旗、东乌珠穆沁旗、西乌珠穆沁旗）、燕山北部（兴和县苏木山）、阴山（大青山、乌拉山）。分布于我国黑龙江北部、吉林、河北北部、河南、山西、陕西、甘肃、四川、新疆（阿尔泰山），朝鲜北部、蒙古国东部和北部、俄罗斯（西伯利亚地区、远东地区）、印度、巴基斯坦，克什米尔地区，欧洲、北美洲。为泛北极分布种。

嫩枝为各种家畜所乐食。可做绿肥或植做观赏用。

4. 达乌里岩黄芪（刺岩黄芪）

Hedysarum dahuricum Turcz. ex B. Fedtsch. in Fl. U.R.S.S. 13:290. 1948; Fl. China 10:522. 2010.——*H. gmelinii* auct. non Ledeb.: Fl. Intramongol. ed. 2, 3:344. 1989. p.p.

多年生草本，高 15 ～ 25cm。根为直根，木质化。茎多数，仰卧地面，被短柔毛，基部围以多层残存的叶柄。叶长 8 ～ 15cm，叶片与叶柄近等长；叶轴被短柔毛；小叶长圆形或披针状卵形，长 12 ～ 22mm，宽 4 ～ 6mm，先端钝圆，具不明显短尖，基部圆楔形，上面无毛，下面密被灰白色贴伏短柔毛。总状花序腋生；总花梗和花序轴被短柔毛，明显超出叶；花多数，斜上升，初花时密集呈头状或卵状，长 2 ～ 3cm，到花后期逐渐延伸达 5 ～ 7cm；花长 14 ～ 16mm，具长约 1mm 的短花梗；苞片披针形，稍长于花梗；萼钟状，长 5 ～ 6mm，被短柔毛，萼齿披针状钻形，长为萼筒的 2 ～ 3 倍。花冠淡黄色或黄白色；旗瓣倒卵形，长 12 ～ 13mm，先端钝圆、微凹；翼瓣条形，长约为旗瓣的 4/5；龙骨瓣比旗瓣长约 1mm。子房线形，初花时沿缝线被短柔毛，后全部逐渐被柔毛。荚果 3 ～ 7 节，节荚近圆形，两侧肿胀，脉纹隆起，被短柔毛和针刺。花期 7 ～ 8 月，果期 8 ～ 9 月。

旱中生草本。生于森林草原带的山坡、砾石质地，为山地草甸草原伴生种。产呼伦贝尔（满洲里市南山）。蒙古国东北部（蒙古—达乌里地区）、俄罗斯（东西伯利亚达乌里地区）也有分布。为达乌里—蒙古分布种。

全草为优良牧草，各类家畜喜食。

5. 短翼岩黄芪

Hedysarum brachypterum Bunge in Mem. Acad. Imp. Sci. St.-Petersb. Div. Sav. 2:92. 1835; Fl. Intramongol. ed. 2, 3:342. t.134. f.7-12. 1989.

多年生草本，高 10 ～ 30cm。茎斜升，疏或密生长柔毛，具纵沟。单数羽状复叶，具小叶 11 ～ 25；托叶三角形，膜质，褐色，外面有长柔毛；小叶椭圆形、矩圆形或条状矩圆形，长 4 ～ 10mm，宽 2 ～ 4mm，先端钝，基部圆形或近宽楔形，全缘，常纵向折叠，上面密布暗绿色腺点，近无毛，下面密生灰白色平伏长柔毛。总状花序腋生，长 3 ～ 8cm，具花 10 ～ 20 朵；花梗短，长约 2mm，被毛；苞片披针形，长 2 ～ 3mm，膜质，褐色；小苞片条形，长为萼筒的 1/2；花萼钟状，长 6 ～ 7mm，内外被毛，萼齿披针状锥形，下 2 萼齿长 4 ～ 5mm，较萼筒稍长，上萼齿和中萼齿长约 3mm，约与萼筒等长。花紫红色，长 13 ～ 14mm；旗瓣倒卵形，顶端微凹，无爪；翼瓣矩圆形，长为旗瓣的 1/2，有短爪；龙骨瓣长为翼瓣的 2 ～ 3 倍，有爪。子房被柔毛，具短柄。荚果有 1 ～ 3 荚节，顶端有短尖，荚节宽卵形或椭圆形，被白色柔毛和针刺。花期 7 月，果期 7 ～ 8 月。

旱中生草本。生于典型草原带的山地和平原，为典型草原区的杂草。产锡林郭勒（苏尼特右旗、商都县、集宁区、四子王旗南部、达尔罕茂明安联合旗南部）、乌兰察布（白云鄂博矿区、固阳县、乌拉特中旗、乌拉特前旗）、阴山（大青山）、阴南平原（九原区）、阴南丘陵（准格尔旗）、鄂尔多斯（东胜区、杭锦旗）。分布于我国河北西北部、山西东北部、陕西北部、宁夏、甘肃东北部。为华北分布种。

6. 华北岩黄芪

Hedysarum gmelinii Ledeb. in Mem. Acad. Imp. Sci. St.-Petersb. Hist. Acad. 5:551. 1812; Fl. Intramongol. ed. 2, 3:344. t.134. f.1-6. 1989.——*H. gmelinii* Ledeb. var. *lineiforme* H. C. Fu in Fl. Intramongol. 3:243. 290. 1977; Fl. Intramongol. ed. 2, 3:346. 1989.

多年生草本，高 20 ～ 70cm。根粗壮，深长，暗褐色。茎直立或斜升，伸长或短缩，具纵沟，被疏或密的白色柔毛。单数羽状复叶，具小叶 9 ～ 23；托叶卵形或卵状披针形，长 8 ～ 12mm，

先端锐尖，膜质，褐色，被柔毛，叶轴被柔毛；小叶椭圆形、矩圆形或卵状短圆形，长 7 ～ 30mm，宽 3 ～ 12mm，先端圆形或钝尖，基部圆形或近宽楔形，上面密被褐色腺点，无毛或近无毛，下面密被平伏或开展的长柔毛。总状花序腋生，紧缩或伸长，长 4 ～ 8cm；总花梗长可达 25cm，显著比叶长；花多数，15 ～ 40 朵；花梗短；苞片披针形，长约 4mm；小苞片条形，约与萼筒等长，膜质，褐色；花萼钟状，长 7 ～ 8mm，有白色伏柔毛，萼齿条状披针形，较萼筒长 1.5 ～ 3 倍，下萼齿较上萼齿和中萼齿稍长。花红紫色，长 15 ～ 20mm，斜立或直立；旗瓣倒卵形，顶端微凹，无爪；翼瓣长为旗瓣的 2/3，爪较耳长 1 倍；龙骨瓣与旗瓣近等长，有爪及短耳，爪较耳长 5 ～ 6 倍。子房被白色柔毛，有短柄。荚果有荚节 3 ～ 6，荚节宽椭圆形或宽卵形，有网状肋纹、针刺和白色柔毛。花期 6 ～ 8(～ 9) 月，果期 7 ～ 9 月。

旱中生草本。常生于森林草原、典型草原、荒漠草原带的山地、石质或砾石质坡地。产兴安南部（巴林右旗、克什克腾旗）、锡林郭勒（东乌珠穆沁旗、西乌珠穆沁旗、锡林浩特市、正蓝旗、化德县、察哈尔右翼后旗、集宁区、武川县）、乌兰察布（四子王旗、白云鄂博矿区、固阳县）、阴山（大青山）、阴南丘陵（准格尔旗）、鄂尔多斯（东胜区）。分布于我国河北西北部、河南、山西、陕西北部、宁夏、甘肃、新疆北部，蒙古国东部和北部及西部、俄罗斯（西伯利亚地区），中亚、欧洲。为古北极分布种。

为良好的饲用植物。绵羊、山羊和马均乐食。

7. 贺兰山岩黄芪（六盘山岩黄芪）

Hedysarum petrovii Yakovl. in Novost. Sist. Vyssh. Rast. 19:116. 1982; Fl. Intramongol. ed. 2, 3:341. t.132. f.1-6. 1989.——*H. alaschanicum* Y. Z. Zhao in Acta Sci. Nat. Univ. Intramongol. 17(2):347. 1986.——*H. liupanshanicum* L. Z. Shue in Bull. Bot. Res. Harbin 5(3):135. 1985.

多年生草本，高 4 ～ 20cm。全株密被开展与平伏的白色柔毛。根粗壮，木质化，暗褐色。茎多数，短缩，长 1 ～ 3cm。单数羽状复叶，长 4 ～ 12cm，具小叶 7 ～ 15；托叶卵状披针形，膜质，长 3 ～ 5mm，中部以上与叶柄连合，密被白色贴伏柔毛；小叶椭圆形或矩圆状卵形，长 3 ～ 15mm，宽 3 ～ 7mm，先端钝，基部圆形，上面近无毛或疏被长

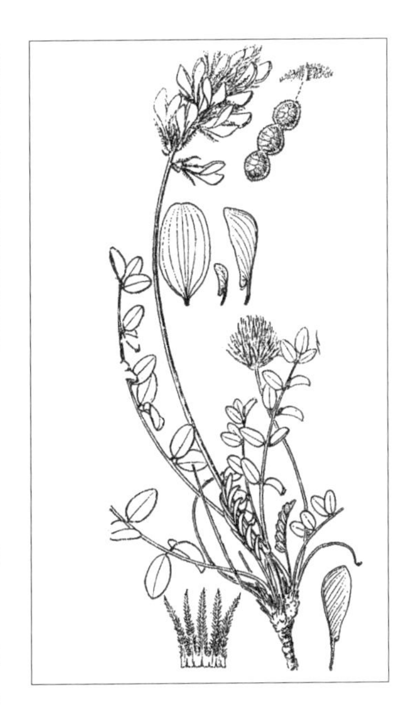

柔毛，并密被腺点，下面被平伏的长柔毛。总状花序腋生，较叶长，有花 10 ～ 20 朵，密集；总花梗密被开展和平伏的柔毛；花梗短，长约 1mm；苞片条状披针形，长 2 ～ 3mm，淡褐色，被长柔毛；花萼钟状，长 8 ～ 12mm，密被白色柔毛，萼齿条状钻形，长为萼筒的 3 倍以上。花红色或红紫色；旗瓣倒卵形，长 12 ～ 18mm，顶端微凹，基部渐狭成短爪；翼瓣矩圆形，长 5 ～ 7mm，长不足旗瓣的 1/2；龙骨瓣与旗瓣近等长或稍短。子房被毛。荚果有(1 ～)2 ～ 4 荚节，荚节圆形，扁平，稍凸起，表面有稀疏网纹，密被白色柔毛和硬刺。花期 6 ～ 7 月，果期 7 月。

旱中生草本。生于荒漠带的低山丘陵砾石质坡地。产东阿拉善（桌子山）、贺兰山。分布于我国宁夏（吴忠市盐池县、中卫市海原县、六盘山）、陕西（榆林市定边县）、甘肃（白银市会宁县、天水市清水县、武威市天祝藏族自治县、甘南藏族自治州夏河县）。为华北西部山地分布种。

8. 短茎岩黄芪

Hedysarum setigerum Turcz. ex Fisch. et C. A. Mey. in Index Sem. Hort. Petrop. 1:29. 1835; Fl. China 10:523. 2010.——*H. gmelinii* auct. non Ledeb.: Fl. Intramongol. ed. 2, 3:344. 1989. p.p.

多年生草本，高 10 ～ 20cm。根粗壮，强烈木质化。茎缩短，不明显，常数个近地表簇生。叶簇生于缩短茎上，长 8 ～ 15cm；叶柄与叶轴等长；叶轴被短柔毛；小叶 9 ～ 13，具不明显短柄，小叶片长圆状卵形或椭圆形，长 12 ～ 16mm，宽 5 ～ 7mm，上面无毛，下面密被银灰色贴伏柔毛。总状花序腋生，稍超出叶；总花梗和花序轴被短柔毛；花多数，斜上升，初花时密集为卵形，长 1.5 ～ 2.5cm，花后期花序轴逐渐延伸，花的排列较疏散；花长 11 ～ 13mm，具长约 1mm 的短梗；苞片卵状披针形，比花梗长约 1 倍；萼钟状，长 5 ～ 6mm，被短柔毛，萼齿披针状钻形，长为萼筒的 1.5 ～ 2 倍。花冠玫瑰紫色；旗瓣倒卵形，长 10 ～ 12mm，先端圆形、微凹，基部渐狭呈楔形；翼瓣线形，长约为旗瓣的 1/2；龙骨瓣稍短于旗瓣。子房线形，早期几无毛或仅沿腹线被短柔毛，后期逐渐被短柔毛，具胚珠 3 ～ 5 枚。荚果由 3 ～ 5 节荚组成，节荚被毛和刺。花期 7 ～ 8 月，果期 8 ～ 9 月。

旱中生草本。生于草原带的石质坡地或岩石处，为山地草原种。产呼伦贝尔（满洲里市）。分布于蒙古国东部和东北部、俄罗斯（东西伯利亚地区、远东地区）。为东西伯利亚—远东分布种。

37. 山竹子属 Corethrodendron Fisch. et Basin.

半灌木。茎直立或斜升，有分枝。单数羽状复叶，托叶膜质。总状花序腋生，多花；苞片宿存或脱落；萼齿常不等长，萼筒基部具2小苞片。花通常紫红色；旗瓣比龙骨瓣稍长或稍短；龙骨瓣通常较翼瓣长2～4倍，背脊呈弧形弯曲。雄蕊10，成两体，花柱丝状，常屈曲。荚果通常有1～4荚节，不开裂；荚节膨胀、球形或明显鼓凸，表面具网状脉，有毛或无毛，有时有针刺。

内蒙古有3种。

分种检索表

1a. 萼管上方2深裂，荚节密被针刺和短柔毛，小叶椭圆形、倒卵形或近圆形……………………………………………………………………………………………………**1. 红花山竹子 C. multijugum**

1b. 萼管上方不2深裂；荚节无针刺，被毛或无毛，有时具小瘤状突起甚至针刺；小叶条形、条状矩圆形或矩圆形。

2a. 荚节密被开展的长柔毛，翼瓣长为旗瓣的1/2，上部叶轴常无小叶，老茎树皮紫红色……………………………………………………………………………………………………**2. 细枝山竹子 C. scoparium**

2b. 荚节密被贴伏短柔毛或无毛，有瘤状突起（有时针刺状）或无；翼瓣长为旗瓣的1/3；上部叶轴具小叶；老茎树皮黄褐色。

3a. 子房和荚节密被贴伏短柔毛，荚节有时具瘤状突起甚至针刺……………………………………………………………………………**3a. 山竹子 C. fruticosum** var. **fruticosum**

3b. 子房和荚节光滑无毛………………………………………**3b. 羊柴 C. fruticosum** var. **lignosum**

1. 红花山竹子（红花岩黄芪）

Corethrodendron multijugum (Maxim.) B. H. Choi et H. Ohashi in Taxon 52:573. 2003; Fl. China 10:513. 2010.——*Hedysarum multijugum* Maxim. in Bull. Acad. Imp. Sci. St.-Petersb. 27(4):464. 1882; Fl. Intramongol. ed. 2, 3:332. t.129. f.1-5. 1989.

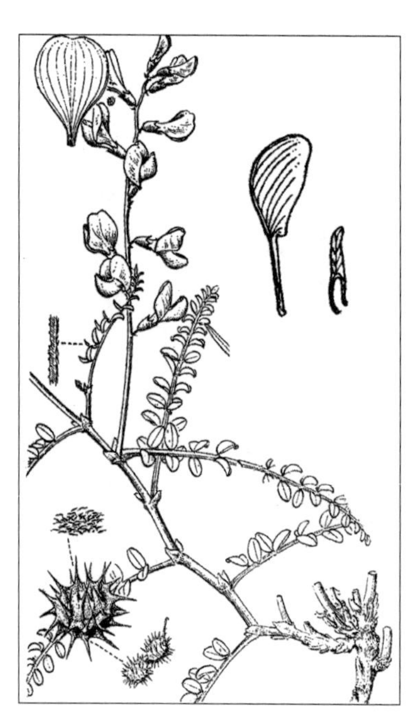

半灌木，高可达100cm。茎下部木质化，具纵沟纹，一年生枝密被短柔毛。单数羽状复叶，具小叶21～41；托叶卵状披针形，长2～4mm，下部连合，上部分离，外面有毛；叶轴有沟槽；叶柄甚短，密被短柔毛；小叶卵形、椭圆形或倒卵形，长5～12mm，宽3～6mm，先端钝或微凹，基部近圆形，上面无毛，密布小斑点，下面密被平伏短柔毛。总状花序腋生，连总花梗长10～35cm，长于叶，具花9～25朵，稀疏；苞早落；花梗长2～3mm，被毛；花萼钟状，长5～6mm，萼齿短于萼筒，外面被平伏的短柔毛。花冠红紫色，有黄色斑点；旗瓣

倒卵形，长 16 ～ 19mm，顶端微凹，爪短；翼瓣狭，长 6 ～ 9mm，耳与爪近等长；龙骨瓣较旗瓣稍短或近等长，爪为瓣片的 1/2。荚果扁平，有 2 ～ 3 荚节；荚节斜圆形，长宽均为 4mm，表面有横肋纹和柔毛，中部常有 1 ～ 3 极小针刺或边缘有刺毛。花期 6 ～ 7 月，果期 8 ～ 9 月。

中旱生半灌木。生于荒漠带的山地沙砾质地。产龙首山。分布于我国宁夏中部、陕西西部、甘肃、青海、四川西部。为唐古特分布种。

2. 细枝山竹子（花棒、花柴、木本岩黄芪、细枝岩黄芪）

Corethrodendron scoparium (Fisch. et C. A. Mey.) Fisch. et Basiner in Bull. Cl. Phys.-Math. Acad. Imp. Sci. St.-Petersb. 4:315. 1845; Fl. China 10:513. 2010.——*Hedysarum scoparium* Fisch. et C. A. Mey. in Enum. Fl. Nov. 1:87. 1841; Fl. Intramongol. ed. 2, 3:334. t.129. f.6-10. 1989.——*H. scoparium* Fisch. et C. A. Mey. var. *arbuscula* (Maxim.) Yakovl. in Fl. As. Centr. 8a:62. 1988; Fl. Intramongol. ed. 2, 3:334. t.130. f.6-9. 1989.——*H. scoparium* Fisch. et C. A. Mey. f. *arbuscula* (Maxim.) Liou f. in Fl. Desert. Reip. Pop. Sin. 2:237. 1987.——*H. arbuscula* Maxim in Bull. Acad. Imp. Sci. St.-Petersb. 27:465. 1881.

半灌木，高达 200cm。茎和下部枝紫红色或黄褐色，皮剥落，多分枝；嫩枝绿色或黄绿色，具纵沟，被平伏的短柔毛或近无毛。单数羽状复叶，下部的叶具小叶 7 ～ 11，上部的叶具少数

小叶，最上部的叶轴上完全无小叶；托叶卵状披针形，较小，中部以上彼此连合，外面被平伏柔毛，早落；叶轴长 10 ～ 15cm；小叶矩圆状椭圆形或条形，长 1.5 ～ 3cm，宽 4 ～ 6mm，先端渐尖或锐尖，基部楔形，上面密被红褐色腺点和平伏的短柔毛，下面密被平伏的柔毛，灰绿色。总状花序腋生，花序梗比叶长，花少数，排列疏散；花梗长 2 ～ 3mm；苞片小，三角状卵形，密被柔毛；花萼钟状筒形，长 6 ～ 8mm，齿长为筒的 1/2 ～ 2/3，披针状钻形

或三角形。花紫红色，长 15 ～ 20mm；旗瓣宽倒卵形，长 18 ～ 20mm，先端稍凹入，爪长为瓣片的 1/5 ～ 1/4；翼瓣长 10 ～ 12mm，爪长约为瓣片的 1/3，耳长约为爪长的 1/2；龙骨瓣长 17 ～ 18mm，爪稍短于瓣片。子房有毛。荚果有 2 ～ 4 荚节；荚节近球形，膨胀，密被白色毡状柔毛。花期 6 ～ 8 月，果期 8 ～ 9 月。

旱生沙生高大半灌木。生于荒漠带的流动、半流动和固定沙丘，为荒漠和半荒漠植被的优势种或伴生种。产东阿拉善（库布齐沙漠、乌兰布和沙漠、腾格里沙漠）、西阿拉善（巴丹吉林沙漠）、额济纳。分布于我国陕西北部、宁夏西部、甘肃（河西走廊）、青海（海西蒙古族藏族自治州都兰县）、新疆（准噶尔北部），蒙古国（外阿尔泰西部）、哈萨克斯坦东部（斋桑湖地区）。为戈壁（准噶尔北部—南阿拉善）分布种。

本种为优良的固沙先锋植物。枝叶骆驼和羊喜食。

3. 山竹子（山竹岩黄芪）

Corethrodendron fruticosum (Pall.) B. H. Choi et H. Ohashi in Taxon 52:573. 2003; Fl. China 10:513. 2010.——*Hedysarum fruticosum* Pall. in Reise Russ. Reich. 3:752. 1776; Fl. Intramongol. ed. 2, 3:335. t.130. f.1-5. 1989.——*H. mongolicum* Turcz. in Bull. Soc. Imp. Nat. Mosc. 15:781. 1842; Fl. Intramongol. ed. 2, 3:337. t.131. f.6-7. 1989.——*Hedysarum fruticosum* Pall. var. *gobicum* Y. Z. Zhao in Act. Sci. Nat. Univ. Intramongol. 27(5):681. 1996.

3a. 山竹子

Corethrodendron fruticosum (Pall.) B. H. Choi et H. Ohashi var. **fruticosum**

半灌木，高 60 ～ 120cm。根粗壮，深长，少分枝，红褐色。茎直立，多分技。树皮灰黄色或灰褐色，常呈纤维状剥落。小枝黄绿色或带紫褐色；嫩枝灰绿色，密被平伏的短柔毛，具纵沟。单数羽状复叶，具小叶 9 ～ 12；托叶卵形或卵状披针形，长 4 ～ 5mm，膜质，褐色，外面有平伏柔毛，中部以下彼此连合，早落；叶轴长 3 ～ 10cm，被毛；小叶具短柄，柄长 2 ～ 3mm，小叶多互生，矩圆形、椭圆形或条状矩圆形，长 10 ～ 20(～ 25)mm，宽 3 ～ 10mm，先端圆形或钝尖，有小凸尖，基部近圆形或宽楔形，全缘，上面密布红褐色腺点并疏生平伏短柔毛，下面被稍密的短伏毛。总状花序腋生，与叶近等长，具 4 ～ 10 朵花，疏散；花梗短，长 2 ～ 3mm，被毛；苞片小，三角状卵形，膜质，褐色，被毛；花萼筒状钟形或钟形，长 4 ～ 5mm，被短柔毛，萼齿三角形，近等长，渐尖，长约为萼筒的 1/2，边缘有长柔毛。花紫红色，长 15 ～ 20（～ 25）mm；旗瓣宽倒卵形，顶端微凹，基部渐狭；翼瓣小，长约为旗瓣的 1/3，具较长的耳；龙骨瓣稍短于旗瓣。子房条形，密被短柔毛，花柱长而屈曲。荚果通常具 2 ～ 3 荚节，有时仅 1 节发育；荚节矩圆状椭圆形，两面稍凸，具网状脉纹，长 5 ～ 7mm，宽 3 ～ 4mm，幼果密被柔毛，以后毛渐稀少。花期 7 ～ 8（～ 9）月，果期 9 ～ 10 月。

中旱生沙生半灌木。生于森林草原带、典型草原带、荒漠草原带及草原化荒漠带的沙丘和沙地以及戈壁红土断层冲刷沟沿砾石质地。产岭西及呼伦贝尔（陈巴尔虎旗、鄂温克族自治旗、新巴尔虎左旗、新巴尔

虎右旗、海拉尔区）、兴安南部及科尔沁（科尔沁右翼中旗、科尔沁左翼后旗、奈曼旗、巴林右旗、克什克腾旗）、锡林郭勒（东乌珠穆沁旗、西乌珠穆沁旗、锡林浩特市、苏尼特左旗、苏尼特右旗、多伦县）、乌兰察布（二连浩特市、苏尼特右旗、四子王旗、达尔罕茂明安联合旗、乌拉特中旗）、阴南丘陵、鄂尔多斯、东阿拉善（磴口县）。分布于我国吉林西部、辽宁北部、河北北部、宁夏北部、陕西北部，蒙古国、俄罗斯（东西伯利亚达乌里地区）。为蒙古高原草原区沙地分布种。

为良好的饲用植物。青鲜时绵羊、山羊采食其枝叶，骆驼也采食。

3b. 羊柴（塔落岩黄芪、木岩黄芪）

Corethrodendron fruticosum (Pall.) B. H. Choi et H. Ohashi var. **lignosum** (Trautv.) Y. Z. Zhao comb. nov.——*Hedysarum fruticosum* Pall. var. *lignosum* (Trautv.) Kitag. in Rep. First. Sci. Exped. Manch. Sect. 4, 4:89. 1936; Fl. Intramongol. ed. 2, 3:335. 1989.——*H. lignosum* Trautv. in Trudy Imp. St.-Petersb. 1:176. 1872.——*H. laeve* Maxim. in Bull. Acad. Imp. Sci. St.-Petersb. 27(4):464. 1881; Fl. Intramongol. ed. 2, 3:339. t.131. f.1-5. 1989.——*H. laeve Maxim.* f. *albiflorum* (H. C. Fu et Chu) H. C. Fu et Z. Y. Chu in Fl. Intramongol. 3:339. 1989.——*H. fruticosum* Pall. var. *laeve* (Maxim.) H. C. Fu f. albiflorum H. C. Fu et Z. Y. Chu in Fl. Intramongol. 3:250. 290. 1977.——*C. lignosum* (Trautv.) L. R. Xu et B. H. Ohoi in Fl. China 10:514. 2010. syn. nov.——*C. lignosum* (Trautv.) L. R. Xu et B. H. Ohoi var. *laeve* (Maxim.) L. R. Xu et B. H. Ohoi in Fl. China 10:514. 2010. syn. nov.

本变种与正种的区别：本种子房和节荚光滑无毛。

中旱生沙生半灌木。生境同正种。产呼伦贝尔（鄂温克族自治旗、新巴尔虎左旗、海拉尔区）、科尔沁（科尔沁右翼中旗、奈曼旗、巴林右旗、翁牛特旗、克什克腾旗）、辽河平原（科尔沁左翼后旗、大青沟）、锡林郭勒（东乌珠穆沁旗西部、

锡林浩特市、苏尼特左旗、正蓝旗、镶黄旗、多伦县）、乌兰察布（四子王旗卫境苏木、达尔罕茂明安联合旗红旗牧场、乌拉特中旗）、阴南丘陵（和林格尔县、清水河县、准格尔旗）、鄂尔多斯（达拉特旗、杭锦旗、伊金霍洛旗、乌审旗、鄂托克前旗）、东阿拉善（磴口县、阿拉善左旗）。分布于我国辽宁北部、吉林西部、河北北部、宁夏北部和西部、陕西北部、甘肃（武威市民勤县），蒙古国、俄罗斯（东西伯利亚达乌里地区）。为蒙古高原草原区沙地分布变种。

为优等饲用植物。绵羊、山羊喜食其嫩枝叶、花序和果枝。骆驼一年四季均采食。在花期刈制的干草各种家畜均喜食。

38. 驴豆属 Onobrychis Mill.

多年生草本或灌木状。单数羽状复叶，叶柄有时宿存而变为刺，小叶全缘，无小托叶。穗状或总状花序腋生；花萼钟状，具5齿，近相等。花冠淡紫色、玫瑰红色、白色或淡黄色；旗瓣倒卵形或倒心形；翼瓣短；龙骨瓣约与旗瓣等长或较长。雄蕊10，成9与1两体；子房无柄，具胚珠1～2枚，花柱丝状，内弯。荚果半圆形或肾形，压扁，不开裂，果瓣有明显网纹或窝点，具刺或齿，背有鸡冠状凸起；种子宽肾形或横矩圆形，无种阜。

内蒙古有1栽培种。

1. 红豆草（驴豆、驴食豆、驴食草）

Onobrychis viciifolia Scop. in Fl. Carn. ed.2, 2:76. 1772; Fl. Intramongol. ed. 2, 3:346. t.135. f.1-6. 1989.

多年生草本，高30～80cm。主根粗长，侧根发达。茎直立，上部有分枝，粗壮，中空，具纵条棱，疏被短柔毛。单数羽状复叶，具小叶13～27；托叶卵状三角形，先端渐尖，基部

与叶柄连合，膜质，被毛；小叶片矩圆形、披针形或长椭圆形，长10～25mm，宽3～10mm，先端钝或尖，基部楔形，上面无毛，下面被长柔毛。总状花序腋生；总花梗较叶长2～3倍；花梗甚短，长约1mm；苞片披针形；花萼钟状，长5～6.5mm，萼齿披针状锥形，较萼筒长2～3倍，被长柔毛。花冠长10～13mm；旗瓣倒卵形或倒卵状椭圆形，长9～13mm，先端微凹，脉纹清晰；翼瓣甚小，长约2mm；龙骨瓣与旗瓣等长。荚果半圆形，长6～8mm，具隆起的网纹，被短柔毛，背部有鸡冠状凸起的尖齿，褐色或黄褐色，含种子1粒；种子肾形，光滑，暗褐色或黄褐色。花期6～7月。

中生草本。原产欧洲，为欧洲种。我国北方地区有栽培，内蒙古呼伦贝尔市、呼和浩特市有栽培。

为优良牧草，饲用价值较高。各种家畜和家禽均喜食。

（15）山蚂蝗族 Desmodieae

39. 胡枝子属 Lespedeza Michx.

灌木、半灌木或草本。羽状三出复叶；小叶全缘；托叶钻状或刺芒状，早落。花小，紫色至粉红色，或白色至黄色，通常多数，成腋生总状花序。花有二型，一种有花冠，结实或不结实；另一种无花冠，结实。花梗无关节；花萼钟状或杯状，5齿裂。花瓣具爪；旗瓣倒卵形至椭圆形，翼瓣矩圆形；龙骨瓣顶端钝，内曲。雄蕊10，两体；子房具胚珠1枚。荚果扁，卵形或椭圆形，常有网脉，不开裂。

内蒙古有8种。

分种检索表

1a. 花紫红色。

2a. 灌木，高1～3m；小叶大，长1.5～6cm，宽1～2cm，基部圆形，上面无毛，下面疏被伏毛……………………………………………………………………………………**1. 胡枝子 L. bicolor**

2b. 半灌木，高0.3～1m；小叶小，长1～1.5cm，宽4～10mm，基部楔形，两面被伏毛……………………………………………………………………………………**2. 多花胡枝子 L. floribunda**

1b. 花黄白色或白色，半灌木。

3a. 萼裂片狭披针形或披针状钻形，先端刺芒状，1/2以上包被花冠，与花冠近等长。

4a. 植株被白色短柔毛；小叶上面无毛，下面被伏毛。

5a. 茎直立或稍斜倾；小叶椭圆形或椭圆状卵形，长15～30mm，宽5～15mm；总状花序短于叶或与叶近等长……………………………………………**3. 达乌里胡枝子 L. davurica**

5b. 茎平卧；小叶矩圆形或倒卵状矩圆形，长8～15(～22)mm，宽3～5(～7)mm；总状花序较叶长……………………………………………………………**4. 牛枝子 L. potaninii**

4b. 植株被黄色茸毛；总状花序显著长于叶；小叶长3～6cm，宽15～30mm，上面被伏毛，下面被黄色茸毛……………………………………………………**5. 绒毛胡枝子 L. tomentosa**

3b. 萼裂片披针形，先端渐尖，长不及花冠一半；总状花序短于叶或近等长。

6a. 小叶条状矩圆形，长为宽的10倍；荚果宽卵形……………………**6. 长叶铁扫帚 L. caraganae**

6b. 小叶较宽，长为宽的5倍或不及；荚果椭圆形或倒卵形。

7a. 小苞片卵形，比萼筒短；小叶先端圆形、截形或微凹；旗瓣反卷……………………………………………………………………………**7. 阴山胡枝子 L. inschanica**

7b. 小苞片条状披针形，与萼筒近等长；小叶先端锐尖或圆钝；旗瓣不反卷……………………………………………………………………………**8. 尖叶胡枝子 L. juncea**

1. 胡枝子（横条、横笆子、扫条）

Lespedeza bicolor Turcz. in Bull. Imp. Soc. Nat. Mosc. 13:69. 1840; Fl. Intramongol. ed. 2, 3:349. t.136. f.1-9. 1989.

直立灌木，高100cm以上。老枝灰褐色；嫩枝黄褐色或绿褐色，有细棱并疏被短柔毛。羽状三出复叶，互生；托叶2，条形，长3～4mm，褐色；叶轴长2～6cm，被毛；顶生小叶较大，宽椭圆形、倒卵状椭圆形、矩圆形或卵形，长1.5～6cm，宽1～2cm，先端圆钝，微凹，少有锐尖，具短刺尖，基部宽楔形或圆形，上面绿色，近无毛，下面淡绿色，疏被平伏柔毛；侧

生小叶较小，具短柄，长 2 ～ 3mm。总状花序腋生，全部为顶生圆锥花序；总花梗较叶长，长 4 ～ 10cm；花梗长 2 ～ 3mm，被毛；小苞片矩圆形或卵状披针形，长 1 ～ 1.2mm，钝头，多少锐尖，棕色，被毛；花萼杯状，长 4.5 ～ 5mm，紫褐色，被白色平伏柔毛，萼片披针形或卵状披针形，先端渐尖或钝，与萼筒近等长。花冠紫红色；旗瓣倒卵形，长 10 ～ 12mm，顶端圆形或微凹，基部有短爪；翼瓣矩圆形，长约 10mm，顶端钝，有爪和短耳；龙骨瓣与旗瓣等长或稍长，顶端钝或近圆形，有爪。子房条形，被毛。荚果卵形，两面微凸，长 5 ～ 7mm，宽 3 ～ 5mm，顶端有短尖，基部有柄，网脉明显，疏或密被柔毛。花期 7 ～ 8 月，果期 9 ～ 10 月。

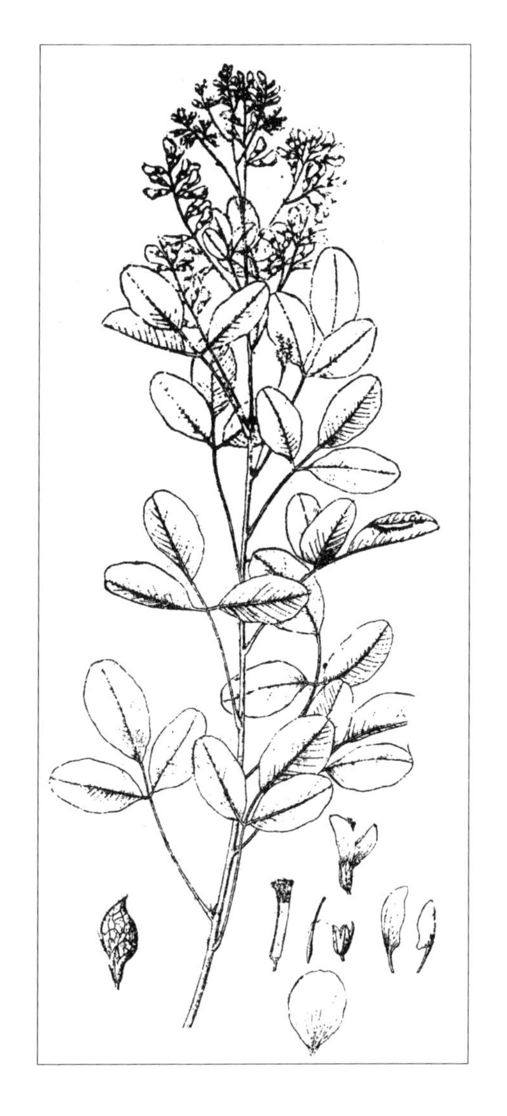

耐阴中生灌木。生于落叶阔叶林带的山地阴坡林下，为栎林灌木层的优势种，也见于林缘，常与榛子一起形成林缘灌丛。产兴安北部（牙克石市、鄂伦春自治旗）、岭东（扎兰屯市、阿荣旗）、兴安南部（科尔沁右翼前旗、扎鲁特旗、阿鲁科尔沁旗、巴林左旗、巴林右旗、林西县、克什克腾旗）、辽河平原（大青沟）、赤峰丘陵（红山区、翁牛特旗）、燕山北部（喀喇沁旗、宁城县、敖汉旗）、锡林郭勒（镶黄旗、太仆寺旗、多伦县）、阴山（大青山、乌拉山）、阴南丘陵（准格尔旗）、鄂尔多斯（东胜区）。分布于我国黑龙江、吉林、辽宁、河北、河南、山东、山西、陕西、甘肃东部、青海东部、安徽、江苏、浙江、福建、湖北、湖南、广东、广西，日本、朝鲜、俄罗斯（东西伯利亚地区、远东地区）。为东西伯利亚—东亚分布种。

为中等饲用植物。幼嫩时各种家畜均乐意采食，羊最喜食。山区牧民常采收它的枝叶作为冬春补喂饲料。花美丽可供观赏，枝条可编筐，嫩茎叶可代茶用，籽实可食用。又可植做绿肥植物及用于保持水土、改良土壤。全草入药，能润肺解热、利尿、止血，主治感冒发热、咳嗽、眩晕头痛、小便不利、便血、尿血、吐血等。

2. 多花胡枝子

Lespedeza floribunda Bunge in Pl. Mongh.-China 13. 1835; Fl. Intramongol. ed. 2, 3:351. t.136. f.10-19. 1989.

半灌木，高 30 ～ 50cm。多于茎的下部分枝，枝略斜升，枝灰褐色或暗褐色，有细棱并密被白色柔毛。羽状三出复叶，互生；托叶 2，条形，长约 5mm，褐色，先端刺芒状，有毛；叶轴长 3 ～ 15mm，被毛；顶生小叶较大，纸质，倒卵形或倒卵状矩圆形，长 8 ～ 15mm，宽 4 ～ 10mm，先端微凹，少截形，有短刺尖，基部宽楔形，上面初被平伏短柔毛，后变近无毛，下面密被白色柔毛；侧生小叶较小，具短柄，长约 1mm。总状花序腋生；总花梗较叶为长，被毛，长 1.5 ～ 2.5cm；小苞片卵状披针形，长约 1mm，与萼筒贴生，赤褐色，被毛；花萼杯状，长 4 ～ 5mm，密生绢毛，萼片披针形，先端渐尖，较萼筒长。花冠紫红色；旗瓣椭圆形，长约 8mm，顶端圆形，基部有短爪；翼瓣略短，条状矩圆形，基部有爪及耳；龙骨瓣长于旗瓣，顶端钝，有爪。子房被毛。荚果卵形，长 5 ～ 7mm，宽约 3mm，顶端尖，有网状脉纹，密被柔毛。花期 6 ～ 9 月，果期 9 ～ 10 月。

旱中生小半灌木。生于草原带的山地石质山坡、林缘及灌丛中。产兴安南部（巴林左旗）、赤峰丘陵（红山区、松山区、翁牛特旗）、燕山北部（喀喇沁旗、宁城县、敖汉旗、兴和县苏木山）、阴山（大青山）、阴南丘陵（准格尔旗阿贵庙）。分布于我国辽宁西部和南部、河北、河南、山东、山西、陕西、宁夏、陕西、甘肃东部、青海、四川、安徽、江苏西南部、江西北部、浙江、福建、湖北西部、湖南、广东北部、广西北部、贵州中部、云南西北部，印度、巴基斯坦，日本有逸生。为东亚分布种。

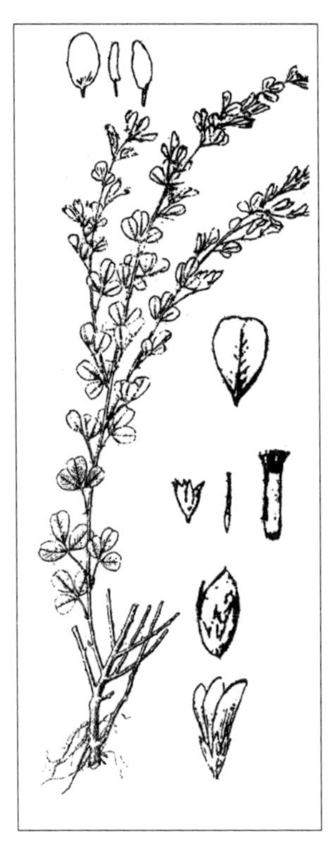

可做饲料及绿肥，又可做保持水土植物。

3. 达乌里胡枝子（牤牛茶）

Lespedeza davurica (Laxm.) Schindl. in Repert. Spec. Nov. Regni Veg. 22:274. 1926; Fl. Intramongol. ed. 2, 3:351. t.137. f.1-8. 1989.——*Trifolium davuricum* Laxm. in Nov. Comm. Acad. Sci. Imp. Petrop.15:560. t.30. 1771.——*L. davurica* (Laxm.) Schindl. var. *sessilis* V. Vassil. in Bot. Mater. Gerb. Bot. Inst. Kom. Akad. Nauk S.S.S.R. 9(4-12):202. 1946.; Fl. Intramongol. ed. 2, 3:352. 1989.

多年生草本，高 20 ～ 50cm。茎单一或数个簇生，通常稍斜升。老枝黄褐色或赤褐色，被短柔毛；嫩枝绿褐色，有细棱并被白色短柔毛。羽状三出复叶，互生；托叶 2，刺芒状，长 2 ～ 6mm；叶轴长 5 ～ 15mm，被毛；小叶椭圆形或椭圆状卵形，长 1.5 ～ 3cm，宽 5 ～ 15mm，先端圆钝，有短刺尖，基部圆形，全缘，上面绿毛、无毛或被平伏柔毛，下面淡绿色，伏生柔毛。总状花序腋生，较叶短或与叶等长；总花梗被毛；小苞片披针状条形，长 2 ～ 5mm，先端长渐尖，被毛；萼筒杯状，萼片披针状钻形，先端刺芒状，几与花冠等长。花冠黄白色，长约 1cm；旗瓣椭圆形，中央常稍带紫色，下部有短爪；翼瓣矩圆形，先端钝，较短；龙骨瓣长于翼瓣，均有长爪。子房条形，被毛。荚果小，包于宿存萼内，倒卵形或长倒卵形，长 3 ～ 4mm，宽 2 ～ 3mm，顶端有宿存花柱，两面凸出，伏生白色柔毛。花期 7 ～ 8 月，果期 8 ～ 10 月。

中旱生小半灌木。生于森林草原带和草原带的干山坡、丘陵坡地、沙地、草原群落中，为草原群落的次优势成分或伴生成分。产岭东（扎兰屯市、阿荣旗）、岭西和呼伦贝尔（额尔古纳市、陈巴尔虎旗、鄂温克族自治旗、新巴尔虎左旗、新巴尔虎右旗）、兴安南部及科尔沁（科尔沁右翼前旗、科尔沁右翼中旗、扎赉特旗、阿鲁科尔沁旗、巴林左旗、巴林右旗、林西县、克什克腾旗）、辽河平原（科尔沁左翼后旗）、赤峰丘陵、燕山北部、锡林郭勒（锡林浩特市、苏尼特左旗、多伦县）、阴山（大青山、蛮汗山）、阴南平原（呼和浩特市、包头市）。分布于我国黑龙江、吉林、辽宁、河北、河南、山东、山西、陕西、宁夏、甘肃东部、青海东部、四川西部、云南西北部、西藏东部、贵州、安徽、江西北部、浙江、福建北部、台湾北部、湖北、湖南北部，日本、朝鲜、蒙古国北部和东部及东南部、俄罗斯（东西伯利亚地区、远东地区）。为东古北极分布种。

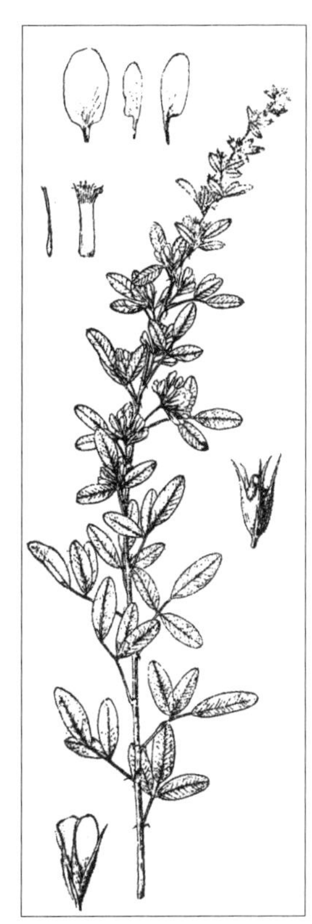

为优等饲用植物。幼嫩枝条为各种家畜所乐食，但开花以后茎叶粗老，可食性降低。全草入药，能解表散寒，主治感冒发热、咳嗽。

4. 牛枝子

Lespedeza potaninii V. N. Vassil. in Bot. Mater. Gerb. Bot. Inst. Kom. Akad. Nauk S.S.S.R. 9:202. 1946；Fl. China 10:309. 2010.——*L. davurica* (Laxm.) Schindl. var. *potaninii* (V. N. Vassil.) Y. X. Liou in Fl. Reip. Pop. Sin. 2:443. 1987; Fl. Intramongol. ed. 2, 3:352. t.137. f.9-15. 1989.

半灌木，高 20 ～ 60cm。茎斜升或平卧，基部多分枝，有细棱，被粗硬毛。托叶刺毛状，长 2 ～ 4mm；羽状复叶具 3 小叶；小叶矩圆形或倒卵状矩圆形，稀椭圆形至宽椭圆形，长 8 ～ 15(～ 22)mm，宽 3 ～ 5(～ 7)mm，先端钝圆或微凹，具小刺尖，基部稍偏斜，上面苍白绿色，无毛，下面被灰白色粗硬毛。总状花序腋生；总花梗长，明显超出叶；花疏生；小苞片锥形，长 1 ～ 2mm；花萼密被长柔毛，5 深裂，裂片披针形，长 5 ～ 8mm，先端长渐尖，呈刺芒状。花冠黄白色，稍超出萼裂片；旗瓣中央及龙骨瓣先端带紫色；翼瓣较短。闭锁花腋生，无梗或近无梗。荚果倒卵形，长 3 ～ 4mm，双凸镜状，密被粗硬毛，包于宿存萼内。花期 7 ～ 9 月，果期 9 ～ 10 月。

旱生小半灌木。稀疏地生长在荒漠草原带的砾石质丘陵坡地、干燥沙质地，往西进入草原化荒漠带的边缘。产锡林郭勒（镶黄旗、集宁区、丰镇市、卓资县）、乌兰察布（二连浩特市、四子王旗、武川县、达尔罕茂明安联合旗、固阳县、乌拉特前旗、乌拉特中旗）、阴南平原（呼和浩特市、包头市）、阴南丘陵（准格尔旗）、鄂尔多斯（达拉特旗、东胜区、伊金霍洛旗、乌审旗、鄂托克旗、鄂托克前旗）、东阿拉善（乌拉特后旗、狼山、阿拉善左旗）、西阿拉善（阿拉善右旗）、贺兰山。分布于我国辽宁、河北、河南、山东、山西、江苏、宁夏、甘肃、青海、四川、西藏、云南。为华北—横断山脉分布种。

为优质饲用植物。性耐干旱，可做水土保持及固沙植物。

5. 绒毛胡枝子（山豆花）

Lespedeza tomentosa (Thunb.) Sieb. ex Maxim. in Trudy Imp. St.-Petersb. Bot. Sada 2:376. 1873; Fl. Intramongol. ed. 2, 3:354. t.138. f.1-5. 1989.——*Hedysarum tomentosum* Thunb. in Syst. Veg. ed. 14, 675. 1784.

草本状半灌木，高 50 ～ 100cm。全体被黄色或白色柔毛。枝具细棱。羽状三出复叶，互生；托叶 2，条形，长约 8mm，被毛，宿存；叶柄长 1.5 ～ 4cm；顶生小叶较大，矩圆形或卵状椭圆形，长 3 ～ 6cm，宽 1.5 ～ 3cm，先端圆形或微凹，有短尖，基部圆形或微心形，上面被平伏短柔毛，下面密被长柔毛，叶脉明显，脉上密被黄褐色柔毛。总状花序顶生或腋生，花密集；花梗短，无关节；无瓣花腋生，呈头状花序；小苞片条状披针形；花萼杯状，萼齿 5，披针形，先端刺芒状，

被柔毛。花冠淡黄白色；旗瓣椭圆形，长约1cm，有短爪，比翼瓣短或等长；翼瓣矩圆形；龙骨瓣与翼瓣等长。子房被绢毛。荚果倒卵形，长3～4mm，宽2～3mm，上端具凸尖，密被短柔毛，网脉不明显。花期7～8月，果期9～10月。

旱中生半灌木。生于落叶阔叶林带的山地林缘、灌丛或草甸。产兴安南部（巴林右旗）、燕山北部（宁城县、敖汉旗）。分布于我国黑龙江中东部、吉林西南部和东部、辽宁、河北、河南、山东、山西南部、宁夏南部、陕西中部和南部、甘肃东南部、四川中部和南部、安徽、江西、江苏、浙江、福建、湖北、湖南、广东东部、广西、贵州、云南，日本、朝鲜、蒙古国东部、俄罗斯（远东地区）、印度、巴基斯坦，克什米尔地区。为东亚分布种。

根入药，能健脾补虚，治虚痨、虚肿。

6. 长叶铁扫帚

Lespedeza caraganae Bunge in Pl. Mongh.-Chin. 11. 1835; Fl. Intramongol. ed. 2, 3:354. t.138. f.6-10. 1989.

草本状半灌木，高40～60cm。茎直立，有分枝，褐色，具细棱，被短柔毛。羽状三出复叶；托叶钻状，长约1mm，褐色，宿存；叶柄长1～2mm；顶生小叶较长，条状矩圆形，长1.5～3cm，宽2～3mm，先端圆形或微凹，有短刺尖，基部楔形，边缘反卷，上面无毛，下面密被平伏短柔毛。总状花序腋生；总花梗短或无，具3～4朵花，近于伞形花序；花梗长1～2mm；小苞片卵形，锐尖；花萼近钟状，长4～4.5mm，深裂过半，裂片披针形，长渐尖。花冠黄白色；旗瓣椭圆形或倒卵状椭圆形，基部有紫斑，具短爪；翼瓣较旗瓣短；龙骨瓣与旗瓣近等长；无瓣花小，密生于叶腋。荚果宽卵形，长约2mm，被短柔毛。花期7～8月，果期9～10月。

中旱生小半灌木。生于草原带的山坡上。产赤峰丘陵、阴山（蛮汗山）。分布于我国辽宁、河北、河南、山东、陕西、甘肃东部。为华北分布种。

7. 阴山胡枝子（白指甲花）

Lespedeza inschanica (Maxim.) Schidl. in Bot. Jahrd. Syst. 49(5):603. 1913; Fl. Intramongol. ed. 2, 3:354. t.138. f.11-14. 1989.——*L. juncea* (L. f.) Pers. var. *inschanica* Maxim. in Trudy Imp. St.-Petersb. 2:371. 1873.

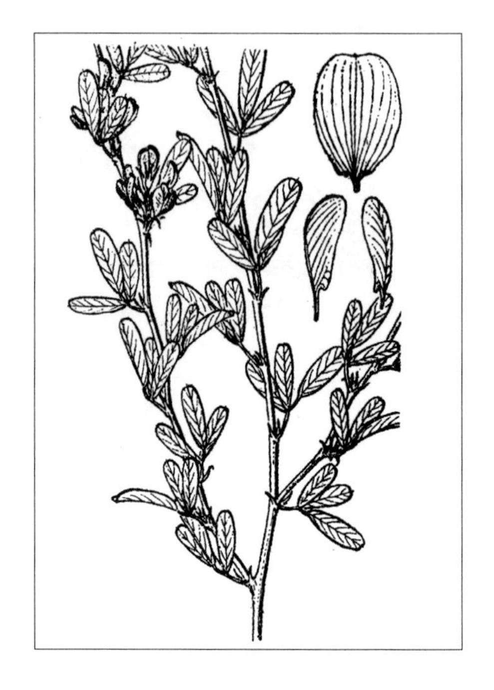

草本状半灌木，高 40 ～ 60cm。茎直立，多分枝，较疏散，具细棱，被伏短毛。羽状三出复叶；托叶钻状，长约 3mm，宿存；叶柄长 2 ～ 10mm；顶生小叶较大，矩圆形或矩圆状倒卵形，长 7 ～ 20mm，宽 4 ～ 10mm，先端钝、圆形、截形或微凹，有短刺头，基部宽楔形，上面无毛，下面被短柔毛。总状花序腋生；总花梗短；花梗较粗短，无关节；小苞片卵形，贴生于萼筒下，比萼筒短；花萼近钟状，萼齿 5，狭披针形，被柔毛。花冠白色；旗瓣椭圆形或倒卵状椭圆形，先端微凹，基部有紫斑，具短爪，反卷；翼瓣比旗瓣短，与龙骨瓣等长；无瓣花密生于叶腋。荚果扁椭圆形，包于萼内，被白色柔毛。花期 8 ～ 9 月，果期 10 月。

中旱生小半灌木。生于草原带的山坡上。产锡林郭勒（锡林浩特市）、阴山（大青山）。分布于我国辽宁、河北、河南、山东西部、山西、陕西、甘肃西南部、安徽中部、江苏南部、湖北西北部、湖南、四川西北部、云南，日本、朝鲜。为东亚分布种。

为良好的饲用植物。幼嫩时，马、牛、羊均乐食，粗老后适口性降低。可做水土保持植物。

8. 尖叶胡枝子（尖叶铁扫帚、铁扫帚）

Lespedeza juncea (L. f.) Pers. in Syn. Pl. 2(2):318. 1807; Fl. China 10:310. 2010.——*Hedysarum juncea* L. f. in Dec. Pl. Hort. Upsal. 1:7. 1762.——*L. hedysaroides* (Pall.) Kitag. in Rep. Inst. Sci. Res. Mansh. 3(App.1.):288. 1939; Fl. Intramongol. ed. 2, 3:355. t.139. f.1-9. 1989.——*Trifolium hedysaroides* Pall. in Reise Russ. Reich. 3:751. 1776.——*L. hedysaroides* (Pall.) Kitag. var. *subsericea* (Kom.) Kitag. in Fl. Mansh. 289. 1939; Fl. Intramongol. ed. 2, 3:358. 1989.——*L. juncea* Pers. var. *subsericea* Kom. in Act. Hort. Petrop. 22:605. 1903.

草本状半灌木，高 30 ～ 50cm。分枝少或上部多分枝呈帚状，小枝灰绿色或黄绿色，基部褐色，具细棱并被白色平伏柔毛。羽状三出复叶；托叶刺芒状，长 1 ～ 1.5mm，被毛；叶轴甚短，长 2 ～ 4mm；顶生小叶较大，条状矩圆形、矩圆状披针形、矩圆状倒披针形或披针形，长 1 ～ 3cm，宽 2 ～ 7mm，先端锐尖或钝，有短刺尖，基部楔形，上面灰绿色，近无毛，下

面灰色，密被平伏柔毛；侧生小叶较小。总状花序腋生，具 2 ～ 5 朵花；总花梗长 2 ～ 3cm，较叶为长，细弱，被毛；花梗甚短，长约 3mm；小苞片条状披针形，长约 1.5mm，先端锐尖，与萼筒近等长并贴生于其上；花萼杯状，长 5 ～ 6mm，密被柔毛，萼片披针形，顶端渐尖，较萼筒长，花开后有明显的 3 脉。花冠白色，有紫斑，长约 8mm；旗瓣近椭圆形，顶端圆形，基部有短爪；翼瓣矩圆形，较旗瓣稍短，顶端圆，基部有爪，爪长约 2mm；龙骨瓣与旗瓣近等长，顶端钝，爪长约为瓣片的 1/2。子房被毛；无瓣花簇生于叶腋，有短花梗。荚果宽椭圆形或倒卵形，长约 3mm，宽约 2mm，顶端有宿存花柱，被毛。花期 8 ～ 9 月，果期 9 ～ 10 月。

中旱生小半灌木。生于森林草原带和草原带的丘陵坡地，也见于栎林边缘的干山坡，在山地草甸草原群落中为次优势种或伴生种。产兴安北部及岭东和岭西（额尔古纳市、根河市、牙克石市、鄂伦春自治旗、扎兰屯市、鄂温克族自治旗、海拉尔区、新巴尔虎左旗、新巴尔虎右旗）、兴安南部及科尔沁（科尔沁右翼前旗、科尔沁右翼中旗、扎赉特旗、扎鲁特旗、巴林右旗、林西县、克什克腾旗）、辽河平原（科尔沁左翼后旗）、燕山北部（喀喇沁旗）、锡林郭勒（西乌珠穆沁旗、锡林浩特市、镶黄旗）、阴山（大青山）、阴南丘陵（准格尔旗阿贵庙）。分布于我国黑龙江、吉林、辽宁、河北、河南西部和北部、湖北西北部、山东东北部、山西、宁夏、甘肃东部、青海东部，日本、朝鲜、蒙古国东部和北部、俄罗斯（东西伯利亚地区、远东地区）。为东古北极分布种。

用途同阴山胡枝子。

40. 杭子梢属 Campylotropis Bunge

灌木。羽状三出复叶；托叶 2，宿存；有时具小托叶。总状花序腋生，或聚集成 1 ～ 3 次分枝的顶生圆锥花序；具苞片，每苞片内生 1 花；花梗在萼下有关节，花后常自关节脱落；花萼钟状，萼齿 5。花冠通常紫色；旗瓣顶部常锐尖，翼瓣顶端钝，基部有耳；龙骨瓣顶端喙状。雄蕊 10，两体；子房具短柄。荚果卵形或椭圆形，双凸镜状，不开裂，含 1 粒种子。

内蒙古有 1 种。

1. 杭子梢

Campylotropis macrocarpa (Bunge) Rehd. in Sarg. Pl. Wilson. 2(1):113. 1914; Fl. Intramongol. ed. 2, 3:358. 1989.——*Lespedeza macrocarpa* Bunge in Enum. Pl. China Bor. 18. 1833.

灌木，高 100 ～ 200cm。幼枝近圆柱形，有条棱，密被白色短柔毛。托叶钻形或披针形，褐色，外面密被短柔毛；叶柄长 2 ～ 4cm，上面具沟槽，基部稍膨大，被短柔毛；小叶柄长约 1mm；小叶椭圆形、矩圆形或倒卵形，长 2 ～ 5cm，宽 1 ～ 3cm，先端圆或稍尖，具短尖，基部圆形，上面无毛或近无毛，下面密被平伏的短柔毛，两面主脉及侧脉均显著。总状花序腋生，长于叶；花梗纤细，长达 1cm，被柔毛；萼筒钟状，长约 3mm，萼齿 4，较短，被短柔毛；花冠紫色，长 10 ～ 12mm。荚果斜椭圆形，长 1 ～ 1.5cm，宽 5 ～ 6mm，背腹缝被短毛，网脉明显，先端具短尖。花期 6 ～ 8 月，果期 7 ～ 9 月。

中生灌木。生于草原带的山坡、灌丛、林下。产科尔沁。分布于我国辽宁、河北、河南、山东西部、山西、陕西南部、宁夏南部、甘肃东南部、江苏南部、浙江中部和西部、安徽、福建西部、江西、湖北、湖南、广东北部和西部、海南北部、广西北部和东部、贵州、四川、云南西北部和东北部，朝鲜。为东亚分布种。

《内蒙古植物志》（ed. 2, 3:358. 1989.）中本种所标图版 139 图 10 ～ 18 系错误标记，那是长萼鸡眼草 *Kummerowia stipulacea* 的插图。

41. 鸡眼草属 Kummerowia Schindl.

一年生草本。叶为三出复叶；托叶大，膜质，宿存；小叶全缘或近全缘。花通常 1 ～ 2 朵簇生于叶腋，稀 3 朵或更多；萼下方具 4 小苞片，其中一片很小；花小，旗瓣与翼瓣近等长，通常均较龙骨瓣稍短；正常花的花冠和雄蕊在果期脱落，闭锁花（或不发达的花）的花冠、雄蕊和花柱在果期与花托分离，连在荚果上，后期脱落；雄蕊 10，为 9 与 1 两体。荚果有节荚，但仅具 1 节 1 粒种子。

内蒙古有 2 种。

分种检索表

1a. 小叶矩圆形或倒卵形，先端通常圆形；荚果成熟时与萼筒近等长或长 1 倍；枝上的毛向下……………………………………………………………………………………………………**1. 鸡眼草 K. striata**

1b. 小叶通常倒卵形，先端微凹；荚果成熟时长于萼筒 3 ～ 4 倍；枝上的毛向上……………………………………………………………………………………………**2. 长萼鸡眼草 K. stipulacea**

1. 鸡眼草（掐不齐）

Kummerowia striata (Thunb.) Schindl. in Repert. Spec. Nov. Regni Veg. 10:403. 1912; Fl. Intramongol. ed. 2, 3:359. 1989.——*Hedysarum striatum* Thunb. in Syst. Veg. ed. 14, 675. 1784.

一年生草本，高 10 ～ 25cm。根纤细。茎直立、斜升或近平卧，基部多分枝，茎及枝上疏被向下倒生的毛。掌状三出复叶，少近羽状；托叶 2，宽卵形或近卵形，比叶柄长，渐尖，膜质，被缘毛；小叶倒卵形或矩圆形，长 5 ～ 20mm，宽 3 ～ 7mm，先端圆形，有时凹入，基部近圆形或宽楔形，两面中脉及边缘有白色长硬毛。花通常 1 ～ 2 朵腋生，稀 3 ～ 5 朵；花梗基部具 2 苞片，不等大；萼基部具 4 枚卵状披针形的小苞片，通常小苞片具 5 ～ 7 条脉；花萼钟状，萼齿 5，宽卵形，带紫色。花冠淡红紫色，长 5 ～ 7mm；旗瓣椭圆形，顶端微凹，下部渐狭成爪，瓣片基部呈耳状；龙骨瓣较旗瓣稍长或近等长；翼瓣比龙骨瓣稍短。荚果宽卵形或椭圆形，稍扁，长 3.5 ～ 5mm，顶端锐尖，成熟时与萼筒近等长或长 1 倍，表面具网纹及毛。花期 7 ～ 8 月，果期 8 ～ 9 月。

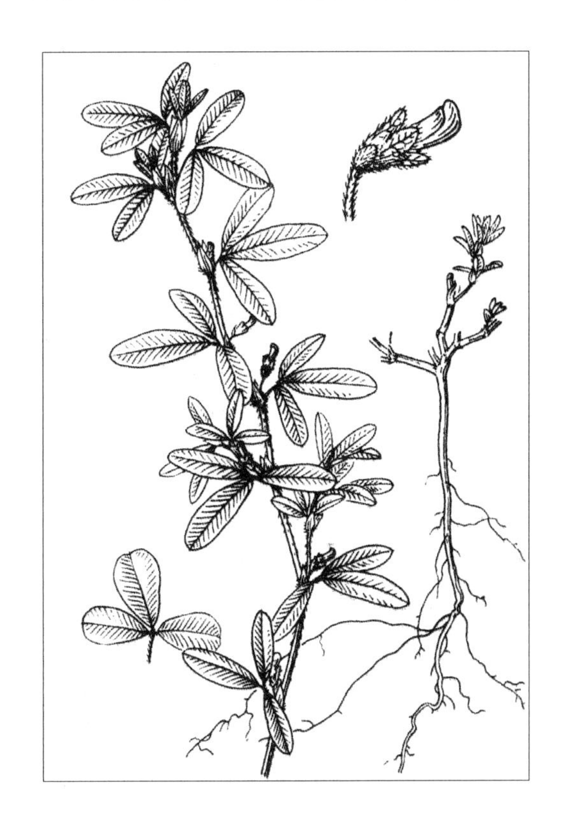

中生杂草。散生于草原带和森林草原带的林边、林下、田边、路旁，为习见杂草。产辽河平原（大青沟）、燕山北部（敖汉旗大黑山）。分布于我国南北各地，日本、朝鲜、俄罗斯（东西伯利亚地区）、越南、印度。为东西伯利亚—东亚分布种。

青、干草均为马、牛、羊所乐食。可做短期放牧地混播材料，又可做绿肥植物。全草入药，能清热解毒、活血、利尿、止泻，主治胃肠炎、痢疾、肝炎、夜盲症、泌尿系统感染、跌打损伤、疔疮疖肿等。

2. 长萼鸡眼草（掐不齐）

Kummerowia stipulacea (Maxim.) Makino in Bot. Mag. Tokyo 28:107. 1914; Fl. Intramongol. ed. 2, 3:359. t.139. f.10-18. 1989.——*Lespedeza stipulacea* Maxim. in Prim. Fl. Amur. 85. 1859.

一年生草本，高 5 ～ 20cm。根纤细。茎斜升、斜倚或直立，分枝开展，小枝细弱，茎及枝上疏生向上的细硬毛，有时仅节处被毛。掌状三出复叶，少近羽状；托叶 2，卵形，长

(3 ～)4 ～ 8mm，渐尖或锐尖，膜质，淡褐色；小叶倒卵形、宽倒卵形或倒卵状楔形，长 5 ～ 15mm，宽 3 ～ 12mm，先端微凹或近圆形，具短尖，基部楔形，上面无毛，下面中脉及边缘被白色长硬毛，侧脉平行。花通常 1 ～ 2 朵腋生；花梗被白色硬毛，有关节；小苞片 4，比萼筒稍短、稍长或近等长，其中 1 片很小，位于小花梗顶端关节处，通常小苞片具 1 ～ 3 条脉；花萼钟状，萼齿 5，宽卵形或宽椭圆形。花冠淡红紫色，长 5.5 ～ 7mm；旗瓣椭圆形，顶端微凹，基部渐狭成爪；龙骨瓣较旗瓣及翼瓣长。荚果椭圆形或卵形，长约 4mm，稍扁，两面凸，顶端圆形，具微凸的小刺尖，表面被毛。花期 7 ～ 8 月，果期 8 ～ 9 月。

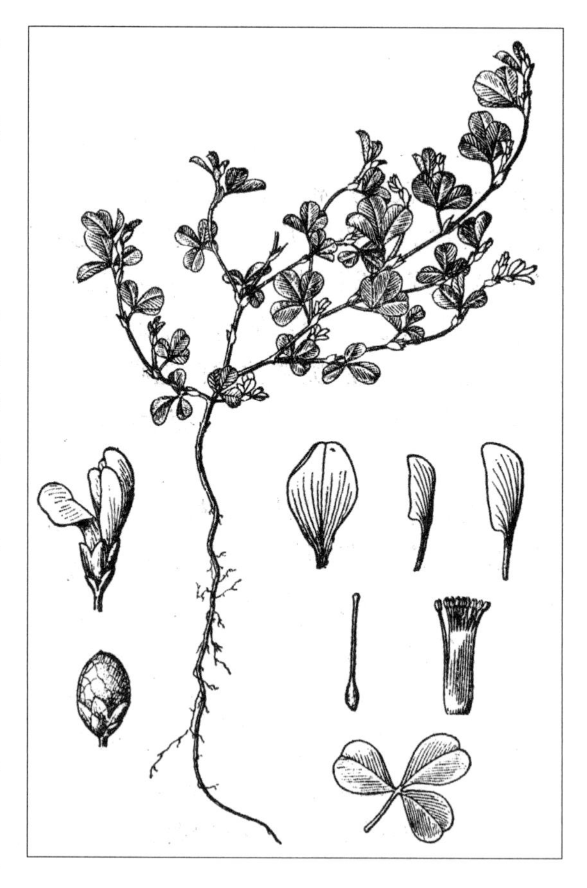

中生杂草。生于草原带和森林草原带的山地、丘陵、田边、路旁，为常见杂草，但多度不高，也进入荒漠草原群落中。产兴安北部及岭东（鄂伦春自治旗、扎兰屯市）、兴安南部和科尔沁（科尔沁右翼前旗、科尔沁右翼中旗、阿鲁科尔沁旗、巴林左旗、巴林右旗、翁牛特旗）、赤峰丘陵（红山区、元宝山区）、燕山北部（喀喇沁旗、宁城县、敖汉旗）、阴山（大青山）、阴南平原（呼和浩特市）、阴南丘陵（准格尔旗）、鄂尔多斯（东胜区、伊金霍洛旗、乌审旗）。分布于我国南北各地，日本、朝鲜、俄罗斯（远东地区）。为东亚分布种。

用途同鸡眼草。

54. 酢浆草科 Oxalidaceae

1. 酢浆草属 Oxalis L.

草本，稀呈灌木状。汁液有酸味。叶互生或基生，有柄，通常具 3 小叶；小叶白昼开放，夜间闭合下垂。花单生或数朵生于腋生的花序梗上；萼片 5；花瓣 5，早落；雄蕊 10，5 长 5 短；子房 5 室，花柱 5，离生，柱头头状，2 裂或细裂。蒴果胞背开裂，果瓣宿存轴上；种子的外种皮肉质，呈假种皮状，开裂时有弹力，借以弹出。

内蒙古有 1 种。

1. 酢浆草（酸浆、三叶酸、酸母）

Oxalis corniculata L., Sp. Pl. 1:435. 1753; Fl. Intramongol. ed. 2, 3:396. t.152. f.1-2. 1989.

多年生草本。全株被短柔毛。根状茎细长；茎柔弱，常匍匐或斜升，多分枝。掌状三出复叶；小叶倒心形，长 4 ～ 9mm，宽 7 ～ 15mm，近无柄，先端 2 浅裂，基部宽楔形，上面无毛，边缘及下面疏被伏毛；叶柄长 2.5 ～ 6.5cm，基部具关节；托叶矩圆形或卵圆形，长约 0.5mm，贴生于叶柄基部。花 1 朵或 2 ～ 5 朵形成腋生的伞形花序；花序梗与叶柄近等长，顶部具 2 片披针形膜质的小苞片；花梗长 4 ～ 10mm；萼片披针形或矩圆状披针形，长 3 ～ 4mm，被柔毛，果期宿存；花瓣黄色，矩圆状倒卵形，长 6 ～ 8mm；子房短圆柱形，被短柔毛。蒴果近圆柱状，略具 5 棱，长 0.7 ～ 1.5cm，被柔毛，含多数种子；种子矩圆状卵形，扁平，先端尖，成熟时红棕色或褐色，表面具横条棱。花果期 6 ～ 9 月。

中生草本。生于草原带的山地林下、山坡、河岸、耕地、荒地。产阴山（大青山）、阴南平原（呼和浩特市）。分布于我国南北各地（除黑龙江、吉林、新疆外），日本、朝鲜、俄罗斯，欧洲、北美洲、亚洲热带地区。为泛北极分布种。

全草入药，能清热解毒、利尿消肿、散瘀、止痛，主治感冒、尿路感染或结石、白带过多、黄疸型肝炎、肠炎、跌打损伤、皮肤湿疹、疮疖痈肿、烫伤等。

55. 牻牛儿苗科 Geraniaceae

一年生或多年生草本或亚灌木。叶互生或对生，通常掌状或羽状分裂；托叶常成对。花两性，辐射对称或略两侧对称，腋生，单生或排列成聚伞花序、伞房花序或伞形花序；萼片 4 ～ 5，宿存，离生或合生至中部；花瓣 5，很少 4 或无；雄蕊 10 或 15，有时 5，最外轮雄蕊与花瓣对生，花药 2 室，纵裂，常混生无花药雄蕊，花丝多于基部合生；子房上位，5 心皮合生，3 ～ 5 室，每室具倒生胚珠 1 ～ 2 枚，生于中轴胎座上，花柱分枝 3 ～ 5。果实为蒴果，顶部常具伸长的喙，果瓣通常由基部开裂，顶部与心皮柱连接，每果瓣含种子 1 粒；种子悬垂，稀有胚乳或不存在。

内蒙古有 2 属、12 种。

分属检索表

1a. 雄蕊 10，外轮 5 枚无花药；果实成熟时 5 果瓣由下而上呈螺旋状卷曲………**1. 牻牛儿苗属 Erodium**

1b. 雄蕊 10，全部有花药；果实成熟时 5 果瓣由下而上反卷…………………………**2. 老鹳草属 Geranium**

1. 牻牛儿苗属 Erodium L'Herit.

草本，稀亚灌木。具托叶。花通常辐射对称，单生或排列成伞形花序；具总花梗；萼片 5；花瓣 5，花瓣与腺体互生；雄蕊 10，排成 2 轮，其中 5 个有花药，与 5 个退化雄蕊互生；子房 5 室，每室具胚珠 2 枚，花柱分枝 5。蒴果，成熟时 5 果瓣与中轴分离，由下而上呈螺旋状卷曲，果瓣内面有毛；种子无胚乳。

内蒙古有 3 种。

分种检索表

1a. 植株具直立、斜升或平铺的地上茎，叶茎生，萼片先端有芒或锐尖头，叶长 5cm 以上，蒴果长 2.5 ～ 5cm。

2a. 萼片先端具长芒，叶一回羽状裂片基部下延……………………………**1. 牻牛儿苗 E. stephanianum**

2b. 萼片先端具锐尖头，叶一回羽状裂片基部不下延……………………**2. 芹叶牻牛儿苗 E. cicutarium**

1b. 植株无地上茎；叶基生；萼片先端无芒，也无锐尖头；叶长 1.5cm 以下；蒴果长约 2cm…………………………………………………………………………………………**3. 短喙牻牛儿苗 E. tibetanum**

1. 牻牛儿苗（太阳花）

Erodium stephanianum Willd. in Sp. Pl. 3:625. 1800; Fl. Intramongol. ed. 2, 3:398. t.153. f.1-2. 1989.

一、二年生草本。根直立，圆柱状。茎平铺地面或稍斜升，高 10 ～ 60cm，多分枝，具开展的长柔毛或有时近无毛。叶对生，二回羽状深裂，长卵形或矩圆状三角形，长 6 ～ 7cm，宽

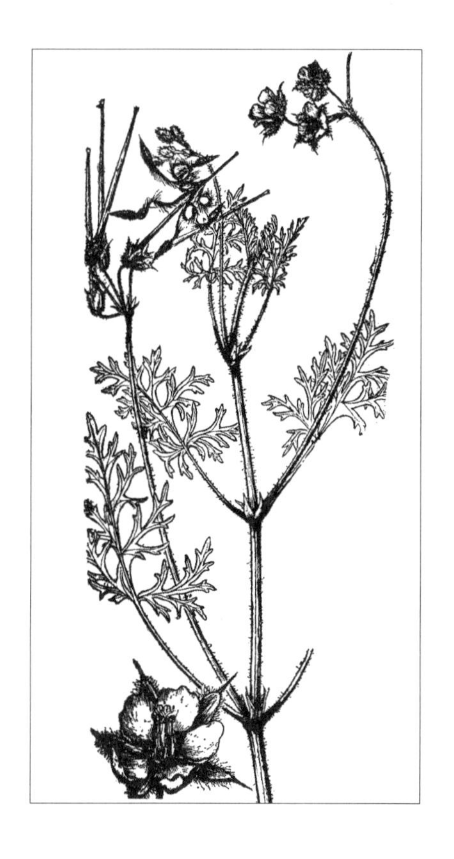

3～5cm，一回羽片4～7对，基部下延至中脉，小羽片条形，全缘或具1～3粗齿，两面具疏柔毛；叶柄长4～7cm，具开展长柔毛或近无毛；托叶条状披针形，渐尖，边缘膜质，被短柔毛。伞形花序腋生，花序轴长5～15cm，通常有2～5朵花；花梗长2～3cm；萼片矩圆形或近椭圆形，长5～8mm，具多数脉及长硬毛，先端具长芒；花瓣淡紫色或紫茶色，倒卵形，长约7mm，基部具白毛；子房被灰色长硬毛。蒴果长4～5cm，顶端有长喙，成熟时5个果瓣与中轴分离，喙部呈螺旋状卷曲。

旱中生杂草。生于山坡、干草地、沙质草原、河岸、沙丘、田间、路旁。产全区各地。分布于我国除福建、台湾、广东、广西外的南北各地，日本、朝鲜、蒙古国东部和北部及西部、俄罗斯（西伯利亚地区、远东地区）、印度、尼泊尔、巴基斯坦、阿富汗，克什米尔地区，中亚。为东古北极分布种。

全草入药（药材名：老鹳草），能祛风湿、活血通络、止泻痢，主治风寒湿痹、筋骨疼痛、肌肉麻木、肠炎痢疾等。也可提取栲胶。

2. 芹叶牻牛儿苗

Erodium cicutarium (L.) L'Herit. ex Ait. in Hort. Kew. 2:414. 1789; Fl. Intramongol. ed. 2, 3:400. t.153. f.3-4. 1989.

一、二年生草本。全株被白色柔毛。茎直立或斜升，通常多株簇生，高10～45cm。基生叶多数；茎生叶对生或互生，长卵形或矩圆形，长5～10cm，宽2～4cm，二回羽状深裂，

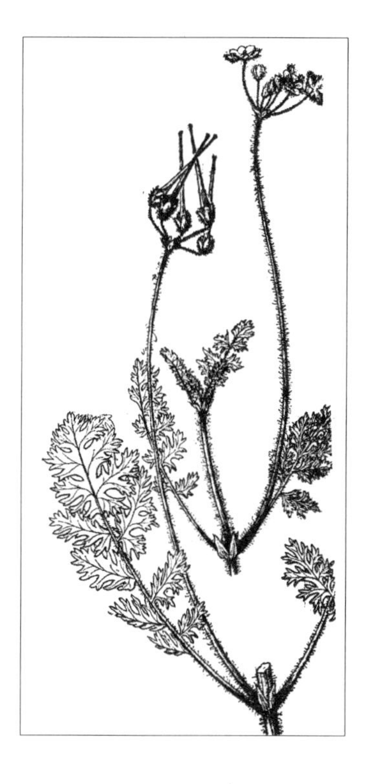

羽片互生或近于对生，基部不下延，小羽片窄而短，锐尖头，全缘或具1～3齿状缺刻；基生叶有长柄，茎生叶有短柄或近无柄。伞形花序腋生，有5～10朵花；花序梗10～15cm，被白色疏长腺毛；花梗长1～2cm，很细，有白色长腺毛；萼片锐尖头，无芒，有脉毛；花瓣红紫色或淡红色，与萼片等长或较短。蒴果长2.5～3.5cm，被短伏毛。

中生杂草。生于草原带的田边、路旁、山坡、山麓、草地、沟谷。产兴安南部、燕山北部（喀喇沁旗、宁城县）、阴山（卓资县大青山）。

分布于我国黑龙江、吉林、辽宁、河北西北部、河南西部和东南部、山东东部、山西、安徽东部、江苏、福建东南部、台湾、陕西南部、甘肃、四川西部、西藏西部、新疆，俄罗斯、印度西北部、阿富汗，中亚、西南亚、欧洲、北非。为古北极分布种。

3. 短喙牻牛儿苗（藏牻牛儿苗）

Erodium tibetanum Edgew. in Fl. Brit. India 1:434. 1875; Fl. Intramongol. ed. 2, 3:400. t.152. f.3-4. 1989.

一、二年生矮小草本，高 2 ～ 5cm。无茎。植株基部常包被多数淡黄白色残叶柄及托叶；基生叶多数呈莲座状丛生；叶片一至二回羽状分裂，轮廓卵形、宽卵形或披针状卵形，长 1 ～ 1.5cm，宽 7 ～ 14mm，顶端钝或圆形，基部近心形、宽楔形或近截形，一回侧裂片通常 2 对，顶生裂片常 3 深裂，小裂片倒卵形或矩圆形，两面被毡毛，呈灰蓝绿色；叶柄比叶片长 1 ～ 3 倍，长 2 ～ 4cm，被毡毛；托叶卵形或披针状卵形，基部或叶柄合生，膜质，被毡毛。花葶高 2 ～ 5cm，其顶部具花 2 ～ 4 朵；花梗长 5 ～ 7mm；苞片 8 ～ 10，宽卵形至披针形，长 1.5 ～ 2.2mm，宽 0.8 ～ 1.8mm；花序轴、花梗与苞片均被疏或密的毡毛；萼片披针状卵形或矩圆形，长约 4mm，宽约 2mm，先端稍钝或圆形，无锐尖头，背面被毡毛；花瓣倒卵形，长 5 ～ 6mm，白色，早落；雄蕊长约 2mm，花丝下部扩大，基部稍合生；子房密被长硬毛。蒴果长 17 ～ 20mm，分果瓣狭倒披针形，长约 5mm，宽约 1mm，基部具锐尖头，被硬毛，喙长 12 ～ 14mm，被微硬毛并混生长硬毛。花果期 6 ～ 8 月。

强旱生草本。生于荒漠草原带和荒漠带的砾石质戈壁、石质残丘间沙地、干河床沙地。产东阿拉善（狼山、乌拉特后旗、阿拉善左旗）、西阿拉善（阿拉善右旗）、贺兰山、龙首山、额济纳。分布于我国宁夏、甘肃、西藏、新疆，蒙古国西部和南部、塔吉克斯坦，克什米尔地区。为戈壁荒漠分布种。

2. 老鹳草属 Geranium L.

草本或半灌木。叶对生或互生，叶片圆形或肾形，有时三角形，掌状分裂；有托叶。花辐射对称；萼片 5；花瓣 5，覆瓦状排列；蜜腺 5，与花瓣互生；雄蕊 10，通常全部具花药，花丝通常基部扩大，离生或基部稍合生；子房 5 室，花柱上部分枝 5。蒴果，顶端有喙，每果瓣含 1 粒种子，成熟时由下而上反卷开裂，但不作螺旋状卷曲，果瓣宿存于花柱上。

内蒙古有 9 种。

分种检索表

1a. 花较大，直径 2cm 以上。

2a. 茎上部、花梗、萼片、蒴果被腺毛或混生腺毛；花柱合生部分较长，明显长于其上部分枝部分。

3a. 叶片掌状 5 中裂，裂片宽，不分裂，边缘缺刻状或具粗牙齿；花梗果期直立……………………………………………………………………………………………**1. 毛蕊老鹳草 G. platyanthum**

3b. 叶片掌状 7 ～ 9 深裂，裂片又羽状分裂或具羽状缺刻；花梗果期弯曲……………………………………………………………………………………………**2. 草地老鹳草 G. pratense**

2b. 茎上部、花梗、萼片、蒴果被单毛，无腺毛；花柱合生部分甚短，明显短于其上部分枝部分。

4a. 叶片分裂较深，几达基部，裂片又 2 ～ 3 深裂，小裂片具缺刻及粗锯齿……………………………………………………………………………………………**3. 突节老鹳草 G. krameri**

4b. 叶片分裂较浅，不达基部，分裂达全长的 2/3，裂片具牙齿状缺刻或不整齐牙齿。

5a. 花瓣比萼片长 1 倍以上，全株被短伏柔毛，花丝基部扩大部分的边缘和背面均有长白毛，叶片背面灰白色…………………………………………………**4. 灰背老鹳草 G. wlassovianum**

5b. 花瓣比萼片稍长；全株被开展的长柔毛；花丝基部扩大部分的边缘仅具缘毛，背面无毛；叶片背面绿色…………………………………………………**5. 兴安老鹳草 G. maximowiczii**

1b. 花较小，直径 2cm 以下。

6a. 花梗通常具 1 朵花；根单一或 2 ～ 3 个，圆锥状圆柱形……………………**6. 鼠掌老鹳草 G. sibiricum**

6b. 花梗通常具 2 朵花；根多数，纺锤状或长绳状。

7a. 茎直立；根多数，纺锤状；叶片掌状 5 ～ 7 深裂……………………**7. 粗根老鹳草 G. dahuricum**

7b. 茎下部俯卧，上部斜向上；根多数，长绳状；叶片 3 ～ 5 深裂或中裂。

8a. 叶片肾状三角形，多为 3 裂，裂片卵状菱形，边缘具缺刻或粗锯齿，齿先端尖；茎节不明显……………………………………………………………………………**8. 老鹳草 G. wilfordii**

8b. 叶片肾状五角形，3 ～ 5 裂，多为 5 裂，裂片宽卵形，边缘具齿状缺刻，小裂片先端钝圆；茎节明显，稍膨大…………………………………………………**9. 尼泊尔老鹳草 G. nepalense**

1. 毛蕊老鹳草

Geranium platyanthum Duthie in Gard. Chron. Ser. 3, 39:52. 1906; High. Pl. China 8:674. f.742. 2001; Fl. China 10:21. 2010.——*G. eriostemon* Fisch. ex DC. in Prodr. 1:641. 1824; Fl. Intramongol. ed. 2, 3:401. t.154. f.1-3. 1989.

多年生草本。根状茎短，直立或斜升，上部被淡棕色鳞片状膜质托叶；茎直立，高 30 ～ 80cm，向上分枝，被开展的白毛，上部及花梗被腺毛。叶互生，肾状五角形，直径 5 ～ 10cm，掌状 5 中裂或略深，裂片菱状卵形，边缘为浅的缺刻状或具圆的粗牙齿，上面被长伏毛，下面

被稀疏或较密的柔毛或仅脉上被柔毛；基生叶有长柄，为叶片长的 2 ～ 3 倍，茎生叶有短柄，顶生叶无柄；托叶披针形，淡棕色。聚伞花序顶生，花序 2 ～ 3，出自 1 对叶状苞片腋间，顶端各有 2 ～ 4 朵花；花梗长 1 ～ 1.5cm，密被腺毛，果期直立；萼片卵形，长约 1cm，背面具腺毛和开展的白毛，边缘膜质；花瓣蓝紫色，宽倒卵形，长约 2cm，全缘，基部有须毛；花丝基部扩大部分被长毛；花柱合生部分长 4 ～ 5mm，花柱分枝长 2.5 ～ 3mm。蒴果长 3 ～ 3.5cm，被腺毛和柔毛；种子褐色。花期 6 ～ 8 月，果期 8 ～ 10 月。

中生草本。生于森林带和草原带的山地林下、林间、林缘草甸、灌丛。产兴安北部及岭东和岭西（额尔古纳市、牙克石市、鄂伦春自治旗、鄂温克族自治旗、陈巴尔虎旗、扎兰屯市）、兴安南部（科尔沁右翼前旗、科尔沁右翼中旗、扎赉特旗、扎鲁特旗、阿鲁科尔沁旗、巴林左旗、巴林右旗、克什克腾旗）、辽河平原（大青沟）、燕山北部（喀喇沁旗、宁城县、兴和县苏木山）、锡林郭勒（东乌珠穆沁旗、锡林浩特市、正蓝旗）、阴山（大青山、乌拉山）。分布于我国黑龙江北部和东南部、吉林东部、辽宁、河北北部、河南西部、山西、陕西南部、宁夏南部、甘肃东部、青海东部、四川西部、湖北西部，朝鲜、蒙古国北部、俄罗斯（东西伯利亚地区、远东地区）。为东古北极分布种。

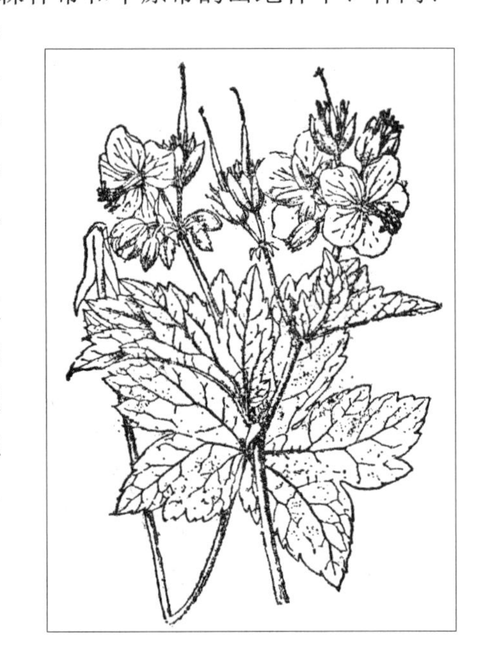

全草做老鹳草入药。

2. 草地老鹳草（草原老鹳草、草甸老鹳草）

Geranium pratense L., Sp. Pl. 2:681. 1753; Fl. Intramongol. ed. 2, 3:402. t.154. f.4. 1989.——*G. transbaicalicum* Serg. in Animadvers. Syst. Herb. Univ. Tomsk. 1:4. 1934; Fl. Intramongol. ed. 2, 3:404. t.154. f.5. 1989.

多年生草本。根状茎短，被棕色鳞片状托叶，具多数肉质粗根；茎直立，高 20 ～ 70cm，下部被倒生伏毛及柔毛，上部混生腺毛。叶对生，肾状圆形，直径 5 ～ 10cm，掌状 7 ～ 9 深裂，裂片菱状卵形或菱状楔形，羽状分裂、羽状缺刻或具大牙齿，顶部叶常 3 ～ 5 深裂，两面均被稀疏伏毛，而下面沿脉较密；基生叶具长柄，柄长约 20cm，茎生叶柄较短，顶生叶无柄；托叶狭披针形，淡棕色。花序生于小

枝顶端，花序轴长 2 ～ 5cm，通常生 2 朵花，花梗长 0.5 ～ 2cm，果期弯曲，花序轴与花梗皆被短柔毛和腺毛；萼片狭卵形或椭圆形，具 3 脉，顶端具短芒，密被短毛及腺毛，长约 8mm；花瓣蓝紫色，比萼片长约 1 倍，基部被毛；花丝基部扩大部分被长毛；花柱合生部分长 5 ～ 7mm，花柱分枝长 2 ～ 8mm。蒴果被短柔毛及腺毛，长 2 ～ 3cm，种子浅褐色。花期 7 ～ 8 月，果期 8 ～ 9 月。

中生草本。生于森林带和草原带的山地林下、林缘草甸、灌丛、草甸、河边湿地。产兴安北部及岭西（额尔古纳市、牙克石市、陈巴尔虎旗、鄂温克族自治旗、海拉尔区）、兴安南部（科尔沁右翼前旗、科尔沁右翼中旗、阿鲁科尔沁旗、巴林左旗、巴林右旗、克什克腾旗）、辽河平原（大青沟）、锡林郭勒（西乌珠穆沁旗、锡林浩特市、正蓝旗）、阴山（大青山、蛮汗山、乌拉山）。分布于我国黑龙江西北部、河北西北部、河南西部、山西、宁夏南部、甘肃（祁连山）和东部、青海东部和南部、四川西北部、湖北西北部、西藏东部、新疆北部，日本、朝鲜、蒙古国北部和西部及南部、俄罗斯（西伯利亚地区）、尼泊尔、巴基斯坦、阿富汗，中亚、欧洲。为古北极分布种。

青鲜时家畜不食，干燥后家畜稍采食。

3. 突节老鹳草

Geranium krameri Franch. et Savat. in Enum. Pl. Jap. 2:306. 1878; Fl. China 11:25. 2008.——*G. japonicum* auct. non. Franch. et Sav.: Fl. Intramongol. ed. 2, 3:404. t.155. f.3. 1989.

多年生草本。根状茎短，具多数粗根；茎直立或稍斜升，高 40 ～ 100cm，被纵棱，具倒生白毛或伏毛，关节处略膨大。叶对生，肾状圆形或近圆形，长 5 ～ 7cm，宽 6 ～ 9cm，掌状 5 ～ 7 深裂几达基部，上部叶 3 ～ 5 深裂，裂片倒卵状楔形或倒披针形，2 ～ 3 裂，锐尖头，边缘有较多缺刻或粗锯齿，上面疏被伏毛，下面沿脉被较密的伏毛；基生叶和下部茎生叶具长柄，上

部叶具短柄，顶部叶无柄，叶柄均被伏生柔毛；托叶卵形。聚伞花序顶生或腋生，花序轴长 4 ～ 7cm，通常具 2 朵花，花梗长 2 ～ 4cm，果期下弯，花序轴及花梗均被白色伏毛；萼片矩圆形或椭圆状卵形，长 0.6 ～ 1cm，具 5 ～ 7 脉，背面疏被柔毛，顶端具短芒；花瓣宽倒卵形，淡红色或紫红色，长 1.2 ～ 1.8cm，具深色脉纹，基部宽楔形，密被白色须毛围着基部呈环状；花丝基都扩大部分具缘毛；花柱合生部分长 2 ～ 3mm，花柱分枝部分长 5 ～ 6mm。蒴果长 2 ～ 2.7cm，疏被短柔毛；种子褐色，具极细小点。花期 7 ～ 8 月，果期 8 ～ 9 月。

中生草本。生于森林带和森林草原带的灌丛、草甸、路边湿地。产兴安北部及岭东和岭西（鄂伦春自治旗、鄂温克族自治旗）、兴安南部（科尔沁右翼前旗、科尔沁右翼中旗、扎赉特旗、阿鲁科尔沁旗、克什克腾旗）。分布于我国黑龙江东部、吉林中部和东部、辽宁中部和东部，日本、朝鲜、俄罗斯（远东地区）。为东亚北部（满洲—日本）分布种。

4. 灰背老鹳草

Geranium wlassovianum Fisch. ex Link in Enum. Hort. Berol. Alt. 2:197. 1822; Fl. Intramongol. ed. 2, 3:406. t.155. f.1-2. 1989.

多年生草本。根状茎短，倾斜或直立，具肉质粗根，植株基部具淡褐色托叶；茎高 30 ～ 70cm，直立或斜升，具纵棱，多分枝，被伏生或倒生短柔毛。叶片肾圆形，长 3.5 ～ 6cm，宽 4 ～ 7cm，5 深裂达 2/3 ～ 3/4，上部叶 3 深裂，裂片倒卵状楔形或倒卵状菱形，上部 3 裂，中央小裂片略长，3 齿裂，其余的有 1 ～ 3 牙齿或缺刻，上面被伏柔毛，下面被较密的伏柔毛，呈灰白色；基生叶具长柄，茎生叶具短柄，顶部叶具很短柄，叶柄均被开展短柔毛；托叶具缘毛。花序腋生，花序轴长 3 ～ 8cm，通常具 2 朵花，花梗长 2 ～ 4cm，果期下弯，花序轴及花梗皆被短柔毛；萼片狭卵状矩圆形，长约 1cm，具 5 ～ 7 脉，背面密被短毛；花瓣宽倒卵形，淡紫红

色或淡紫色，长约 2cm，具深色脉纹，基部具长毛；花丝基部扩大部分的边缘及背部均被长毛；花柱合生部分长约 1mm，花柱分枝部分长 5 ～ 7mm。蒴果长约 3cm，被短柔毛；种子褐色，近平滑。花期 7 ～ 8 月，果期 8 ～ 9 月。

湿中生草本。生于森林带和草原带的山地林下、沼泽草甸、河边湿地。产兴安北部及岭东和岭西及呼伦贝尔（额尔古纳市、牙克石市、鄂伦春自治旗、新巴尔虎左旗、鄂温克族自治旗、海拉尔区、扎兰屯市）、兴安南部（科尔沁右翼前旗、科尔沁右翼中旗、突泉县、扎鲁特旗、阿鲁科尔沁旗、巴林左旗、巴林右旗、克什克腾旗）、辽河平原（大青沟）、燕山北部（喀喇沁旗、宁城县、兴和县苏木山）、锡林郭勒（东乌珠穆沁旗、西乌珠穆沁旗、锡林浩特市、苏尼特左旗、正蓝旗）、阴山（大青山、乌拉山）。分布于我国黑龙江、吉林东部、辽宁北部、河北北部、河南北部、山东西部、山西东北部，朝鲜、蒙古国东部和北部、俄罗斯（东西伯利亚地区贝加尔、远东地区）。为华北—满洲—东蒙古分布种。

5. 兴安老鹳草

Geranium maximowiczii Regel et Maack in Tent. Fl. Ussur. 39. t.3. f.4-6. 1861; Fl. Intramongol. ed. 2, 3:406. t.155. f.4. 1989.

多年生草本。根状茎短粗，有多数肉质粗根，根褐色或深褐色；茎直立或稍斜升，高 30 ～ 70cm，多次二歧分枝，具纵棱，被开展或倒向长伏毛，上部的毛较密。叶对生，肾状圆形或近圆形，长 3 ～ 5cm，宽 4.5 ～ 7cm，掌状 3 ～ 5 裂达全长的 2/3 或更浅，裂片菱状矩圆形或宽披针形，具牙齿状缺刻或不整齐牙齿，有时近 3 裂，小裂片披针形，锐尖头，略有齿状缺刻，上面疏被短硬伏毛，下面具白色长毛，沿脉毛较多；基生叶具长柄，茎生叶具较短柄，顶部叶具极短柄，叶柄均

被开展或倒生长毛；托叶条状披针形，离生，具缘毛。聚伞花序腋生或顶生，花序轴长 2 ～ 5cm，通常有 2 花，被伏生短柔毛，有时混生开展长毛；花梗细，长 1.5 ～ 3cm，果期向下弯曲，具短柔毛，基部具 4 枚小苞片；小苞片条状披针形；萼片矩圆形，长 0.6 ～ 1cm，顶端具短芒，疏被白色长毛；花瓣倒卵状矩圆形，长 0.9 ～ 1.2cm，紫红色，全缘，基部被短柔毛；花丝基部扩大部分仅具缘毛，背面无毛；花柱合生部分长 2 ～ 3mm，花柱分枝部分长 3 ～ 3.5mm。蒴果长 2.5 ～ 3cm，被短柔毛；种子褐色或黑褐色，具微凹小点。花期 7 ～ 8 月，果期 8 ～ 9 月。

中生草本。生于森林带和森林草原带的山地林下、林缘草甸、灌丛、河岸草甸、湿草地。产兴安北部及岭西（额尔古纳市、牙克石市、陈巴尔虎旗、新巴尔虎左旗）、兴安南部（科尔沁右翼前旗、科尔沁右翼中旗、巴林右旗）。分布于我国黑龙江西北部、吉林东部、河北北部，朝鲜、俄罗斯（远东地区）。为满洲分布种。

全草入药，用途同老鹳草。

6. 鼠掌老鹳草（鼠掌草）

Geranium sibiricum L., Sp. Pl. 2:683. 1753; Fl. Intramongol. ed. 2, 3:407. t.156. f.1. 1989.

多年生草本，高 20 ～ 100cm。根垂直，分枝或不分枝，圆锥状圆柱形。茎细长，伏卧或上部斜向上，多分枝，被倒生毛。叶对生，肾状五角形，基部宽心形，长 3 ～ 6cm，宽 4 ～ 8cm，掌状 5 深裂，裂片倒卵形或狭倒卵形，上部羽状分裂或具齿状深缺刻，上部叶 3 深裂，叶片两面疏被伏毛，沿脉毛较密；基生叶及下部茎生叶有长柄，上部叶短柄，柄皆被倒生柔毛或伏毛。花通常单生叶腋，花梗被倒生柔毛，近中部具 2 枚披针形苞片，果期向侧方弯曲；萼片卵状椭

圆形或矩圆状披针形，具3脉，沿脉疏被柔毛，长4～5mm，顶端具芒，边缘膜质；花瓣淡红色或近于白色，长近于萼片，基部微被毛；花丝基部扩大部分具缘毛；花柱合生部分极短，花柱分枝长约1mm。蒴果长1.5～2cm，被短柔毛；种子具细网状隆起。花期6～8月，果期8～9月。

中生杂草。生于森林带和草原带的居民点附近、河滩湿地、沟谷、林缘、山坡草地。产兴安北部及岭西（额尔古纳市、牙克石市、海拉尔区、新巴尔虎左旗）、岭东（扎兰屯市）、兴安南部及科尔沁（科尔沁右翼前旗、科尔沁右翼中旗、扎鲁特旗、奈曼旗、巴林左旗、巴林右旗、克什克腾旗）、辽河平原（科尔沁左翼后旗）、赤峰丘陵、燕山北部（宁城县）、锡林郭勒（西乌珠穆沁旗、锡林浩特市、苏尼特左旗、正蓝旗、镶黄旗、兴和县）、乌兰察布（达尔罕茂明安联合旗南部）、阴山（大青山、乌拉山）、阴南丘陵（清水河县、凉城县、准格尔旗）、鄂尔多斯、东阿拉善（狼山、阿拉善左旗）、西阿拉善（阿拉善右旗）、贺兰山。分布于我国南北各地（除广东、海南、台湾外），日本、朝鲜、蒙古国东部和北部及西部、俄罗斯（西伯利亚地区）、巴基斯坦，中亚、西南亚、高加索地区、欧洲。为古北极分布种。

全草做老鹳草入药，全草也入蒙药（蒙药名：米格曼森法），能明目、活血调经，主治结膜炎、月经不调、白带过多。

7. 粗根老鹳草（块根老鹳草）

Geranium dahuricum DC. in Prodr. 1:624. 1824; Fl. Intramongol. ed. 2, 3:408. t.156. f. 2-3. 1989.

多年生草本。根状茎短，直立，下部具一簇多数长纺锤形的粗根；茎直立，高20～70cm，具纵棱，被倒向伏毛，常二歧分枝。叶对生，基生叶花期常枯萎；叶片肾状圆形，长3～5cm，宽5～7cm，掌状5～7裂几达基部，裂片倒披针形或倒卵形，不规则羽状分裂，小裂片披针状条形或条形，宽2～3mm，顶端锐尖，上面被短硬伏毛，下面被长硬毛；茎下部叶具长细柄，上部叶具短柄，顶部叶无柄；托叶披针形或卵形。花序腋生，花序轴长3～6cm，通常具2朵花；花梗纤细，长2～3cm，在果期顶部向上弯曲；苞片披针形或狭卵形；萼片卵形或披针形，长5～8mm，顶端具短芒，边缘膜质，背部具3～5脉，疏被柔毛；花瓣倒卵形，长约1cm，淡紫红色，蔷薇色或白色带紫色脉纹，内侧基部具白毛；花丝基部扩大部分具缘毛；花柱合生部分长1～2mm，花柱分枝部分长

3～4mm。蒴果长 1.2～2.5cm，密生伏毛；种子黑褐色，有密的微凹小点。花期 7～8 月，果期 8～9 月。

中生草本。生于森林带和草原带的山地林下、林缘草甸、灌丛、湿草甸。产兴安北部及岭东及岭西及呼伦贝尔（额尔古纳市、牙克石市、鄂伦春自治旗、新巴尔虎左旗、鄂温克族自治旗、海拉尔区、阿荣旗）、兴安南部及科尔沁（科尔沁右翼前旗、科尔沁右翼中旗、扎鲁特旗、奈曼旗、库伦旗、阿鲁科尔沁旗、巴林左旗、巴林右旗、克什克腾旗）、辽河平原（大青沟）、燕山北部（喀喇沁旗、宁城县、兴和县苏木山）、锡林郭勒（东乌珠穆沁旗、西乌珠穆沁旗、正蓝旗）、阴山（大青山、蛮汗山）。分布于我国黑龙江北部和东南部、吉林东部、辽宁东北部、河北、河南西部、山西、宁夏南部、陕西西南部、甘肃祁连山和东南部、青海东部、四川西部、西藏东南部、新疆东北部和东南部，朝鲜、蒙古国东部和北部、俄罗斯（达乌里地区、远东地区）。为东古北极分布种。

根、茎、叶含鞣酸，可提取栲胶。全草也做老鹳草入药。

8. 老鹳草（鸭脚草）

Geranium wilfordii Maxim. in Bull. Acad. Imp. Sci. St.-Petersb. 26:453. 1880; Fl. Intramongol. ed. 2, 3:408. t.156. f. 4. 1989.

多年生草本。根状茎短而直立，具很多略增粗的长根；茎细长，直立或匍匐，高 30～80cm，被倒生微柔毛或卷曲平伏柔毛，具纵棱，中部以上多分枝。叶对生，肾状三角形或三角形，长 3～5cm，宽 4～6cm，多为 3 深裂，下部叶亦有近 5 深裂者，基部心形，裂片卵状菱形或卵状椭圆形，先端尖，上部边缘有缺刻或粗锯齿，齿顶端有小凸尖，侧生裂片小于中央裂片，上面疏被伏毛，沿脉较密，下面仅沿脉被伏毛；叶均有柄，下部叶的柄较长，上部叶的柄较短，均被较密的倒生短毛；托叶狭披针形。聚伞花序腋生，花序轴长 2～4cm，具 2 朵花，花梗几等于或稍短于花序轴，果期下弯，花序轴和花梗均被较密的倒生短毛，有时花梗上混生开展腺毛；萼片卵形或卵状矩圆形，长 5～6mm，具 3～5 脉，背面疏被伏毛；花瓣宽倒卵形，淡红

色或近白色而具深色脉纹，稍长于萼片，内侧基部被稀疏短柔毛；花丝基部突然扩大，扩大部分的边缘膜质而具缘毛；花柱合生部分极短或不明显，花柱分枝长 1.5 ～ 2.5mm。蒴果长 1.5 ～ 2cm，被较密的伏生短毛；种子黑褐色，具微细网状凸起。花期 7 ～ 8 月，果期 8 ～ 9 月。

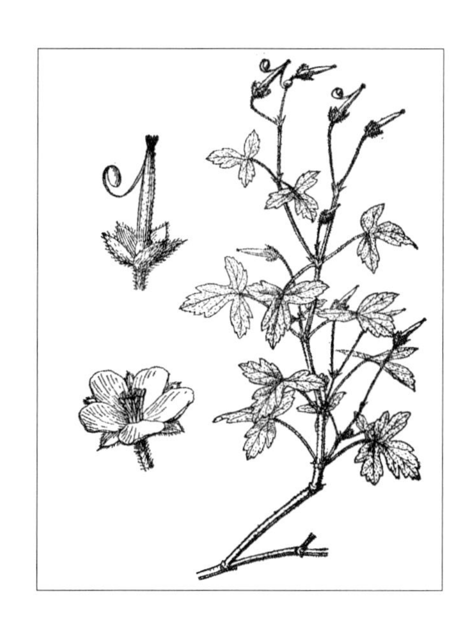

中生草本。生于草原带沟谷林内、林缘、灌丛、河岸沙地。产兴安南部（阿鲁科尔沁旗）、辽河平原（大青沟）。分布于我国东半部各地（除广东、广西、海南、青海、西藏外），日本、朝鲜、俄罗斯（远东地区）。为东亚分布种。欧洲有逸生。

全草入药，能祛风湿、活血通络、止泻痢，主治湿痹痛、麻木拘挛、筋骨酸痛、泄泻痢疾。

9. 尼泊尔老鹳草（短嘴老鹳草、五叶草）

Geranium nepalense Sweet in Geran. 1:t.12. 1820; Fl. Intramongol. ed. 2, 3:410. t.156. f.5. 1989.

多年生草本。根状茎直立，具多数斜生的细长根；茎多为细弱，伏卧地上，上部斜向上，或者斜升，高 30 ～ 50cm，近四方形，有明显的节，常被倒生疏柔毛，中部以上多分枝。叶对生，肾状五角形，长 2 ～ 4cm，宽 3 ～ 5cm，掌状 3 ～ 5 深裂，基部宽心形或近截形，裂片长 1.5 ～ 3cm，宽卵形、长椭圆形或倒卵形，边缘有不整齐锯齿状缺刻或浅裂，小裂片先端钝圆，顶端具短凸尖，两面疏被柔毛，初时上面有紫黑色的斑点；叶柄细，下部茎生叶的柄长于叶片，上部叶柄较短，均被倒生疏柔毛；托叶披针形或条状披针形。聚伞花序腋生，花序轴长 2 ～ 9cm，有 2 朵花，有时具 1 或 3 朵花，被倒生柔毛；花梗细，长 1 ～ 3cm，被倒生较密的柔毛，果期向上或向侧弯曲；萼片披针形或矩圆状披针形，长 3 ～ 5mm，先端具短芒，边缘白色而膜质，具 3 ～ 5 脉，背面疏被白长毛；花瓣倒卵形，紫红色或淡红紫色，略长于萼片；花丝基部扩大部分被短柔毛，边缘膜质而具缘毛；花柱合生部分极短，花柱分枝部分长约 2mm，疏被短柔毛。蒴果长 1.4 ～ 1.8cm，被较密的短柔毛；种子棕色，长约 2mm，密生微细凸起。花期 6 ～ 7 月，果期 8 ～ 9 月。

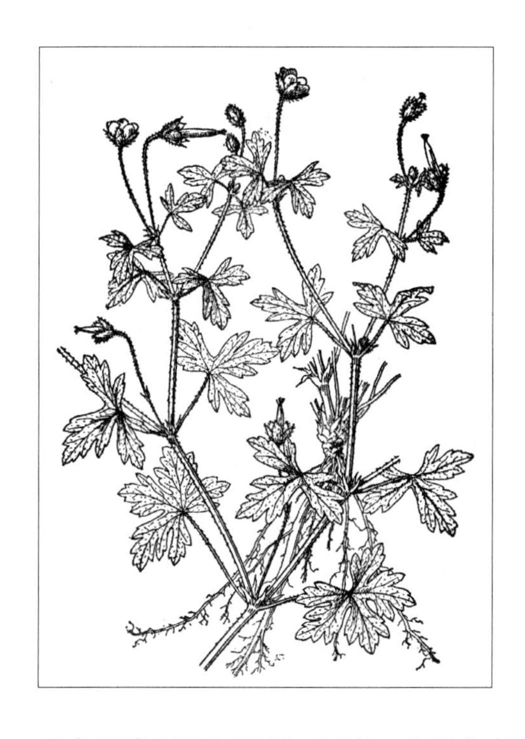

中生杂草。生于草原带的潮湿山坡、路旁、田野、荒坡、杂草丛中。产锡林郭勒（集宁区）、阴山（大青山）。分布于我国河北西部、河南、山西中南部、陕西南部、宁夏南部、甘肃中部和东部、青海东部、湖北西南部、湖南、江西西部、福建西南部、广东北部、广西北部和西部、四川、贵州、云南、西藏东南部，越南北部、老挝、缅甸、泰国、尼泊尔、印度（锡金）、孟加拉、巴基斯坦、阿富汗，克什米尔地区。为东亚—喜马拉雅分布种。

全草入药，有强筋骨、祛风湿、收敛、止泻的作用。全草含鞣质，可提取栲胶。

56. 亚麻科 Linaceae

多年生、一年生草本或灌木。单叶互生，稀对生，全缘；托叶有或无。花两性，辐射对称，聚伞状总花序或圆锥花序；萼片 5 或 4，离生或部分合生，覆瓦状排列，宿存；花瓣与萼片同数，旋转状排列，有时具爪，早落；雄蕊 5 或 10，基都合生，与花瓣互生；雌蕊由 5 或 2 ～ 3 心皮合生，每个心皮中具 1 ～ 2 枚胚珠，子房上位，3 ～ 5 室或更少，常有假隔膜。蒴果或核果，种子有或无胚乳。

内蒙古有 1 属、5 种，另有 1 栽培种。

1. 亚麻属 Linum L.

多年生或一年生草本。茎直立，有坚韧皮层，无毛，稀被细毛。叶条形或披针形，无柄。花序为顶生或腋生总状或聚伞花序；萼片全缘，有时沿边缘有腺体；花瓣具爪，早脱落；雄蕊 5，花丝基部连合呈筒状（环状），里面有齿状退化雄蕊；蜜腺 5，着生于雄蕊筒的外面；子房 5 室，花柱 5，分离，柱头伸长或头状。蒴果圆形或卵形；种子扁平，光滑。

内蒙古有 5 种，另有 1 栽培种。

分种检索表

1a. 花萼边缘具黑色腺点，花粉红色、蓝紫色或蓝色，一或二年生草本……………**1. 野亚麻 L. stelleroides**

1b. 花萼边缘无腺点，花蓝色。

  2a. 一年生草本。栽培……………………………………………………………**2. 亚麻 L. usitatissimum**

  2b. 多年生草本。

    3a. 花柱与雄蕊异长………………………………………………………**3. 宿根亚麻 L. perenne**

    3b. 花柱与雄蕊同长。

      4a. 花梗纤细，外倾或俯垂；叶具 1 脉。

        5a. 茎上部叶较密集，叶片边缘平展；植株具长不育枝；花梗外倾……………………………
        ………………………………………………………………**4. 黑水亚麻 L. amurense**

        5b. 茎上部叶较疏散，叶片边缘外卷；植株通常无不育枝；花梗俯垂…………………………
        ………………………………………………………………**5. 垂果亚麻 L. nutans**

      4b. 花梗较粗壮，直立或上升；叶具 1 ～ 3 脉…………………………**6. 短柱亚麻 L. pallescens**

1. 野亚麻（山胡麻）

Linum stelleroides Planch. in Lond. J. Bot. 7:178. 1848; Fl. Intramongol. ed. 2, 3:411. t.157. f. 1-4. 1989.

一、二年生草本，高 40 ～ 70cm。茎直立，圆柱形，光滑，基部稍木质，上部多分枝。叶互生，密集，条形或条状披针形，长 1 ～ 4cm，宽 1 ～ 2.5mm，先端尖，基部渐狭，全缘，两面无毛，具 1 ～ 3 条脉，无柄。聚伞花序，分枝多；花梗细长，长 0.5 ～ 1.5cm；花直径约 1cm；萼片 5，卵形或卵状披针形，长约3mm，具3条脉，先端急尖，边缘稍膜质，具黑色腺点；花瓣5，倒卵形，长约7mm，粉红色、紫蓝色或蓝色；雄蕊与花柱等长；柱头倒卵形。蒴果球形或扁球形，直径约4mm；种子扁平，褐色。花果期6～8月。

中生杂草。生于草原带的干燥山坡、路旁。产岭西及呼伦贝尔（陈巴尔虎旗、海拉尔区、新巴尔虎左旗）、兴安南部及科尔沁（扎赉特旗、科尔沁右翼中旗、扎鲁特旗、阿鲁科尔沁旗、巴林左旗、巴林右旗、翁牛特旗）、辽河平原（科尔沁左翼后旗）、燕山北部（喀喇沁旗、宁城县、敖汉旗）、阴山（大青山、蛮汗山）、阴南丘陵（准格尔旗）、鄂尔多斯（鄂托克旗）。分布于我国黑龙江、吉林、辽宁、河北、河南、山东、山西、陕西、宁夏南部、甘肃东部、青海东南部、四川北部、江苏北部、湖北西部、广东、广西北部、贵州北部，日本、朝鲜、俄罗斯（远东地区）。为东亚分布种。

茎皮纤维与亚麻相近，可做人造棉、麻布及造纸原料等。种子供榨油，又可治便秘、皮肤瘙痒、荨麻疹等。鲜草外敷可治疗疮肿毒。种子入蒙药（蒙药名：哲日力格－麻嘎领古），能镇“赫依”、润肠、拔脓，主治眩晕、皮肤瘙痒、便秘、肿块。

2. 亚麻（胡麻）

Linum usitatissimum L., Sp. Pl. 1:277. 1753; Fl. Intramongol. ed. 2, 3:412. 1989.

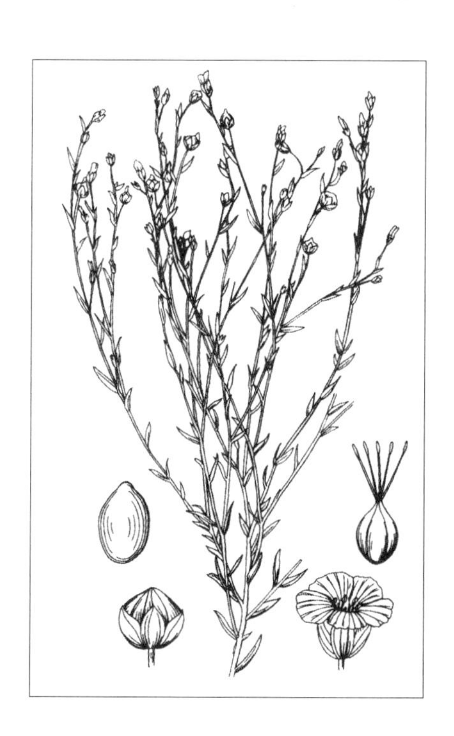

一年生草本，高30～100cm。茎直立，无毛，仅上部分枝。叶互生，无柄，条形或条状披针形至披针形，长1.8～4cm，宽2～5mm，先端锐尖，基部狭，全缘，具3条脉。聚伞花序，疏松；花生于茎顶端或上部叶腋，花直径1.5～2cm；花梗长1.5～3cm；萼片5，卵形或卵状披针形，长5～7mm，先端凸尖，具3条脉，边缘膜质，无腺点；花瓣5，倒卵形，长1～1.5cm，蓝色或蓝紫色，稀白色或红紫色，早落；雄蕊5，退化雄蕊5，三角形，有时不明显，只留下5个齿状痕迹；柱头条形。蒴果球形，直径6～8mm，顶端5瓣裂；通常含种子10粒；种子矩圆形，扁平。

中生草本。原产地中海地区，为地中海地区种。欧洲、亚洲温带地区和我国许多地方有栽培，内蒙古各地亦有栽培。

亚麻的纤维长，拉力也强，耐摩擦，为很好的纺织原料。种子可榨油（胡麻油），供食用。种子也可入药（药材名：胡麻仁），能补益肝肾、养血润燥、祛风，主治病后虚弱、虚风、眩晕、便秘、皮肤瘙痒、疮痈肿毒、麻风等症。种子入蒙药（蒙药名：麻嘎领古），功能、主治同野亚麻。

3. 宿根亚麻

Linum perenne L., Sp. Pl. 1:277. 1753; Fl. Intramongol. ed. 2, 3:412. t.157. f.5-6. 1989.

多年生草本，高 20 ～ 70cm。主根垂直，粗壮，木质化。茎从基部丛生，直立或稍斜升，分枝，通常有或无不育枝。叶互生，条形或条状披针形，长 1 ～ 2.3cm，宽 1 ～ 3mm，基部狭窄，先端尖，具 1 脉，平或边缘稍卷，无毛；下部叶有时较小，鳞片状；不育枝上的叶较密，条形，长 7 ～ 12mm，宽 0.5 ～ 1mm。聚伞花序，花通常多数，暗蓝色或蓝紫色，直径约 2cm；花梗细长，稍弯曲，偏向一侧，长 1 ～ 2.5cm；萼片卵形，长 3 ～ 5mm，宽 2 ～ 3mm，下部有 5 条凸出脉，边缘膜质，先端尖；花瓣倒卵形，长约 1cm，基部楔形；雄蕊与花柱异长，稀等长。蒴果近球形，直径 6 ～ 7mm，草黄色，开裂；种子矩圆形，长约 4mm，宽约 2mm，栗色。花期 6 ～ 8 月，果期 8 ～ 9 月。

旱生草本。生于草原带的沙砾质地、山坡，为草原群落的伴生种，也见于荒漠区的山地。产兴安北部（额尔古纳市、牙克石市）、岭西及呼伦贝尔（海拉尔区、鄂温克族自治旗、新巴尔虎左旗、新巴尔虎右旗、满洲里市）、兴安南部及科尔沁（突泉县、科尔沁右翼前旗、科尔沁右翼中旗、科尔沁左翼后旗、阿鲁科尔沁旗、巴林右旗、克什克腾旗）、锡林郭勒（东乌珠穆沁旗、锡林浩特市、正蓝旗、正镶白旗、镶黄旗、太仆寺旗、察哈尔右翼后旗）、乌兰察布（达尔罕茂明安联合旗南部、固阳县）、阴山（大青山）、阴南丘陵（准格尔旗）、鄂尔多斯（东胜区、鄂托克旗）、贺兰山、龙首山。分布于我国黑龙江、吉林、辽宁、河北西北部、山西西部、陕西北部、宁夏、甘肃东部、青海、四川西部、云南西北部和南部、西藏东部和西部、新疆，蒙古国东部和西部及南部、俄罗斯（西伯利亚地区、远东地区），西亚、欧洲。为古北极分布种。

茎皮纤维可用。种子可榨油。

4. 黑水亚麻

Linum amurense F. G. C. Alefeld in Bot. Zeitung (Berlin) 25:251. 1867; Fl. China 11:37. 2008.

多年生草本。根垂直，稍粗，粗 3 ～ 8mm，木质化，白色。茎几个至十几个，高 25 ～ 60cm，直立，上部具少数分枝，叶稍密集；除花枝外具稍长的不育枝，不育枝上的叶密集，条形，长 7 ～ 12mm，宽 0.5 ～ 1mm；普通枝上的叶条形或条状披针形，长 15 ～ 20mm，宽 1.5 ～ 2mm，先端尖，平或边缘稍卷。花不多，果梗细，长 1 ～ 2.5cm，稍弯曲或下垂；萼片卵形，长 3 ～ 4mm，先端凸尖。蒴果近球形，直径约 7mm。

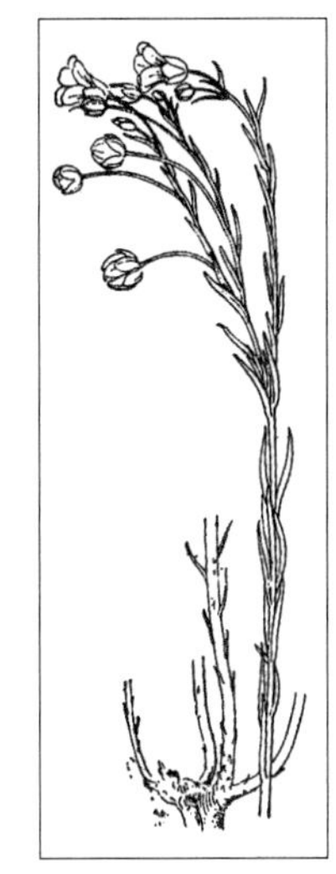

多年生旱生草本。生于草原带的草地、沙地、山坡。产内蒙古东部。分布于我国黑龙江、吉林、陕西、宁夏、甘肃，俄罗斯（远东地区）。为华北—满洲分布种。

5. 垂果亚麻

Linum nutans Maxim. in Bull. Acad. Imp. Sci. St.-Petersb. 26:430. 1880; High. Pl. China 8:234. f.379.1. 2001; Fl. China 11:37. 2008.

多年生草本，高 20 ～ 40cm。直根系，根颈木质化。茎多数丛生，直立，中部以上叉状分枝，基部木质化，具鳞片状叶；不育枝通常不发育。茎生叶互生或散生，狭条形或条状披针形，长 10 ～ 25mm，宽 1 ～ 3mm，边缘稍卷，无毛。聚伞花序，花蓝色或紫蓝色，直径约 2cm；花梗纤细，长 1 ～ 2cm，直立或稍偏向一侧弯曲；萼片 5，卵形，长 3 ～ 5mm，宽 2 ～ 3mm，基部有 5 脉，边缘膜质，先端锐尖；花瓣 5，倒卵形，长约 1cm，先端圆形，基部楔形；雄蕊 5，与雌蕊近等长或短于雌蕊，花丝中部以下稍宽，

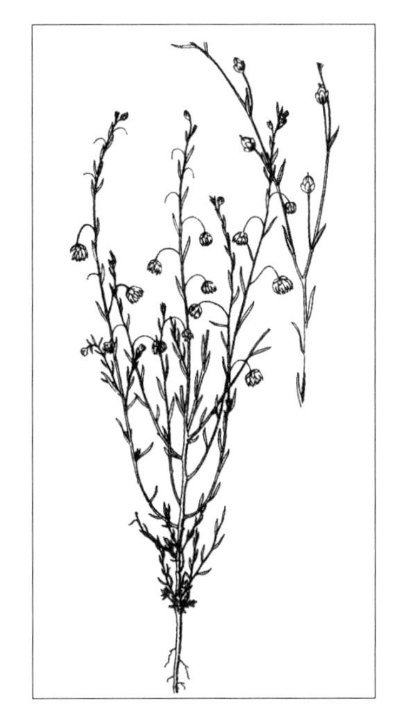

基部合生成环，退化雄蕊5，锥状，与雄蕊互生；子房5室，卵形，长约2mm，花柱5，分离，柱头头状。蒴果近球形，直径6～7mm，草黄色，开裂；种子长圆形，长约4mm，宽约2mm，褐色。花期6～7月，果期7～8月。

旱生草本。生于草原带的沙质草原、干山坡。产鄂尔多斯（鄂托克旗）。分布于我国黑龙江北部和东部、吉林、宁夏北部、陕西中部、甘肃东部、西藏南部、新疆，蒙古国北部、俄罗斯（东西伯利亚）、印度（锡金）。为东古北极分布种。

6. 短柱亚麻

Linum pallescens Bunge in Fl. Alt. 1:438. 1829; High. Pl. China 8:234. f.379:2-5. 2001.

多年生草本，高5～20cm。茎多条自根头生出，较细弱，直立或斜上升，无毛。叶互生，条形至条状披针形，长2～7mm，先端锐尖，无毛，全缘，无柄，仅具1条不甚明显的中脉。花单生或数朵呈聚伞花序；萼片5，宽卵状椭圆形，长3.5～4mm，先端钝，或有小凸尖，具1条稍隆起中脉，有明显白色膜质边缘，宿存；花瓣淡蓝色或淡黄色，倒卵形，长5～7mm，向基部渐狭为爪，呈黄色，先端钝圆或平截；花丝基部合生成筒，其间各具1小齿，花药高达柱头处或稍低；花柱长达1.5mm，近基部合生，柱头近头状。蒴果近球形，顶端无喙，长约5mm；种子扁平，椭圆形，长约3.5mm，棕褐色，光亮。花果期6～9月。

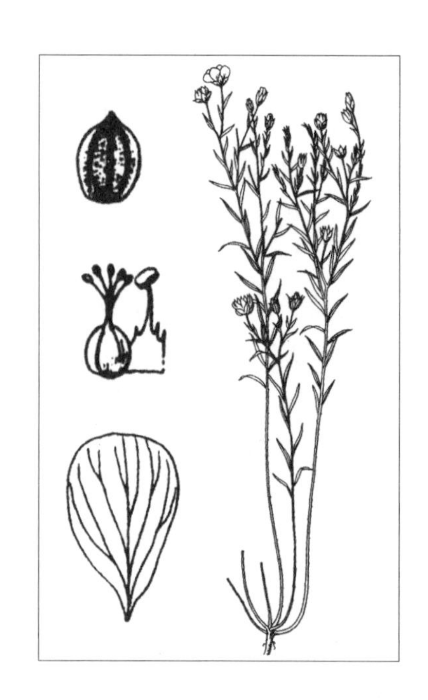

旱生草本。生于草原带的低山山坡。产鄂尔多斯南部。分布于我国陕西、宁夏、甘肃、青海、西藏、新疆，俄罗斯（西伯利亚地区），中亚。为亚洲中部分布种。

57. 白刺科 Nitrariaceae

落叶灌木。枝通常具刺。叶肉质，条形、匙形或倒卵形，全缘或顶端具浅齿状裂；托叶细小。聚伞花序，花小，白色或带黄色；萼片 5，基部连合，宿存；花瓣 5；雄蕊 10 ～ 15，无附属体；子房 3 室，每室具 1 枚胚珠。浆果状核果，具薄的外果皮和骨质的内果皮。

内蒙古有 1 属、3 种。

1. 白刺属 Nitraria L.

属的特征同科。

内蒙古有 3 种。

分种检索表

1a. 核果浆果状，肉质多汁；叶倒披针形、宽倒披针形、长椭圆状匙形。

2a. 果小，长 6 ～ 8mm；嫩枝上的叶多为 4 ～ 6 枚簇生；叶倒卵状匙形，长 6 ～ 15mm，宽 2 ～ 5mm……………………………………………………………………………………………**1. 小果白刺 N. sibirica**

2b. 果较大，长 8mm 以上；嫩枝上的叶多为 2 ～ 3 片簇生；叶宽倒披针形、长椭圆状匙形，长 18 ～ 35mm，宽 3 ～ 15mm，少数叶先端有 2 ～ 3 齿裂…………………………**2. 白刺 N. roborowskii**

1b. 核果成熟时膨胀呈球形，果皮干膜质，密被黄褐色柔毛；叶条形或倒披针状条形，长 5 ～ 25mm，宽 2 ～ 4mm…………………………………………………………………………**3. 泡泡刺 N. sphaerocarpa**

1. 小果白刺（西伯利亚白刺、哈蟆儿）

Nitraria sibirica Pall. in Fl. Ross. 1:80. 1784; Fl. Intramongol. ed. 2, 3:415. t.158. f.1-3. 1989.

灌木，高 50 ～ 100cm。多分枝，弯曲或直立，有时横卧，被沙埋压形成小沙丘，枝上生不定根；小枝灰白色，尖端刺状。叶在嫩枝上多为 4 ～ 6 片簇生，倒卵状匙形，长 0.6 ～ 1.5cm，宽 2 ～ 5mm，全缘，顶端圆钝，具小凸尖，基部窄楔形，无毛或嫩时被柔毛，无柄。花小，黄绿色，排成顶生蝎尾状花序；萼片 5，绿色，三角形；花瓣 5，白色，矩圆形；雄蕊 10 ～ 15；子房 3 室。核果近球形或椭圆形，两端钝圆，长 6 ～ 8mm，熟时暗红色，果汁暗蓝紫色；果核卵形，先端尖，长 4 ～ 5mm。花期 5 ～ 6 月，果期 7 ～ 8 月。

耐盐旱生灌木。生于草原带的轻度盐渍化低地、湖盆边缘、干河床边，可成为优势种并形成群落，在荒漠草原带和荒漠带植丛下常形成小沙堆。产呼伦贝尔（新巴尔虎右旗）、科尔沁（扎赉特旗、科尔沁右翼中旗、克什克腾旗）、锡林郭勒（东乌珠穆沁旗、锡林浩特市、苏尼特左旗）、乌兰察布（苏尼特右旗、

二连浩特市、四子王旗、达尔罕茂明安联合旗、固阳县、乌拉特前旗）、阴南平原（呼和浩特市、包头市）、鄂尔多斯（达拉特旗、乌审旗、鄂托克旗）、东阿拉善（乌拉特后旗、磴口县、乌海市、阿拉善左旗）、西阿拉善（阿拉善右旗）、贺兰山、龙首山。分布于我国吉林西部、辽宁西部、河北西北部和东部、山东北部、山西中部、陕西北部、宁夏、甘肃、青海（柴达木盆地）、新疆中部和东部，蒙古国东部和南部及西部、俄罗斯（西伯利亚地区），中亚。为古地中海分布种。

为重要的固沙植物，能积沙而形成白刺沙堆，固沙能力较强。果实味酸甜，可食。果实入药，能健脾胃、滋补强壮、调经活血，主治身体瘦弱、气血两亏、脾胃不和、消化不良、月经不调、腰腿疼痛等。果实也做蒙药用（蒙药名：哈日莫格），能健脾胃、助消化、安神解表、下乳，主治脾胃虚弱、消化不良、神经衰弱、感冒。枝叶和果实可做饲料。

2. 白刺（唐古特白刺、大白刺、毛瓣白刺）

Nitraria roborowskii Kom. in Trudy Imp. St.-Petersb. Bot. Sada 29(1):168. 1908; Fl. Intramongol. ed. 2, 3:416. t.158. f.6-7. 1989.——*N. tangutorum* Bobr. in Sovetsk. Bot. 14(1):26. 1946; Fl. Intramongol. ed. 2, 3:415. t.158. f.4-5. 1989.——*N. praevisa* Bobr. in Bot. J. 50(8):1058. 1965; Fl. Reip. Pop. Sin. 43(1):121. 1998.

灌木，高 100 ～ 200cm。多分枝，开展或平卧；小枝灰白色，先端常呈刺状。叶通常 2 ～ 3 枚簇生，倒卵形、宽倒披针形或长椭圆状匙形，长 1.8 ～ 3.5cm，宽 3 ～ 15mm，顶端常圆钝，很少锐尖，全缘或不规则的 2 ～ 3 齿裂。花序顶生，花较小果白刺稠密，黄白色，具短梗。核果卵形或椭圆形，熟时深红色，果汁玫瑰色，长 0.8 ～ 1.2cm，直径 6 ～ 9mm；果核卵形，上部渐尖，长 5 ～ 8mm，宽 3 ～ 4mm。

花期 5 ～ 6 月，果期 7 ～ 8 月。

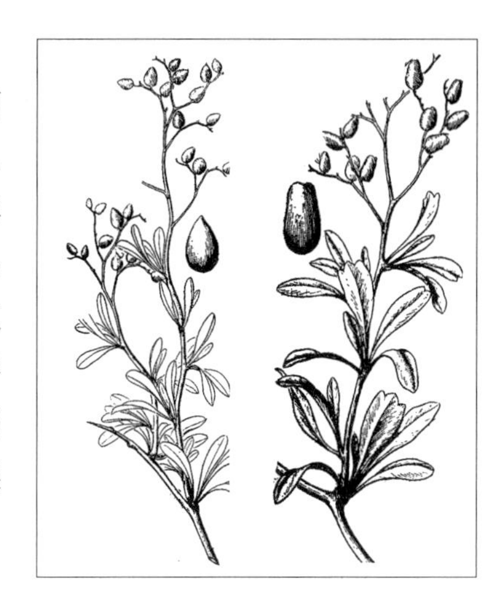

轻度耐盐潜水旱生灌木。生于荒漠带和荒漠草原带的古河床阶地、沙质地、内陆湖盆边缘、盐化低湿地的芨芨草滩外围、绿洲和低地的边缘，株丛下常形成或大或小的沙堆，有时可形成高大丘堆景观。产锡林郭勒（浑善达克沙地）、鄂尔多斯（乌审旗、鄂托克旗）、东阿拉善（乌拉特前旗、乌拉特后旗、杭锦后旗、磴口县、乌海市、杭锦旗、阿拉善左旗）、西阿拉善（阿拉善右旗）、贺兰山、龙首山、额济纳。分布于我国陕西西北部、宁夏北部和西部、甘肃（河西走廊、兰州）、青海（柴达木盆地）、西藏东北部、新疆，蒙古国西部和南部，中亚。为古地中海分布种。

用途同小果白刺。

3. 泡泡刺（球果白刺、膜果白刺）

Nitraria sphaerocarpa Maxim. in Melanges Biol. Bull. Phys-Math. Acad. Imp. Sci. St.-Petersb. 11:657. 1883; Fl. Intramongol. ed. 2, 3:416. t.158. f.8-10. 1989.

灌木，高 30 ～ 60cm。茎弧形弯曲，不孕枝先端刺状，老枝黄褐色，嫩枝乳白色。叶 2 ～ 3 枚簇生，宽条形或倒披针状条形，长 0.5 ～ 2.5cm，宽 2 ～ 4mm，顶端稍锐尖或钝。花序被短柔毛，花 5 朵；萼绿色，被柔毛；花瓣白色。果在未熟时为披针形，顶端渐尖，密被黄褐色柔毛，

成熟时果皮膨胀呈球形，膜质，果直径约 1cm；果核狭窄，纺锤形，长 8 ～ 9mm，顶端渐尖。花期 5 ～ 6 月，果期 6 ～ 7 月。

超旱生灌木。生于阿拉善沙砾质戈壁上，为荒漠群落最主要的建群种之一，亦在石质残丘的坡地和干河床边缘生长，但遇干旱季节来临时呈半休眠状态，为亚洲中部戈壁荒漠的典型植物。产东阿拉善（乌拉特后旗、阿拉善左旗）、西阿拉善（阿拉善右旗）、额济纳。分布于我国甘肃（河西走廊）、新疆，蒙古国南部和西南部、哈萨克斯坦。为戈壁分布种。

有固沙作用，也可做骆驼的饲料。

58. 骆驼蓬科 Peganaceae

多年生草本。叶互生，分裂，裂片条形；托叶刺毛状。花大，白色，单生；萼片 5，常分裂成条形的裂片，果期宿存；花瓣 5；雄蕊 15，花丝基部增宽；花柱上部具 3 棱。蒴果 3 室，种子多数。

内蒙古有 1 属、3 种。

1. 骆驼蓬属 Peganum L.

属的特征同科。

内蒙古有 3 种。

分种检索表

1a. 植株较大，直立、开展或平卧，高 30 ～ 80cm，无毛或仅嫩时被毛。

2a. 植株无毛；叶全裂为 3 ～ 5 条形或披针状条形小裂片，小裂片宽 1.5 ～ 3mm……**1. 骆驼蓬 P. harmala**

2b. 植株仅嫩茎、叶被毛；叶二至三回全裂，小裂片宽 1 ～ 1.5mm………**2. 多裂骆驼蓬 P. multisectum**

1b. 植株较小，直立或开展，高 10 ～ 25cm，被短而密的硬毛；叶二至三回全裂，小裂片宽不及 1mm……
……………………………………………………………………………………**3. 匍根骆驼蓬 P. nigellastrum**

1. 骆驼蓬

Peganum harmala L., Sp. Pl. 1:444. 1753; Fl. Intramongol. ed. 2, 3:418. t.159. f.1-3. 1989.

多年生草本，无毛。茎高 30 ～ 80cm，直立或开展，由基部多分技。叶互生，卵形，全裂为 3 ～ 5 条形或披针状条形裂片，长 1 ～ 3.5cm，宽 1.5 ～ 3mm。花单生，与叶对生；萼片稍长于花瓣，裂片条形，长 1.5 ～ 2cm，有时仅顶端分裂；花瓣黄白色，倒卵状矩圆形，长 1.5 ～ 2cm，宽 6 ～ 9mm；雄蕊短于花瓣，花丝近基部增宽；子房 3 室，花柱 3。蒴果近球形；种子三棱形，黑褐色，被小疣状凸起。花期 5 ～ 6 月，果期

7～9月。

耐盐旱生草本。生于荒漠带的干旱草地、绿洲边缘轻度盐渍化荒地、土质低山坡。产东阿拉善（阿拉善左旗）、贺兰山。分布于我国河北北部、山西西部、宁夏西北部、甘肃（河西走廊）、青海、西藏、新疆，蒙古国西部和南部、俄罗斯、印度西北部、巴基斯坦、阿富汗、伊朗，中亚、西亚、南欧、北非。为古地中海分布种。

种子可做红色染料，榨油可供轻工业用。全草入药治关节炎，也可做杀虫剂。

2. 多裂骆驼蓬

Peganum multisectum (Maxim.) Bobr. in Fl. U.R.S.S. 14:149. 1949; Fl. Reip. Pop. Sin. 43(1);125. 1998; Fl. China 11:43. 2008.——*P. harmala* L. var. *multisecta* Maxim. in Fl. Tangut. 1:103. 1889; Fl. Intramongol. ed. 2, 3:418. t.159. f.4. 1989.

多年生草本，无毛。植株平卧，高30～80cm，由基部多分技。叶互生，卵形，二至三

回深裂，裂片条形，长1～3.5cm，宽1～1.5mm。花单生，与叶对生；萼片3～5深裂，裂片条形，长1.5～2cm，有时仅顶端分裂；花瓣黄白色，倒卵状矩圆形，长1.5～2cm，宽6～9mm；雄蕊短于花瓣，花丝近基部增宽；子房3室，花柱3。蒴果近球形；种子三棱形，黑褐色，被小疣状凸起。花期5～6月，果期7～9月。

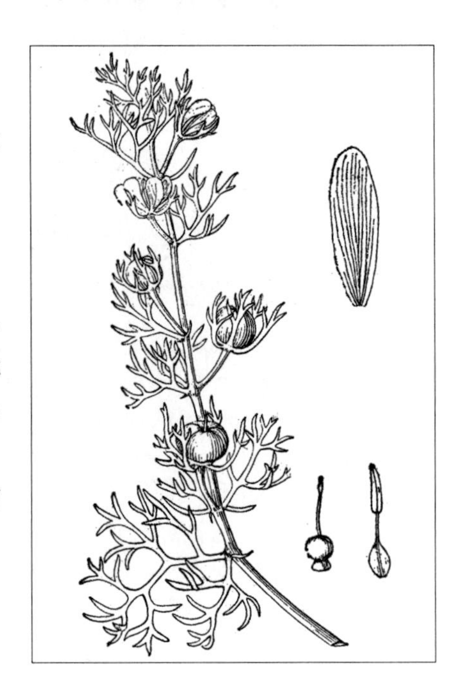

耐盐旱生草本。生于荒漠带的畜群饮水点附近和休息地、路旁、过度放牧地。产鄂尔多斯（乌审旗、鄂托克旗、鄂托克前旗）、东阿拉善（乌拉特后旗、杭锦后旗、磴口县、乌海市、杭锦旗、阿拉善左旗）、西阿拉善（阿拉善右旗）。分布于我国陕西西北部、宁夏、甘肃、青海东部、西藏中南部、新疆东北部，蒙古国南部，中亚。为戈壁分布种。

为饲用植物。

3. 匍根骆驼蓬（骆驼蒿、骆驼蓬）

Peganum nigellastrum Bunge in Enum. Pl. China Bor. 13. 1833; Fl. Intramongol. ed. 2, 3:420. t.159. f.5-6. 1989.

多年生草本，高 10 ～ 25cm。全株密生短硬毛。茎有棱，多分枝。叶二至三回羽状全裂，裂片长约 1cm。萼片稍长于花瓣，5 ～ 7 裂，裂片条形；花瓣白色、黄色，倒披针形，长 1 ～ 1.5cm；雄蕊 15，花丝基部增宽；子房 3 室。蒴果近球形，黄褐色；种子纺锤形，黑褐色，有小疣状凸起。花期 5 ～ 7 月，果期 7 ～ 9 月。

根蘖性耐盐旱生草本。多生于草原带和荒漠带的居民点附近、旧舍地、水井旁、路旁、白刺堆间、芨芨草植丛中。产锡林郭勒（镶黄旗、苏尼特左旗、苏尼特右旗）、乌兰察布（达尔罕茂明安联合旗、固阳县、乌拉特前旗）、阴南平原（托克托县、包头市）、鄂尔多斯、东阿拉善（乌拉特后旗、磴口县、乌海市、杭锦旗、阿拉善左旗）、西阿拉善（阿拉善右旗）。分布于我国河北西北部、山西西北部、陕西北部、宁夏、

甘肃（河西走廊）、新疆北部，蒙古国东部和南部及西部、俄罗斯（东西伯利亚地区）。为戈壁—蒙古分布种。

为饲用植物。全草有毒。全草入药，能祛湿解毒、活血止痛、宣肺止咳，主治关节炎、月经不调、支气管炎、头痛等。种子能活筋骨、祛风湿，主治咳嗽气喘、小便不利、癔症、瘫痪及筋骨酸痛等。

59. 蒺藜科 Zygophyllaceae

灌木、小灌木或草本。叶通常为双数羽状复叶，很少单叶，常为肉质；托叶 2，宿存。花两性，辐射对称，1～2 朵腋生或为总状花序、聚伞花序；萼片 5，稀 4，分离或于基部稍连合；花瓣 4～5，分离；常具花盘；雄蕊与花瓣同数或为其 2 倍，花丝基部或中部有 1 小鳞片；子房上位，通常 3～5 室，很少 2～12 室，每室具 1 至多数胚珠。果为分果或蒴果；种子具直立或弯的胚，胚乳少。

内蒙古有 4 属、12 种。

分属检索表

1a. 灌木；花 4 基数；双数羽状复叶具 1 对小叶，通常棒状或柱状，肉质。

2a. 蒴果，具 3～5 宽棱翅；小枝先端刺状……………………………………………**1. 霸王属 Sarcozygium**

2b. 分果，具上部分离、基部合生的 4 个分果瓣；小枝先端不为刺状……………**2. 四合木属 Tetraena**

1b. 草本，花 5 基数，双数羽状复叶具 1 至多对小叶。

3a. 分果，5 分果瓣不分裂，具针刺；小叶多对，非肉质………………………………**3. 蒺藜属 Tribulus**

3b. 蒴果，具 3～5 棱或窄翅；小叶 1～5 对，肉质…………………………**4. 驼蹄瓣属 Zygophyllum**

1. 霸王属 Sarcozygium Bunge

属的特征同种。

单种属。

1. 霸王

Sarcozygium xanthoxylon Bunge in Linnaea 17:1. 1843; Fl. Reip. Pop. Sin. 43(1):140. 1998——*Zygophyllum xanthoxylon* (Bunge) Maxim. in Fl. Tangut. 103. 1889; Fl. Intramongol. ed. 2, 3:421. t.160. f.1-2. 1989.——*Z. kaschgaricum* Boriss. in Fl. U.R.S.S. 14:187,728. 1949; Fl. China 11:46. 2008.

灌木，高 70～150cm。枝疏展，弯曲，皮淡灰色，木材黄色，小枝先端刺状。叶在老枝上簇生，在嫩枝上对生；具明显的叶柄，叶柄长 0.8～2.5cm；小叶 2 片，椭圆状条形或长匙形，长 0.8～2.5（～4.5）cm，宽 3～5mm，顶端圆，基部渐狭。萼片 4，倒卵形，绿色，边缘膜质，长 4～7mm；花瓣 4，黄白色，倒卵形或近圆形，顶端圆，基部渐狭成爪，长 7～11mm；雄蕊 8，长于花瓣，褐色，鳞片倒披针形，顶端浅裂，长约为花丝长度的 2/5。蒴果通常具 3 宽翅，偶见有 4 翅或 5 翅者，宽椭圆形或近圆形，不开裂，长 1.8～3.5cm，宽 1.7～3.2cm，通常具 3 室，每室含 1 粒种子；种子肾形，黑褐色。花期 5～6 月，果期 6～7 月。

强旱生灌木。经常出现于荒漠、草原化荒漠和荒漠化草原地带，在戈壁覆沙地上可成为建群

种形成群落，亦散生于石质残丘坡地、固定与半固定沙地、干河床边、沙砾质丘间平地。产乌兰察布（苏尼特左旗、苏尼特右旗、二连浩特市、四子王旗北部、达尔罕茂明安联合旗北部）、东阿拉善（乌拉特后旗、磴口县、杭锦旗、鄂托克旗西部、乌海市、阿拉善左旗）、西阿拉善（阿拉善右旗）、贺兰山、龙首山、额济纳。分布于我国宁夏西北部、甘肃（河西走廊）、青海东部、新疆中部和西部，蒙古国西部和南部，中亚东部。为戈壁分布种。

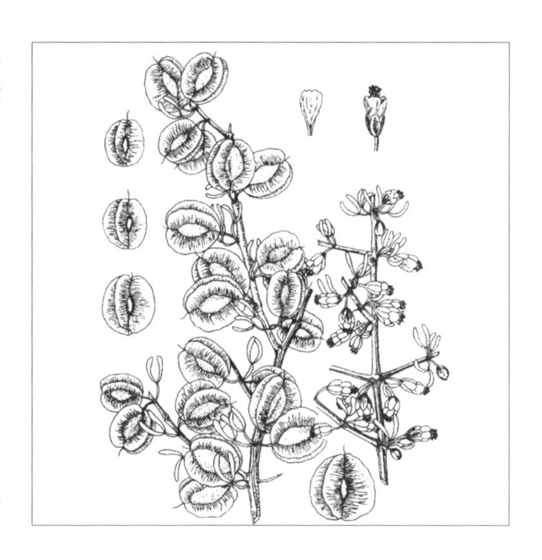

为中等饲用植物。在幼嫩时骆驼和羊喜食其枝叶。可做燃料并可阻挡风沙。根入药，能行气散满，主治腹胀。

2. 四合木属 Tetraena Maxim.

属的特征同种。

单种属。

1. 四合木（油柴）

Tetraena mongolica Maxim. in Enum. Pl. Mongol. 129. 1889; Fl. Intramongol. ed. 2, 3:428. t.163. f. 1-6. 1989.

落叶小灌木，高可达 90cm。老枝红褐色，稍有光泽或有短柔毛；小枝灰黄色或黄褐色，密

被白色稍开展的不规则的丁字毛，节短明显。双数羽状复叶，对生或簇生于短枝上；小叶 2，肉质，倒披针形，长 3 ～ 8mm，宽 1 ～ 3mm，顶端圆钝，具凸尖，基部楔形，全缘，黄绿色，两面密被不规则的丁字毛，无柄；托叶膜质。花 1 ～ 2 朵着生于短枝上；萼片 4，卵形或椭圆形，长约 3mm，宽约 2.5mm，被不规则的丁字毛，宿存；花瓣 4，白色具爪，瓣片椭圆形或近圆形，长约 2mm，宽约 1.5mm，爪长约 1.5mm；雄蕊 8，排成 2 轮，外轮 4 个较短，内轮 4 个较长，花丝近基部有白色薄膜状附属物，具花盘；子房上位，4 深裂，被毛，4 室，花柱单一，丝状，着生子房近基部。果常下垂，具 4 个不开裂的分果瓣，分果瓣长 6 ～ 8mm，宽 3 ～ 4mm；种子镰状披针形，表面密被褐色颗粒。

强旱生灌木。在草原化荒漠带地区常成为建群种，形成有小针茅参加的四合木荒漠群落。产东阿拉善（杭锦旗、鄂托克旗西部、乌海市、阿拉善左旗东部）、贺兰山北部。宁夏（石嘴山）。为东阿拉善（西鄂尔多斯）分布种。是国家二级重点保护植物。

枝含油脂，极易燃烧，为优良燃料，也可做饲料，并有阻挡风沙的作用。

3. 蒺藜属 Tribulus L.

草本。双数羽状复叶。花黄色，单生叶腋；萼片和花瓣均 5；花盘杯状，10 裂；雄蕊 10，其中 5 个稍长，与花瓣对生，5 个短的在基部有腺体；子房由 4 ～ 5 心皮组成，每个心皮内具胚珠 1 或 2 ～ 5 枚。果由数个不开裂的分果瓣组成，有针刺；种子无胚乳。

内蒙古有 1 种。

1. 蒺藜

Tribulus terrestris L., Sp. Pl. 1:387. 1753; Fl. Intramongol. ed. 2, 3:428. t.163. f.7-8. 1989.

一年生草本。全株被绢状柔毛。茎由基部分枝，平铺地面，深绿色到淡褐色，长可达 1m 左右。双数羽状复叶，长 1.5 ～ 5cm；小叶 5 ～ 7 对，对生，矩圆形，长 6 ～ 15mm，宽 2 ～ 5mm，顶端锐尖或钝，基部稍偏斜，近圆形，上面深绿色，较平滑，下面色略淡，被毛较密。萼片卵状披针形，宿存；花瓣倒卵形，长约 7mm；雄蕊 10；子房卵形，有浅槽，凸起面密被长毛，花柱单一，短而膨大，柱头 5，下延。果由 5 个分果瓣组成，每果瓣具长短棘刺各 1 对，背面有短硬毛及瘤状突起。花果期 5 ～ 9 月。

中生杂草。生于荒地、山坡、路旁、田间、居民点附近，在荒漠区亦见于石质残丘坡地、白刺堆间沙地及干河床边。产内蒙古各地。我国及世界温带各地均有分布。为泛温带分布种。

青鲜时可做饲料。果实入药(药材名：蒺藜)，能平肝明目、散风行血，主治头痛、皮肤瘙痒、目赤肿痛、乳汁不通等。果实也做蒙药用（蒙药名：伊曼－章古），能补肾助阳、利尿消肿，主治阳痿肾寒、淋病、小便不利。

4. 驼蹄瓣属 Zygophyllum L.

草本。叶对生，双数羽状复叶，肉质；托叶 2，草质或膜质。花 1 ～ 2 朵腋生；萼片 5；花瓣 5，白色、黄色或橙黄色，有时具橙黄色或橙红色的爪；雄蕊 10，一般在花丝基部具鳞片状附属物；子房 3 ～ 5 室，柱头不分裂。蒴果，通常具 3 ～ 5 棱或翅，每室含 1 至多数种子；种子具胚乳。

内蒙古有 9 种。

分种检索表

1a. 浆果状蒴果，椭圆形，无翅；小叶 1 对，歪倒卵形……………………………**1. 戈壁驼蹄瓣 Z. gobicum**

1b. 蒴果有翅或无翅。

  2a. 蒴果无翅或具棱，条状圆柱形、矩圆形或圆柱形。

    3a. 小叶 1 对。

      4a. 嫩茎和叶柄被乳头状突起，粗糙；雄蕊短于花瓣………………**2. 甘肃驼蹄瓣 Z. kansuense**

      4b. 茎和叶柄光滑，雄蕊长于花瓣。

        5a. 低矮草本，高 15 ～ 20cm；小叶近圆形或矩圆形，先端钝；蒴果条状圆柱形，先端渐尖，常呈镰刀状弯曲……………………………………………………**3. 石生驼蹄瓣 Z. rosowii**

        5b. 较高草本，高 30 ～ 80cm；小叶倒卵形或矩圆状倒卵形，先端圆形；蒴果矩圆形或圆柱形，先端圆钝，不弯曲…………………………………………………**4. 驼蹄瓣 Z. fabago**

    3b. 小叶 1 ～ 3 对。

      6a. 平铺或仰卧；小叶 2 ～ 3 对，条形或条状矩圆形，先端具短渐尖；雄蕊长于花瓣……………………………………………………………………………………**5. 蝎虎驼蹄瓣 Z. mucronatum**

      6b. 直立或开展；小叶在茎上部常为 1 对，下部为 2 ～ 3 对，椭圆形或歪倒卵形，先端圆钝；雄蕊短于花瓣…………………………………………………………**6. 粗茎驼蹄瓣 Z. loczyi**

  2b. 蒴果具翅，球形、圆卵形、矩圆状卵形或长圆形。

    7a. 花瓣明显短于萼片；小叶 1 ～ 2 对；蒴果宽椭圆状球形或球形，翅宽 5mm 以上……………………………………………………………………………………**7. 大花驼蹄瓣 Z. potaninii**

    7b. 花瓣长于萼片；小叶 2 ～ 3 对；蒴果矩圆状卵形、圆卵形或长圆形，翅宽 3mm 以下。

      8a. 花瓣稍长于萼片，雄蕊稍短于花瓣，叶条形、条状矩圆形或披针形……………………………………………………………………………………**8. 翼果驼蹄瓣 Z. pterocarpum**

      8b. 花瓣长于萼片 3 倍，雄蕊长于花瓣 2 倍，叶卵形或圆形……………**9. 伊犁驼蹄瓣 Z. iliense**

1. 戈壁驼蹄瓣（戈壁霸王）

Zygophyllum gobicum Maxim. in Enum. Pl. Mongol. 298. 1889; Fl. Intramongol. ed. 2, 3:427. 1989.

多年生草本。有时全株带橘红色，有时呈灰绿色，由基部多分枝。枝长 10 ～ 20cm，平卧。托叶常离生，卵形；叶柄短于小叶，长 2 ～ 7mm；小叶 1 对，歪倒卵形，长 5 ～ 20mm，宽 3 ～ 8mm，由茎基部向枝端渐小。花梗长 2 ～ 3mm，2 花并生于叶腋；

萼片绿色或橘红色，椭圆形或矩圆形，长 4 ～ 6mm；花瓣淡绿色或砖红色，椭圆形，与萼片近等长；雄蕊长于花瓣，长 6 ～ 8mm。蒴果下垂，椭圆形，长 8 ～ 14mm，宽 6 ～ 7mm，两端钝，浆果状，不开裂。花期 6 月，果期 8 月。

强旱生肉质草本。生于荒漠带的砾石质戈壁。产额济纳。分布于我国甘肃（河西走廊）、新疆东部，蒙古国西南部（外阿尔泰戈壁）、哈萨克斯坦。为西戈壁分布种。

2. 甘肃驼蹄瓣（甘肃霸王）

Zygophyllum kansuense Y. X. Liou in Act. Phytotax. Sin. 18(4):484. f.1. 1980; Fl. China 11:46. 2008.

多年生草本。根木质。茎高 7 ～ 15cm，由基部分枝，嫩枝具乳头状突起和钝短刺毛。托叶离生，圆形或披针形，边缘膜质；叶柄长 2 ～ 4mm，嫩时有乳头状突起和钝短刺毛，具翼，先端有丝状尖头；小叶 1 对，倒卵形或矩圆形，长 6 ～ 15mm，宽 3 ～ 5mm，先端钝圆。花 1 ～ 2 朵生于叶腋；花梗长 1 ～ 3mm，具乳头状突起，后期脱落；萼片绿色，边缘白色，倒卵状椭圆形，长约 5mm；花瓣与萼片近等长，白色，稍带橘红色；雄蕊短于花瓣，鳞片在中下部。蒴果披针形，先端渐尖，稍具棱，长 1.5 ～ 2cm，粗约 5mm。花期 5 ～ 7 月，果期 6 ～ 8 月。

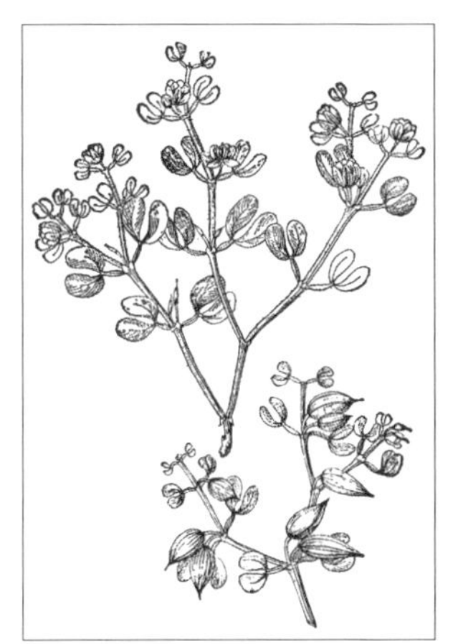

强旱生肉质草本。生于荒漠带的沙质荒漠。产西阿拉善（阿拉善右旗南部）。分布于我国甘肃（河西走廊）。为南阿拉善分布种。

3. 石生驼蹄瓣（石生霸王、若氏霸王）

Zygophyllum rosowii Bunge in Linnaea 17:5. 1845; Fl. Intramongol. ed. 2, 3:423. t.161. f.1. 1989.

多年生草本，高 15 ～ 20cm。茎多分枝，通常开展，具沟棱，无毛。小叶 1 对，近圆形或矩圆形，偏斜，顶端圆，长 1.5 ～ 2.5cm，宽 0.7 ～ 1.2cm，先端钝，蓝绿色；叶柄长 2 ～ 7mm，顶端有时具白花膜质的披针形凸起；托叶离生，卵形，长 2 ～ 3mm，白色膜片状，顶端有细锯齿。花通常 1 ～ 2 朵腋生，直立；萼片 5，椭圆形，边缘膜质，长 5 ～ 7mm，宽 3 ～ 5mm；花瓣 5，与

萼片近等长，倒卵形，上部圆钝带白色，下部橙黄色，基部楔形；雄蕊 10 个，长于花瓣，橙黄色，鳞片矩圆状长椭圆形，上部有锯齿或全缘，长度可超过花丝的一半。蒴果弯垂，具 5 棱，圆柱形，基部钝，上端渐尖，常弯曲如镰刀状，长 1 ～ 2.5cm，宽约 4mm。花期 5 ～ 7 月，果期 6 ～ 8 月。

强旱生肉质草本。生于荒漠带和草原化荒漠带的砾石质山坡、峭壁、碎石质地及沙质地上。产乌兰察布（苏尼特右旗）、东阿拉善（乌拉特后旗、狼山、阿拉善左旗）、西阿拉善（阿拉善右旗）、贺兰山、龙首山、额济纳。分布于我国甘肃（河西走廊）、新疆，蒙古国西部和南部，中亚。为戈壁分布种。

为中等饲用植物。从春季到秋季马和牛不喜欢吃，其他牲畜乐意吃。

4. 驼蹄瓣（豆型霸王）

Zygophyllum fabago L., Sp. Pl. 1:385. 1753; Fl. Intramongol. ed. 2, 3:423. t.162. f.1. 1989.

多年生草本，高 30 ～ 80cm。茎基部有时木质，枝条开展或铺散。小叶 1 对，倒卵形，有时为矩圆状倒卵形，长 1.5 ～ 3.3cm，宽 0.6 ～ 2.0cm，先端圆形；叶柄显著短于小叶；上部的

托叶离生，下部的托叶自相结合，卵形或椭圆形，草质。花常2朵腋生；萼片绿色，卵形或椭圆形，长6～8mm，宽3～4mm，先端钝，边缘为白色膜质；花瓣倒卵形，长6～8mm，下部橘红色；雄蕊长于花瓣，长1.1～1.2cm，鳞片矩圆形。蒴果矩圆形或圆柱形，长2～3cm，宽3～5mm，先端有约5mm长的白色宿存花柱。花期5～6月，果期8～9月。

强旱生肉质草本。生于荒漠带的冲积平原、绿洲、河谷、沙地、荒地。产西阿拉善(阿拉善右旗)、龙首山。分布于我国甘肃（河西走廊）、青海（柴达木盆地）、新疆，巴基斯坦、阿富汗、伊朗、伊拉克、叙利亚，中亚、西南亚、南欧、北非。为古地中海分布种。

5. 蝎虎驼蹄瓣（蝎虎霸王、蝎虎草、草霸王）

Zygophyllum mucronatum Maxim. in Melanges Boil. Bull. Phys-Math. Acad. Imp. Sci. St.-Petersb. 11:175. 1881; Fl. Intramongol. ed. 2, 3:423. t.160. f.4. 1989.

多年生草本，高10～30cm。茎由基部多分枝，开展，具沟棱，有稀疏粗糙的小刺。小叶2～3

对，条形或条状矩圆形，顶端具刺尖，基部钝，有粗糙的小刺，长0.5～1.5cm，宽约2mm，绿色；叶轴有翼，扁平，有时与小叶等宽。花1～2朵腋生，直立；萼片5，矩圆形或窄倒卵形，绿色，边缘膜质，长5～8mm，宽3～4mm；花瓣5，倒卵形，上部带白色，下部黄色，基部渐狭成爪，长6～8mm，宽约3mm；雄蕊长于花瓣，花药矩圆形，黄色，花丝绿色，鳞片白膜质，倒卵形至圆形，长可达花丝长度的一半。蒴果弯垂，具5棱，圆柱形，基部钝，顶端渐尖，上部常弯。花果期5～8月。

强旱生肉质草本。生于荒漠带和草原化荒漠带的干河床、砾石质坡地及沙质地上。产东阿拉善（乌拉特后旗、狼山、磴口县、杭锦旗、鄂托克旗西部、乌海市、阿拉善左旗）、西阿拉善（阿拉善右旗）、贺兰山。分布于我国宁夏北部、甘肃（河西走廊）、青海东部、新疆（东天山），蒙古国西南部（外阿尔泰戈壁）。为戈壁分布种。

6. 粗茎驼蹄瓣（粗茎霸王）

Zygophyllum loczyi Kanitz in Novenyt. Gyujtesek Eredm. Grof. Szechenyi Bela Keletazsiai Utjabol, 13. t.1. f.7-9. 1891; Fl. Intramongol. ed. 2, 3:426. t.162. f. 2. 1989.

一、二年生草本，高 5 ～ 25cm。茎由基部多分枝，开展或直立。茎上部小叶常为 1 对，下部为 2 ～ 3 对，小叶椭圆形或歪倒卵形，长 0.6 ～ 2.6cm，宽 0.4 ～ 1.5cm，先端圆钝；叶柄常

短于小叶，具翼；托叶离生，三角状，茎基部的托叶有时结合为半圆形，膜质或草质。花常 2 朵或 1 朵生于叶腋；萼片椭圆形，长 3 ～ 4mm，绿色，有白色膜质边缘；花瓣橘红色，边缘白色，短于萼片或近等长；雄蕊短于花瓣。蒴果圆柱形，长 1.6 ～ 2.7cm，宽 5 ～ 6mm，先端锐尖或钝，果皮膜质。花期 5 ～ 7 月，果期 6 ～ 7 月。

强旱生肉质草本。生于荒漠带的低山、砾质戈壁、盐化沙质地上。产东阿拉善（乌拉特后旗、阿拉善左旗）、西阿拉善（阿拉善右旗）、额济纳。分布于我国甘肃（河西走廊）、青海（柴达木盆地）、新疆。为戈壁分布种。

7. 大花驼蹄瓣（大花霸王）

Zygophyllum potaninii Maxim. in Melanges Boil. Bull. Phys-Math. Acad. Imp. Sci. St.-Petersb. 11:174. 1881; Fl. Intramongol. ed. 2, 3:426. t.160. f.3. 1989.

多年生草本，高 10 ～ 25cm。茎直立，由基部分枝，开展，无毛。小叶 1 ～ 2 对，斜倒卵形或圆形，长 1 ～ 2.5cm，宽 0.7 ～ 2cm，绿色，有橙黄色边缘；叶柄有狭翼；托叶合生，卵形，长约 3mm，宽约 5mm，草质，边缘膜质，有细锯齿。花 2 ～ 3 朵生于叶腋，下垂；萼片倒卵形，带黄色，花瓣状，长 4 ～ 7mm，宽 4 ～ 5mm；花瓣匙状倒卵形，上部白色，下部橙黄色，顶端常具短渐尖，边缘浅波状，比萼片短；雄蕊长于花瓣，鳞片条状矩圆形，上部边缘具流苏状锯齿。蒴果弯垂，宽椭圆状球形或几乎球形，长 1.5 ～ 2.5cm，宽 1.5 ～ 1.8cm，具 5 宽翅，翅宽约 6mm。花期 5 ～ 6 月，果期 6 ～ 8 月。

强旱生肉质草本。生于荒漠带的砾石质戈壁、石质残丘、碎石坡地。产东阿拉善（乌拉特后旗、

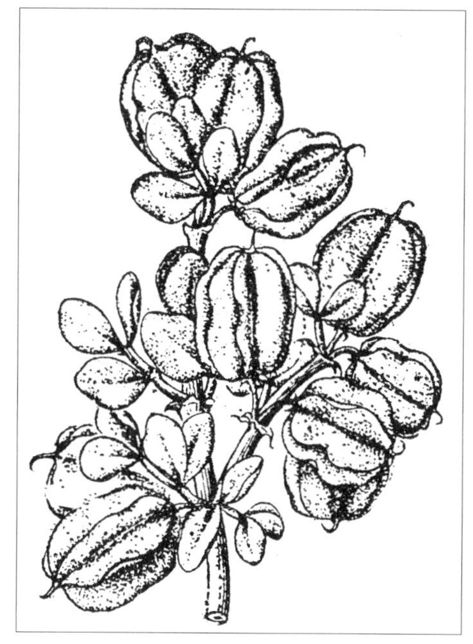

阿拉善左旗）、西阿拉善（阿拉善右旗）、额济纳。分布于我国甘肃（河西走廊）、新疆（准噶尔盆地），蒙古国南部和西南部、哈萨克斯坦。为戈壁分布种。

8. 翼果驼蹄瓣（翼果霸王）

Zygophyllum pterocarpum Bunge in Fl. Alt. 2:103. 1830; Fl. Intramongol. ed. 2, 3:427. t.161. f.2. 1989.

多年生草本，高 10 ～ 20cm。茎多数，疏展，具沟棱，无毛。小叶 2 ～ 3 对，条状矩圆形或披针形，长 0.5 ～ 1.5cm，宽 1.5 ～ 3mm，顶端稍尖或圆，灰绿色；叶柄长 4 ～ 6mm，扁平，边缘具翼；托叶长 1 ～ 2mm，绿色，边缘白膜质，卵形或披针形。花 1 ～ 2 朵腋生，直立，花梗长 5 ～ 7mm，果期伸长；萼片 5，椭圆形，长 5 ～ 7mm，宽 3 ～ 4mm；花瓣 5，矩圆状倒卵形，稍长于萼片，上部圆钝带白色，下部橙黄色，基部狭窄成长爪；雄蕊 10，短于花瓣，橙黄色，

鳞片矩圆状披针形，长约为花丝长的1/3，上半部深裂呈流苏状。蒴果弯垂，矩圆状卵形或卵形，两端圆，多渐尖，长10～20mm，宽6～10mm，具5翅，翅宽2～3mm，膜质。花期6～7月，果期7～9月。

强旱生肉质草本。生于荒漠带和草原化荒漠带的石质残丘坡地、砾石质戈壁、干河床。产东阿拉善（乌拉特后旗、阿拉善左旗）、西阿拉善（阿拉善右旗）。分布于我国甘肃（河西走廊）、新疆（准噶尔盆地），蒙古国西部和南部、俄罗斯（西伯利亚地区）、哈萨克斯坦。为戈壁分布种。

为中等饲用植物，在青鲜时羊与骆驼乐意吃。

9. 伊犁驼蹄瓣

Zygophyllum iliense Popov in Bjull. Srede-Aziatsk. Gosud Univ. 12:112. 1926; Fl. China 11:49. 2008.

多年生草本。根多头，粗壮，木质。茎多数，高5～20cm，草质，无毛。托叶三角状披针形，膜质，白色，边缘有毛；叶柄短，长4～6mm；上部小叶1对，下部2～3对，卵形或圆形，长10～12mm，宽5～7mm。花梗长5～7mm；萼片长5～6mm，先端钝；花瓣倒卵形或矩圆形，为萼片长的3倍，爪橘红色；雄蕊长约为花瓣的2倍。蒴果长圆形，长2.5～3cm，宽7～10mm，两端钝，具窄翅，花柱宿存；种子卵形或肾形，长约3mm。花期5月，果期7～8月。

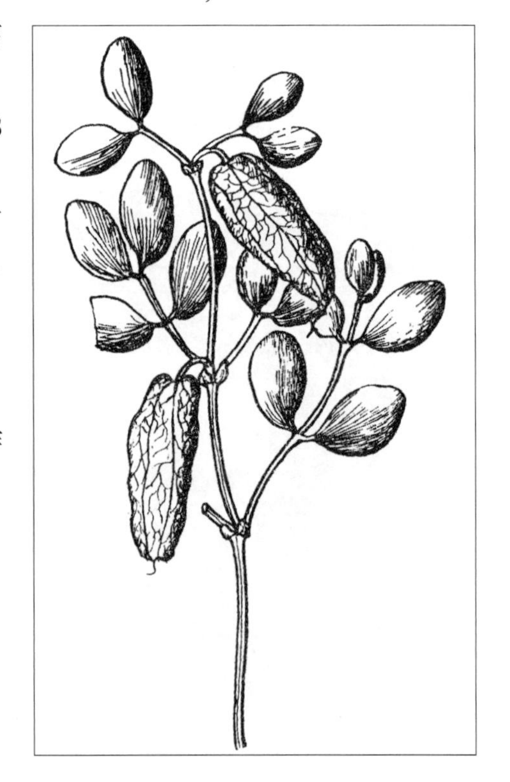

强旱生肉质草本。生于荒漠带的干山坡。产额济纳。分布于我国甘肃（河西走廊）、新疆北部和东部，哈萨克斯坦。为西戈壁分布种。

60. 芸香科 Rutaceae

乔木、灌木或草本，常含芳香挥发油。叶互生或对生，单叶或复叶，常具透明腺点，无托叶。花两性，少单性，辐射对称，排成聚伞花序等各式花序；萼片（3～）4～5，常合生；花瓣（3～）4～5，分离；雄蕊3～5或6～10，少15或多数，着生于花盘的基部；雌蕊由2～5个合生或分离的心皮组成，2～5室，每室1具至多数胚珠。果为蒴果、浆果、核果、翅果或柑果。

内蒙古有3属、4种。

分属检索表

1a. 乔木，叶对生，浆果状核果……………………………………………………**1. 黄檗属 Phellodendron**

1b. 多年生草本，叶互生，蒴果。

2a. 单叶，花较小，辐射对称，黄色……………………………………………**2. 拟芸香属 Haplophyllum**

2b. 羽状复叶；花较大，略呈左右对称，白色、淡红色或紫红色…………………**3. 白鲜属 Dictamnus**

1. 黄檗属 **Phellodendron** Rupr.

落叶乔木。叶对生，单数羽状复叶，小叶5～13，对生。花小，黄绿色；单性，雌雄异株，顶生圆锥花序或伞房花序；花瓣5～8，较萼片长数倍；雄花有雄蕊5～6，退化雌蕊1；雌花有5～6个小型的退化雄蕊与1个5室的子房。果为浆果状核果，黑色，含种子4～5粒。

内蒙古有1种。

1. 黄檗（黄菠萝树、黄柏）

Phellodendron amurense Rupr. in Bull. Cl. Phys.-Math. Acad. Imp. Sci. St.-Petersb. 15:353. 1857; Fl. Intramongol. ed. 2, 3:430. t.164. f.1-4. 1989.

落叶乔木，高10～15m，直径可达50cm，枝开展。树皮2层，外层厚，浅灰色，为发达的木栓层，有深裂沟，内层鲜黄色。幼枝棕色，无毛。小叶卵状披针形至卵形，长5～12cm，宽2.5～3.5cm，先端长渐尖，基部近圆形或不等的宽楔形，边缘细圆锯齿，常被缘毛，上面暗绿色，幼时沿叶脉被柔毛，老时光滑无毛，下面苍白色，仅中脉基部被白色长柔毛，小叶柄极短。花5基数，排成顶生聚伞圆锥花序；雄花的雄蕊5，较花瓣长约1倍，花丝线形，基部被毛；雌花里的退化雄蕊为鳞片状，子房上位，近卵形，5室，有短柄，花柱短，柱头头状，5裂，呈五角星状。果球形，成熟时紫黑色，有特殊香气。花期6～7月，果期8～9月。

中生乔木。生于落叶阔叶林带的杂木林中。产岭东（鄂伦春自治旗、扎兰屯市、扎赉特旗）、

兴安南部（巴林左旗）、辽河平原（大青沟）、燕山北部（宁城县黑里河林场）。分布于我国黑龙江东部和东南部、吉林东部、辽宁、河北、河南西部和北部、山东西部、陕西、安徽南部、台湾，日本、朝鲜、俄罗斯（远东地区）。为东亚分布种。是国家三级重点保护植物。

树皮入药（药材名：黄柏），能清热解毒、泻火燥湿，主治痢疾、肠炎、黄疸、痿痹、淋浊、赤白带下；外用治烧烫伤、口疮、黄水疮。也入蒙药（蒙药名：希拉毛都），功能与主治同上。

2. 拟芸香属 Haplophyllum Juss.

多年生草本或矮小灌木。叶为单叶或3裂。伞房状聚伞花序或单花顶生；花黄色而两性；萼细小，5；花瓣5；雄蕊8～10，着生于子房基部，花丝中部以下通常增宽，扁平，边缘被睫毛，离生或基部稍连合，花药椭圆形，药隔先端通常有1透明的腺点；子房2～5室，每室具胚珠2至多数，花柱细长，柱头头状。蒴果；种子肾形或马蹄形，具油质的胚乳。

内蒙古有2种。

分种检索表

1a. 伞房状聚伞花序多花，植丛基部无宿存的针刺状老枝，心皮3，少2～4………**1. 北芸香 H. dauricum**

1b. 单花顶生，植丛基部具多数宿存的针刺状老枝，心皮5，少4…………**2. 针枝芸香 H. tragacanthoides**

1. 北芸香（假芸香、单叶芸香、草芸香）

Haplophyllum dauricum (L.) G. Don in Gen. Hist. 1:781. 1831; Fl. Reip. Pop. Sin. 43(2):85. 1997; Fl. Intramongol. ed. 2, 3:432. t.165. f.1-7. 1989.

多年生草本，高6～25cm。全株有特殊香气。根棕褐色。茎基部埋于土中的部分略粗大，木质，淡黄色，无毛，茎丛生，直立，上部较细，绿色，具不明显细毛。单叶互生，全缘，无柄，条状披针形至狭矩圆形，长0.5～1.5cm，宽1～2mm，灰绿色；茎下部叶较小，倒卵形，叶两面具腺点，中脉不显。花聚生于茎顶，黄色，直径约1cm，花的各部分具腺点；萼片5，绿色，近圆形或宽卵形，长约1mm；花瓣5，黄色，椭圆形，边缘薄膜质，长约7mm，宽1.5～4mm；雄蕊10，离生，花丝下半部增宽，边缘密被白色长睫毛，花药长椭圆形，药隔先端的腺点黄色；子房3室，少为2～4室，黄棕色，基部着生在圆形花盘上，花柱长约3mm，柱头稍膨大。蒴果，成熟时黄绿色，3瓣裂，每室含种子2粒；种子肾形，黄褐色，表面有皱纹。花期6～7月，果期8～9月。

旱生草本。生于草原和森林草原地区，亦见于荒漠草原带的山地，为草原群落的伴生种。产岭西及呼伦贝尔（额尔古纳市、鄂温克族自治旗、陈巴尔虎旗、新巴尔虎左旗、新巴尔虎右旗、满洲里市、海拉尔区）、兴安南部及科尔沁（科尔沁右翼

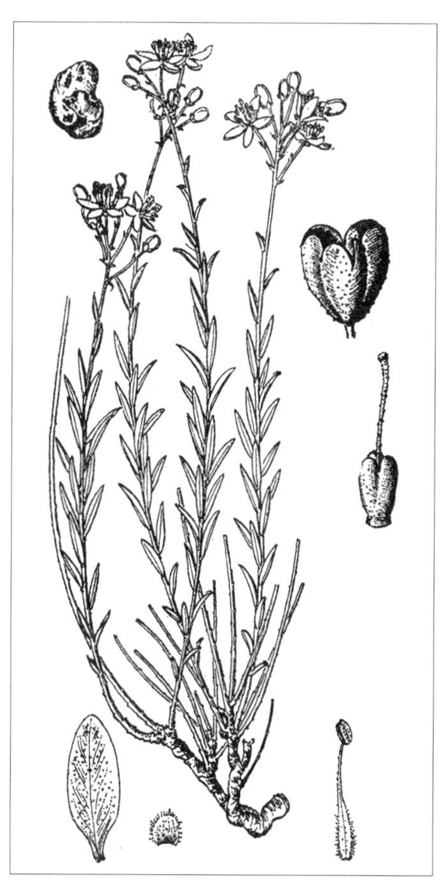

前旗、乌兰浩特市、扎赉特旗、扎鲁特旗、阿鲁科尔沁旗、巴林右旗、克什克腾旗）、赤峰丘陵（松山区、翁牛特旗）、锡林郭勒（东乌珠穆沁旗、西乌珠穆沁旗、锡林浩特市、阿巴嘎旗、正蓝旗、镶黄旗、多伦县、苏尼特左旗、苏尼特右旗）、乌兰察布（武川县、白云鄂博矿区、固阳县、达尔罕茂明安联合旗、乌拉特前旗、乌拉特中旗）、阴山（大青山）、鄂尔多斯（东胜区、鄂托克旗）、东阿拉善（乌拉特后旗狼山）、西阿拉善（雅布赖山）。分布于我国黑龙江西南部、吉林西部、河北北部、宁夏北部和中部、陕西北部、新疆，蒙古国东部和东南部及北部和西部、俄罗斯（西伯利亚地区）、哈萨克斯坦。为哈萨克斯坦—蒙古分布种。

为良等饲用植物。在西部地区，青鲜时为各种家畜所乐食，秋季为羊和骆驼所喜食，有抓膘作用。

2. 针枝芸香

Haplophyllum tragacanthoides Diels in Notizbl. Bot. Gard. Berlin-Dahlem 9:1028. 1926; Fl. Intramongol. ed. 2, 3:434. t.165. f.8. 1989.

小半灌木，高 2 ～ 8cm。茎基的地下部分粗大，分枝，木质，黑褐色；地上部分粗短，丛生多数宿存的针刺状的不分枝的老枝，老枝淡褐色或淡棕黄色；当年生枝淡灰绿色，密被短柔毛，

直立，不分枝。叶矩圆状披针形、狭椭圆状或矩圆状倒披针形，长3～6mm，宽1～2mm，先端锐尖或钝，基部渐狭，边缘具细钝锯齿，两面灰绿色，厚纸质，具腺点，无柄。花单生于枝顶；花萼5深裂，裂片卵形至宽卵形，长约1mm，边缘被短睫毛；花瓣狭矩圆形，长7～9mm，宽3～4mm，具腺点；雄蕊长约6mm；子房扁球形，4～5室。成熟蒴果顶部开裂，直径约4mm；种子肾形，表面有皱纹，长约2mm。花期6月，果期7～8月。

旱生小半灌木。生于草原化荒漠带的石质山坡。产东阿拉善（狼山、桌子山）、贺兰山。分布于我国宁夏（贺兰山）、甘肃。为东阿拉善山地分布种。

3. 白鲜属 Dictamnus L.

多年生草本，基部稍木质化，有强烈的气味。单数羽状复叶，互生，有油点。总状花序顶生；花大而美丽，略呈左右对称，白色、淡红色或紫红色；花萼5深裂；花瓣5，下面1片下倾，其余4片向上斜伸；雄蕊10，离生，着生于杯形花盘四周；子房5室，5深裂，每室具胚珠2～4枚。蒴果有短柄，坚硬；种子近球形，黑色，无毛，有光泽。

内蒙古有1种。

1. 白鲜（八股牛、好汉拔、山牡丹）

Dictamnus dasycarpus Turcz. in Bull. Soc. Imp. Nat. Mosc. 15:637. 1842; Fl. Reip. Pop. Sin. 43(2):93. 1997; Fl. China 11:75. 2008.——*D. albus* L. subsp. *dasycarpus* (Turcz.) L. Winter in Not. Syst. Herb. Hort. Bot. Reip. Ross. 5(10):159. 1924; Fl. Intramongol. ed. 2, 3:434. t.166. f.1-5. 1989.

多年生草本，高约100cm。根肉质粗长，淡黄白色。茎直立，基部木质。叶常密集于茎的中部；小叶9～13，卵状披针形或矩圆状披针形，长3.5～9cm，宽1～3cm，先端渐尖，基部宽楔形，稍偏斜，无柄，边缘有锯齿，上面

密布油点，沿脉被柔毛，尤以下面较多，老时脱落，叶轴两侧有狭翼。总状花序顶生，长约20cm；花大，淡红色或淡紫色，稀白色；萼片狭披针形，宿存，长6～8mm，宽约2mm，其背面有多数红色腺点；花瓣倒披针形，长2～2.5cm，宽5～8mm，有红紫色脉纹，顶端有1红色腺点，基部狭长呈爪状，背面沿中脉两侧和边缘有腺点和柔毛；花丝细长伸出花瓣外，花丝上部密被黑紫色腺点，花药黄色，矩圆形；子房上位，倒卵圆形，宽约3mm，5深裂，密被柔毛及腺点，子房柄密生长毛，花柱细长，长约10mm，表面密被短柔毛，柱头头状。蓇果成熟时5裂，裂瓣长约1cm，背面密被棕色腺点及白色柔毛，尖端具针刺状的喙，喙长约5mm；种子近球形，黑色，有光泽。花期7月，果期8～9月。

中生草本。生于森林带和森林草原带的山地林缘、疏林灌丛、草甸。产兴安北部及岭东（额尔古纳市、牙克石市、鄂伦春自治旗、扎兰屯市）、岭西及呼伦贝尔（鄂温克族自治旗、海拉尔区、新巴尔虎右旗）、兴安南部（科尔沁右翼前旗、扎赉特旗、阿鲁科尔沁旗、巴林左旗、巴林右旗、克什克腾旗、西乌珠穆沁旗）、辽河平原（大青沟）、赤峰丘陵（翁牛特旗）、燕山北部（喀喇沁旗、宁城县、敖汉旗）。分布于我国黑龙江中北部、吉林东部、辽宁、河北北部、河南西部、山东东北部、山西、陕西南部、宁夏、甘肃东南部、青海东部、四川北部、安徽中部和东北部、江苏北部、江西、湖北中部和北部，朝鲜、蒙古国东部（大兴安岭、哈拉哈河）、俄罗斯（远东地区）。为东亚分布种。

根皮入药（药材名：白鲜皮），能祛风燥湿、清热解毒、杀虫止痒，主治风湿性关节炎、急性黄疸肝炎、皮肤瘙痒、荨麻疹、疥癣、黄水疮；外用治淋巴结炎、外伤出血。

61. 苦木科 Simaroubaceae

乔木或灌木，树皮带苦味。叶互生，羽状复叶，稀单叶，无透明腺点。花两性或杂性，辐射对称，小型，排成圆锥花序或穗状花序；萼片 3 ～ 5，多少连合，呈镊合状或覆瓦状排列；花瓣 3 ～ 5，稀缺，具花盘；雄蕊常为花瓣的 2 倍，稀与花瓣同数；子房上位，通常绕以花盘，2 ～ 5 室，每室具胚珠 1 枚或心皮 2 ～ 5，基部分离，仅花柱和柱头合生或完全合生，中轴胎座。果实为核果状，少为浆果或翅果；种子有薄胚乳或无胚乳。

内蒙古有 1 属、1 种。

1. 臭椿属 **Ailanthus** Desf.

落叶乔木，无顶芽。单数羽状复叶，互生；小叶 13 ～ 41，基部两侧各有 1 ～ 4 粗齿，粗齿背面顶端有腺体。花小，绿色，单性或杂性，雄雌同株或异株；排成大型顶生圆锥花序；萼片、花瓣通常各为 5 数；雄蕊 10，着生于 10 裂花盘的基部；心皮 5 ～ 6，开花时多少结合或基部分离。果由 1 ～ 6 个分离的长椭圆形小翅果组成；种子 1 粒，扁平，位于翅果中央。

内蒙古有 1 种。

1. 臭椿（樗）

Ailanthus altissima (Mill.) Swingle in J. Wash. Acad. Sci. 6:495. 1916; Fl. Intramongol. ed. 2, 3:436. t.167. f.1-3. 1989.——*Toxicodendron altissimum* Mill. in Gard. Dict. ed.8, Toxicodendron no.10. 1768.

乔木，高达 30m，胸径可达 1m。树皮平滑，具灰色条纹。小枝赤褐色，粗壮。单数羽状复

叶，具小叶 13 ～ 25（～ 41），有短柄；小叶卵状披针形或披针形，长 7 ～ 12cm，宽 2 ～ 4.5cm，先端长渐尖，基部截形或圆形，常不对称，叶缘波纹状，近基部有 2 ～ 4 先端具腺体的粗齿，常挥发恶臭味，上面绿色，下面淡绿色，具白粉或柔毛。花小，白色带绿，杂性同株或异株；花序直立，长 10 ～ 25cm。翅果扁平，长椭圆形，长 3 ～ 5cm，宽 0.8 ～ 1.2cm，初黄绿色，有时稍带红色，熟时褐黄色或红褐色。花期 6 ～ 7 月，果熟期 9 ～ 10 月。

中生乔木。生于黄土丘陵坡地、村舍附近。产燕山北部（宁城县、敖汉旗）、阴山（大青山南麓）、阴南丘陵（准格尔旗）、鄂尔多斯（东胜区、乌审旗）。我国南北（除黑龙江、吉林、青海、海南外）均有分布，日本、朝鲜。为东亚分布种。辽河平原（大青沟）、呼和浩特市、包头市等地，我国和世界其他各地均有栽培。

臭椿喜深厚土壤，生长快，能抗旱、抗碱、抗烟尘和抗病虫害，是工厂及多烟尘地区的优良绿化树种，也是黄土高原及石灰岩山地水土保持方面的主要造林树种。木材可制作家具及建筑用，还可造纸。叶可饲养椿蚕。根皮及果实入药。根皮（药材名：椿皮）能清热燥湿、涩肠止血，主治泄泻、久痢、肠风下血、遗精、白浊、崩漏带下。果实（药材名：凤眼草）能清热利尿、止痛、止血，主治胃病、便血、尿血；外用治阴道滴虫。鄂尔多斯市蒙医以树皮做珍珠杆用。

62. 远志科 Polygalaceae

草本、灌木或小乔木，有时蔓生。单叶互生，稀对生或轮生，全缘，一般无托叶。花两性，左右对称，有苞片，单生或呈总状、穗状、圆锥花序；萼片5，不等长，内面两片大，呈花瓣状；花瓣3～5，不等大，下方一片常为龙骨状，顶端有流苏状缨，上方2片若存在则狭小如鳞片；雄蕊4～8，花丝基部合生呈鞘状；子房上位，1～3室，每室具胚珠1枚。果为蒴果、坚果或核果；种子常有毛或有假种皮，有种阜及胚乳，胚直立。

内蒙古有1属、2种。

1. 远志属 Polygala L.

草本，稀半灌木。叶互生，稀轮生，无托叶。总状花序，腋生或顶生；萼片5，宿存；花瓣3，不等大，基部与雄蕊鞘相连，下方1片为龙骨状，顶端背部有流苏状缨，基部具爪；雄蕊8，花丝基部合生呈鞘状；子房2室。蒴果2室，室背开裂；种子2粒，有毛或有假种皮。

内蒙古有2种。

分种检索表

1a. 叶条形或条状披针形，宽0.5～2mm；蒴果无缘毛……………………………**1. 细叶远志 P. tenuifolia**

1b. 茎下部叶卵形，上部叶披针形或卵状披针形，宽3～6mm；蒴果具缘毛…………**2. 卵叶远志 P. sibirica**

1. 细叶远志（小草）

Polygala tenuifolia Willd. in Sp. Pl. 3(2):879. 1802; Fl. Intramongol. ed. 2, 3:438. t.168. f.1-5. 1989.

多年生草本，高8～30cm。根肥厚，圆柱形，直径2～8mm，长达10cm，外皮浅黄色或棕色。茎多数，较细，直立或斜升。叶近无柄，条形至条状披针形，长1～3cm，宽0.5～2mm，先端渐尖，基部渐窄，两面近无毛或稍被短曲柔毛。总状花序顶生或腋生，长2～10cm；基部有苞片3，披针形，易脱落；花淡蓝紫色；花梗长4～6mm；萼片5，外侧3片小，绿色，披针形，长约3mm，宽0.5～1mm，内侧两片大，呈花瓣状，倒卵形，长约6mm，宽2～3mm，背面近中脉有宽的绿条纹，具长约1mm的爪；花瓣3，紫色，两侧花瓣长倒卵形，长约3.5mm，宽约1.5mm，中央龙骨状花瓣长5～6mm，背部顶端具流苏状缨，其缨长约2mm；子房扁圆形或倒卵形，2室，花柱扁，长约3mm，上部明显弯曲，柱头2裂。蒴果扁圆形，先端微凹，边缘有狭翅，表面无毛；

种子 2 粒，椭圆形，长约 1.3mm，棕黑色，被白色茸毛。花期 7 ～ 8 月，果期 8 ～ 9 月。

广幅旱生草本。多生于石质草原、山坡、草地、灌丛。产全区各地（额济纳旗除外）。分布于我国黑龙江、吉林西部、辽宁、河北、河南、山东西部、山西、陕西南部、宁夏北部、甘肃东部、青海东部、四川西部、安徽南部、江苏西北部、江西、湖北、湖南北部，朝鲜、蒙古国东部和北部、俄罗斯。为东古北极分布种。

根入药（药材名：远志），能益智安神、开郁豁痰、消痈肿，主治惊悸健忘、失眠多梦、咳嗽多痰、支气管炎、痈疽疮肿。根皮入蒙药（蒙药名：吉如很-其其格），能排脓、化痰、润肺、锁脉、消肿、愈伤，主治肺脓肿、痰多咳嗽、胸伤。

2. 卵叶远志（西伯利亚远志、瓜子金）

Polygala sibirica L., Sp. Pl. 2:702. 1753; Fl. Intramongol. ed. 2, 3:439. t.168. f.6-7. 1989.

多年生草本，高 10 ～ 30cm。全株被短柔毛。根粗壮，圆柱形，直径 1 ～ 6mm。茎丛生，被短曲的柔毛，基部稍木质。叶无柄或有短柄。茎下部的叶小，卵形，上部的叶大，卵状披针形，长0.6 ～ 3cm，宽 3 ～ 6mm，先端有短尖头，基部楔形，两面被短曲柔毛。总状花序腋生或顶生，长 2 ～ 9cm；花淡蓝色，生于一侧；花梗长 3 ～ 6mm，基部有 3 个绿色的小苞片，易脱落；萼片 5，宿存，披针形，背部中脉凸起，绿色，被短柔毛，顶端紫红色，长约 3mm，宽约 1mm，内侧萼片 2，花瓣状，倒卵形，绿色，长 6 ～ 9mm，宽约 3mm，顶端有紫色的短凸尖，背面被短柔毛；花瓣 3，其中侧瓣 2，长倒卵形，长 5 ～ 6mm，宽约 3.5mm，

基部里面被短柔毛，龙骨状瓣比侧瓣长，具长约 4 ～ 5mm 的流苏状缨；子房扁倒卵形，2 室，花柱稍扁，细长。蒴果扁，倒心形，长约 5mm，宽约 6mm，顶端凹陷，周围具宽翅，边缘疏生短睫毛；种子 2 粒，长卵形，扁平，长约 2mm，宽约 1.7mm，黄棕色，密被长茸毛，种阜明显，淡黄色，膜质。花期 6 ～ 7 月，果期 8 ～ 9 月。

中旱生草本。生于山坡、草地、林缘、灌丛。产兴安北部及岭西和岭东（额尔古纳市、根河市、牙克石市、鄂伦春自治旗、扎兰屯市）、兴安南部及科尔沁（科尔沁右翼前旗、扎赉特旗、奈曼旗、阿鲁科尔沁旗、巴林右旗、翁牛特旗）、燕山北部（喀喇沁旗、宁城县、敖汉旗、兴和县苏木山）、锡林郭勒（锡林浩特市）、阴山（大青山、乌拉山）、阴南丘陵（准格尔旗）、贺兰山、龙首山。分布于我国黑龙江、吉林东部、辽宁西部、河北西部、河南西部、山东西部和东北部、山西、陕西南部、宁夏、甘肃东部、青海东部、四川西半部、西藏东部、云南西北部、贵州、安徽东南部、江西西部和北部、湖北西部、湖南北部，日本、朝鲜、蒙古国东部和北部、俄罗斯（西伯利亚地区）、不丹、尼泊尔、缅甸、印度东北部，克什米尔地区，西南亚、欧洲。为古北极分布种。

用途同细叶远志。

63. 大戟科 Euphorbiaceae

草本、灌木或乔木。体内无或有白色乳汁。单叶，稀为复叶，互生，少对生；具或不具托叶。花单性，雌雄同株或异株，组成杯状聚伞花序或穗状、总状及圆锥花序，亦有几花簇生或单生于叶腋者；萼片 3 ～ 5，镊合状或覆瓦状排列，有时缺；常无花瓣；雄花的雄蕊 1 至多数，花丝分离或合生；雌蕊常由 3 心皮合生，子房上位，多为 3 室，有时 1 至多室，每室具 1 ～ 2 枚胚珠，生于中轴胎座上，花柱分离或连合；花盘环状、杯状、腺状或无花盘。多为蒴果，3 瓣开裂，少为浆果或核果。

内蒙古有 4 属、15 种，另有 1 栽培属、2 栽培种。

分属检索表

1a. 植物体内无乳汁，花不组成杯状聚伞花序。

  2a. 木本，雌雄同株或异株，花单一或数朵簇生于叶腋……………………………**1. 白饭树属 Flueggea**

  2b. 草本或木本，雌雄同株，多花组成穗状花序、圆锥花序或总状花序。

    3a. 叶非掌状分裂，亦非盾状着生；花丝不分枝。

      4a. 具叶柄，叶缘锯齿整齐；穗状花序腋生；无花瓣…………………………**2. 铁苋菜属 Acalypha**

      4b. 无叶柄或近无柄，叶缘锯齿不整齐；总状花序顶生；有膜质花瓣…**3. 地构叶属 Speranskia**

    3b. 叶掌状 5 ～ 11 分裂，盾状着生；花丝常多分枝。栽培………………………**4. 蓖麻属 Ricinus**

1b. 植物体内有乳汁，花组成杯状聚伞花序……………………………………………**5. 大戟属 Euphorbia**

1. 白饭树属（一叶萩属）Flueggea Willd.

落叶灌木。单叶互生，全缘或具细齿；有托叶。花小，单性，常簇生叶腋，雌雄同株或异株；萼片 5；无花瓣；雄花无梗或具短梗，雄蕊 5（6），具退化子房，小型；腺体 5，与萼互生；雌花有明显的小梗，子房 3 室，每室具 2 枚胚珠，花柱短，柱头 3 裂。蒴果近球形，熟时 3 裂；种子无附属物，胚直立。

内蒙古有 1 种。

1. 一叶萩（叶底珠、叶下珠、狗杏条）

Flueggea suffruticosa (Pall.) Baill. in Etud. Euphorb. 502. 1858; High. Pl. China 8:30. f.44. 2001; Fl. China 11:178. 2008.——*Pharnaceum suffruticosa* Pall. in Reise Russ. Reich. 3(2):716. t.E. f.2. 1776.——*Securinega suffruticosa* (Pall.) Rehd. in J. Arnold. Arbor. 13:388. 1932; Fl. Intramongol. ed. 2, 3:441. t.169. f.1-5. 1989.

灌木，高 100 ～ 200cm。上部分枝细密。当年枝黄绿色；老枝灰褐色或紫褐色，光滑无毛。叶椭圆形或矩圆形，稀近圆形，长 1.5 ～ 3（～ 5）cm，宽 1 ～ 2cm，先端钝或短尖，基部楔型，边缘全缘或具细齿，两面光滑无毛；托叶小型，长约 1mm（萌生枝上的较大），脱落；叶柄长 3 ～ 5mm。花单性，雌

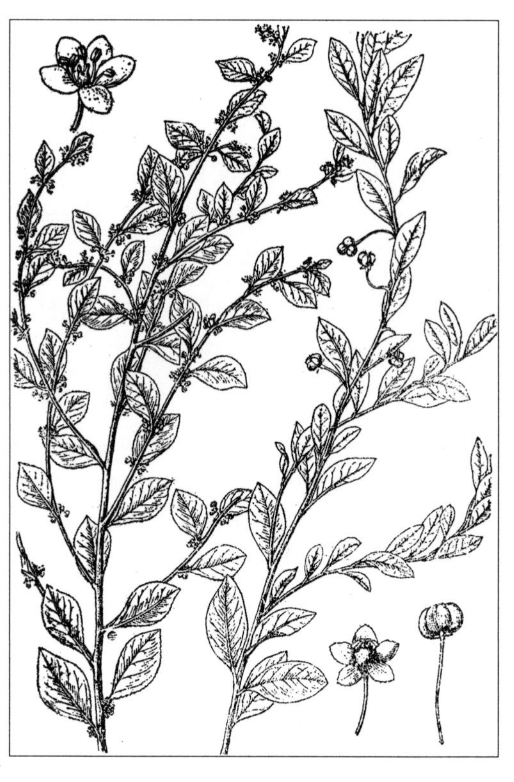

雄异株。雄花常由几花至10余花簇生叶腋，直径约1.5mm；萼片5，矩圆形，光滑无毛；雄蕊5，超出花萼或与萼近等长，退化子房长约1mm，先端2～3裂；腺体5；花梗长约23mm。雌花单一或数花簇生叶腋；子房圆球形，花柱很短，柱头3裂，向上逐渐扩大呈扁平的倒三角形，先端具凹缺。蒴果扁圆形，直径约5mm，淡黄褐色，表面有细网纹，具3条浅沟，果梗长0.5～1cm；种子紫褐色，长约2mm，稍具光泽。花期6～7月，果期8～9月。

中生灌木。多生于落叶阔叶林带及草原带的山地灌丛、石质山坡、沟谷。产兴安北部及岭东和岭西（额尔古纳市、鄂伦春自治旗、鄂温克族自治旗）、兴安南部及科尔沁（科尔沁右翼前旗、科尔沁右翼中旗、扎鲁特旗、奈曼旗、阿鲁科尔沁旗、巴林左旗、巴林右旗、林西县、克什克腾旗）、辽河平原（大青沟）、赤峰丘陵、燕山北部、锡林郭勒（西乌珠穆沁旗、锡林浩特市、太仆寺旗、丰镇县）、乌兰察布（乌拉特中旗）、阴山（大青山、乌拉山）、阴南丘陵（准格尔旗）、贺兰山。分布于我国各地（除新疆、甘肃、青海、西藏外），日本、朝鲜、蒙古国东部（大兴安岭）、俄罗斯（远东地区）。为东亚分布种。

叶及花入药，有毒，能祛风活血、补肾强筋，主治颜面神经麻痹、小儿麻痹后遗症、眩晕、耳聋、神经衰弱、嗜睡症及阳痿。

2. 铁苋菜属 Acalypha L.

草本、灌木或乔木。叶互生，有柄，边缘牙齿状或波状，稀全缘，具3～5脉或羽状脉。花小，单性，无花瓣，雌雄同株，稀为雌雄异株。雄花为腋生或顶生的穗状花序，或为圆锥花序，生于极小的苞片腋内；萼于蕾期愈合，花期4或3裂，裂片镊合状排列；雄蕊多数，通常8枚，生于隆起之花托上。雌花着生于雄花序之下，单生或为头状，或为分离之总状花序，通常衬托一叶状之大苞片；萼片3或4；子房3室，每室具1枚胚珠，花柱线形，通常长，分枝或细裂。蒴果开裂为3个2裂的分果瓣；种子近球形或卵形，胚乳肉质。

内蒙古有1种。

1. 铁苋菜

Acalypha australis L., Sp. Pl. 2:1004. 1753; Fl. China 11:252. 2008.

一年生草本，高 20 ～ 50cm。全株被短毛。茎直立，多分枝，具棱。叶卵状披针形、卵形或菱状卵形，长 2.5 ～ 7cm，宽 1 ～ 3cm，基部楔形，先端尖，边缘有钝齿，两面脉上伏生短毛；叶有柄，长 0.5 ～ 3cm。花序腋生，有梗，具刚毛。雄花多数，细小，在花序上部排成穗状，带紫红色；苞片极小，边缘具长睫毛；萼于蕾期愈合，花期 4 裂，膜质，裂片卵形，背面稍有毛；雄蕊 8。雌花位于花序基部，通常 3 花着生于一大型叶状苞腋内；苞三角状卵形，长约 1cm，绿色，稀带紫红色，边缘有锯齿，背面脉上伏生毛；萼 3 裂，裂片广卵形，边缘具长睫毛；子房球形，被毛，花柱 3，细分枝，带紫红色，通常在一苞内仅一果成熟。蒴果近球形，直径约 3mm，表面被粗毛，毛基部常为小瘤状，3 瓣裂，每瓣再 2 裂；种子卵形，长约 2mm，光滑，灰褐色至黑褐色。花期 8 ～ 9 月，果期 9 月。

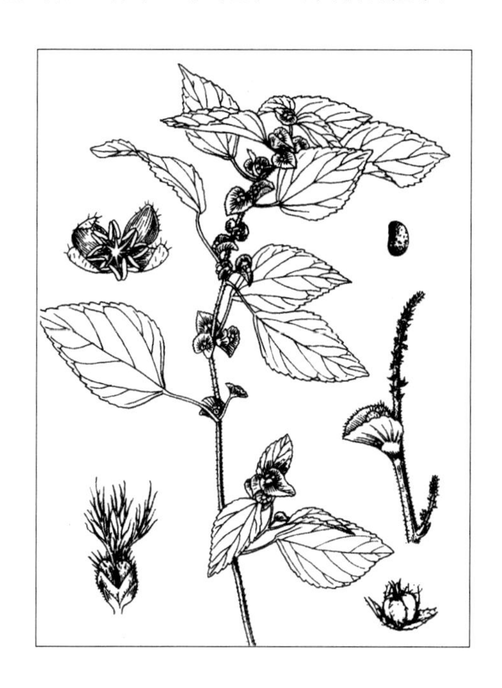

中生杂草。生于田间、路旁、山坡。产岭东（扎兰屯市）、呼伦贝尔（陈巴尔虎旗）、赤峰丘陵（红山区）、燕山北部（喀喇沁旗、宁城县、敖汉旗）、阴南丘陵（呼和浩特市）。分布于我国除新疆外的各地，日本、朝鲜、俄罗斯（远东地区）、越南、老挝、菲律宾。为东亚分布种。大洋洲和印度东部有逸生。

3. 地构叶属 Speranskia Baill.

多年生草本，茎直立。单叶互生，披针形，边缘有稀疏牙齿；无柄或近无柄。花单性，雌雄同株，组成顶生而细长的总状花序；雄花多生于上部，雌花多生于下部。雄花萼片 5，镊合状排列；花瓣 4 ～ 5，鳞片状，花瓣间腺体小型；雄蕊 10 ～ 15，花丝分离。雌花萼片 5；子房 3 室，每室具 1 枚胚珠，花柱 3，先端 2 裂。蒴果，3 瓣开裂；种子近球形，无种阜，胚乳肉质。

内蒙古有 1 种。

1. 地构叶（珍珠透骨草、海地透骨草、瘤果地构叶）

Speranskia tuberculata (Bunge) Baill. in Etud. Euphorb. 389. 1858; Fl. Intramongol. ed. 2, 3:442. t.170. f.1-5. 1989.——*Croton tuberculatus* Bunge in Enum. Pl. China Bor. 60. 1823.

多年生草本。根粗壮，木质。茎直立，多由基部分枝，高 20 ～ 50cm，密被短柔毛。叶互生，

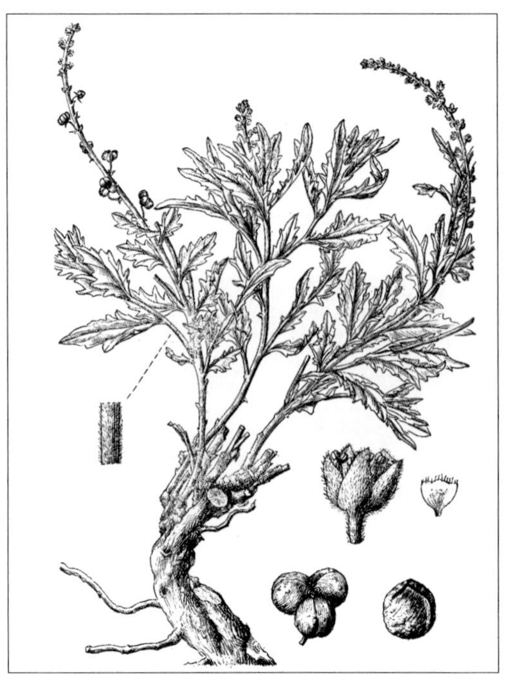

披针形或卵状披针形，长 1.5 ～ 4cm，宽 4 ～ 15mm，先端渐尖或稍钝，基部钝圆，边缘疏生不整齐的牙齿，上面幼时被柔毛，后脱落，下面被较密短柔毛；叶无柄或近无柄。花单性，雌雄同株；总状花序顶生，长 10 ～ 20cm；花小型，直径 1 ～ 2mm，淡绿色，常 2 ～ 4 朵簇生；苞片披针形。雄花萼片 5，卵状披针形，镊合状排列，外面及边缘被毛；花瓣 5，膜质，倒三角形，先端具睫毛，长不及花萼的一半；腺体 5，小型；雄蕊 10 ～ 15，花丝直立，被疏毛。雌花萼片被毛；花瓣倒卵状三角形，背部及边缘具毛，长亦不及花萼的一半，膜质，腺体小；子房 3 室，被短毛及小瘤状突起，花柱 3，先端 2 深裂。蒴果扁球状三角形，具 3 条沟纹，直径约 6mm，外被瘤状突起，果梗长 4 ～ 6mm，被短柔毛；种子卵圆形，长约 2.5mm。花期 6 月，果期 7 月。

旱中生草本。生于落叶阔叶林带及森林草原带的石质山坡，也生于草原带的山地。产兴安南部及科尔沁（科尔沁右翼前旗、科尔沁右翼中旗、扎鲁特旗、阿鲁科尔沁旗、巴林右旗、翁牛特旗）、辽河平原（大青沟）、燕山北部（喀喇沁旗、敖汉旗）、阴山（大青山、蛮汗山）、阴南丘陵（和林格尔县、清水河县、准格尔旗）、鄂尔多斯（达拉特旗、伊金霍洛旗、乌审旗、鄂托克前旗）、东阿拉善（乌拉特后旗）。分布于我国吉林西南部、辽宁西北部、河北西部、河南、山东、山西、陕西、宁夏、甘肃东部、四川北部、安徽西部、江苏、湖北。为东亚分布种。

地上部分及根入药：地上部分（药材名：透骨草）能散风祛湿、活血止痛，主治风湿、筋骨痛及毒疮等；根有毒，能泻下逐水，主治腹水、便秘。均需煎服或煎水洗敷，孕妇忌用。

4. 蓖麻属 Ricinus L.

一年生草本，在热带及亚热带为木本。单叶，互生，大型，掌状 5 ～ 11 裂，裂片边缘具齿。

花单性，雌雄同株；无花瓣；萼 3 ～ 5 裂；多花组成圆锥花序。雄花生于花序下部；雄蕊多数，花丝多分枝。雌花生于花序上部；子房 3 室，每室具 1 枚胚珠，花柱 3，先端 2 裂。蒴果，常具刺；种子光滑，外种皮具斑纹，具种阜。

内蒙古有 1 栽培种。

1. 蓖麻（大麻子）

Ricinus communis L., Sp. Pl. 2:1007. 1753; Fl. Intramongol. ed. 2, 3:445. t.171. f.1-7. 1989.

一年生大型草本，高 100 ～ 200cm。茎直立，粗壮，中空，幼嫩部分被白粉。托叶早落，落后在茎上留下环形痕迹；叶盾状圆形，直径 15 ～ 40cm，掌状半裂；裂片 5 ～ 11，矩圆状卵

形或矩圆状披针形，先端渐尖，边缘具不整齐的锯齿，齿端具腺，两面无毛，主脉掌状，侧脉羽状；叶柄长 10 ～ 15cm，被白粉。圆锥花序顶生或与叶对生，长 10 ～ 20cm。雄花萼裂片 3 ～ 5，膜质，卵状三角形；雄蕊多数，花丝多分枝，花药 2 室。雌花萼裂片 3 ～ 5，卵状披针形；子房卵形，3 室，外面密被软刺，花柱 3，先端 2 裂，深红色，被细而密的凸起。蒴果近球形，直径 1.5 ～ 2cm，具 3 纵槽，有刺或无，熟时下垂，3 瓣裂；种子矩圆形，长约 1cm，外种皮坚硬，有光泽，具黄褐色或黑褐色斑纹，有明显的种阜。花期 7 ～ 8 月，果期 9 ～ 10 月。

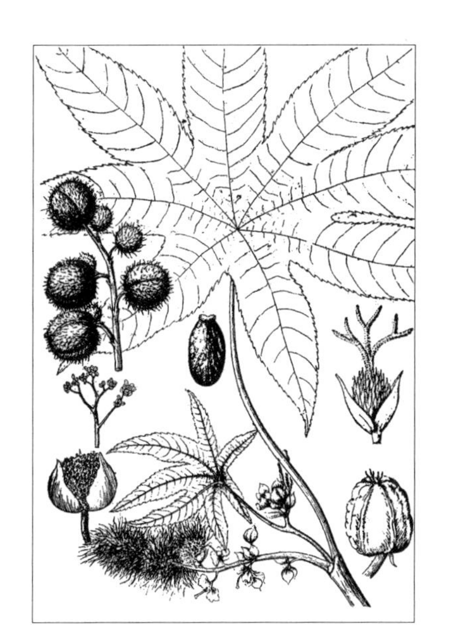

中生草本。原产非洲东北部热带地区，为北非种。广泛栽培于世界热带和温带地区，内蒙古及我国其他地区亦有栽培。

种仁含油量高达 70%，为优良的润滑油，可用来制造香皂、发油及印刷油等，还可做纺织工业的助染剂，皮革工业中用作皮革的保护油。榨油后的油粕是制造照像软片的原料，并可做肥料和杀虫剂，因其有毒，若不经特别加工，则不能喂牲畜。叶可养蚕，茎皮纤维可做人造棉及造纸的原料。种子、根及叶入药。种子有毒，能消肿排脓、拔毒；外用治子宫脱垂、脱肛、难产、胎盘不下、淋巴结核等。蓖麻油能润肠通便。叶有小毒，能消肿拔毒止痒，主治疮疡肿毒。根能祛风活血、止痛镇静，主治风湿关节痛、破伤风等。种子也入蒙药（蒙药名：阿拉嘎马吉），能泻下、消肿，主治“巴达干”病、痞症、浮肿、虫疾、疮疡。

5. 大戟属 **Euphorbia** L.

一年生或多年生草本，少为灌木。内含乳汁。单叶，互生、对生或轮生，全缘或具牙齿，少分裂，无或有托叶。花单性，雌雄同株，由多数雄花及 1 雌花组成杯状聚伞花序；总苞杯状、钟状或圆锥状，先端 4 ～ 5 裂，腺体 4 ～ 5 或较少，常与裂片互生；雄花具 1 雄蕊，花药常为球形；雌花生于总苞的中央，子房 3 室，每室具 1 枚胚珠，具长柄，表面具瘤状突起或光滑，熟时 3 瓣裂。种子小，先端具圆锥形种阜。

内蒙古有 12 种，另有 1 栽培种。

分种检索表

1a. 一年生或二年生草本，直根细长。

2a. 茎平卧地面；叶全部对生，基部偏斜，具托叶；腺体横矩圆形。

3a. 叶矩圆形或倒卵状矩圆形，两面无毛或疏被毛，无斑；子房和蒴果无毛…**1. 地锦 E. humifusa**

3b. 叶长椭圆形至长圆形，上面无毛，具长圆形紫斑，下面疏被毛；子房和蒴果疏被柔毛…………………………………………………………………………………**2. 斑地锦 E. maculata**

2b. 茎直立；茎生叶互生，花枝上的叶对生；叶基部不偏斜，无托叶。

4a. 茎高达 1m，全株光滑无毛；茎下部叶条状披针形，上部叶卵状披针形或卵状三角形，先端长渐尖，全缘；腺体新月形，两端有角状凸起。栽培………………………**3. 续随子 E. lathyris**

4b. 茎高 20 ～ 30cm，无毛或疏被毛；叶倒卵形或匙形，先端钝圆或微凹，边缘中部以上具细锯齿；腺体盾形……………………………………………………………**4. 泽漆 E. helioscopia**

1b. 多年生草本。

5a. 茎生叶互生。

6a. 茎光滑无毛或疏具柔毛，子房和蒴果无瘤状突起。

7a. 腺体边缘齿状分裂，叶条形至倒卵状披针形；根纤细……………………**5. 刘氏大戟 E. lioui**

7b. 腺体边缘全缘。

8a. 腺体新月形，两端有角状凸起；根细长。

9a. 叶条形、条状披针形或倒披针状条形……………………………**6. 乳浆大戟 E. esula**

9b. 叶倒卵形、倒卵状矩圆形或矩圆形………………………**7. 钩腺大戟 E. sieboldiana**

8b. 腺体肾形或半圆形或横矩圆形，两端无角状凸起。

10a. 根细长，不肥大，直径 3 ～ 5mm；植株高 7 ～ 26cm。

11a. 叶全缘，卵圆形或狭卵形，不育枝叶常为条形或条状披针形，上部叶长不超过 2cm；腺体肾形或半圆形…………………………**8. 沙生大戟 E. kozlovii**

11b. 叶缘具齿或浅波状，长方形或矩圆状长方形，上部叶长 2 ～ 3cm；腺体横椭圆形……………………………………………**9. 青藏大戟 E. altotibetica**

10b. 根肉质肥大，直径可达 4cm；植株高 40 ～ 80cm；叶条状矩圆形或倒披针状条形，上部叶长 8cm 以上；腺体肾形………………………**10. 甘肃大戟 E. kansuensis**

6b. 茎上部被较密的白色柔毛，子房和蒴果具瘤状突起，根肉质肥大。

12a. 子房和蒴果密被瘤状突起；叶矩圆状条形、矩圆状披针形或倒披针形，先端钝；腺体肾形…………………………………………………………………**11. 大戟 E. pekinensis**

12b. 子房和蒴果疏被瘤状突起；叶长圆形或卵状披针形，稀倒卵状披针形，先端钝圆或

稍尖；腺体狭椭圆形……………………………………………………………**12. 林大戟 E. lucorum**

5b. 茎中上部的叶 3 ～ 5 轮生，卵状矩圆形；腺体肾形；根肥厚肉质…………**13. 狼毒大戟 E. fischeriana**

1. 地锦（铺地锦、铺地红、红头绳）

Euphorbia humifusa Willd. in Enum. Pl. Suppl. 27. 1814; Fl. Intramongol. ed. 2, 3:455. 1989.

一年生草本。茎多分枝，纤细，平卧，长 10 ～ 30cm，被柔毛或近光滑。单叶对生，矩圆形或倒卵状矩圆形，长 0.5 ～ 1.5cm，宽 3 ～ 8mm，先端钝圆，基部偏斜，一侧半圆形，一侧楔形，边缘具细齿，两面无毛或疏被毛，绿色，秋后常带紫红色；托叶小，锥形，羽状细裂，无柄或近无柄。杯状聚伞花序单生于叶腋，总苞倒圆锥形，长约 1mm，边缘 4 浅裂，裂片三角形；腺体 4，横矩圆形；子房 3 室，具 3 纵沟，花柱 3，先端 2 裂。蒴果三棱状圆球形，直径约 2mm，无毛，光滑；种子卵形，长约 1mm，略具 3 棱，褐色，外被白色蜡粉。花期 6 ～ 7 月，果期 8 ～ 9 月。

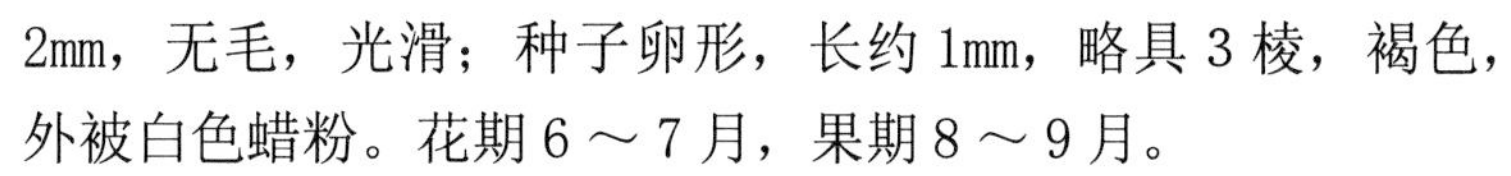

中生杂草。生于田野、路旁、河滩、固定沙地。产全区各地。广布于欧亚大陆温带地区。为古北极分布种。

全草入药，能清热利湿、凉血止血、解毒消肿，主治急性细菌性痢疾、肠炎、黄疸、小儿疳积、高血压、子宫出血、便血、尿血等；外用治创伤出血、跌打肿痛、疖疮、皮肤湿疹及毒蛇咬伤等。全草入蒙药（蒙药名：马拉盖音－扎拉－额布斯），能止血、燥“黄水”、愈伤、清脑、清热，主治便血、创伤出血、吐血、肺脓溃疡、咯脓血痰、“白脉”病、中风、结喉、发症。茎、叶含鞣质，可提制栲胶。

2. 斑地锦

Euphorbia maculata L., Sp. Pl. 1:455. 1753; Fl. China 11:296. 2008.

一年生草本。根纤细，长 4 ～ 7cm，直径约 2mm。茎匍匐，长 10 ～ 17cm，直径约 1mm，

被白色疏柔毛。叶对生，长椭圆形至长圆形，长6～12mm，宽2～4mm，先端钝，基部偏斜，不对称，略呈渐圆形，边缘中部以下全缘，中部以上常具细小疏锯齿；叶面绿色，中部常具有一个长圆形的紫色斑点，叶背淡绿色或灰绿色，新鲜时可见紫色斑，干时不清楚，两面无毛；叶柄极短，长约1mm；托叶钻状，不分裂，边缘具睫毛。花序单生于叶腋，基部具短柄，柄长1～2mm；总苞狭杯状，高0.7～1.0mm，直径约0.5mm，外部具白色疏柔毛，边缘5裂，裂片三角状圆形；腺体4，黄绿色，横椭圆形，边缘具白色附属物；雄花4～5，微伸出总苞外。雌花1；子房柄伸出总苞外，且被柔毛，子房被疏柔毛，花柱短，近基部合生，柱头2裂。蒴果三角状卵形，长约2mm，直径约2mm，疏被柔毛，成熟时易分裂为3个分果爿；种子卵状四棱形，长约1mm，直径约0.7mm，灰色或灰棕色，每个棱面具5个横沟，无种阜。花果期4～9月。

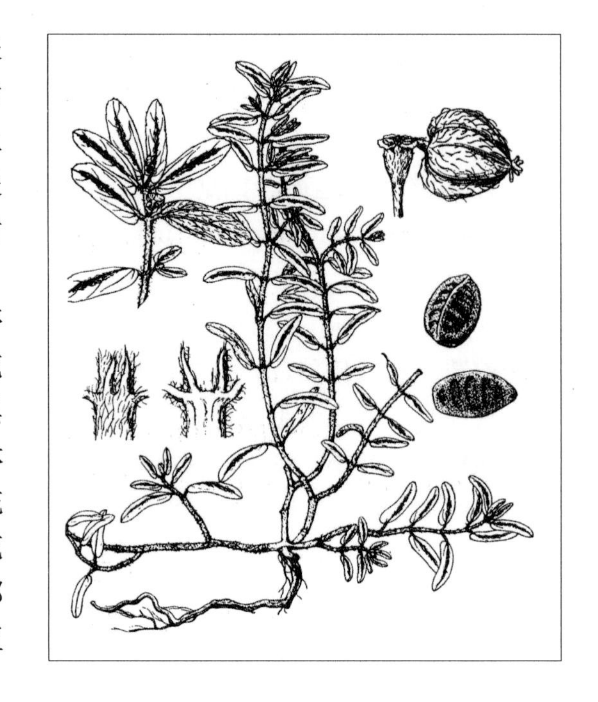

一年生中生杂草。原产北美，为北美种，归化于欧亚大陆。逸生于校园草坪、路旁。产赤峰丘陵（红山区、松山区）、阴南平原（呼和浩特市）。分布于我国河北、河南、湖北、江苏、江西、浙江、新疆、台湾。

3. 续随子（千金子、小巴豆）

Euphorbia lathyris L., Sp. Pl. 1:457. 1753; Fl. Intramongol. ed. 2, 3:454. t.174. f.3-6. 1989.

二年生草本，高可达1m。全株光滑无毛，幼嫩时表面被白粉。茎直立，上部多分枝。茎下部的叶条状披针形，较密，全缘，无柄；茎上部的叶交互对生，卵状披针形或卵状三角形，长6～12cm，宽0.8～1.3cm，先端长渐尖，基部心形，多少抱茎，全缘，两面无毛。总花序顶生，具2～4伞梗；基部有2～4苞叶，对生或轮生；每伞梗先端再一至二回叉状分枝，基部具1对三角状卵形或卵状披针形的小苞叶。杯状聚伞花序的总苞顶端4～5裂；裂片三角形，膜质，外面光滑无毛；腺体4～5，与总苞顶端的裂片相间排列，新月形，两端具短而钝的角；雄蕊的花丝被疏毛。蒴果近球形或扁球形，直径1～1.2cm，表面无毛，无瘤状突起，熟时3瓣开裂；种子卵圆形，长约6mm，表面淡黄色，有黑褐色相间的斑纹。

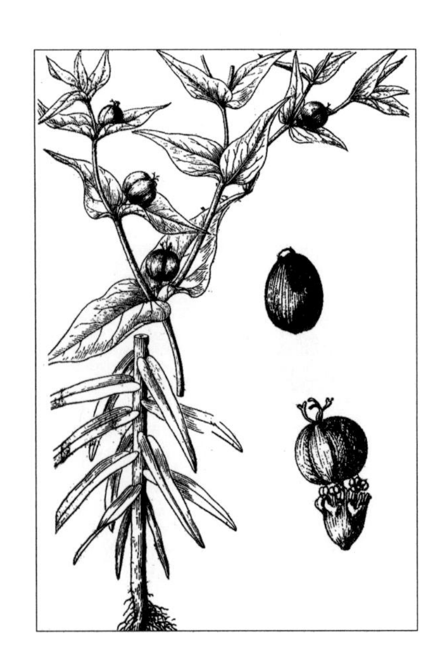

中生草本。原产欧洲，为欧洲种。内蒙古及我国其他一些地区栽培，有时为半野生状态，生于向阳山坡。

种子入药，有毒，能逐水消肿、破血散症，主治水肿痰饮、宿积、胀满、便不利、妇女闭经等；外用治疥疮、蛇咬伤及疣赘等。种子含油达50%，可制肥皂及润滑油。

4. 泽漆

Euphorbia helioscopia L., Sp. Pl. 1:459. 1753; Fl. Desert. Reip. Pop. Sin. 2:334. t.119. f.1-4. 1987.

一年生或二年生草本，茎通常多数，丛生，幼时铺散，后渐直立，高20～30cm，无毛或被疏毛，基部带紫红色。叶互生，无柄；叶片、苞叶和苞片倒卵形或匙形，长1～3cm，宽0.5～1.8cm，基部楔形，先端钝圆或微凹，中部以上有细锯齿，两面灰绿色，被疏长毛，下部叶花后脱落。杯状聚伞花序顶生；苞叶5，轮生；伞梗5，每伞梗顶端再1～2次支出2～3枚小伞梗；苞片及小苞片轮生或对生；总苞杯状，边缘4裂；腺体4，盾形；雄花10余朵，每花雄蕊1。雌花1；子房具3纵沟，花柱3，先端2裂。蒴果球形，直径约3mm；种子卵形，长约2mm，具明显网纹，先端具半圆形种阜。花期4～5月，果期5～8月。

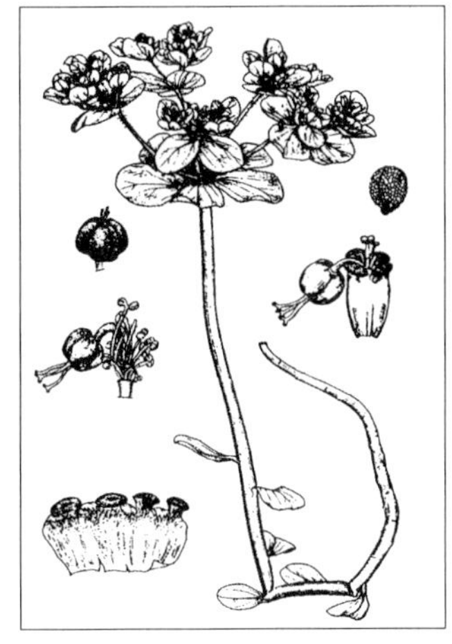

中生草本。生于田边、路旁、潮湿沙地。产科尔沁。分布于我国除西藏和新疆外的各省区，日本、朝鲜、俄罗斯、印度，欧洲、北非。为古北极分布种。

药用全草，能行水消肿、消炎退热，并有杀虫止痒功效，也可做农药。本种有毒。

5. 刘氏大戟

Euphorbia lioui C. Y. Wu et J. S. Ma in Act. Bot. Yunnan. 14(4):371. f.1. 1992; Fl. Reip. Pop. Sin. 44(3):116. t.37. f.1-4. 1997; Fl. China 11:311. 2008.——*E. ordosiensis* Z. Y. Chu et W. Wang in Fl. Helan Mount. 351,796. t.57. f.2. 2011.

多年生草本。根细柱状，长6～15cm，直径2～6mm，黄褐色。茎直立，中部以上多分枝，高约15cm，直径2～4mm；不育枝常自基部发出，高约10cm。叶互生，条形至倒卵状披针形，长2～6cm，宽3～7mm，先端尖或渐尖，基部渐狭或平截，无柄；总苞叶4～5枚，卵状披针形，长2～3cm，宽6～9mm，先端尖或渐尖，基部平截或渐狭，无柄；伞幅4～5枚，卵圆形或近三角状卵形，长8～12cm，宽8～10(～12)mm，先端钝或具短尖，基部平截或微凹。花序单生于二歧分枝的顶端，基部无柄；总苞杯状，高与直径均3mm，边缘4裂，裂片半圆形、截形或微凹，内侧具少许柔毛；

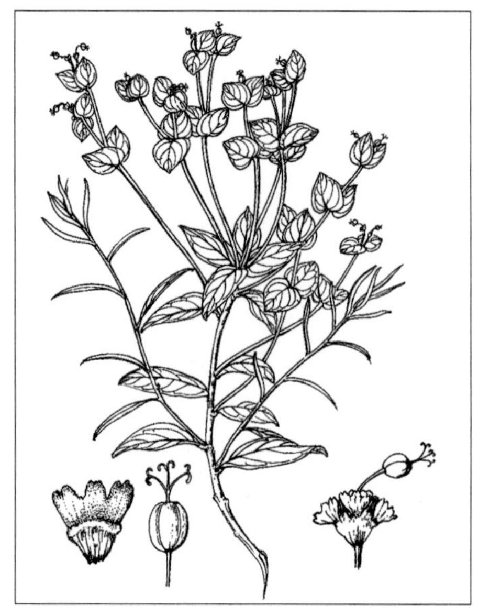

腺体 4，边缘齿状分裂（国产大戟属唯一的特征），褐色；雄花数枚，伸出总苞之外。雌花 1 枚；子房柄长 3 ～ 4mm，子房光滑无毛，花柱 3，中部以下合生，柱头 2 深裂。

中旱生草本，生于低山石质山坡及山前平原。产东阿拉善（桌子山、阿拉善左旗巴彦浩特镇）。分布于我国宁夏（贺兰山）。为东阿拉善分布种。

6. 乳浆大戟（猫儿眼、烂疤眼）

Euphorbia esula L., Sp. Pl. 1:461. 1753; Fl. Intramongol. ed. 2, 3:447. t.172. f.1-5. 1989.——*E. esula* L. var. *cyparissoides* Boiss. in Prodr. 15(2):161. 1862. Fl. Intramongol. ed. 2, 3:447. 1989.

多年生草本，高可达 50cm。根细长，褐色。茎直立，单一或分枝，光滑无毛，具纵沟。叶条形、条状披针形或倒披针状条形，长 1 ～ 4cm，宽 2 ～ 4mm，先端渐尖或稍钝，基部钝圆或渐狭，边缘全缘，两面无毛；无柄；有时具不孕枝，其上的叶较密而小。总花序顶生，具 3 ～ 10 伞梗（有时由茎上部叶腋抽出单梗），基部有 3 ～ 7 轮生苞叶；苞叶条形、披针形、卵状披针形或卵状三角形，长 1 ～ 3cm，宽（1 ～）2 ～ 10mm，先端渐尖或钝，基部钝圆或微心形，少有基部

两侧各具1小裂片（似叶耳）者；每伞梗顶端常具1～2次叉状分出的小伞梗；小伞梗基部具1对苞片，三角状宽卵形、肾状半圆形或半圆形，长0.5～1cm，宽0.8～1.5cm；杯状总苞长2～3mm，外面光滑无毛，先端4裂；腺体4，与裂片相间排列，新月形，两端有短角，黄褐色或深褐色；子房卵圆形，3室，花柱3，先端2浅裂。蒴果扁圆球形，具3沟，无毛，无瘤状突起；种子卵形，长约2mm。花期5～7月，果期7～8月。

广幅中旱生草本。多零散生于草原、山坡、干燥沙质地、石质坡地、路旁。产内蒙古各地。分布于我国各地，日本、朝鲜、蒙古国东部和东南部、俄罗斯、阿富汗，中亚、西南亚、欧洲、北美洲。为泛北极分布种。

全株入药，有毒，能利尿消肿、拔毒止痒，主治四肢浮肿、小便不利、疟疾；外用治颈淋巴结结核、疮癣瘙痒等。全草也入蒙药，能破瘀、排脓、利胆、催吐，主治肠胃湿热、黄疸；外用治疥癣痈疮。

7. 钩腺大戟（锥腺大戟）

Euphorbia sieboldiana C. Morr. et Decaisne in Bull. Acad. Roy. Sci. Brux 3:174. 1836; Fl. Reip. Pop. Sin. 44(3):122. t.40. f.1-7. 2001; Fl. China 11:312. 1008.——*E. savaryi* Kiss. in Bot. Kozl. 19:91. 1921; Fl. Intramongol. ed. 2, 3:449. t.173. f. 1-2. 1989.

多年生草本，高30～50cm。根纤细，不肥大。茎单一或几条丛生，直立，光滑无毛。

叶互生，倒卵形、倒卵状矩圆形或矩圆形，长 1.5 ～ 2.5cm，宽 3 ～ 8mm，先端钝圆或微尖，基部楔形，边缘全缘，两面光滑无毛。总花序出自茎的顶部，伞梗 5 ～ 6（亦有单一的伞梗出自茎上部的叶腋），基部有苞叶 4 ～ 5；苞叶矩圆形或卵圆形，长 0.5 ～ 1cm；每伞梗顶端可再 1 ～ 2 次分叉；小伞梗基部有小苞片 2，半圆形，长约 5mm，宽约 1cm；杯状总苞倒圆锥形，先端 4 裂；裂片间有腺体 4，新月形，两端各有一明显的角状凸起，先端锐尖；子房具 3 纵沟，花柱 3，先端分叉。蒴果扁球形，长约 3mm，光滑无毛，熟时三瓣开裂；种子卵形，长约 2mm，褐色或深褐色。

中生草本。生于森林带的山地林下及杂灌木丛中。产兴安北部（额尔古纳市、东乌珠穆沁旗宝格达山）、兴安南部（巴林右旗）、燕山北部（喀喇沁旗、宁城县）。分布于我国黑龙江南部、吉林南部、辽宁东部、河北北部和西部、河南、山东中部、山西中部、陕西南部、宁夏南部、甘肃东南部、四川、云南、贵州、安徽南部、江苏西南部、江西北部、浙江、福建北部、湖北、湖南、广东北部、广西北部，日本、朝鲜、俄罗斯（远东地区）。为东亚分布种。

8. 沙生大戟

Euphorbia kozlovii Prokh. in Izv. Akad. Nauk S.S.S.R. Ser. 6, 20:1370, 1383. 1926; Fl. China 11:306. 2008; Fl. Intramongol. ed. 2, 3:449. t.174. f.1-2. 1989.——*E. kozlovii* Prokh. var. *angustifolia* S. Q. Zhou in Fl. Intramongol. 4:207. 1979; Fl. Intramongol. ed. 2, 3:449. 1989.

多年生草本，高 15 ～ 20cm。茎常多分枝，无毛，具纵沟。茎基部的叶鳞片形，膜质，向上逐渐变大，卵圆形或狭卵形，长 0.5 ～ 1.5cm，宽 0.3 ～ 1cm；不育枝的叶常为条形或条状披针形，长 1 ～ 1.5cm，宽 2 ～ 4mm，先端钝，边缘全缘或具稀疏锯齿，基部圆形或渐狭，无毛，无柄。伞形花序顶生，基部的苞叶 3 ～ 5 轮生，卵圆形或矩圆状披针形，长 1.5 ～ 2.5cm，宽 0.6 ～ 1cm；苞叶上抽出 3 ～ 5 伞梗，先端各有 2 ～ 3 苞叶，卵圆形或卵形，长 0.8 ～ 1.5cm，宽 0.5 ～ 1.2cm；每伞梗顶端再抽出 2 ～ 3 小伞梗，先端具 1 对小苞叶，卵形、矩圆状卵形或披针状矩圆形，长 1 ～ 1.5cm，宽 0.4 ～ 1cm；其上具 1 ～ 3 杯状聚伞花序（有时仅中间是杯状聚伞花序，两侧形成不孕枝）；总苞钟形，直径约 3mm，内部具毛，先端 4 ～ 5 浅裂；腺体 4 ～ 5，肾形或半圆形，长约 1.5mm，黄色或黄褐色；花柱极短，柱头 3 裂，

先端稍膨大。蒴果卵矩状矩圆形，平滑，无毛；种子平滑，种阜圆锥形。花期 6 ～ 8 月。

旱生草本。生于草原化荒漠带的沙地上。产东阿拉善（阿拉善左旗、鄂托克旗）。分布于我国山西西北部、陕西北部、宁夏北部、甘肃（河西走廊）、青海东部，蒙古国东南部和南部。为戈壁—蒙古分布种。

9. 青藏大戟

Euphorbia altotibetica Pauls. in S. Tibet. 6(3):56. 1922; Fl. China 11:301. 2008.

多年生草本，高 7 ～ 26cm。根状茎匍匐生根，通常发出数茎。茎具条纹，分枝，无毛。茎生叶互生，下部者膜质，鳞片状，以上则为三角状心形、椭圆形至近披针形，长 0.7 ～ 2.2cm，

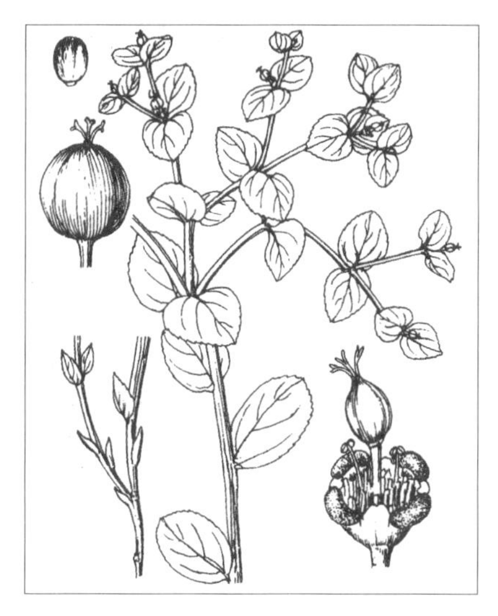

宽 0.4 ～ 1.8cm，先端钝，边缘微波状并具细齿，基部心形抱茎，近无柄，无毛。杯状花序组成聚伞花序，顶生和腋生。顶生者其下部具苞叶 3；苞叶轮生，三角状心形至狭卵形，长 2 ～ 2.2cm；1 级伞梗通常 3，2 级以上伞梗均为 2，各具苞叶 2；总苞 5 裂，裂片长约 1mm，先端通常 2 裂，里面和边缘具柔毛；腺体 4 ～ 5，横椭圆形，长 2.3 ～ 2.8mm；雄花约 30；雌花 1，子房无毛，花柱 3；花梗下具苞片 5，花瓣状，长约 3mm，先端具齿，背面具 1 枚片状附属物，被柔毛。蒴果阔卵球形，长 4 ～ 5mm，宿存花柱浅 2 裂，无毛；种子卵球形，长约 2.7mm，具种阜，无毛。花果期 5 ～ 8 月。

旱生草本。生于荒漠带海拔约 1000m 的干河床。产额济纳南部（与酒泉市交界处）。分布于宁夏（吴忠市盐池县）、甘肃（酒泉市、张掖市高台县）、青海、西藏。为青藏高原分布种。

10. 甘肃大戟（阴山大戟）

Euphorbia kansuensis Prokh. in Izv. Akad. Nauk. S.S.S.R. Ser. 6, 20:1371, 1383. 1926; High. Pl. China 8:131. f.215.1-3. 2001; Fl. China 11:305. 2008.——*E. yinshanica* S. Q. Zhou et G. H. Liu in Act. Phytotax. Sin. 27(1):77. f.1. 1989; Fl. Intramongol. ed. 2, 3:453. t.173. f.3-4. 1989.

多年生草本。体内有白色乳汁。根肉质肥大，近圆柱形，直径可达 4cm，黄褐色。茎直立，高 40 ～ 80cm，无毛或具疏柔毛。单叶互生，下部叶三角状卵形，较小，长 1 ～ 1.5cm，中部以上的叶条状矩圆形或倒披针状条形，长 8 ～ 15cm，宽 1.5 ～ 2.5cm，先端微尖或钝，基部楔

形，全缘，上面深绿色，光滑无毛，下面淡绿色，被稀疏柔毛，近无柄。花序顶生，伞梗 4 ～ 5（有时从茎中部的叶腋抽出单梗），基部有 4 ～ 5 枚轮生苞叶，卵形或阔卵形，长 4 ～ 7cm，宽 2 ～ 3.5cm，先端渐尖，基部阔楔形或钝圆；每伞便顶端常具 1 ～ 2 次叉状分出的小伞梗，基部具一对苞片，三角状阔卵形，长 1.5 ～ 4cm，宽 1.5 ～ 4cm；杯状总苞倒圆锥形，直径约 3mm，光滑无毛，先端 4 裂；腺体 4，肾形，黄褐色；子房近圆球形，具 3 棱，光滑无毛，花柱 3，先端 2 浅裂。蒴果近圆球形，具三沟，光滑无毛；种子卵圆形，长约 4mm，灰褐色。花期 5 月，果熟期 6 ～ 7 月。

中生草本。生于草原带的山地林缘、杂木林下。产阴山（大青山）。分布于我国河北西南部、河南西部、山东、山西、陕西、宁夏、甘肃东部、青海东南部和南部、四川西北部、湖北北部、江苏北部。为华北—华东分布种。

11. 大戟（京大戟、猫儿眼、猫眼草）

Euphorbia pekinensis Rupr. Fl. Amur. 239. 1859; Fl. Intramongol. ed. 2, 3:453. t.175. f.1-3. 1989.

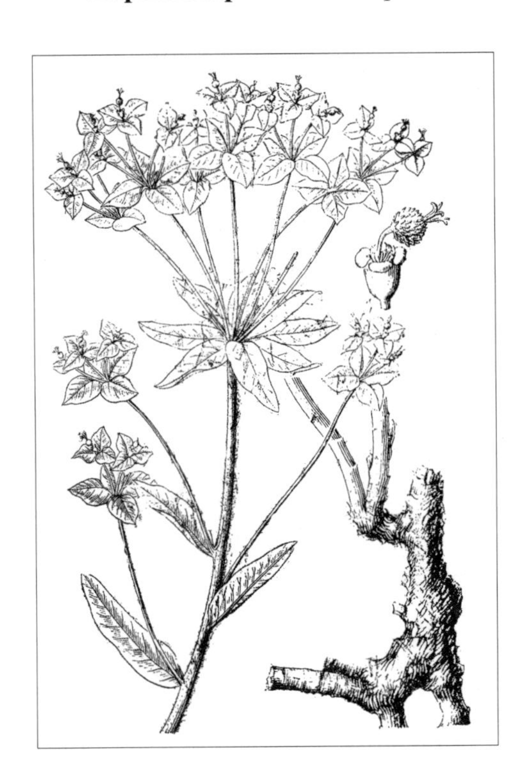

多年生草本，高 30 ～ 60cm。根粗壮。茎直立，基部多分枝，被较密的白色柔毛。叶互生，矩圆状条形、矩圆状披针形或倒披针形，长 2 ～ 6cm，宽 0.5 ～ 1.5cm，先端钝圆或渐尖，基部楔形，边缘全缘，有时稍向下反卷，两面无毛；无柄或近无柄。花序顶生，常具 5 ～ 7 伞梗（茎上部叶腋也常抽出花序梗），伞梗疏被白色柔毛，基部具 5 ～ 7 轮生苞叶；苞叶卵形、矩圆状卵形或披针形，长 1.5 ～ 3.5cm，宽 0.5 ～ 1cm；各伞梗先端又分出了 3 ～ 4 条小伞梗，基部具 3 ～ 4 小苞叶，卵形或宽椭圆形，长约 1cm，宽约 8mm；每小伞梗顶端具 2 卵形或近圆形的苞片及 1 杯状聚伞花序；杯状总苞黄绿色，倒圆锥形，长约 2.5mm，光滑无毛，顶端 4 裂；腺体 4，肾形；子房球形，3 室，表面具长瘤状突起，花柱 3，先端 2 裂。蒴果三棱状球形，直径 3 ～ 4mm，表面具明显的瘤状突起；种子卵圆形，灰褐色，长约 2mm。花期 6 月，果期 7 月。

中生草本。生于草原带的山沟、田边。产阴山（大青山、蛮汗山）。分布于全国各地（除新疆、西藏、云南、台湾外），日本、朝鲜。为东亚分布种。

根入药（药材名：大戟），有毒，能逐水通便、消肿散结，主治肾炎水肿、腹水及全身性水肿；外用治疗疮疖肿。根也入蒙药（蒙药名：波正他拉诺），能利大小便、泻水散结，主治水肿、腹水、包块等；外用治病疖、丹毒。又可做兽药，能峻下逐水。

12. 林大戟

Euphorbia lucorum Rupr. in Prim. Fl. Amur. 239. 1859; Fl. China 11:308. 2008.

多年生草本，高 20 ～ 70cm。根较肥厚，纺锤形，直径 0.8 ～ 1.5(～ 2)cm，黑褐色，有分枝。茎直立，通常单一，不分枝，基部常带淡紫色，被白色细柔毛或无毛。叶互生，无柄，长圆形或卵状披针形，稀倒卵状披针形，长 2 ～ 6cm，宽 0.6 ～ 1.8cm，基部圆形，先端钝圆或稍尖，边缘具微细锯齿，表面绿色，背面灰绿色，两面被白色毛或无毛，中脉明显。总花序顶生，通常具 5 ～ 8 伞梗，有时单梗生于茎中上部叶腋，被细白毛或无毛；伞梗基部轮生 5 ～ 8 枚苞叶，苞片长圆状披针形至长卵形；伞梗顶端又各具 3(～ 5) 枚小伞梗（或不再具小伞梗），并具轮生的 3(～ 5) 枚狭卵形的苞片；小伞梗的顶端具 2(～ 3) 枚广卵形或三角状广卵形的小苞片及 1 ～ 3 杯状聚伞花序；苞片及小苞片绿色，边缘具微锯齿；杯状总苞淡黄色，外面无毛，内部稍有毛，缘部 4 裂，裂片钝圆，边缘有细齿或无齿；腺体 4，狭椭圆形；子房球形，具不规则的棒状凸起，花柱 3，先端浅 2 裂。蒴果近球形，具 3 分瓣，直径 3 ～ 4mm，表面具不整齐的长瘤，瘤基部加宽，通常连成鸡冠状凸起；种子卵圆形，褐色，长约 2mm，略有光泽。花期 5 ～ 6 月，果期 6 ～ 7 月。

中生草本。生于森林带的林缘。产兴安北部。分布于我国黑龙江、吉林、辽宁，朝鲜、俄罗斯（远东地区）。为满洲分布种。

13. 狼毒大戟（狼毒、猫眼草）

Euphorbia fischeriana Steud. in Nomencl. Bot. ed. 2, 611. 1840; Fl. Intramongol. ed. 2, 3:454. t.176. f.1-3. 1989.

多年生草本，高 30 ～ 40cm。根肥厚肉质，圆柱形，分枝或不分枝，外皮红褐色或褐色。茎单一粗壮，无毛，直立，直径 4 ～ 6mm。茎基部的叶为鳞片状，膜质，黄褐色，覆瓦状排列，向上逐渐增大，互生，披针形或卵状披针形，无柄，具疏柔毛或无毛；中上部的叶常 3 ～ 5 轮生，卵状矩圆形，长 2.5 ～ 4cm，宽 1 ～ 2cm，先端钝

或稍尖，基部圆形，边缘全缘，表面深绿色，背面淡绿色。花序顶生，伞梗5～6；基部苞叶5，轮生，卵状矩圆形；每伞梗先端具3片长卵形小苞叶，上面再抽出2～3小伞梗，先端有2三角状卵形的小苞片及1～3个杯状聚伞花序；总苞钟状，外被白色长柔毛，先端5浅裂；腺体5，肾形；子房扁圆形，3室，外被白色柔毛，花柱3，先端2裂。蒴果宽卵形，初时密被短柔毛，后渐光滑，熟时3瓣裂；种子椭圆状卵形，长约4mm，淡褐色。花期6月，果期7月。

中旱生草本。生于森林草原带和草原带的石质山地向阳山坡。产兴安北部及岭东和岭西（额尔古纳市、牙克石市、鄂伦春自治旗、海拉尔区、扎兰屯市、阿荣旗）、兴安南部（科尔沁右翼前旗、科尔沁右翼中旗、阿鲁科尔沁旗、巴林右旗、林西县、克什克腾旗）、赤峰丘陵（松山区、翁牛特旗）、锡林郭勒（西乌珠穆沁旗、正蓝旗）、阴山（大青山）。分布于我国黑龙江西南部、吉林东部、辽宁中部和东部、河北西北部、河南西部、山东东北部，日本、朝鲜、蒙古国东部（大兴安岭、哈拉哈河）、俄罗斯（达乌里地区）。为东亚北部分布种。

根入药（药材名：狼毒），有大毒，能破积杀虫、除湿止痒，主治淋巴结结核、骨结核、皮肤结核、神经性皮炎、慢性支气管炎及各种疮毒等。根也入蒙药（蒙药名：塔日奴），能泻下、消肿、消“奇哈”、杀虫、燥“黄水”，主治结喉、发症、疖肿、黄水疮、疥癣、水肿、痛风、游痛症、“黄水”病。茎、叶的浸出液可防治螟虫及蚜虫等。

64. 水马齿科 Callitrichaceae

一年生草本。水生、沼生或湿生。茎细弱。叶对生，条形、条状匙形或倒卵状匙形，全缘；无托叶；茎顶端的叶多簇生或呈莲座状。每花基部具膜质角状小苞片；无花被；花极小，单性，腋生、单生或雌雄花同生于一叶腋内；雄花具 1 雄蕊，花药小，2 室；雌花具 1 雌蕊，子房上位，2 心皮，5 裂，花柱 2；中轴胎座。果 4 裂，边缘常具膜质翅，成熟后 4 室分离形成果瓣；种子具直胚与肉质胚乳。

内蒙古有 1 属、2 种。

1. 水马齿属 Callitriche L.

属的特征同科。

内蒙古有 2 种。

分种检索表

1a. 植株完全沉于水中；叶一型，透明，深绿色，条形，具 1 条中脉；花无苞片…………………………………………………………………………………………………**1. 线叶水马齿 C. hermaphroditica**

1b. 植株浮于水面或沼生或湿生；叶二型，不透明，鲜绿色，茎顶具莲座叶，倒卵形或倒卵状匙形，茎生叶匙形或披针形，具 3 条脉；花具 2 枚苞片。

2a. 果仅顶部具狭翅…………………………………………………**2a. 沼生水马齿 C. palustris** var. **palustris**

2b. 果周围具膜质翅…………………………………………………**2b. 东北水马齿 C. palustris** var. **elegans**

1. 线叶水马齿

Callitriche hermaphroditica L., Cent. Pl. 1:31. 1755; Fl. Intramongol. ed. 2, 3:457. t.177. f.1-4. 1989.

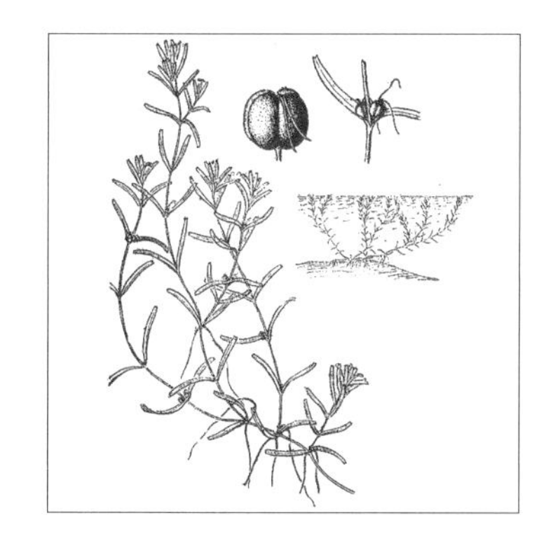

一年生草本，高 5 ～ 20cm。茎纤细，多分枝。叶全部为沉水叶，深绿色，透明，对生；茎上部叶较密集，无莲座状叶，条形，长 9 ～ 15mm，宽 1 ～ 1.5mm，顶端具凹陷，基部稍加宽，具 1 条中脉；无柄。花单生叶腋，无苞片。果近圆形，直径约 1.5mm，近无柄，边缘具翅；柱头脱落。

水生草本。生于湖泊或溪流缓水中。产兴安北部（阿尔山市伊尔施镇）。分布于日本、蒙古国北部（杭爱）、俄罗斯，欧洲、北美洲、拉丁美洲。为泛北极分布种。

2. 沼生水马齿

Callitriche palustris L., Sp. Pl. 2:969. 1753; Fl. Intramongol. ed. 2, 3:457. t.177. f.5-9. 1989.

2a. 沼生水马齿

Callitriche palustris L. var. **palustris**

一年生草本。常生于浅水中，有时陆生。茎细弱，多分枝。叶鲜绿色，无毛，对生，茎顶端者簇生，形成莲座状；一般叶匙形或倒卵形，长 4 ～ 8mm，宽 1 ～ 2mm；茎顶端叶较宽而短，

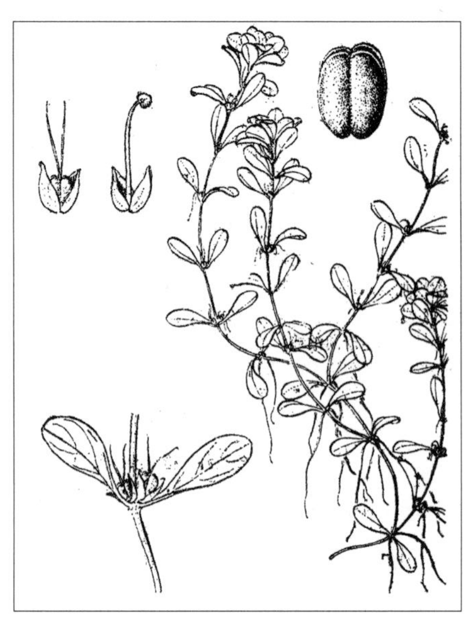

长 5mm 以下，宽 2 ～ 3mm，顶端圆形，下部渐狭，全缘或微具圆形波状齿；具 3 脉。小苞片 2，位于花基部，薄膜质，透明，卵形，略弯向雌蕊或雄蕊，长约 1mm，宽约 0.2mm，易脱落。花极小，单生于叶腋，或雌雄花同生于一叶腋内；子房倒卵形，花柱 2，丝状；花丝细，长 2 ～ 2.5mm。果实褐色，无柄或具短柄，倒卵形或椭圆形，长 0.8 ～ 1mm，周围或仅顶端具狭翅，顶端常有宿存的柱头。

湿生草本。生于溪流或沼泽。兴安北部及岭东和岭西（额尔古纳市、根河市、牙克石市、鄂伦春自治旗、东乌珠穆沁旗宝格达山）、兴安南部及科尔沁（科尔沁右翼前旗、扎赉特旗、突泉县、阿鲁科尔沁旗、巴林右旗、克什克腾旗）、锡林郭勒（锡林浩特市）。分布于我国黑龙江中北部、吉林东部、辽宁东北部、河南东南部、安徽南部、江苏西南部、浙江、福建、台湾、江西、湖北东北部、湖南、广东、广西、贵州、云南、四川、西藏东北部和东南部、青海东南部，亚洲、欧洲、北美洲温带地区。为泛北极分布种。

2b. 东北水马齿

Callitriche palustris L. var. **elegans** (Petr.) Y. L. Chang in Pl. Herb. Chin. Bor.-Orient. 6:53. 1977; Fl. China 11:320. 2008.——*C. bengalensis* Petr. in Izv. Glavn. Bot. Sada S.S.S.R. 27:358.1928.——*C. elegans* Petr. in Izv. Glavn. Bot. Sada S.S.S.R. 27:360. 1928.

本变种与正种的区别是果周围具膜质翅。

湿生草本，生于水溪。产兴安南部(乌兰浩特市、西乌珠穆沁旗迪彦林场)。分布于我国黑龙江、吉林、辽宁，日本、朝鲜、俄罗斯（东西伯利亚地区、远东地区）。为东西伯利亚—东亚北部分布变种。

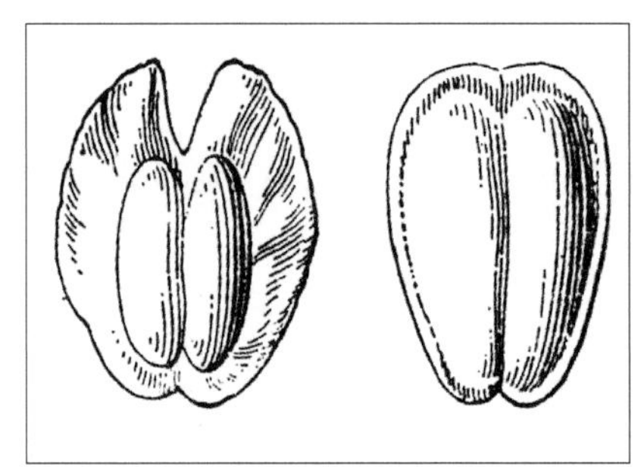

65. 岩高兰科 Empetraceae

常绿匍匐状矮小灌木。单叶，密集排列，轮生或近轮生或交互对生，椭圆形至条形，边缘常反卷；无柄；无托叶。花小，两性或单性，单生叶腋或簇生小枝顶端；苞片 2 ～ 6，鳞片状；萼片 3 ～ 6，暗红色，花瓣状；无花瓣；雄蕊 2 ～ 6，花药 2 室，纵裂；子房上位，近球形，2 ～ 9 室，每室具 1 枚胚珠，花柱短，柱头星状或辐射状分裂，与子房同数。果近球形，为肉质多浆核果，每个分果核含 1 粒种子；种子有丰富的肉质胚乳。

内蒙古有 1 属、1 种。

1. 岩高兰属 Empetrum L.

属的特征同种。

内蒙古有 1 种。

1. 东北岩高兰

Empetrum nigrum L. var. **japonicum** K. Koch. in Hort. Dendr. 89. 1853; Fl. Intramongol. ed. 2, 3:459. t.178. f.1-4. 1989.

常绿匍匐状小灌木，高 20 ～ 50cm，稀达 1m。分枝多而稠密，红褐色，幼枝多少被柔毛。叶轮生或交互对生，常下倾或水平伸展，条形，长 4 ～ 5mm，宽 1 ～ 1.5mm，先端钝，边缘略反卷、无毛，叶面具皱纹，有光泽，幼叶边缘具稀疏腺毛，中脉凹陷；无柄。花单性，雌雄异株，1 ～ 3 朵生于上部叶腋，无花梗；苞片 3 ～ 4，鳞片状，卵形，长约 1mm。萼片 6，外层卵圆形，长约 1.5mm；内层披针状矩圆形，较外层长，暗红色，花瓣状，先端内卷。无花瓣；雄蕊 3，花丝长约 4mm；子房近球形，花柱极短，柱头辐射状 6 ～ 9 裂。果近球形，直径约 5mm，为肉质多浆核果，具 2 至多个分果核，每个分果核含 1 粒种子，果成熟时紫红色至黑色。花期 6 ～ 7 月，果期 8 月。

中生小灌木。生于寒温性针叶林带的高山岩石露头、林下或冻土上。产兴安北部（额尔古纳市、根河市）。分布于我国黑龙江西北部、吉林东部（长白山），日本、朝鲜、蒙古国北部、俄罗斯（西伯利亚地区）。为西伯利亚—东亚北部（北极—高山）分布变种。是国家二级重点保护植物。

果实供药用及食用，又为观赏植物。

66. 漆树科 Anacardiaceae

乔木、灌木或半灌木，韧皮部具裂生性树脂道。叶互生，稀对生，通常为羽状复叶，或为单叶；无托叶。花两性、杂性或单性，雌雄异株，小型，辐射对称，排列为腋生或顶生圆锥花序；有花萼和花瓣，稀为单被或无被；花萼多少合生，3～5裂；花瓣3～5，覆瓦状排列或镊合状排列；雄蕊着生于花盘外面基部或有时着生于花盘边缘，与花盘同数或为其2倍，稀较少或更多；雌蕊由1～5心皮组成，结合或分离；子房上位，1室，稀2～5室，每室具1枚胚珠，倒生；花柱1～5，常分离。果实通常为核果，种子无胚乳或有少量薄的胚乳，子叶膜质扁平或稍肥厚。

内蒙古有1栽培属、1栽培种。

1. 盐肤木属 Rhus L.

落叶灌木或乔木。冬芽裸露。叶互生，常为单数羽状复叶，3小叶或单叶；叶轴有翅或无翅；无托叶；小叶全缘或有锯齿。花单性，雌雄异株或杂性；圆锥花序顶生；苞片宿存或脱落；花萼5裂，宿存；花瓣5，脱落，皆为覆瓦状排列；雄蕊通常5，分离，着生于花盘基部；子房1室，具胚珠1枚；花柱3，基部多少合生。果序直立；核果小，球形，含1粒种子；外果皮被红色腺毛和具节柔毛或为单毛，与中果皮连合，内果皮分离；子叶扁平。

内蒙古有1栽培种。

1. 火炬树

Rhus typhina L., Cent. Pl. 2:14. 1756; Fl. Desert. Reip. Pop. Sin. 2:345. t.123. f.2-5. 1987.

灌木或小乔木，高可达10m。小枝、叶轴、花序轴皆密被淡褐色茸毛和腺体。叶互生；单数羽状复叶，小叶11～31，对生，叶片矩圆状披针形，长5～12cm，宽1.5～3.5cm，先端渐尖或长渐尖，基部倒心形或近圆形，边缘具锯齿，有疏缘毛，上面无毛或仅沿中脉具极短疏毛，下面被疏毛，沿脉毛较密；无小叶柄；叶基覆盖叶轴，相对的2片小叶基互相遮盖。花单性，雌雄异株；圆锥花序密集，顶生，长7～20cm，宽4～8cm；苞片密被长柔毛；雌花序

变为深红色，形如火炬。雄花：萼片条状披针形，长 1 ～ 1.5mm，具毛；花瓣矩圆形，长 1.5 ～ 2mm，先端兜状，有退化雄蕊。雌花：萼片条形或条状披针形，长 1.5 ～ 2mm，具深红色长柔毛，果期宿存；花瓣条状矩圆形，等长或稍短于萼片，先端兜状，早落；子房圆球形，被短毛；花柱 3；柱头头状，有退化雄蕊。核果球形，外面密被深红色长单毛和腺点，含种子 1 粒。花期 5 ～ 7 月，果期 8 ～ 9 月。

中生乔木。原产北美洲，为北美种。现内蒙古西部、华北和西北地区有较多栽培，作为绿化树种，长势良好。

火炬树到秋季叶变为深红色，雌花序形如火炬，是较好的庭园绿化树种。

67. 卫矛科 Celastraceae

灌木、乔木或藤本灌木。单叶，对生或互生；托叶小，常早落。花辐射对称，两性，稀单性，常组成聚伞花序，少单生；萼片与花瓣均 4 ～ 5。雄蕊 4 ～ 5，稀 10，与花瓣互生；具花盘。雌蕊 1，由 2 ～ 5 心皮合生；子房上位，2 ～ 5 室，每室具 1 ～ 2 枚胚珠；花柱短或不显；柱头 2 ～ 5 裂。果实为蒴果、浆果或翅果；种子常具假种皮。

内蒙古有 2 属、5 种。

分属检索表

1a. 灌木或小乔木；叶对生，稀互生或轮生；花 4 ～ 5 基数……………………………**1. 卫矛属 Euonymus**

1b. 藤状灌木，叶互生，花 5 基数……………………………………………………**2. 南蛇藤属 Celastrus**

1. 卫矛属 **Euonymus** L.

灌木或小乔木。小枝常有 4 棱；芽显著，具覆瓦状鳞片。叶通常对生，具柄，稀互生或轮生；托叶条形，脱落。花两性，4 ～ 5 基数，呈腋生聚伞花序；雄蕊短，插生在花盘上；花盘明显，微 4 ～ 5 裂；子房藏于花盘内。蒴果，4 ～ 5 室，每室含 1 ～ 2 粒种子；种子外包以肉质橘红色或橙黄色的假种皮。

内蒙古有 4 种。

分种检索表

1a. 叶卵形、菱状倒卵形、椭圆状卵形、椭圆状披针形或矩圆形，宽 8mm 以上，对生。

　2a. 小枝无木栓质翅，叶两面光滑无毛，明显具叶柄，蒴果 4 浅裂……………………**1. 白杜 E. maackii**

　2b. 小枝具 2 ～ 4 纵列宽木栓质翅，叶下面脉上密被短毛，叶柄不明显或近无柄，蒴果 4 深裂………

　………………………………………………………………………………**2. 毛脉卫矛 E. alatus**

1b. 叶条形、条状矩圆形、椭圆状披针形或窄长椭圆形，宽 2 ～ 8mm；蒴果 1 ～ 4 浅裂。

　3a. 枝具多数纵棱，无木栓质翅；叶互生、对生或 3 叶轮生，无柄；花梗长 8 ～ 16mm…**3. 矮卫矛 E. nanus**

　3b. 枝具 4 纵列木栓质翅；叶对生，具短柄；花梗长 2 ～ 3mm……………………**4. 小卫矛 E. nanoides**

1. 白杜（桃叶卫矛、华北卫矛）

Euonymus maackii Rupr. in Bull. Cl. Phys.-Math. Acad. Imp. Sci. St.-Petersb. 15:358. 1857; Fl. Intramongol. ed.2, 3:463. t.180. f.1-2. 1989; High. Pl. China 7:790. f.1207. 2001.——*E. bungeanus* Maxim. in Prim. Fl. Amur. 470. 1859; Fl. Intramongol. ed. 2, 3:461. t.179. f.1-3. 1989.

落叶灌木或小乔木，高可达 6m。树皮灰色，幼时光滑，老则浅纵裂。小枝细长，对生，圆筒形或微四棱形，无木栓质翅，光滑，绿色或灰绿色。叶对生，卵形、椭圆状卵形或椭圆状披针形，少近圆形，长 4 ～ 10cm，宽 2 ～ 5cm，先端长渐尖，基部宽楔形，边缘具细锯齿，两面光滑无毛；叶柄长 8 ～ 30mm。聚伞花序由 3 ～ 15 朵花组成；总花梗长 1 ～ 2cm；萼片 4，近圆形，长约 2mm；花

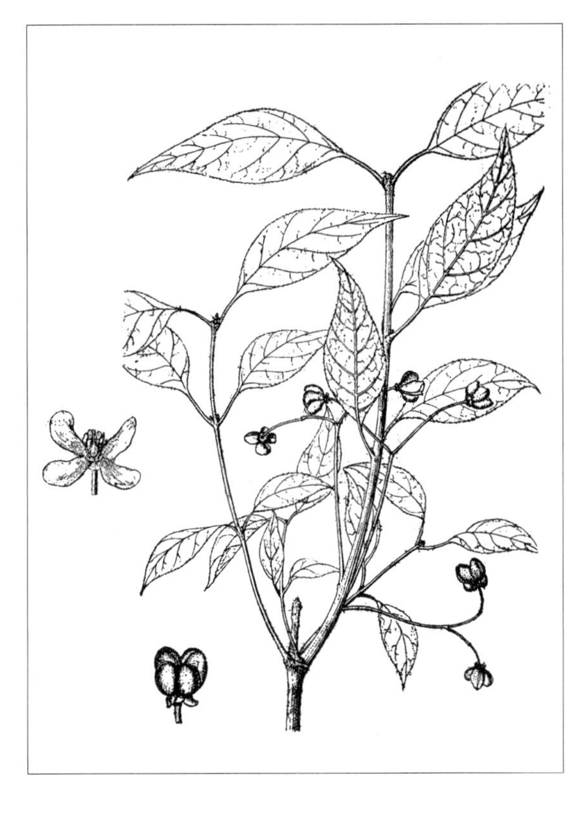

瓣4，矩圆形，黄绿色，长约4mm；雄蕊4，花药紫色，花丝着生在肉质花盘上；子房上位，花柱单一。蒴果倒圆锥形，4浅裂，直径约1cm，粉红或淡黄色；种子外被橘红色假种皮，上端有小孔，露出种子。花期6月，果期8月。

中生小乔木。生于草原带的山地、沟坡、沙丘，属喜光的深根性树种。产岭西（额尔古纳市、海拉尔区、鄂温克族自治旗）、兴安南部（阿鲁科尔沁旗、巴林右旗）、科尔沁（奈曼旗）、辽河平原（大青沟）、赤峰丘陵（红山区、松山区）、燕山北部（喀喇沁旗、宁城县、敖汉旗）、锡林郭勒（正蓝旗、多伦县）、阴山（大青山、蛮汗山）、阴南丘陵（准格尔旗）、鄂尔多斯（达拉特旗、伊金霍洛旗、乌审旗）。分布于我国黑龙江、吉林东部、辽宁、河北、河南、山东、山西、陕西、甘肃东部、安徽南部、江苏南部、浙江、江西、湖北、湖南、广东中部、贵州、云南，日本、朝鲜、蒙古国东部（大兴安岭）、俄罗斯（远东地区）。为东亚分布种。欧洲、北美有栽培。

木材供家具及细工雕刻用。树皮、根皮含硬橡胶。根皮入药，能祛风湿、止痛，主治风湿性关节炎。种子含油，可制肥皂。为庭园观赏树种。

2. 毛脉卫矛（鬼箭羽）

Euonymus alatus (Thunb.) Sieb. in Verh. Batav. Genootsch. Kunst. 12:49. 1830; Fl. China 11:448. 2008.——*Celastrus alatus* Thunb. in Syst. Veg. ed. 14, 237. 1784.——*E. alatus* (Thunb.) Sieb. var. *pubescens* Maxim. in Bull. Acad. Imp. Sci. St.-Petersb. 27:456. 1881; Fl. Intramongol. ed. 2, 3:463. t.181. f.1-2. 1989.

落叶灌木，高可达300cm。小枝绿色，四棱形或近于圆柱形，在每一棱上常生有扁平的木栓翅，翅宽2～5（～10）mm。叶对生，菱状倒卵形、矩圆形或卵形，先端渐尖，基部常楔形，长2～5cm，宽0.8～2.5cm，边缘具细密小齿，表面深绿色，光滑，背面淡绿色，主脉及侧脉上被较密的短柔毛；具短柄或近无柄。花两性，由1～3朵花组成腋生的聚伞花序；总花梗长0.5～1.2cm；花4基数，淡绿色，直径5～7mm；花盘方形；雄蕊短。蒴果4深裂，有时

仅 1 ～ 3 心皮成熟为分裂的果瓣，果瓣矩圆形，长 4 ～ 7mm，光滑，每裂瓣内有 1 ～ 2 粒种子；假种皮橘红色。

中生灌木。生于草原带的山地林缘、疏林中。产辽河平原（大青沟）、兴安南部（阿鲁科尔沁旗、巴林右旗、克什克腾旗、西乌珠穆沁旗）、燕山北部（喀喇沁旗、宁城县、敖汉旗）、锡林郭勒（正镶白旗、多伦县）、阴山（大青山、乌拉山）。分布于我国黑龙江、吉林、辽宁、河北、河南、山东、山西、陕西、宁夏、甘肃、安徽、江苏、浙江、江西、湖北、湖南、广东、广西、贵州、四川、云南，日本、朝鲜、俄罗斯（远东地区）。为东亚分布种。欧洲、北美洲有栽培。

带翅的嫩枝入药，能行血通经、散瘀止痛，主治月经不调、产后瘀血腹痛、跌打损伤、肿痛。

3. 矮卫矛（土沉香）

Euonymus nanus M. Bieb. in Fl. Taur. Caucas. 3:160. 1819; Fl. Intramongol. ed. 2, 3:465. t.179. f. 4-5. 1989.

小灌木，高可达 100cm。枝柔弱，先端稍下垂，绿色，光滑，常具棱。叶互生、对生或 3 叶轮生，条形或条状矩圆形，长 1 ～ 4cm，宽 2 ～ 5mm，先端锐尖或具 1 刺尖头，边缘全缘或疏生小齿，常向下反卷；无柄。聚伞花序生于叶腋，由 1 ～ 3 朵花组成；总花梗长 1 ～ 2cm；花梗长 0.5 ～ 1cm，均纤细，其上有条形的苞片及小苞片；花直径约 5mm，紫褐色，4 基数。蒴果熟时紫红色，直径约 1cm，4 瓣开裂，每室含 1 至多数种子；种子棕褐色，基部为橘红色假种皮所包围。花期6月，

果期 8 月。

中生小灌木。生于草原带的南部丘陵坡地及落叶阔叶林缘。产阴南丘陵（准格尔旗）、鄂尔多斯（伊金霍洛旗）、贺兰山。分布于我国山西西部、宁夏西北部、陕西、甘肃东南部、青海东部和东南部、西藏东部，俄罗斯（欧洲部分）、哈萨克斯坦、格鲁吉亚，欧洲。为古北极分布种。

4. 小卫矛

Euonymus nanoides Loes. et Rehd. in Pl. Wilson. 1:492. 1913; High. Pl. China 7:792. f.1211. 2001; Fl. China 11:460. 2008.

小灌木，高达 200cm。枝条扩散，老枝常具栓翅，小枝具乳突状毛或近光滑无毛。叶椭圆披针形、线状披针形或窄长椭圆形，长 1 ～ 2cm，宽 2 ～ 8mm，叶背近脉处常疏被短粗毛或乳突毛；叶柄长 1 ～ 2mm。聚伞花序有花 1 ～ 2 朵，偶为 3 朵；花序梗、小花梗通常均极短，长仅 2 ～ 3mm；花黄绿色，直径约 5mm；花萼长圆形；花瓣宽卵形，基部窄缩；花盘微 4 裂，雄蕊着生其边缘上；花丝长约 1mm；子房有 4 微棱，花柱短，柱头扁圆。蒴果熟时紫红色，近圆球状，上部 1 ～ 4 浅裂，果梗长 2 ～ 4mm；种子紫褐色，类球状，直径 5 ～ 6mm，假种皮橙色，全包种子，仅顶端有小口。花期 4 ～ 5 月，果熟期 8 ～ 9 月。

中生小灌木。生于草原带的南部丘陵坡地。产阴南丘陵（清水河县）。分布于我国河北西北部、河南、山西中部、陕西、甘肃南部、四川西部、云南、西藏东部。为华北—横断山脉分布种。

2. 南蛇藤属 Celastrus L.

藤状灌木，常攀援。枝具实髓、片状髓或中空。单叶互生，边缘具齿；有柄；托叶小。花杂性至雌雄异株，黄绿色或白色，呈腋生聚伞花序或顶生圆锥花序；萼裂片 5；花瓣 5；花盘全缘或有齿；雄蕊 5；子房上位，柱头 3 裂。蒴果通常黄色，3 瓣开裂，3 室，每室具 1 ～ 2 粒种子；种子外包肉质红色的假种皮。

内蒙古有 1 种。

1. 南蛇藤

Celastrus orbiculatus Thunb. in Syst. Veg. ed. 14, 237. 1784; Fl. Intramongol. ed. 2, 3:465. t.181. f. 3-4. 1989.

藤状灌木，长可达 12m。枝光滑，灰褐色或微带紫褐色，具明显的圆点状皮孔。单叶互生，

黄学文 / 摄

近圆形至宽卵形，长 3 ～ 6cm，宽 2 ～ 4cm，先端骤尖或钝，基部圆形或宽楔形，边缘具钝齿，上面深绿色，下面浅绿色。腋生聚伞花序具 3 ～ 7 朵花；花梗与总花梗近等长；花黄绿色，5 基数，直径约 5mm；杂性，雄花的退化雌蕊为柱状；雌花的雄蕊不育，子房基部为杯状花盘所包围，子房 3 室，花柱细长，柱头 3 裂，每裂顶端再 2 浅裂。蒴果球形，黄色，直径约 8mm，花柱宿存。

中生灌木。生于杂木林下或沟坡灌丛中。产辽河平原（大青沟），呼和浩特市、赤峰市亦有栽培。分布于我国黑龙江东南部、吉林东部、辽宁、河北、河南、山东、山西南部、陕西南部、甘肃东南部、安徽、江苏、浙江、江西、湖北、湖南、四川、贵州、广东北部、广西北部，日本、朝鲜、俄罗斯（远东地区）。为东亚分布种。

根、藤、叶、果入药。根、藤、叶能祛风活血、消肿止痛、解毒，主治风湿性关节炎、跌打损伤、腰腿痛、闭经、多发性疖肿、毒蛇咬伤；果能安神镇静，主治神经衰弱、心悸、失眠、健忘等。

68. 槭树科 Aceraceae

乔木或灌木。叶对生，单叶或复叶，掌状分裂，三出复叶或羽状复叶；无托叶。花两性，杂性或单性异株，排成圆锥、聚伞或伞房花序，顶生或腋生；萼片和花瓣各为 4 ～ 5，少数无花瓣；花盘环状，扁平或分裂，少数无花盘；雄蕊 4 ～ 10，通常 8，着生于花盘外侧或内侧；雌蕊 1；子房上位，2 室，中轴胎座，每室具 2 枚胚珠，花柱 2，常基部合生。果实裂成 2 个具单翅的小坚果；种子 1 粒，种皮膜质，无胚乳；子叶折叠或旋卷。

内蒙古有 1 属、4 种，另有 1 栽培种。

1. 槭树属 Acer L.

乔木，稀灌木。冬芽鳞片呈覆瓦状排列或具 2 鳞片。单叶常掌状分裂或为具 3 ～ 7 小叶的复叶；叶柄基部膨大，落叶后成对生的月牙形叶痕留在枝上。翅果扁平或凸起，翅在小坚果的一端。

内蒙古有 4 种，另有 1 栽培种。

分种检索表

1a. 单叶。

2a. 叶 5 裂，裂片全缘；果翅开展成钝角。

3a. 果翅与小坚果近等长，果基截形；叶有时中央裂片又分为 3 小裂片，基部截形…………………………………………………………………………**1. 元宝槭 A. truncatum**

3b. 果翅长为小坚果的 1.5 ～ 2 倍，果基心形或浅心形；叶裂片不再分裂，基部心形或浅心形…………………………………………………………………………**2. 色木槭 A. mono**

2b. 叶 3 裂或不分裂，或 3 深裂；裂片边缘具锯齿。

4a. 叶 3 裂或不裂，中央裂片大，边缘有粗锯齿；果翅几平行……………………**3. 茶条槭 A. ginnala**

4b. 叶 3 深裂，全缘或具粗锯齿；果翅开展成钝角、锐角或近直角………**4. 细裂槭 A. stenolobum**

1b. 羽状复叶，有 3 ～ 9 小叶；果翅与小坚果近等长，果翅开展成锐角或近直角。栽培…………………………………………………………………………**5. 梣叶槭 A. negundo**

1. 元宝槭（华北五角槭）

Acer truncatum Bunge in Enum. Pl. China Bor. 10. 1833; Mem. Acad. Sci. St.-Petersb. Sav. Etr. 2:84. 1835; Fl. Intramongol. ed. 2, 3:467. t.182. f.1-3. 1989; Fl. China 11:521. 2008.

落叶小乔木，高达 8m。树皮灰棕色，深纵裂。小枝淡黄褐色。单叶对生，掌状 5 裂，有时 3 裂或中央裂片又分成 3 裂，裂片长三角形，最下两裂片有时向下开展；叶长 5 ～ 7cm，宽 6 ～ 10cm，边缘全缘，基部截形，上面暗绿色，光滑，下面淡绿色；主脉 5 条，掌状，出自基部，

近基脉腋簇生柔毛；叶柄长 4 ～ 7.5cm，光滑，上面有槽。花淡绿黄色，杂性同株，6 ～ 15 朵花排成伞房状的聚伞花序，顶生；萼片 5；花瓣 5，黄色或白色，长椭圆形，先端钝，下部狭细；雄蕊 8，生于花盘外侧的裂孔中；花柱无毛，柱头 2 裂，向下卷曲。果翅与小坚果长度几乎相等，两果开展角度为钝角；小坚果扁平，光滑，果基部多为截形。花期 6 月上旬，果熟期 9 月。

耐阴中生小乔木。生于落叶阔叶林带的阴坡、半阴坡及沟谷底部。产兴安南部（巴林右旗）、燕山北部（喀喇沁旗、宁城县、敖汉旗），呼和浩特市、包头市亦有栽培。分布于我国黑龙江中部和东南部、吉林东部、辽宁、河北、河南西部和北部、山东西部、山西、陕西南部、宁夏南部、甘肃东南部、四川东北部、安徽北部、江苏西北部。为华北分布种。

木材质韧，细致，硬度大，可做建筑、造船、车辆、家具、雕刻、木梭等用材。种仁含油 46% ～ 48%，可供食用。嫩叶可代茶用，也可做菜吃。树形美观、雅致，能抗烟尘，对防止大气污染有一定作用，为良好的园林绿化、环境保护和荒山造林树种。

2. 色木槭（五角枫）

Acer mono Maxim. in Bull. Phys.-Math. Acad. Imp. Sci. St.-Petersb. 15:126. 1856.——*A. truncatum* Bunge subsp. *mono* (Maxim.) E. Murr. Kalmia 1:7. 1969; Fl. Intramongol. ed. 2, 3:468. 1989.——*A. pictum* Thunb. subsp. *mono* (Maxim.) H. Ohashi in J. Jap. Bot. 68:321. 1993; Fl. China 11:522. 2008.

落叶乔木，高可达 20m。树皮暗灰色或褐灰色，纵裂。小枝灰色，具淡褐色卵形皮孔；嫩枝灰黄色或浅棕色，初被疏毛，后脱落。冬芽卵圆形。单叶纸质，宽卵形或矩圆形，掌状 5 裂，稀 7 裂，长 3.5 ～ 9cm，宽 4 ～ 12cm，裂深约为全叶片的三分之一，裂片宽三角形，先端尾尖或长渐尖，全缘或微有 2 小裂；叶基心形或稍截形；上面暗绿色，下面淡绿色，除脉腋有黄色簇毛外余均无毛；叶柄细，长 2 ～ 11cm。杂性花，组成顶生伞房花序；萼片花瓣均为 5；雄蕊 8，生于花盘

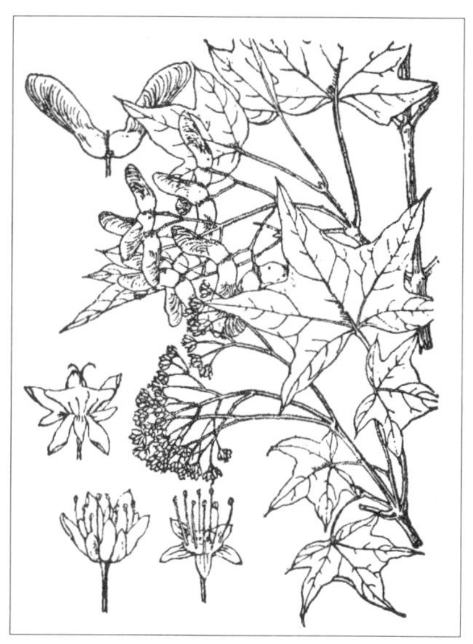

内侧。果成熟时淡黄褐色，有时微带红色，长约 2.5cm，宽约 0.8cm；果体扁平或微隆起，翅长椭圆形，比果体长 1 倍或 1 倍以上，两果翅张开常大于 90°，成钝角。花期 4 月，果期 8 ～ 9 月。

耐阴落叶中生小乔木。生于落叶阔叶林带和森林草原带的林下、林缘、杂木林中、河谷、岸旁。产兴安南部（科尔沁右翼中旗、阿鲁科尔沁旗、巴林左旗、巴林右旗、林西县、克什克腾旗）、辽河平原（大青沟）、赤峰丘陵（翁牛特旗）、燕山北部（喀喇沁旗、宁城县黑里河林场、敖汉旗）、锡林浩特（正镶白旗、正蓝旗）。分布于我国黑龙江东部、吉林、辽宁、河北、河南、山东、山西、陕西南部、甘肃东部、四川西半部、安徽西部和南部、江苏、浙江、江西西部、湖北西部、湖南东部，日本、朝鲜。为东亚分布种。

木材质地细致、坚实，光泽美丽，为高级的乐器用材，也可供建筑、家具、雕刻、造船及造纸等用材。树皮含单宁，可提制栲胶。种子可榨油。为良好的园林绿化树种。

3. 茶条槭（黑枫）

Acer ginnala Maxim. in Bull. Phys.-Math. Acad. Imp. Sci. St.-Petersb. 15:126. 1857; Fl. Intramongol. ed. 2, 3:468. t.183. f.1-3. 1989.——*A. tataricum* L. subsp. *ginnala* (Maxim.) Wesmael in Bull. Soc. Roy. Bot. Belgique 29:31. 1890; Fl. China 11:545. 2008. syn. nov.

落叶小乔木，高达 4m。树皮粗糙，灰褐色。小枝细，光滑。单叶对生，具 3 裂片，卵状长椭圆形至卵形，长 4 ～ 8cm，宽 3 ～ 6cm，中央裂片卵状长椭圆形，较两侧裂片大，有时裂片不显著，边缘具粗锯齿，基部心形、圆形或截形，上面深绿，有光泽，下面淡绿色，沿脉被稀疏长柔毛，网脉显著隆起；叶柄长 1.5 ～ 4cm，初有稀柔毛。花黄白色，杂性同株，由多花排成伞房花序，顶生；花轴和花梗初被柔毛，后渐脱落；萼片 5，矩圆形，长约 3mm，边缘具柔毛；花瓣 5，倒披针形，长 3 ～ 4mm；雄蕊 8，着生于花盘内侧；子房密被长柔毛，花柱无毛，

柱头 2 裂。小坚果被稀疏长柔毛，果翅常带红色，长 2.5 ～ 3.0cm，两翅几平行，两果开展度为锐角或更小。花期 6 月上旬，果熟期 9 月。

落叶中生小乔木。生于草原带山地的半阳坡、半阴坡及杂木林中。产兴安南部（阿鲁科尔沁旗、巴林右旗、克什克腾旗、西乌珠穆沁旗、锡林浩特市）、燕山北部（喀喇沁旗、敖汉旗）、阴山（大青山、蛮汗山、乌拉山）、阴南丘陵、鄂尔多斯（伊金霍洛旗），呼和浩特市亦有栽培。分布于我国黑龙江东部、吉林东部、辽宁东部、河北西部、河南北部、山东、山西、陕西、宁夏南部、甘肃东部、青海东部、安徽南半部、浙江、湖北西部，日本、朝鲜、俄罗斯（东西伯利亚地区）。为东西伯利亚—东亚分布种。

木材为细木工和胶合板原料。树皮含单宁 8.2% ～ 20%。嫩叶可代茶用。种子含油约 11.5%，可制肥皂。本种抗风雪及烟害的能力较强，可做水土保持及园林绿化树种。叶及芽入药，能清热明目，主治肝热目赤、昏花。

4. 细裂槭（大叶细裂槭）

Acer stenolobum Rehd. in J. Arnold. Arbor. 3:216. 1922; Fl. Intramongol. ed. 2, 3:471. t.184. f. 1. 1989.——*A. stenolobum* Rehd. var. *megalophyllum* W. P. Fang et Y. T. Wu in Act. Phytotax. Sin. 17(1):77. 1979; Fl. Intramongol. ed. 2, 3:471. t.184. f.2. 1989.——*A. pilosum* Maxim. var. *stenolobum* (Rehd.) W. P. Wang in Act. Phytotax. Sin. 11:163. 1966; Fl. China 11:538. 2008. syn. nov.

落叶小乔木，高约 5m。当年生枝淡紫绿色，多年生枝淡褐色。叶近革质，长 3 ～ 8cm，宽 3 ～ 10cm，基部近截形、阔楔形或心形（萌生枝叶）；3 深裂，裂片长圆状披针形，宽 7 ～ 15mm，先端渐尖，全缘或具粗锯齿，上面绿色，无毛，下面淡绿色，除脉腋具丛毛外，其它处无毛；主脉 3 条，在下面尤显；叶柄细，长 3 ～ 6cm，淡紫色，无毛。伞房花序无毛，生于小枝顶端；花淡绿色，杂性，雄花与两性花同株；萼片 5，卵形，边缘或近先端有纤毛；花瓣 5，矩圆形或线状矩圆形，与萼片近等长或略短；雄蕊 5，生于花盘内侧的裂缝间，雄花中的花丝较萼片长约 2 倍，两性花中的花丝则与萼片近等长，花药卵圆形；两性花的子房有疏柔毛，花柱 2 裂，柱头反卷；雌花的雄蕊不发育。翅果幼时淡绿色，熟后淡黄色；小坚果凸起，近于卵圆形或球形，直径约 6mm；翅近于矩圆形，长 2 ～ 2.8cm，两果开展角度为钝角、锐角或近直角。花果期 5 ～ 9 月。

落叶中生小乔木。生于荒漠带的山谷灌丛、阴湿沟谷。产贺兰山。分布于我国山西西部、宁夏西北部和南部、陕西北部、甘肃东北部。为华北西部分布种。

全株可做水土保持树种及园林绿化树种。

5. 梣叶槭（复叶槭、糖槭）

Acer negundo L., Sp. Pl. 2:1056. 1753; Fl. Intramongol. ed. 2, 3:471. t.182. f.4-6. 1989.

落叶乔木，高达 15m。树皮暗灰色，浅裂。小枝光滑，被蜡粉。单数羽状复叶，具小叶 3 ～ 5，稀 7 或 9，卵形至披针状长椭圆形，长 6 ～ 15cm，宽 3 ～ 6cm，先端锐尖或渐尖，基部宽楔形或近圆形，叶缘具不整齐疏锯齿，上面绿色，初时边缘及沿脉有柔毛，后渐脱落，下面黄绿色，具柔毛，顶端小叶叶柄长 1 ～ 2.5cm，两侧小叶叶柄长 0.3 ～ 1cm，具柔毛。花单性，雌雄异株，雄花成伞房花序，总花梗长 2 ～ 4cm，被柔毛，下垂；花萼钟状，顶部 5 裂，被柔毛；雄蕊 5，长 3 ～ 3.5mm，花丝细长，花药窄矩圆形，无花瓣；雌花为总状花序，总花梗长 3 ～ 5cm，下垂。翅果扁平无毛，长 3cm，翅长与小坚果几乎相等，两果开展角度为锐角或近直角。花期 5 月，果熟期 9 月。

落叶中生乔木。原产北美，为北美种。内蒙古及我国其他地区均有栽培。

木材纹理通直，结构细致，但干燥后稍有裂隙，可做家具、造纸及一般细木工用材，又可做环境保护及园林绿化树种。

69. 无患子科 Sapindaceae

乔木或灌木，稀草本。叶互生或有时对生，羽状复叶，有时为二回羽状复叶或 3 小叶；无托叶。花单性、两性或杂性，辐射对称或两侧对称，小型，常呈总状花序、圆锥花序或伞房花序；萼片 4 ～ 5；花瓣 4 ～ 5，有时缺，其内侧基部常有毛或鳞片；花盘发达，位于雄蕊的外方；雄蕊 8 或 10，排成 2 轮，稀较少或多数，基部多少连合；上位子房，常 3 室，深 3 裂，每室常具 1 ～ 2 枚胚珠或更多，花柱 1 或分裂。果为蒴果、浆果、核果、坚果或翅果，种子无胚乳。

内蒙古有 1 属、1 种，另有 1 栽培属、1 栽培种。

分属检索表

1a. 果膨大，呈囊状，果皮膜质；花瓣 4，黄色；圆锥花序。栽培……………………**1. 栾树属 Koelreuteria**

1b. 果不膨大，果皮厚，木栓质；花瓣 5，白色；总状花序…………………………**2. 文冠果属 Xanthoceras**

1. 栾树属 Koelreuteria Laxm.

落叶乔木。冬芽小，有 2 鳞片。叶互生，一至二回奇数羽状复叶；小叶常有缺刻或裂片。两性花及单性花共存，圆锥花序，顶生，两侧对称；花黄色；花萼 5 深裂；花瓣 4，稀 3，披针形，有爪；具花盘；雄蕊 8 或较少；子房上位，3 室，每室具胚珠 2 枚，柱头 3 裂。蒴果，膨大呈囊状，3 瓣裂；种子圆形，黑色。

内蒙古有 1 栽培种。

1. 栾树

Koelreuteria paniculata Laxm. in Novi Comment. Acad. Sci. Imp. Petrop. 16:561. 1772; Clav. Pl. Chin. Bor.-Orient. ed. 2, 399. 1995; Fl. China 12:9. 2007.

落叶乔木，高达 20m。树冠近球形。树皮灰褐色，细纵裂。小枝无顶芽，有柔毛。叶为一至二回单数羽状复叶，大型，连柄长 20 ～ 40cm；小叶长卵形或卵形，长 3 ～ 8cm，宽

2.5～3.5cm，边缘具锯齿或裂片，叶背沿脉被短柔毛。顶生大型圆锥花序，长25～40cm，有柔毛；花黄色，中心紫色；萼片5，有睫毛；花瓣4，长8～9mm；雄蕊8。蒴果，膨大呈膀胱状，长卵形，顶端渐尖，边缘有膜质薄翅3片；种子圆形，黑色。花期5～6月，果期8～9月。

中生乔木。内蒙古呼和浩特市、赤峰市南部等地有栽培。分布于我国辽宁、河北、河南、山东、山西、陕西、甘肃、青海（海东市循化撒拉族自治县）、四川、云南。为华北—横断山脉分布种。

木材坚硬，可制家具及小型农具。叶可提取栲胶，又可做黑色染料。花可做黄色染料。种子油可制润滑油及肥皂。为重要绿化树种，常为园林栽植和做行道树，也是良好的水土保持树种。

2. 文冠果属 Xanthoceras Bunge

属的特征同种。

单种属。

1. 文冠果（木瓜、文冠树）

Xanthoceras sorbifolium Bunge in Enum. Pl. China Bor. 11. 1833; Fl. Intramongol. ed. 2, 3:473. t.185. f.1-5. 1989.

灌木或小乔木，高可达8m，胸径可达90cm。树皮灰褐色。小枝粗壮，褐紫色，光滑或被短柔毛。单数羽状复叶，互生，小叶9～19，无柄，窄椭圆形至披针形，长2～6cm，宽1～1.5cm，边缘具锐锯齿。总状花序，长15～25cm；萼片5，花瓣5，白色，内侧基部有由黄变紫红的斑纹；花盘5裂，裂片背面有1角状橙色的附属体，长为雄蕊之半；雄蕊8，长为花瓣之半；子房矩圆形，具短而粗的花柱。蒴果3～4室，每室含种子1～8粒；种子球形，黑褐色，径节1～1.5cm，种脐白色，种仁（种皮

内有一棕色膜包着的）乳白色。花期 4 ～ 5 月，果期 7 ～ 8 月。

中生小乔木。生于落叶阔叶林带和草原带的山坡。产兴安南部（阿鲁科尔沁旗）、辽河平原（大青沟）、赤峰丘陵（红山区、翁牛特旗）、燕山北部（喀喇沁旗、宁城县、敖汉旗）、乌兰察布（乌拉特中旗巴音哈太山）、阴山（大青山、蛮汗山）、阴南丘陵（准格尔旗）、鄂尔多斯（鄂托克旗、达拉特旗）、东阿拉善（桌子山）、贺兰山。分布于我国河北北部、河南西部、山东西部、山西、宁夏西北部、甘肃东部、青海东部。为华北分布种。

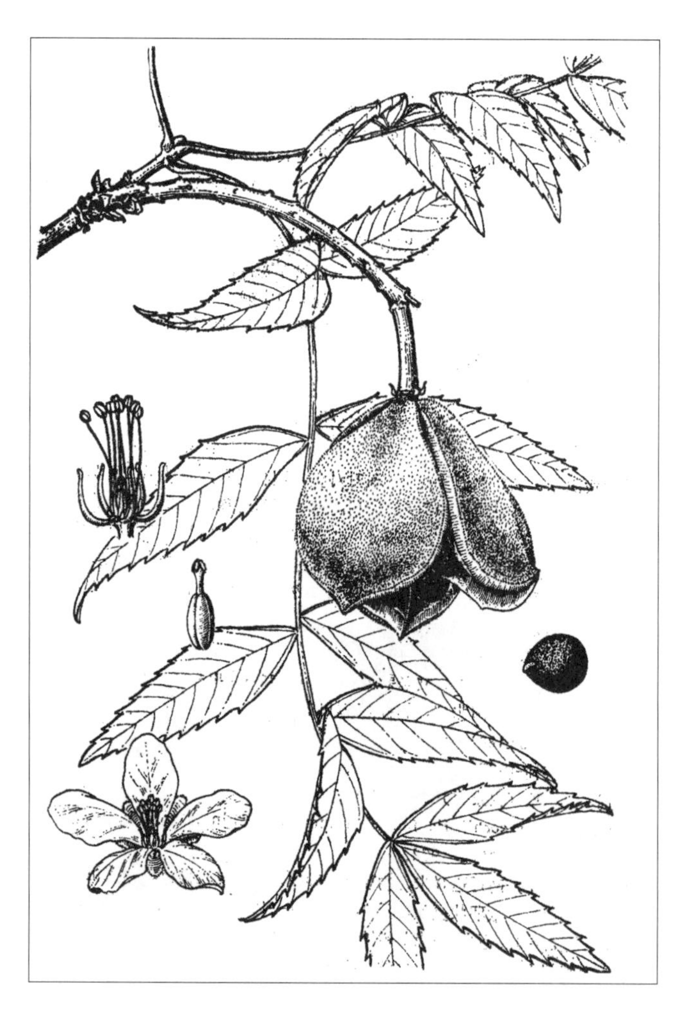

文冠果是我国北方地区很有发展前途的木本油料树种。种子含油 30.8%，种仁含油 56.36% ～ 70.0%，与油茶、榛子相近。除油供食用和工业用外，油渣含有丰富的蛋白质和淀粉，故可供提取蛋白质或氨基酸的原料，经加工也可以做精饲料。木材棕褐色，坚硬致密，花纹美观，抗腐性强，可做器具和家具。果皮可提取工业上用途较广的糠醛。又为荒山固坡和园林绿化树种。茎干或枝条的木质部入蒙药（蒙药名：霞日 - 森登），能燥“黄水”、清热、消肿、止痛，主治游痛症、病风症、热性“黄水”病、麻风病、青腿病、皮肤瘙痒、癣、脱发、黄水疮、风湿性心脏病、关节疼痛、淋巴结肿大。

70. 凤仙花科 Balsaminaceae

肉质多汁草本。单叶，互生、对生或近轮生；无托叶或在叶柄基部具1对腺体。花两性，两侧对称，单生叶腋或数朵至多数排列成腋生的总状花序。萼片3，稀5，漏斗状或舟状；侧生2片小，绿色；下面1片大，花瓣状，凸出呈囊状，末端常延伸成中空的距。花瓣5，上面1片在外（称旗瓣），常直立，侧面的各2片成对联合（称翼瓣）或分离；雄蕊5，与花瓣互生，具短而扁的花丝，花药合生与靠合，包围雌蕊呈帽状；子房上位，5室，每室具2至多数胚珠，中轴胎座，花柱短，柱头1～5裂。蒴果，成熟时弹裂成5个旋卷状的果瓣，稀浆果状核果；种子无胚乳。

内蒙古有1属、2种，另有1栽培种。

1. 凤仙花属 Impatiens L.

本属花冠侧面的各2花瓣成对合生成翼瓣，非离生；果实为蒴果，非浆果状核果；其他特征同科的特征记载。

内蒙古有2种，另有1栽培种。

分种检索表

1a. 蒴果椭圆形或扁球形，密被柔毛。栽培……………………………………………**1. 凤仙花 I. balsamina**

1b. 蒴果圆柱形或细纺锤形，无毛。

  2a. 花黄色或淡黄色，总花梗无腺毛…………………………………………**2. 水金凤 I. noli-tangere**

  2b. 花紫色或淡紫色，总花梗被腺毛…………………………………………**3. 东北凤仙花 I. furcillata**

1. 凤仙花（急性子、指甲草、指甲花）

Impatiens balsamina L., Sp. Pl. 2:938. 1753; Fl. Intramongol. ed. 2, 3:475. t.186. f.1-7. 1989.

一年生草本，高40～60cm。茎直立，圆柱形，肉质，稍带红色，节部稍膨大。叶互生，

披针形，长 4 ～ 12cm，宽 1 ～ 2.5cm，先端长渐尖，基部渐狭，边缘具锐锯齿；叶柄长 1 ～ 3cm，两侧具数腺体。花单生与数朵簇生于叶腋；花梗长 1 ～ 1.5cm，密被短柔毛；萼片 3，侧生 2，宽卵形，长约 3mm，宽约 2mm，被疏短柔毛，下面 1 片，舟形，花瓣状，被短柔毛，长 1.4 ～ 1.8cm，基部延长成细而内弯的距，距长约 1.5cm。花大，粉红色、紫色、白色与杂色，单瓣与重瓣；旗瓣近圆形，长约 1.5cm，先端凹，具小尖头；翼瓣宽大，长约 2.5cm，2 裂，基部裂片圆形，上部裂片倒心形。花药先端钝；子房纺锤形，绿色，密被柔毛。蒴果纺锤形与椭圆形，被茸毛，果皮成熟时 5 瓣裂而卷缩，并将种子弹出；种子多数，椭圆形或扁球形，长 3 ～ 4mm，宽 2 ～ 3mm，深褐色或棕黄色。花期 7 ～ 8 月，果期 8 ～ 9 月。

湿中生草本。原产东南亚，为东南亚种。内蒙古及我国其他地区均有栽培。

全草入药（药材名：透骨草），能活血通经，祛风止痛，主治跌打损伤、瘀血肿痛、痈疖疔疮、蛇咬伤等。种子也入药（药材名：急性子），能活血通经、软坚、消积，主治闭经、难产、肿块、积聚、跌打损伤、瘀血肿痛、风湿性关节炎、痈疖疔疮。花入蒙药（蒙药名：好木孙 - 宝都格 - 其其格），能利尿、消肿，主治浮肿、慢性肾炎、膀胱炎等。可做观赏植物。

2. 水金凤（辉菜花）

Impatiens noli-tangere L., Sp. Pl. 2:938. 1753; Fl. Intramongol. ed. 2, 3:476. t.186. f.8-15. 1989.

一年生草本，高 30 ～ 60cm。主根短，支根多数，肉质，常带红色。茎直立，上分枝，肉质。叶互生，叶片卵形、椭圆形或卵状披针形，长 2 ～ 8cm，宽 1 ～ 4cm，先端钝与尖，基部圆形或楔形，边缘具疏大钝齿，侧脉 5 ～ 7 对；叶柄长 0.3 ～ 3cm。总花梗腋生，具花 2 ～ 4 朵；花梗纤细，下垂，其中部具披针形与条形的小苞片；萼片 3，侧生 2，卵形，长约 8mm，宽约 4mm，先端尖，下面 1 片花瓣状，长 1 ～ 1.4cm，漏斗形，基部延长成内弯的长距，距长约 1cm。花二型，大花黄色或淡黄色，有时具红紫色斑点；旗瓣近圆形，长约 8mm，背部中肋具龙骨状凸起；翼瓣宽

大，长约17mm，2裂，下裂片矩圆形，上裂片较大，宽斧形。花药先端尖；小花为闭锁花，淡黄白色，近卵形，长1.5～2.5mm，无距，侧萼片2，卵形，紧包全花；花瓣通常2，宽卵形；雄蕊分离，自花受粉。蒴果圆柱形，长1～2cm；种子近椭圆形，长2.5～3mm，深褐色，表面具蜂窝状凹眼。花期7～8月，果期8～9月。

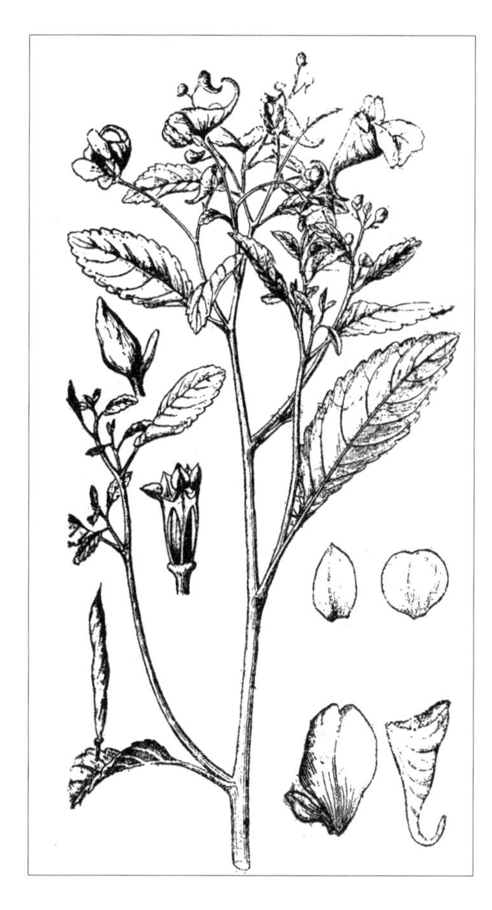

湿中生草本。生于森林带和森林草原带的林下、林缘湿地。产兴安北部（额尔古纳市、根河市、牙克石市、东乌珠穆沁旗宝格达山）、兴安南部（科尔沁右翼前旗、科尔沁右翼中旗、阿鲁科尔沁旗、巴林右旗、克什克腾旗）、辽河平原（大青沟）、燕山北部（喀喇沁旗、宁城县、兴和县苏木山）、阴山（大青山）。分布于我国黑龙江、吉林、辽宁、河北、河南、山东、山西、陕西、宁夏、甘肃、青海、安徽、浙江、湖北、湖南、广东，日本、朝鲜、蒙古国、俄罗斯（西伯利亚地区、远东地区），中亚、西南亚、欧洲、北美洲。为泛北极分布种。

全草入药，能活血调经、舒筋活络，主治月经不调、痛经、跌打损伤、风湿疼痛、阴囊湿疹。全草作蒙药用，功能、主治同凤仙花。

3. 东北凤仙花

Impatiens furcillata Hemsl. in J. Linn. Soc. Bot. 23:101. 1886; Fl. Intramongol. ed. 2, 3:479. t.187. f.1-6. 1989.

一年生草本，高30～60cm。茎直立，上部有分枝或无，肉质，总花梗及茎顶部小分枝被腺毛。叶互生，茎顶部近轮生，宽披针形、菱状披针形或椭圆形，长4～12cm，宽2～6cm，先端渐尖，基部常楔形，边缘具重牙齿，齿端有小刺；叶柄长1～2.5cm。花3～9朵排成总状花序；花梗纤细，基部具1披针形小苞片；萼片3，侧生2，卵形，较小，长约4mm，下面1片花瓣状，长1～1.5cm，漏斗状，基部延长成内弯与卷曲的长距，距长约1cm。紫色或淡紫色，长1～2cm；旗瓣近圆形，背面中肋具龙骨状凸起；翼瓣斜卵形，2裂，上裂片较大。蒴果细纺锤形，长1～1.5cm，含种子3～4粒；种子椭圆形，黑褐色，长约3mm。花果期8～9月。

湿中生草本。生于湿润森林地区的林缘湿地及山沟溪边。产辽河平原（大青沟）。分布于我国黑龙江、吉林、辽宁、河北北部，朝鲜、俄罗斯（远东地区）。为满洲分布种。

71. 鼠李科 Rhamnaceae

乔木或灌木，稀草本，常具针刺。单叶互生，稀对生，叶脉呈羽状脉或三至五基出脉；常具托叶。花小，辐射对称，两性或单性，绿色或黄绿色，排成聚伞花序、圆锥花序或簇生；萼片5稀4，呈镊合状排列；花瓣5或4，有时缺；雄蕊5或4，与花瓣对生；萼筒（花托）呈杯状，内有发达花盘，位于雄蕊内侧；花柱2～4，多少连合，子房上位或下位，2～4室，每室具1枚直立于基部而倒生的胚珠。果实为核果、翅果或蒴果；种子具宽扁子叶和小胚根，胚乳少或无。

内蒙古有2属、10种，另有1栽培变种。

分属检索表

1a. 托叶为针刺状；叶为基部三出脉；核果肉质，具1核……………………………………………**1. 枣属 Ziziphus**

1b. 托叶不为针刺状；枝端为针刺状；叶为羽状脉；核果浆果状，具2～4核………**2. 鼠李属 Rhamnus**

1. 枣属 **Ziziphus** Mill.

灌木或乔木。冬芽小，具2至数个鳞片。单叶互生，基部3～5脉，全缘或有锯齿；具短柄；托叶常呈针刺状。花两性，小型，常为黄色，呈腋生聚伞花序；萼片、花瓣和雄蕊均为5，稀无花瓣；子房上位，藏于花盘内，2～4室，每室具1枚胚珠，花柱2裂。核果肉质，球形或长椭圆形。

内蒙古有1种。

分变种检索表

1a. 枝有针刺；核果不超过1.5cm，核顶端钝…………………………………**1a. 酸枣 Z. jujuba** var. **spinosa**

1b. 枝无针刺；核果较大，超过1.5cm，核顶端尖。栽培…………………………**1b. 枣 Z. jujuba** var. **inermis**

1a. 酸枣

Ziziphus jujuba Mill. var. **spinosa** (Bunge) Hu ex H. F. Chow in Fam. Trees Hopei 307. f.118. 1934; Fl. Intramongol. ed. 2, 3:479. t.188. f.1-4. 1989.——*Z. vulgaris* Lam. var. *spinosa* Bunge in Enum. Pl. China Bor. 14. 1833.

灌木或小乔木，高达4m。小枝弯曲呈"之"字形，紫褐色，具柔毛，有细长的刺。刺有两种：一种是狭长刺，有时可达3cm；另一种刺呈弯钩状。单叶互生，长椭圆状卵形至卵状披针形，长1～4（～5）cm，先端钝或微尖，基部偏斜，有三出脉，边缘有钝锯齿，齿端具腺点，上面暗绿色，无毛，下面浅绿色，沿脉被柔毛；叶柄长0.1～0.5cm，被柔毛。花黄绿色，2～3朵簇生于叶腋；花梗短；花萼

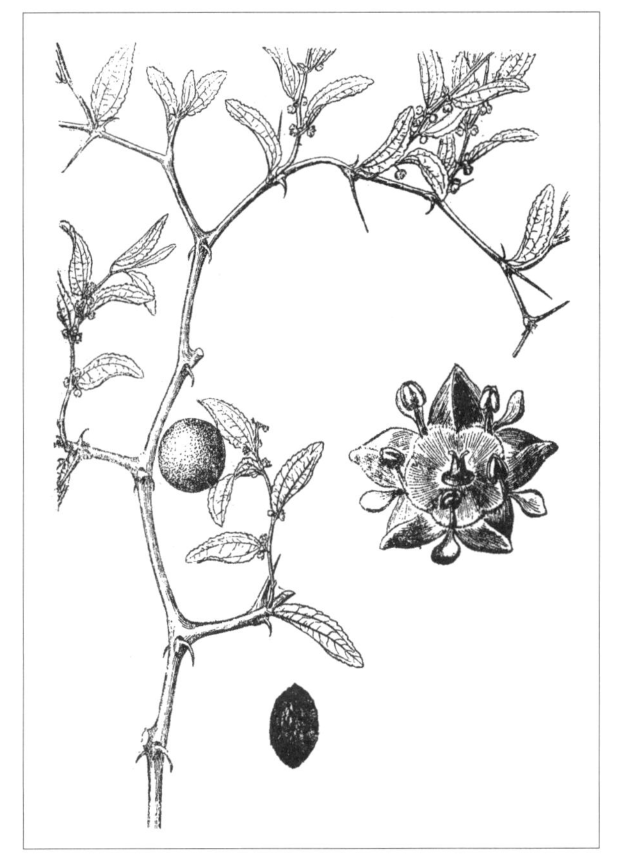

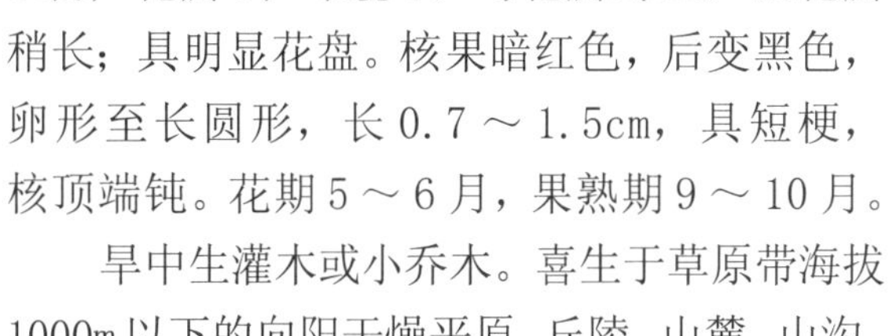

5裂；花瓣5；雄蕊5，与花瓣对生，比花瓣稍长；具明显花盘。核果暗红色，后变黑色，卵形至长圆形，长0.7～1.5cm，具短梗，核顶端钝。花期5～6月，果熟期9～10月。

旱中生灌木或小乔木。喜生于草原带海拔1000m以下的向阳干燥平原、丘陵、山麓、山沟，常形成灌木丛。产科尔沁（库伦旗）、赤峰丘陵（红山区、松山区、翁牛特旗）、燕山北部（喀喇沁旗、宁城县、敖汉旗）、阴山（大青山、乌拉山）、阴南丘陵（准格尔旗）、鄂尔多斯（达拉特旗、东胜区）、东阿拉善（桌子山）、贺兰山。分布于我国辽宁、河北、河南、山西、陕西、宁夏、甘肃、青海（黄南藏族自治州同仁县）、安徽、江苏。为华北分布变种。

种子及树皮、根皮入药。种子（药材名：酸枣仁）能宁心安神、敛汗，主治虚烦不眠、惊悸、健忘、体虚多汗等；树皮、根皮能收敛止血，主治便血、烧烫伤、月经不调、崩漏、白带过多、遗精、淋浊、高血压等。种子可榨油，含油量50%；果实可酿酒，枣肉可提取维生素；花富含蜜汁，为良好的蜜源植物；核壳可制活性炭；叶可做猪的饲料；茎皮内含鞣质约21%，可提制栲胶。据河南省资料，酸枣仁在兽医上可代替非布林解热用，亦可治疗牛马的痉挛症或燥泻不定症。全株常做果树栽培，也有做绿篱用，在水土流失地区可做固土、固坡的良好水土保持树种。

1b. 枣（无刺枣）

Ziziphus jujuba Mill. var. **inermis** (Bunge) Rehd. in J. Arnold. Arbon. 3:220. 1922; Fl. Intramongol. ed. 2, 3:480. t.188. f.5-7. 1989.——*Z. vulgaris* Lam. var. *inermis* Bunge in Enum. Pl. China Bor. 14. 1833.

本变种与酸枣之主要区别：本种枝上无刺，核果较大，核顶端尖。

中生乔木。原产我国，为东亚分布变种。内蒙古赤峰市南部、乌兰察布市南部、鄂尔多斯

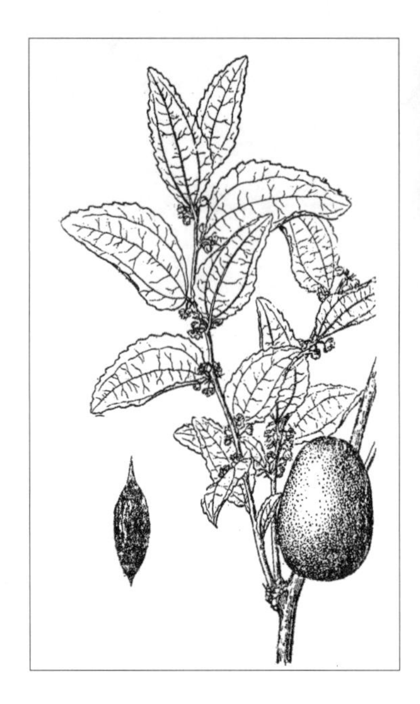

市南部、包头市土默特右旗、赤峰市南部和我国其他地区广泛栽培。

果实味甜，为食用果品，可制蜜饯、果脯及各种糕点，又可为酿酒原料。果实入药（药材名：大枣），能补脾胃、润心肺、益气养营，主治脾胃虚弱、惊悸失眠、营卫不和、气血津液不足等。

2. 鼠李属 Rhamnus L.

落叶或常绿乔木或灌木。常具枝刺。冬芽具鳞片或裸露；顶芽有或缺。单叶互生或对生，叶脉羽状，边缘具锯齿或全缘；具托叶。花小，两性，杂性或雌雄异株，黄色，带绿色，花部 4 ～ 5 基数，花瓣有时缺，腋生成簇，或排成伞形花序或总状花序；子房上位，2 ～ 4 室，花柱常不分裂。果为浆果状核果，有核 2 ～ 4 个，每核含 1 粒种子。

内蒙古有 9 种。

分种检索表

1a. 叶和枝互生，少兼近对生。

  2a. 叶条形或条状披针形，宽 0.3 ～ 1.2mm，两面无毛……………………**1. 柳叶鼠李 R. erythroxylon**

  2b. 叶卵状椭圆形、卵形、倒卵形或近圆形，宽 0.5 ～ 4cm，两面被短毛……**2. 朝鲜鼠李 R. koraiensis**

1b. 叶和枝对生或近对生，少兼互生。

  3a. 种子背沟无开口；叶大型，长 3 ～ 11cm……………………………………**3. 鼠李 R. davurica**

  3b. 种子背沟具开口；叶小型，长 0.5 ～ 6cm。

    4a. 叶缘具芒齿或细锐锯齿，齿尖呈刺芒状，基部心形或圆形…………………**4. 锐齿鼠李 R. arguta**

4b. 叶缘具钝锯齿或全缘，齿尖不呈刺芒状，基部楔形或近圆形。

5a. 无花瓣；叶全缘或具不明显锯齿，先端钝圆……………………………**5. 钝叶鼠李 R. maximowicziana**

5b. 具花瓣；叶缘具钝锯齿。

6a. 叶较小，倒卵圆形，先端凸尖或钝圆，长不超过 1cm；植株矮小，分枝密集……………………………………………………………………………………………**6. 土默特鼠李 R. tumetica**

6b. 叶较大，先端锐尖、凸尖或圆钝，长通常 1cm 以上；植株较高，分枝较松散。

7a. 叶倒披针形或倒卵状披针形，两面无毛………………………………**7. 蒙古鼠李 R. mongolica**

7b. 叶宽卵形、卵状菱形、菱状卵圆形或倒卵形。

8a. 叶两面无毛；叶柄较长，长 1 ～ 3cm，无毛；侧脉 4 ～ 5 对……………………………………………………………………………………**8. 金刚鼠李 R. diamantiaca**

8b. 叶两面被毛；叶柄较短，长 6 ～ 8mm，密被短柔毛；侧脉 2 ～ 4 对………………………………………………………………………………**9. 小叶鼠李 R. parvifolia**

1. 柳叶鼠李（黑格兰、红木鼠李）

Rhamnus erythroxylon Pall. in Reise Russ. Reich. 3:722. 1776; Fl. Intramongol. ed. 2, 3:489. t.191. f.1-2. 1989.

灌木，高达 2m。多分枝，具刺；当年生枝红褐色，初有稀柔毛，枝先端为针刺状；二年生枝为灰褐色，光滑。单叶，在长枝上互生或近对生，在短枝上簇生，条状披针形，长 2 ～ 9cm，宽 0.3 ～ 1.2cm，先端渐尖，少为钝圆，基部楔形，边缘稍内卷，具疏细锯齿，齿端具黑色腺点，上面绿色，下面淡绿色；中脉显著隆起，侧脉 4 ～ 5（～ 6）对，不明显；叶柄长 0.5 ～ 1.6cm，被柔毛。花单性，黄绿色，10 ～ 20 朵束生于短枝上；萼片 5；花瓣 5；雄蕊 5。核果球形，熟时黑褐色，直径约 4 ～ 6mm，果柄长 0.4 ～ 0.8（～ 1.0）cm，内具 2 核，有时为 3 核；种子倒卵形，背面有沟，种沟开口占种子全长的 5/6。

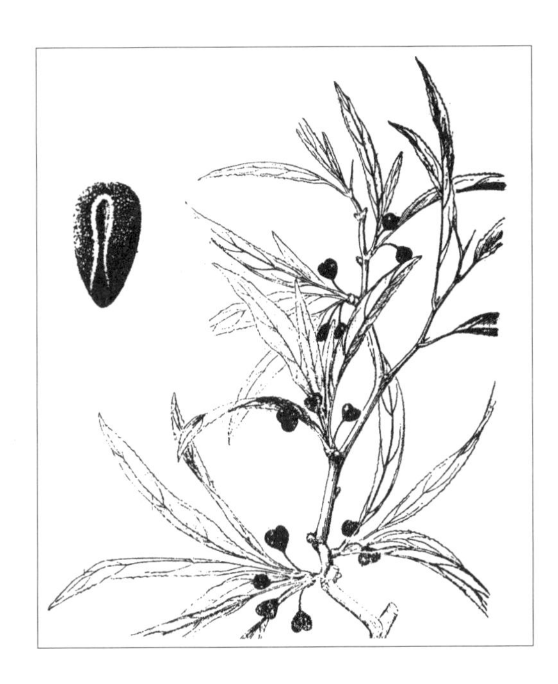

旱中生灌木。生于草原带和荒漠草原带的丘陵山坡、沙丘间地、灌木丛中。产呼伦贝尔（新巴尔虎右旗）、赤峰丘陵（翁牛特旗）、锡林郭勒（锡林浩特市、阿巴嘎旗、苏尼特左旗）、乌兰察布（四子王旗、达尔罕茂明安联合旗、固阳县）、阴山（大青山、乌拉山）、阴南丘陵（准格尔旗）、鄂尔多斯（达拉特旗、伊金霍洛旗、乌审旗、鄂托克旗）、东阿拉善（狼山、阿拉善左旗乌兰泉吉嘎查）、贺兰山。分布于我国河北西北部、山西、陕西中部和北部、甘肃（河西走廊）、青海东部，蒙古国东北部和东部及南部、俄罗斯（东西伯利亚达乌里地区）。为黄土—蒙古高原分布种。

叶入药，能消食健胃、清热去火，主治消化不良、腹泻。民间叶做茶用。

2. 朝鲜鼠李（老乌眼籽）

Rhamnus koraiensis C. K. Schneid. in Notizbl. Konigl. Bot. Gart. Berlin 5:77. 1908; Fl. Intramongol. ed. 2, 3:490. t.193. f.3-4. 1989.

灌木，高达 1.5m。树皮灰褐色。枝互生或近对生；一年生枝红褐色，初时被短柔毛，后近光滑，枝端具针刺；二年生枝灰褐色。单叶，互生或部分近对生，卵状椭圆形、卵形、近圆形或倒卵形，长 1～4（～7）cm，宽 0.5～2.5（～4）cm，先端尖或凸钝尖，基部楔形或宽楔形，边缘具钝锯齿，被短纤毛，近叶基部全缘，上面深绿色，散生短毛，沿主脉尤密，下面淡绿色，仅沿主脉被稀短毛；具 5～ 7 对侧脉；叶柄长 0.5～1.5cm，具沟槽，幼时密被短柔毛。花单性，雌雄异株，1～3 朵簇生于短枝，花 4 数；萼片 4，直立，多毛，有退化雄蕊。核果近球形或倒卵形，直径约 5mm，成熟后紫黑色，果梗长约 6mm，含 1～3 粒种子；种子倒卵形，暗褐色，长约 6mm，宽约 4mm，背部种沟基部开口，占种子全长 1/3，腹面具明显黄褐色棱线。花期 5～6 月，果期 8～9 月。

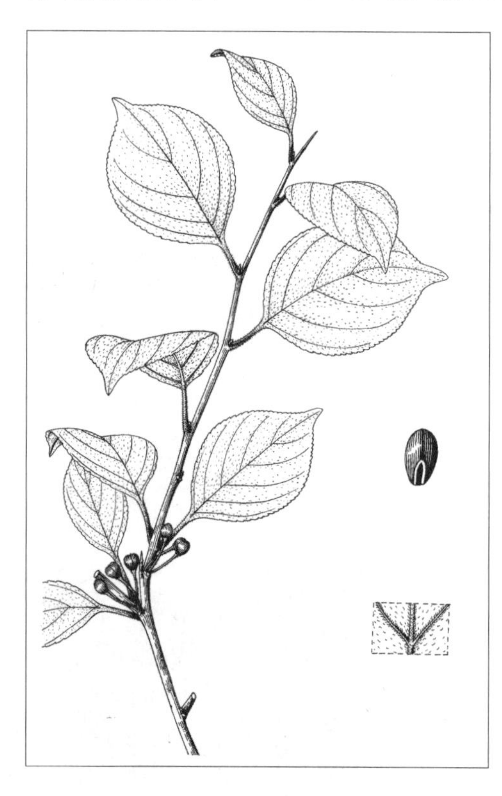

中生灌木。生于阔叶林带的杂木林或灌丛中。产燕山北部（喀喇沁旗、宁城县）。分布于我国黑龙江东南部、吉林中部和东部、辽宁、河北、山西东部、山东东部（山东半岛），朝鲜北部。为华北—满洲分布种。

种子榨油，果实含淀粉，根皮可做纤维，全株可供庭园、街道绿化用。

3. 鼠李（乌苏里鼠李、老鹳眼）

Rhamnus davurica Pall. in Reise Russ. Reich. 3:721. 1776; Fl. Intramongol. ed. 2, 3:482. t.189. f.1-2. 1989.——*R. ussuriensis* J. J. Vass. in Bot. Mater. Gerb. Bot. Inst. Kom. Akad. Nauk S.S.S.R. 8:115. 1940; Fl. Intramongol. ed. 2, 3:487. t.189. f.3-5. 1989.

灌木或小乔木，高达 4m。树皮暗灰褐色，呈环状剥落。小枝近对生，光滑，粗壮，褐色，顶端具大型芽。单叶，对生于长枝，丛生于短枝，椭圆状倒卵形至长椭圆形或宽倒披针形，长 3～11cm，宽 2～4cm，先端渐尖，基部楔形，偏斜、圆形或近心形，边缘具钝锯齿，齿端具黑色腺点，上面绿色，具光泽，初有散生柔毛后无毛，下面浅绿色，无毛；侧脉 4～5 对；叶柄粗，上面有沟，老时紫褐色，无毛，长 1.5～2.5cm。单性花，雌雄异株，2～5 朵生于叶

腋，有时 10 朵丛生于短枝上，黄绿色；花梗长约 1cm；萼片 4，披针形，直立，锐尖，有退化花瓣；雄蕊 4，与萼片互生。核果球形，熟后呈紫黑色，直径约 5mm，含种子 2 粒；种子卵圆形，背面有狭长纵沟，不开口。花期 5 ～ 6 月，果期 8 ～ 9 月。

中生灌木。生于森林带和森林草原带的山地沟谷、林缘、杂木林间、低山山坡、沙丘间地。产兴安北部及岭东和岭西（额尔古纳市、牙克石市、根河市、鄂伦春自治旗、海拉尔区、扎兰屯市、阿尔山市、新巴尔虎左旗）、兴安南部（科尔沁右翼前旗、扎赉特旗、突泉县、阿鲁科尔沁旗、巴林右旗、克什克腾旗）、辽河平原（大青沟）、赤峰丘陵（翁牛特旗）、燕山北部（喀喇沁旗、宁城县、敖汉旗）、锡林郭勒（西乌珠穆沁旗、锡林浩特市、正蓝旗、多伦县）、阴山（大青山），呼和浩特市亦有栽培。分布于我国黑龙江、吉林东部、辽宁、河北、山东东部、山西、湖北北部，日本、朝鲜北部、蒙古国东部（大兴安岭）、俄罗斯（远东地区）。为东亚北部分布种。

材质坚硬，纹理细致，耐扭折，可供造辘轳、车辆用材，也可供雕刻等细工及器具、家具等。树皮可治大便秘结。果实可治痈疖、龋齿痛；外皮和果含鞣质，可提制栲胶及黄色染料。种子含油量约 26%，可榨油或供制润滑油用。嫩叶及芽供食用及代茶。可为固土及庭园绿化树种。

4. 锐齿鼠李（老乌眼、尖齿鼠李）

Rhamnus arguta Maxim. in Mem. Acad. Imp. Sci. St.-Petersb. Ser. 7. 10(11):6. 1866; Fl. Intramongol. ed. 2, 3:484. t.190. f.1-2. 1989.

灌木，高 100 ～ 300cm。树皮灰紫色。小枝对生或近对生，光滑，粗壮；一年生枝红褐色，末端具刺；二年生枝灰褐色或暗紫褐色，光滑。单叶，在长枝上对生或近对生，在短枝上簇生，叶为卵形、卵圆形，长 1.5 ～ 4.5（～ 5.5）cm，宽 1 ～ 3（～ 4）cm，先端凸钝尖或短渐尖，

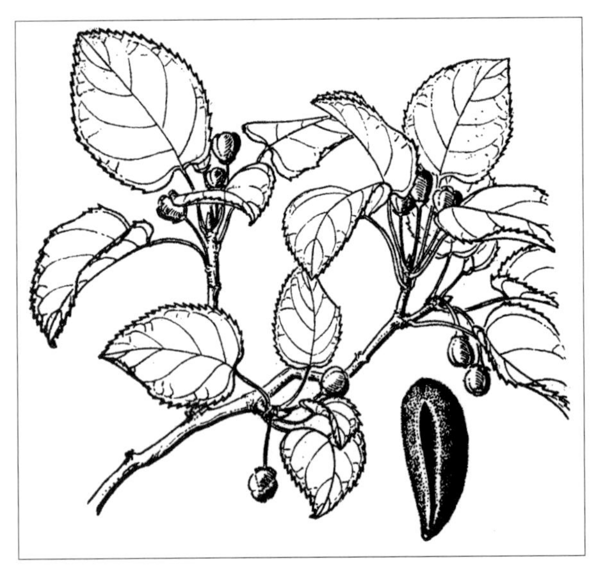

少钝圆，基部圆形、近心形或楔形，边缘具芒齿或细锐锯齿，尖头稍弯，上面亮绿色，下面淡绿色，两面均无毛；具 3 ～ 5 对侧脉；叶柄长 0.5 ～ 2.5cm，上面具沟槽，光滑。花单性，雌雄异株，黄绿色，5（～ 8）枚丛生；花梗细，长 1 ～ 1.7cm，无毛；花萼 4 裂；花瓣 4，雄蕊 4，均无毛；柱头 2 ～ 4 裂。核果球形，熟时黑紫色，干后开裂，直径约 5 ～ 8mm，果梗长 1.4 ～ 2.0cm，含 4 粒种子；种子倒长卵形，呈三棱状，长约 0.6cm，宽 0.2 ～ 0.3cm，棕黄色，背有沟，种沟开口占种子全长的 5/6。花期 4 ～ 5 月，果期 7 ～ 8 月。

中生灌木。生于落叶阔叶林带的林缘或杂木林中。产兴安南部（阿鲁科尔沁旗、巴林右旗）、辽河平原（大青沟）、赤峰丘陵（红山区、松山区）、燕山北部（喀喇沁旗、宁城县、敖汉旗）。分布于我国辽宁西部和中部、河北、山西、陕西、山东。为华北分布种。

茎叶及种子可做杀虫剂；种子可榨油，做润滑油；果实可提取栲胶；全株可供庭园绿化用。

5. 钝叶鼠李（毛脉鼠李、黑桦树）

Rhamnus maximovicziana J. J. Vass. in Bot. Mater. Gerb. Bot. Inst. Kom. Akad. Nauk S.S.S.R. 8:126. 1940; Fl. Intramongol. ed. 2, 3:490. t.192. f.1-3. 1989.——*R. maximowicziana* J. Vass. var. *oblongifolia* Y. L. Chen et P. K. Chou in Bull. Bot. Lab. N. -E. Forest. Inst. Harbin 5:79. 1979; Fl. China 12:151. 2007.

灌木，高达 2m。多分枝；当年生枝细长，灰紫色，具柔毛；二年生枝粗壮，紫褐色，光

滑，枝端具针刺。叶在长枝上对生或近对生，在短枝上丛生，椭圆形、倒卵形或宽卵形，长 1.5 ～ 2.5cm，宽（0.4 ～）0.7 ～ 1.3cm，先端钝或短尖，基部宽楔形或少数近圆形，边缘具疏细圆齿，幼时被毛，后变光滑，上面绿色，被柔毛，沿脉尤密，下面淡绿色，侧脉隆起，被柔毛；侧脉 2 ～ 3 对；叶柄 0.6 ～ 1.2（～ 1.5）cm，被柔毛。花单性，小型，黄绿色，2 ～ 3 朵簇生于短枝；花萼外被细柔毛，萼筒钟形，长约 2mm，萼片 4，直立，长卵状披针形，长约 3mm，先端渐尖；雄蕊 4，花丝长约 1.1m，花药长约 1.5mm；无花瓣。核果扁球形，含 2 粒种子；种子倒卵形，长 4mm，褐色，种沟开口占全种子长的 1/2，开口的顶部倒心形。

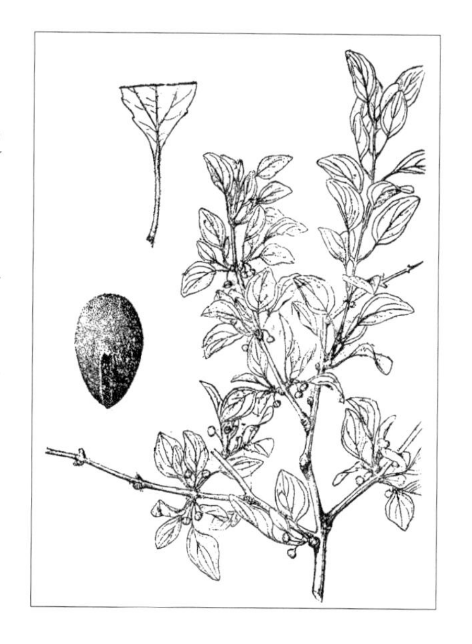

旱中生灌木。生于草原带和草原化荒漠带的沙砾质山坡、林缘或灌丛中。产乌兰察布（乌拉特中旗巴音哈太山）、阴山（大青山、乌拉山）、阴南丘陵（准格尔旗）、东阿拉善（狼山）、贺兰山。分布于我国河北西部、山西、陕西北部、宁夏西北部、甘肃东南部、四川西部。为华北分布种。

6. 土默特鼠李

Rhamnus tumetica Grub. in Bot. Mater. Gerb. Bot. Inst. Kom. Akad. Nauk S.S.S.R. 12:129. 1950.——*R. parvifolia* Bunge var. *tumetica* (Grub.) E. W. Ma in Fl. Intramongol. 4:74. 1979; Fl. Intramongol. ed. 2, 3:487. 1989.

灌木，高达 100cm。树皮灰色，片状剥落。分枝密集；小枝细，对生，有时互生；当年生枝灰褐色，有疏毛或无毛；老枝黑褐色或淡黄褐色，末端为针刺。单叶，密集丛生于短枝或在长枝上近对生，叶厚，小型，倒卵圆形，长约 1cm，宽约 0.8cm，先端凸尖或钝圆，基部楔形，边缘具细钝锯齿，齿端具黑色腺点，两面散生短柔毛；侧脉 2 ～ 3 对，显著，呈平行的孤状弯曲；叶柄长约 0.5cm，上面有槽，稍有毛或无毛。花单性，小型，黄绿色，排成聚伞花序，1 ～ 3 朵集生于叶腋；花梗细，长约 0.5cm；萼片 4，直立，无毛或散生短柔毛；花瓣 4；雄蕊 4，与萼

片互生。核果球形，成熟时黑色，具2核，每核各含1粒种子；种子侧扁，光滑，栗褐色，背面有种沟，种沟开口占种子全长的4/5。花期5月，果期7～9月。

旱中生小灌木。生于草原带的山地沟谷。产锡林郭勒（太仆寺旗）、阴山（大青山、蛮汗山）。分布于我国山西北部。为华北分布种。

7. 蒙古鼠李

Rhamnus mongolica Y. Z. Zhao et L. Q. Zhao in Novon 16(1):158. 2006.

灌木，高100～200cm。小枝开展，对生，稀近对生或互生，深褐色，先端具刺。叶纸质，对生，在短枝上簇生，倒披针形或倒卵状披针形，长1～3cm，宽5～10mm，先端锐尖或钝，基部楔形，边缘具细圆齿；侧脉3～4对，上面绿色，下面淡绿色，两面无毛；叶柄长2～7mm，无毛。花单性，4基数，黄绿色；雄花长

3～4mm，20～30朵簇生于短枝叶腋；萼片4，卵状三角形，长2～2.5mm，先端锐尖；花瓣4，矩圆形，长约1mm；花梗长2～4mm，无毛；雌花未见。核果球形，直径约4mm，基部具碟状的宿存花萼，具2核，果梗长4～6mm，无毛；种子椭圆形，深褐色，背部具长为种子4/5的种沟。

中旱生灌木。生于草原带的山地沟谷。产兴安南部（科尔沁右翼前旗、林西县）、锡林郭勒（锡林浩特市、多伦县）、阴山（大青山、蛮汗山）。为阴山—兴安南部分布种。

8. 金刚鼠李（老鸹眼）

Rhamnus diamantiaca Nakai in Bot. Mag. Tokyo 31:98. 1917; Fl. Intramongol. ed. 2, 3:484. t.190. f.3-4. 1989.

灌木，高达200cm。枝对生或近对生，光滑；一年生枝暗黄绿色，末端具刺；二年生枝褐紫色，光滑。单叶，在长枝上对生或近对生，在短枝上簇生，叶为宽卵形、倒卵形或卵状菱形，长1.5～4.3cm，宽0.8～2.2cm，先端钝尖或短渐尖，基部楔形，边缘具钝锯齿，齿端具腺点，近叶基部全缘，上面暗绿色，散生短柔毛，下面淡绿色，无毛，有时沿主脉及侧脉散生稀短柔毛；具4对侧脉；叶柄长1～3cm，带紫红色，具沟槽，无毛。花单性，雌雄异株，2～3（～4）枚丛生于短枝；萼片4裂；花瓣4裂，无毛；雄蕊4。核果球形，直径3～6mm，成熟后紫黑色，果梗长约0.7cm，含2粒种子；种子倒宽卵形，暗褐色，长约5mm，宽约2.5mm，腹面扁平或稍凹，背面隆起呈圆形，周缘具明显黄褐色线棱，种沟基部开口，占种子全长的1/3。花期4～5月，果期7～8月。

中生灌木。生于阔叶林带的林缘或杂木林中。产辽河平原（大青沟）、燕山北部（喀喇沁旗、宁城县）。分布于我国黑龙江、吉林、辽宁，日本、朝鲜北部、俄罗斯（远东地区）。为东亚北部（满洲—日本）分布种。

材质坚硬，色红，纹理细致，可做烟杆、擀面杖，全株也可做城乡庭园绿化树种。

9. 小叶鼠李（圆叶鼠李、金县鼠李、黑格令）

Rhamnus parvifolia Bunge in Enum. Pl. China Bor. 14. 1833; Fl. Intramongol. ed. 2, 3:486. t.191. f. 4-6. 1989.——*R. globosa* Bunge in Enum. Pl. China Bor. 14. 1833; Fl. Intramongol. ed. 2, 3:489. t.192. f. 4-6. 1989. syn. nov.——*R. viridifolia* Liou in Ill. Fl. Lign. Pl. N-E. China 565. 1955; Fl. Intramongol. ed. 2, 3:493. t.193. f.1-2. 1989. syn. nov.

灌木，高达200cm。树皮灰色，片状剥落。多分枝；小枝细，对生，有时互生；当年生枝灰褐色，有疏毛或无毛；老枝黑褐色或淡黄褐色，末端为针刺。单叶，密集丛生于短枝或在长枝上近对生，叶厚，小型，菱状卵圆形或倒卵形，长1～3（～4）cm，宽0.8～1.5（～2.5）cm，先端凸尖或钝圆，基部楔形，边缘具细钝锯齿，齿端具黑色腺点，上面暗绿色，

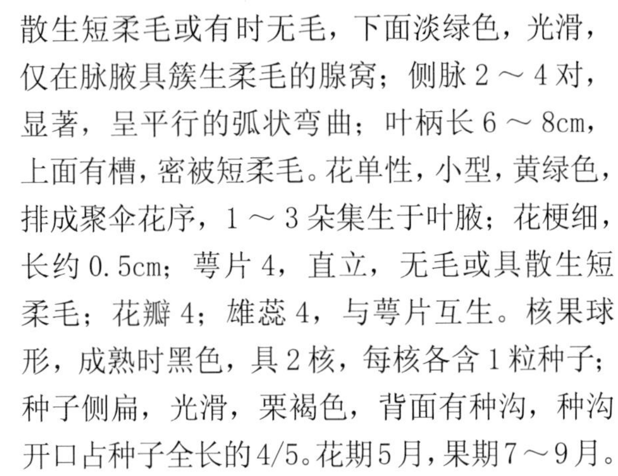

散生短柔毛或有时无毛，下面淡绿色，光滑，仅在脉腋具簇生柔毛的腺窝；侧脉 2 ～ 4 对，显著，呈平行的弧状弯曲；叶柄长 6 ～ 8cm，上面有槽，密被短柔毛。花单性，小型，黄绿色，排成聚伞花序，1 ～ 3 朵集生于叶腋；花梗细，长约 0.5cm；萼片 4，直立，无毛或具散生短柔毛；花瓣 4；雄蕊 4，与萼片互生。核果球形，成熟时黑色，具 2 核，每核各含 1 粒种子；种子侧扁，光滑，栗褐色，背面有种沟，种沟开口占种子全长的4/5。花期5月，果期7～9月。

旱中生灌木。生于森林草原带和草原带的向阳石质山坡、沟谷、沙丘间地、灌木丛中。产兴安南部（科尔沁右翼前旗、阿鲁科尔沁旗、巴林左旗、巴林右旗、林西县、克什克腾旗）、辽河平原（科尔沁左翼后旗、科尔沁左翼中旗）、赤峰丘陵（翁牛特旗、奈曼旗）、燕山北部（喀喇沁旗、宁城县、敖汉旗）、锡林郭勒（锡林浩特市、多伦县、正蓝旗、镶黄旗、兴和县）、乌兰察布（达尔罕茂明安联合旗、乌拉特中旗白音哈太山）、阴山（大青山、蛮汗山、乌拉山）、阴南丘陵（准格尔旗阿贵庙）、贺兰山。分布于我国黑龙江、吉林、辽宁、河北、河南西部和南部、山东中部、山西、陕西、甘肃东部、青海东部、安徽、江苏南部、浙江、江西、湖南西南部，朝鲜、蒙古国东部和东北部、俄罗斯（西伯利亚地区）。为东古北极分布种。

果实入药，能清热泻下、消瘰疬，主治腹满便秘、疥癣瘰疬。可做牧区防护林之下木及固沙树种，也可做水土保持和庭园绿化树种。

72. 葡萄科 Vitaceae

灌木，通常具卷须，攀援上升，少直立，小乔木或草质藤本。叶互生，单叶或复叶，常具托叶。花两性、单性或杂性，小型，辐射对称，呈聚伞花序、伞房花序或圆锥花序，与叶对生；萼片 4 ～ 5，稀 3 ～ 7，微小；花瓣与萼片同数，分离或上部结合呈帽状，早落；雄蕊 4 ～ 5，与花瓣对生；花盘环状或分裂；子房上位，2 室，稀 2 ～ 6 室，中轴胎座，每室具 1 ～ 2 枚胚珠，花柱 1 条或很短，柱头盘状或头状。浆果，种子具直胚与丰富的胚乳。

内蒙古有 2 属、4 种，另有 1 栽培属、3 栽培种。

分属检索表

1a. 花瓣上部结合，呈帽状，早落；聚伞状圆锥花序……………………………………………**1. 葡萄属 Vitis**

1b. 花瓣分离。

2a. 卷须 5 ～ 8 总状分枝，顶端附属物扩大成吸盘；花盘发育不明显；花序顶生或假顶生；果柄顶端增粗，多少有瘤状突起；种子腹面两侧洼穴达种子顶端。栽培……………**2. 地锦属 Parthenocissus**

2b. 卷须 2 ～ 3 叉状分枝，通常顶端不扩大成吸盘；花盘发达，边缘波状浅裂；花序与叶对生或顶生；果柄顶端不增粗，无瘤状突起；种子腹面两侧洼穴不达种子顶端…………**3. 蛇葡萄属 Ampelopsis**

1. 葡萄属 Vitis L.

藤本，具卷须。单叶，边缘具牙齿，常分裂，稀复叶。花杂性异株，5 基数，呈圆锥花序；萼微小；花瓣上部结合，呈帽状，早落；花盘下位，由 5 蜜腺组成；子房 2 室，每室具 2 枚胚珠，花柱短圆锥形。肉质浆果，常含 2 ～ 4 粒种子。

内蒙古有 1 种，另有 2 栽培种。

分种检索表

1a. 果蓝黑色，较小，直径小于 1cm；合点位于种子的中央…………………………**1. 山葡萄 V. amurensis**

1b. 果有多种颜色（紫、红、黄、白、绿等色），较小，直径大于 1cm；合点位于种子的上半部。栽培。

2a. 叶下面稍被绵毛或无毛，卷须断续性；果肉无狐臭味，与种子易分离…………**2. 葡萄 V. vinifera**

2b. 叶下面密被茸毛，卷须连续性；果肉有狐臭味，与种子不易分离…………**3. 美洲葡萄 V. labrusca**

1. 山葡萄

Vitis amurensis Rupr. in Bull. Cl. Phys.-Math. Acad. Imp. Sci. St.-Petersb. 15:266. 1857; Fl. Intramongol. ed. 2, 3:494. t.194. f.4-8. 1989.

木质藤本，长约 10m。树皮暗褐色，呈长片状剥离。小枝带红色，具纵棱，嫩时被绵毛；

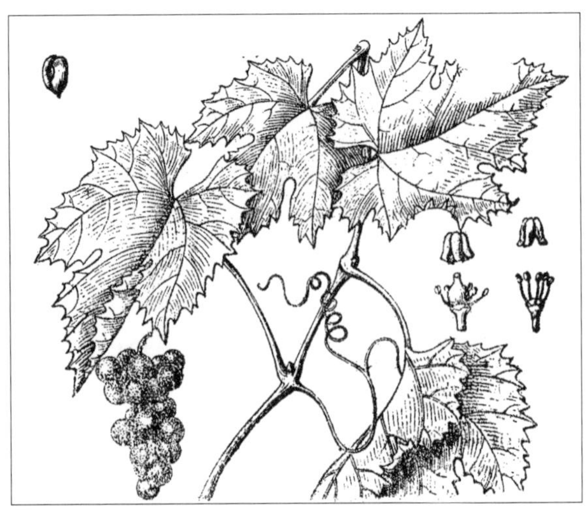

卷须断续性，2 ～ 3 分枝。叶 3 ～ 5 裂，宽卵形或近圆形，长与宽为 10 ～ 16cm，基部心形，边缘具粗牙齿，上面暗绿色，无毛，下面淡绿色，沿叶脉与脉腋间常被毛，秋季叶片变红色；具长叶柄，柄长 2 ～ 10cm。雌雄异株，花小，黄绿色，组成圆锥花序，花序长 8 ～ 15cm，总花轴被疏长曲柔毛；雌花具 5 退化的雄蕊，子房近球形；雄花具雄蕊 5，无雌蕊。浆果球形，直径小于 1cm，蓝黑色，表面有蓝色的果霜，多液汁；种子倒卵圆形，淡紫褐色，喙短圆锥形，合点位于中央。花期 6 月，果期 8 ～ 9 月。

中生木质藤本。零星生于阔叶林带和草原带的山地林缘和湿润的山坡。产兴安南部（科尔沁右翼前旗、阿鲁科尔沁旗、巴林右旗）、辽河平原（大青沟）、燕山北部（喀喇沁旗、宁城县、敖汉旗）、锡林郭勒（多伦县）、阴山（大青山、乌拉山）、贺兰山。分布于我国黑龙江、吉林东部、辽宁、河北、山西、山东东北部、安徽、浙江，日本、朝鲜、俄罗斯（远东地区）。为东亚分布种。

果实可生食或酿葡萄酒，酒糟可制醋和染料。可做葡萄的砧木，嫁接后可提高葡萄的抗寒性。根、藤和果入药。根藤能祛风止痛，主治外伤痛、风湿骨痛、胃痛、腹痛、神经性头痛、术后疼痛；果实能清热利尿，主治烦热口渴、尿路感染、小便不利。

2. 葡萄（欧洲葡萄、蒲陶、草龙珠）

Vitis vinifera L., Sp. Pl. 1:202. 1753; Fl. Intramongol. ed. 2, 3:494. t.194. f.1-3. 1989.

木质藤本，长达 20m。树皮红褐色至黄褐色，多呈长条状剥落。嫩枝绿色，无毛或稍被绵毛；卷须分枝，断续性。叶圆形或圆卵形，长与宽为 5 ～ 12cm，基部心形，掌状 3 ～ 5 裂，边缘有粗牙齿，两面无毛或下面稍被绵毛；叶柄长 1 ～ 5cm。圆锥花序与叶对生，花小，黄绿色，两性花或单性花。果序下垂，圆柱形、圆锥形或圆柱状圆锥形；浆果的果形和颜色因品种不同而变异，形状有球形、椭圆形、卵形、心脏形等，成熟时颜色有黑紫色、红色、黄色、

白色、绿色等；种子倒梨形，淡灰褐色，喙长圆锥形，合点位于上半部。花期6月，果期8～10月上旬。

中生木质藤本。原产西南亚及欧洲东南部，为西南亚—欧洲东南部种。内蒙古及我国各地普遍栽培。

果实除生食外，可酿香槟、白兰地等葡萄酒，可制葡萄干和萄葡汁等。果、根、藤均可入药。果能解表透疹、利尿，主治麻疹不透、小便不利、胎动不安。根、藤能祛风湿、利尿，主治风湿骨痛，水肿；外用治骨折。果实也入蒙药（蒙药名：乌沫玛），能清肺透疹，主治老年气喘、肺热咳嗽、支气管炎、麻疹不透。

3. 美洲葡萄

Vitis labrusca L., Sp. Pl. 1:203. 1753; Fl. Intramongol. ed. 2, 3:496. 1989.

木质藤本。具肉质粗根。一年生枝暗褐色，圆柱状，密被茸毛；卷须连续性（每节具卷须或花序），具2～3分枝。叶宽心形或近圆形，长与宽为7～16cm，顶部稍3裂或不裂，稀深裂，先端渐尖，基部心形或弯缺，边缘具不整齐的牙齿，上面暗绿色，下面密被茸毛，白色或浅红色。圆锥花序少分枝，长5～10cm。果实椭圆形或球形，直径10～25mm，紫黑色或黄绿色，少白色或粉红色，果皮厚，果肉稀黏，有狐臭味，与种子不易分离，含种子2～4粒。花期6月，果期8～9月。

中生木质藤本。原产加拿大东南部。为北美种。内蒙古有少量栽培。

果实可酿葡萄酒或生食。

2. 地锦属 Parthenocissus Planchon

攀援藤本，卷须顶端常扩大成吸盘。冬芽圆形，芽鳞2～4。掌状复叶或单叶，分裂或不裂；具长柄。花两性，稀杂性，聚伞花序，有梗，与叶对生，常簇生于小枝顶端，并形成圆锥花序；子房2室，每室各具胚珠2枚。浆果暗蓝色或蓝黑色，含种子1～4粒。

内蒙古有1栽培种。

1. 五叶地锦

Parthenocissus quinquefolia (L.) Planchon in Monogr. Phan. 5:448. 1887; Fl. China 12:176. 2007.——*Hedra quinquefolia* L., Sp. Pl. 1:202. 1753.

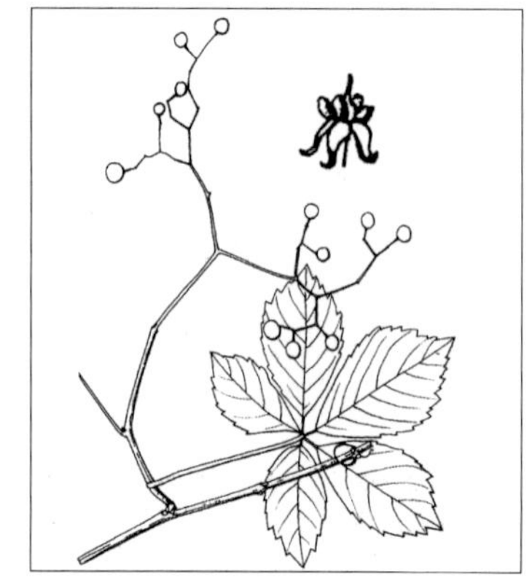

落叶木质藤本。幼嫩枝叶带红色；卷须有 5 ～ 8 分枝，顶端具吸盘。小叶有柄，椭圆形至倒卵状矩圆形，长 4 ～ 10cm，先端渐尖，基部常楔形，边缘有粗而圆的锯齿，上面暗绿，下面带白霜。聚伞花序常呈顶生圆锥花序状。果实蓝黑色，微有粉，直径约 6mm，常含种子 2 ～ 3 粒。花期 7 ～ 8 月，果期 9 ～ 10 月。

中生木质藤本。原产北美，为北美种。内蒙古南部及我国北方其他地区有栽培。

用做园林庭院绿化树种。

3. 蛇葡萄属 Ampelopsis Michaux

藤本，具分枝的卷须。枝具皮孔与白色髓部，冬芽小，具数鳞片。叶互生，单叶或复叶；具长叶柄。花两性，小型，带绿色，组成二歧聚伞花序，花序与叶对生或顶生；花 5 基数，少 4 基数；萼齿不明显；花瓣开展与离生；雄蕊比花瓣短；花盘隆起，与子房合生；子房 2 室。浆果含 1 ～ 4 粒种子。

内蒙古有 3 种。

分种检索表

1a. 单叶，3 ～ 5 浅裂或中裂……………………………………………………**1.葎叶蛇葡萄 A. humulifolia**

1b. 掌状复叶，具 3 ～ 5 小叶。

  2a. 小枝、叶柄和叶下面被短柔毛；掌状复叶具 5 小叶。

    3a. 小叶 3 ～ 5 羽状深裂……………………………**2a. 乌头叶蛇葡萄 A. aconitifolia** var. **aconitifolia**

    3b. 小叶不分裂，边缘具粗齿或羽状浅裂……………**2b. 掌裂草葡萄 A. aconitifolia** var. **palmiloba**

  2b. 小枝、叶柄和叶下面无毛；掌状复叶具 3 小叶；小叶不分裂，边缘具粗锯齿…………………………………………………………………………………………**3. 掌裂蛇葡萄 A. delavayana** var. **glabra**

1.葎叶蛇葡萄

Ampelopsis humulifolia Bunge in Enum. Pl. China Bor. 12. 1833; Fl. Intramongol. ed.2, 3:497. t.195. f.5. 1989.

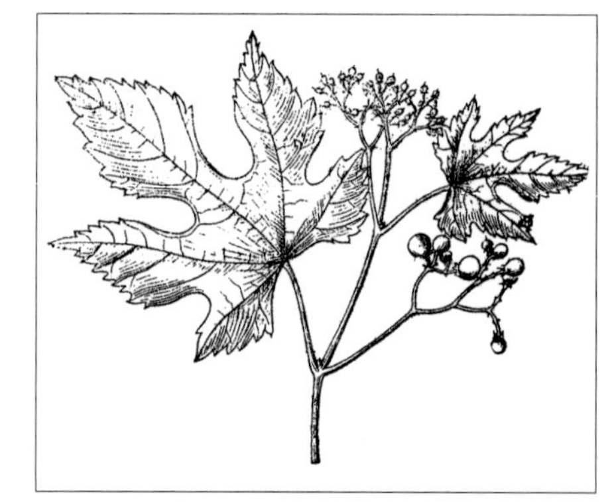

木质藤本，长 3 ～ 4m。老枝皮红褐色，具纵条棱；嫩枝稍带绿褐色，稍具纵棱，无毛或被微柔毛；卷须与叶对生，具 2 分叉。叶宽卵形，长与宽为 7 ～ 12cm，掌状 3 ～ 5 浅裂或中裂，裂片间凹缺圆形，先端锐尖，基部心形，边缘具粗锯齿，上面光滑无毛，鲜绿色，有光泽，下面苍白色或淡绿色，无毛或沿叶脉被微柔毛；叶柄长 3 ～ 5cm。二歧聚伞花序与叶对顶生；总花轴与叶柄近等长；花小，淡黄绿色；花萼合生呈浅杯状；花瓣 5；雄蕊

5，比花瓣短；子房 2 室，与花盘合生。浆果球形，直径 6 ～ 8mm，淡黄色，含种子 1 ～ 2 粒。花期 6 ～ 7 月，果期 8 ～ 9 月。

中生木质藤本。生于森林草原带的山沟、山地林缘。产兴安南部（巴林左旗）、燕山北部（宁城县、敖汉旗）、阴山（大青山）。分布于我国辽宁、河北、河南、山东西部和南部、山西、陕西南部、甘肃东部、青海东部。为华北分布种。

根皮入药，能活血散瘀、消炎解毒、生肌长骨、祛风除湿，主治跌打损伤、骨折、疮疖肿痛、风湿性关节炎。

2. 乌头叶蛇葡萄（草白蔹）

Ampelopsis aconitifolia Bunge in Enum. Pl. China Bor. 12. 1833; Fl. Intramongol. ed.2, 3:496. t.195. f.1-3. 1989.

2a. 乌头叶蛇葡萄

Ampelopsis aconitifolia Bunge var. **aconitifolia**

木质藤本，长达 7m。老枝皮暗灰褐色，具纵条棱与皮孔；幼枝稍带红紫色，具条棱；卷须与叶对生，具 2 分叉。

叶掌状 3 ～ 5 深裂，轮廓宽卵形；具长叶柄；全裂片披针形、菱状披针形或卵状披针形，长 3 ～ 7cm，宽 1 ～ 2cm，先端锐尖，基部楔形，常羽状深裂；裂片全缘或具粗牙齿，上面无毛，绿色，下面有时沿脉被柔毛，淡绿色。二歧聚伞花序具多数花，与叶对生，具细长的总花轴；花萼不分裂；花瓣 5，椭圆状卵形，绿黄色；雄蕊 5，与花瓣对生；花盘浅盘状。浆果近球形，直径 5 ～ 7mm，成熟时橙黄色，具斑点，含种子 1 ～ 2 粒。花期 6 ～ 7 月，果期 8 ～ 10 月。

中生木质藤本。生于草原带的石质山地和丘陵沟谷灌丛中。产兴安南部（阿鲁科尔沁旗）、燕山北部（兴和县苏木山）、乌兰察布（乌拉特中旗白音哈太山）、阴山（大青山）、阴南丘陵（准格尔旗阿贵庙）、鄂尔多斯（达拉特旗）、贺兰山。分布于我国河北、河南西部、山东、山西、陕西、甘肃东南部、青海东部。为华北分布种。

根皮入药，能散瘀消肿、祛腐生肌、接骨止痛，主治骨折、跌打损伤、痈肿、风湿关节痛。

2b. 掌裂草葡萄

Ampelopsis aconitifolia Bunge var. **palmiloba** (Carr.) Rehd. in Mitt. Deutsch. Dendrol Ges. 21:190. 1912; Fl. China 12:182. 2007.——*A. palmiloba* Carr. in Rev. Hort. Paris 39:451. 1867.

本变种与正种的区别：本种全裂片边缘具不规则的粗齿或羽状浅裂。

中生木质藤本。生于草原带的沟谷灌丛中。产阴山（大青山）、阴南丘陵（准格尔旗）、鄂尔多斯（达拉特旗）。分布于我国黑龙江、吉林、辽宁、河北、山东、山西、陕西、宁夏、甘肃东南部、四川北部。为华北—满洲分布变种。

块根入药，能清热解毒、豁痰，主治结核性脑膜炎、痰多胸闷、禁口痢。

3. 掌裂蛇葡萄

Ampelopsis delavayana Planch. var. **glabra** (Diels et Gilg) C. L. Li in China J. Appl. Envirn. Boil. 2(1):48. 1996; Fl. China 12:122. 2007.——*A. aconitifolia* Bunge var. *glabra* Diels et Gilg in Engl. Bot. Jahrb. 29:465. 1900；Fl. Intramongol. ed. 2, 3:497. t.195. f.4. 1989.

木质藤本。小枝圆柱形，有纵棱纹，无毛；卷须 2 ～ 3 叉分枝，相隔 2 节间断与叶对生。叶为 3 小叶；中央小叶披针形或椭圆状披针形，长 5 ～ 13cm，宽 2 ～ 4cm，顶端渐尖，基部近圆形；侧生小叶卵状椭圆形或卵状披针形，长 4.5 ～ 11.5cm，宽 2 ～ 4cm，基部不对称，近截形，边缘有粗锯齿，齿端通常尖细，上面绿色，无毛，下面浅绿色；侧脉 5 ～ 7 对，网脉两面均不明显；叶柄长 3 ～ 10cm，中央小叶有柄或无柄，侧生小叶无柄，无毛。多歧聚伞花序与叶对生；花序梗长 2 ～ 4cm；花梗长 1 ～ 2.5mm；花蕾卵形，高 1.5 ～ 2.5mm，顶端圆形；萼碟形，边缘呈波状浅裂，无毛；花瓣 5，卵椭圆形，高 1.3 ～ 2.3mm，外面无毛；雄蕊 5，花药卵圆形，长宽近相等；花盘明显，5 浅裂；子房下部与花盘合生，花柱明显，柱头不明显扩大。果实近球形，直径约 0.8cm，含种子 2 ～ 3 粒；种子倒卵圆形，顶端近圆形，基部有短喙，种脐在种子背面中部向上渐狭呈卵状椭圆形，顶端种脊凸出，腹部中棱脊凸出，两侧洼穴呈沟状楔形，上部宽，斜向上展达种子中部以上。花期 6 ～ 7 月，果期 7 ～ 9 月。

中生木质藤本。生于草原带的沟谷灌丛中。产兴安南部（科尔沁右翼前旗、科尔沁右翼中旗、扎赉特旗、阿鲁科尔沁旗）、辽河平原（大青沟）、燕山北部（喀喇沁旗、宁城县、敖汉旗）、阴山（大青山、蛮汗山、乌拉山）、阴南丘陵（准格尔旗）、鄂尔多斯（达拉特旗、鄂托克旗）。分布于我国吉林、辽宁、河北、河南、山东、山西、青海东部、江苏、湖北。为华北—满洲分布变种。

73. 椴树科 Tiliaceae

乔木或灌木，稀为草本，多数有星状毛或簇生的茸毛。树皮有丰富的纤维。单叶互生，稀对生，全缘、锯齿或浅裂；有托叶，早落。花两性，辐射对称，多为聚伞花序；萼片 5，少为 3 ～ 4，分离或连合；花瓣与萼片同数，少为无花瓣；雄蕊 10 或更多，花丝分离或基部连合，花药 2 室，纵裂或孔裂；子房上位，2 ～ 10 室，每室具 1 至多数胚珠，花柱 1，柱头放射状。果实为蒴果、核果状、坚果状，极少为浆果；种子具胚乳。

内蒙古有 1 属、3 种。

1. 椴树属 Tilia L.

落叶乔木。单叶互生，基部心形或截形，常偏斜，边缘有锯齿，齿端常呈刺芒状；具长柄。聚伞花序，具舌状苞片，苞片约 1/2 与总花梗合生；萼片 5，分离；花瓣 5，常具退化雄蕊，与花瓣对生；雄蕊多数，花丝分离或合生成 5 束，与花瓣对生；花柱细长，柱头 5 裂，子房 5 室，每室具 2 枚胚珠。果实为坚果状，通常含 1 ～ 3 粒种子。

内蒙古有 3 种。

分种检索表

1a. 幼枝、叶柄及叶下面被星状毛；叶较大，长 6 ～ 11cm；果扁球形或球形………**1. 糠椴 T. mandshurica**

1b. 幼枝、叶柄及叶下面无毛，或幼时有毛后脱落；叶较小，长 4 ～ 6cm；果倒卵球形或卵球形。

　2a. 叶缘有不整齐的粗大锯齿，花有退化雄蕊……………………………………………**2. 蒙椴 T. mongolica**

　2b. 叶缘有较整齐的细锯齿，花无退化雄蕊………………………………………………**3. 紫椴 T. amurensis**

1. 糠椴（大叶椴、菩提树）

Tilia mandshurica Rupr. et Maxim. in Bull. Cl. Phys.-Math. Acad. Imp. Sci. St.-Petersb. 15:124. 1856; Fl. Intramongol. ed. 2, 3:499. t.196. f.5-11. 1989.

乔木，高达 15m，胸径 50cm。树皮暗灰色，老时浅纵裂。幼枝及芽密生黄褐色或淡灰色星状毛。叶宽卵形或近圆形，长与宽均为 6 ～ 11cm，先端凸长尖，基部心形，少斜截形，边缘有粗锯齿，齿尖呈刺芒状，叶下面密生灰白色或褐灰色的星状毛；叶柄长 3 ～ 4cm，被星状毛。聚伞花序下垂，具花 5 ～ 12 朵；苞片倒披针形、条形或条状披针形，长 5 ～ 12cm，两面网脉明显；萼片宽披针形，长 6 ～ 8mm，宽 3 ～ 4mm，背面密被短柔毛，腹面有长柔毛；花瓣与萼片近等长，黄色；退化雄蕊倒披针形，长 6mm，宽 2 ～ 3mm，数个雄蕊成束；子房球形，直径 4 ～ 6mm，被灰褐色茸毛和星状毛，花柱无毛，长 4 ～ 6mm，柱头稍 5 裂。果扁球形或球形，直径 6 ～ 8mm，有淡黄色茸毛，具 5 条棱脊，先端凸尖。花期 8 月，果期 9 月。

中生落叶乔木。生于阔叶林带和森林草原带的山地杂木林中。产兴安南部（克什克腾旗）、赤峰丘陵（红山区、松山区）、燕山北部（喀喇沁旗、宁城县、敖汉旗、多伦县南部）。分布于我国黑龙江中部和南部、吉林、辽宁、河北北部、山东、江苏北部，朝鲜、俄罗斯（远东地区）。为华北东部—满洲分布种。

木材洁白、细致、轻软，不翘不裂，可制家具、炊具、衣箱、衣柜等，也是胶合板、火柴杆、铅笔杆的良好原料；化学加工可制人造丝、人造毛、人造棉等。树皮纤维供造纸和纺织用。在山区与落叶松成混交林，平原和杨树成混交林。可做材林和防护林的伴生树种。花为蜜源，也供药用，能发汗、镇静、解热。

2. 蒙椴（小叶椴）

Tilia mongolica Maxim. in Bull. Acad. Imp. Sci. St.-Petersb. 26:433. 1880; Fl. Intramongol. ed.2, 3:501. t.196. f.1-4. 1989.

乔木，高达 10m，胸径 30cm。树皮灰褐色，光滑，老时纵裂；有皮孔。幼枝及芽淡红褐色，光滑无毛。叶近圆形或宽卵形，长 4 ～ 6cm，宽 3 ～ 4cm，中上部 3 裂，中央裂片较长，先端常为长尾状，边缘具不规则粗大锯齿，齿尖具刺芒，基部截形或浅心形，下面浅绿色，仅脉腋间簇生褐色毛；叶柄长 2 ～ 4cm，无毛。聚伞花序，下垂；苞片舌状，长 4 ～ 6cm，两面网脉明显，基部有时偏斜；具花（2 ～）4 ～ 30 朵；萼片披针形，长 6 ～ 7mm，宽 2 ～ 3mm，腹面下半部与边缘具长柔毛，背面无毛；花瓣条状披针形，与萼片等长，黄色；退化雄蕊条形，长约 5mm，

宽约 1mm；雄蕊多数，成 5 束；子房球形，直径 2 ～ 3mm，密被银灰色茸毛，花托无毛，长约 3mm，柱头膨大 5 深裂。果实椭圆形或卵圆形，长 5 ～ 7mm，直径 3 ～ 5mm，先端凸尖，具明显的 5 棱，并有黄褐色密柔毛。花期 7 ～ 8 月，果期 8 ～ 9 月。

中生落叶乔木。散生于阔叶林带和森林草原带的山地杂木林中或山坡。产兴安南部（科尔沁右翼前旗、科尔沁右翼中旗、阿鲁科尔沁旗、巴林右旗、林西县、克什克腾旗）、赤峰丘陵（翁牛特旗）、燕山北部（喀喇沁旗、宁城县、敖汉旗、多伦县南部、太仆寺旗南部）、阴山（大青山、蛮汗山、乌拉山）。分布于我国辽宁南部、河北、山西、河南西部、山东东部。为华北分布种。

木材轻软，芯材红褐色，边材黄白色，可做家具、炊具用材。花可入药，种子可榨油供工业用，树皮纤维可制绳。由于木材松软，伐倒木如不及时剥皮，木材很快腐烂，老乡称“椴灌肠”。

3. 紫椴

Tilia amurensis Rupr. in Mem. Acad. Imp. Sci. St.-Petersb. Ser. 7. 15(2)(Fl. Caucasi):253. 1869-1870; Fl. Intramongol. ed. 2, 3:501. t.197. f.1. 1989.

乔木，高达 20m，胸径 80cm。树皮暗灰色，纵裂呈片状剥落。幼枝红褐色，无毛，有时有白色丝状毛，后脱落；芽卵形，黄褐色，无毛。叶对生，宽卵形或近圆形，长 4.5 ～ 6cm，宽 4 ～ 5.5cm，先端呈尾状尖，中上部有时 3 裂，基部心形，边缘具较整齐的细锯齿，上面绿色，下面灰绿色，脉缝处簇生褐色毛；叶柄长 3 ～ 5cm。聚伞花序，长 2 ～ 2.5cm；苞片宽披针形，有时条形或矩圆形；萼片宽披针形，外面白色星状毛；花瓣黄色，条状披针形；无退化雄蕊，花丝无毛；子房球形，具白色茸毛，花柱无毛，柱头5裂。果实球形或矩圆形，有时为倒卵形，长 5 ～ 8mm，密被褐色柔毛。花期 7 月，果期 8 月。

中生落叶乔木。散生于阔叶林带和森林草原带的山地杂木林中及山坡。产兴安南部（扎鲁特旗、阿鲁科尔沁旗）、辽河平原（大青沟）、燕山北部（喀喇沁旗、宁城县）。分布于我国黑龙江、吉林、辽宁、河北、山东、山西，朝鲜、俄罗斯（远东地区）。为华北东部—满洲分布种。

木材细致、轻软，可制家具、炊具、胶合板。树皮纤维供造纸和纺织用。花为优等蜜源植物，可供药用，能发汗、镇静及解热。种子可榨油。

74. 锦葵科 Malvaceae

草本、灌木或乔木，常有星状毛或鳞片状毛。单叶互生，通常分裂，具掌状叶脉；托叶离生，有时早落。花两性，辐射对称，单叶或簇生于腋呈聚伞花序；萼片 5，分离合生，其下常有总苞状的小苞片，亦称副萼；花瓣 5，旋转状排列，近基部与雄蕊管基部合生；雄蕊多数，花丝结合呈筒状，称单体雄蕊，花药一室，花粉粒有刺；雌蕊由 2 至多心皮组成，子房上位，2 至多室，中轴胎座，每室具 1 至多数胚珠。果实为蒴果或分果；种子肾形或倒卵形，含少量胚乳，胚常弯曲。

内蒙古有 3 属、3 种，另有 2 栽培种。

分属检索表

1a. 蒴果，室背开裂；子房每室具 3 至多数胚珠……………………………………………**1. 木槿属 Hibiscus**

1b. 分果，分裂成分果瓣，与中轴或花托分离。

　2a. 子房每室仅具 1 枚胚珠，具小苞片……………………………………………………**2. 锦葵属 Malva**

　2b. 子房每室具 2 或多数胚珠，无小苞片…………………………………………………**3. 苘麻属 Abutilon**

1. 木槿属 Hibiscus L.

草木、灌木，稀小乔木。单叶互生，不分裂或掌状分裂。花两性，常单生于叶腋，深红色、粉红色、白色或黄色；花萼 5 裂，萼下常有 5 至多数小苞片组成副萼；花瓣 5，基部与雄蕊筒合生；雄蕊多数，花丝合生成筒；子房上位，5 室，每室具 3 至多数胚珠。蒴果，室背开裂；种子常肾形。

内蒙古有 1 种，另有 1 栽培种。

分种检索表

1a. 灌木；花有白色、淡紫等色；叶菱形或三角状卵形，3 浅裂或不裂。栽培…………**1. 木槿 H. syriacus**

1b. 一年生草本；花淡黄色，内面基部紫红色；叶掌状 3 ～ 5 全裂或深裂，裂片倒卵形或长圆形，边缘具不规则的羽状缺刻………………………………………………………………**2. 野西瓜苗 H. trionum**

1. 木槿

Hibiscus syriacus L., Sp. Pl. 2:695. 1753; Fl. China 12:291. 2007.

落叶灌木，稀小乔木，高达 3 ～ 6m。树皮灰褐色。小枝褐灰色，幼时有茸毛，后渐脱落。叶菱形或三角状卵形，长 5 ～ 9cm，宽 2 ～ 6cm，常 3 裂，先端渐尖，基部楔形，有明显 3 主脉，叶缘有不规则粗大锯齿或缺刻，上面深绿，光亮无毛，下面具稀疏星状毛或近无毛；叶柄长 1 ～ 2.5cm；托叶条形，常脱落。花单生于叶腋，花冠钟形，有白、淡紫、淡红、紫等色，直径 5 ～ 6cm；花梗长 4 ～ 14mm，有星状短毛；小苞片 6 ～ 8，条形，长 6 ～ 15mm，有星状毛；萼钟形，裂片 5；花瓣 5，园艺品种多为重瓣；雄蕊筒较花瓣短。蒴果矩圆形或卵圆形，直径 12mm，密生星状茸毛，先端具短嘴；种子褐色，背脊有棕色长毛。花期 6 ～ 9 月，果期 9 ～ 11 月。

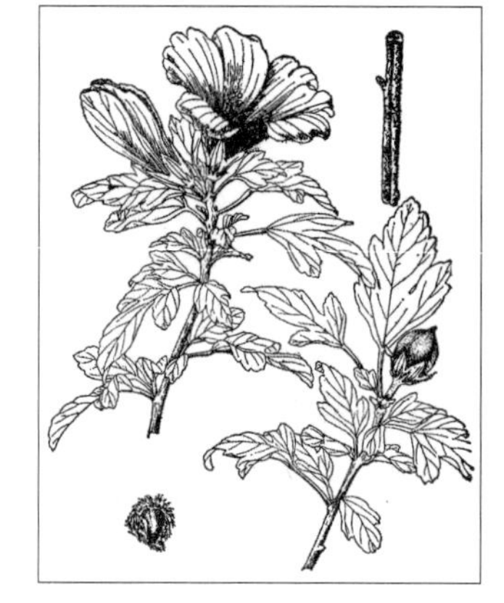

中生灌木。原产我国安徽、江苏、浙江、台湾、广东、广西、云南、四川。为东亚分布种。内蒙古南部及我国其他省区，世界热带和温带地区普遍栽培。

播种，扦插，压条繁殖。茎皮纤维可造纸。枝具韧性，可编筐。全株入药，有清热、凉血、利尿之效。花可食。嫩叶可代茶。花色丰富多彩，花期长，是园林和厂矿区绿化之好材料。也可做绿篱。

2. 野西瓜苗（和尚头、香铃草）

Hibiscus trionum L., Sp. Pl. 2:697. 1753; Fl. Intramongol. ed. 2, 3:503. t.198. f.1-2. 1989.

一年生草本。茎直立，或下部分枝铺散，高 20 ～ 60cm，具白色星状粗毛。叶近圆形或宽卵形，长 3 ～ 6（～ 8）cm，宽 2 ～ 6（～ 10）cm，掌状 3 ～ 5 全裂或深裂；中裂片最长，长卵形，

先端钝，基部楔形，边缘具不规则的羽状缺刻；侧裂片倒卵形，基部一边有一枚较大的小裂片，有时裂达基部，上面近无毛，下面被星状毛；叶柄长 2 ～ 5cm，被星状毛；托叶狭披针形，长 5 ～ 9mm，边缘具硬毛。花单生于叶腋；花柄长 1 ～ 5cm，密生星状毛及叉状毛；花萼卵形，膜质，基部合生，先端 5 裂，淡绿色，有紫色脉纹，沿脉纹密生二至三叉状硬毛，裂片三角形，长 7 ～ 8mm，宽 5 ～ 6mm，副萼片通常 11 ～ 13，条形，长约 1cm，宽不到 1mm，边缘具长硬毛；花瓣 5，淡黄色，基部紫红色，倒卵形，长 1 ～ 2.5cm，宽 0.5 ～ 1cm；雄蕊筒紫色，无毛；子房 5 室，具胚珠多数，花柱顶端 5 裂。蒴果圆球形，被长硬毛，花萼宿存；种子黑色，肾形，表面具粗糙的小凸起。花期 6 ～ 9 月，果期 7 ～ 10 月。

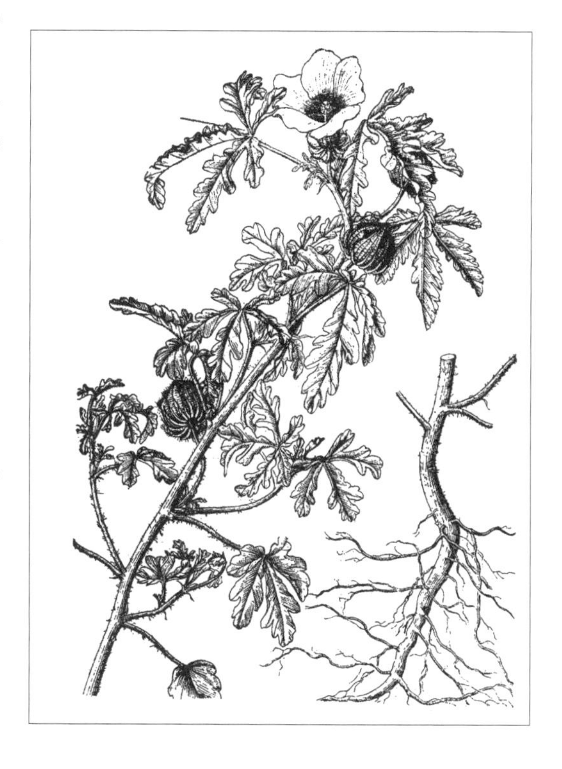

中生杂草。生于田野、路旁、村边、山谷等处。产内蒙古各地。外来入侵种，原产中非。现我国及世界各地均有分布。

全草及种子入药。全草能清热解毒、祛风除湿、止咳、利尿，主治急性关节炎、感冒咳嗽、肠炎、痢疾；外用治烧、烫伤，疮毒。种子能润肺止咳、补肾，主治肺结核咳嗽、肾虚头晕、耳鸣耳聋。

2. 锦葵属 Malva L.

一年生、二年生或多年生草本。单叶互生，叶缘浅裂或深裂。花单生或数朵簇生于叶腋；有梗或无梗；萼 5 裂，萼外有 2 ～ 3 片小苞片（副萼片）；花瓣 5，顶端凹入，粉红色或白色；雄蕊多数，呈管状；花柱与心皮同数，柱头条形。果实为分果，每果瓣内含 1 粒种子；种子肾形。

内蒙古有 1 种，另有 1 栽培种。

分种检索表

1a. 花大，直径 3.5 ～ 4cm；小苞片（副萼片）近卵形；花梗长 1 ～ 3cm。栽培……**1. 锦葵 M. cathayensis**

1b. 花小，直径约 1cm；小苞片（副萼片）条状披针形；花梗极短或近无梗…………**2. 野葵 M. verticillata**

1. 锦葵（荆葵、钱葵）

Malva cathayensis M. G. Gilbert.，Y. Tang et Dorr in Fl. China 12:266. 2007.——*M. sinensis* Cavan. in Diss. 2:77. t.25. f.4. 1786; Fl. Intramongol. ed. 2, 3:505. t.199. f.3-4. 1989.

一年生草本。茎直立，较粗壮，高 80 ～ 100cm，上部分枝，疏被单毛，下部无毛。叶近圆形或近肾形，长 5 ～ 7cm，宽 7 ～ 9cm，通常 5 浅裂；裂片三角形，顶端圆钝，边缘具圆钝重锯齿，基部近心形，上面近无毛，下面被稀疏单毛及星状毛；叶柄长 5 ～ 13cm，被单毛及星状毛；托叶披针形，边缘具单毛。花多数，簇生于叶腋；花梗长短不等，长 1 ～ 3cm，被单毛及星状毛；花萼 5 裂，裂片宽三角形，长 2 ～ 4mm，宽 4 ～ 5mm；小苞片（副萼）3，近卵形，大小不相等，长 3 ～ 5mm，宽 2 ～ 3mm，均被单毛及星状毛；花直径 3.5 ～ 4cm，花瓣紫红色，具暗紫色脉纹，倒三角形，先端凹缺，基部具狭窄的瓣爪，爪的两边具髯毛；雄蕊筒具倒生毛，基部与瓣爪相连；雌蕊由 10 ～ 14 个心皮组成，分成 10 ～ 14 室，每室具 1 枚胚珠。分果，果瓣背部具蜂窝状凸起网纹，侧面具辐射状皱纹，有稀疏的毛；种子肾形，棕黑色。

中生草本。原产印度，为印度种。内蒙古及我国其他各地均有栽培，少有逸生。

果实及花做蒙药用（蒙药名：傲母展巴），功能、主治同野葵。还可做观赏用。

2. 野葵（菟葵、冬苋菜）

Malva verticillata L., Sp. Pl. 2:689. 1753; Fl. Intramongol. ed. 2, 3:506. t.199. f.1-2. 1989.

一年生草本。茎直立或斜升，高 40 ～ 100cm，下部近无毛，上部具星状毛。叶近圆形或肾形，长 3 ～ 8cm，宽 3 ～ 11cm，掌状 5 浅裂；裂片三角形，先端圆钝，基部心形，边缘具圆钝重锯齿或锯齿，下部叶裂片有时不明显，上面通常无毛，幼时稍被毛，下面疏生星状毛；叶柄长 5 ～ 17cm，下部及中部叶柄较长，被星状毛；托叶披针形，长 5 ～ 8mm，宽 2 ～ 3mm，疏被毛。花多数，近无梗，簇生于叶腋，少具短梗，不超过 1cm；花萼 5 裂，裂片卵状三角形，长宽

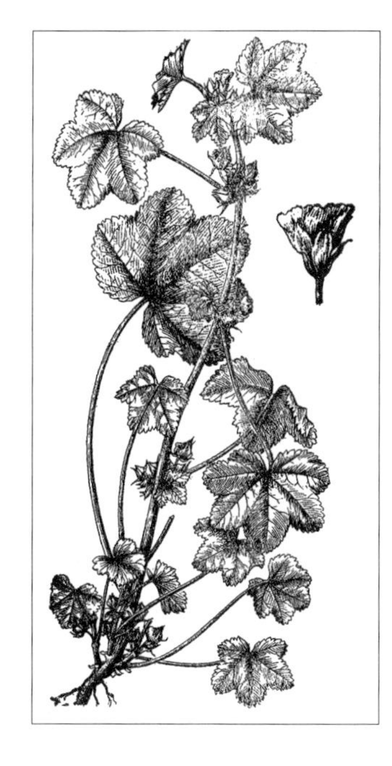

约相等，均约3mm，背面密被星状毛，边缘密生单毛；小苞片（副萼片）3，条状披针形，长3～5mm，宽不足1mm，边缘有毛；花直径约1cm，花瓣淡紫色或淡红色，倒卵形，长约7mm，宽约4mm，顶端微凹；雄蕊筒上部具倒生毛；雌蕊由10～12心皮组成，10～12室，每室具1枚胚珠。分果，果瓣背面稍具横皱纹，侧面具辐射状皱纹，花萼宿存；种子肾形，褐色。花期7～9，果期8～10月。

中生杂草。生于田野、路旁、村边、山坡。产内蒙古各地。分布于我国吉林、辽宁、河北、河南、山东、山西、陕西、宁夏、青海、四川、安徽、江苏、浙江、江西、福建、湖北、湖南、广东、广西、贵州、云南、西藏、新疆，朝鲜、印度、不丹、缅甸、巴基斯坦，欧洲、北非也有。为古北极分布种。

种子作“冬葵子”入药，能利尿、下乳、通便。果实入蒙药（蒙药名：萨嘎日木克－扎木巴），能利尿通淋、清热肿、止渴，主治尿闭、淋病、水肿、口渴、肾热、膀胱热。

3. 苘麻属 **Abutilon** Mill.

草本、半灌木状或灌木。叶互生，基部心形，叶脉掌状。花单一，顶生或腋生；无小苞片；花萼钟状，裂片5；花冠具5花瓣，上部分离，基部连合，与雄蕊柱合生；雄蕊多数，花丝基部相连成短筒；子房上位，中轴胎座，心皮8～20，花柱分枝与心皮同数，每室具胚珠2～9枚。分果成熟后与中轴脱离，含2至多数种子；种子肾形。

内蒙古有1逸生种。

1. 苘麻（青麻、白麻、车轮草）

Abutilon theophrasti Medik. in Malv. 28. 1787; Fl. Intramongol. ed. 2, 3:510. t.201. f.1-4. 1989.

一年生半灌木状草本，高100～200cm。茎直立，圆柱形，上部常分枝，密被柔毛及星状毛，下部毛较稀疏。叶圆心形，长8～17cm，先端长渐尖，基部心形，边缘具细圆锯齿，两面密被星状柔毛；叶柄长4～15cm，被星状柔毛。花单生于上部叶腋；花梗长1～3cm，近顶端有节；萼杯状，裂片5，卵形或椭圆形，顶端急尖，长约6mm；花冠黄色，花瓣倒卵形，

顶端微缺，长约1cm；雄蕊筒短，平滑无毛；心皮15～20，长1～1.5cm，排列成轮状，形成半球形果实，密被星状毛及粗毛，顶端变狭为芒尖。分果瓣15～20，成熟后变黑褐色，有粗毛，顶端有2长芒；种子肾形，褐色。花果期7～9月。

中生草本。生于田野、路边、荒地、河岸。内蒙古各地有逸生或栽培。分布于全国各地（除青藏高原外），亚洲、欧洲、大洋洲、非洲、北美洲。为世界分布种。

茎皮纤维可作为编织麻袋、搓制绳索等纺织材料。种子可榨油，供制造肥皂、油漆及工业上做润滑油等用；种子可入药，能清热利湿、解毒、退翳，主治赤白痢疾、淋病涩痛、痈肿目翳；种子也入蒙药（蒙药名：黑曼-乌热），能燥“黄水”、杀虫，主治“黄水”病、麻风病、癣、疥、秃疮、黄水疮、痛风、游痛症、青腿病、浊热。

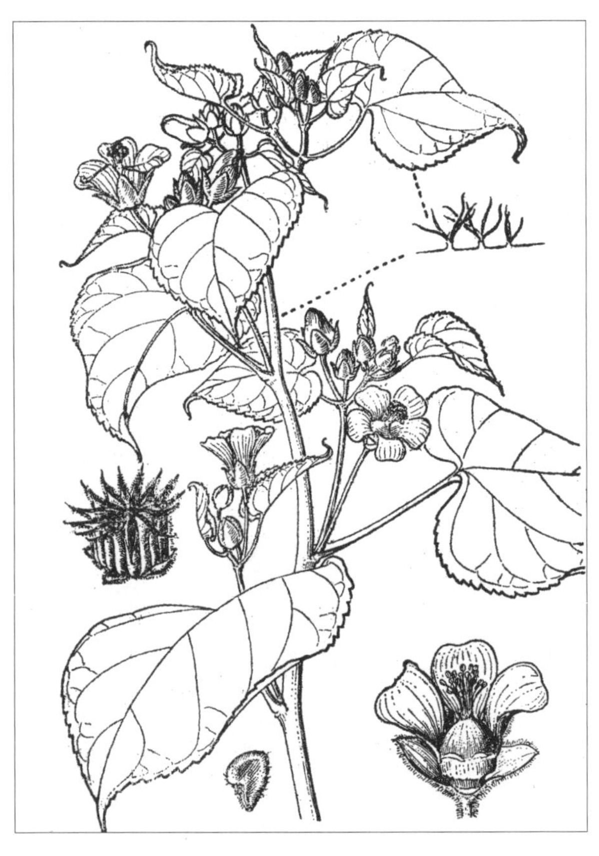

75. 猕猴桃科 Actinidiaceae

乔木、灌木或藤本。枝髓实心或片层状。单叶互生，无托叶。花两性或单性，雌雄异株，单生或排列成腋生的聚伞花序或总状花序；萼片 5，稀 2 ～ 3，覆瓦状排列，宿存；花瓣 5 或更多，覆瓦状排列，分离或基部合生；雄蕊 10 至多数，离生或连合成束；子房上位，3 至多室，每室具胚珠多数或少数，花柱 5 或多数，离生或合生。果为浆果或蒴果；种子小，胚乳丰富。

内蒙古有 1 属、1 种。

1. 猕猴桃属 Actinidia Lindl.

落叶木质藤本。枝髓实心或片层状。叶具长柄，边缘有锯齿，少全缘。花单性，雌雄异株；萼片 2 ～ 5；花瓣 5，少 4；雄蕊多数；子房多室，每室具多数胚珠，花柱多数，放射状。浆果，种子多数。

内蒙古有 1 种。

1. 葛枣猕猴桃

Actinidia polygama (Sieb. et Zucc.) Maxim. in Mem. Acad. Imp. Sci. St.-Petersb. Div. Sav. 9:64. 1859; Fl. Intramongol. ed. 2, 3:511. t.202. f.1-2. 1989.——*Trochostigma polygamum* Sieb. et Zucc. in Abh. Math.-Phys. Cl. Konigl. Bayer. Akad. Wiss. 3(2):728. 1843.

落叶藤本，长达 4 ～ 6m。幼枝淡灰褐色，髓白色，实心。叶质薄，卵形、宽卵形或椭圆状卵形，长 6 ～ 13cm，宽 3.5 ～ 9cm，先端锐尖至渐尖，基部圆形、宽楔形或近心形，边缘有锯齿，上面绿色，散生少数小刺毛，有时先端变为白色或淡黄色，下面浅绿色，沿中脉和侧脉着生少数小刺毛，脉腋间有簇毛；叶柄长 1.5 ～ 4cm，近无毛。花序具 1 ～ 3 朵花；花梗长 6 ～ 8mm；苞片小，长约 1mm；花白色，芳香，直径可达 2.5cm；萼片 5，卵形至长卵形，长 5 ～ 7mm，两面被毛或无毛；花瓣 5，倒卵形，长 8 ～ 13mm；花药黄色；子房无毛。浆果卵圆形，长 2.5 ～ 3cm，成熟时淡橘色，顶端具直或弯的喙，有深色的纵纹，基部有宿存萼片。果熟期 9 ～ 10 月。

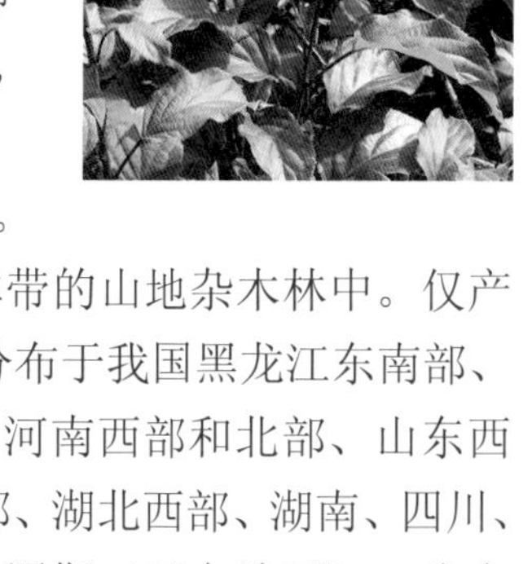

落叶中生藤本。生于落叶阔叶林带的山地杂木林中。仅产于燕山北部（宁城县黑里河林场）。分布于我国黑龙江东南部、吉林东南部、辽宁东部、河北东部、河南西部和北部、山东西部、陕西南部、甘肃东南部、安徽南部、湖北西部、湖南、四川、云南东北部、贵州，日本、朝鲜、俄罗斯（远东地区）。为东亚分布种。

嫩叶可食。果可生食，有辣味，霜后味甜。此外，树叶美观，可做庭园观赏树种。带虫瘿的果实入药，能理气止痛，主治腰痛、疝痛。枝叶入药，辛温有小毒，治大风癞疾、症积、气痢、风劳。

76. 藤黄科 Clusiaceae

草本、灌木或乔木，有时为藤本，具油腺或树脂道。单叶对生或轮生，全缘；无托叶。花两性或单性，辐射对称，单生或呈聚伞花序；萼片和花瓣 4 ～ 5；雄蕊多数，通常愈合成 3 ～ 5 束；子房上位，通常 3 ～ 5 室，稀 1 室，具胚珠多数。果实为蒴果，稀核果或浆果；种子无胚乳。

内蒙古有 1 属、3 种。

1. 金丝桃属 Hypericum L.

多年生草本或灌木。单叶对生，有时轮生，全缘，有透明或黑色腺点；具短柄或无柄；无托叶。花两性，呈聚伞花序或单生；萼片 5；花瓣 5，黄色，稀粉红色或淡紫色；雄蕊多数，离生或基部合生成 3 ～ 5 束；子房上位，1 室，有 3 ～ 5 个侧膜胎座，或成 3 ～ 5 室，为中轴胎座，花柱 3 ～ 5 条，离生或合生。蒴果，很少为浆果状；种子长圆柱形。

内蒙古有 3 种。

分种检索表

1a. 柱头、心皮及雄蕊束均为 5 数，植株无黑色腺点。

2a. 花较大，直径 4 ～ 6cm；花柱从中部 5 裂；种子一侧具狭翼；萼片倒卵形或卵形，宽 7 ～ 8mm……
……………………………………………………………………………………**1. 黄海棠 H. ascyron**

2b. 花较小，直径 2.5 ～ 4cm；花柱从基部 5 裂；种子一侧具较宽的翼；萼片卵状披针形，宽 3 ～ 4mm
……………………………………………………………………………………**2. 短柱黄海棠 H. gebleri**

1b. 柱头、心皮及雄蕊束均为 3 数，植株有散生的黑色腺点……………………**3. 乌腺金丝桃 H. attenuatum**

1. 黄海棠（长柱金丝桃、红旱莲、金丝蝴蝶）

Hypericum ascyron L., Sp. Pl. 2:783. 1753; Fl. Intramongol. ed. 2, 3:513. t.203. f.4-8. 1989.

多年生草本，高 60 ～ 80cm。茎四棱形，黄绿色，近无毛。叶卵状椭圆形或宽披针形，长 3 ～ 9cm，宽 1 ～ 3cm，先端急尖或圆钝，基部圆形或心形，抱茎，上面绿色，下面淡绿色，两面均无毛；叶片有透明腺点，全缘；无叶柄。花通常 3 朵呈顶生聚伞花序，有时单生茎顶；花黄色，直径 4 ～ 6cm；萼片倒卵形或卵形，长约 1cm，宽 7 ～ 8mm；花瓣倒卵形或倒披针形，呈镰状向一边

弯曲，长 2.5 ～ 3.5cm，宽 1 ～ 1.5cm；雄蕊 5 束，短于花瓣；雌蕊 5，心皮合生成 5 室，花柱基部合生，自中部分裂成 5 条，稍长于雄蕊。蒴果卵圆形，长约 1.5cm，宽 0.8 ～ 1cm，暗棕褐色，果熟后先端 5 裂；种子多数，灰棕色，长约 1.2mm，表面具小蜂窝纹，一侧具细长的翼。花期 7 ～ 8 月，果期 8 ～ 9 月。

中生草本。生于森林带和森林草原带的林缘、山地草甸和灌丛中。产兴安北部及岭东和岭西（额尔古纳市、根河市、牙克石市、鄂伦春自治旗、阿荣旗、扎兰屯市、鄂温克族自治旗、东乌珠穆沁旗宝格达山）、兴安南部（科尔沁右翼前旗、扎赉特旗、扎鲁特旗、阿鲁科尔沁旗、巴林左旗、巴林右旗、克什克腾旗）、辽河平原（科尔沁左翼后旗、大青沟）、燕山北部（喀喇沁旗、宁城县、敖汉旗、兴和县苏木山）、阴山（大青山）。分布于我国各地（除新疆、西藏外），日本、朝鲜、蒙古国东部和北部、俄罗斯（西伯利亚地区）。为东古北极分布种。

草入药，能凉血、止血、清热解毒，主治吐血，咯血、子宫出血、黄疸、肝炎等；外治创伤出血、烧烫伤、湿疹、黄水疮，捣烂或绞汁涂敷患处。种子泡酒，主治胃病，能解毒、排脓。民间用叶代茶饮。

2. 短柱黄海棠（短柱金丝桃）

Hypericum gebleri Ledeb. in Fl. Alt. 3:364. 1831; Fl. Intramongol. ed. 2, 3:515. t.204. f.1-3. 1989.——*H. ascyron* L. subsp. *gebleri* (Ledeb.) N. Robson in Bull. Brit. Mus. (Nat. Hist.) Bot. 31:57. 2001; Fl. China 13:20. 2007. syn. nov.

多年生草本，高 40 ～ 80cm。茎直立。具 4 棱，单一或数茎丛生，无毛。叶矩圆状卵形、矩圆状披针形或狭披针形，长 3 ～ 7cm，宽 7 ～ 20mm，先端急尖或圆钝，基部宽楔形或圆形，抱茎，全缘，两面无毛，散生条形及圆形腺点；无叶柄。花单生，或聚伞花序顶生或腋生；花黄色，直径 2.5 ～ 4cm；花梗长 0.5 ～ 6cm；萼片通常卵状披针形，长 7 ～ 10mm，宽 3 ～ 4mm，先端尖；花瓣倒卵形，长 15 ～ 18mm，宽 7 ～ 9mm；雄蕊多数，成 5 束，短于花瓣；子房卵形，长 5 ～ 7mm，5 室，花柱自基部离生成 5 条，通常长为子房的一半。蒴果圆锥形，棕褐色，长 9 ～ 20mm，成熟时先端 5 裂，花柱宿存，长约为蒴果的 1/5；种子多数，圆柱形，稍弯，浅棕色，长约 1mm，表面具小蜂窝纹，一侧具较宽膜质的翼，并一头较宽大。花果期 7 ～ 9 月。

中生草本。生于森林带的林缘、灌丛、河边草甸。产兴安北部（根河市满归镇、牙克石市、阿尔山市兴安林场）。分布

于我国新疆、黑龙江，朝鲜北部、蒙古国北部（肯特）、俄罗斯（西伯利亚地区、远东地区）。为西伯利亚—远东分布种。

3. 乌腺金丝桃（赶山鞭、野金丝桃）

Hypericum attenuatum Fisch. ex Choisy in Prodr. Monogr. Hyperic. 47. t.6. 1821; Fl. Intramongol. ed. 2, 3:515. t.203. f.1-3. 1989.

多年生草本，高 30 ～ 60cm。茎直立，圆柱形，具 2 条纵线棱，全株散生黑色腺点。叶长卵形、倒卵形或椭圆形，长 1 ～ 2.5（～ 3）cm，宽 0.5 ～ 1cm，先端圆钝，基部宽楔形或圆形，抱茎，无叶柄，上面绿色，下面淡绿色，两面均无毛。花数朵，呈顶生聚伞圆锥花序，花较小，直径 2 ～ 2.5cm；萼片宽披针形，长 5 ～ 7mm，宽 2 ～ 3mm，先端锐尖，背面及边缘有黑腺点；花瓣黄色，矩圆形或倒卵形，长 8 ～ 12mm，宽 5 ～ 7mm，先端圆钝，背面及边缘散生黑色腺点；雄蕊 3 束，短于花瓣，花药上亦有黑腺点；雌蕊 3 心皮合生，3 室，花柱 3 条，自基部离生，约与雄蕊等长。蒴果卵圆形，长约 1cm，宽约 5mm，深棕色，成熟后先端 3 裂；种子深灰色，长圆柱形，稍弯，长约 1mm，表面呈蜂窝状，一侧具狭翼。花期 7 ～ 8 月，果期 8 ～ 9 月。

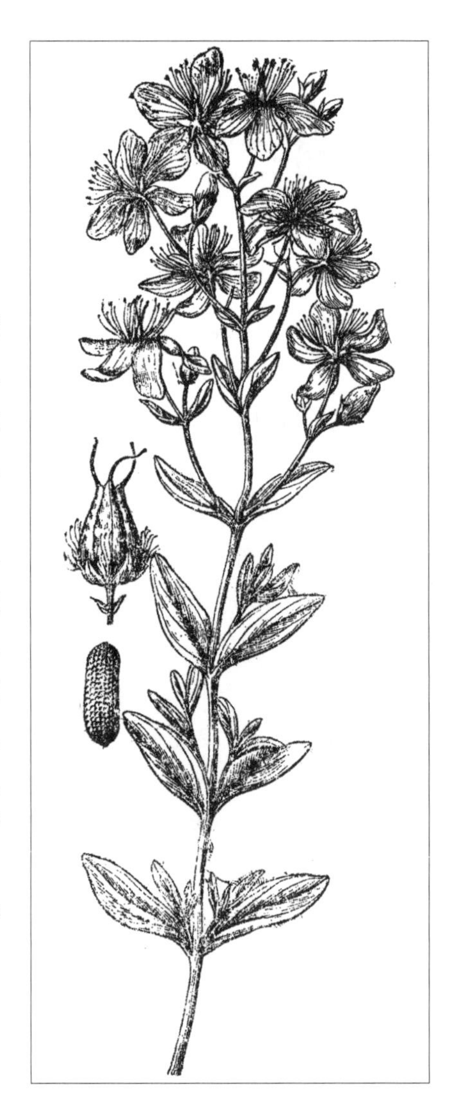

中生草本。生于森林带和森林草原带的山地林缘、草甸和灌丛、草甸草原。产兴安北部及岭东和岭西（额尔古纳市、根河市、牙克石市、鄂伦春自治旗、鄂温克族自治旗、扎兰屯市、海拉尔区）、兴安南部（科尔沁右翼前旗、扎赉特旗、扎鲁特旗、阿鲁科尔沁旗、巴林左旗、巴林右旗、林西县、克什克腾旗、东乌珠穆沁旗、西乌珠穆沁旗、锡林浩特市）、赤峰丘陵（翁牛特旗）、燕山北部（喀喇沁旗、宁城县、敖汉旗、兴和县苏木山）、阴山（大青山、蛮汗山、乌拉山）。分布于我国黑龙江中部和南部、吉林南部、辽宁、河北、河南西部、山东、山西、陕西南部、甘肃东南部、安徽、江苏、浙江、福建、江西北部、湖北、湖南、广东、广西北部、贵州、四川东部和中部，日本、朝鲜、蒙古国东部和东北部、俄罗斯（远东地区）。为东亚分布种。

全草入药，能止血、镇痛、通乳，主治咯血、吐血、子宫出血、风湿关节痛、神经痛、跌打损伤、乳汁缺乏、乳腺炎；外用治创伤出血、痈疖肿毒。

77. 沟繁缕科 Elatinaceae

草本或矮灌木。单叶，对生或轮生；有托叶。花小，两性，辐射对称，腋生、单生或为聚伞花序；萼片和花瓣 2 ～ 5，分离；雄蕊与花瓣同数或为其 2 倍，离生；子房上位，2 ～ 5 室，花柱 2 ～ 5，柱头头状，具胚珠多数，生于中轴胎座上。蒴果室间开裂；种子直或弯曲，种皮常有网纹，无胚乳。

内蒙古有 1 属、1 种。

1. 沟繁缕属 Elatine L.

水生草本。茎纤细。叶小，对生或轮生。花极小，单生于叶腋内；萼片 2 ～ 4，膜质，钝头；花瓣 2 ～ 4；雄蕊 2 ～ 8；子房 3 室。蒴果扁球形，膜质；种子多数，圆柱形，种皮有网纹和小窝点。

内蒙古有 1 种。

1. 沟繁缕（三蕊沟繁缕、三萼沟繁缕）

Elatine triandra Schkuhr in Bot. Handb. 1:345. 1791; Fl. Intramongol. ed. 2, 3:517. t.205. f.3-7. 1989.

一年生草本。茎匍匐，软弱，长 5 ～ 10cm，圆柱形，多分枝，节间短，水生者节间较长，节部生细根。叶对生，水生者叶薄近膜质，陆生者稍肉质；叶片矩圆形、披针形或条形，长 5 ～ 10mm，宽 2 ～ 3mm，先端钝，基部渐狭，全缘无毛；侧脉细，2 ～ 3 对；具短柄或近无柄；托叶小，早落。花单生于叶腋，直径约 1mm；无梗或几无梗；萼片 3，其中一片较小，卵形，长约 0.5mm，先端钝，基部合生；花瓣 3，椭圆形，白色或粉红色，比萼片稍长；雄蕊 3，比花瓣稍短；子房上位，3 室，花柱 3，直立而短。蒴果扁球形，直径 1 ～ 1.5mm，3 室，果瓣膜质，含多数种子；种子长圆柱形，微弯曲，长约 0.5mm，具细小的横六角形网纹。花果期 6 ～ 8 月。

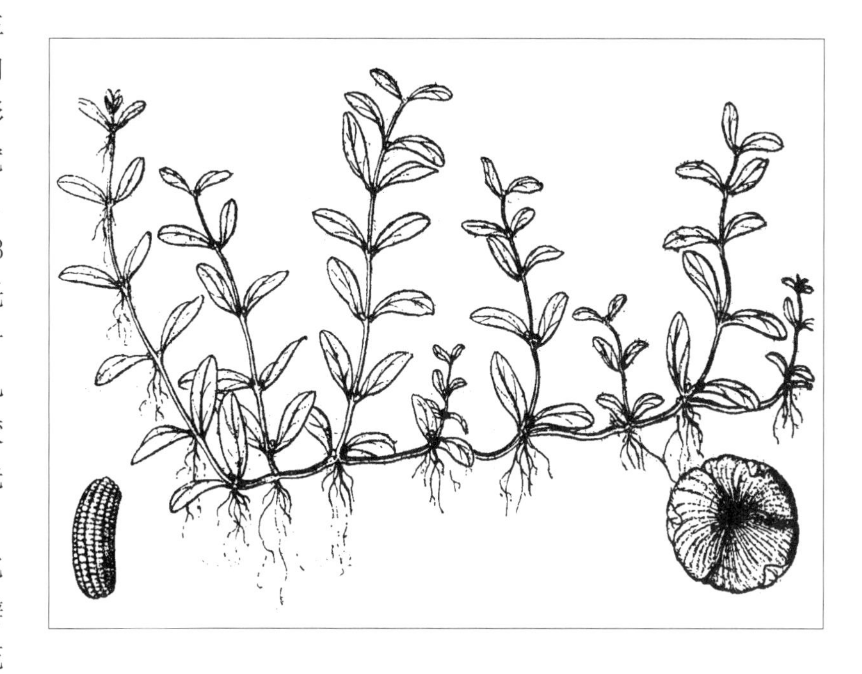

水生草本。生于森林草原带的沼泽草甸、河岸黏泥地、泛滥地、水田中。产嫩江西部平原（扎赉特旗保安沼农场）。分布于我国黑龙江东南部、吉林南部、辽宁中北部、福建、台湾、广东、河南、云南南部，亚洲、欧洲、非洲、北美洲、大洋洲。为世界分布种。

78. 瓣鳞花科 Frankeniaceae

草本或半灌木。茎有节。叶对生或轮生，小，全缘；无托叶。花单生或排成聚伞花序，辐射对称，两性；萼片 4 ～ 7，合生，宿存；花瓣与萼片同数，基部或中部以下着生一鳞片状附属物；雄蕊常 6，稀多数，花丝分离或基部连合，花药 2 室；子房上位，心皮 1 ～ 4，1 室，花柱细长，柱头 3 裂，侧膜胎座，具胚珠多数。蒴果包在宿存花萼内，瓣裂；种子小，具胚乳。

内蒙古有 1 属、1 种。

1. 瓣鳞花属 Frankenia L.

草本或半灌木。叶对生或轮生，全缘。花排成顶生的聚伞花序；萼裂片 4 ～ 5；花瓣 4 ～ 5，粉红色或稀为白色；雄蕊 4 ～ 6，花丝线形，中部常扩大，分离或连合；花柱丝状，上部 3 裂。果为蒴果，3 ～ 4 瓣裂；种子椭圆形，棕色。

内蒙古有 1 种。

1. 瓣鳞花

Frankenia pulverulenta L., Sp. Pl. 1:332. 1753; Fl. Intramongol. ed. 2, 3:519. t.205. f.1-4. 1989.

一年生草本，高 8 ～ 20cm。茎常铺散，多分枝，被贴生白色微柔毛。叶轮生，通常 4 枚，窄倒卵形或倒卵状矩圆形，长 2 ～ 7mm，宽 1 ～ 2.5mm，先端钝或微凹，基部楔形，上面无毛，下面被微柔毛，全缘，边缘下卷；叶柄长 1 ～ 1.5mm，基部连合抱茎。花小，通常单生于叶腋或上部分枝分叉处；萼筒长 2.5 ～ 3mm，裂片 5，长约 1mm；花瓣 5，粉红色，约与萼等长，矩圆状披针形或矩圆状卵形，先端具细齿，中部以下渐窄成爪，爪长约 2mm，鳞片状附属物呈舌状；雄蕊 6，花丝基部稍合生；子房 1 室，具胚珠多数，侧膜胎座。蒴果矩圆状卵形，长约 2mm，3 瓣裂；种子棕色，矩圆状椭圆形，长约 0.5mm，表面有稀疏凸起。花期 7 ～ 8 月，果期 9 月。

达来 / 摄

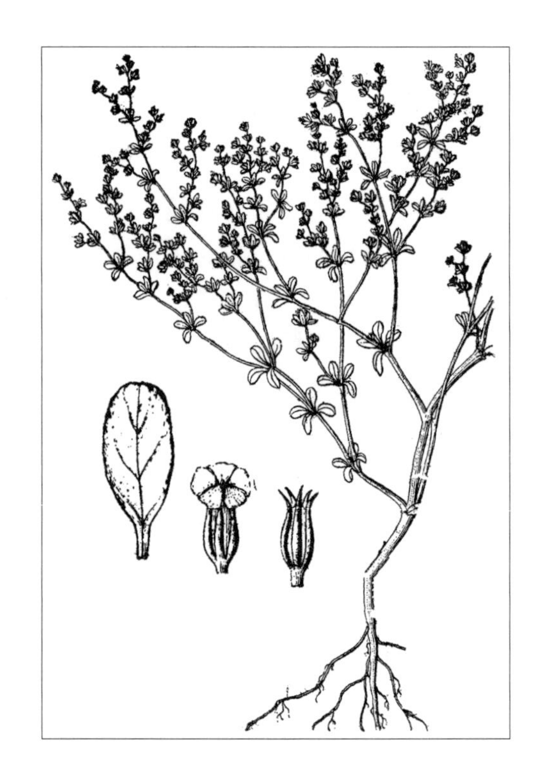

盐生旱生草本。生于荒漠带的盐碱下湿地、河床。产额济纳。分布于我国甘肃、新疆西北部，蒙古国西部，中亚、西南亚、欧洲、非洲。为古地中海分布种。是国家三级重点保护植物。

79. 柽柳科 Tamaricaceae

灌木或小乔木。单叶互生，常为鳞片状、圆柱状或条形；无柄；无托叶。花两性，辐射对称，多集生为总状花序或再组成圆锥花序，少单生；萼片 4 ～ 5；花瓣 4 ～ 5；雄蕊与花瓣互生，同数或为其 2 倍，少多数，花丝离生或部分连合；子房上位，1 室或不完全的 3 ～ 4 室，具胚珠 2 至多数，生于基生的侧膜胎座上，花柱 3 ～ 5。果为蒴果；种子全体或仅顶端被毛，有胚乳或无。

内蒙古有 3 属、17 种。

分属检索表

1a. 花单生，花瓣内有鳞片状附属物；种子外部全体被毛……………………………**1. 红砂属 Reaumuria**

1b. 总状花序或再组成圆锥花序，花瓣内无鳞片状附属物；种子仅顶端被毛。

　2a. 雄蕊离生，雌蕊具花柱；种子顶端有无柄的毛簇…………………………………**2. 柽柳属 Tamarix**

　2b. 雄蕊部分连合，雌蕊无花柱；种子顶端有具柄的毛簇……………………**3. 水柏枝属 Myricaria**

1. 红砂属 Reaumuria L.

灌木或半灌木。叶肉质，圆柱形或狭条形，互生或丛生；无柄。花两性，单生叶腋，少数生枝端；萼片 5，分离或基部连合，在基部常托以 2 至多枚苞片；花瓣 5，每花瓣里面有 2 鳞片状附属物；雄蕊常多数，分离或基部稍连合；花柱 3 ～ 5，子房 1 室，具不完全的隔膜，具胚珠 2 ～ 5 粒。蒴果矩圆状卵形，种子全体被毛。

内蒙古有 2 种。

分种检索表

1a. 花萼合生，花无梗，花瓣白色略带淡红；叶较短，长 1 ～ 5mm……………………**1. 红砂 R. soongarica**

1b. 花萼分离，花有梗，长 8 ～ 10mm，花瓣污白色；叶较长，长 5 ～ 15mm…………**2. 长叶红砂 R. trigyna**

1. 红砂（枇杷柴、红虱）

Reaumuria soongarica (Pall.) Maxim. in Fl. Tangut. 1:97. 1889; Fl. Intramongol. ed. 2, 3:520. t.206. f.1-6. 1989.——*Tamarix soongarica* Pall. in Nova Acad Acad. Sci. Imp. Petrop. Hist. Acad. 10:374. 1797.

小灌木，高 10 ～ 30cm。多分枝，老枝灰黄色，幼枝色稍淡。叶肉质，圆柱形，上部稍粗，常 3 ～ 5 簇生，长 1 ～ 5mm，宽约 1mm，先端钝，浅灰绿色。花单生于叶腋或在小枝上集为稀疏的穗状花序，无柄；苞片 3，披针形，长 0.5 ～ 0.7mm，比萼短 1/3 ～ 1/2；萼钟形，中下部合生，上部 5 齿裂，裂片三角形，锐尖，边缘膜质；花瓣 5，开张，白色略带淡红，矩圆形，长 3 ～ 4mm，宽约 2.5mm，下半部具两个矩圆形的鳞片；雄蕊 6 ～ 8，少有更多者，离生，

花丝基部变宽，与花瓣近等长；子房长椭圆形，花柱 3。蒴果长椭圆形，长约 5mm，径约 2mm，光滑，3 瓣开裂；种子 3 ～ 4 粒，矩圆形，长 3 ～ 4mm，全体被淡褐色毛。花期 7 ～ 8 月，果期 8 ～ 9 月。

超旱生小灌木。广泛生于荒漠带和荒漠草原地带。在荒漠带为重要的建群种，常在砾质戈壁上与珍珠柴 (*Salsola passerina* Bunge)、泡泡刺 (*Nitraria sphaerocarpa* Maxim.) 等组成大面积的荒漠群落；在荒漠草原带仅见于盐渍低地。在干湖盆、干河床等盐渍土上形成隐域性群落。此外，能沿盐渍低地深入干草原地带。产呼伦贝尔（满洲里市、新巴尔虎右旗）、锡林郭勒西北部、乌兰察布北部、鄂尔多斯西部、东阿拉善、西阿拉善、额济纳。分布于我国宁夏、甘肃中部和西部、青海中部和北部、新疆，蒙古国东部和南部及西部，中亚东部。为戈壁—蒙古分布种。

枝、叶入药，主治湿疹、皮炎。为良等饲用植物，秋季为羊和骆驼所喜食。

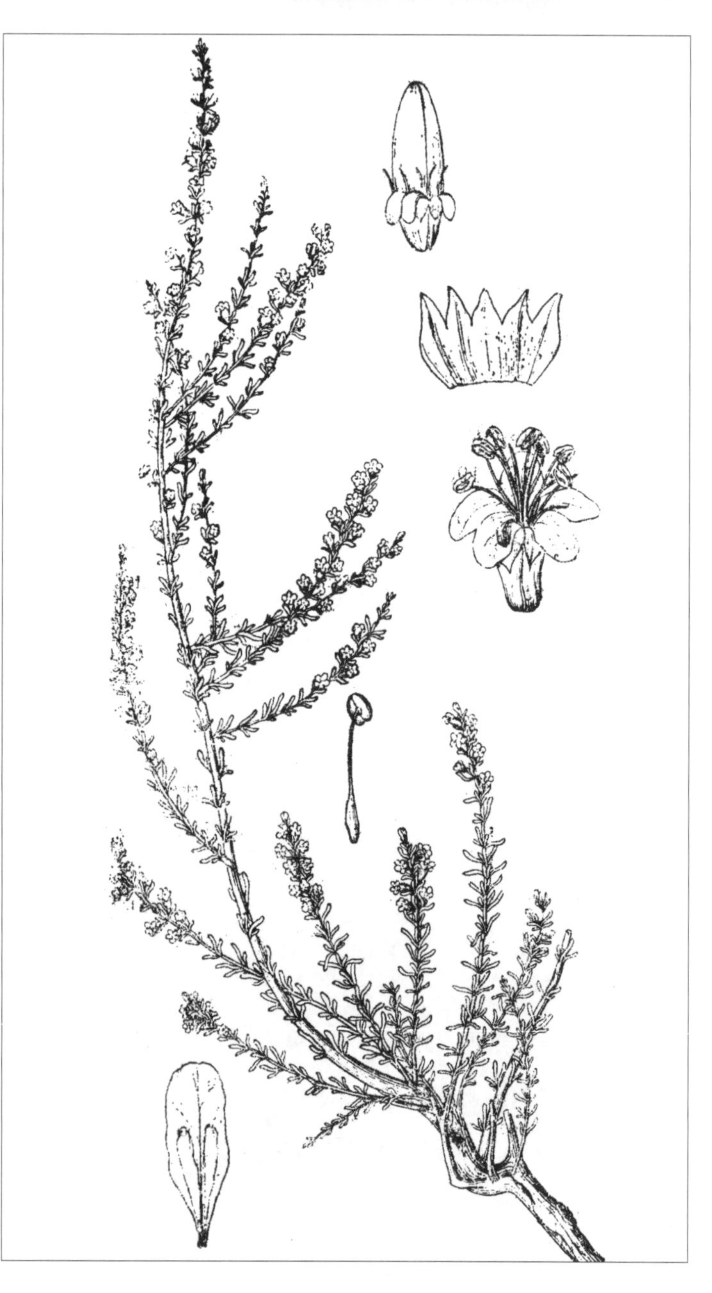

2. 长叶红砂（黄花枇杷柴）

Reaumuria trigyna Maxim. in Bull. Acad. Imp. Sci. St.-Petersb. 27:425. 1881; Fl. Intramongol. ed. 2, 3:520. t.206. f.7-9. 1989.

小灌木，高 10 ～ 30cm。树皮片状剥裂。多分枝；老枝灰白色或灰黄色；当年枝由老枝顶部发出，较细，淡绿色。叶肉质，圆柱形，长 5 ～ 10（～ 15）mm，微弯曲，常 2 ～ 5 个簇生。

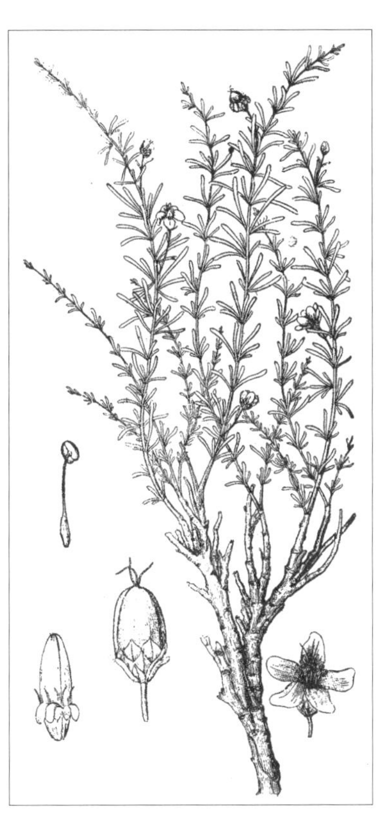

花单生于叶腋，直径 5 ～ 7mm；花梗纤细，长 8 ～ 10mm；苞片约 10 片，宽卵形，覆瓦状排列在花萼的基部；萼片 5，离生，与苞片同形；花瓣 5，污白色，干后黄色，矩圆形，长约 5mm，下半部有 2 鳞片；雄蕊 15，花药紫红色；子房卵圆形，花柱常 3，少 4 ～ 5。蒴果矩圆形，长约 1cm，光滑，3 瓣开裂。

旱生小灌木。生于草原化荒漠带的石质低山丘陵砾石质坡地、山前洪积或冲积平原。产东阿拉善（桌子山）、贺兰山。分布于我国宁夏（中卫市）、甘肃北部。为东阿拉善低山丘陵分布种。

用途同红砂。

2. 柽柳属 Tamarix L.

落叶小乔木或灌木。枝细长。叶小，多为鳞片状。花小；具短梗；多花密集呈总状花序或再组成顶生圆锥花序；萼片 4 ～ 5；花瓣 4 ～ 5，瓣内无鳞片；雄蕊 4 ～ 5，少 8 ～ 12，离生或基部稍连合；子房 1 室，位于花盘之上，花柱 2 ～ 5，棍棒状。蒴果，3 ～ 5 裂；种子多数，顶端簇生毛。

内蒙古有 13 种。

分种检索表

1a. 花 4 基数。

  2a. 春季花 4 基数，夏、秋季花 5 基数，花开展，直径可达 5mm……………………**1. 翠枝柽柳 T. gracilis**

  2b. 花全部 4 基数。

    3a. 总状花序长 5 ～ 14（～ 25）cm；花序梗长 1 ～ 4cm；苞片条形或条状披针形，长 2 ～ 6mm，明显长于花梗……………………………………………………………**2. 长穗柽柳 T. elongata**

    3b. 总状花序长不及 5cm；花序梗长不及 1cm；苞片卵形或长圆状卵形，长约 1mm。

      4a. 苞片长不及花梗的 1/2，花粉红色或淡白粉红色…………………………**3. 短穗柽柳 T. laxa**

      4b. 苞片与花梗近等长，花白色………………………………………**4. 白花柽柳 T. androssowii**

1b. 花 5 基数。

  5a. 同一总状花序上既有 5 基数花，又有 4 基数花，春季开花……………**5. 甘肃柽柳 T. gansuensis**

  5b. 花全部 5 基数。

    6a. 幼枝叶被直毛和柔毛……………………………………………………**6. 刚毛柽柳 T. hispida**

    6b. 幼枝叶无毛。

      7a. 春季开花后，夏、秋季又开花 2 ～ 3 次。

        8a. 花瓣不充分开展，果时宿存，包于蒴果基部。

          9a. 花序簇生；花瓣靠合，花冠鼓形或球形……………**7. 多花柽柳 T. hohenackeri**

          9b. 花序单生；花瓣直伸，先端外弯。

            10a. 小枝下垂，幼枝叶深绿色；花序外弯；花梗长 3 ～ 4mm；叶先端内弯………………………………………………………………………**8. 柽柳 T. chinensis**

            10b. 小枝直立或斜展，幼枝叶灰蓝绿色；花序直伸；花梗极短；叶先端外倾……………………………………………………**9. 甘蒙柽柳 T. austromongolica**

        8b. 花瓣充分开展，花后脱落………………………………**10. 密花柽柳 T. arceuthoides**

      7b. 春季不开花，夏、秋季开花。

        11a. 花序长 1 ～ 5cm，花瓣宿存，花丝细………………………**11. 多枝柽柳 T. ramosissima**

        11b. 花序长 4 ～ 15cm，花瓣脱落或部分脱落，花丝基部宽。

          12a. 幼枝叶光滑，花后花瓣全部脱落……………………**12. 细穗柽柳 T. leptostachya**

          12b. 幼枝叶具不明显的乳头状毛，花后花瓣部分脱落………**13. 盐地柽柳 T. karelinii**

1. 翠枝柽柳

Tamarix gracilis Willd. in Abh. Konigl. Akad. Wiss. Berlin 1812-1813:81. 1816; Fl. China 13:62. 2007.

灌木，高 150 ～ 300（～ 400）cm。树皮灰绿色或棕栗色。枝粗壮，老枝具淡黄色木栓质斑点。

生长枝上的叶较大，长超过 4mm，披针形，抱茎；营养枝上的叶大小不一，长 1 ～ 4mm，披针形至卵状披针形或卵圆形，渐尖，下延，抱茎，具耳，覆瓦状排列。春季总状花序侧生在去年生枝上，长 1 ～ 4(～ 5)cm，宽约 9mm；夏季总状花序长 2 ～ 5(～ 7)cm，生于当年的生长枝顶部，组成稀疏的圆锥花序。春季花 4 数，夏季花 5 数，春夏之交，同一花序上兼有 4 数花和 5 数花；花冠直径约 4(～ 5)mm，春季花较夏季花略大；苞片春季花为匙形至狭铲形，渐尖，基部变宽，背面向外略隆起，长 1.5 ～ 2mm，约与花梗等长或略长；花梗长 0.5 ～ 1.5(～ 2)mm；萼片三角状卵形，长约 1mm，基部略连合，外面 2 片较大，绿色，边缘膜质，具细牙齿，钝，稀近尖；花瓣倒卵圆形或椭圆形，长 2.5 ～ 3mm，花盛开时充分开展并向外弯，鲜粉红或淡紫色，花后脱落；花盘肥厚，紫红色，4 或 5 裂；雄蕊 4 或 5，花丝与花瓣等长或较长，高出花瓣 1/2，花丝宽线形，向基部渐变宽，生花盘裂片顶端（假顶生），偶见生于花盘裂片间，花药紫色或粉红色，具小短尖头，钝或微缺；花柱 3，长约为子房的 1/5 ～ 1/2。蒴果较大，长 4 ～ 7mm，宽约 2mm，果皮薄纸质，常发亮。花期 5 ～ 8 月。

耐盐潜水中生灌木。生于荒漠带的河湖岸边、阶地、盐渍化泛滥滩地、沙地、沙丘。产东阿拉善、西阿拉善。分布于我国甘肃（河西走廊）、青海西部、新疆西北部，蒙古国西部和南部、俄罗斯（欧洲部分），中亚、西南亚。为古地中海分布种。

2. 长穗柽柳

Tamarix elongata Ledeb. in Fl. Alt. 1:421. 1829; Fl. Intramongol. ed. 2, 3:525. t.209. f.4-6. 1989.

灌木，高 100 ～ 200cm。茎及老枝灰色、黄灰色或黄棕色。当年生长枝上叶较大，披针形或卵状披针形，长 2 ～ 6mm，宽可达 3mm，先端渐尖或微钝，基部半抱茎；在幼嫩短枝上叶较小，长 1 ～ 1.5mm，覆瓦状排列。总状花序侧生于去年生枝上，圆柱形，粗壮，长 5 ～ 14（～ 25）cm，直径 5 ～ 8mm；花序梗长 1 ～ 4cm，具稀疏而较大的披针形或卵状披针形叶；苞片条形或条状披针形，长 2 ～ 4（～ 6）mm，膜质，花后向下反折；花梗长约 1mm，与花萼等长；花密生，4 基数；萼片卵形或三角状卵形，长约 1.5mm，渐尖，边缘膜质；花瓣粉红色、紫红色或粉白色，倒卵形或宽卵形，长 2 ～ 2.5mm，先端钝圆，向外反卷，花后脱落；雄蕊 4，着生于花盘裂片的顶端，长为花瓣的 2 倍；花柱 3，约为子房长的 1/5。蒴果长圆锥形，长 4 ～ 6mm，黄色或黄褐色，熟时 3 裂；种子多数，顶端簇生冠毛。花期 5 月，果期 6 月。

耐盐潜水中生灌木。生于荒漠带的盐湿低地、流沙

边缘的盐化沙地。产东阿拉善、西阿拉善、额济纳。分布于我国宁夏、甘肃（河西走廊）、青海（柴达木盆地）、新疆，蒙古国西部（大湖盆）、俄罗斯，中亚。为古地中海分布种。

用途同细穗柽柳。

3. 短穗柽柳

Tamarix laxa Willd. in Abh. Konigl. Akad. Wiss. Berlin. 1812-1813:82. 1816; Fl. Intramongol. ed. 2, 3:527. t.209. f.1-3. 1989.

灌木，高 100 ～ 200cm。老枝灰色、灰棕色或黄灰色；幼枝粗短，质脆，灰色至淡红灰色。叶披针形或卵状披针形，长 0.8 ～ 2mm，先端尖，基部渐狭，黄绿色；无柄。总状花序长 1 ～ 3（～ 4）cm，粗 5 ～ 7（～ 10）mm；花序梗短；花梗长 2 ～ 3mm；苞片长卵形或矩圆形，先端钝，略带紫红色，草质，长不超过花梗的一半；花两型，春季花侧生于去年枝上，4 基数；

秋季花（少见）着生于当年枝上，5 基数；萼片三角状卵形，边缘膜质，先端稍钝，绿色或微带紫色，比花瓣短一倍；花瓣粉红色，稀淡白粉红色，矩圆状卵形或矩圆状倒卵形，长达 2mm，开张，花后脱落；花盘 4 裂；雄蕊 4，花丝着生于花盘裂片的顶端，略长于花瓣，花药暗紫色，钝或略尖；花柱 3，短。蒴果狭圆锥形，长 4 ～ 6mm，熟时 3 裂；种子多数，顶部簇生冠毛。花期 4 月下旬至 5 月初，果期 5 ～ 6 月。

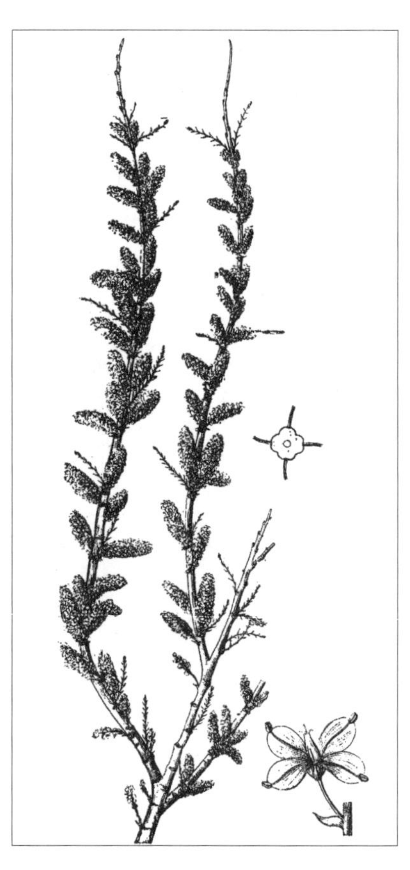

耐盐潜水中生灌木。生于荒漠带的盐湿低地、沙漠边缘、河漫滩盐化低地。产乌兰察布、东阿拉善、西阿拉善、额济纳。分布于我国陕西北部、宁夏西部、甘肃（河西走廊）、青海（柴达木盆地）、新疆，蒙古国西部和南部、俄罗斯、伊朗、阿富汗，中亚。为古地中海分布种。

用途同细穗柽柳。

4. 白花柽柳（紫秆柽柳、中亚柽柳）

Tamarix androssowii Litv. in Sched. Herb. Fl. Ross. 5:41. 1905; Fl. Intramongol. ed. 2, 3:527. 1989.

灌木或小乔木，高 2 ～ 5m。树皮有光泽。老枝暗棕红色或深紫色。当年枝上的叶卵圆形，长 1.5 ～ 2.5mm，先端渐尖。总状花序春季侧生于去年枝上，单一或 2 ～ 3 个，并常与绿色嫩枝成簇；花序长 3 ～ 5cm，宽 3 ～ 5mm；总花梗长 0.5 ～ 1cm；花四出，花瓣白色，倒卵形，长约 1.5mm；花盘 4 裂，紫红色；雄蕊 4，生于花盘裂片顶端，与花冠等长或略长；花柱 3，长不及子房的 1/2。蒴果长 4 ～ 5mm。花期 4 ～ 5 月。

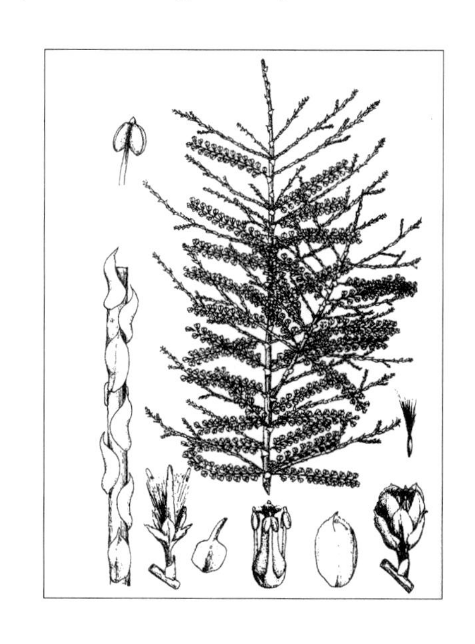

耐盐潜水中生灌木或小乔木。生于荒漠带的河谷沙地、流动沙丘边缘。产东阿拉善、西阿拉善、额济纳。分布于我国宁夏、甘肃（河西走廊）、新疆（塔里木盆地），中亚。为古地中海分布种。

为固沙树种。

5. 甘肃柽柳

Tamarix gansuensis H. Z. Zhang ex P. Y. Zhang et M. T. Liu in Act. Bot. Bor.-Occid. Sin. 8:259. 1988; Fl. China 13:62. 2007.

灌木，高 200 ～ 300（～ 400）cm。茎和老枝紫褐色或棕褐色，枝条稀疏。叶披针形，长 2 ～ 6mm，宽 0.5 ～ 1mm，基部半抱茎，具耳。总状花序侧生于去年生的枝条上，单生，长 6 ～ 8cm，宽约 5mm；苞片卵状披针形或阔披针形，渐尖，长 1.5 ～ 2.5mm，薄膜质，易脱落；花梗长 1.2 ～ 2mm。花 5 数为主，混生有不少 4 数花；稀有以 4 数为主，混生有 5 数花。花萼基部略结合，萼片卵圆形，先端渐尖，长约 1mm，宽约 0.5mm，边缘膜质；花瓣淡紫色或粉红色，卵状长圆形，先端钝，长约 2mm，宽 1 ～ 1.5mm，花后半落；花盘紫棕色，5 裂，裂片钝或微凹；雄蕊 5，花丝细长，长达 3mm，多超出花冠，着生于花盘裂片间或裂片顶端（假顶生），4 数花之花盘 4 裂，花丝着生于花盘裂片顶端；子房狭圆锥状瓶形，花柱 3，柱头头状，伸出花冠之外。蒴果圆锥形，含种子 25 ～ 30 粒。花期 4 月末至 5 月中旬。

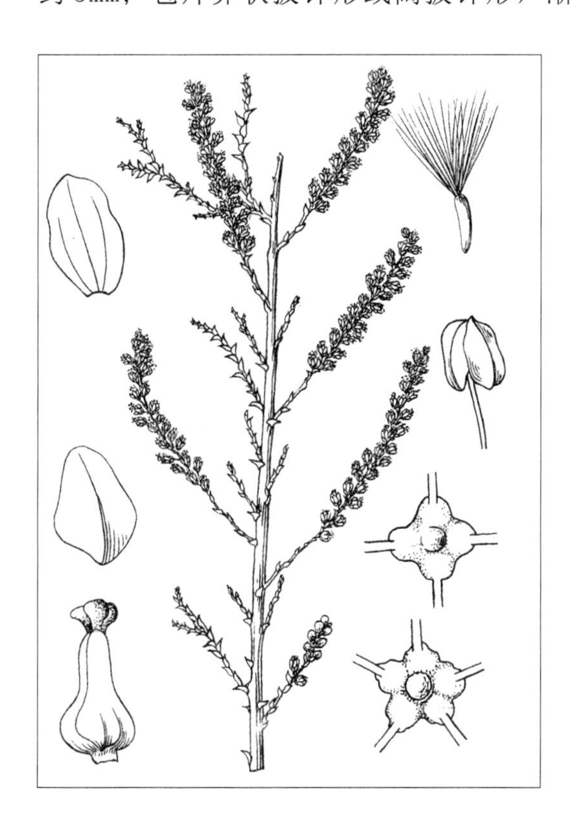

耐盐潜水中生灌木。生于荒漠带的河岸、湖边滩地、沙丘边缘。产东阿拉善、西阿拉善、额济纳。分布于我国宁夏（中卫市）、甘肃（河西走廊）、青海（柴达木盆地）、新疆（塔里木盆地）。为戈壁分布种。

为荒漠地区绿化和固沙造林树种。

6. 刚毛柽柳（毛红柳）

Tamarix hispida Willd. in Abh. Konigl. Akad. Wiss. Berlin 1812-1813:77. 1816; Fl. Intramongol. ed. 2, 3:525. 1989.

灌木或小乔木状，高 1.5 ～ 4(～ 6)m。老枝树皮红棕色或浅红黄灰色，幼枝淡红或赭灰色，全体密被单细胞短直毛。木质化生长枝上的叶卵状披针形或狭披针形，渐尖，基部宽而钝圆，背面向外隆起，耳发达，抱茎达一半，淡灰黄色；绿色营养枝上的叶阔心状卵形至阔卵状披针形，长 0.8 ～ 2.2mm，宽 0.5 ～ 0.7mm，渐尖，具短尖头，向内弯，背面向外隆起，基部具耳，半抱茎，

被密柔毛。总状花序长 2 ～ 7(～ 17)cm，宽 3 ～ 5mm，夏秋生当年枝顶，集成顶生大型紧缩圆锥花序；苞片狭三角状披针形，渐尖，全缘，基部背面圆丘状隆起，基部之上变宽，向尖端则为狭披针形，长 1 ～ 1.5mm，几等于、有时略长于花萼（包括花梗）；花梗短，长 0.5 ～ 0.7mm，比花萼短或几等长；花 5 数，花萼 5 深裂，长约为花瓣的 1/3；萼片卵圆形，长 0.7 ～ 1mm，宽 0.5mm，稍钝或近尖，边缘膜质半透明，具细牙齿，特别在顶端齿更细密，外面两片急尖，背面微有龙骨状隆起；花瓣 5，紫红色或鲜红色，通常倒卵形至长圆状椭圆形，长 1.5 ～ 2mm，宽 0.6 ～ 1mm，开张，上半部向外反折，早落；花盘多裂，渐变为扩展的花丝基部；雄蕊 5，与萼对生，伸出花冠之外，花丝基部变粗，有蜜腺，花药心形，顶端钝，常具小尖头；子房下粗上细，长瓶状，花柱 3，长约为子房的 1/3，柱头极短。蒴果狭长瓶状锥形，长 4 ～ 5(～ 7)mm，宽约 1mm，比萼片长 4 ～ 5 倍以上，壁薄，颜色有金黄色、淡红色、鲜红色以至紫色，含种子约 15 粒。花期 7 ～ 9 月。

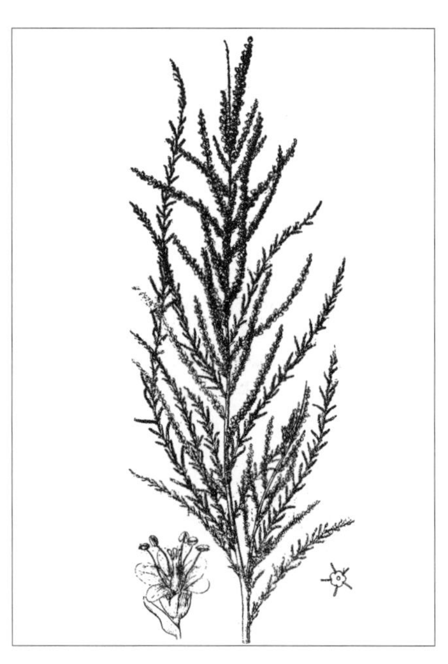

耐盐潜水中生灌木。生于荒漠带的河滩、盐化低地、固定沙地。产西阿拉善、额济纳。分布于我国宁夏（中卫市）、甘肃（河西走廊）、青海（柴达木盆地）、新疆，蒙古国西部、伊朗、阿富汗，中亚、西南亚。为古地中海分布种。

秋季开花，极美丽，适于荒漠地区低湿盐碱沙化地固沙、绿化造林之用。

7. 多花柽柳

Tamarix hohenackeri Bunge in Tent. Gen. Tamaric. 44. 1852; Fl. China 13:63. 2007.

灌木或小乔木，高 1 ～ 3(～ 6)m。老枝树皮灰褐色，二年生枝条暗红紫色。绿色营养枝上的叶小，条状披针形或卵状披针形，长 2 ～ 3.5mm，长渐尖或急尖，具短尖头，向内弯，边缘干膜质，略具齿，半抱茎；木质化生长枝上的叶几抱茎，卵状披针形，渐尖，基部膨胀，下延。春、夏季均开花。春季开花，总状花序侧生在去年生的木质化的生长枝上，长 1.5 ～ 9cm，宽 3 ～ 5(～ 8)mm，多为数个簇生，无总花梗，或有长达 2cm 的总花梗；夏季开花，总状花序顶生在当年生幼枝顶端，集生成疏松或稠密的短圆锥花序。苞片条状长圆形、条形或倒卵状狭长圆形，略具龙骨状肋，凸尖，常干薄膜质，长 1 ～ 2mm，比花梗略长，或与花萼（包括花梗）等长，稀略长；花梗与花萼等长或略长；花 5 数，萼片卵圆形，长 1mm，先端钝尖，边缘膜质，齿牙状，内面三片比外面二片略钝；花瓣卵形、卵状椭圆形或近圆形，至少在下半端呈龙骨状，长 1.5 ～ 2(～ 2.5)mm，宽 0.7 ～ 1mm，比花萼长 1 倍，玫瑰色或粉红色，常互相靠合使花冠呈鼓形或球形，果时宿存；花盘肥厚，暗紫红色，5 裂，裂片顶端钝圆或微凹；雄蕊 5，与花瓣等长或略长（比花瓣长 1/3），花丝渐狭细，着生在花盘裂片间，花药心形，钝（或具短尖头）；花柱 3，棍棒状匙形，长为子房的一半，稀长为子房的 1/3 或 3/5。蒴果长 4 ～ 5mm，超出花萼 4 倍。春季开花 5 ～ 6 月上旬，夏季开花直到秋季。

耐盐潜水中生灌木。生于荒漠带的河岸林、河湖沿岸沙地、轻度盐渍化冲积或淤积平原。产东阿拉善、西阿拉善、额济纳。分布于我国宁夏北部、甘肃（河西走廊）、青海（柴达木盆地）、新疆（塔里木盆地、准噶尔盆地），俄罗斯（欧洲部分东南部）、伊朗，中亚、西南亚。为古地中海分布种。

适于荒漠地区绿化固沙造林之用。

8. 柽柳（中国柽柳、桧柽柳、华北柽柳）

Tamarix chinensis Lour. in Fl. Cochinch. 1:182. 1790; Fl. Intramongol. ed. 2, 3:523. t.208. f.1-3. 1989.

灌木或小乔木，高 2 ～ 5m。老枝深紫色或紫红色。叶披针形或披针状卵形，长 1 ～ 1.8mm，先端锐尖，平贴于枝或稍开张。花由春季到秋季均可开放；春季的总状花序侧生于去年枝上，夏、秋季总状花序生于当年枝上，常组成顶生圆锥花序，总状花序长 2 ～ 6cm，直径 3 ～ 5mm；具短的花序柄或近无柄；苞片狭披针形或钻形，稍长于花梗；花小，直径约 2mm；萼片 5，卵形，渐尖；花瓣 5，粉红色，矩圆形或倒卵状矩圆形，长约 1.2mm，开张，宿存；雄蕊 5，长于花瓣；花柱 3；花盘 5 裂，裂片顶端微凹。蒴果圆锥形，长约 5mm，熟

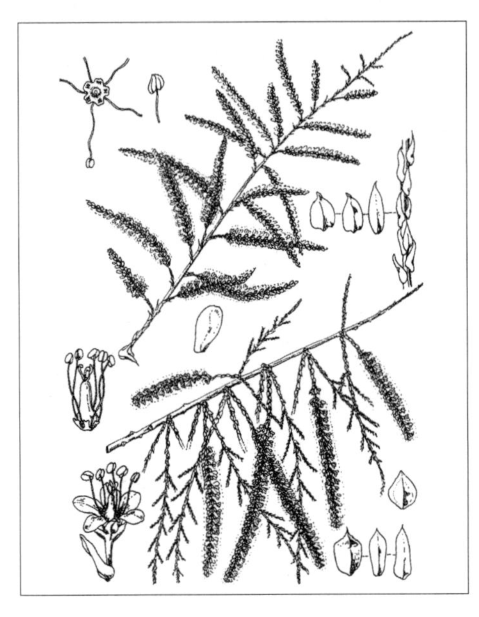

时 3 裂。花期 5 ～ 9 月。

轻度耐盐潜水中生灌木。生于草原带的湿润碱地、河岸冲积地、丘陵沟谷湿地、沙地。产辽河平原、科尔沁、阴南丘陵、鄂尔多斯。分布于我国辽宁、河北、河南北部、山东北部和东北部、山西、江苏、安徽。为华北分布种。长江中下游地区及广东、广西、云南等省有栽培。

嫩枝、叶入药（药材名：西河柳），能疏风解表、透疹，主治麻疹不透、感冒、风湿关节痛、小便不利；外用治风疹瘙痒。嫩枝也入蒙药（蒙药名：苏海），能解毒、清热、清“黄水”、透疹，主治陈热、“黄水”病、肉毒症、毒热、热症扩散、血热、麻疹。枝柔韧，可供编筐、篮等用。为中等饲用植物，骆驼乐食其幼嫩枝条。亦可做庭园栽培树种。

9. 甘蒙柽柳

Tamarix austromongolica Nakai in J. Jap. Bot. 14:291. 1938.——*T. chinensis* Lour. subsp. *austromongolica* (Nakai) S. Q. Zhou in Fl. Intramongol. ed. 2, 3:523. t.207. f.7-11. 1989.

灌木或乔木，高 1.5 ～ 4(～ 6)m。树干和老枝栗红色，枝直立；幼枝及嫩枝质硬，直，伸而不下垂。叶灰蓝绿色，木质化生长枝上基部的叶阔卵形，急尖，上部的叶卵状披针形，急尖，长约 2 ～ 3mm，先端均呈尖刺状，基部向外鼓胀；绿色嫩枝上的叶长圆形或长圆状披针形，渐尖，基部亦向外鼓胀。春、夏、秋季均开花。春季开花，总状花序自去年生的木质化的枝上发出，侧生；花序轴质硬而直伸，长 3 ～ 4cm，宽约 0.5cm；花较密，有短总花梗或无梗；有苞叶或无，苞叶蓝绿色，宽卵形，凸渐尖，基部渐狭；苞片条状披针形，浅白色或带紫蓝绿色；花梗极短。夏、秋季开花，总状花序较春季的狭细，组成顶生大型圆锥花序，生当年生幼枝上，多挺直向上；花 5 数；萼片 5，卵形，急尖，绿色，边缘膜质透明；花瓣 5，倒卵状长圆形，淡紫红色，顶端向外反折，花后宿存；花盘 5 裂，顶端微缺，紫红色；雄蕊 5，伸出花瓣之外，花丝丝状，着于花盘裂片间，花药红色；子房三棱状卵圆形，红色，花柱与子房等长，柱头3，下弯。蒴果长圆锥形，长约5mm。花期5～9月。

轻度耐盐潜水中生灌木。生于草原带的河流沿岸。产乌兰察布、鄂尔多斯、东阿拉善，内蒙古西部城镇亦有栽培。分布于我国河北北部、河南北部、山东西北部、山西、陕西北部、宁夏、甘肃中部、青海。为华北分布种。

为水土保持林和用柴林造林树种。枝条坚韧，为编筐原料，老枝可做农具柄。

10. 密花柽柳

Tamarix arceuthoides Bunge in Beitr. Fl. Russl. 119. 1852; Fl. China 13:62. 2007.

灌木或为小乔木，高2～4(～5)m。老枝树皮浅红黄色或淡灰色，小枝开展，密生；一年生枝多向上直伸，树皮红紫色。绿色营养枝上的叶几抱茎，卵形、卵状披针形或几三角状卵形，长1～2mm，宽约0.6mm，长渐尖或骤尖，鳞片状贴生或以直角向外伸，略下延，鲜绿色，边缘常为软骨质；木质化生长枝上的叶半抱茎，长卵形，短渐尖，多向外伸，略圆或锐，下延，微具耳。总状花序主要生在当年生枝条上，长3～6(～9)cm，宽2.5～4mm，花小而着花极密，通常集生成簇，有时呈稀疏的顶生圆锥花序，夏初出现，直到九月，有时（在山区）总状花序春天出生在去年的枝条上；苞片卵状钻形或条状披针形，针状渐尖，长1～1.5mm，与花萼等长甚至比花萼（包括花梗）长；花梗长0.5～0.7mm，比花萼短或几等长；花萼深5裂，萼片卵状三角形，略钝，长0.5～0.7mm，几短于花瓣的1/2，宽约0.3mm，边缘膜质白色透亮，近全缘，外面两片较内面三片钝，花后紧包子房；花瓣5，充分开展，倒卵形或椭圆形，长1～1.7(～2)mm，宽约0.5mm，花白色或粉红色至紫色，早落；花盘深5裂，每裂片顶端常凹缺或再深裂成10裂片，裂片常呈紫红色；雄蕊5，花丝细长，常超出花瓣1.2～2倍，通常着生花盘二裂片间，花药小，钝或有时具短尖头；雌蕊子房长圆锥形，长0.7～1.3mm，花柱3，短，约为子房长的1/2～1/3。蒴果小而狭细，长约3mm，粗约0.7mm，高出紧贴蒴果的萼片4～6倍。花期5～9月，6月最盛。

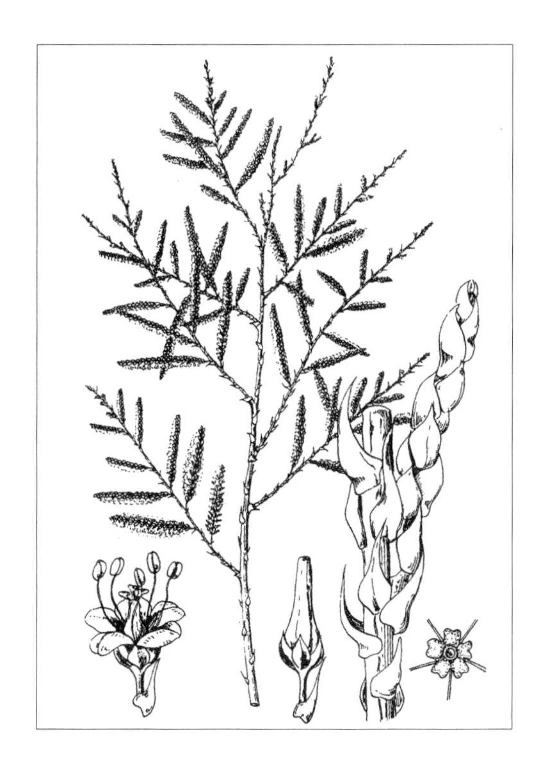

耐盐潜水中生灌木。生于戈壁荒漠的湖水边。产额济纳（达来呼布镇）。分布于我国甘肃（河西走廊）、青海西部、新疆，蒙古国西南部、巴基斯坦、伊朗，中亚、西南亚、非洲。为古地中海分布种。

本种是荒漠山区和山前开花时间最长、最美丽的树种，可做山区和山前河流两岸砂砾质戈壁滩上优良的绿化造林树种。枝叶是羊的好饲料。

11. 多枝柽柳（红柳）

Tamarix ramosissima Ledeb. in Fl. Alt. 1:424. 1829; Fl. Intramongol. ed. 2, 3:522. t.207. f.1-6. 1989.

灌木或小乔木，通常高 2 ～ 3m。多分枝，去年生枝紫红色或红棕色。叶披针形或三角状卵形，长 0.5 ～ 2mm，几乎贴于茎上。总状花序生当年枝上，长 1 ～ 5cm，宽 3 ～ 5mm，组成顶生的大型圆锥花序；苞片卵状披针形或披针形，长 1 ～ 2mm；花梗短于或等长于花萼；萼片 5，卵形，渐尖或微钝，边缘膜质，长约 1mm；花瓣 5，倒卵圆形，长 1 ～ 1.5mm，粉红色或紫红色，直立，花后宿存；花盘 5 裂，每裂先端有深或浅的凹缺；雄蕊 5，着生于花盘裂片间，超出或等长于花冠，花药钝或在顶端有钝的凸起；花柱 3。蒴果长圆锥形，长 3 ～ 5mm，熟时 3 裂；种子多数，顶端簇生毛。花期 5 ～ 8 月，果期 6 ～ 9 月。

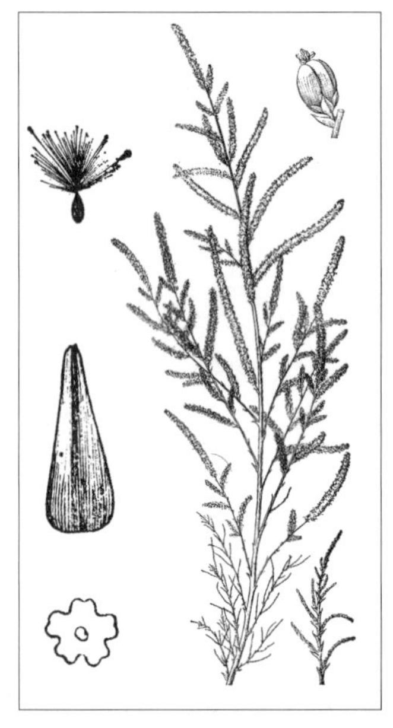

耐盐潜水中生灌木或小乔木。多生于荒漠带和干草原的盐渍低地、古河道、湖盆边缘。产阴南平原、阴南丘陵、鄂尔多斯、东阿拉善、西阿拉善、额济纳。分布于我国宁夏北部、甘肃（河西走廊）、青海（柴达木盆地）、西藏西南部、新疆，蒙古国西部和南部、阿富汗、伊朗、土耳其，中亚、欧洲东南部。为古地中海分布种。

多枝柽柳是沙区优良的防风固沙树种。茎干可做农具把。枝条柔韧，富弹性，可编筐、篓、笆子等。嫩枝含单宁，可提取鞣料。枝、叶药用同柽柳。为良等饲用植物，骆驼喜食其嫩枝。

12. 细穗柽柳

Tamarix leptostachya Bunge in Beitr. Fl. Russl. 117. 1852; Fl. Intramongol. ed. 2, 3:525. t.208. f.4-6. 1989.

灌木，高 100 ～ 300cm。老枝浅灰或灰棕色。叶卵形或卵状披针形，长 1 ～ 2mm，先端渐尖。总状花序细长，长 4 ～ 15cm，直径 3 ～ 4mm，着生于当年生枝上，常组成顶生圆锥花序；花较稀疏；苞片披针形，长 1 ～ 1.5mm，与花梗近等长或为花梗长的 2 倍；花 5 基数；萼片卵形，渐尖或微钝，短于花梗；花瓣蓝紫色，倒卵形或倒卵状矩圆形，长约 1.5mm，开张，花后脱落；花盘 5 裂，裂片顶端微凹；雄蕊 5，为花瓣长的 1.5 ～ 2 倍，花丝着生于花盘裂片的顶端（亦有着生在花盘裂片之间者）；子房狭圆锥形，比花柱长 3 ～ 4 倍，花柱 3。蒴果长 5 ～ 7mm。花期 5 ～ 6 月，果期 7 月。

轻度耐盐潜水中生灌木。生于荒漠带的轻度盐渍化的渠畔、道旁。产东阿拉善、西阿拉善、额济纳。分布于我国宁夏北部、甘肃（河西走廊）、青海（柴达木盆地）、新疆（塔里木盆地、准噶尔盆地），蒙古国西部和西南部、阿富汗、伊朗，中亚。为古地中海分布种。

用途同红柳，但枝条粗短、不直、较脆，因此不宜编织。

13. 盐地柽柳

Tamarix karelinii Bunge in Mem. Acad. Imp. Sci. St.-Petersb. Div. Sav. 7:294. 1851; Fl. China 13:65. 2007.

大灌木或乔木状，高 2 ～ 4(～ 7)m。杆粗壮，树皮紫褐色。木质化当年生枝灰紫色或淡红棕色；枝光滑，偶微具糙毛，具不明显的乳头状突起。叶卵形，长 1 ～ 1.5mm，宽 0.5 ～ 1mm，急尖，内弯，几半抱茎，基部钝，稍下延。总状花序长 5 ～ 15cm，宽 2 ～ 4mm，生于当年生枝顶，呈开展的大型圆锥花序；苞片披针形，急尖呈钻状，基部扩展，长 1.7 ～ 2mm，与花萼（包括花梗）几相等或比花萼长；花梗长 0.5 ～ 0.7mm；花萼长约 1mm，萼片 5，近圆形，钝，边缘膜质半透明，近全缘，长约 0.75mm；花瓣倒卵状椭圆形，长约 1.5mm，比花萼长一半多，钝，直出或靠合，上部边缘向内弯，背部向外隆起，深红色或紫红色，花后部分脱落；花盘小，薄膜质，5 裂，裂片逐渐变为宽的花丝基部；雄蕊 5，伸出花冠之外，亦常与花冠等长，花丝基部具退化的蜜腺组织，花药有短尖头；花柱 3，长圆状棍棒形。蒴果长 5 ～ 6mm，高出花萼 5 ～ 6 倍。花期 6 ～ 9 月。

耐盐潜水中生灌木。生于荒漠带的盐渍化低地、河湖沿岸、沙丘边缘。产东阿拉善（乌拉特后旗）、西阿拉善、额济纳。分布于我国甘肃（河西走廊西部）、青海（柴达木盆地）、新疆（塔里木盆地、准噶尔盆地），蒙古国西部和西南部、阿富汗、伊朗，中亚。为古地中海分布种。

3. 水柏枝属 Myricaria Desv.

灌木或半灌木。叶小，常密生；无柄。花两性，辐射对称，粉红色或白色；具短梗；组成顶生或侧生的总状花序；萼片 5；花瓣 5；雄蕊 10，花丝下部连合；子房上位，1 室，柱头 3。蒴果，熟时 3 瓣裂；种子具有柄的白色簇毛。

内蒙古有 2 种。

分种检索表

1a. 叶窄条形，长 1 ～ 4mm，在枝上密生；总状花序常顶生，长 5 ～ 20cm…………**1. 河柏 M. bracteata**

1b. 叶卵形、心形或宽披针形，长 5 ～ 12mm，在枝上疏生；总状花序顶生或腋生，长 3 ～ 6cm……………………………………………………………………………………**2. 宽叶水柏枝 M. platyphylla**

1. 河柏（宽苞水柏枝、水柽柳）

Myricaria bracteata Royle in Ill. Bot. Himal. Mts. 214. 1835; High. Fl. China 5:187. f.313. 2003; Fl. China 13:68. 2007.——*M. alopecuroides* Schrenk in Enum. Pl. 1:65. 1841; Fl. Intramongol. ed. 2, 3:529. t.210. f.1-5. 1989.

灌木，高 100 ～ 200cm。老枝棕色，幼嫩枝黄绿色。叶小，窄条形，长 1 ～ 4mm。总状花序由多花密集而成，顶生，少有侧生，长 5 ～ 20cm，直径约 1.5cm；苞片宽卵形或长卵形，长 5 ～ 8mm，几等于或长于花瓣，先端有尾状长尖，边缘膜质，具圆齿；萼片 5，披针形或矩圆形，

长约 5mm，边缘膜质；花瓣 5，矩圆状椭圆形，长 5 ～ 7mm，粉红色；雄蕊 8 ～ 10，花丝中下部连合；子房圆锥形，无花柱。蒴果狭圆锥形，长约 1cm；种子具有柄的簇生毛。花期 6 ～ 7 月，果期 7 ～ 8 月。

潜水中生灌木。生于草原带和草原化荒漠带的山沟及河漫滩。产阴山（大青山、蛮汗山）、阴南丘陵（准格尔旗）、鄂尔多斯（达拉特旗、东胜区）、东阿拉善（巴彦淖尔市河套地区）、西阿拉善（雅布赖山）。分布于我国河北西部、山西北部、陕西北部、宁夏北部、甘肃、青海、

西藏、新疆，蒙古国西部和南部、巴基斯坦、阿富汗、伊朗，克什米尔地区，中亚。为古地中海分布种。

枝含单宁。嫩枝条入药，能补阳发散、解毒透疹，主治麻疹不透、风湿性关节炎、皮肤瘙痒、血热酒毒。嫩枝叶也入蒙药（蒙药名：巴乐古纳），能清热解毒、清“黄水”、发表透疹，主治感冒、肉毒症、毒热、陈热、伏热、热症扩散、“黄水”病、上呼吸道感染、麻疹不透、蝎毒。

2. 宽叶水柏枝（喇嘛棍）

Myricaria platyphylla Maxim. in Bull. Acad. Imp. Sci. St.-Petersb. 27:425. 1881; Fl. Intramongol. ed. 2, 3:529. t.210. f.6-8. 1989.

灌木，高可达 200cm。直立，具多数分枝，老枝紫褐色或棕色，幼枝浅黄绿色。叶疏生，卵形、心形或宽披针形，较大，长 5 ～ 12mm，基部最宽可达 10mm，先端渐尖，全缘，常由叶腋生出小

枝，小枝上叶型较小。总状花序顶生或腋生，长 3 ～ 6cm；苞片宽卵形，长 5 ～ 8mm，先端长渐尖，淡绿色，中部有宽膜质边缘；萼片 5，披针形，长约 4mm，边缘狭膜质；花瓣 5，紫红色，倒卵形，长约 6mm；雄蕊 10，花丝合生至中部以上；雌蕊长于雄蕊，子房圆锥形，花柱不显。蒴果 3 瓣裂，种子具有柄的白色簇毛。

潜水中生灌木。生于草原带和草原化荒漠带的低山丘间低地及河漫滩。产鄂尔多斯、东阿拉善（巴彦淖尔市河套地区）、贺兰山。分布于我国陕西西北部、宁夏北部。为鄂尔多斯—东阿拉善分布种。

嫩枝干后药用，能发表透疹。

80. 半日花科 Cistaceae

草本或灌木，植株常被毛。单叶对生，有时互生；具托叶或贴生于叶柄。花两性，辐射对称，单生或组成聚伞花序；萼片 5，外面 2 枚较小或缺；花瓣 5，稀 3 或缺；雄蕊多数，花丝分离；子房上位，1 室，具 3 ～ 10 侧膜胎座，每胎座具 2 至多数胚珠，花柱单一，具全缘或 3 裂的柱头。蒴果，种子具胚乳。

内蒙古有 1 属、1 种。

1. 半日花属 **Helianthemum** Mill.

草本或灌木。叶通常对生，有时上部的互生，全缘；有或无托叶。花单生或组成总状及聚伞状花序；萼片 5，外面的 2 个较小；花瓣 5，黄色或淡红色；雄蕊多数；子房 1 室或为不完全的 3 室，花柱细长。蒴果 3 瓣开裂，具几粒至多数种子。

内蒙古有 1 种。

1. 鄂尔多斯半日花

Helianthemum ordosicum Y. Z. Zhao, R. Cao et Zong Y. Zhu in Act. Phytotax. Sin. 38(3):294. f.1. 2000.——*H. songaricum* auct. non Schrenk : Fl. Intramongol. ed. 2, 3:531. t.211. f.1-6. 1989; Fl. China 13:70. 2007. p.p.

矮小灌木，高 5 ～ 12cm。多分枝，稍呈垫状。老枝褐色或灰褐色；小枝对生或近对生，幼时被星状柔毛，后渐光滑，先端常尖锐呈刺状。单叶对生，革质，披针形或狭卵形，长 5 ～ 10mm，

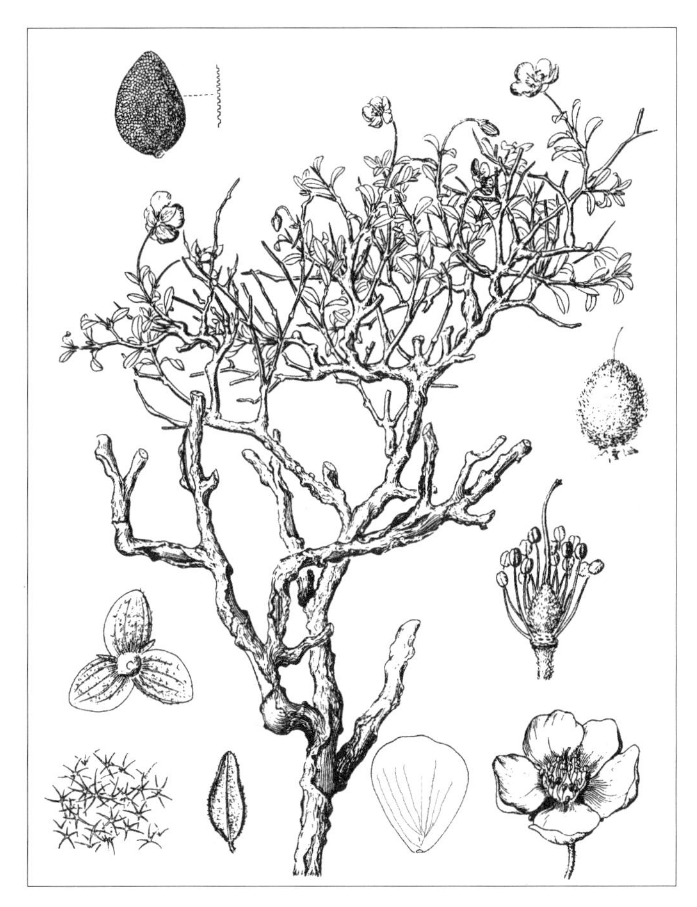

宽1～3mm，先端钝或微尖，边缘常反卷，两面被星状柔毛；具短柄或近无柄；托叶条状披针形，长约0.8mm。花单生枝顶，直径1～1.2cm；花梗长0.6～1cm，直立，被星状柔毛；萼片5，背面密被星状柔毛，不等大，外面的两个条形，长约2mm，内面的3个卵形，长5～7mm，背部有5条纵肋；花瓣5，黄色，倒卵形，长约7mm；雄蕊多数，长为花瓣的1/2，花药黄色；子房密生星状柔毛，长约1.5mm，花柱丝形，长约5mm。蒴果卵形，长约5mm，被星状柔毛；种子卵形，长约3mm。

强旱生小灌木。生于草原化荒漠带的砾石质低山坡地。产东阿拉善（鄂托克旗西部、乌海市）、贺兰山北端（乌达区五虎山）。为西鄂尔多斯分布种。是国家二级重点保护植物。

地上部分含红色物质，可做红色染料。

本种与 *H. songaricum* Schrenk 的区别是：内轮萼片卵形（非狭卵形），具5条纵肋（非3条）；托叶条状披针形（非钻形）；花瓣倒卵形（非宽楔形），鲜黄色（非淡橘黄色），在标本台纸上保存长久略呈淡粉红色（非不变色）；花梗直立（非显著弯曲）；花粉外壁具小穿孔纹饰（非条纹状）。

《中国植物志》[50(2), 1990.] 第140页图版38图6～9即为本种，而非 *H. songaricum* Schrenk。

81. 堇菜科 Violaceae

草本，稀为灌木或乔木。叶为单叶，通常互生，稀对生，全缘，有锯齿或分裂；多具长柄；托叶叶状。花两性，稀杂性，辐射对称或两侧对称，单生或呈圆锥花序，有小苞片，有时另有闭锁花；萼片5，宿存，花蕾中覆瓦状排列；花瓣5，常不等大，其最下一瓣通常较大，具距，在蕾中覆瓦状或旋转状排列；雄蕊5，花药直立，围绕子房排成一环而向内排列，药隔伸长，花丝短而宽；子房上位，无柄，1室，心皮3个（稀2～5）合生，侧膜胎座，花柱单一，稀分裂，柱头有各种形状，具胚珠多数或每胎座具1～2枚胚珠。果为蒴果或浆果；种子具肉质胚乳，胚直立。

内蒙古有1属、26种。

1. 堇菜属 Viola L.

多年生或一、二年生草本。有地上茎或无，具根状茎，有时有匍枝。叶互生或由根状茎丛生；托叶大部或一部与叶柄合生或完全分离。花梗腋生；单花，稀为2花；花二型，春季开花的，有花瓣；夏季开花的，无花瓣，为闭锁花，但能结实；萼片基部延伸成附属器；花瓣异形，稀同形，下瓣较大并具距；雄蕊的花丝短而宽，花药离生或彼此稍贴合，药隔向顶端延伸成为三角状的膜质附属体，下方2雄蕊的药隔在背面基部发达而形成距状的蜜腺，伸入下瓣的距中；子房具3心皮，侧膜胎座，胚珠多数，花柱上端较粗，直立或弯曲，基部常稍膝曲。蒴果3瓣裂，成熟时沿缝线开裂弹出种子；种子倒卵状球形或倒卵形，褐色至白色，平滑，有或无斑纹。

内蒙古有26种。

分种检索表

1a. 有地上茎。
  2a. 花淡黄色或黄色；叶通常肾形，稀近圆形……………………………………**1. 双花堇菜 V. biflora**
  2b. 花堇色或白色。
    3a. 叶长三角形 ……………………………………………………………………**2. 立堇菜 V. raddeana**
    3b. 叶肾形、圆状心形、宽椭圆形、卵圆形、宽卵形、卵形。
      4a. 根状茎较长，密被暗褐色鳞片。
        5a. 托叶全缘，叶片肾状宽椭圆形、肾形或圆状心形………………**3. 奇异堇菜 V. mirabilis**
        5b. 托叶边缘有不整齐的细尖牙齿，叶片宽卵形、卵形或卵圆形……………………………
        ………………………………………………………………………**4. 库页堇菜 V. sacchalinensis**
      4b. 根状茎通常不被鳞片。
        6a. 托叶全缘，花白色 ………………………………………………………**5. 堇菜 V. arcuata**
        6b. 托叶羽状深裂，花白色或堇色…………………………………**6. 鸡腿堇菜 V. acuminata**
1b. 无地上茎。
  7a. 叶深裂、全裂或不整齐的缺刻状浅裂至中裂。
    8a. 叶掌状3～5全裂或深裂，或再裂，或近于羽状深裂。
      9a. 叶掌状5全裂……………………………………………………………**7. 掌叶堇菜 V. dactyloides**
      9b. 叶掌状3～5全裂或深裂并再裂，或近羽状深裂。

10a. 裂片条形，花堇色……………………………………………………**8. 裂叶堇菜 V. dissecta**

10b. 裂片卵状披针形、披针形或条状披针形，花白色或堇色……**9. 南山堇菜 V. chaerophylloides**

8b. 叶有不整齐的缺刻状浅裂至中裂，花堇色……………………………**10. 总裂叶堇菜 V. incisa**

7b. 叶不分裂。

11a. 根状茎细长，匍匐，于节处生叶或残存褐色托叶，节间长……………**11. 溪堇菜 V. epipsiloides**

11b. 根状茎非上述情况。

12a. 蒴果球形，果梗下弯，常使果实与地面接近。

13a. 叶柄、叶片、萼片和蒴果密被毛……………………**12a. 球果堇菜 V. collina** var. **collina**

13b. 叶柄、叶片和萼片光滑无毛，蒴果微被毛……………………………………………………
……………………………………………**12b. 光叶球果堇菜 V. collina** var. **intramongolica**

12b. 蒴果不为球形。

14a. 花堇色、紫色、蓝紫色。

15a. 托叶不与叶柄合生，叶近圆形、宽卵形或近肾形，基部深心形，先端渐尖………
………………………………………………………………**13. 辽宁堇菜 V. rossii**

15b. 托叶大部分或一部分与叶柄合生。

16a. 叶狭长，匙形、矩圆形、披针形、卵状披针形、倒披针形或舌形。

17a. 花小，下瓣连距长 10 ～ 14mm………………**14. 兴安堇菜 V. gmeliniana**

17b. 花大，下瓣连距长 14mm 以上。

18a. 根赤褐色，侧瓣有明显的须毛……**15. 东北堇菜 V. mandshurica**

18b. 根白色或黄褐色，侧瓣无须毛或稍有须毛……………………………
……………………………………………**16. 紫花地丁 V. philippica**

16b. 叶较宽，卵形、宽卵形、心形、圆形、矩圆状卵形。

19a. 叶上面暗绿色或绿色，沿脉处具白斑，花期尤显著；下面带紫红色……
……………………………………………………**17. 斑叶堇菜 V. variegata**

19b. 叶上面沿脉处无白斑，两面绿色。

20a. 叶基部深心形。

21a. 叶近圆形或宽卵形，先端锐尖或稍尖………………………………
……………………………………**18. 深山堇菜 V. selkirkii**

21b. 叶心状圆形，先端圆形或钝尖………………………………………
…………………………**19. 兴安圆叶堇菜 V. brachyceras**

20b. 叶基部心形、微心形、截形。

22a. 子房和蒴果被毛，叶基部微心形…………………………………
………………………………**20. 茜堇菜 V. phalacrocarpa**

22b. 子房和蒴果无毛。

23a. 叶柄至少上部具明显的翅。

24a. 叶心形或卵状心形，基部心形…………………………
…………………………**21. 北京堇菜 V. pekinensis**

24b. 叶矩圆状卵形或卵形，基部钝圆、截形或近心形
…………………………**22. 早开堇菜 V. prionantha**

23b. 叶柄近无翅或上端有狭翅，叶卵形、宽卵形或卵圆形………………**23. 细距堇菜 V. tenuicornis**

14b. 花白色或近白色。

25a. 根赤褐色；花距短，长 1.5 ~ 3mm；叶椭圆形至矩圆形或卵状椭圆形至卵状矩圆形……………………………………………………………………………………**24. 白花堇菜 V. patrinii**

25b. 根不为赤褐色；花距长，长 5 ~ 7mm；叶卵形、宽卵形、长卵形、卵状心形、心形、椭圆状心形。

26a. 全株被短毛；萼基部附属物发达，长 3 ~ 4mm；植株高 9 ~ 18cm……………………………………………………………………………………**25. 阴地堇菜 V. yedoensis**

26b. 全株近无毛，叶稍被毛至无毛；萼基部附属物长 2 ~ 2.5mm；植株高 5 ~ 9cm……………………………………………………………………………………**26. 蒙古堇菜 V. mongolica**

1. 双花堇菜（短距堇菜）

Viola biflora L., Sp. Pl. 2:936. 1753; Fl. Intramongol. ed. 2, 3:535. t.212. f.1-2. 1989.

多年生草本，高 10 ~ 20cm。地上茎纤弱，直立或上升，不分枝，无毛；根状茎细，斜升或匍匐，稀直立，具结节，生细根。托叶卵形、宽卵形或卵状披针形，长 3 ~ 6mm，先端锐尖或稍尖，全缘，不与叶柄合生；叶柄细，长 1 ~ 10cm，无毛；叶片肾形，稀近圆形，

长 1 ~ 3cm，宽 1 ~ 4.5cm，先端圆形，稀稍有凸尖或钝，基部心形或深心形，边缘具钝齿，两面散生细毛，或仅一面及脉上被毛，或无毛。花 1 ~ 2 朵，生于茎上部叶腋；花梗细，长 1 ~ 6cm；苞片披针形，甚小，长约 1mm，生于花梗上部，果期常脱落；萼片条状披针形或披针形，先端锐尖或稍钝，无毛或有时中下部边缘稍有纤毛，基部附属器不显著；花瓣淡黄色或黄色，矩圆状倒卵形，具紫色脉纹，侧瓣无须毛，下瓣连距长约 1cm；距短小，长 2.5 ~ 3mm；子房无毛，花柱直立，基部较细，上半部深裂。蒴果矩圆状卵形，长 4 ~ 7mm，无毛。花果期 5 ~ 9 月。

中生草本。生于森林带和草原带的山地疏林下及湿草地。产兴安北部（牙克石市、阿尔山市）、岭东（扎兰屯市）、兴安南部（科尔沁右翼前旗、巴林右旗）、燕山北部（喀喇沁旗、宁城县、敖汉旗、兴和县苏木山）、阴山（大青山）、贺兰山。分布于我国黑龙江南部、吉林东部、辽宁西部、河北北部、河南、山东、山西、陕西南部、宁夏、甘肃、青海、四川西部、云南、西藏东部和南部、新疆东部、台湾北部，日本、朝鲜、蒙古国北部、俄罗斯（亚洲部分）、不丹、尼泊尔、印度、印度尼西亚、缅甸、马来西亚，克什米尔地区，欧洲、北美洲。为泛北极分布种。

2. 立堇菜

Viola raddeana Regel in Bull. Soc. Imp. Nat. Mosc. 34(2):463. 1861; Fl. Intramongol. ed. 2, 3:535. t.213. f.4. 1989.

多年生草本，具地上茎，较细弱，高20～70cm。根状茎短而粗，具较密的结节。根多数，细长。基生叶小而早期枯萎；茎生叶的托叶大，叶状，披针形，基部常具2～3不整齐的小裂片，上部通常全缘，无毛；茎叶具短柄，具狭翼，叶片长三角形，长1.5～8cm，宽0.4～2cm，先端钝或渐尖，基部呈箭形，边缘全缘或具疏浅齿。花生于茎上部叶腋，不超出叶；苞片细小，生于花梗中上部；花小，堇色；萼片披针形，无毛，边缘具膜质边缘，基部附属物短小，先端截形；侧瓣里面有须毛，下瓣具紫色脉纹，连距长0.9～1cm；距短，末端圆形；子房无毛，花柱基部微向前膝曲，柱头两侧具边缘，前方具短喙。蒴果卵状矩圆形，无毛。花果期4月下旬至8月。

湿中生草本。生于森林带的山地湿草甸、河滩低湿草甸。产岭东（扎兰屯市）。分布于我国黑龙江、吉林西部，日本、朝鲜、俄罗斯（远东地区）。为东亚北部（满洲—日本）分布种。

3. 奇异堇菜（伊吹堇菜）

Viola mirabilis L., Sp. Pl. 2:936. 1753; Fl. Intramongol. ed. 2, 3:537. t.212. f.3-4. 1989.

多年生草本，有地上茎，有时花前或花初期无地上茎，植株高6～23cm。根状茎较发达，垂直或倾斜，多结节，具暗褐色或褐色鳞片。根多数，褐色。托叶披针形或宽披针形，全缘，下部与叶柄合生；茎生叶托叶常有缘毛；基生叶柄长4.5～20cm，具狭翼，无毛或微有毛；茎生叶柄长1～9cm；叶片肾状宽椭圆形、肾形或圆状心形，长2～4.5（～6.5）cm，宽2.5～4.5（～6.7）cm，先端稍尖或钝圆，基部心形，边缘具较浅的圆齿，上面两侧有毛，下面沿叶脉被毛。生于基生叶腋的花梗较长，苞片位于中部；生于茎生叶腋的花梗较短，苞位于中下部；花较大，堇色；萼片矩圆状披针形、卵状披针形或披针形，具缘毛或近无毛，基部附属物较发达，末端近圆形；侧瓣里面有须毛，下瓣的距较粗，长4～7mm，常向上弯，稍直，末端钝；子房无毛，花柱上部渐粗，顶部稍弯呈钩形。蒴果椭圆形无毛。

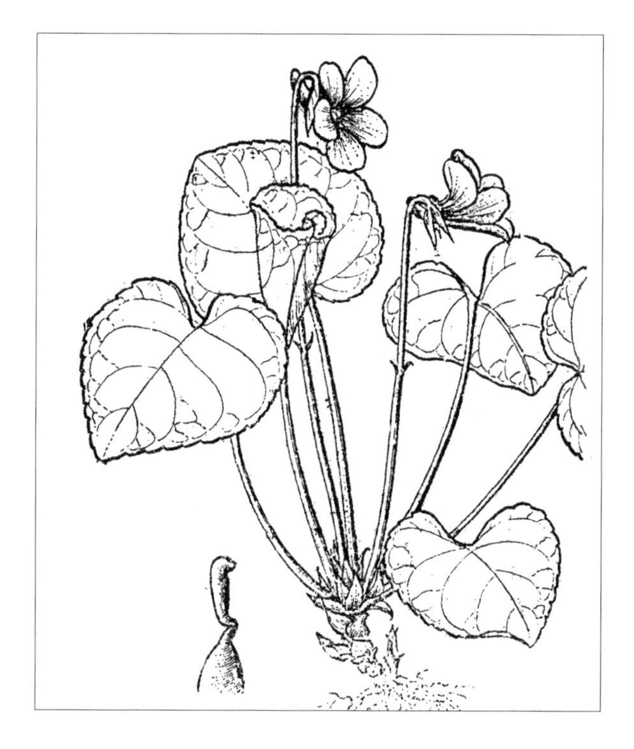

花果期 5～8 月。

中生草本。生于阔叶林和针阔混交林内、林缘，山地灌丛。产兴安北部及岭东和岭西（根河市、牙克石市、鄂伦春自治旗、陈巴尔虎旗）、兴安南部（科尔沁右翼前旗、乌兰浩特市、阿鲁科尔沁旗、克什克腾旗、东乌珠穆沁旗东部）。分布于我国黑龙江中北部、吉林东部、辽宁东部、河北西北部、山西、宁夏南部、甘肃东南部，日本、朝鲜、蒙古国东部（大兴安岭）、俄罗斯，欧洲。为古北极分布种。

4. 库页堇菜

Viola sacchalinensis H. Boiss. in Bull. Soc. Bot. France 57:188. 1910; Fl. Intramongol. ed. 2, 3:537. t.212. f.5. 1989.

多年生草本，有地上茎，高 10～20cm。根状茎具结节，被暗褐色鳞片。根多数，较细。茎下部托叶披针形，边缘流苏状，褐色；茎上部托叶为卵状披针形、长卵形或宽卵形，边缘具

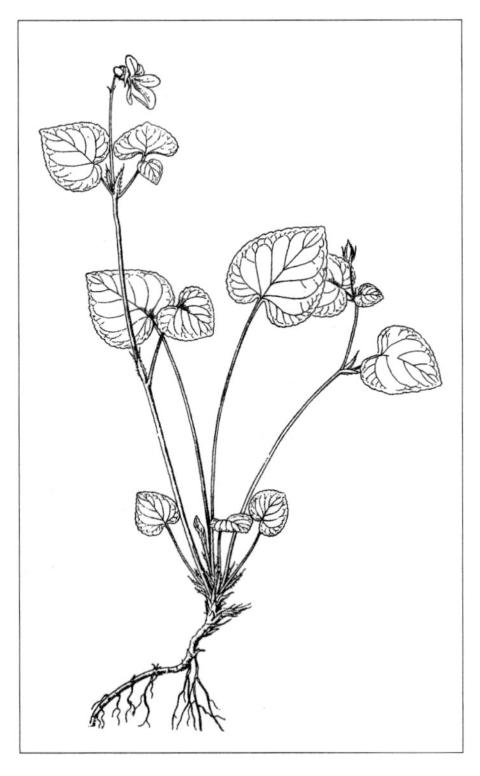

不整齐的细尖牙齿，通常绿色；基生叶柄长 4～11cm；茎生叶柄长 0.5～4cm；叶片卵形、卵圆形或宽卵形，长和宽为 1.5～3cm，果期长 2.5～5.7cm，宽 2.2～4.7cm，基部心形，先端钝圆或稍渐尖，边缘具钝锯齿，上面无毛或有疏毛，下面无毛。花梗生于茎叶的叶腋，超出于叶；苞片生于花梗上部；萼片披针形，先端锐尖，无毛，基部附属物发达，末端齿裂；花堇色，侧瓣通常有较密的须毛，下瓣连距长约 1.7cm；距长 3～4mm，直或稍向上弯曲；子房无毛，花柱基微向前弯曲，向上渐粗，柱头呈钩状，柱头面上有乳头状毛。蒴果椭圆形，无毛。花果期 5 月中旬至 8 月。

中生草本。生于针叶林、针阔混交林或阔叶林内、林缘。产兴安北部及岭西（额尔古纳市、根河市、牙克石市、海拉尔区）、兴安南部（科尔沁右翼前旗、巴林右旗、克什克腾旗、东乌珠穆沁旗）。分布于我国黑龙江、吉林东部，日本、朝鲜、蒙古国北部、俄罗斯（远东地区）。为东亚北部（满洲—日本）分布种。

5. 堇菜（如意草、堇堇菜）

Viola arcuata Blume in Bijdr. 58. 1825; Fl. China 13:78. 2007.——*V. verecunda* A. Gray in Mem. Amer. Acad. Nat. Sci. 6:382. 1858; Fl. Intramongol. ed. 2, 3:538. t.213. f.2-3. 1989.

多年生草本，有地上茎，高 8 ～ 20cm。根状茎具较密的结节，密生须根。基生叶的托叶为狭披针形，边缘具疏细齿，1/2 以上与叶柄合生；茎生叶托叶离生，为披针形、卵状披针形或匙形，边缘全缘；基生叶柄有狭翼，叶片肾形或卵状心形，长 1.2 ～ 3.6cm，宽 1.5 ～ 3.8cm，先端钝圆，基部浅心形至深心形；茎生叶柄短，具狭翼，叶片卵状心形、三角状心形或肾状圆形，先端钝或稍尖，基部深心形或浅心形，边缘具圆齿。花小，白色；花梗短，生于茎叶叶腋；苞片生于花梗中上部；萼片披针形或卵状披针形，无毛，基部附属物小；侧瓣里面有须毛，下瓣具紫红色的条纹，连距长 0.7 ～ 0.9cm；距短，囊状；子房无毛，花柱基部向前膝曲，柱头两侧有边缘，前方具斜上短喙。蒴果小，矩圆形，无毛。花果期 5 ～ 8 月。

中生草本。生于森林带的山地草甸、灌丛、溪旁林下。产兴安北部（额尔古纳市）、兴安南部（阿鲁科尔沁旗、巴林右旗、克什克腾旗）。分布于我国黑龙江、吉林东部、辽宁、河北北部、山东西部、河南、安徽、江苏、江西、浙江、福建、台湾北部、湖北、湖南、广东、广西、贵州、陕西南部、甘肃东南部、四川、云南，日本、朝鲜、蒙古国、俄罗斯（远东地区）、不丹、尼泊尔、印度、印度尼西亚、马来西亚、缅甸、泰国、越南。为东亚分布种。

6. 鸡腿堇菜（鸡腿菜）

Viola acuminata Ledeb. in Fl. Ross. 1:252. 1842; Fl. Intramongol. ed. 2, 3:538. t.213. f.1. 1989.

多年生草本，高 15 ～ 50cm。根状茎垂直或倾斜，密生黄白色或褐色根。茎直立，通常 2 ～ 6 茎丛生，无毛或上部被毛。托叶大，披针形或椭圆形，长 0.8 ～ 2.5cm，通常羽状深裂，裂片细而长，有时为牙齿状中裂或浅裂，基部与叶柄合生，表面及边缘被柔毛；叶柄有毛或无毛，上部叶的叶柄较短，下部者较长；叶片心状卵形或卵形，长（～ 2）3.5 ～ 5.5（～ 7）cm，宽（1.5 ～）3 ～ 4（～ 5）cm，先端短渐尖至长渐尖，基部浅心形至深心形，两面生短柔毛或仅沿叶脉有毛，并密被锈色腺点。花梗较细；苞片生于花梗中部或中上部；萼片条形或条状披针形，有毛或无毛，基部的附属物短，末端截形；花白色或堇色，较小，侧瓣里面有须毛，下瓣里面中下部具数条紫脉纹，连距长 10 ～ 15mm；距长 3 ～ 4mm，通常直，末端钝；

子房无毛，花柱基部微向前膝曲，向上渐粗，顶部稍弯呈短钩状，顶面和侧面稍有乳头状突起，柱头孔较大。蒴果椭圆形，长8～10mm，无毛。花果期5～9月。

中生草本。生于森林带和森林草原带的山地林缘、疏林下、灌丛间、山坡草甸、河谷湿地。产兴安北部及岭东（额尔古纳市、牙克石市、鄂伦春自治旗、扎兰屯市）、兴安南部及科尔沁（科尔沁右翼前旗、阿鲁科尔沁旗、巴林右旗、克什克腾旗、东乌珠穆沁旗）、辽河平原（科尔沁左翼中旗、科尔沁左翼后旗）、赤峰丘陵（红山区、松山区）、燕山北部（喀喇沁旗、宁城县、敖汉旗、兴和县苏木山）、阴山（大青山、蛮汗山、乌拉山）。分布于我国黑龙江、吉林、辽宁、河北、山东、山西、陕西南部、宁夏南部、甘肃东部、四川中部和北部、云南西北部、安徽西南部和南部、江苏南部、江西、浙江西北部、湖北、湖南西北部、西藏东南部，日本、朝鲜、蒙古国（大兴安岭）、俄罗斯（东西伯利亚地区、远东地区）。为东西伯利亚—东亚分布种。

全草入药，能清热解毒、消肿止痛，主治肺热咳嗽、跌打损伤、疮疖肿毒等。

7. 掌叶堇菜

Viola dactyloides Roem. et Schult. in Syst. Veget. 5:351. 1819; Fl. Intramongol. ed. 2, 3:540. t.214. f.1. 1989.

多年生草本，无地上茎，高5～10cm，具基生叶1～2片。根状茎短，稍斜升，支根黄褐色。托叶卵状披针形，近膜质，全缘或具疏锯齿，1/2以上与叶柄合生；叶柄长5～10cm，通常有白色细毛或无毛；叶片掌状5全裂，裂片卵状披针形或矩圆状卵形，两端尖，边缘具4～6钝锯齿或略呈波状，有时有的裂片再2～3浅裂至深裂；通常各裂片均具小柄，柄上被白色细毛，上面毛较少，下面沿脉

及边缘毛较多。花梗不超出叶，无毛；苞片小，条形，长 3 ～ 7mm，生于花梗中部以下；花堇色；萼片矩圆状卵形或卵状披针形，无毛，具 3 脉，边缘膜质，基部的附属器短小，全缘；侧瓣长约 1.6cm，里面具较长的白色须毛，下瓣连距长约 2.3cm；距细长，微弯，长 5 ～ 6mm，末端钝；子房无毛，花柱基部细并稍向前膝曲，柱头前端具斜上的小喙，两侧具薄边缘。蒴果无毛。花果期 5 ～ 8 月。

中生草本。生于落叶阔叶林及针阔混交林的林下、林缘草甸、灌丛、悬崖蔽阴处。产兴安北部及岭东和岭西（额尔古纳市、牙克石市、鄂伦春自治旗、扎兰屯市、鄂温克族自治旗）、兴安南部（科尔沁右翼前旗、阿鲁科尔沁旗、巴林左旗、巴林右旗）、赤峰丘陵（红山区、松山区）、燕山北部（喀喇沁旗、宁城县）、阴山（大青山）。分布于我国黑龙江中北部、吉林东部，辽宁、河北北部，蒙古国东部和北部、俄罗斯（东西伯利亚地区、远东地区）。为东西伯利亚—东亚北部（满洲）分布种。

8. 裂叶堇菜

Viola dissecta Ledeb. in Fl. Alt. 1:255. 1829; Fl. Intramongol. ed. 2, 3:540. t.214. f.2-3. 1989.——*V. dissecta* Ledeb. f. *pubescens* (Regel) Kitag. in J. Jap. Bot. 34:7. 1959; Fl. Intramongol. ed. 2, 3:542. 1989.——*V. pinnata* L. var. *dissecta* Ledeb. Lus. pubescens Regel in Pl. Radd. I, 2:222. 1862.

多年生草本，无地上茎，高 5 ～ 15（～ 30）cm。根状茎短。根数条，白色。托叶披针形，约 2/3 与叶柄合生，边缘疏具细齿；花期叶柄近无翅，长 3 ～ 5cm，通常无毛；果期叶柄长达 25cm，具窄翅，无毛；叶片略呈圆形或肾状圆形，掌状 3 ～ 5 全裂或深裂并再裂，或近羽状深裂，裂片条形，两面通常无毛，下面脉突出明显。花梗通常比叶长，无毛，果期通常不超出叶；苞片条形，长 4 ～ 10mm，生于花梗中部以上；花堇色，具紫色脉纹；萼片卵形或披针形，先端渐尖，具 3（～ 7）脉，边缘膜质，通常于下部被短毛，基部附属器小；全缘或具 1 ～ 2 缺刻；

侧瓣长 1.1 ～ 1.7cm，里面无须毛或稍有须毛，下瓣连距长 1.5 ～ 2.3cm；距稍细，长 5 ～ 7mm，直或微弯，末端钝；子房无毛，花柱基部细，柱头前端具短喙，两侧具稍宽的边缘。蒴果矩圆状卵形或椭圆形至矩圆形，长 10 ～ 15mm，无毛。花果期 5 ～ 9 月。

中生草本。生于森林带和草原带的山地林下、林缘草甸、河滩地。产兴安北部及岭东和岭西（额尔古纳市、根河市、牙克石市、扎兰屯市、陈巴尔虎旗、鄂温克族自治旗）、兴安南部及科尔沁（科尔沁右翼前旗、乌兰浩特市、扎赉特旗、突泉县、扎鲁特旗、阿鲁科尔沁旗、克什克腾旗）、燕山北部（喀喇沁旗、宁城县、敖汉旗）、阴山（大青山、乌拉山）、阴南丘陵（准格尔旗阿贵庙）、鄂尔多斯（乌审旗）、贺兰山。分布于我国黑龙江西南部、吉林、辽宁东南部、河北、山东西部、山西、陕西北部、宁夏南部、甘肃东部、青海东部、四川北部和西部，朝鲜、蒙古国北部和东部及南部、俄罗斯（西伯利亚地区、远东地区），中亚。为东古北极分布种。

全草入药，能清热解毒、消痈肿，主治无名肿毒、疮疖、麻疹热毒。

9. 南山堇菜

Viola chaerophylloides (Regel) W. Beck. in Bull. Herb. Boiss. Ser. 2, 2:856. 1902; Fl. Intramongol. ed. 2, 3:542. 1989.——*V. pinnata* L. var. *chaerophylloides* Regel in Fl. Radd. 1:222. 1861.

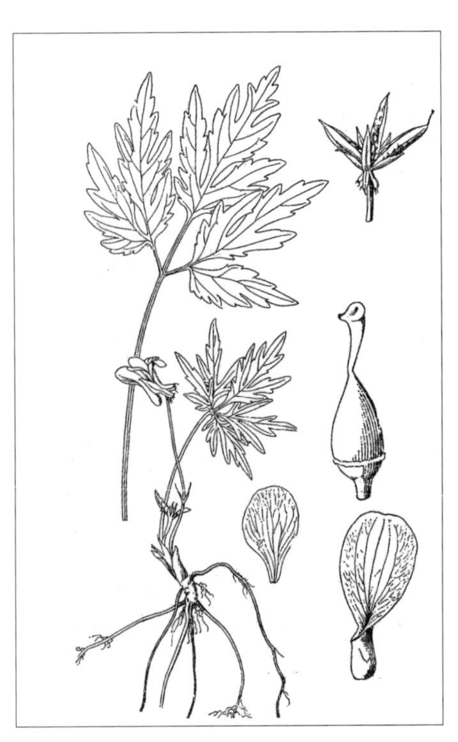

多年生草本，无地上茎，具基生叶 2 ～ 6，高 4 ～ 30cm。根状茎短，垂直。根 2 ～ 5 条，白色。托叶膜质，宽披针形，约 2/3 与叶柄合生，边缘疏具细齿或近全缘；叶柄具狭翼或无翼；叶片掌状 3 ～ 5 全裂或深裂并再裂，最终裂片通常为卵状披针形、披针形或条状披针形，宽 1.5 ～ 8mm，

具缺刻或不整齐的深锯齿，上面无毛，有时下面脉上被短毛。花梗与叶等长或超出于叶，果期比叶短；苞片条状披针形，生于花梗中部以下；花较大，白色或堇色；萼片矩圆状卵形或宽卵形，边缘膜质，无毛，具 3 脉，基部附属物较长，具不整齐的细牙齿；侧瓣里面稍有须毛，下瓣具紫色条纹，连距长 1.8 ～ 2.3cm；距较粗，直或微向下弯，长 4 ～ 6mm，末端通常粗圆。子房无毛，花柱基部细，微向前膝曲，柱头前端具稍向上的短喙，两侧及后部具边缘。蒴果长 1 ～ 1.4cm。花果期 4 ～ 9 月。

中生草本。生于草原带的山地林下、沿河及溪谷的阴湿处、灌丛间。产赤峰丘陵（翁牛特旗）、阴山（乌拉山）。分布于我国辽宁东部、河北、河南、山东、山西、安徽、江苏、浙江、江西、湖北，日本、朝鲜、俄罗斯（远东地区）。为东亚分布种。

10. 总裂叶堇菜

Viola incisa Turcz. in Bull. Soc. Imp. Nat. Mosc. 15:302. 1842.——*V. dissecta* Ledeb. var. *incisa* (Turcz.) Y. S. Chen in Fl. China 13:93. 2007. syn. nov.——*V. fissifolia* Kitag. in Bot. Mag. Tokyo 49:226. f.2. 1935; Fl. Intramongol. ed. 2, 3:543. t.214. f.4. 1989.

多年生草本，无地上茎，高 6 ～ 15cm。根状茎短，根细，暗灰色。托叶 1/2 以上与叶柄合生，分离部分披针形或宽条形；叶柄短，具狭翼，密被白色短柔毛，果期较少；叶片卵形，长

1.5 ～ 2.5（～ 6）cm，宽 0.8 ～ 1.2（～ 4）cm，先端渐尖，基部呈宽楔形或微心形，边缘为不整齐的缺刻状浅裂至中裂，裂片多形，花期两面被短柔毛，果期仅沿叶脉被毛。花梗超出叶，被白色细柔毛；苞片条形，生于花梗中部以上；花较大，堇色；萼片卵状披针形，先端稍尖，无毛，边缘膜质，基部附属物小，全缘或具不整齐的缺刻；侧瓣里面有须毛，下瓣连距长 18 ～ 2.2cm；距长 6 ～ 7mm，直或微向上弯，末端钝；子房无毛，花柱基部微膝曲，柱头两侧有边缘，前端具不明显的喙。蒴果椭圆形，无毛。花果期 4 月中旬至 9 月。

中生草本。生于森林带的山地林缘、灌丛、草甸。产岭东（扎兰屯市）、辽河平原（大青沟）、阴南丘陵。分布于我国黑龙江、吉林、辽宁、河北、山西、陕西。为华北—满洲种。

11. 溪堇菜

Viola epipsiloides A. Love. et D. Love in Bot. Not. 128:516. 1976; Fl. China 13:86. 2007.——*V. epipsila* auct. non Ledeb.: Fl. Intramongol. ed. 2, 3:543. t.214. f.5. 1989.

多年生草本，无地上茎，高 7 ～ 20cm。根状茎细长，白色，横走，具较长节间，节上残留褐色托叶。根细，多分枝。托叶卵状披针形，离生；叶柄微具翼或近无翼，无毛；叶片心状圆形或心状肾形，长 2.5 ～ 4.5cm，宽 2 ～ 4cm，先端钝或稍凸尖，基部深心形，边缘具钝锯齿，上面无毛，下面有毛。花梗无毛，不超出叶或稍超出叶；苞片生于中上部；花淡紫色或紫色；萼片矩圆状披针形，先端钝或稍尖，无毛，附属物较短，末端钝或截形；侧瓣有须毛或无，下瓣中下部有紫色脉纹，连距长 1.5 ～ 1.7cm；距长约 4mm，直或微向上弯，末端钝。子房无毛，花柱棍棒状，基部微向前膝曲，柱头面倾斜，前方具有向侧上方的喙。蒴果椭圆形，无毛。花果期 5 月中旬至 8 月。

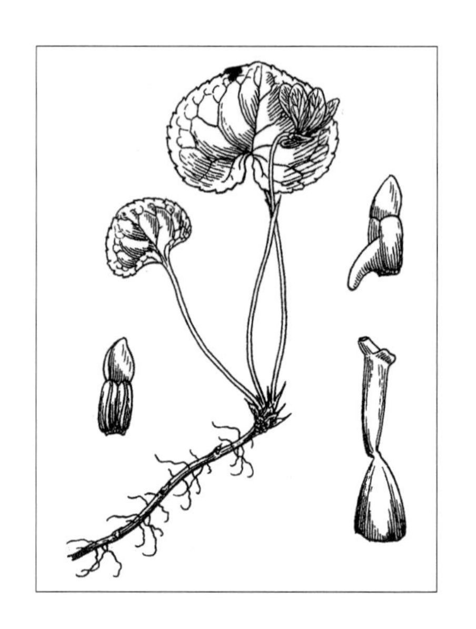

中生草本。生于针叶林下、林缘、湿草甸、溪流附近的岩缝中。产兴安北部（牙克石市）。分布于我国黑龙江中北部、吉林东北部、新疆北部，日本、朝鲜、俄罗斯，北美。为泛北极分布种。

12. 球果堇菜（毛果堇菜）

Viola collina Bess. in Catal. Hort. Cremen. 151. 1816; Fl. Intramongol. ed. 2, 3:544. t.215. f.1. 1989.

12a. 球果堇菜

Viola collina Bess. var. **collina**

多年生草本，无地上茎，花期高 3 ～ 8cm，果期可达 30cm。根状茎肥厚有结节，黄褐色或白色，垂直、斜升或横卧，上端常分枝，有时露出地面。根多数，较细，黄白色。托叶披针形，长 1 ～ 1.5cm，先端尖，基部与叶柄合生，边缘具疏细齿；基生叶多数；叶柄具狭翅，被毛，花期长 1.5 ～ 4cm，果期长 4 ～ 20（～ 30）cm；叶片近圆形、心形或宽卵形，长 1 ～ 3.5cm，宽

1～3cm，果期长达9.5cm，宽达7cm，先端锐尖、钝或圆，基部浅心形或深心形，边缘具钝齿，两面密被白色短柔毛。花具短梗；苞片生于花梗中部或中上部；萼片矩圆状披针形或矩圆形，先端圆或钝，有毛，基部具短而钝的附属器；花瓣淡紫色或近白色，侧瓣里面被毛或无毛，下瓣与距共长1.2～1.4cm；距较短，长4～5mm，直或稍向上弯，末端钝；子房通常被毛，花柱基部膝曲，向上渐粗，顶部下弯呈钩状，柱头孔细。蒴果球形，直径约8mm，密被白色长柔毛，果梗通常向下弯曲接近地面；种子倒卵形，白色。花果期5～8月。

中生草本。生于森林带和草原带的山地林下、林缘草甸、灌丛、溪旁等腐殖土层厚或较湿润的草地上。产岭东（扎兰屯市）、岭西（鄂温克族自治旗）、兴安南部（扎赉特旗、乌兰浩特市、阿鲁科尔沁旗、巴林右旗、林西县、克什克腾旗、东乌珠穆沁旗）、赤峰丘陵（红山区、松山区）、燕山北部（喀喇沁旗、宁城县、敖汉旗、兴和县苏木山）、阴山（大青山、蛮汗山、乌拉山）。分布于我国黑龙江南部、吉林东部、辽宁中部和东部、河北、河南西部和南部、山东、山西、陕西南部、宁夏南部、甘肃东部、四川东北部、云南、安徽、江苏西部、浙江西北部、台湾、湖北、贵州，日本、朝鲜、蒙古国东部（大兴安岭）、俄罗斯（亚洲部分），中亚、欧洲。为古北极分布种。

12b. 光叶球果堇菜

Viola collina Bess. var. **intramongolica** C. J. Wang in Act. Bot. Yunnan. 13:257. 1991; Fl. China 13:85. 2007.

本变种与正种的区别：本种叶柄、叶片和萼片光滑无毛，蒴果微被毛。

多年生中生草本。生于落叶松林下。产兴安北部（阿尔山市）。为大兴安岭分布变种。

13. 辽宁堇菜

Viola rossii Hemsl. in J. Linn. Soc. Bot. 23:54. 1886; High. Pl. China 5:160. f.263. 2003; Fl. China 13:91. 2007.

多年生草本，无地上茎，具基生叶3～10，高6～19cm。根状茎粗而长，垂直或斜升，有时分枝，长1～5(～10)cm，粗0.3～0.5cm，具较密的结节，分生多数细长根，通常褐色。托叶离生，仅基部附着于叶柄，淡绿色，宽披针形或长三角形，边缘疏具细齿；叶柄细弱，具狭翼，上端常微被细毛；叶片近圆形、广卵形或稀为近肾形，长2～9cm，宽1.6～8cm，基部浅心形至深心形，先端尾状渐尖或渐尖，通常于果期前叶之两侧边缘向内卷，果期叶大，基部深心形；叶

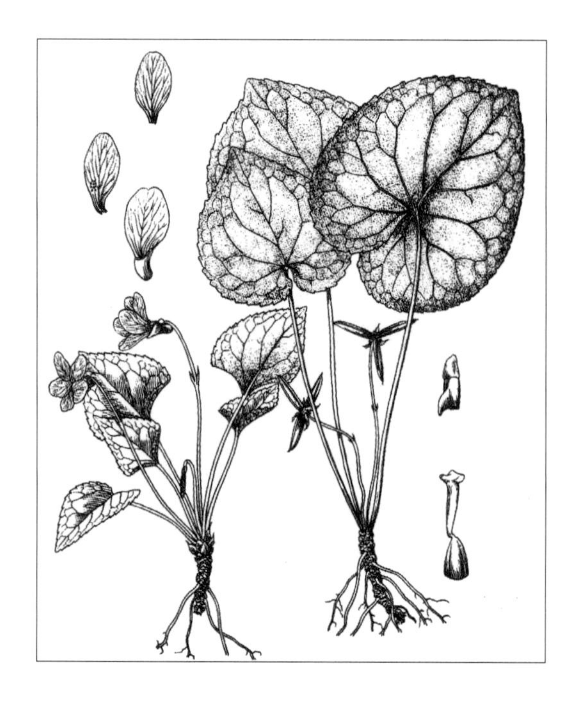

表面绿色，通常在基部和边缘附近疏被白色短细毛；叶背面淡绿色，密被细毛，结果后毛渐少，叶缘的锯齿稍尖或稍钝。花梗1～4，与叶略等长，无毛；苞片披针形或卵状披针形，生于花梗中上部；花大，堇色或紫色；萼片卵形或长圆状卵形，无毛，长6～8mm，宽2～3.5mm，基部附属物短小，通常圆形；侧瓣长1.3～1.7cm，里面微有须毛。下瓣通常白色，具紫条纹，连距共长1.9～2.3cm；距有时近白色，粗，囊状，长3～4.5mm；子房无毛，花柱较长，基部细并微向前膝曲，柱头前端具斜上的喙，两侧具较宽的边缘，顶面略凹陷。蒴果无毛，较大，长1.2～1.3cm。花果期4月下旬至9月。

中生草本。生于森林带的山地针阔混交林或阔叶林林下或林缘、灌丛、草甸。产兴安北部及岭东（根河市、鄂伦春自治旗）。分布于我国辽宁东部、甘肃东南部、四川中南部、湖南东部、河南西部和南部、山东、江苏西部、安徽南部、浙江北部、江西北部、广西西北部，日本、朝鲜。为东亚分布种。

14. 兴安堇菜

Viola gmeliniana Roem. et Schult. in Syst. Veget. 5:354. 1819; Fl. Intramongol. ed. 2, 3:544. t.215. f.2. 1989.

多年生草本，无地上茎，高4～9cm。叶多数，花期具多数前一年的残叶。根状茎垂直，稍呈黑色。托叶披针形或狭披针形，约1/2或3/4与叶柄合生，稍有细齿，无毛或边缘有纤毛；花期叶柄短或近无柄；叶匙形、矩圆形、披针形或倒披针形，长2～6cm，宽0.5～1.5cm，先端钝，基部渐狭而下延，边缘具钝的圆齿或近全缘，叶无毛或稍被毛或密被粗毛，果期叶具较

长的柄，叶片较大。花暗紫色或粉紫色；花梗与叶近等长或稍超出叶，被短毛；苞片生于花梗中部附近；萼片披针形或卵状披针形，基部附属物具棱角或边缘稍具牙齿，有时略呈截形，边缘具纤毛或无毛；侧瓣里面有须毛，下瓣连距长 10 ～ 14mm；距稍粗而向上弯；子房无毛，花柱棍棒状，基部微膝曲，顶端膨大而有薄边，前方具短喙。蒴果无毛。花果期 5 ～ 8 月。

中生草本。生于森林带的山地疏林下、林缘草甸、灌丛。产兴安北部及岭东和岭西（额尔古纳市、牙克石市、扎兰屯市、陈巴尔虎旗、海拉尔区、鄂温克族自治旗）、兴安南部（科尔沁右翼前旗、乌兰浩特市、阿鲁科尔沁旗、巴林右旗）。分布于我国黑龙江东部，蒙古国北部、俄罗斯（西伯利亚地区、远东地区）。为西伯利亚—远东分布种。

15. 东北堇菜

Viola mandshurica W. Beck. in Bot. Jahrb. Syst. 54. Beibl. 120:179. 1917; Fl. Intramongol. ed. 2, 3:546. t.215. f.3-4. 1989.

多年生草本，无地上茎，高 7 ～ 24cm。根状茎短，垂直，具很密的结节，根状茎及根赤褐色或暗褐色。托叶约 2/3 以上与叶柄合生，离生部分披针形或狭披针形，全缘或稍有细齿；叶柄被短硬毛或疏被短硬毛，具狭翼或稍宽的翼；叶片卵状披针形、舌形或卵状矩圆形，果期常呈长三角形，长 2 ～ 6cm，宽 0.7 ～ 2cm，先端钝，基部钝圆形、截形或宽楔形，边缘具疏圆齿或近全缘，两面无毛或被细毛；花堇色或蓝紫色；花梗通常超出叶，多被细毛，苞片生于梗中部或中下部；萼片狭披针形至卵状披针形，边缘膜质，先端渐尖或稍尖，附属物较短，呈圆形，无毛；侧瓣里面有须毛，下瓣中下部带白色，连距长 15 ～ 23mm；距长 5 ～ 10mm，距直或微向上弯，末端粗圆；子房无毛，花柱基部微膝曲，柱头顶部略平而有薄边，前方具短喙。蒴果矩圆形，无毛。花果期 4 月下旬至 9 月。

中生草本。生于森林带的山地湿草甸、林缘草甸、疏林下、灌丛。产兴安北部及岭东和岭西（额尔古纳市、根河市、牙克石市、扎兰屯市）、兴安南部（科尔沁右翼前旗、乌兰浩特市）、辽河平原（大青沟）、燕山北部（喀喇沁旗、宁城县、敖汉旗）。分布于我国黑龙江、吉林、辽宁、河北、河南、山东、山西西南部、陕西南部、甘肃东南部、四川中部和东部、湖北西部、安徽、福建、台湾，日本、朝鲜、俄罗斯（远东地区）。为东亚分布种。

16. 紫花地丁（辽堇菜、光瓣堇菜）

Viola philippica Cav. in Icon 6:19. 1801; Fl. China 13:99. 2007.——*V. yedoensis* Makino in Bot. Mag. Tokyo 26:148. 1912; Fl. Intramongol. ed. 2, 3:546. t.216. f.1. 1989.

多年生草本，无地上茎，花期高 3 ～ 10cm，果期高可达 15cm。根状茎较短，垂直。主根较

粗，白色或黄褐色，直伸。托叶膜质，通常1/2 ～ 2/3 与叶柄合生，上端分离部分条状披针形或披针形，有睫毛；叶柄具窄翅，上部翅较宽，被短柔毛或无毛，长 1.5 ～ 5cm，果期可达 10cm 以上；叶片矩圆形、卵状矩圆形、矩圆状披针形或卵状披针形，长 1 ～ 3cm，宽 0.5 ～ 1cm，先端钝，基部截形、钝圆或楔形，边缘具浅圆齿，两面散生或密生短柔毛，或仅脉上被毛或无毛，果期叶大，先端钝或稍尖，基部常呈微心形。花梗长超出叶或略等于叶，被短柔毛或近无毛；苞片生于花梗中部附近；萼片卵状披针形，先端稍尖，边缘具膜质狭边，基部附属器短，末端圆形、截形或不整齐，无毛，少被短毛；花瓣堇色或紫色，倒卵形或矩圆状倒卵形，侧瓣无须毛或稍有须毛，连距长 15 ～ 18mm；距细，长 4 ～ 7mm，末端微向上弯或直；子房无毛，花柱棍棒状，基部膝曲，向上部渐粗，柱头顶面略平，两侧及后方有薄边，前方具短喙。蒴果椭圆形，长 6 ～ 8mm，无毛。花果期 5 ～ 9 月。

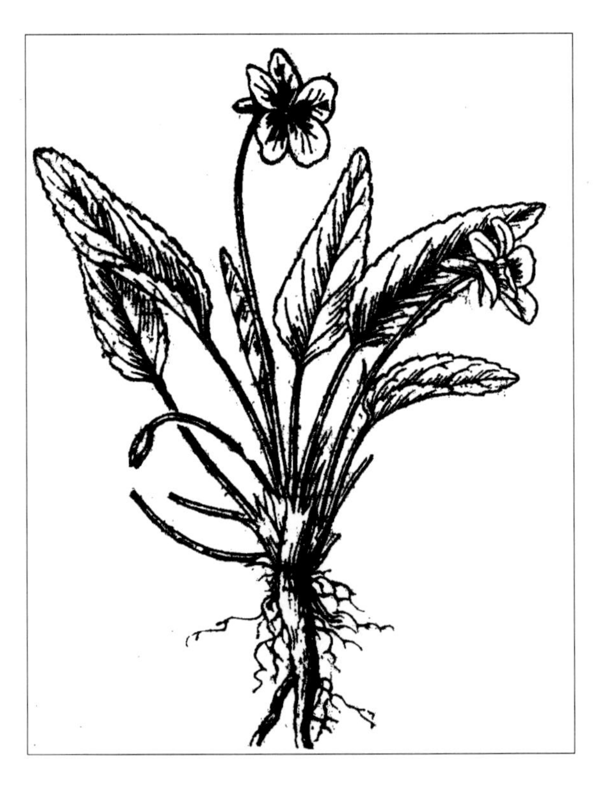

中生杂草。生于森林草原带和草原带的田野、荒地、庭院、路旁、灌丛、林缘。产岭东（扎兰屯市）、兴安南部及科尔沁（科尔沁右翼前旗、科尔沁右翼中旗、突泉县、克什克腾旗）、燕山北部（喀喇沁旗、敖汉旗）、阴山（大青山）、阴南平原（呼和浩特市、包头市）、鄂尔多斯（东胜区）。分布于全国各地（除青海、西藏、新疆外），日本、朝鲜、俄罗斯（远东地区），东南亚。为东亚分布种。

全草入药（药材名：紫花地丁），能清热解毒、凉血消肿，主治痈疽发背、疔疮瘰疬、无名肿毒、丹毒、乳腺炎、目赤肿痛、咽炎、黄疸型肝炎、肠炎、毒蛇咬伤等。全草也入蒙药（蒙药名：尼勒其其格）。有的地区做地格达用。

17. 斑叶堇菜

Viola variegata Fisch. ex Link. in Enum. Hort. Berol. Alt. 1:240. 1821; Fl. Intramongol. ed. 2, 3:548. t.217. f.1-4. 1989.——*V. variegata* Fisch. ex Link. f. *viridis* (Kitag.) P. Y. Fu et Y. C. Teng in Fl. Pl. Herb. N. E. China 6:105. 1977; Fl. Intramongol. ed. 2, 3:550. 1989.

多年生草本，无地上茎，高 3 ～ 20cm。根状茎细短，分生 1 至数条细长的根。根白色、黄

白色或淡褐色。托叶膜质，2/5 ～ 3/5 与叶柄合生，上端分离部分呈卵状披针形或披针形，具不整齐牙齿或近全缘，疏生睫毛；叶柄微具狭翅，长 1.5 ～ 6cm，被短毛或近无毛；叶片圆形或宽卵形，长 1 ～ 5.5（～ 7）cm，宽 1 ～ 5（～ 6）cm，先端圆形或钝，基部心形，边缘具圆齿，上面暗绿色或绿色，沿叶脉有白斑形成苍白色的脉带，下面带紫红色，两面疏生或密生极短的乳头状毛，有时叶下面或脉上毛较多，有时无毛。花梗长超出于叶或略等于叶，常带紫色；苞片条形，生于花梗的中部附近；萼片卵状披针形或披针形，常带紫色或淡紫褐色，先端稍钝，基部的附属器短，末端圆形、近截形或不整齐，边缘膜质，无毛或有极短的乳头状毛；花瓣倒卵形，暗紫色或红紫色，侧瓣里面基部常为白色并有白色长须毛，下瓣的中下部为白色并具堇色条纹，瓣片连距长 14 ～ 20mm；距长 5 ～ 9mm，细或稍粗，末端稍向上弯或直；子房球形，通常无毛，花柱棍棒状，向上端渐粗，柱头顶面略平，两侧有薄边，前方具短喙。蒴果椭圆形至矩圆形，长 5 ～ 7mm，无毛。花果期 5 ～ 9 月。

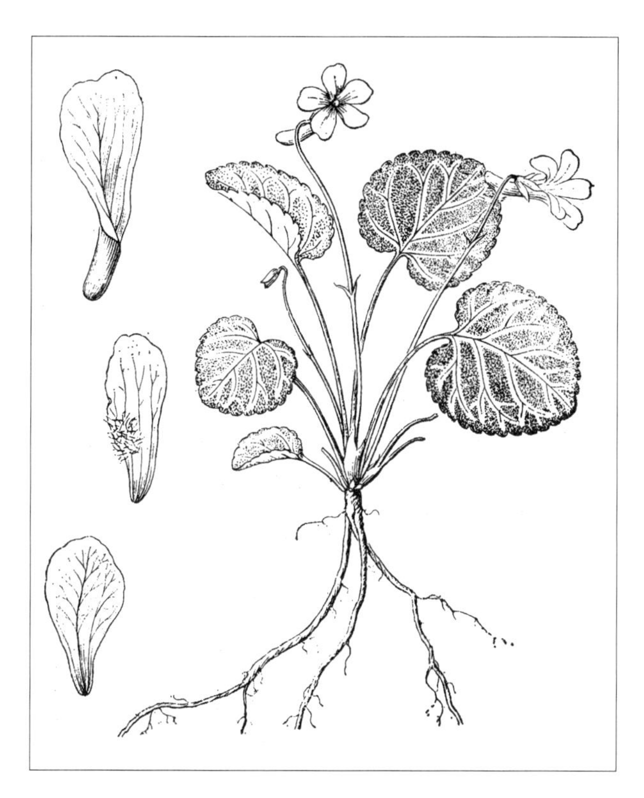

中生草本。生于森林带和草原带的山地荒地、草坡、山坡砾石地、疏林地、林下岩石缝、灌丛。产兴安北部及岭东和岭西（额尔古纳市、牙克石市、鄂温克族自治旗、扎兰屯市、阿荣旗、海拉尔区）、兴安南部（科尔沁右翼前旗、乌兰浩特市、阿鲁科尔沁旗、巴林右旗、克什克腾旗、东乌珠穆沁旗、锡林浩特市）、赤峰丘陵（红山区、松山区）、燕山北部（喀喇沁旗、宁城县、敖汉旗）、阴山（大青山）、阴南丘陵。分布于我国黑龙江、吉林东部、辽宁、河北、河南、山东、山西、陕西南部、甘肃东部、四川东南部、湖北西部、安徽南部，日本、朝鲜、蒙古国东部和北部、俄罗斯（东西伯利亚地区、远东地区）。为东西伯利亚—东亚分布种。

全草入药，能凉血、止血，主治创伤出血。

18. 深山堇菜

Viola selkirkii Pursh ex Goldie in Edinb. Phil. J. 6:324. 1822; Fl. Intramongol. ed. 2, 3:550. t.216. f.5. 1989.

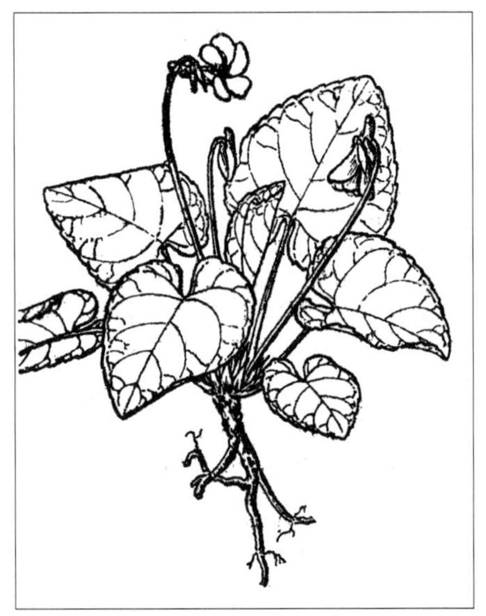

多年生草本，无地上茎，高 5 ～ 14cm。根状茎细，长 1 至数厘米，具较稀疏的结节。根白色。外侧托叶较宽，卵形或卵状披针形；内侧托叶较狭，披针形，边缘具稀疏的细锯齿，与叶柄合生。叶柄具狭翼，无毛或有毛；叶片近圆形或宽卵形，长 1.4 ～ 2.9（～ 4.5）cm，宽 1.2 ～ 2.5（～ 4.3）cm，先端锐尖或稍尖，有时稍渐尖，基部深心形，边缘有钝锯齿或圆锯齿，上面伏生短毛，下面无毛或稍有毛或仅沿叶脉有毛；花梗稍超出叶或不超出；苞生于梗中部；花淡紫色；萼片卵状披针形或宽披针形，先端锐尖，无毛，基部附属物末端齿裂，具缘毛；侧瓣无须毛，下瓣连距长 1.5 ～ 2cm；距长而粗，长 5 ～ 6mm，直或稍向上弯曲，末端圆或钝；子房无毛，花柱基部微向前膝曲，柱头两侧有薄边，前方具斜上的喙。蒴果较小，卵状椭圆形，无毛。花果期 5 ～ 9 月。

中生草本。生于山地针叶林、阔叶林、针阔混交林或采伐迹地上。产兴安北部（阿尔山市天池）、兴安南部（科尔沁右翼前旗、扎鲁特旗、巴林右旗）。分布于我国黑龙江中部、吉林东部、辽宁、河北、河南、山东西部、山西西南部、陕西南部、四川中部、云南西北部、江苏、安徽、浙江、江西、湖北、湖南西北部、广东中部，日本、朝鲜、蒙古国北部（肯特地区）、俄罗斯，欧洲、北美洲。为泛北极分布种。

19. 兴安圆叶堇菜

Viola brachyceras Turcz. in Cat. Pl. Baic.-Dahur. 191. 1839; Fl. Intramongol. ed. 2, 3:550. t.216. f.6. 1989.

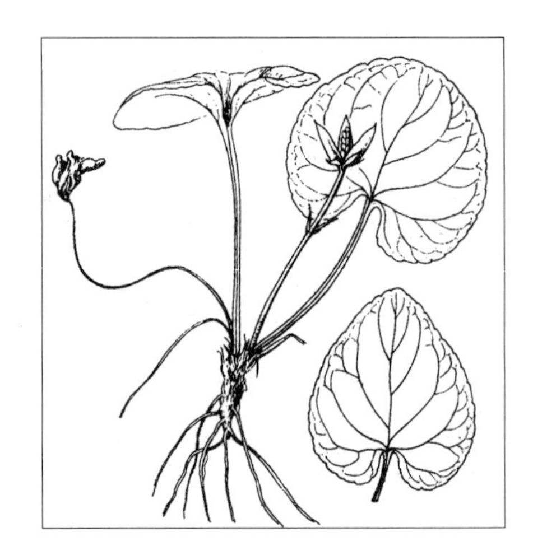

多年生草本，无地生茎，花期高约 6cm，果期高达 10 余厘米。根状茎斜升或垂直，上部被暗褐色残托叶及残叶，分生支根。托叶小，披针形，下部 1/2 贴生于叶柄，边缘有疏牙齿，初时绿色，后变褐色；花期叶 1 ～ 2 片；叶柄微具狭翼；叶片心状圆形，稀为宽卵形，先端圆形或钝尖，基部深心形，边缘具浅圆齿，上面绿色，下面苍绿色或带灰紫色，无毛；果期叶 2 ～ 5，较大，直径 3 ～ 5cm。花梗细，稍超出于叶，果期比叶短；苞生于梗的中上部；花淡紫色或近白色，连距长约 8mm；萼片卵状披针形或披针形，渐尖，具膜质的狭边，基部附属物短，末端圆形或截形；

侧瓣无须毛，下瓣比其他花瓣短；具堇色脉纹；距短而稍粗，比萼片附属物微长；子房无毛，花柱基部微膝曲，柱头顶面稍倾斜，两侧有薄边，前向具直的喙。蒴果无毛，具褐色斑或不明显。花果期 5 ～ 8 月。

中生草本。生于针叶林下及河岸砾石地。产兴安北部及岭西（额尔古纳市、根河市、牙克石市、鄂温克族自治旗）。分布于我国黑龙江、吉林，蒙古国北部（肯特）、俄罗斯（西伯利亚地区、远东地区）。为西伯利亚—满洲分布种。

20. 茜堇菜

Viola phalacrocarpa Maxim. in Mel. Biol. Bull. Phys.-Math. Acad. Imp. Sci. St.-Petersb. 9:726. 1876; High. Pl. China 5:152. f.248. 2003.

多年生草本，无地上茎，具多数基生叶，高 5 ～ 15(～ 30)cm。根状茎短，垂直，长 2 ～ 10(～ 15)mm，生 2 至数条根，白色或淡黄褐色。托叶苍白色至淡绿色，1/2 ～ 3/4 与叶

柄合生，上端分离部分呈狭披针形或披针形，渐尖或锐尖，边缘稍具细齿，或近于全缘；叶柄长 1 ～ 5cm，果期可达 10(～ 20)cm，上部具稍宽的翼，通常被细短毛，稀近无毛；叶片卵形、广卵形或卵状圆形，长 1.5 ～ 4(～ 6)cm，宽 1 ～ 2.5cm，基部微心形或心形，先端钝，边缘具较平的圆齿，两面散生细毛或密生细毛，背面有时稍带淡紫色；果期叶较大，长 5 ～ 7(～ 10)cm，宽 3 ～ 5(～ 7)cm，长圆状卵形，基部为心形或深心形，先端稍钝，两面时常无毛。花梗多数，常稍带红紫色，超出于叶或略等于叶，被细短毛，稀近无毛；苞生于花梗的中部附近；萼片有时带紫色，线状披针形至卵状披针形，先端渐尖或稍尖，基部具稍长的附属物，附属物的末端圆形、截形或锐尖，常具不整齐的牙齿，长 1 ～ 2mm，萼及附属物上密被或疏被粗毛，稀近无毛；花瓣堇色，具深紫色的脉纹，上瓣倒卵圆形，侧瓣长圆状倒卵圆形，里面基部有明显的白色须毛，下瓣的中下部带白色，瓣片连距长 1.6 ～ 2.2cm；距细而长，且末端微向上弯或直，距长 6 ～ 9(～ 10)mm；子房被毛，花柱基部微膝曲，向上部渐粗，柱头顶面略平，两侧具薄边，前方具短喙。

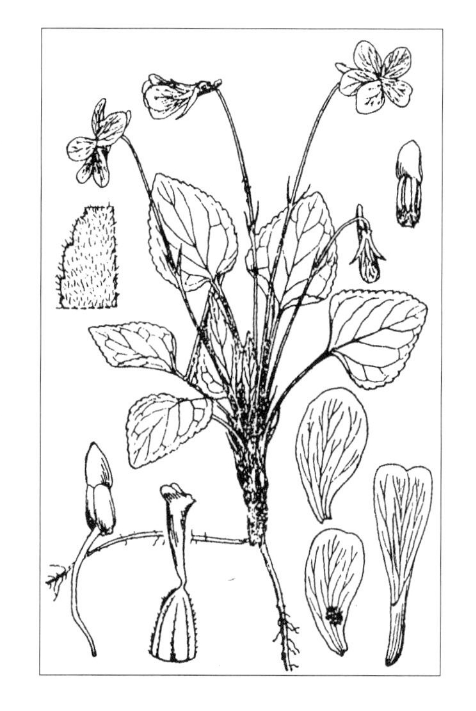

蒴果椭圆形至长圆形，长 6 ～ 9mm，无毛或稍被毛。花果期 4 月下旬至 9 月。

中生草本。生于阔叶林带的山地林缘、灌丛、草甸。产辽河平原、燕山北部（喀喇沁旗、宁城县）。分布于我国黑龙江东南部、吉林东部、辽宁、河北、河南、山东、山西、陕西、宁夏、甘肃东南部、四川中部和东部、湖北西部、湖南，日本、朝鲜、俄罗斯（远东地区）。为东亚分布种。

21. 北京堇菜

Viola pekinensis (Regel) W. Beck. in Beih. Bot. Centralbl. Abt. 2, 34:251. 1916; Fl. Intramongol. ed. 2, 3:551. 1989.——*V. kamtschatica* Ging. var. *pekinensis* Regel in Pl Radd 230. 1891.

多年生草本，无地上茎。根状茎短。托叶披针形，通常具细而稀疏的齿，仅基部与叶柄合生；叶柄纤细，长 4 ～ 8cm；叶心形或卵状心形，长 2 ～ 3cm，宽与长几相等，先端钝圆，基部心形，边缘具浅圆齿，两面与叶脉被疏柔毛。花梗纤细，长 6 ～ 10cm；苞片条形，生于花梗中部；花淡紫色；萼片绿色，卵状披针形，基部附属物短，齿状；侧瓣里面有须毛，下瓣连距长约 15mm；距长约 10mm；子房无毛，花柱基部微膝曲。蒴果近球形，无毛。花果期 4 ～ 8 月。

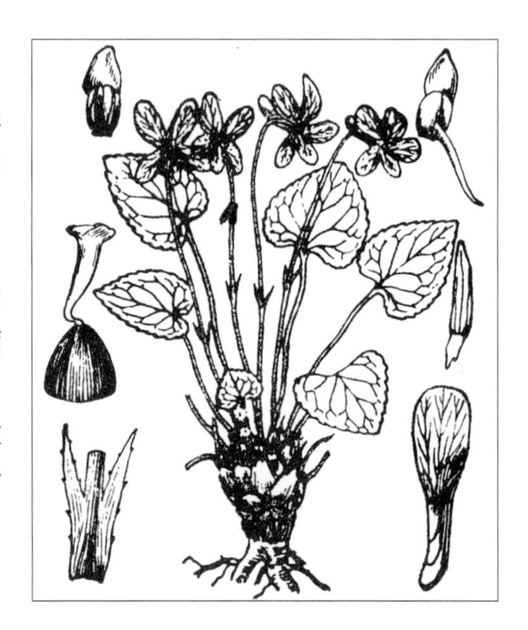

中生草本。生于山地林缘、河边。产辽河平原（大青沟）、燕山北部（喀喇沁旗、敖汉旗）、阴山（大青山）。分布于我国黑龙江、吉林、辽宁、河北、河南、山东、山西。为华北—满洲分布种。

22. 早开堇菜（尖瓣堇菜、早花地丁）

Viola prionantha Bunge in Mem. Acad. Imp. Sci. St.-Petersb. Div. Sav. 2:82. 1835; Fl. Intramongol. ed. 2, 3:551. t.216. f.2-4. 1989.

多年生草本，无地上茎，叶通常多数，花期高 4 ～ 10cm，果期可达 15cm。根状茎粗或稍粗。根细长或稍粗，黄白色，通常向下伸展，有时近横生。托叶淡绿色至苍白色，1/2 ～ 2/3 与叶柄合生，上端分离部分呈条状披针形或披针形，边缘疏具细齿；叶柄有翅，长 1 ～ 5cm，果

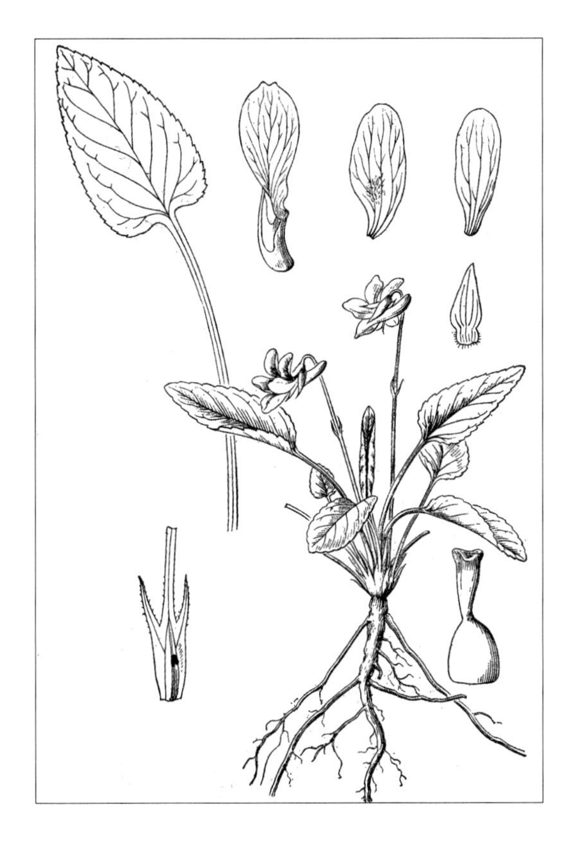

期可达 10cm，被柔毛；叶矩圆状卵形或卵形，长 1 ～ 3cm，宽 0.7 ～ 1.5cm，先端钝或稍尖，基部钝圆、截形，稀宽楔形、极稀近心形，边缘具钝锯齿，两面被柔毛，或仅脉上被毛，或近于无毛；果期叶大，卵状三角形或长三角形，长 6 ～ 8cm，宽 2 ～ 4cm，先端尖或稍钝，基部截形或微心形，无毛或稍被毛；花梗 1 至多数，花期超出于叶，果期常比叶短；苞片生于花梗的中部附近；萼片披针形或卵状披针形，先端锐尖或渐尖，具膜质窄边，基部附属器长 1 ～ 2mm，边缘具不整齐的牙齿或全缘，有纤毛或无毛；花瓣堇色或淡紫色，上瓣倒卵形，侧瓣矩圆状倒卵形，里面有须毛或近于无毛，下瓣中下部为白色并具紫色脉纹，瓣片连距长 13 ～ 20mm；距长 4 ～ 9mm，末端较粗，微向上弯；子房无毛，花柱棍棒状，基部微膝曲，向上端渐粗，柱头顶端略平，两侧有薄边，前方具短喙。蒴果椭圆形至短圆形，长 6 ～ 10mm，无毛。花果期 5 ～ 9 月。

中生草本。生于森林带和草原带的丘陵谷地、山坡、草地、荒地、路旁、沟边、庭院、林缘。产兴安北部及岭东（牙克石市、扎兰屯市）、兴安南部及科尔沁（科尔沁右翼前旗、科尔沁右翼中旗、扎赉特旗、巴林右旗）、赤峰丘陵（红山区）、燕山北部（喀喇沁旗、宁城县、敖汉旗）、阴山（大青山、乌拉山）、阴南平原（呼和浩特市、包头市）、阴南丘陵（准格尔旗）、贺兰山。分布于我国黑龙江西部、吉林西南部、辽宁、河北、河南、山东、山西、陕西、宁夏、甘肃东部、青海东部、四川、云南、江苏、湖北、湖南西部，朝鲜、俄罗斯（远东地区）。为东亚分布种。

全草入药，功能、主治同紫花地丁。

23. 细距堇菜

Viola tenuicornis W. Beck. in Beih. Bot. Centralbl. Aht. 2, 34:248. 1916; Fl. Intramongol. ed. 2, 3:552. t.218. f.1. 1989.——*V. tenuicornis* W. Beck. subsp. *trichosepala* W. Beck. in Beih. Bot. Centralbl. Aht. 2, 34:249. 1916; Fl. China 13:97. 2007.

多年生草本，无地上茎，高 4 ～ 14cm。根状茎细短，垂直或斜升，白色或淡黄色。根细长。托叶 1/2 ～ 2/3 与叶柄合生，离生部分呈披针形或三角状披针形，具疏细齿或近全缘；叶柄近无翅或上端有狭翅，被短毛或无毛；叶卵形、宽卵形或卵圆形，长 2 ～ 4（～ 6）cm，宽 1.5 ～ 2.5（～ 4.5）cm，先端钝圆或稍尖，基部心形、微心形或近圆形，边缘具圆齿，上面近无毛或靠边缘有散生毛，下面仅沿叶脉有微柔毛或近无毛，边缘具纤毛。花梗超出叶或不超出；苞片生于花梗中部；花紫色；萼片披针形或卵状披针形，先端稍渐尖或具狭膜质边缘，近无

毛或仅边缘被毛，基部附属物短，末端圆形或截形，稀具微齿；侧瓣稍有须毛至无毛，下瓣连距长 14 ～ 18mm；距细长，长 5 ～ 8mm，直或稍向上弯曲；子房无毛，花柱棍棒状，上端粗，柱头顶面两侧有薄边，前方具短喙。蒴果椭圆形，无毛。花果期 4 月中旬至 9 月。

中生草本。生于森林带的林缘、杂木林间、湿润草甸。产兴安北部和岭东（牙克石市、扎兰屯市）、兴安南部（巴林右旗）、辽河平原（大青沟）。分布于我国黑龙江南部、吉林北部、辽宁、河北、河南西部、山东、山西南部、陕西南部、甘肃东部，朝鲜、俄罗斯（远东地区）。为华北—满洲分布种。

24. 白花堇菜（白花地丁）

Viola patrinii DC. ex Ging. in Prodr. 1:293. 1824; Fl. Intramongol. ed. 2, 3:552. t.218. f.2-3. 1989.

多年生草本，无地上茎，高 6 ～ 22cm。根状茎短。根赤褐色或暗褐色。托叶 1/2 以上与叶柄合生，分离部分呈狭披针形或披针形，全缘或有细齿；叶柄具狭或稍宽的翼，无毛或下部被白色短毛；叶椭圆形至矩圆形或卵状椭圆形至卵状矩圆形，长 2 ～ 6cm，宽 0.5 ～ 2（～ 2.5）cm，先端钝，基部微心形、截形或钝圆形，边缘具较稀的圆齿或近全缘，两面无毛或被细短毛或仅脉上被毛；果期叶较大，基部呈心形或箭形。花梗通常超出叶；花白色，带紫色脉纹；萼片披针形或卵状披针形，先端锐尖或钝，基部附属物短，无毛；侧瓣里面有须毛，下瓣连距长 9 ～ 13mm；距短而粗，末端直或微向上弯；子房无毛，花柱棍棒状，基部微膝曲，柱头两侧有薄边，前方有明显的喙。蒴果无毛。花果期 5 ～ 9 月。

湿中生草本。生于森林带和森林草原带的沼泽化草甸、灌丛、林缘。产兴安北部及岭东和岭西（根河市、牙克石市、扎兰屯市、阿荣旗、海拉尔区）、兴安南部（扎赉特旗、科尔沁右

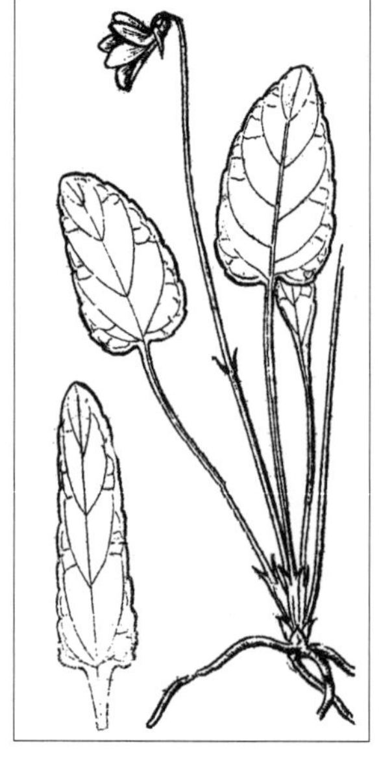

蒋立宏 / 摄

翼前旗、乌兰浩特市、东乌珠穆沁旗）、燕山北部（喀喇沁旗）。分布于我国黑龙江、吉林、辽宁东北部、河北、河南、安徽、湖北、甘肃东南部，日本、朝鲜、蒙古国西部、俄罗斯（东西伯利亚地区、远东地区）。为东古北极分布种。

25. 阴地堇菜

Viola yezoensis Maxim. in Bull. Acad. Imp. Sci. St.-Petersb. 23(2):325. 1877. Fl. Intramongol. ed. 2, 3:554. t.218. f.4-6. 1989.

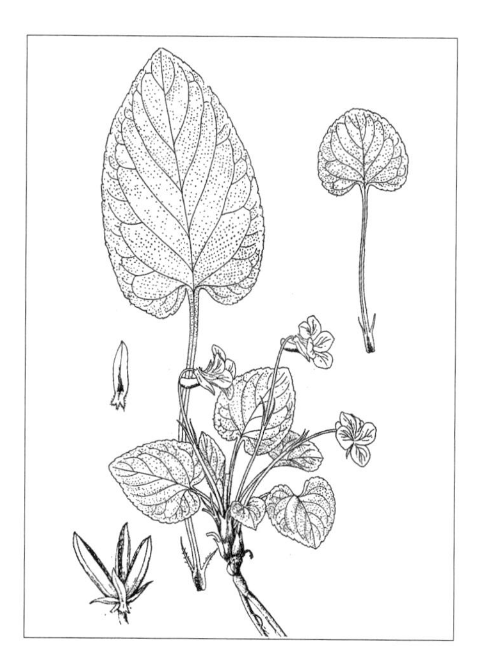

多年生草本，无地上茎，高 9 ～ 18cm，全株被短毛。根状茎较粗，垂直或倾斜。根白色或淡褐色；托叶披针形，先端锐尖，边缘疏生细齿，约 1/2 以上与叶柄合生；叶柄具狭翼，被短柔毛；叶片卵形、宽卵形或长卵形，长 2 ～ 3.5（～ 8.5）cm，宽 2 ～ 4（～ 5.7）cm，先端钝或锐尖，基部深心形或浅心形，两面被短柔毛。花白色；苞片生于花梗中上部；萼片宽披针形或卵状披针形，先端锐尖或钝，有刚毛或近无毛，附属物较发达，末端有疏牙齿；侧瓣里面有须毛或无毛，下瓣连距长 1.8 ～ 2cm，中下部有紫色脉纹；距较长，长 5 ～ 7mm，直或稍向上弯曲，末端圆或钝；子房无毛，花柱基部向前膝曲，柱头两侧有薄边，前方具短喙。蒴果椭圆形，无毛。花果期 5 ～ 8 月。

中生草本。生于森林带和草原带的山地阔叶林下、林

缘草甸。产兴安北部及岭东（牙克石市、扎兰屯市）、兴安南部（扎鲁特旗、巴林左旗）、阴山（大青山、乌拉山）、贺兰山。分布于我国辽宁中部、河北、山东、甘肃东部，日本、朝鲜。为东亚北部分布种。

26. 蒙古堇菜

Viola mongolica Franch. in Pl. David. 1:42. 1884; Fl. Intramongol. ed. 2, 3:554. t.217. f.5. 1989.

多年生草本，无地上茎，高5～9cm，花期通常宿存去年残叶。根状茎稍粗，长1～4cm或更长，垂直或倾斜。根白色。托叶披针形，边缘疏具细齿或睫毛，1/2以上与叶柄合生；叶柄微具狭翅，

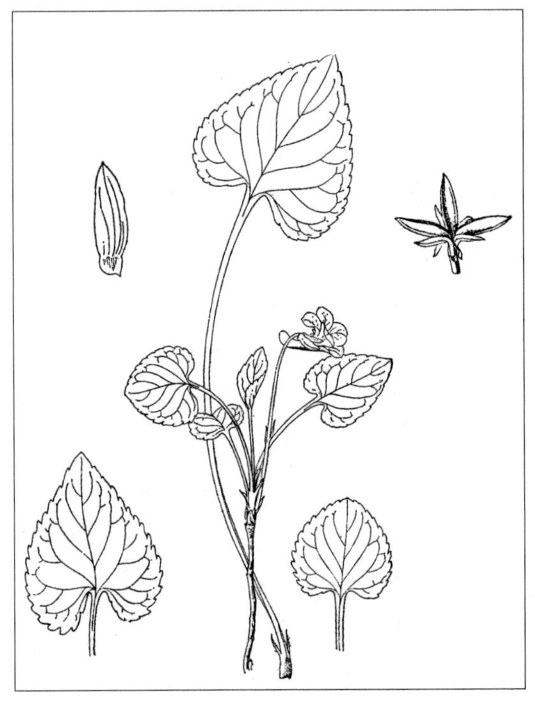

被毛，长2～7cm；叶片卵状心形、心形、椭圆状心形或宽卵形，长1.5～3cm，宽1～2cm，先端钝或锐尖，基部浅心形或心形，边缘具钝锯齿，上面疏被毛，下面无毛或稍被毛。花白色；花梗通常超出于叶；苞片多生于花梗中下部；萼片椭圆状披针形或矩圆形，先端钝或尖，无毛，基部的附属物长2～2.5cm，末端稍齿裂；侧瓣里面稍有须毛，下瓣连距长1.4～2cm，中下部有时具紫条纹；距长5～7mm，通常向上弯，末端钝；子房无毛，花柱基部微向前膝曲，柱头两侧具较宽的边缘，喙斜上，柱头孔向上。蒴果卵形，长6～8mm，无毛。花果期5～8月。

中生草本。生于森林带和草原带的山地林下、林缘草甸、砾石质地、岩缝。产岭东（扎兰屯市、阿荣旗）、兴安南部（科尔沁右翼前旗、科尔沁右翼中旗、乌兰浩特市、突泉县、阿鲁科尔沁旗、巴林右旗、东乌珠穆沁旗）、赤峰丘陵（翁牛特旗）、燕山北部（喀喇沁旗、宁城县、敖汉旗、兴和县苏木山）、阴山（大青山、乌拉山）。分布于我国黑龙江南部、吉林西部、辽宁、河北、河南、山东、山西、陕西南部、甘肃东部、青海、湖北北部。为华北—满洲分布种。

82. 瑞香科 Thymelaeaceae

乔木、灌木，稀草本。单叶互生或对生，全缘；无托叶。花两性，稀单性，辐射对称，头状花序、总状花序或穗状花序，顶生或腋生，稀单生；花萼常呈花冠状，有长或短的萼管，4～5裂；无花瓣，或为鳞片状；雄蕊与萼裂片同数，或2倍，或退化为2；子房上位，1室，稀2室，每室具1枚下垂胚珠，花柱1，柱头头状。果为浆果、核果或坚果，少蒴果。

内蒙古有2属、2种。

分属检索表

1a. 一年生草本；茎有分枝；叶条形；总状花序；花小，黄绿色；柱头棒状………**1. 草瑞香属 Diarthron**

1b. 多年生草本或灌木；茎丛生，无分枝；叶椭圆状披针形；头状花序；花较大，紫红色；柱头头状……

…………………………………………………………………………………………**2. 狼毒属 Stellera**

1. 草瑞香属 Diarthron Turcz.

一年生草本。叶互生，条形。花两性，小型，为疏散的总状花序，顶生；无苞片；花萼管纤细或壶状，在子房上方收缩而环裂，裂片4，平展；无花瓣；雄蕊4～8，1～2轮；无花盘；子房近无柄，1室，具短棒状柱头，有倒生胚珠1枚。坚果干燥，包于膜质花被的基部。

内蒙古有1种。

1. 草瑞香（粟麻）

Diarthron linifolium Turcz. in Bull. Soc. Imp. Nat. Mosc. 5:204. 1832; Fl. Intramongol. ed. 2, 3:555. t.219. f.1-4. 1989.

一年生草本，高20～35cm。全株光滑无毛。茎直立，细瘦，具多数分技，基部带紫色。叶长1～2cm，宽1～3mm，先端钝或稍尖，基部渐狭，全缘，边缘向下反卷，并有极稀疏毛；有短柄或近无柄。总状花序顶生；花梗极短；花萼管长4～5mm，下半部膨大部分浅绿色，上半部收缩部分绿色，裂片紫红色，矩圆状披针形，长0.5～1mm；雄蕊4，1轮，着生于花萼筒中部以上，花丝极短，花药矩圆形；子房扁，长卵形，1室，黄色，无毛，花柱细，上部弯曲，长约1mm，柱头稍膨大。小坚果长梨形，长约2mm，黑色，为残存的花萼筒下部所包藏。花期7～8月。

中生草本。生于森林草原带和草原带的山坡草地、林缘、灌丛。产兴安南部（科尔沁右翼中旗、阿鲁科尔沁旗、巴林左旗、巴林右旗、克什克腾旗）、辽河平原（科尔沁左翼后旗、大青沟）、赤峰丘陵（红山区）、燕山北部（喀喇沁旗、宁城县）、锡林郭勒（苏尼特左旗）、阴山（大青山、蛮汗山）、阴南平原（包头市）、阴南丘陵（准格尔旗）、鄂尔多斯（达拉特旗、东胜区、伊金霍洛旗、乌审旗）、贺兰山。分布于我国吉林中部、河北、山东、山西、陕西、甘肃东部、新疆、江苏，蒙古国北部（肯特）、俄罗斯。为东古北极分布种。

2. 狼毒属 Stellera L.

多年生草本或灌木。单叶互生，全缘；无柄。花两性，辐射对称，顶生头状花序或穗状花序；花萼管圆筒状，最后于子房上横裂，裂片 4，稀 5；雄蕊 8 ～ 10，2 轮，着生于花萼管内，花丝短；子房无柄，1 室，具倒生胚珠 1 枚，花柱短，柱头头状；花盘生于一侧，条形、披针形或呈腺形体。果为坚果，包藏于宿存的花萼管基部。

内蒙古有 1 种。

1. 狼毒（断肠草、小狼毒、红火柴头花、棉大戟）

Stellera chamaejasme L., Sp. Pl. 1:559. 1753; Fl. Intramongol. ed. 2, 3:556. t.219. f.5-7. 1989.

多年生草本，高 20 ～ 50cm。根粗大，木质，外包棕褐色。茎丛生，直立，不分枝，光滑无毛。叶较密生，椭圆状披针形，长 1 ～ 3cm，宽 2 ～ 8mm，先端渐尖，基部钝圆或楔形，两面无毛。顶生头状花序；花萼筒细瘦，长 8 ～ 12mm，宽约 2mm，下部常为紫色，具明显纵纹，顶端 5 裂，裂片近卵圆形，长 2 ～ 3mm，具紫红色网纹；雄蕊 10，2 轮，着生于萼喉部与萼筒中部，花丝极短；子房椭圆形，1 室，上部密被淡黄色细毛，花柱极短，近头状；子房基部一侧有长约 1mm 矩圆形蜜腺。小坚果卵形，长约 4mm，棕色，上半部被细毛；果皮膜质，为花萼管基部所包藏。花期 6 ～ 7 月。

旱生草本。广泛生于草原区，为草原群落的伴生种。在过度放牧影响下，数量常常增加，成为景观植物。产全区各地（除荒漠区外）。分布于我国黑龙江西南部、吉林西部、辽宁西部、河北北部、河南西部、山西、陕西西南部、宁夏南部、甘肃东部、青海东部、四川西部、云南北部、西藏东部和中部及南部，蒙古国东部和北部、俄罗斯（达乌里地区）、不丹、尼泊尔。为东蒙古—青藏高原分布种。

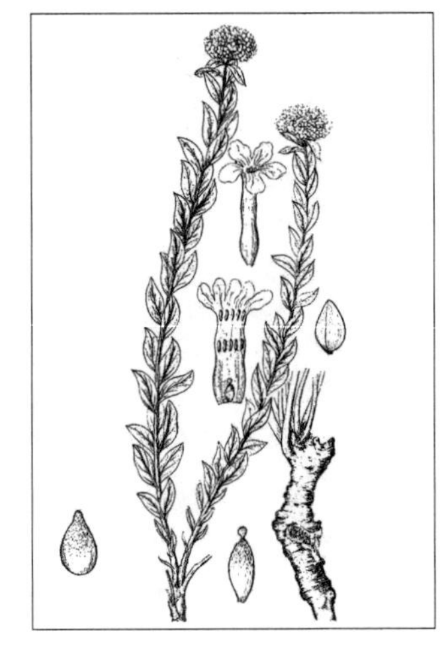

根入药，有大毒，能散结、逐水、止痛、杀虫，主治水气肿胀、淋巴结核；外用治疥癣、瘙痒、顽固性皮炎，能杀蝇、灭蛆。根也入蒙药（蒙药名：达伏图茹），能杀虫、逐泻、消“奇哈”、止腐消肿，主治各种“奇哈”症、疖痛。

83. 胡颓子科 Elaeagnaceae

灌木或乔木。枝、叶、花、果常被银灰白色或褐黄色盾状或星状鳞片。叶互生或对生，全缘；无托叶。花两性或单性，辐射对称，无花瓣，为腋生花束，排成聚伞、穗状或总状花序，少单生，白色或黄色；萼筒具有花盘，高出子房，萼裂片 4，稀 2 或 6 裂；雄蕊为萼片 2 倍或同数，与裂片互生，着生于萼筒上，花丝分离；子房上位，1 室，具 1 枚直立或倒生胚珠，花柱 1，柱头不开裂。果实为瘦果或坚果，藏于宿存肉质萼筒的基部而呈核果状；种子有骨质种皮，无胚乳。

内蒙古有 2 属、2 种。

分属检索表

1a. 花单性，多雌雄异株，短总状花序；萼 2 裂……………………………………………**1. 沙棘属 Hippophae**

1b. 花两性或杂性，单生或 2 ～ 4 朵簇生；萼常 4 裂……………………………………**2. 胡颓子属 Elaeagnus**

1. 沙棘属 Hippophae L.

落叶灌木或乔木。枝有棘针。叶互生，狭窄；具短叶柄。花雌雄异株，短总状花序腋生于去年小枝上；花序轴在雌株上通常变为枝或棘针，在雄株上脱落；雄花无梗，具不完全萼筒及 2 个镊合状的萼裂片，雄蕊 4，有短花丝；雌花有短梗，花萼筒囊状，顶端 2 小裂。果实为坚果，外包肉质化萼筒，核果状；种子 1 粒，骨质。

内蒙古有 1 亚种。

1. 中国沙棘（醋柳、酸刺、黑刺）

Hippophae rhamnoides L. subsp. **sinensis** Rousi in Ann. Bot. Fennici 8:212. f.22. 1971; Fl. Intramongol. ed. 2, 3:558. t.220. f.5-7. 1989.

灌木或乔木，通常高 1m。枝灰色，通常具粗壮棘刺；幼枝具褐锈色鳞片。叶通常近对生，条形至条状披针形，长 2 ～ 6cm，宽 0.4 ～ 1.2cm，两端钝尖，上面被银白色鳞片，后渐脱落呈绿色，下面密被淡白色鳞片，中脉明显隆起；叶柄极短。花先叶开放，淡黄色，花小；花萼 2 裂；雄花序轴常脱落，雄蕊 4；雌花比雄花后开放，具短梗，花萼筒囊状，顶端 2 浅裂。果实橙黄或橘红色，包于肉质花萼筒中，近球形，直径 5 ～ 10mm；种子卵形，种皮坚硬，黑褐色，

有光泽。花期 5 月，果熟期 9 ～ 10 月。

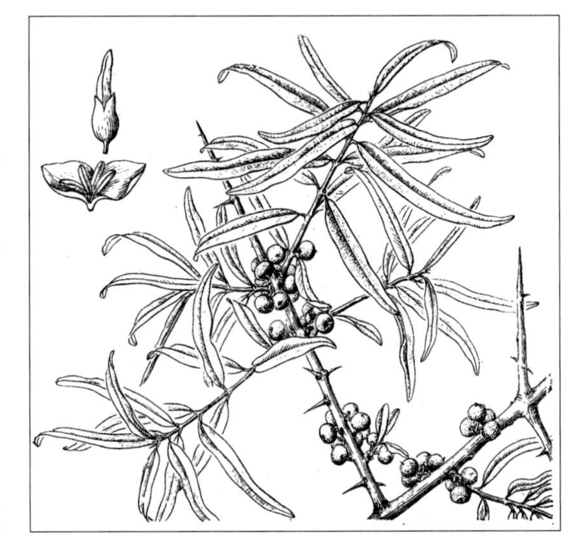

比较喜暖的旱中生灌木或乔木。生于暖温带落叶阔叶林带和森林草原带的山地沟谷、山坡、沙丘间低湿地。产兴安南部（克什克腾旗、巴林左旗、巴林右旗）、赤峰丘陵（红山区、松山区）、燕山北部（喀喇沁旗、宁城县、敖汉旗）、锡林郭勒（正蓝旗）、阴山（大青山、蛮汗山）、阴南丘陵（准格尔旗）、鄂尔多斯（达拉特旗、东胜区、乌审旗）。分布于我国辽宁西部、河北西部、山西、陕西北部、甘肃东部、青海东部、四川西部。为华北分布种。

果实含有机酸、维生素 C 等，可做浓缩性维生素 C 的制剂和酿酒的原料。果汁可解铅中毒。果实入蒙药（蒙药名：其察日嘎纳），能祛痰止咳、活血散瘀、消食化滞，主治咳嗽痰多、胸满不畅、消化不良、胃痛、闭经。

2. 胡颓子属 Elaeagnus L.

落叶或常绿，乔木或灌木。通常有枝刺，被银灰色或淡褐色盾状鳞片。叶互生，具短柄。花两性或杂性，通常单生或簇生于叶腋；萼筒（花被）钟状或管状，于子房上部收缩，通常 4 裂，裂片镊合状排列；雄蕊 4，花丝短，不外露，着生于萼筒喉部；花柱细长。果实为核果状坚果，果核具条纹。

内蒙古有 1 种。

分变种检索表

1a. 叶片狭，宽 0.4 ～ 1.5cm；果小，长约 1cm……………………………**1a. 沙枣 E. angustifolia** var. **angustifolia**

1b. 叶片较宽，宽 1.8 ～ 3.2cm；果大，长 1.5 ～ 2.5cm…………**1b. 东方沙枣 E. angustifolia** var. **orientalis**

1. 沙枣（桂香柳、金铃花、银柳、七里香）

Elaeagnus angustifolia L., Sp. Pl. 1:121. 1753; Fl. Intramongol. ed. 2, 3:559. t.220. f.1-4. 1989.

1a. 沙枣

Elaeagnus angustifolia L. var. **angustifolia**

灌木或小乔木，高达15m。幼枝被灰白色鳞片及星状毛；老枝栗褐色，具枝刺。叶矩圆状披针形至条状披针形，长1.5～8cm，宽0.4～1.5cm，先端尖或钝，基部宽楔形或楔形，全缘，两面均有银白色鳞片，上面银灰绿色，下面银白色；叶柄长0.5～1cm。花银白色，通常1～3朵，生于小枝下部叶腋；花萼筒钟形，内面黄色，外面银白色，有香味，顶端通常4裂；两性花的柱基部被花盘所包围。果实矩圆状椭圆形或近圆形，直径约1cm，初密被银白色鳞片，后渐脱落，熟时橙黄色、黄色或红色。花期5～6月，果期9月。

耐盐潜水旱生小乔木或灌木。生于荒漠区的河岸，常与胡杨组成荒漠河岸林。产东阿拉善、西阿拉善、额济纳，呼和浩特市、包头市、鄂尔多斯市等地有栽培。分布于我国河北西部、山西北部、陕西北部、宁夏、甘肃（河西走廊）、青海东部、新疆，中亚、西亚、地中海沿岸。为古地中海分布种。

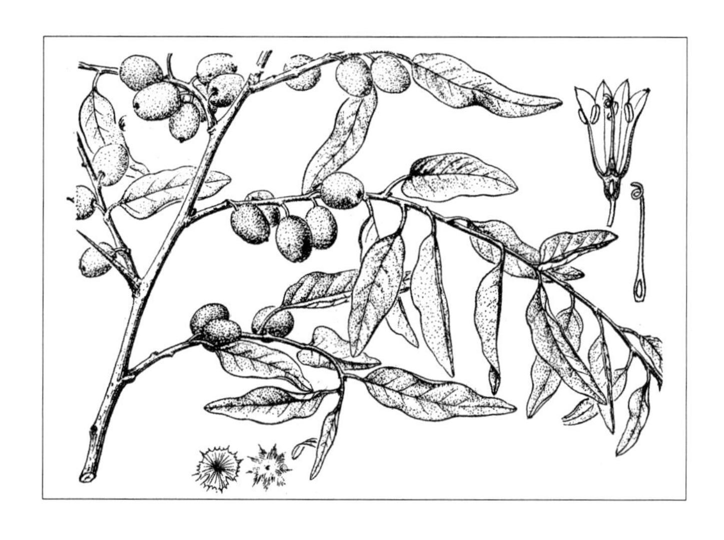

沙枣果实含脂肪、蛋白质等，营养成分与高粱相近，可食用。叶含蛋白质、粗脂肪等，营养成分接近苜蓿，为良好的饲料。

树皮及果实入药。树皮能清热凉血、收敛止痛，主治慢性支气管炎、胃痛、肠炎、白带过多；外用治烧烫伤、止血。果实能健胃止泻、镇静，主治消化不良、神经衰弱等。材质坚韧、纹理美观，民间做家具及建筑用材。

1b. 东方沙枣（大沙枣）

Elaeagnus angustifolia L. var. **orientalis** (L.) Kuntze in Trudy Imp. St.-Petersb. Bot. Sada 10:235. 1887; Fl. Intramongol. ed. 2, 3:559. 1989.——*E. orientalis* L., Mant. Pl. 1:41. 1767.

本变种与正种的区别：本种花枝下部的叶宽椭圆形，宽1.8～3.2cm，两端钝形或先端圆形，上部叶披针形或椭圆形；果实大，长1.5～2.5cm，栗红色或黄红色。

耐盐潜水旱生小乔木或灌木。生于荒漠区的河岸。产东阿拉善、西阿拉善、额济纳。分布于我国宁夏、甘肃、新疆，中亚、西亚。为古地中海分布种。

用途同正种。

84. 千屈菜科 Lythraceae

草本、灌木或乔木。单叶，对生或轮生，少互生，全缘；托叶不存在或小。花两性，辐射对称，少两侧对称，花基数 3 ～ 16，通常 4 ～ 6；萼筒状或钟状，宿存，裂片 4 ～ 6，少 16，镊合状排列，裂片间常有附属物；花瓣与萼片同数，少不存在，常着生于萼筒上部内侧边缘；雄蕊为花瓣的 2 倍或多数，着生于花瓣下部萼筒上；子房上位，2 ～ 6 室，少 1 室，每室具胚珠几枚至多数，花柱单一，长短不一，柱头头状或 2 裂。蒴果革质或膜质，2 ～ 6 室，少 1 室，开裂或不开裂；种子具直胚，无胚乳。

内蒙古有 1 属、1 种。

1. 千屈菜属 Lythrum L.

一年生或多年生草木，稀半灌木。花单生于叶腋或成聚伞花序、穗状花序、总状花序，花辐射对称或稍两侧对称；萼圆筒状，有 8 ～ 12 纵肋，顶端裂片 4 ～ 6，裂片间有明显附属物；花瓣 4 ～ 6，少 8 或无花瓣；雄蕊 4 ～ 12，半数甚长，半数较短，相间排列；子房近无柄，花柱长，稀较短，子房 2 室。蒴果包于宿存萼内，常 2 瓣裂，每瓣再 2 裂；种子 8 至多数，细小。

内蒙古有 1 种。

1. 千屈菜

Lythrum salicaria L., Sp. Pl. 1:446. 1753; Fl. Intramongol. ed. 2, 3:561. t.221. f.1-5. 1989.

多年生草木。茎高 40 ～ 100cm，直立，多分枝，四棱形，被白色柔毛或仅嫩枝被毛。叶对生，少互生，长椭圆形或矩圆状披针形，长 3 ～ 5cm，宽 0.7 ～ 1.3cm，先端钝或锐尖，基部近圆形或心形，略抱茎，上面近无毛，下面被细柔毛，边缘有极细毛；无柄。顶生总状

花序，长 3 ～ 18cm；花两性，数朵簇生于叶状苞腋内，具短梗；苞片卵状披针形至卵形，长约 5mm，宽约 2.5mm，顶端长渐尖，两面及边缘密被短柔毛；小苞片狭条形，被柔毛；花萼筒紫色，长 4 ～ 6mm；萼筒外面具 12 条凸起纵脉，沿脉被细柔毛，顶端有 6 齿裂；萼齿三角状卵形，齿裂间有被柔毛的长尾状附属物；花瓣 6，狭倒卵形，紫红色，生于萼筒上部，长 6 ～ 8mm，宽约 4mm；雄蕊 12，6 长 6 短，相间排列，在不同植株中雄蕊有长、中、短三型，与此对应，花柱也有短、中、长三型；子房上位，长卵形，2 室，具胚珠多数，花柱长约 7mm，柱头头状；花盘杯状，黄色。蒴果椭圆形，包于萼筒内。花期 8 月，果期 9 月。

湿生草本。生于森林带和草原带的河边、下湿地、沼泽。产兴安北部及岭东（牙克石市、鄂伦春自治旗、扎兰屯市）、呼伦贝尔（新巴尔虎右旗）、兴安南部及科尔沁（科尔沁右翼前旗、科尔沁右翼中旗、阿鲁科尔沁旗、巴林左旗、巴林右旗、翁牛特旗、克什克腾旗）、辽河平原（大青沟）、燕山北部（喀喇沁旗、宁城县、敖汉旗）、锡林郭勒（苏尼特左旗）、阴南平原（呼和浩特市南郊）、鄂尔多斯（伊金霍洛旗、乌审旗）。分布于我国河北、河南、山东、山西、陕西、四川，日本、朝鲜、印度、阿富汗、伊朗、俄罗斯，欧洲、北非、北美洲。为泛北极分布种。

全草入药，能清热解毒、凉血止血，主治肠炎、痢疾、便血；外用治外伤出血。孕妇忌服。

85. 菱科 Trapaceae

一年生水生植物。叶二型：一种为沉水叶，对生于茎节上，淡绿色，羽状分裂，裂片丝状；另一种为浮水叶，聚生于主茎及分枝顶部，呈莲座状，叶片菱形，中上部边缘具牙齿，基部全缘。叶柄上部膨胀成海绵质气囊。花小，单生于叶腋；具短梗；萼筒短，与子房基部合生，萼片 4，其中 2 片或 4 片都演变成刺；花瓣 4，白色，着生于上位花盘的边缘；雄蕊 4；子房半下位，2 室，每室含 1 垂悬胚珠。果实呈坚果状，有 2 枚或 4 枚刺状角，稀无角，不开裂，顶端具短喙；种子 1 粒，无胚乳。

内蒙古有 1 属、1 种。

1. 菱属 Trapa L.

属的特征同科。

内蒙古有 1 种。

1. 欧菱（丘角菱、格菱、冠菱、东北菱、耳菱）

Trapa natans L., Sp. Pl. 1:120. 1753; Fl. China 13:291. 2007.——*T. japonica* Fler. in Bull. Jard. Bot. Princip. 24:39. 1925; Fl. Intramongol. ed. 2, 3:563. t.222. f.1-2. 1989.——*T. pseudoincisa* Nakai in J. Jap. Bot. 18:436. 1942; Fl. Intramongol. ed. 2, 3:564. t.222. f.3. 1989.——*T. litwinowii* V. Vassil. in Fl. U.R.S.S. 15: 694. t.32. f.7. 1949; Fl. Intramongol. ed. 2, 3:564. t.222. f.4. 1989.——*T. mandshurica* Fler. in Bull. Iard. Bot. Princip. 24:39. 1925; Fl. Intramongol. ed. 2, 3:565. t.222. f.5-6. 1989.——*T. potaninii* V. Vassil. in Fl. U.R.S.S. 15:693, 647. t.32. f.3. 1949; Fl. Intramongol. ed. 2, 3:565. t.222. f.7. 1989.

一年生草本。茎细长，沉水中。沉水叶细裂，裂片丝状；浮水叶叶片宽菱形或卵状菱形，

长 2 ～ 4.5cm，宽 2 ～ 6cm，先端锐尖或钝，上缘有不整齐的牙齿，基部宽楔形或近截形，全缘，上面无毛，中部以上具矩圆形海绵质气囊，长 1 ～ 4cm；叶柄长 6 ～ 15cm，被长软毛，后脱落变稀疏或近无毛。花梗短，果期向下，长 2 ～ 3cm，常疏生软毛，绿色，有光泽，下面被长软毛；花白色至微红色。果实稍扁平，宽菱形、卵状菱形、菱形、菱状三角形或三角形，坚硬，上缘中央部凸出，具 2 个或 4 个刺状角，或具 2 个刺状角和 2 个钝头角，刺状肩角间长 4 ～ 6cm，角平伸至稍斜上，腰角不存在，其位置常具小丘状凸起；果颈高 2 ～ 5mm 或有时较低；果冠较小，直径 3 ～ 5mm，顶端有喙状刺，长 2 ～ 3mm，稀 8 ～ 13mm；果熟时黑褐色、褐色、灰褐色或灰黄色。花期 6 ～ 8 月，果期 7 ～ 9 月。

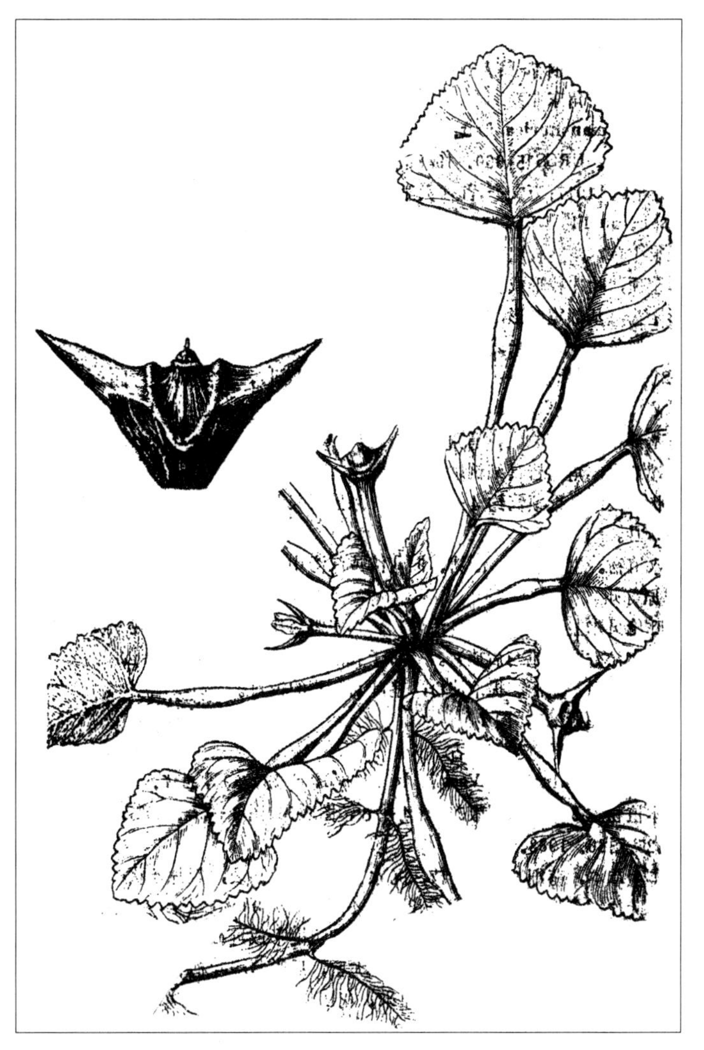

浮水草本。生于草原带的湖泊、池塘、水泡子、旧河湾中。产兴安北部（鄂伦春自治旗）、兴安南部及科尔沁（科尔沁右翼前旗、扎赉特旗、乌兰浩特市）、辽河平原（科尔沁左翼后旗、科尔沁左翼中旗）、阴南平原（托克托县、土默特右旗）、鄂尔多斯（伊金霍洛旗、乌审旗）。分布于我国安徽、福建、广东、广西、贵州、海南、河北、黑龙江、河南、湖北、湖南、江苏、江西、吉林、辽宁、陕西、山东、山西、四川、台湾、新疆、西藏、云南、浙江，印度、印度尼西亚、日本、朝鲜、老挝、马来西亚、巴基斯坦、菲律宾、俄罗斯、泰国、越南，非洲、西南亚、欧洲。为古北极分布种。

果实含丰富的淀粉和少量的蛋白质及脂肪，既可做果品、蔬菜，又可做粮食代用品。菱叶可以做饲料或肥料。果肉入药，生食清暑解热、除烦止渴，熟食益气健脾。果实也入蒙药（蒙药名：乌和日－章古），能壮阳补肾，主治阳痿、身寒、病后虚弱等。

86. 柳叶菜科 Onagraceae

草本，稀灌木，陆生或水生。单叶对生、互生或轮生；托叶小，早落或无。花两性，辐射对称或两侧对称，常单生于叶腋，或为穗状花序或总状花序；花萼与子房合生，先端 2 ～ 6 裂；花瓣 4，少 2 ～ 5，或无；雄蕊与花瓣同数或为其 2 倍，稀 2；子房下位，1 ～ 6 室，每室具胚珠 1 至多数。果为蒴果，少浆果或坚果；种子小，无胚乳。

内蒙古有 4 属、12 种。

分属检索表

1a. 花萼裂片、花瓣、雄蕊各 2；子房 1 ～ 2 室，每室具 1 枚胚珠；小坚果有钩状毛…**1. 露珠草属 Circaea**

1b. 花萼裂片、花瓣各为 4 ～ 6，雄蕊 4 枚以上；子房 4 ～ 5 室，每室具多数胚珠；蒴果。

2a. 种子有种缨，蒴果 4 瓣开裂……………………………………………………**2. 柳叶菜属 Epilobium**

2b. 种子无种缨。

3a. 萼筒生长在子房之上，花梗顶端无 2 苞片，蒴果室背开裂成 4 瓣………**3. 月见草属 Oenothera**

3b. 萼筒不生长在子房之上，花梗顶端有 2 苞片，蒴果顶端孔状开裂或不规则四周开裂……………………………………………………………………………………………**4. 丁香蓼属 Ludwigia**

1. 露珠草属 Circaea L.

多年生草木。叶对生，卵形，膜质。花小，白色、红色或粉红色，为顶生或腋生的总状花序；萼筒卵形，有 2 裂片；花瓣 2，倒心形，先端 2 裂；雄蕊 2，与花瓣互生；子房下位，1 ～ 2 室，每室具 1 枚胚珠。果实坚果状，密生钩状毛，每室含 1 粒种子。

内蒙古有 3 种。

分种检索表

1a. 果实长圆状倒卵形，无沟，1 室，含 1 粒种子；萼片与花瓣近等长；植株纤细，高 5 ～ 30cm。

2a. 花瓣白色，茎无毛，叶无毛或疏被毛……………………………**1a. 高山露珠草 C. alpina** var. **alpina**

2b. 花瓣红色或粉红色，茎有弯曲短毛，叶上面被短毛………**1b. 深山露珠草 C. alpina** var. **caulescens**

1b. 果实倒卵形或倒卵状球形，有沟，2 室，含 2 粒种子；萼片比花瓣长；植株高大，高 40 ～ 60cm。

3a. 果实倒卵状球形，与果柄近等长；叶卵状心形，基部心形或浅心形；茎密被短柔毛…………………………………………………………………………………………………**2. 露珠草 C. cordata**

3b. 果实宽倒卵形，常比果柄短；叶狭卵形或长圆状卵形，基部近圆形；茎无毛……………………………………………………………………………………………**3. 水珠草 C. quadrisulcata**

1. 高山露珠草

Circaea alpina L., Sp. Pl. 1:9. 1753; Fl. Intramongol. ed. 2, 3:567. t.223. f.4-6. 1989.

1a. 高山露珠草

Circaea alpina L. var. **alpina**

植株纤细，直立，高 5 ～ 25cm。地下有小的长卵形肉质块茎及细根状茎。叶卵状三角

形或宽卵状心形，长1～3.5cm，宽1～2.5cm，先端急尖或渐尖，基部近心形或圆形，边缘具稀疏锯齿及缘毛，上面绿色，被稀疏短毛，下面淡绿色；叶柄长1～4cm，无毛或被稀疏弯曲短毛。总状花序顶生及腋生，于花后增长，无毛；花萼筒紫红色，长约1.5mm；花瓣白色，倒卵状三角形，与萼裂片近等长；雄蕊2，花丝长约2mm；子房下位，1室，花柱丝状，与花丝约等长，柱头头状。果实长圆状倒卵形，长约2mm，无沟；果柄与果约等长或稍长，无毛。花果期8～9月。

中生草本。生于森林带和草原带的山地针叶林或针阔混交林林下、林缘草甸、山沟溪边、山坡潮湿石缝中。产兴安北部（额尔古纳市、根河市、东乌珠穆沁旗宝格达山）、兴安南部（科尔沁右翼前旗、突泉县、巴林右旗、克什克腾旗、东乌珠穆沁旗、西乌珠穆沁旗）、燕山北部（喀喇沁旗、宁城县）、阴山（大青山）。分布于我国黑龙江、吉林东部、辽宁、河北北部、山东、山西、陕西、青海、甘肃、四川、云南、西藏、安徽、湖北、江苏、浙江、台湾、贵州，亚洲、欧洲、北美洲。为泛北极分布种。

1b. 深山露珠草

Circaea alpina L. var. **caulescens** Kom. in Fl. Manshur. 3:99. 1905; Fl. Intramongol. ed. 2, 3:568. 1989.

本变种与正种的区别：本种茎高10～30cm，具有弯曲短毛；叶上面被短毛；花通常为红色或粉红色。

中生草本。生于森林带的山地针阔混交林林下、山沟阴湿处。产兴安北部及岭东（鄂伦春自治旗）、兴安南部（扎赉特旗神山林场、巴林右旗）、燕山北部（喀喇沁旗、宁城县）。分布于我国黑龙江、吉林、辽宁、河北、山东、山西、安徽，日本、朝鲜、蒙古国、俄罗斯（西伯利亚地区、远东地区），西南亚。为东古北极分布变种。

2. 露珠草（心叶露珠草）

Circaea cordata Royle in Ill. Bot. Himal. Mts. 1:211. t.43. f.1. 1835; Fl. Intramongol. ed. 2, 3:568. 1989.

多年生草本，植株高40～60cm。根状茎匍匐或斜升。茎直立，密被淡褐色短柔毛。叶卵状心形或宽卵形，长4～8cm，宽2～6cm，先端渐尖呈短尾状或长尖，基部心形或浅心形，边缘具稀疏浅锯齿及短毛，两面均被短柔毛；叶柄长3～8cm，被毛。总状花序顶生或腋生，长5～7cm，果期伸长达15cm；花具柄；花序轴及花柄均被短腺毛；花萼裂片宽披针形，绿色，花期下倾反卷；花瓣白色，宽倒卵形，顶端2深裂，短于萼裂片；雄蕊2，花丝纤细，长于花瓣；子房2室，花柱细长，伸出，柱头头状。果实倒卵状球形，有沟，密被淡黄褐色钩状毛，直径约3mm，果实与果柄近等长，含种子2粒。花果期7～8月。

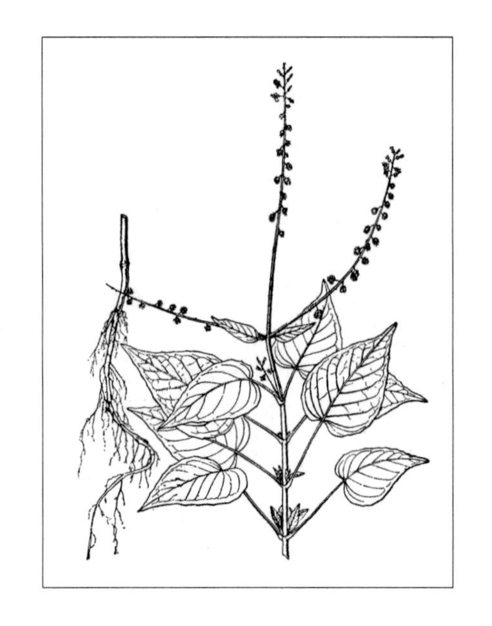

中生草本。生于阔叶林带的山地林缘、疏林、沟谷草甸。产燕山北部（敖汉旗大黑山）。分布于我国黑龙江、吉林东部、辽宁、河北、河南、山东、山西、陕西、甘肃东南部、安徽南部、浙江、福建、台湾、江西、湖南、湖北、四川、贵州、云南、西藏，日本、朝鲜、俄罗斯（远东地区）、印度北部、尼泊尔、巴基斯坦。为东亚分布种。

全草入药，有小毒，能清热解毒、生肌；外用治疗疥疮、脓疮、刀伤。

3. 水珠草

Circaea quadrisulcata (Maxim.) Franch. et Sav. in Enum. Pl. Jap. 1:169. 1873; Fl. Intramongol. ed. 2, 3:570. 1989——*C. lutetiana* L. f. *quadrisulcata* Maxim. in Mem. Acad. Imp. Sci. St.-Petersb. Div. Sav. 9(Prim. Fl. Amur.):106. 1859.——*C. canadensis* (L.) Hill subsp. *quadrisulcata* (Maxim.) Bouffoed in Havard Pap. Bot. Bot. 9:256. 2005; Fl. China 13:405. 2007.

多年生草本，植株高40～60cm。根状茎具细长的地下匍匐枝。茎直立，常单一，或上部稍有分枝，无毛。叶狭卵形或长圆状卵形，长5～11cm，宽3～5cm，先端渐尖呈尾状，基部近圆形，边缘具稀疏浅锯齿及弯曲短毛，两面沿叶脉疏被短毛；叶柄长1～5cm。总状花序顶生或腋生；花序轴被腺毛，果期伸长；无苞片；花柄长2～3mm，疏被毛；花萼裂片紫红色，卵形，长约3mm，外面疏被腺毛；花瓣白色，倒卵状心形，顶端2深裂，稍短于萼裂片；雄蕊2，花丝纤细，比花瓣长；子房倒卵形，2室，密生白色钩状毛，花柱细长，伸出，柱头头状。果实宽倒卵形，长约4mm，有沟，密被淡黄褐色钩状毛，果柄比果实长，通常下垂，被腺毛。花果期7～8月。

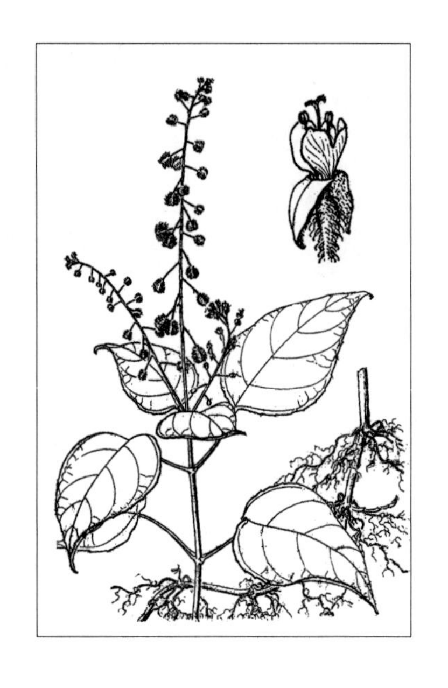

中生草本。生于阔叶林带的山地林下、沟谷溪边湿草甸。产兴安南部（科尔沁右翼前旗、科尔沁右翼中旗、扎赉特旗）、辽河平原（大青沟）、燕山北部（宁城县、敖汉旗）。分布于我国黑龙江、吉林、辽宁、河北北部、山东，日本、朝鲜、俄罗斯（远东地区）。为东亚北部分布种。

全草入药，能和胃气、止脘腹疼痛、利小便、通月经。

2. 柳叶菜属 Epilobium L.

多年生草本或半灌木，直立或匍匐状。叶对生或互生，全缘或有锯齿。花单生于叶腋或呈总状、穗状花序；萼筒管状，4深裂；花瓣4，倒卵形或倒心形，顶端2裂；雄蕊8，排列成2轮，4枚较长；子房下位，4室，每室具多数胚珠，柱头棍棒状、头状或4裂，花柱细。蒴果长而狭，条形，室背开裂成4瓣，各瓣反折，中轴四棱形；种子多数，顶端具种缨。

内蒙古有7种。

分种检索表

1a. 柱头4裂。

  2a. 花较大，下垂，稍两侧对称；雄蕊1轮……………………………………**1. 柳兰 E. angustifolium**

  2b. 花较小，直立，辐射对称；雄蕊2轮。

    3a. 花瓣大，长约1.3cm，紫红色……………………………………………**2. 柳叶菜 E. hirsutum**

    3b. 花瓣小，长约6mm，淡红色…………………………………………**3. 小花柳叶菜 E. parviflorum**

1b. 柱头不裂，全缘，呈棍棒状或头状。

  4a. 叶全缘，茎通常无棱线。

    5a. 种子倒披针形，顶端有附属物；植株基部有匍匐枝…………………**4. 沼生柳叶菜 E. palustre**

    5b. 种子近矩圆形，顶端无附属物；植株基部无匍匐枝………**5. 多枝柳叶菜 E. fastigiatoramosum**

  4b. 叶缘明显有锯齿或牙齿，茎通常有棱线。

    6a. 柱头头状；叶卵形或卵状披针形，长为宽的2倍，近无柄；萼筒上部裂片间有一簇皱曲毛……
    ……………………………………………………………………………**6. 毛脉柳叶菜 E. amurense**

    6b. 柱头棍棒状；叶披针形，长为宽的3～4倍，有短柄；萼筒上部裂片间无皱曲毛………………
    ……………………………………………………………………………**7. 细籽柳叶菜 E. minutiflorum**

1. 柳兰

Epilobium angustifolium L., Sp. Pl. 1:347. 1753; Fl. Intramongol. ed. 2, 3:572. t.223. f.1-3. 1989.——*E. angustifolium* L. subsp. *circumvagum* Mosquin in Brittonia 18:167. 1966.——*Chamerion angustifolium* (L.) Holub. in Folia Geobot. Phytotax. 7:86. 1972; Fl. China 13:411. 2007.

多年生草本。根粗壮，棕褐色，具粗根状茎。茎直立，高约100cm，光滑无毛。叶互生，披针形，长5～15cm，宽0.8～1.5cm，上面绿色，下面灰绿色，两面近无毛，或中脉稍被毛，全缘或具稀疏腺齿；无柄或具极短的柄。总状花序顶生；花序轴幼嫩时密被短柔毛，老时渐稀或无；苞片狭条形，长1～2cm，有毛或无毛；花梗长0.5～1.5cm，被短柔毛；花萼紫红色，裂片条状披针形，长1～1.5cm，宽约2mm，外面被短柔毛；花瓣倒卵形，紫红色，长1.5～2cm，顶端钝圆，基

部具短爪；雄蕊 8，花丝 4 枚较长，基部加宽，被短柔毛，花药矩圆形，长约 3mm；子房下位，密被毛，花柱比花丝长。蒴果圆柱状，略四棱形，长 6 ～ 10cm，具长柄，皆密被毛，种子顶端具一簇白色种缨。花期 7 ～ 8 月，果期 8 ～ 9 月。

中生草本。生于森林带和草原带的山地林缘、森林采伐迹地、丘陵阴坡，有时在路旁或新翻动土壤上形成占优势的小群落。产兴安北部及岭东和岭西（额尔古纳市、根河市、牙克石市、鄂伦春自治旗、扎兰屯市、海拉尔区、鄂温克族自治旗）、呼伦贝尔（满洲里市）、兴安南部（科尔沁右翼前旗、扎鲁特旗、阿鲁科尔沁旗、巴林右旗、克什克腾旗）、赤峰丘陵（翁牛特旗）、燕山北部（喀喇沁旗、宁城县、敖汉旗、兴和县苏木山）、锡林郭勒（东乌珠穆沁旗、锡林浩特市辉腾梁柳兰沟）、阴山（大青山、蛮汗山、乌拉山）、贺兰山。分布于我国黑龙江、吉林、河北北部、山东、山西北部、宁夏、甘肃中部和东部、青海东部和南部、四川西部、云南西北部、西藏东部和南部、新疆北部，亚洲、欧洲、北美洲。为泛北极分布种。

全草或根状茎入药，有小毒，能调经活血、消肿止痛，主治月经不调、骨折、关节扭伤。

2. 柳叶菜

Epilobium hirsutum L., Sp. Pl. 1:347. 1753; Fl. Intramongol. ed. 2, 3:572. t.225. f.1-3. 1989.

多年生草本。茎直立，高 40 ～ 90cm，密被白色长柔毛。下部叶对生，上部叶互生，椭圆状披针形或长椭圆形，长 3 ～ 7cm，宽 7 ～ 18mm，先端急尖，基部楔形，稍抱茎，两面被白色长柔毛，边缘具细锯齿；无柄。花单生于上部叶腋，紫红色；花萼裂片披针形，长约 10mm，宽 2 ～ 2.5mm，外面被长柔毛；花瓣倒卵状三角形，长约 13mm，宽约 10mm，先端浅 2 裂；花药矩圆形，长约 2mm；子房被长柔毛，花柱稍长于雄蕊，柱头 4 裂。蒴果长 4 ～ 6cm，被白色长柔毛；种子椭圆形，长约 1mm，种缨乳白色。花期 7 ～ 8 月，果期 9 月。

湿生草本。生于草原带的沟边、丘间低湿地。产辽河平原（大青沟）、鄂尔多斯（伊金霍洛旗、乌审旗、鄂托克旗）。分布于我国黑龙江东南部、吉林东部、辽宁、河北、河南、山东、山西、陕西、甘肃东南部、四川、云南、西藏东部、安徽、江苏、浙江、江西、湖北、湖南、广东、广西北部、贵州、新疆北部，亚洲、欧洲、北非、北美洲。为泛北极分布种。

3. 小花柳叶菜

Epilobium parviflorum Schreb. in Spicil. Fl. Lips. 146. 1771; Fl. Intramongol. ed. 2, 3:574. 1989.

多年生草本。茎直立，少分枝，高 25 ～ 50cm，密被白色长柔毛。茎下部叶对生，上部叶互生，椭圆状披针形或长卵形，长 2 ～ 5cm，宽 8 ～ 15mm，先端渐尖或圆钝，基部宽楔形或近圆形，两面密生白色长柔毛，边缘具稀疏细小锯齿；近无柄。花单生于茎上部叶腋内，粉红色；花萼裂片矩圆状披针形或椭圆形，长约 4mm，宽约 1mm，背面被稀疏白色长毛，先端稍密；花瓣 4，倒卵形，长约 6mm，宽约 3.5mm，先端 2 裂；花药椭圆形，长约 0.5mm；子房密被白色长毛，柱头 4 裂。蒴果长 4 ～ 5cm，被白色长毛；种子椭圆形，棕褐色，长约 1mm，种缨白色。花期 7 ～ 8 月，果期 8 ～ 9 月。

湿生草本。生于草原带的沼泽地、山沟溪边。产兴安南部（阿鲁科尔沁旗、克什克腾旗）、鄂尔多斯（伊金霍洛旗、乌审旗、达拉特旗）。分布于我国河北、河南西部、山东、山西、陕西、甘肃东部、四川、云南、湖北、湖南北部、贵州、新疆（天山），亚洲、非洲、欧洲。为古北极分布种。

4. 沼生柳叶菜（沼泽柳叶菜、水湿柳叶菜）

Epilobium palustre L., Sp. Pl. 1:348. 1753; Fl. Intramongol. ed. 2, 3:574. t.226. f.5-8. 1989.

多年生草本。茎直立，高 20 ～ 50cm；基部具匍匐枝或地下有匍匐枝，上部被曲柔毛，下部通常稀少或无。茎下部叶对生，上部互生，披针形或长椭圆形，长 2 ～ 6cm，宽 3 ～ 10（～ 15）mm，先端渐尖，基部楔形或宽楔形，上面有弯曲短毛，下面仅沿中脉密生弯曲短毛，全缘，边缘反卷；无柄。花单生于茎上部叶腋，粉红色；花萼裂片披针形，长约 3mm，外被短柔毛；花瓣倒卵形，长约 5mm，顶端 2 裂；花药椭圆形，长约 0.5mm；子房密被白色弯曲短毛，柱头头状。蒴果长 3 ～ 6cm，被弯曲短毛，果梗长 1 ～ 2cm，被稀疏弯曲的短毛；种子倒披针形，暗棕色，长约 1.2mm，种缨淡棕色或乳白色。花期 7 ～ 8 月，果期 8 ～ 9 月。

湿生草本。生于森林带和草原带的山沟溪边、河边、沼泽草甸。产除荒漠区外全区各地。分布于我国黑龙江、吉林、辽宁、河北北部、山西北部、陕西北部和西南部、甘肃西南部、青海、四川西部、云南东南部和西北部、西藏、新疆北部，亚洲、欧洲、北美洲。为泛北极分布种。

带根全草入药，能清热消炎、调经止痛、去腐生肌，主治咽喉肿痛、牙痛、目赤肿痛、月经不调、白带过多、跌打损伤、疔疮痈肿、外伤出血等。

5. 多枝柳叶菜

Epilobium fastigiatoramosum Nakai in Bot. Mag. Tokyo 33:9. 1919; Fl. Intramongol. ed. 2, 3:574. t.225. f.4-6. 1989.

多年生草本，高 20 ～ 60cm。茎直立，基部无匍匐枝，通常多分枝，上部密被弯曲短毛，下部稀少或无毛。叶狭披针形、卵状披针形或狭长椭圆形，长 3 ～ 5cm，宽 5 ～ 10mm，先端渐狭，基部楔形，上面被弯曲短毛，下面沿中脉及边缘被弯曲毛，全缘；无柄。花单生于上部叶腋，淡红色或白色；花萼裂片披针形，长 2.5 ～ 3mm，外面被弯曲短毛；花瓣倒卵形，长约 4mm，顶端 2 裂；子房密被白色弯曲短毛，柱头短棍棒状。蒴果长 4 ～ 6cm，沿棱被毛，果梗长 1 ～ 3cm；种子近矩圆形，长 1 ～ 1.4mm，顶端圆形，无附属物，

种缨白色或污白色。花果期 7 ～ 9 月。

湿生草本。生于森林带和草原带的水边草甸、沼泽草甸。产兴安北部（额尔古纳市）、呼伦贝尔（新巴尔虎右旗）、兴安南部（科尔沁右翼前旗、科尔沁右翼中旗、扎鲁特旗、阿鲁科尔沁旗、巴林右旗）、辽河平原（大青沟）、燕山北部（宁城县、兴和县苏木山）、锡林郭勒南部、阴山（蛮汗山）。分布于我国黑龙江、吉林、辽宁、河北、山东西部、山西、陕西、宁夏、甘肃东部、青海东部、四川西部，日本、朝鲜、蒙古国北部（杭爱）、俄罗斯（达

乌里、远东地区）。为蒙古—东亚北部分布种。

6. 毛脉柳叶菜

Epilobium amurense Hausskn. in Oesterr. Bot. Zeitschr. 29:55. 1879; Fl. Intramongol. ed. 2, 3:575. t.226. f.3-4. 1989.

多年生草本。茎直立，高 20 ～ 50cm，具不明显的两条棱线，沿棱线密生皱曲柔毛，其余部分具稀疏毛或无毛。叶卵形或卵状披针形，长 2 ～ 5cm，宽 8 ～ 26mm，先端急尖或稍圆钝，基部近圆形或宽楔形，两面疏生皱曲柔毛，沿叶脉及边缘较密，边缘具稀疏的锯齿；无柄或茎下部叶具短柄（不超过 2mm）。花单生于茎上部叶腋，粉红色；花萼裂片卵状披针形，长约 3mm，宽约 1.5mm，背面疏生长柔毛，裂片间有一簇白色柔毛；花瓣倒卵形，长约 5mm，先端 2 裂；花药近圆形，长约 0.5mm；子房被柔毛，柱头头状。蒴果长 4 ～ 6cm，近无毛；种子矩圆形，基部稍狭，种缨乳白色。花期 7 ～ 8 月，果期 8 ～ 9 月。

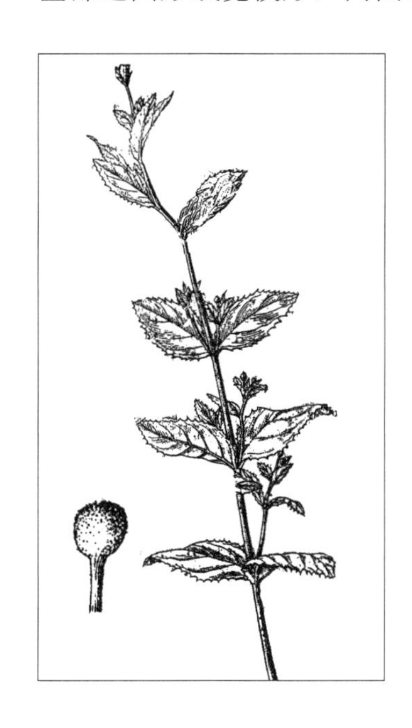

湿生草本。生于阔叶林带和草原带的山沟溪边。产兴安南部（克什克腾旗）、燕山北部（喀喇沁旗旺业甸林场、宁城县）、阴山（乌拉山）。分布于我国黑龙江东北部、吉林东部、辽宁、河北、河南西部和北部、山东西部、山西、陕西、甘肃东部、青海东部、四川、云南北部、西藏东部和南部、安徽、江苏、浙江、福建、台湾、湖北、湖南西部、广东北部、广西东北部、贵州，日本、朝鲜、俄罗斯（远东地区）、尼泊尔、不丹、印度、巴基斯坦。为东亚分布种。

7. 细籽柳叶菜（异叶柳叶菜）

Epilobium minutiflorum Hausskn. in Oesterr. Bot. Zeitschr. 29:55. 1879; Fl. Intramongol. ed. 2, 3:575. t.226. f.1-2. 1989.

多年生草本。茎直立，多分枝，高 25 ～ 90cm，下部无毛，上部被稀疏弯曲短毛。叶披针形或矩圆状披针形，长 3 ～ 6cm，宽 7 ～ 12mm，先端渐尖，基部楔形或宽楔形，边缘具不规则的锯齿，两面无毛；上部叶近无柄，下部叶具极短的柄，长约 2mm，有时被稀疏的短毛。花单生于茎上部叶腋，粉红色；花萼长约 3mm，被白色毛，裂片披针形，长约 2mm；花瓣倒卵形，长约 4mm，顶端 2 裂；花药椭圆形，长约 0.5mm；子房密被白色短毛，

柱头短棍棒状。蒴果长 4 ～ 6cm，被稀疏白色弯曲短毛，果柄长 5 ～ 14mm，被白色弯曲短毛；种子棕褐色，倒圆锥形，顶端圆，有短喙，基部渐狭，长约 1mm，种缨白色。花果期 7 ～ 8 月。

湿生草本。生于森林草原带和草原带的山谷溪边、山沟低湿草甸。产岭西（额尔古纳市）、兴安南部（科尔沁右翼前旗、科尔沁右翼中旗）、辽河平原（科尔沁左翼后旗）、锡林郭勒（阿巴嘎旗）、阴山（大青山、乌拉山）、阴南丘陵（准格尔旗）、鄂尔多斯（伊金霍洛旗、毛乌素沙地）、西阿拉善（阿拉善右旗）、贺兰山。分布于我国吉林东部、辽宁、河北、山东西部、山西东北部、陕西、宁夏北部、甘肃东南部、西藏西部和南部、新疆北部和西部，朝鲜、蒙古国西南部（外阿尔泰戈壁）、俄罗斯、巴基斯坦、阿富汗、伊朗，中亚、西南亚。为东古北极分布种。

3. 月见草属 Oenothera L.

一年生或多年草本。叶互生，全缘、有齿或分裂；无柄或有柄。花大，黄色、白色或淡红色，单一，腋生，稀两朵或簇生；萼筒长，先端 4 裂；花瓣 4，倒卵形或倒心形；雄蕊 8，花丝等长或不相等；子房下位，4 室，柱头不分裂或 4 裂。蒴果室背开裂成 4 裂瓣，种子具棱角或无棱。

内蒙古有 1 逸生种。

1. 夜来香（月见草、山芝麻）

Oenothera biennis L., Sp. Pl. 1:346. 1753; Fl. Intramongol. ed. 2, 3:577. t.227. f.1-2. 1989.

一或二年生草本，高 80 ～ 120cm。茎直立，多分枝，疏被白色长硬毛。叶倒披针形或长椭圆形，长 10 ～ 15cm，宽 2.5 ～ 4.5cm，先端渐尖，基部楔形，两面疏被白色柔毛，边缘具不明显锯齿或近全缘；叶柄长 1 ～ 4cm，有时较长。花大，直径 4 ～ 6cm，有香气；花萼筒长约 4cm，喉部扩大，裂片长三角形，长 2.5 ～ 3cm，每 2 片中部以上合生，其顶端 2 浅裂；花瓣 4，黄色，平展，倒卵状三角形，长宽约相等，长 2.5 ～ 3cm，顶端微凹；雄蕊 8，黄色，不超出花冠；子房下位，长约 1cm，柱头 4 裂。蒴果稍弯，下部稍粗，长约 3cm，成熟时 4 瓣裂；种子在果内水平状排列，有棱角。花果期 7 ～ 9 月。

中生草本。逸生于田野、沟谷路边。产辽河平原（大青沟）、阴山（大青山）、阴南平原（呼和浩特市）、鄂尔多斯（东胜区）。本种原产北美，现我国及世界各地广泛栽培且有逸生。

种子可榨油，茎皮纤维可做人造棉原料。根入药，能强筋骨、祛风湿，主治风湿症、筋骨疼痛。

4. 丁香蓼属 Ludwigia L.

多年生或一年生草本，水生或半湿生。叶对生或互生，近于全缘。花单生于叶腋，无柄或具短柄，柄上有顶生苞片 2 枚；萼筒状，先端 3 ～ 5 裂，宿存；花瓣 3 ～ 5 或缺；雄蕊与萼裂片同数；子房下位，4 ～ 5 室，花托单一，柱头头状，具胚珠多数。蒴果条形或矩圆形，顶端孔状开裂或不规则四周开裂；种子多数，无种缨。

内蒙古有 1 种。

1. 柳叶菜状丁香蓼（假柳叶菜、红豇豆）

Ludwigia epilobioides Maxim. in Mem. Acad. Imp. Sci. St.-Petersb. Div. Sav. 9 (Prim. Fl. Amur.):104. 1859; Fl. Intramongol. ed. 2, 3:577. t.228. f.1-6. 1989.

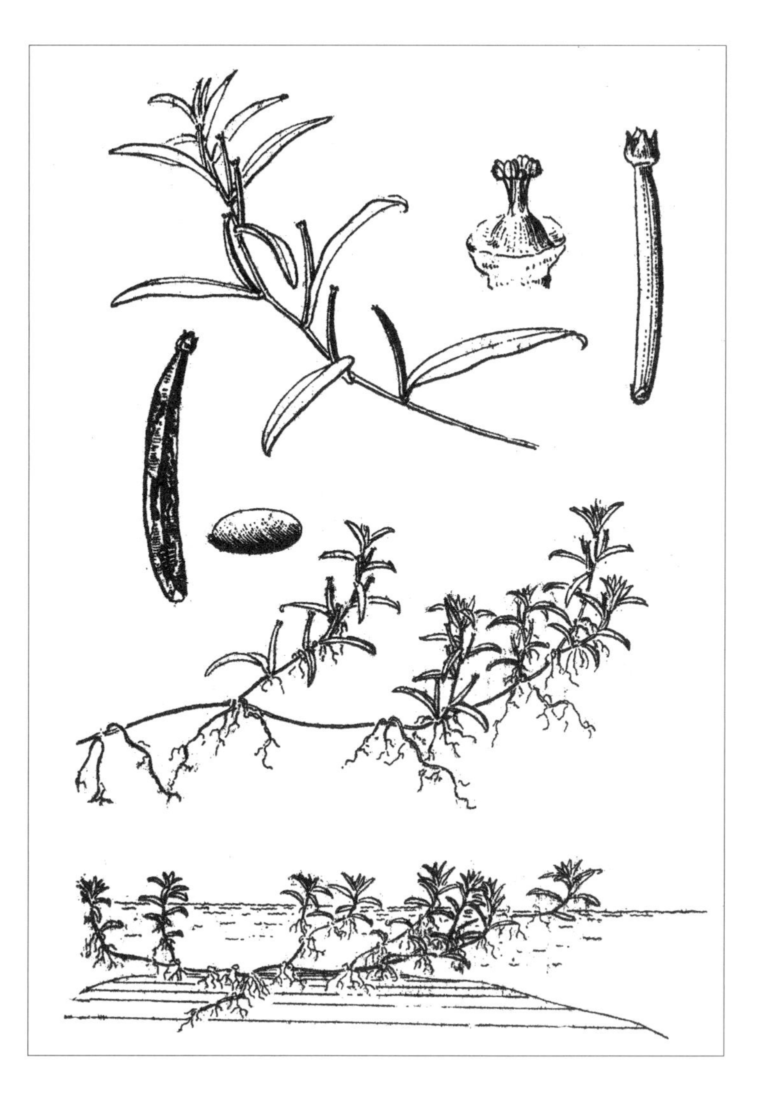

一年生草本，长 30 ～ 50cm。主根木质化，具须根。茎幼时斜升或平卧，后直立，入秋后常变紫红色，多分枝，无毛。叶互生，披针形或椭圆状披针形，长 2 ～ 4cm，宽 4 ～ 10（～ 15）mm，先端渐尖，基部楔形，全缘，两面近无毛；近无柄，下部叶具短柄。花单生于叶腋，黄色，无梗，基部有 2 苞片；花萼 4 ～ 5 裂，裂片卵形，长约 2mm，宿存；花瓣 4 ～ 5 或缺，短于萼裂片，椭圆形，基部变狭成短爪，早落；雄蕊 4 ～ 5；子房下位，狭条形，花柱短。蒴果圆柱形，长 1 ～ 2cm，成熟后呈不规则破裂；种子多数，细小，长椭圆形，长约 1mm，乳白色。花果期 7 ～ 9 月。

沼生草本。生于河边、田埂、水稻田中。产嫩江西部平原（扎赉特旗保安沼农场）。分布于我国黑龙江南部和东南部、吉林东部、辽宁东北部、河北东部、河南、山东、山西、陕西南部、安徽、浙江、福建、台湾、江苏、江西、湖北、湖南、广东、海南、广西、贵州、云南，日本、朝鲜、俄罗斯（远东地区）、越南北部。为东亚分布种。

全草入药，有清热利水之效，治痢疾特效。

87. 小二仙草科 Haloragaceae

陆生或水生草本。叶互生、对生或轮生；水中叶为蓖齿状深裂，无托叶。花两性或单性，常极小，单生，或成顶生穗状花序、圆锥花序或伞房花序；萼筒与子房合生，裂片 2 ～ 4 或无；花瓣 2 ～ 4 或无；雄蕊 2 ～ 8；子房下位，1 ～ 4 室，每室具 1 枚胚珠。坚果或核果，有时有翅；种子具丰富的胚乳。

内蒙古有 1 属、2 种。

1. 狐尾藻属 Myriophyllum L.

水生草本，生于淡水中。叶互生或轮生，羽状分裂，裂片丝状。花小，无柄，生于叶腋或成穗状花序；花单性或两性、杂性，雌雄同株，少异株，雄花生于上部，雌花生于下部；花萼 4 裂或全缘；花瓣 4，在雌花中常缺；雄蕊 4 ～ 8；子房下位，4 室，每室具 1 枚胚珠，花柱 4 裂。果实具 4 浅沟或分裂为 4 果瓣。

内蒙古有 2 种。

分种检索表

1a. 花生于茎顶，呈穗状花序……………………………………………………………**1. 狐尾藻 M. spicatum**

1b. 花单生于叶腋，不呈穗状花序………………………………………………**2. 轮叶狐尾藻 M. verticillatum**

1. 狐尾藻（穗状狐尾藻）

Myriophyllum spicatum L., Sp. Pl. 2:992. 1753; Fl. Intramongol. ed. 2, 3:580. t.229. f.1-3. 1989.

多年生草本，根状茎生于泥中。茎光滑，多分枝，圆柱形，长 50 ～ 100cm，随水之深浅不

同而异。叶通常 4 ～ 5 片轮生，长 2 ～ 3cm，羽状全裂；裂片丝状，长 0.6 ～ 1.5cm；无叶柄。穗状花序生于茎顶，花单性或杂性，雌雄同株，花序上部为雄花，下部为雌花，中部有时有两性花；基部有一对小苞片、一片大苞片，苞片卵形，长 1 ～ 3mm，全缘或呈羽状齿裂；花萼裂片卵状三角形，极小；花瓣匙形，长 1.5 ～ 2mm，早落，雌花萼裂片有时不明显；通常无花瓣，有时有较小的花瓣；雄蕊 8，花药椭圆形，长约 1.5mm，淡黄色，花

丝短，丝状；子房下位，4 室，柱头 4 裂，羽毛状，向外反卷。果实球形，长约 2mm，具 4 条浅槽，表面有小凸起。花果期 7 ～ 8 月。

水生草本。生于池塘、河边浅水中。产全区（除荒漠区外）各地。广布于我国及世界各地。为世界分布种。

2. 轮叶狐尾藻（狐尾藻）

Myriophyllum verticillatum L., Sp. Pl. 2:992. 1753; Fl. Intramongol. ed. 2, 3:581. t.229. f.4-6. 1989.

多年生水生草本，泥中具根状茎。茎直立，圆柱形，光滑无毛，高 20 ～ 40cm。叶通常 4 叶轮生，长 1 ～ 2cm，羽状全裂；水上叶裂片狭披针形，长约 3mm，沉水叶裂片呈丝状，长可达 1.5cm；

无叶柄。花单性，雌雄同株或杂性，单生于水上叶的叶腋内，上部为雄花，下部为雌花，有时中部为两性花；雌花花萼与子房合生，顶端 4 裂，裂片较小，长不足 1mm，卵状三角形；花瓣极小，早落；雄花花萼裂片三角形，花瓣椭圆形，长 2 ～ 3mm；雄蕊 8，花药椭圆形，长约 2mm，花丝丝状，开花后伸出花冠外；子房下位，4 室，卵形，柱头 4 裂，羽毛状，向外反卷。果实卵球形，长约 3mm，具 4 浅沟。花期 8 ～ 9 月。

水生草本。生于池塘、河边浅水中。产内蒙古全区（除荒漠区外）各地。广布于我国及世界各地。为世界分布种。

88. 杉叶藻科 Hippuridaceae

水生植物。茎直立，不分枝。下部有匍匐的根状茎。叶条形或矩圆形，轮生。花小，无柄，单生于叶腋，两性或单性；萼管近圆筒形，全缘；无花瓣；雄蕊 1；子房下位，1 室，具 1 枚胚珠。核果椭圆形，平滑，不开裂，内含 1 粒种子。

单属科。

内蒙古有 2 种。

1. 杉叶藻属 Hippuris L.

属的特征同科。

内蒙古有 2 种。

分种检索表

1a. 叶每轮（4～）8～12 枚，披针形或线形，长 1.5～6cm，宽 1～2mm，沉水叶比挺水叶长……………………………………………………………………………………………………**1. 杉叶藻 H. vulgaris**

1b. 叶每轮（2～）4（～6）枚，卵形、椭圆形或披针形，长 0.4～1.2cm，宽 5～7mm，沉水叶比挺水叶短………………………………………………………………………………………**2. 四叶杉叶藻 H. tetraphylla**

1. 杉叶藻

Hippuris vulgaris L., Sp. Pl. 1:4. 1753; Fl. Intramongol. ed. 2, 3:581. t.229. f.7-9. 1989.

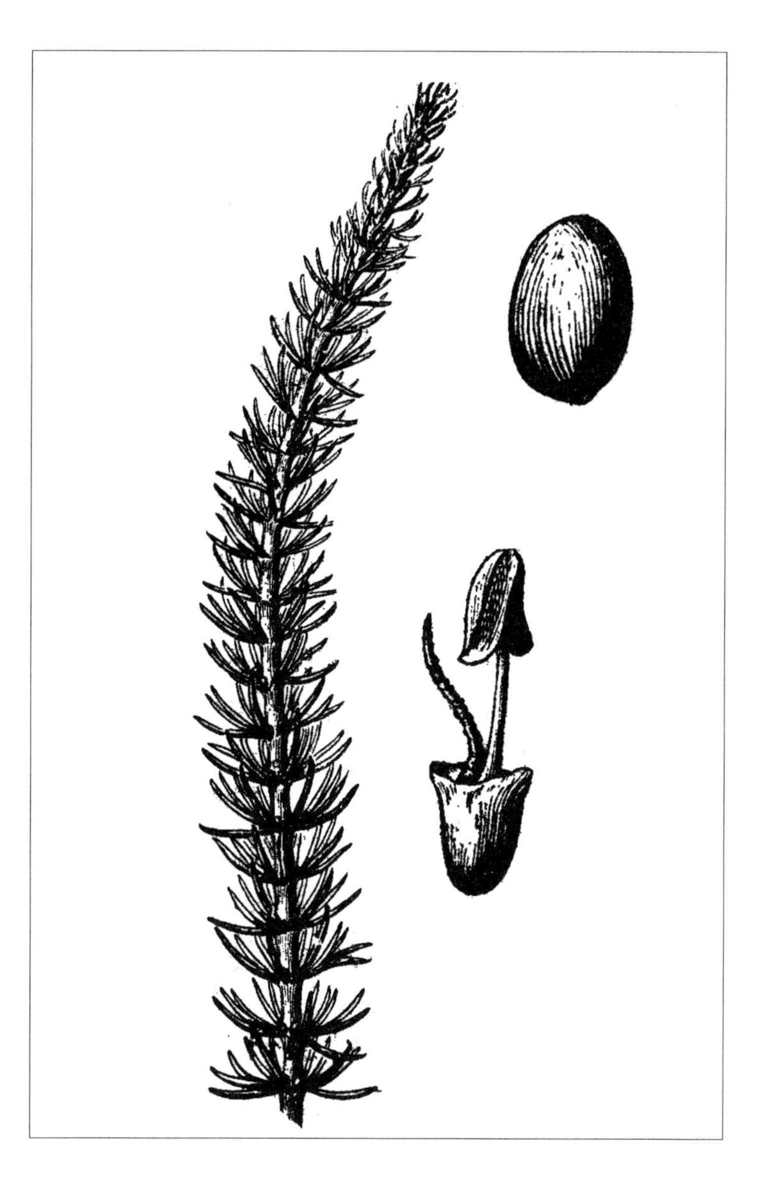

多年生草本，生于水中。全株光滑无毛。根状茎匍匐，生于泥中。茎圆柱形，直立，不分枝，高20～60cm，有节。叶轮生，6～12枚一轮，条形，长1.5～6cm，宽1～2mm，全缘，无叶柄，茎下部叶较短小。花小，两性，稀单性，无梗，单生于叶腋；萼与子房大部分合生；无花瓣；雄蕊1，生于子房上，略偏一侧，花药椭圆形，长约1mm；子房下位，椭圆形，长不足1mm，花柱丝状，稍长于花丝。核果矩圆形，长1.5～2mm，直径约1mm，平滑，无毛，棕褐色。花期6月，果期7月。

水生草本。生于池塘浅水中、河岸水湿地。产内蒙古全区（除荒漠区外）各地。分布于我国黑龙江、吉林东部、辽宁西北部、河北、河南西部和北部、宁夏、山西、陕西北部、甘肃、青海、四川、台湾、广西、贵州、云南、西藏、新疆，世界温带地区均有分布。为泛温带分布种。

全草入药，能镇咳、疏肝、凉血止血、养阴生津，主治烦渴、结核咳嗽、劳热骨蒸、肠胃炎等。全草也入蒙药（蒙药名：当布嘎日），功能、主治同上。

2. 四叶杉叶藻

Hippuris tetraphylla L. f. in Suppl. Pl. 81. 1782; Fl. China 13:433. 2007.

多年生草本，高10～50cm。叶4枚轮生，稀2至6枚轮生，卵形、椭圆形或披针形，长0.4～1.2cm，宽5～7mm，肉质，全缘，先端稍尖，沉水叶较小。花略带紫色，雄蕊长约1mm。瘦果卵球形。花果期8月。

水生草本。生于沼泽。产兴安北部（根河市满归镇）。分布于日本，欧洲、北美洲。为泛北极分布种。

89. 锁阳科 Cynomoriaceae

根寄生肉质草本，无叶绿素。茎圆柱形，肉质，具螺旋状排列的鳞片状叶。花杂性，极小，多数雄花、雌花与两性花密生呈顶生的肉穗状花序；花被片 1 ～ 6；雄花具 1 雄蕊和 1 蜜腺；雌花具 1 雌蕊，花柱 1，子房下位，1 室，具 1 枚顶生悬垂的胚珠；两性花具雄蕊和雌蕊各 1。小坚果，种子具胚乳。

单属科。

内蒙古有 1 属。

1. 锁阳属 Cynomorium L.

属的特征同科。

内蒙古有 1 种。

1. 锁阳（地毛球、羊锁不拉、铁棒锤、锈铁棒）

Cynomorium songaricum Rupr. in Mem. Acad. Imp. Sci. St.-Petersb. Ser.7, 14(4):73. 1869; Fl. Intramongol. ed. 2, 3:583. t.230. f.1-11. 1989.

多年生肉质寄生草本，无叶绿素，高 15 ～ 100cm，大部埋于沙中。寄主根上着生大小不等的锁阳芽体，近球形、椭圆形，直径 6 ～ 15mm，具多数须根与鳞片状叶。茎圆柱状，直立，棕褐色，直径 3 ～ 6cm，埋于沙中的茎具有细小须根，基部较多，茎基部略增粗或膨大。茎着生鳞片状

叶，中部或基部较密集，呈螺旋状排列，向上渐稀疏；鳞片状叶卵状三角形，长0.5～1.2cm，宽0.5～1.5cm，先端尖。肉穗状花序生于茎顶，伸出地面，棒状矩圆形或狭椭圆形，长5～16cm，直径2～6cm，着生非常密集的小花，花序中散生鳞片状叶；雄花、雌花和两性花相伴杂生，有香气。雄花长3～6mm；花被片通常4，离生或合生，倒披针形或匙形，长2.5～3.5mm，宽0.8～1.2mm，下部白色，上部紫红色；蜜腺近倒圆锥形，长2～3mm，顶端具4～5钝牙齿，鲜黄色，半抱花丝；雄蕊1，花丝粗，深红色，当花盛开时长达6mm，花药深紫红色，矩圆状倒卵形，长约1.5mm。雌花长约3mm；花被片5～6，条状披针形，长1～2mm，宽约0.2mm，花柱长约2mm，上部紫红色，柱头平截，子房下位，内含顶生下垂胚珠1枚。两性花少见，长4～5mm；花被片狭披针形，长0.8～2.2mm，宽约0.3mm；雄蕊1，着生于下位子房上方，花丝极短，花药情况同雄花；雌蕊情况同雌花。小坚果，近球形或椭圆形，长1～1.5mm，直径约1mm，顶端有宿存的浅黄色花柱，果皮白色；种子近球形，深红色，直径约1mm，种皮坚硬而厚。花期5～7月，果期6～7月。

肉质寄生草本。寄生在白刺属 *Nitraria* 植物的根上，生于荒漠草原带、草原化荒漠带、荒漠带。产锡林郭勒（苏尼特左旗）、乌兰察布（四子王旗、达尔罕茂明安联合旗、乌拉特前旗、乌拉特中旗）、阴南平原（包头市）、鄂尔多斯（鄂托克旗、乌审旗）、东阿拉善（乌拉特后旗、杭锦旗、阿拉善左旗）、西阿拉善、额济纳。分布于我国陕西、宁夏、甘肃、青海（柴达木盆地）、新疆，蒙古国西部和南部、阿富汗，中亚、西南亚。为古地中海分布种。

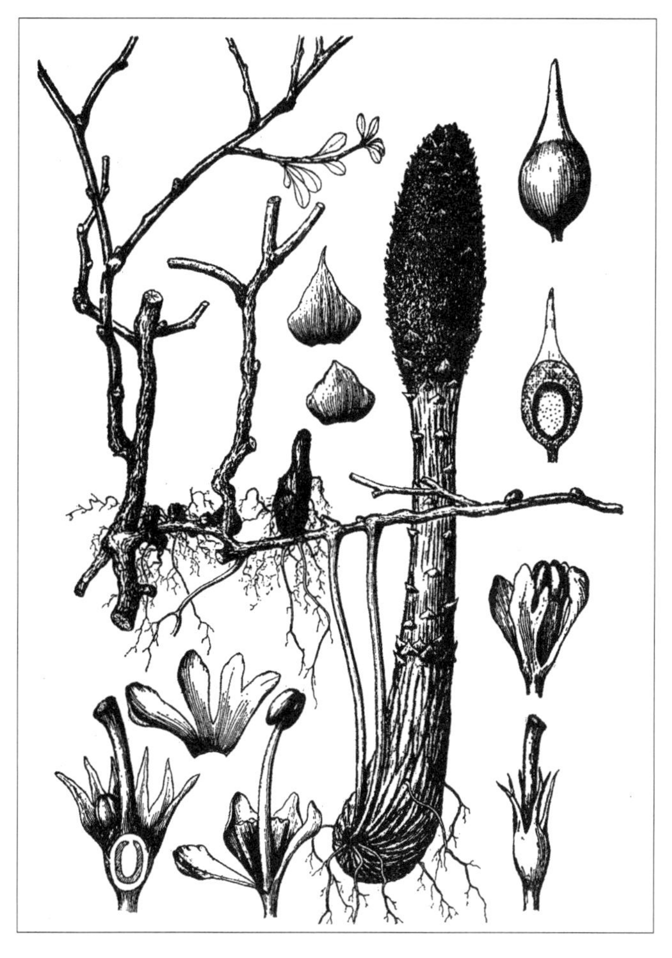

除去花序的肉质茎可供药用（药材名：锁阳），能补肾、助阳、益精、润肠，主治阳痿遗精、腰膝酸软、肠燥便秘。也入蒙药（蒙药名：乌兰高腰），能止泻健胃，主治肠热、胃炎、消化不良、痢疾等。锁阳在本区产量较大，富含鞣质，可提炼栲胶，并含淀粉，可酿酒及做饲料。

90. 五加科 Araliaceae

灌木、乔木，稀草本，常具皮刺，有时攀援。茎常具大髓。叶互生，稀对生或轮生，单叶，羽状复叶或掌状复叶；有托叶或无。花小，辐射对称，两性、杂性或单性异株，常为伞形花序或排成复合花序；花萼小或不明显，萼筒与子房合生，不分裂或5齿裂；花瓣（3～）5（～20），呈镊合状或覆瓦状排列，通常分离，有时顶端连合为帽盖状；雄蕊与花瓣同数而互生，着生于花盘边缘；子房下位，1～15室，每室具1枚胚珠，花柱与子房室同数，离生或全部合生。果实为核果或浆果；种子有胚乳，具小型胚。

内蒙古有2属、3种。

分属检索表

1a. 叶为羽状复叶，花瓣在花芽中覆瓦状排列……………………………………………………**1. 楤木属 Aralia**

1b. 叶为掌状复叶，花瓣在花芽中镊合状排列………………………………………**2. 五加属 Eleutherococcus**

1. 楤木属 Aralia L.

草本、灌木或小乔木，通常有刺。叶互生，一至三回羽状复叶；小叶边缘具锯齿或近全缘；无托叶。花两性或单性同株，通常由伞形花序排列成总状花序、大型的圆锥花序或复伞形花序；花梗通常在花的下部有脱落节；萼筒上部具5齿；花瓣5，覆瓦状排列；子房通常5室，稀2室，花柱5枚，稀2枚，分离或于基部合生；花盘肉质，边缘稍凸起。果实为浆果状核果，近球形，常具5棱。

内蒙古有1种。

1. 东北土当归

Aralia continentalis Kitag. in Bot. Mag. Tokyo 49:228. 1935; Fl. China 13:488. 2007.

多年生草本。根粗大，圆柱形，长5～15cm，直径2～5cm，浅褐色。茎高可达1.5m，稍分枝，基部近无毛，上部被淡褐色短毛。叶互生，纸质，具长柄，柄长10～24cm，被褐色短毛；二至三回三出羽状复叶；侧小叶长圆形至卵形，具柄或无柄，基部心形至圆形，通常偏斜，先端凸尖至渐尖，长5～18cm，宽3～10cm；顶小叶椭圆状倒卵形至倒卵形，基部圆形至楔状圆形或圆状心形，先端凸尖，长6～16cm，宽3.5～11cm，边缘具不整齐的锯齿或重锯齿，表面疏被淡褐色短毛，背面沿叶脉被淡褐色短毛。花序顶生或茎上部腋生，由伞形花序排列成大型的圆锥花序，花序长达50cm，宽达9cm；花轴与花梗被淡褐色短毛，小花梗顶部密被短毛；苞片狭至宽的三角形，边缘膜质，被淡褐色纤毛；两性花；萼筒状钟形，上部具5个牙齿；牙齿宽卵形，先端边缘具纤毛；花瓣5，卵形，先端稍尖，具3条明显脉，先端边缘具白色短毛；雄蕊5，花丝无毛，花药近圆形；子房下位，5室，

花柱下部合生，顶部分离成5枚，宿存。浆果状核果，球形，直径3～5mm，成熟时紫黑色，具5棱；种子淡褐色，肾状椭圆形，背腹稍扁，先端圆形。花期7～8月，果期9～10月。

中生草本。生于阔叶林下、杂木林、灌丛。产燕山北部（宁城县黑里河四道沟乡莲花山）。分布于我国吉林东部、辽宁、河北、河南、陕西、安徽、四川、西藏，朝鲜、俄罗斯（远东地区）。为东亚（满洲—华北—横断山脉）分布种。

根入药，能祛风活血。幼苗可食用。

2. 五加属 Eleutherococcus Maxim.

灌木，稀乔木，具皮刺，稀无刺。叶互生，掌状复叶；无托叶。花两性或杂性，伞形花序或头状花序，常排成复伞形花序或圆锥花序；花梗稍有或无关节；萼边缘有5或4齿裂；花瓣5，稀4，镊合状排列；雄蕊与花瓣同数；子房2～5室，花柱2～5，连合或分离，宿存。果实为浆果状核果，球形或扁球形，含种子2～5粒。

内蒙古有2种。

分种检索表

1a. 子房2室；花梗长约2.5mm；头状花序，紧密；枝疏生短刺，不为细长针状…**1. 短梗五加 E. sessiliflorus**

1b. 子房5室；花梗长1～1.5cm；伞形花序；枝生细长的针状刺，稀近无刺……**2. 刺五加 E. senticosus**

1. 短梗五加（无梗五加、乌鸦子）

Eleutherococcus sessiliflorus (Rupr. et Maxim.) S. Y. Hu in J. Arnold. Arbor. 61:109. 1980; Fl. Intramongol. ed. 2, 3:585. t.231. f.1-3. 1989.——*Panax sessiliflorus* Rupr. et Maxim. in Bull. Cl. Phys-Math. Acad. Imp. Sci. St.-Petersb. 15:133. 1856.

落叶灌木或小乔木，高达1.5～3m，少分枝。树皮淡灰色，有浅的纵裂纹。小枝淡黄褐色或淡绿褐色，无刺或具扁三角状皮刺。掌状复叶，具小叶3～5；小叶长椭圆状倒卵形或倒卵形，长4～12cm，宽2～7cm，先端渐尖，基部楔形，边缘具不规则重锯齿，具硬毛，上面暗绿色，散生短硬毛，沿脉尤显，下面浅绿色，初时沿脉具疏毛，后则不显；小叶柄长2～10mm，具毛；叶柄长3～14cm。花序是由数个球形头状花序组成的复伞形花序；花多数，花柄长2.5mm；总花梗长0.5～2.5cm，密生白色曲柔毛；花萼边缘有5小齿，长约1mm，扁三角形，密生白色茸毛；花瓣5，长约2mm，暗紫色，卵状三角形，背面初有短柔毛，后则无毛；雄蕊5，花药矩圆形，纵裂，长约1mm，花丝长约3.2mm，疏生柔毛；子房下位，2室，花柱合生，中部较粗，柱头浅2裂。果黑色，倒卵球形，长10～14mm，略扁，集成直径3～4cm的圆头状果序。花期7～8月，果熟期9～10月。

中生灌木或小乔木。生于山地阔叶林下、沟谷两旁、湿润肥沃土坡。产燕山北部（喀喇沁旗、宁城县）、阴山（大青山）。分布于我国黑龙江、吉林中部和东部、辽宁东部、河北北部、山东、山西东北部，朝鲜。为华北—满洲分布种。

根皮入药（药材名：五加皮），能祛风除湿、强筋壮骨，主治风湿关节痛、腰腿酸痛、半身不遂、跌打损伤、水肿。树形美观，可做庭园绿化用。

2. 刺五加（刺花棒）

Eleutherococcus senticosus (Rupr. et Maxim.) Maxim. in Mem. Acad. Imp. Sci. St.-Petersb. Div. Sav. 9 (Prim. Fl. Amur.):132. 1859; Fl. Intramongol. ed. 2, 3:586. t.231. f.4. 1989.——*Hedera senticosa* Rupr. et Maxim. in Bull. Cl. Phys-Math. Acad. Imp. Sci. St.-Petersb. 15:134. 1856.

落叶灌木，高达 1 ～ 3（～ 5）m，分枝多。树皮淡灰色，纵沟裂，具多刺。小枝灰褐色至淡红褐色，通常密生向下的针状刺，通常在老枝或花序附近的枝较稀疏或近无刺；冬芽小，褐色或淡红褐色，具数鳞片，边缘有茸毛。掌状复叶，互生，具小叶 5，有时为 4 或 3；小叶椭圆状倒卵形或矩圆形，长 4 ～ 14cm，宽 1.5 ～ 6.5（～ 8）cm，先端渐尖或短尾状尖，基部楔形或阔楔形，边缘具不规则的锐重锯齿，上面暗绿色，散生短硬毛或有时近无毛，下面淡绿色，被黄褐色硬毛，沿脉尤显；小叶柄长 8 ～ 28mm，被黄褐色短柔毛，较密；叶柄长 3.5 ～ 9（～ 12）cm，被黄褐色毛及针状刺。伞形花序排列成球形，于枝端顶生一簇或数簇；花梗长 1 ～ 1.5（～ 2.5）cm；总花梗长 4 ～ 10（～ 12）cm，无毛；萼具 5 小齿或近无齿；花瓣 5，紫黄色，卵形，长约 2mm，早落；雄蕊 5，比花瓣长，花药白色；子房 5 室，花柱与柱头全部合生。果为浆果状核果，近球形，黑色，直径 6 ～ 9mm，具 5 棱，顶端具宿存花柱，长约 1.5mm。花期 6 ～ 7 月，果熟期 8 ～ 9 月。

中生灌木。喜生于湿润或较肥沃的土坡，散生或丛生于针阔混交林或杂木林内。产兴安南部（克什克腾旗）、辽河平原（大青沟）、燕山北部（喀喇沁旗、宁城县）。分布于我国黑龙江北部、吉林东部、辽宁东部、河北、河南西部、山西、陕西北部、四川北部，日本、朝鲜、俄罗斯（远东地区）。为东亚北部分布种。

根入药，能益气健脾、补肾安神，主治脾肾阳虚、腰膝酸软、体虚乏力、失眠、多梦、食欲不振。嫩枝皮及叶可代茶，无苦味。种子含油率约 12.3%，可供工业用。全株可供庭园绿化用。

91. 伞形科 Umbelliferae

多年生草本，少一年生或二年生，常有芳香气味。茎常有大髓部，成熟期髓萎缩或中空，形成节间中空。叶互生，常一至数回羽状深裂或复叶，很少单叶；叶柄基部增宽成叶鞘；无托叶。花序为顶生、侧生或腋生的复伞形花序，少单伞形花序，稀头状花序（内蒙古全为复伞形花序）；复伞形花序基部（即花序梗的顶部）常具总苞，由1至多数总苞片组成；小伞形花序基部常具小总苞，由1至多数小总苞片组成，小伞形花序的梗称伞辐。花两性，少杂性；花萼与子房合生，萼齿5或不明显；花瓣5，先端常具小舌片，常内卷呈凹缺状；有时花序外缘的花瓣有的增大，顶端深2裂，称辐射瓣；雄蕊5，与花瓣互生，花丝在花蕾期内折。雌蕊1，由2心皮合生；子房下位，2室，每室具1枚悬垂倒生的胚珠；花柱2，常花后伸长，其基部（或子房顶部）有垫状、短圆锥状或圆锥状的花柱基；柱头头状。果实为双悬果，成熟时沿腹面（合生面）开裂成2分生果，常悬挂在心皮柄上；分生果背腹压扁（即其较宽的面与合生面平行）或两侧压扁（其较宽的面与合生面垂直），其背部常有5条主棱，主棱下具维管束，极少在主棱间有4条次棱。主棱因位置不同分为：背棱1条，位于背部中央；侧棱2条，位于两侧；中棱2条，位于背棱与侧棱之间。在果皮内，棱与棱之间（棱槽）和合生面具油管1至多条，极少无油管；种子有丰富的胚乳。

内蒙古有29属、58种，另有7栽培属、9栽培种。

分属检索表

1a. 单叶，全缘，具平行或弧形叶脉；花黄色；果实无毛……………………………**1. 柴胡属 Bupleurum**

1b. 复叶或分裂叶，网状脉。

2a. 成熟的果实无毛。

3a. 胚乳在合生面平坦或稍凹，横切面呈圆形、五角形或半圆形。

4a. 果多少两侧压扁，分生果横切面多少呈圆形；花白色，稀淡红色或淡紫色。

5a. 果近球形。

6a. 一、二年生草本。栽培……………………………………………………**2. 芹属 Apium**

6b. 多年生草本。生于河边、沼泽或湿地。

7a. 一回单数羽状复叶，叶柄具关节，无绿色具横隔的根状茎……………………………………………………………………………………**3. 泽芹属 Sium**

7b. 叶二至三回羽状全裂，叶柄无关节，有绿色具横隔的根状茎……………………………………………………………………………………**4. 毒芹属 Cicuta**

5b. 果卵形、椭圆形或矩圆形。

8a. 一回单数羽状复叶；果卵形，每棱槽中具油管2～4条……**5. 茴芹属 Pimpinella**

8b. 叶二至三回羽状全裂；果椭圆形或矩圆形，每棱槽中具油管1条或不明显。

9a. 植株具细长的地下根状茎。

10a. 萼齿不明显；果棱等宽，油管不明显……………**6. 羊角芹属 Aegopodium**

10b. 萼齿明显，披针形或卵形；果侧棱较背棱宽，油管明显……………………………………………………………………………**7. 水芹属 Oenanthe**

9b. 植株具直根。

11a. 叶的最终裂片较窄，常条形……………………………**8. 葛缕子属 Carum**

11b. 叶的最终裂片较宽，倒卵形，基部楔形。栽培……………………………**9. 欧芹属 Petroselinum**

4b. 果多少背腹压扁，分生果横切面半圆形至横条形。

12a. 花黄色或淡黄绿色。

13a. 叶的最终裂片丝状，一年生草本。栽培。

14a. 果矩圆形；果棱隆起近相等，侧棱不呈狭翅状……………………**10. 茴香属 Foeniculum**

14b. 果椭圆形；果背棱与中棱隆起，侧棱呈狭翅状……………………**11. 莳萝属 Anethum**

13b. 叶的最终裂片非丝状，较宽；多年生草本。

15a. 花杂性，黄色；果较大，长 10 ～ 13mm；叶三至四回羽状全裂…………**12. 阿魏属 Ferula**

15b. 花两性，淡绿黄色；果较小，长 6 ～ 7mm；叶三回羽状复叶。栽培……………………
…………………………………………………………………**13. 欧当归属 Levisticum**

12b. 花白色。

16a. 子房具小瘤状突起，果期逐渐消失；每棱中具油管 1 条…………**14. 防风属 Saposhnikovia**

16b. 子房平滑，每棱中无油管。

17a. 果稍背腹压扁，背棱、中棱和侧棱均呈狭翅状且等宽，或背棱和中棱明显凸起而侧棱呈狭翅状。

18a. 背棱、中棱和侧棱均呈狭翅状且等宽…………………………**15. 蛇床属 Cnidium**

18b. 背棱和中棱明显凸起而侧棱呈狭翅状，侧棱较宽…………**16. 藁本属 Ligusticum**

17b. 果明显背腹压扁，侧棱比背棱和中棱发达，且常呈宽翅状或较狭。

19a. 小伞形花序的外缘花具辐射瓣。

20a. 分生果侧棱具宽翅；无根状茎；萼齿细小或不明显；花柱短，直立。

21a. 油管长达分生果的中部或中下部，外观显著；每棱中具油管 1 条，合生面具 2 ～ 4 条………………………………**17. 独活属 Heracleum**

21b. 油管长达分生果的基部，外观不显；每棱中具油管 3 ～ 5 条，合生面具 6 ～ 14 条………………………………**18. 柳叶芹属 Czernaevia**

20b. 分生果侧棱具狭翅；根状茎细长；萼齿线形；花柱长，反折………………
…………………………………………………………**19. 贺兰芹属 Helania**

19b. 小伞形花序的外缘花无辐射瓣。

22a. 果棱厚，木栓化………………………………**20. 胀果芹属 Phlojodicarpus**

22b. 果棱非木栓化。

23a. 果成熟后 2 个相邻的分生果在合生面靠合较紧密……………………
…………………………………………………**21. 前胡属 Peucedanum**

23b. 果成熟后 2 个相邻的分生果在合生面易于分离。

24a. 果皮薄，果成熟时果皮与种子分离；萼齿明显……………………
……………………………………………**22. 山芹属 Ostericum**

24b. 果皮厚，果成熟时果皮与种子不分离；萼齿不明显。

25a. 每棱中具油管 1（～ 3）条，合生面具 2 ～ 4 条；果棱较薄…
……………………………………………**23. 当归属 Angelica**

25b. 油管多数且围绕胚乳而呈环状，或每棱中具油管 3 ～ 4 条，合生面具 6 ～ 7 条；果棱较厚……………………………

……………………………………………………………………………**24. 古当归属 Archangelica**

3b. 胚乳在合生面具深沟槽，横切面呈新月形或马蹄形。

26a. 花杂性，花序外缘花的外侧花瓣增大成辐射瓣。

27a. 果球形，成熟时 2 分生果不易分开。栽培…………………………**25. 芫荽属 Coriandrum**

27b. 果椭圆形至条状矩圆形，成熟时 2 分生果容易分开。

28a. 果矩圆状椭圆形，果梗顶部无一圈刺毛，茎下部与节部被开展的长柔毛…………
……………………………………………………………**26. 迷果芹属 Sphallerocarpus**

28b. 果条状矩圆形，果梗顶部有一圈刺毛，茎无毛或被疏短柔毛………………………
……………………………………………………………………**27. 峨参属 Anthriscus**

26b. 花两性；花瓣大小一样，无辐射瓣。

29a. 总苞片叶状，大型，羽状分裂；花瓣先端无小舌片；果棱横切面呈三角形，中空，每槽常具油管 1 条………………………………………………**28. 棱子芹属 Pleurospermum**

29b. 总苞片通常不存在，稀 1～3，条状披针形，全缘；花瓣先端具内卷小舌片；果棱宽翅状，不中空，每棱槽常具油管 3 条………………………………**29. 羌活属 Notopterygium**

2b. 成熟的果实被各种毛。

30a. 总苞片非叶状，小型，不分裂，或无总苞片。

31a. 果实狭长，条状矩圆形，常被刚毛；花杂性；花序外缘花具辐射瓣…………………………
…………………………………………………………………………**27. 峨参属 Anthriscus**

31b. 果实较宽，卵形、椭圆形或矩圆形；花两性；花序外缘花无辐射瓣。

32a. 果实被钩状刚毛或钩刺。

33a. 叶掌状分裂………………………………………………………**30. 变豆菜属 Sanicula**

33b. 叶二至三回羽裂…………………………………………………………**31. 窃衣属 Torilis**

32b. 果实被柔毛、硬毛或细乳头状毛。

34a. 小总苞片基部合生……………………………………………………**32. 西风芹属 Seseli**

34b. 小总苞片基部离生。

35a. 果侧棱与背棱等宽。

36a. 果棱不明显。

37a. 每棱槽中具油管 1 条，合生面具 2 条；叶一至二回羽状全裂，最终裂片披针状楔形或倒卵状楔形；果实密被长柔毛…………
………………………………………………**33. 绒果芹属 Eriocycla**

37b. 每棱槽中具油管 3 条，合生面具 4 条；叶三回羽状全裂，最终裂片狭条形；果实被粗毛……………………**34. 山茴香属 Carlesia**

36b. 果棱明显隆起，每棱槽中具油管 3 条，合生面具 6 条；果实被短硬毛或长柔毛……………………………………………………**35. 岩风属 Libanotis**

35b. 果侧棱较背棱宽 1 倍以上。

38a. 果棱肥厚木栓化，叶的最终裂片狭条形……………………………………
……………………………………………**20. 胀果芹属 Phlojodicarpus**

38b. 果棱不为木栓化，叶的最终裂片近菱形或菱状披针形………………
…………………………………………………**21. 前胡属 Peucedanum**

30b. 总苞片叶状，大型，羽状分裂；果实被刺毛与刚毛。栽培…………………**36. 胡萝卜属 Daucus**

1. 柴胡属 Bupleurum L.

多年生草本，少数为一年生草本、半灌木或灌木，全株无毛。单叶，全缘，叶脉平行或弧形。总苞片叶状，不等形；小总苞片数片；萼齿不明显；花瓣常黄色，矩圆形至圆形，顶端具内卷的小舌片；花柱基扁盘形。果卵状长圆形至椭圆状矩圆形，两侧压扁；果棱凸起，等形，棱槽宽；每棱槽中具油管 2 ～ 5 条，常 3 条，合生面具 2 ～ 6 条，常 4 条，有时果熟时油管消失；胚乳腹面平坦或稍凹；心皮柄 2 裂达基部。

内蒙古有 9 种。

分种检索表

1a. 小总苞片宽大，似花瓣，黄绿色或黄色，长超过小伞形花序。
2a. 小总苞片卵形或卵圆形，茎基部无纤维状叶鞘残余。
3a. 叶矩圆状倒披针形，宽 1 ～ 2cm，先端钝或急尖……………**1a. 黑柴胡 B. smithii** var. **smithii**
3b. 叶窄披针形，宽 3 ～ 7mm，先端渐尖…………………**1b. 小叶黑柴胡 B. smithii** var. **parvifolium**
2b. 小总苞片椭圆形、卵状披针形或狭倒卵形；茎基部具纤维状叶鞘残余；叶条状倒披针形，宽 5 ～ 16mm
…………………………………………………………………………**2. 兴安柴胡 B. sibiricum**
1b. 小总苞片小而狭，绿色，较小伞形花序短或近等长。
4a. 叶大型，卵形或狭卵形，基部扩大，心形，抱茎………………………**3. 大叶柴胡 B. longiradiatum**
4b. 叶较小，条形至披针形，基部不扩大。
5a. 植株矮小，丛生，高 2 ～ 35cm。
6a. 茎基部具毛刷状叶鞘残留纤维………………………………………**4. 锥叶柴胡 B. bicaule**
6b. 茎基部无毛刷状叶鞘残留纤维………………………………………**5. 短茎柴胡 B. pusillum**
5b. 植株高大，单生或丛生，高通常在 20cm 以上。
7a. 茎基部具毛刷状叶鞘残留纤维，主根表面红棕色。
8a. 叶较宽，宽 3 ～ 5mm………………**6a. 红柴胡 B. scorzonerifolium** var. **scorzonerifolium**
8b. 叶较窄，宽 0.5 ～ 1.5mm…………**6b. 线叶柴胡 B. scorzonerifolium** var. **angustissimum**
7b. 茎基部无毛刷状叶鞘残留纤维。
9a. 主根表面红棕色；小总苞片条形，宽约 0.2mm………………**7. 银州柴胡 B. yinchowense**
9b. 主根表面黑褐色；小总苞片披针形，宽 0.5 ～ 1mm。
10a. 主根明显，粗大分枝少；基生叶和茎下部叶宽 3 ～ 10mm…**8. 北柴胡 B. chinense**
10b. 主根短，具多数须根；基生叶和茎下部叶宽 1.6 ～ 25mm……………………………
…………………………………………………………**9. 柞柴胡 B. komarovianum**

1. 黑柴胡

Bupleurum smithii H. Wolff in Act. Hort. Gothob. 2:304. 1926; Fl. Intramongol. ed. 2, 3:604. t.238. f.1-3. 1989.

1a. 黑柴胡

Bupleurum smithii H. Wolff var. **smithii**

多年生草本，常丛生，高 20 ～ 60cm。根黑褐色。茎直立或斜升，有显著的纵棱。基生

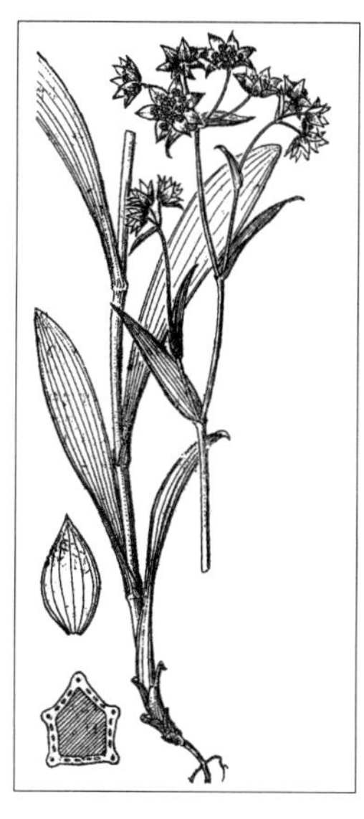

叶丛生，矩圆状倒披针形，长10～20cm，宽1～2cm，先端钝或急尖，有小凸尖，基部渐狭成叶柄，叶基带紫红色，扩大抱茎，叶脉7～9，叶缘白色，膜质；中部的茎生叶狭矩圆形或倒披针形，先端渐尖，基部抱茎，叶脉11～15；上部的叶卵形，长1.5～7.5cm，基部扩大，先端长渐尖，叶脉21～31。复伞形花序；总苞片1～2或无；小总苞片6～9，卵形或卵圆形，先端有小短尖，长6～10mm，宽3～5mm，5～7脉，黄绿色；小伞形花序直径1～2cm；花梗长1.5～2.5mm；花瓣黄色，花柱干时紫褐色。双悬果棕色，卵形，长3.4～4mm；每棱槽具油管3条，合生面具3～4条。花果期7～9月。

中生草本。生于森林带和草原带的山坡草地、沟谷、山顶阴处。产兴安北部（阿尔山五岔沟）、燕山北部（喀喇沁旗、宁城县、敖汉旗、兴和县苏木山）、阴山（大青山、蛮汗山）。分布于我国河北、山西、陕西南部、河南西部和北部、宁夏南部、青海东部、甘肃南部。为华北分布种。

1b. 小叶黑柴胡

Bupleurum smithii H. Wolff var. **parvifolium** R. H. Shan et Y. Li in Act. Phytotax. Sin. 12:273. 1924; Fl. China 14:65. 2005.

本种与正种的区别：本种叶窄披针形，宽3～7mm，先端渐尖。

多年生中生草本。生于荒漠带海拔2600～2800m的高山灌丛和草甸。产贺兰山。分布于我国宁夏、甘肃、青海。为唐古特分布变种。

2. 兴安柴胡

Bupleurum sibiricum Vest ex Sprengel in Syst. Veg. 6:368. 1820; Fl. Intramongol. ed. 2, 3:605. t.238. f.4-8. 1989.

植株高15～60cm。根长圆锥形，黑褐色，有支根。根状茎圆柱形，黑褐色，上部包被枯叶鞘与叶柄残留物，先端分出数茎。茎直立，略呈“之”字形弯曲，具纵细棱，上部少分枝。基生叶具长柄，叶鞘与叶柄下部常带紫色；叶片条状倒披针形，长3～10cm，宽5～16mm，先端钝或尖，具小凸尖头，基部渐狭；具平行叶脉5～7条，叶脉在叶下面凸起。茎生叶与基生叶相似，但无叶柄且较小。复伞形

花序顶生和腋生，直径 3 ～ 4.5cm；伞辐 6 ～ 12，长 5 ～ 15mm，不等长；总苞片 1 ～ 3（～ 5），与上叶相似但较小；小伞形花序直径 5 ～ 12mm，具花 10 ～ 20 朵；花梗长 1 ～ 3mm，不等长；小总苞片 5 ～ 8，黄绿色，椭圆形、卵状披针形或狭倒卵形，长 4 ～ 7mm，宽 1.5 ～ 3mm，先端渐尖，具（3 ～）5 ～ 7 脉，显著超出并包围伞形花序；萼齿不明显；花瓣黄色。果椭圆形，长约 3mm，宽约 2mm，淡棕褐色。花期 7 ～ 8 月，果期 9 月。

旱中生植物。生于森林草原及山地草原，亦见于山地灌丛及林缘草甸。产兴安北部（额尔古纳市、东乌珠穆沁旗宝格达山）、岭东（扎兰屯市、阿荣旗）、兴安南部（科尔沁右翼前旗、科尔沁右翼中旗、阿鲁科尔沁旗、巴林右旗、克什克腾旗、西乌珠穆沁旗、锡林浩特市）、阴山（大青山、蛮汗山、乌拉山）、贺兰山。分布于我国黑龙江西部、辽宁西北部，蒙古国北部、俄罗斯（东西伯利亚地区）。为东古北极（东西伯利亚—满洲—华北）分布种。

根的用途同北柴胡。

3. 大叶柴胡

Bupleurum longiradiatum Turcz. in Bull. Soc. Imp. Nat. Mosc. 17:719. 1844; Fl. Intramongol. ed. 2, 3: 605. t.239. f.1-4. 1989.

多年生草本，高 50 ～ 150cm。茎单一或 2 ～ 3，直立，有粗槽纹，多分枝。叶大型，上面鲜绿色，下面带粉蓝绿色；基生叶宽卵形、椭圆形或披针形，先端急尖或渐尖，基部变窄成长柄，基部扩大成叶鞘，抱茎，叶片长 8 ～ 17cm，宽 4 ～ 8cm，9 ～ 11 脉；茎中部叶无柄，卵形或狭卵形，长 10 ～ 18cm，宽 2.4 ～ 4.5cm，基部心形或具叶耳，抱茎；茎上部叶较小，广披针形，基部心形，具叶耳，抱茎，先端渐尖。复伞形花序顶生和腋生；总苞片 3 ～ 5，披针形，长 2 ～ 10mm，宽 1.0 ～ 1.5mm，通常具 3 条脉；小总苞片 5 ～ 6，宽披针形或椭圆状披针形，长 2 ～ 5mm，宽 0.5 ～ 1mm，先端尖，稍短于花和果实；花黄色，花柱基鲜黄色。双悬果矩圆状椭圆形，暗褐色；果棱丝状，长 4 ～ 7mm，宽 2 ～ 2.5mm；每棱槽具 3 ～ 4 条油管，合生面具 4 ～ 6 条。花期 7 ～ 8 月，果期 8 ～ 9 月。

中生草本。生于森林带的山地林缘草甸、灌丛。产兴安北部及岭东（额尔古纳市、根河市、牙克石市、鄂伦春自治旗）。分布于我国黑龙江、吉林东部、辽宁东部、河北北部、山东东北部、河南西部和东南部、陕西西南部、甘肃东部，日本、朝鲜、俄罗斯（东西伯利亚地区、远东地区）。为东西伯利亚—东亚北部分布种。

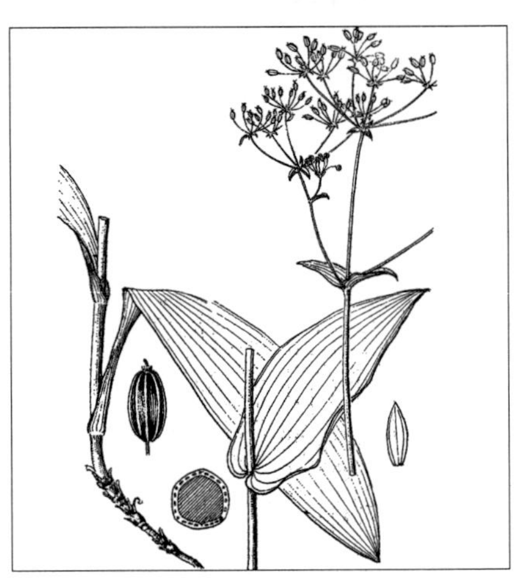

4. 锥叶柴胡

Bupleurum bicaule Helm in Mem. Soc. Imp. Nat. Mosc. 2:108. t.8. f.dextr. 1809; Fl. Intramongol. ed. 2, 3:608. t.240. f.5. 1989.

多年生草本，高 10 ～ 35cm。主根圆柱形，常具支根，黑褐色。根状茎常分枝，包被毛刷状叶鞘残留纤维。茎常多数丛生，直立，稍呈“之”字形弯曲，具纵细棱。茎生叶近直立，狭条形，长 3 ～ 10cm，宽 1 ～ 2（～ 3）mm，先端渐尖，边缘常对折或内卷，有时稍呈锥形，具平行脉 3 ～ 5 条，叶基部半抱茎；基生叶早枯落。复伞形花序顶生和腋生，直径 1 ～ 3cm；伞辐 3 ～ 7，长 5 ～ 15mm，纤细；总苞片 3 ～ 5，披针形或条状披针形，长 2 ～ 6mm；小伞形花序直径 3 ～ 5mm，具花 4 ～ 10 朵；花梗长 0.5 ～ 1.5mm，不等长；小总苞片常 5，披针形，长 1.5 ～ 3mm，先端渐尖，常具 3 脉；无萼齿；花瓣黄色。果矩圆状椭圆形，长约 2.5mm。花期 7 ～ 8 月，果期 8 ～ 9 月。

旱生草本。生于森林草原带及草原带的山地石质坡地。产岭西及呼伦贝尔（额尔古纳市、新巴尔虎左旗、新巴尔虎右旗、满洲里市）、兴安南部（克什克腾旗、东乌珠穆沁旗）、锡林郭勒（苏尼特左旗、多伦县）、乌兰察布（达尔罕茂明安联合旗南部）、阴山（大青山、蛮汗山）。分布于我国河北北部、山西北部、陕西北部，日本、朝鲜、蒙古国、俄罗斯（西伯利亚地区）、阿富汗、伊朗。为东古北极分布种。

根供药用。茎与叶青鲜时羊喜食。

5. 短茎柴胡

Bupleurum pusillum Krylov in Trudy Imp. St.-Petersb. Bot. Sada 21:18. 1903; Fl. Intramongol. ed. 2, 3:608. t.239. f.5-8. 1989.

多年生矮小草本，高 2 ～ 10cm。茎丛生，分枝曲折。基生叶簇生，条形或狭倒披针形，长 2 ～ 5cm，宽 1 ～ 4mm，3 ～ 5 脉，先端锐尖，边缘干燥时常内卷；茎生叶披针形或狭卵形，长 2 ～ 6cm，宽 3 ～ 6mm，7 ～ 9 脉，先端锐尖，无柄，抱茎。复伞形花序顶生和侧生，直径 1 ～ 2.5cm；伞辐 3 ～ 6，花序梗长 1 ～ 3cm；总苞片 1 ～ 4，卵状披针形，长 4 ～ 9mm，宽 1 ～ 2.5mm；小总

苞片 5，绿色，卵形，长 4.5 ～ 5mm，宽 1.2 ～ 2mm，略长于小伞形花序，先端急尖，有硬尖头，3 脉；小伞形花序花 10 ～ 15 朵，花梗长约 1mm；花黄色，花柱基深黄色。果卵圆状椭圆形，长 3.5 ～ 4mm，宽 1.8 ～ 2.5mm；每棱槽具油管 3 条，合生面具 4 条。花期 6 ～ 7 月，果期 8 ～ 9 月。

旱生草本。生于草原带的干旱山坡、砾石坡地。产阴山（大青山、乌拉山）、贺兰山。分布于我国青海东部和南部、宁夏南部、新疆南部，蒙古国北部和西部及南部、俄罗斯（西伯利亚地区）。为亚洲中部山地分布种。

6. 红柴胡（狭叶柴胡、软柴胡）

Bupleurum scorzonerifolium Willd. in Enum. Pl. Suppl. 30. 1814; Fl. Intramongol. ed. 2, 3:610. t.240. f.1-4. 1989.

6a. 红柴胡

Bupleurum scorzonerifolium Willd. var. **scorzonerifolium**

植株高（10 ～）20 ～ 60cm。主根长圆锥形，常红棕色。根状茎圆柱形，具横皱纹，不分枝，上部包被毛刷状叶鞘残留纤维。茎通常单一，直立，稍呈“之”字形弯曲，具纵细棱。基生叶与茎下部叶具长柄，叶片条形或披针状条形，长 5 ～ 10cm，宽 3 ～ 5mm，先端长渐尖，基部渐狭，具脉 5 ～ 7 条，叶脉在下面凸起；茎中部与上部叶与基生叶相似，但无柄。复伞形花序顶生和腋生，直径 2 ～ 3cm；伞辐 6 ～ 15，长 7 ～ 22mm，纤细；总苞片常不存在或 1 ～ 5，大小极不相等，披针形、条形或鳞片状；小伞形花序直径 3 ～ 5mm，具花 8 ～ 12 朵；花梗长 0.6 ～ 2.5mm，不等长；小总苞片通常 5，披针形，长 2 ～ 3mm，先端渐尖，常具 3 脉；花瓣黄色。果近椭圆形，

长 2.5 ～ 3mm；果棱钝；每棱槽中常具油管 3 条，合生面常具 4 条。花期 7 ～ 8 月，果期 8 ～ 9 月。

旱生草本。生于森林草原带和草原带的草甸草原、典型草原、固定沙丘、山地灌丛，为草原群落的优势杂类草，亦为沙地植被的常见伴生种。产兴安北部及岭东和岭西（额尔古纳市、鄂伦春自治旗、牙克石市、阿荣旗）、呼伦贝尔（鄂温克族自治旗、海拉尔区、新巴尔虎左旗、满洲里市）、兴安南部及科尔沁（科尔沁右翼前旗、科尔沁右翼中旗、扎鲁特旗、奈曼旗、翁牛特旗、巴林右旗、克什克腾旗）、辽河平原（大青沟）、赤峰丘陵、锡林郭勒（东乌珠穆沁旗、西乌珠穆沁旗、锡林浩特市、苏尼特左旗、正蓝旗、镶黄旗、太仆寺旗）、乌兰察布（达尔罕茂明安联合旗）、阴山（大青山、蛮汗山、乌拉山）、阴南丘陵（准格尔旗）、鄂尔多斯（达拉特旗、伊金霍洛旗）、贺兰山。分布于我国黑龙江、吉林、辽宁、河北、河南、山东、山西、陕西中部和北部、宁夏东部、甘肃东部、江苏、安徽东部和南部、福建、湖北、广西，日本、朝鲜、蒙古国、俄罗斯（西伯利亚地区、远东地区）。为东古北极分布种。

根的用途同北柴胡。青鲜时为各种牲畜所喜食，在渐干时也为各种牲畜所乐食。

6b. 线叶柴胡（笤柴胡）

Bupleurum scorzonerifolium Willd. var. **angustissimum** (Franch.) Y. H. Huang in Fl. Herb. Chin. Bor.-Orient. 6:197. t.78. f.5. 1977; Fl. Intramongol. ed. 2, 3:611. 1989.——*B. falacatum* L. var. *angustissimum* Franch. in Pl. David. 1:138. 1883.

本变种与正种的区别：本种叶较狭细，宽 0.5 ～ 1.5mm，常对折或内卷。

旱生草本。生于森林草原带和草原带的干燥山坡、石质丘陵顶部。产兴安南部（克什克腾旗）、赤峰丘陵（红山区、翁牛特旗）、锡林郭勒（东乌珠穆沁旗、阿巴嘎旗、苏尼特左旗、镶黄旗、察哈尔右翼中旗、察哈尔右翼后旗）、乌兰察布（四子王旗）、阴山（乌拉山）。分布于我国山东、山西、陕西、宁夏、甘肃、青海，蒙古国东部和北部。为华北—蒙古分布种。

根的用途同正种。

7. 银州柴胡

Bupleurum yinchowense R. H. Shan et Y. Li in Act. Phytotax. Sin. 12(3):283. 1974; Fl. Intramongol. ed. 2, 3:611. t.241. f.4-6. 1989.

多年生草本，高 25 ～ 50cm，无毛。根细圆柱状，支根稀少，红棕色。茎直立，分枝，有细纵纹。基生叶狭倒披针形，长 8 ～ 10cm，宽 3 ～ 5mm，先端渐尖或急尖，稀先端钝，有小凸尖，基部收缩成长柄，3 ～ 5 脉；中部茎生叶倒披针形，先端圆形或急尖，有小硬尖头，基部很快收缩成短叶柄。复伞形花序多数，较小，直径 2 ～ 3cm；总苞片无或 1 ～ 2 片，针形，长 2 ～ 5mm，宽 0.3 ～ 0.5mm，先端锐尖；伞辐 5 ～ 8，极细；小总苞片 5，条形，长约 1.5mm，宽约 0.2mm，先端锐尖，1～3脉；小伞形花序直径2.5～4mm，花5～12朵，花梗长1～3mm；花黄色，中肋棕色，花柱基淡黄色。果实矩圆形，长约2.5mm，深褐色；棱在嫩果时明显，翼状，成熟后丝状；每棱槽中具油管3条，合生面具4条。花期8月，果期9月。

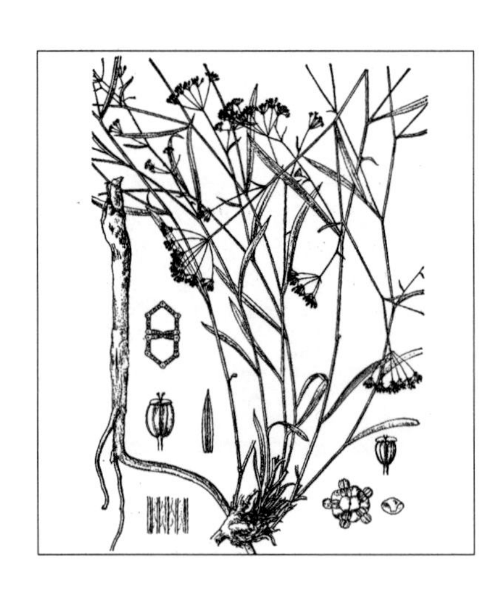

旱生草本。生于草原带的干燥山坡及多沙地带瘠薄的土壤中。产阴南丘陵（准格尔旗）。分布于我国山西西部、陕西北部和中部、宁夏南部、甘肃东部、青海东部。为黄土高原分布种。

根供药用，被认为是各种柴胡中品质最好的一种。

8. 北柴胡（柴胡、竹叶柴胡）

Bupleurum chinense DC. in Prodr. 4:128. 1830; Fl. Intramongol. ed. 2, 3:611. t.241. f.1-3. 1989.

植株高15～17cm。主根圆柱形或长圆锥形，黑褐色，具支根。根状茎圆柱形，黑褐色，具横皱纹，顶端生出数茎。茎直立，稍呈“之”字形弯曲，具纵细棱，灰蓝绿色，上部多分枝。茎生叶条形、倒披针状条形或椭圆状条形，长（2～）4～8（～12）cm，宽3～10mm，先端锐尖或渐尖，具小凸尖头，基部渐狭，具狭软骨质边缘，具平行叶脉5～9条，叶脉在下面凸出；基生叶早枯落。复伞形花序顶生和腋生，直径1～3cm；伞辐（3～）5～8，长4～12mm；总苞片1～2，披针形，有时无；小伞形花序直径4～6mm，具花5～12朵；花梗不等长，长1～4mm；小总苞片通常5，披针形或条状披针形，先端

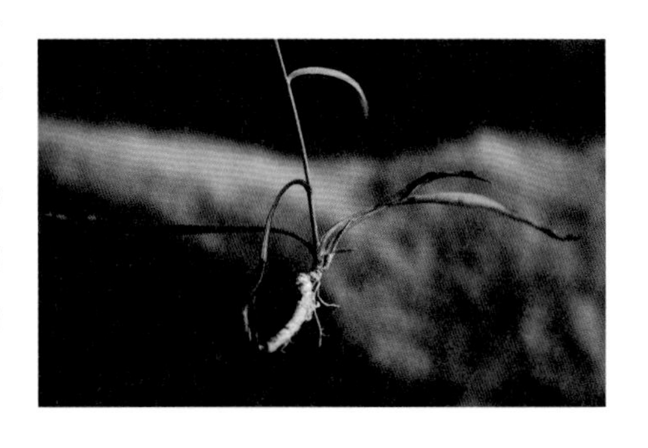

渐尖，常具3～5脉，常比花短或近等长；无萼齿；花瓣黄色。果椭圆形，长约3mm，宽约2mm，淡棕褐色。花期7～9月，果期9～10月。

中旱生草本。生于森林草原带和草原带的山地草原、灌丛。产兴安南部（阿鲁科尔沁旗、克什克腾旗）、赤峰丘陵（松山区）、燕山北部（喀喇沁旗、宁城县、敖汉旗、兴和县苏木山）、阴山（大青山、蛮汗山、乌拉山）、阴南丘陵（准格尔旗阿贵庙）、贺兰山。分布于我国黑龙江、吉林、辽宁、河北、河南、山东西部、山西、陕西、甘肃东南部、江苏西南部、江西、安徽、

浙江、湖北、湖南。为东亚分布种。

根及根状茎入药（药材名：柴胡），能解表和里、升阳、疏肝解郁，主治感冒、寒热往来、胸满、胁痛、疟疾、肝炎、胆道感染、胆囊炎、月经不调、子宫下垂、脱肛等。根及根状茎也入蒙药（蒙药名：希拉子拉），能清肺、止咳，主治肺热咳嗽、慢性气管炎。

9. 柞柴胡

Bupleurum komarovianum O. A. Lincz. in Fl. U.R.S.S. 16:319. 1950; Fl. China 14:70. 2005.

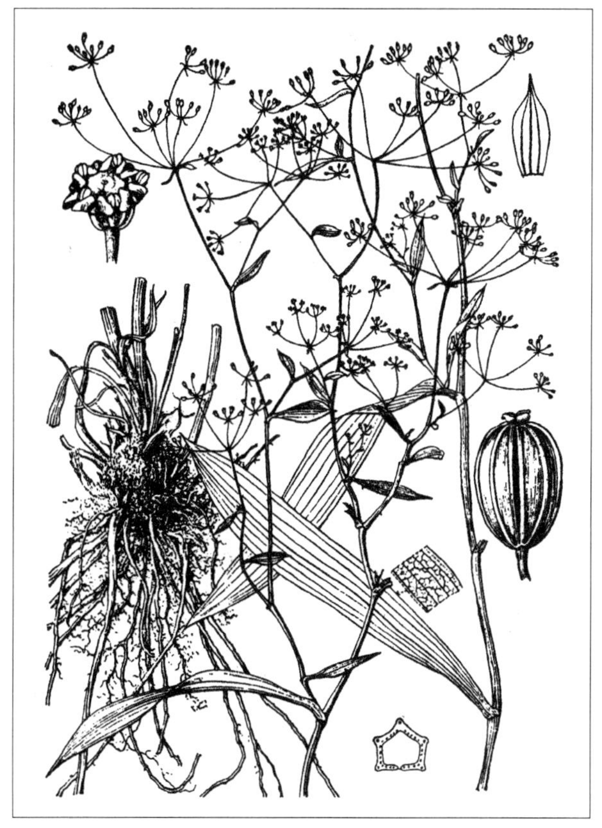

多年生草本，高 70 ～ 100cm。主根不明显，须根发达，黑褐色。茎单一，自基部分枝，直径 3 ～ 4mm，表面有粗棱条，茎上部略呈“之”字形弯曲，并再分枝。基生叶和茎下部的叶披针形或狭椭圆形，近革质，表面鲜绿色，背面带蓝灰色，长 15 ～ 20cm，宽 1.6 ～ 25mm，顶端渐尖或略圆有硬尖头，中部以下渐收缩成长而宽扁平的叶柄，抱茎，脉 7 ～ 9，近弧形，向叶背明显凸出；茎中部的叶一般较宽，广披针形或长圆状椭圆形，长 8 ～ 14cm，中部最宽处 1.5 ～ 3.5mm，顶端急尖或近圆形，基部楔形或广楔形，有短柄或无柄，脉 7 ～ 9；茎上部叶较小，椭圆形，有时稍呈镰刀形，顶端渐尖或圆。伞形花序颇多，顶生花序比侧生的大得多，直径 1.5 ～ 5cm；无总苞或有 1 ～ 3 片，披针形或线形，平展，长 1 ～ 7mm，宽 0.5 ～ 2mm，顶端锐尖，1 ～ 3 脉；伞辐 4 ～ 13，不等长，长 0.6 ～ 4mm，较展开；小总苞片 5，披针形，等大，长 25 ～ 35mm，宽 0.5 ～ 1mm，顶端锐尖，3 脉，比小伞形花序略短或近等长。小伞形花序直径 5 ～ 10mm，花 6 ～ 14，花柄长 2 ～ 3mm；花瓣鲜黄色，扁圆形，质厚，舌片顶端 2 浅裂；花柱基淡黄色，厚。果褐色，短椭圆形，上部平截，长 2.8 ～ 3.2mm，宽 2 ～ 2.2mm；油管在幼果时很清楚，棱槽中具 5 条，很少具 4 条，合生面具 6 ～ 8 条，但至成熟后油管数目即不十分清楚，有的已消失。花期 7 ～ 8 月，果期 8 ～ 9 月。

中生草本。生于森林带和草原带的林下、林缘。产兴安北部、岭东、兴安南部。分布于我国黑龙江、吉林，日本、朝鲜、俄罗斯（远东地区）。为东亚北部（满洲—日本）分布种。

2. 芹属 Apium L.

一年生、二年生或多年生草本。叶一回羽状分裂或二至数回羽裂。花序为复或单伞形花序；总苞片常不存在；小总苞片多片或不存在；萼齿小或不明显；花瓣白色或绿白色，卵形至近圆形，先端具内卷小舌片；花柱基短圆锥形至扁平。果卵球形或近球形，两侧压扁；果棱丝状凸起，近相等；每棱槽中常具油管 1 条，合生面具 2 条；胚乳腹面平坦；心皮柄不裂或顶端 2 裂。

内蒙古有 1 栽培种。

1. 芹菜（旱芹）

Apium graveolens L., Sp. Pl. 1:264. 1753; Fl. Intramongol. ed. 2, 3:613. t.235. f.1-4. 1989.

一年生或二年生草本，高 40 ～ 60cm。根圆锥状，具多数侧根。茎直立，具棱角和沟槽。基生叶与茎下部叶具长柄；叶片一回羽状全裂；侧裂片 2 ～ 3 对，远离，下部裂片具柄，上部裂片近无柄；顶生裂片近菱形，长 2 ～ 3cm，宽 1 ～ 2.5cm，上半部 3 裂，边缘具粗牙齿；侧生裂片常宽卵形，3 浅裂至 3 深裂，边缘具粗牙齿。茎上部叶常简化，通常三出全裂，叶柄全成叶鞘；花序下的叶极小，3 深裂，裂片条状披针形。复伞形花序直径 1 ～ 2cm；伞辐 6 ～ 12，不等长；无总苞片和小总苞片；小伞形花序直径约 4mm，具花 10 余朵；花瓣白色。果近球形，长 1.5 ～ 2mm；果棱丝状，尖锐。花期 6 月，果期 8 ～ 9 月。

中生草本。原产欧洲、亚洲西南部、非洲北部。为地中海地区分布种。内蒙古及我国其他省区、世界其他国家均有栽培。

茎叶做蔬菜用。果实可提取芳香油，用于食品、化妆品及香皂的香料。全草与果入药，能降压利尿、凉血止血、健胃，主治头晕脑涨、高血压、小便热涩不利、尿血、崩中带下。

3. 泽芹属 Sium L.

多年生草本。全株无毛。叶通常为一回羽状复叶，有时二回羽状全裂，叶缘常具锯齿。总苞片与小总苞片均多数；萼齿小，齿状，锐尖；花瓣白色，倒卵形或倒心形，顶端具内卷小舌片；花柱基扁圆锥形。果近球形、卵形或宽椭圆形，两侧压扁；果棱明显凸起，等形，常木栓质；每棱槽中具油管 1 ～ 3 条，合生面具 2 ～ 6 条；胚乳腹面平坦；心皮柄 2 裂或贴生于合生面而不分裂。

内蒙古有 1 种。

1. 泽芹

Sium suave Walt. in Fl. Carol. 115. 1788; Fl. Intramongol. ed. 2, 3:622. t.242. f.4-6. 1989.

多年生草本，高 40 ～ 100cm。根多数，呈束状，棕褐色。茎直立，上部分枝，具明显纵棱与宽且深的沟槽，节部稍膨大，节间中空。基生叶与茎下部叶具长柄，长达 8cm，中空，圆筒状，有横隔，叶为一回单数羽状复叶，卵状披针形、卵形或矩圆形，长 6 ～ 20cm，宽 3 ～ 7cm，具小叶 3 ～ 7 对；小叶片远离，条状披针形、条形或披针形，长 3 ～ 8cm，宽 3 ～ 14mm，先端渐尖，基部近圆形或宽楔形，边缘具尖锯齿，无柄。复伞形花序直径花期为 3 ～ 5cm，果期为 5 ～ 7cm；伞辐 10 ～ 20，长 8 ～ 18mm，具纵细棱；总苞片 5 ～ 8，条形或披针状条形，先端长渐尖，边缘膜质；小伞形花序直径 8 ～ 10mm，具花 10 到 20 余朵，花梗长 1 ～ 4mm；小总苞片 6 ～ 9，条形或披针状条形，长 1 ～ 4mm，宽约 0.5mm，先端长渐尖，边缘膜质；萼齿短齿状；花瓣白色；花柱基厚垫状，比子房宽，边缘微波状。果近球形，直径约 2mm；果棱等形，具锐角状宽棱，木栓质；每棱槽中具油管 1 条，合生面具 2 条；心皮柄 2 裂。花期 7 ～ 8 月，果期 9 ～ 10 月。

湿生草本。生于森林带和草原带的沼泽、池沼边、沼泽草甸。产兴安北部（大兴安岭）、呼伦贝尔、兴安南部及科尔沁（科尔沁右翼前旗、科尔沁右翼中旗、乌兰浩特市、阿鲁科尔沁旗、巴林右旗、翁牛特旗、克什克腾旗）、辽河平原（大青沟）、燕山北部（喀喇沁旗、宁城县）、锡林郭勒（东乌珠穆沁旗、锡林浩特市、正蓝旗、多伦县、苏尼特左旗南部）、阴山（大青山）、鄂尔多斯（达拉特旗、伊金霍洛旗、乌审旗、鄂托克旗、杭锦旗）。分布于我国黑龙江、吉林东北部、辽宁北部和西部、河北中部、河南西部、山东、山西、陕西北部、安徽西部和东南部、江西北部、湖北东部、江苏南部、浙江北部、台湾，日本、朝鲜、蒙古国东部和北部及西部、俄罗斯（西伯利亚地区、远东地区），北美洲。为亚洲—北美分布种。

全草入药，能散风寒、止头痛、降血压，主治感冒头痛、高血压。

4. 毒芹属 Cicuta L.

多年生草本。植株无毛。叶为一至数回羽裂。复伞形花序具多数伞辐；总苞片少数或不存在；小总苞片常多数；萼齿三角形，先端锐尖；花瓣白色，倒卵形，顶端具内卷小舌片；花柱基扁圆锥形。果近球形，两侧压扁，无毛；果棱肥厚，钝圆，带木栓质，侧棱较大；外果皮膜质，中果皮海绵质疏松，为通气组织，多条纤细的维管束分散在内果皮中；每槽中具油管 1 条，合生面具 2 条；胚乳腹面平坦或稍凹；心皮柄 2 裂。

内蒙古有 1 种。

1. 毒芹（芹叶钩吻）

Cicuta virosa L., Sp. Pl. 1:255. 1753; Fl. Intramongol. ed. 2, 3:614. t.242. f.1-3. 1989.

多年生草本，高 50 ～ 140cm。具多数肉质须根。根状茎绿色，节间极短，节的横隔排列紧密，内部形成许多扁形腔室。茎直立，上部分枝，圆筒形，节间中空，具纵细棱。基生叶与茎下部叶具长柄，叶柄圆筒形，中空，基部具叶鞘；叶片二至三回羽状全裂，为三角形或卵状三角形，长与宽约 20cm；一回羽片 4 ～ 5 对，远离，具柄，近卵形；二回羽片 1 ～ 2 对，远离，无柄或具短柄，宽卵形；最终裂片披针形至条形，长 2 ～ 6cm，宽（2 ～）3 ～ 10mm，先端锐尖，基部楔形或渐狭，边缘具不整齐的尖锯齿或为缺刻状，两面沿中脉与边缘稍粗糙。茎中部与上部叶较小并简化，叶柄全部成叶鞘。复伞形花序直径 5 ～ 10cm；伞辐 8 ～ 20，具纵细棱，长 1.5 ～ 4cm；通常无总苞片；小伞形花序直径 1 ～ 1.5cm，具多数花，花梗长 2 ～ 3mm；

小总苞片 8 ～ 12，披针状条形至条形，比花梗短，先端尖，全缘；萼齿三角形；花瓣白色。果近球形，直径约 2㎜。花期 7 ～ 8 月，果期 8 ～ 9 月。

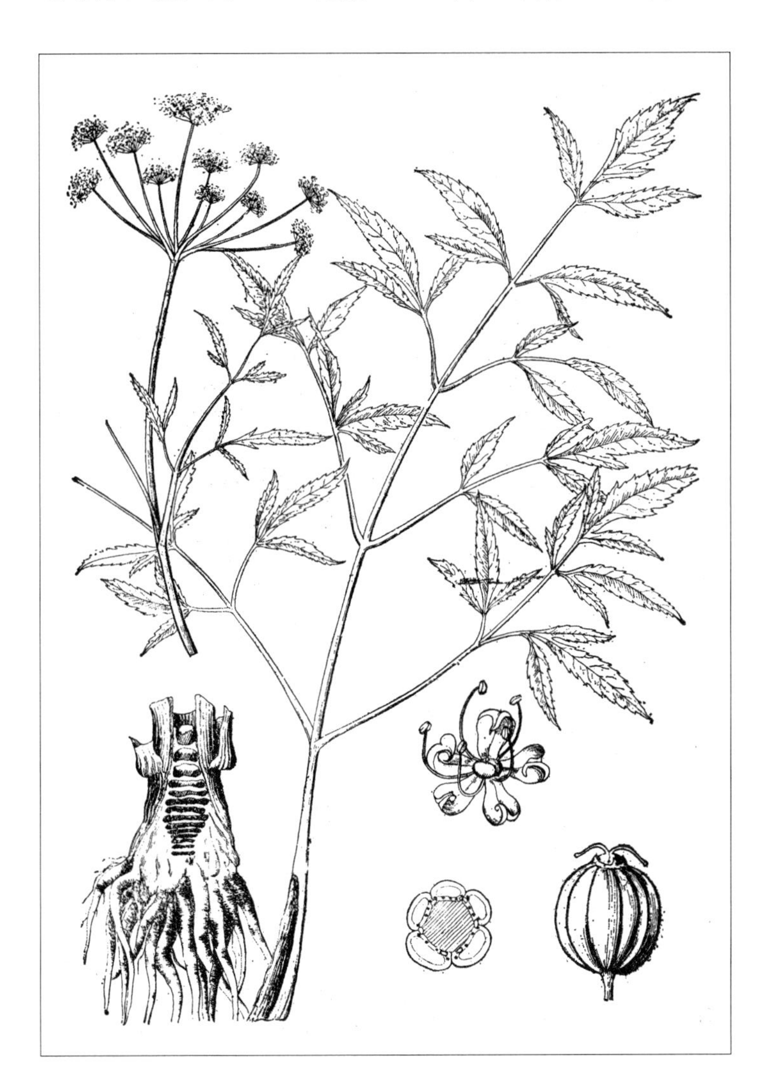

湿生草本。生于森林带和草原带的沼泽、河边、沼泽草甸及林缘草甸。产兴安北部（大兴安岭）、呼伦贝尔、兴安南部及科尔沁（扎赉特旗、科尔沁右翼前旗、扎鲁特旗、阿鲁科尔沁旗、巴林右旗、翁牛特旗、克什克腾旗）、辽河平原（大青沟）、燕山北部（宁城县、敖汉旗）、锡林浩特（苏尼特左旗南部）、阴南平原（呼和浩特市）、鄂尔多斯（达拉特旗、伊金霍洛旗、鄂托克旗）。分布于我国黑龙江、吉林、辽宁、河北、河南西部、山东、山西、陕西北部、甘肃东南部、宁夏东部、青海北部、四川、云南、新疆中部和北部，日本、朝鲜、蒙古国、俄罗斯，克什米尔地区，欧洲。为古北极分布种。

根状茎入药，有大毒，外用能拔毒、祛瘀，主治化脓性骨髓炎；将根状茎捣烂，外敷用。果可提取挥发油，油中主要成分是毒芹醛和伞花烃。

全草有剧毒，人或家畜误食后往往中毒致死。根状茎有香气，带甜味，切开后流出淡黄色毒液，其有毒物质主要是毒芹毒素（ cicutoxin）。

5. 茴芹属 **Pimpinella** L.

多年生草本，稀一年生草本。叶为一至三回羽状或三出式羽状全裂或复叶，叶缘常具锯齿或牙齿。总苞片无，稀 1 ～ 2；小总苞片少数或无，小型；萼齿常不明显；花瓣常白色，稀淡紫色，顶端常具内卷小舌片；花柱基圆锥形或垫状，全缘。果卵形或椭圆形，无毛或被毛，两侧稍压扁；果棱等形，丝状；每棱槽中具油管 2 ～ 4 条，合生面具 2 ～ 4 条；胚乳腹面平坦或微凹；心皮柄 2 浅裂或深裂。

内蒙古有 3 种。

分种检索表

1a. 基生叶和茎下部叶一至三回羽裂。

2a. 基生叶和茎下部叶一回羽裂，小裂片矩圆形或卵圆状披针形……………**1. 羊红膻 P. thellungiana**

2b. 基生叶和茎下部叶二至三回羽裂，小裂片条形………………………………**2. 蛇床茴芹 P. cnidioides**

1b. 基生叶和茎下部叶二回 3 裂，或三出二回羽裂；小裂片卵圆形或宽卵形……**3. 短柱茴芹 P. brachystyla**

1. 羊红膻（缺刻叶茴芹、东北茴芹）

Pimpinella thellungiana H. Wolff in Pflanzenr. 90(IV. 228):304. 1927; Fl. Intramongol. ed. 2, 3:620. t.245. f.1-5. 1989.

多年生或二年生草本，高 30 ～ 80cm。主根长圆锥形，直径 2 ～ 5mm。茎直立，上部稍分枝，下部密被稍倒向的短柔毛，具纵细棱，节间实心。基生叶与茎下部叶具长柄，叶柄被短柔毛，基部具叶鞘；叶片一回单数羽状复叶，矩圆形至卵形，长 4 ～ 8cm，宽 2.5 ～ 6cm；侧生小叶 3 ～ 5 对，小叶无柄，矩圆状披针形、卵状披针形或卵形，长 1 ～ 3.5cm，宽 1 ～ 2cm，先端锐尖，基部楔形或歪斜的宽楔形，边缘羽状深裂，有羽状缺刻状尖锯齿，上面疏生短柔毛，下面密生短柔毛。中部与上部茎生叶较小与简化，叶柄部分或全部成叶鞘；顶生叶为一至二回羽状全裂，最终裂片狭条形。复伞形花序直径 3 ～ 6cm；伞辐 8 ～ 20，长 1 ～ 3cm，具纵细棱，无毛；无总苞片与小总苞片；小伞形花序直径 7 ～ 14mm，具花 15 ～ 20 朵；花梗长 2.5 ～ 5mm；萼齿不明显；花瓣白色；花柱细长叉开。果卵形，长约 2mm，宽约 1.5mm，棕色。花期 6 ～ 8 月，果期 8 ～ 9 月。

中生草本。生于森林带和草原带的林缘草甸、沟谷、河边草甸。产兴安北部及岭东和岭西（额尔古纳市、牙克石市、鄂伦春自治旗、扎兰屯市、海拉尔区）、呼伦贝尔、兴安南部（扎赉特旗、科尔沁右翼前旗、扎鲁特旗、阿鲁科尔沁旗、巴林左旗、巴林右旗、林西县）、锡林郭勒（东乌珠穆沁旗、西乌珠穆沁旗、锡林浩特市）。分布于我国黑龙江西北部、吉林、辽宁、河北、山东东南部、山西、陕西，蒙古国东部（大兴安岭）、俄罗斯（远东地区）。为东亚北部分布种。

全草入药，能温中散寒，主治克山病、心悸、气短、咳嗽。

2. 蛇床茴芹

Pimpinella cnidioides H. Pearson ex H. Wolff in Repert. Spec. Nov. Regni Veg. 27:183. 1929; High. Pl. China 8:625. f.998.4. 2001; Fl. China 14:100. 2005.——*P. thellungiana* H. Wolff var. *tenuisecta* Y. C. Chu in Fl. Pl. Herb. Chin. Bor. -Orient. 6:293. 1977.

多年生草本。根长圆锥形。茎直立，中空，外有细条纹，被疏柔毛。基生叶和茎下部叶有柄，与叶片近等长，一般长 5 ～ 20cm；叶片二回羽状分裂，一回羽片 5 ～ 6 对，下部的羽片有短柄，

上部的羽片无柄，末回裂片条形，全缘，长 5 ～ 15mm，宽 1 ～ 2mm，被疏柔毛。茎上部叶较小，无柄，羽状分裂，裂片线形。伞形花序有短梗；无总苞片；伞辐 15 ～ 25，长 2 ～ 4cm；无小总苞片；小伞形花序有花 15 ～ 20 朵；无萼齿；花瓣倒卵形，白色，基部有短爪，顶端凹陷，小舌片内折；花柱基短圆锥形，花柱与果实近等长。果实卵形；果棱不明显；每棱槽内具油管 3 条，合生面具油管 4 条。花果期 6 ～ 9 月。

中生草本。生于森林草原带的山地草坡。产科尔沁（科尔沁右翼中旗）。分布于我国黑龙江西部、河北中部。为华北北部—满洲分布种。

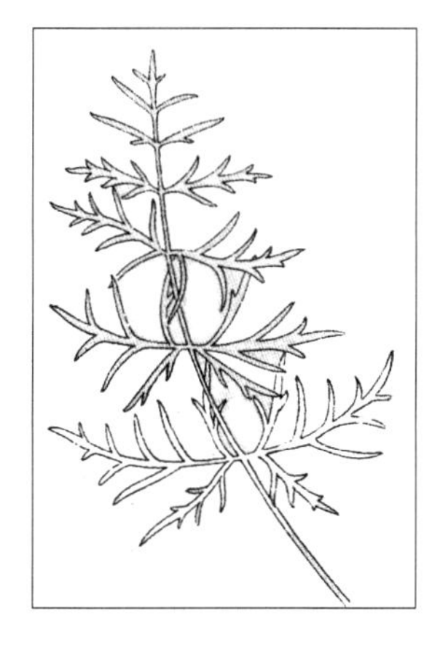

3. 短柱茴芹

Pimpinella brachystyla Hand.-Mazz. in Oesterr. Bot. Zeitschr. 82:251. 1933; High. Pl. China 8:626. f.999.1-6. 2001; Fl. China 14:101. 2005.

多年生草本，高 30 ～ 80cm。根长圆锥形，长 4 ～ 8cm，有或无侧根。茎直立，圆管状，有细条纹，微被柔毛，2 ～ 4 个分枝。基生叶和茎下部叶有柄，长 4 ～ 15cm，叶鞘长圆形；叶片二回三出分裂，或三出式二回羽状分裂，末回裂片卵形或宽卵形，长 2 ～ 5cm，宽 1.5 ～ 3cm，基部楔形或截形，顶端渐尖或长尖，表面绿色，背面灰白色，被疏柔毛，边缘有锯齿或钝齿。茎中、上部叶较小，有短柄或无柄，二

回三出分裂或羽状分裂，裂片长卵形、披针形或线形。花序梗细柔；通常无总苞片，或偶有 1 片，条状披针形；伞辐 4 ～ 6(～ 15)，纤细，极不等长，最长 1.5 ～ 2.5cm，有时近于无；小总苞片 2 ～ 4，条形，等于或短于花柄；小伞形花序有花 5 ～ 10 朵；无萼齿；花瓣较小，宽卵形，白色，基部楔形，顶端凹陷，有内折小舌片；花柱基短圆锥形；花柱与花柱基近等长。果柄不等长，长 2 ～ 3mm；果实卵形，较小，长约 1mm；果棱线形，无毛；每棱槽内具油管 3 ～ 4 条，合生面具油管 4 ～ 6 条；胚乳腹面平直。花果期 6 ～ 8 月。

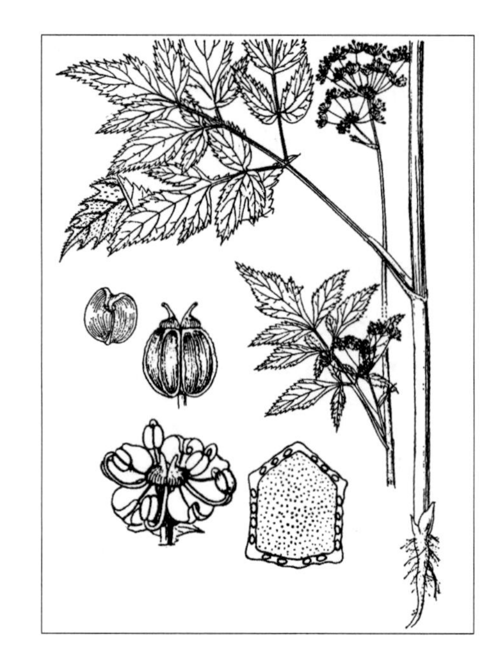

中生草本。生于草原带的山地林缘、谷地。产阴山（大青山）。分布于我国河北东北部、山西、陕西西南部、甘肃东部、四川西北部。为华北分布种。

6. 羊角芹属 Aegopodium L.

多年生草本。具细长地下根状茎。叶为二至三回三出式复叶或三出式羽状复叶或全裂。通常无总苞片和小总苞片；萼齿不明显；花瓣白色，稀淡红色，倒卵形，顶端具内卷小舌片；花柱基扁圆锥形，全缘。果矩圆状卵形或卵形，两侧压扁；果棱同形，细丝状；棱槽宽阔，油管不明显；胚乳腹面平坦；心皮柄 2 浅裂。

内蒙古有 1 种。

1. 东北羊角芹（小叶芹）

Aegopodium alpestre Ledeb. in Fl. Alt. 1:354. 1829; Fl. Intramongol. ed. 2, 3:622. t.245. f.6-9. 1989.

多年生草本，高 25 ～ 60cm。全株无毛。根状茎细长，横走，节部膨大。茎稍柔弱，直立，中空，单一或上部稍分枝，无毛，有时在花序下部被微短硬毛，着生少数叶。基生叶具长柄，叶柄长 3 ～ 11cm，基部具叶鞘；叶片二至三回羽状全裂，轮廓卵状三角形，长与宽为 4 ～ 8cm；一回羽片 3 ～ 4 对，远离，下部裂片具短柄，卵形或卵状披针形；二回羽片 1 ～ 3 对，无柄，卵形；最终裂片卵形至披针形，长 7 ～ 17mm，宽 4 ～ 10mm，先端尖或渐尖，边缘具羽状缺刻或尖齿，牙齿先端具刺状凸尖，两面无毛，有时边缘和下面脉上被微短

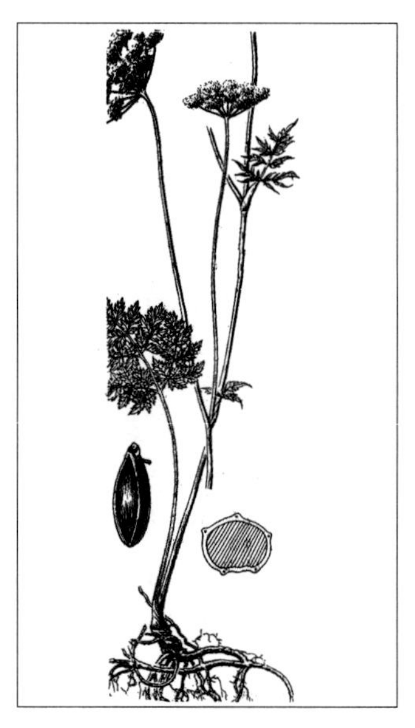

硬毛。茎生叶较小且简化，叶柄大部或全部成叶鞘，叶鞘边缘膜质，抱茎。复伞形花序直径花期为 3～4cm，果期可达 8cm；伞辐 8～18，具纵棱，沿棱常被微短硬毛；无总苞片和小总苞片；小伞形花序直径7～10mm，具花12～20朵，花梗长1～3mm，内侧被微短硬毛；萼齿不明显，花瓣白色。果矩圆状卵形，长约 3mm；宿存花柱细长，下弯。花期 6～7 月，果期 7～8 月。

中生草本。生于森林带的山地林下、林缘草甸、沟谷。产兴安北部及岭东和岭西（额尔古纳市、根河市、牙克石市、鄂伦春自治旗、阿尔山市、东乌珠穆沁旗宝格达山、鄂温克族自治旗）、兴安南部（阿鲁科尔沁旗、巴林左旗、巴林右旗、克什克腾旗）、燕山北部（喀喇沁旗、宁城县）、阴山（大青山）。分布于我国黑龙江、吉林、辽宁、河北、新疆（天山），日本、朝鲜、蒙古国北部和南部、俄罗斯（西伯利亚地区）。为东古北极分布种。

7. 水芹属 Oenanthe L.

二年生或多年生草本。叶一至三回羽状分裂。复伞形花序；总苞片少数或无；小总苞片多数；萼齿近卵形；花瓣白色，倒卵形，先端有内折的小舌片；小伞形花序外缘花的花瓣较大，为辐射瓣；花柱基平压或圆锥形。双悬果圆卵形至矩圆形；果棱圆钝，果壁肥厚，2 个分生果侧棱常相连；每棱槽下具油管 1 条，合生面具 2 条。

内蒙古有 1 种。

1. 水芹（野芹菜）

Oenanthe javanica (Blume) DC. in Prodr. 4:138. 1830; Fl. Intramongol. ed. 2, 3:626. 1989.——*Sium javanicum* Blume in Fl. Ned. Ind. 5:881. 1826.

多年生草本，高 30～70cm。全株无毛。根状茎匍匐，中空，有多数须根，节部有横隔。茎直立，圆柱形，有纵条纹，少分枝。基生叶与下部叶有长柄，基部有叶鞘，上部叶柄渐短，一部分或全部成叶鞘；叶片为一至二回羽状全裂，三角形或三角状卵形，最终裂片卵形、菱状披针形或披针形，长 1.5～5cm，宽 1～2cm，先端渐尖，基部宽楔形，边缘有疏牙齿状锯齿。复伞形花序顶生或腋生，总花梗长 2～6cm；无总苞片；伞辐 6～10，不等长；小总苞片 5～10，条形；小伞形花序有多花，花梗长 2～4mm；萼齿条状披针形；花瓣白色，倒卵形，长约 1mm，先端有反折小舌片；花柱基圆锥形。双悬果矩圆形或椭圆

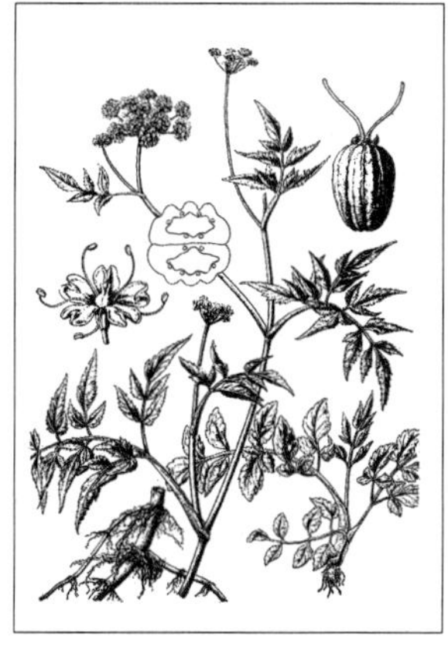

形，长 2.5 ～ 3mm；果棱圆钝，隆起，果皮厚，木栓质；各棱槽下具 1 条油管，合生面具 2 条。

湿生草本。生于草原带的池沼边、水沟旁。产科尔沁（科尔沁右翼前旗、突泉县、阿鲁科尔沁旗、巴林右旗、林西县）、辽河平原（大青沟）、燕山北部（喀喇沁旗、宁城县、敖汉旗）。分布于我国除新疆、青海外的南北各地，日本、朝鲜、俄罗斯（远东地区），东亚、南亚、东南亚。为东亚分布种。

嫩茎叶可食用，为春季野菜。根及全草入药，能清热利湿、止血、降血压，主治感冒发热、呕吐腹泻、尿路感染、崩漏、白带过多、高血压。

8. 葛缕子属 Carum L.

二年生或多年生草本。植株无毛，稀被短毛。叶为二至三回羽状全裂。总苞片 1 至数片或不存在；小总苞片多数或不存在；花两性或部分为雄性；萼齿不明显或极小；花瓣白色或粉红色，倒卵形，顶端具内卷小舌片；花柱基垫状或扁圆锥形。果椭圆形或矩圆状椭圆形，两侧压扁；果棱同形，凸起，钝；棱槽宽，每棱槽中具油管 1 条，合生面具 2 条；胚乳腹面平坦或稍凹；心皮柄 2 浅裂或深裂达基部。

内蒙古有 2 种。

分种检索表

1a. 无小总苞片，稀具 1 或 2 片而早落；花白色或粉红色；茎生叶的叶鞘具白色或淡红色宽膜质边缘；全株无毛……………………………………………………**1. 葛缕子 C. carvi**

1b. 小总苞片 5 ～ 12，花白色，茎生叶的叶鞘具白色狭膜质边缘。

2a. 植株无毛……………………………………**2a. 田葛缕子 C. buriaticum** var. **buriaticum**

2b. 花瓣、花梗、伞辐、叶均被短毛………………**2b. 毛田葛缕子 C. buriaticum** var. **helanense**

1. 葛缕子（茴蒿、野胡萝卜）

Carum carvi L., Sp. Pl. 1:263. 1753; Fl. Intramongol. ed. 2, 3:616. t.244. f.1-3. 1989.

二年生或多年生草本，高 25 ～ 70cm。全株无毛。主根圆锥形、纺锤形或圆柱形，肉质，褐黄色，直径 6 ～ 12mm。茎直立，具纵细棱，上部分枝。基生叶和茎下部叶具长柄，基部具长三角形的和宽膜质的叶鞘；叶片二至三回羽状全裂，条状矩圆形，长 5 ～ 8cm，宽 1.5 ～ 3.5cm；一回羽片 5 ～ 7 对，远离，卵形或卵状披针形，无柄；二回羽片 1 ～ 3 对，卵形至披针形，羽状全裂至深裂；最终裂片条形或披针形，长 1 ～ 3mm，宽 0.5 ～ 1mm。中部和上部茎生叶逐渐变小和简化，叶柄全成叶鞘，叶鞘具白色或淡红色的宽膜质的边缘。复伞形花序直

径 3 ～ 6cm；伞辐 4 ～ 10，不等长，具纵细棱，长 1 ～ 4cm；通常无总苞片；小伞形花序直径 5 ～ 10mm，具花 10 余朵；花梗不等长，长 1 ～ 3（～ 5）mm；通常无小总苞片；萼齿短小，先端钝；花瓣白色或粉红色，倒卵形。果椭圆形，长约 3mm，宽约 1.5mm。花期 6 ～ 8 月，果期 8 ～ 9 月。

中生草本。生于森林带和草原带的山地林缘草甸、盐化草甸、田边路旁。产兴安北部（阿尔山市）、岭东（扎兰屯市）、呼伦贝尔（陈巴尔虎旗）、兴安南部（科尔沁右翼前旗、阿鲁科尔沁旗、巴林右旗、克什克腾旗）、燕山北部（喀喇沁旗、宁城县）、锡林郭勒（锡林浩特市）、阴山（大青山、蛮汗山、乌拉山）、贺兰山。分布于我国吉林、辽宁、河北、河南、山东、山西、陕西、甘肃、青海、四川西部、云南西北部和北部、西藏东部和南部、新疆中部和北部，广布于亚洲、欧洲、地中海地区。为古北极分布种。

果实含芳香油，称茴蒿油，可做食品、糖果、牙膏和洁口剂的香料。果实中芳香油含量为 3% ～ 7%，香旱芹子油萜酮（$C_{10}H_{14}O$）含量为 50% ～ 60%，还有柠檬萜（$C_{10}H_{16}$）等。全草及根入药，能健胃、驱风、理气，主治胃痛、腹痛、小肠疝气。

2. 田葛缕子（田茴蒿）

Carum buriaticum Turcz. in Bull. Soc. Imp. Nat. Mosc. 17:713. 1844; Fl. Intramongol. ed. 2, 3:618. t.244. f.4-7. 1989.

2a 田葛缕子

Carum buriaticum Turcz. var. **buriaticum**

二年生草本，高 25 ～ 80cm。全株无毛。主根圆柱形或圆锥形，直径 6 ～ 12mm，肉质。茎直立，常自下部多分枝，具纵细棱，节间实心，基部包被老叶残留物。基生叶与茎下部叶具长柄，具长三角状叶鞘；叶片二至三回羽状全裂，矩圆状卵形，长 5 ～ 12cm，宽 3 ～ 6cm；一回羽片 5 ～ 7 对，远离，近卵形，无柄；二回羽片 1 ～ 4 对，无柄，卵形至披针形，羽状全裂；最终裂片狭条形，长 2 ～ 10mm，宽 0.3 ～ 0.5mm。上部和中部茎生叶逐渐变小且简化，叶柄全成条形叶鞘，叶鞘具白色狭膜质边缘。复伞形花序直径3～8cm；伞辐8～12，长8～13mm；总苞片1～5，披针形或条状披针形，先端渐尖，边缘膜质；小伞形花序直径5～10mm，具花10～20朵；花梗长1～3mm；小总苞片5～12，披针形或条状披针形，比花梗短，先端锐尖，具窄白色膜质边缘；萼齿短小，钝；花瓣白色。果椭圆形，长3～3.5mm，宽约1.5mm；果棱棕黄色，棱槽棕色；心皮柄2裂达基部。花期7～8月，果期9月。

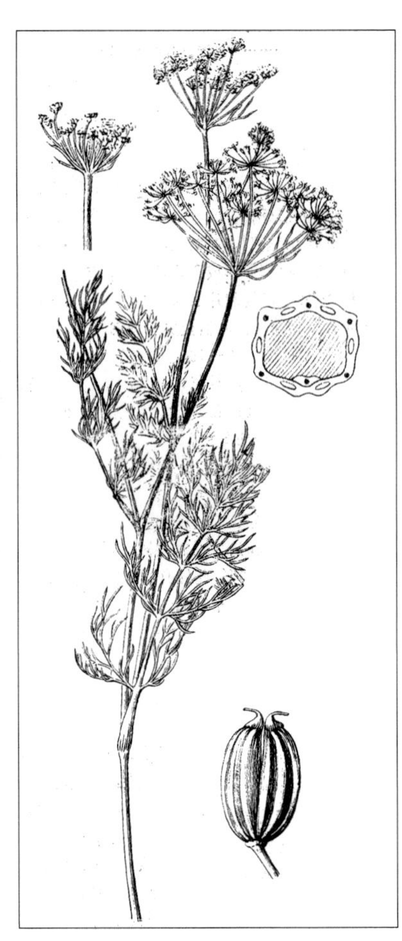

中旱生杂草。生于森林草原带和草原带的田边路旁、撂荒地、山地、沟谷，有时成为撂荒地的建群种。产呼伦贝尔（海拉尔区）、兴安南部（科尔沁右翼前旗、科尔沁右翼中旗、扎鲁特旗、乌兰浩特市、阿鲁科尔沁旗、巴林左旗、巴林右旗、林西县、克什克腾旗）、燕山北部（喀喇沁旗、敖汉旗）、锡林郭勒（东乌珠穆沁旗、锡林浩特市、多伦县）、乌兰察布（达尔罕茂明安联合旗）、阴山（大青山、乌拉山）、阴南丘陵（准格尔旗）、鄂尔多斯（达拉特旗、东胜区）。分布于我国吉林、辽宁、河北、河南中部和西部、山东西南部、山西、陕西、甘肃、青海、四川西部、西藏东部河南部、新疆（天山），蒙古国东部和北部、俄罗斯（西伯利亚地区、远东地区）。为东古北极分布种。

用途同葛缕子。

2b. 毛田葛缕子

Carum buriaticum Turcz. var. **helanense** L. Q. Zhao et Y. Z. Zhao var. nov.

本变种与正种的区别：花瓣、花梗、伞辐、叶均被短毛。

中旱生杂草。生于沟谷灌丛、草地。产贺兰山。为贺兰山特有分布变种。

A typo differ foliis et petalis pilis; radiis et pedicellis pilis.

China Inner Mongolia（中国·内蒙古）：Alashan（阿拉善盟），Helanshan（贺兰山），Nansi（南寺），grassland in the valley（沟谷草地），2014-8-27，L. Q. Zhao(赵利清)，S. Qin（秦帅）et L. Chen（陈龙）N14H-018（Holotype HIMU）。

9. 欧芹属 Petroselinum Hill

二年生草本，很少一年生。叶二至三回羽状分裂。花黄绿色或白色；萼齿不显；花瓣黄绿色或白色带红晕，近基部心形，顶端凹入，凹处有内折小舌片；花柱基短圆锥形，花柱有头状柱头。果实卵形，侧面稍扁压，近基部圆形或呈不明显心形，合生面稍收缩或呈双球形；分生果有线形果棱 5；每棱槽内具油管 1 条，合生面具 2 条；胚乳腹面平直。

内蒙古有 1 栽培种。

1. 欧芹

Petroselinum crispum (Mill.) Nyman ex A. W. Hill in Hand.-List Herb. Pl. Kew. ed.3, 122. 1925; Fl. China 14:76. 2005.——*Apium crispum* Mill. in Gard. Dict. ed. 8, Apium no. 2. 1768.

二年生草本，光滑。根纺锤形，有时粗厚。茎圆形，稍有棱槽，高 30 ～ 100cm；中部以上分枝，枝对生或轮生，通常超过中央伞形花序。叶深绿色，表面光亮。基生叶和茎下部叶有长柄；二至三回羽状分裂，末回裂片倒卵形，基部楔形，3 裂或深齿裂；齿圆钝，有白色小尖头。上部叶 3 裂，裂片披针状条形，全缘或 3 裂。伞形花序有伞辐 10 ～ 20(～ 30)，近等长，约 2.5cm，光滑；总苞片 1 ～ 2，条形，尖锐，革质；小伞花序有花 20；小总苞片 6 ～ 8，条形或条状钻形，长约为花柄的一半并与之紧贴；花瓣长 0.5 ～ 0.7mm。果实卵形，灰棕色，长 2.5 ～ 3mm，宽 2mm。花期 6 月，果期 7 月。

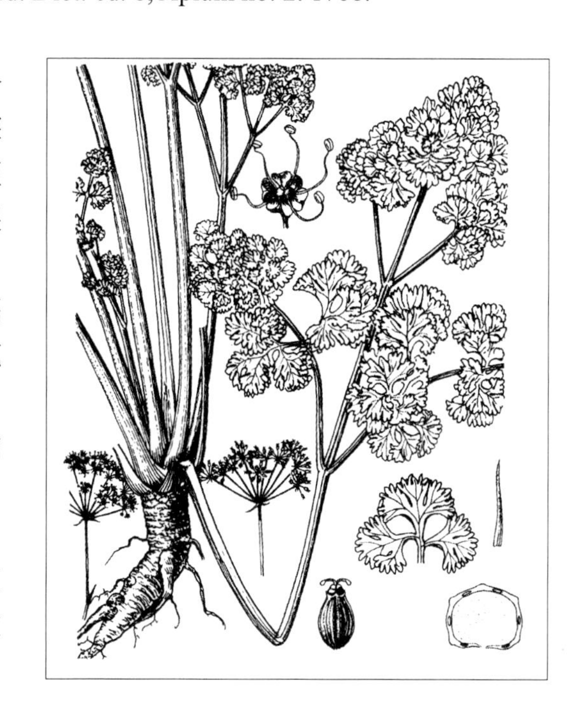

中生草本。原产地中海地区，为地中海地区分布种。现内蒙古及我国其他地区、世界其他国家普遍栽培。

10. 茴香属 Foeniculum Mill.

二年生或多年生草本，稀栽培为一年生草本。全株无毛。叶三至四回羽状全裂，最终裂片丝状。无总苞片与小总苞片；萼齿不明显；花瓣黄色，宽卵形，顶端具内卷小舌片；花柱基圆锥形，基部全缘，花柱短。果矩圆形，稍背腹压扁；果棱凸起，尖或钝；每棱槽具油管 1 条，合生面具 2 条；胚乳腹面平坦；心皮柄 2 裂达基部。

内蒙古有 1 栽培种。

1. 茴香（小茴香）

Foeniculum vulgare Mill. in Gard. Dict. ed. 8, Foeniculum no.1. 1768; Fl. Intramongol. ed. 2, 3:628. t.248. f.1-5. 1989.

二年生草本，高 10 ～ 100cm。表面有粉霜，具强烈香气。茎直立，上部分枝，具细纵棱，苍绿色。基生叶丛生，具长柄，基部具叶鞘，叶鞘抱茎，边缘膜质；叶片大型，三至四回羽状全裂，卵

状三角形；最终裂片丝状，长 4 ～ 40mm，宽约 0.5mm，先端锐尖，苍绿色。茎生叶渐小且简化，叶柄全部或一部分成叶鞘。复伞形花序直径 3 ～ 8cm；伞幅 7 ～ 15（～ 20），长 1 ～ 6cm，具细纵棱；无总苞片与小总苞片；小伞形花序直径 6 ～ 12mm，具花 10 ～ 20 余朵，花梗长 1 ～ 4mm；萼齿不明显；花瓣金黄色。果矩圆形，长 5 ～ 7mm，宽 2 ～ 3mm，暗棕色。花期 7 ～ 8 月，果期 8 ～ 9 月。

中生草本。原产地中海地区。为地中海地区分布种。现内蒙古及我国其他地区、世界其他国家普遍栽培。

嫩茎叶做蔬菜用。果实可提取芳香油，为制造食品调味的香料，常用于配制酒、糖果、牙膏、香水等。果也入药（药材名：小茴香），能行气止痛、健胃散寒，主治胃寒痛、小腹冷痛、痛经、疝气。果实也入蒙药（蒙药名：找日哈得苏），能健胃解毒、镇静明目，主治食物中毒、神经衰弱、虚热头痛、眼花头晕等。

11. 莳萝属 Anethum L.

一年生草本，稀二年生草本。叶为数回羽状全裂，最终裂片丝状。无总苞片与小总苞片；萼齿很小或缺；花瓣黄色，顶端具内卷小舌片；花柱基扁圆锥形。果椭圆形与卵形，背腹压扁；侧棱较宽，狭翅状；背棱与中棱稍凸起；每棱槽中具油管 1 条，合生面具 2 ～ 4 条；胚乳腹面平坦；心皮柄 2 裂达基部。

内蒙古有 1 栽培种。

1. 莳萝（土茴香）

Anethum graveolens L., Sp. Pl. 1:263. 1753; Fl. Intramongol. ed. 2, 3:629. t.248. f.6-9. 1989.

一年生草本，高 40 ～ 90cm。全株光滑无毛，具强烈香气。茎直立，上部分枝或不分枝，具细纵棱。茎下部叶具长柄与叶鞘，叶鞘矩圆形，边缘宽膜质，抱茎；叶片三至四回羽状全裂，

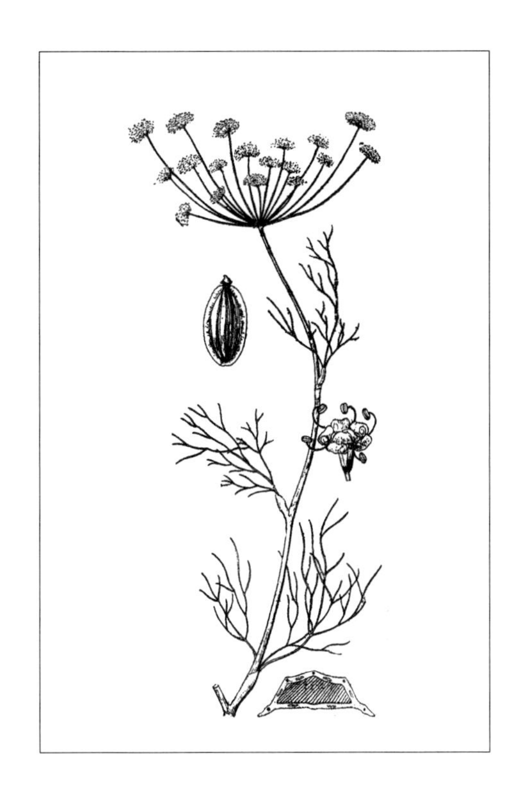

矩圆形至倒卵形，长 10 ～ 20cm；最终裂片丝状，长 4 ～ 20mm，宽约 0.5mm。茎上部叶较小且简化，叶柄全部成叶鞘。复伞形花序直径达 15cm；伞辐 10 ～ 20；无总苞片与小总苞片；小伞形花序直径约 1cm，具花 10 ～ 20 朵，花梗长 1 ～ 4mm；萼齿极短小；花瓣黄色。果扁椭圆形，长 3 ～ 4mm，宽约 2mm；背棱与中棱淡黄色；侧棱具宽约 0.5mm 的狭翅，翅淡黄色，棱槽褐色。花期 7 ～ 8 月，果期 8 ～ 9 月。

中生草本。原产地中海地区。为地中海地区分布种。现内蒙古及我国其他省区、世界其他国家普遍栽培。

嫩茎叶可做蔬菜。果实含芳香油，其主要成分为香芹酮，可做调合香精的原料。果实有个别地区误作小茴香入药，应注意鉴别。

莳萝与茴香极相似，区别在于果实的形状不同。前者果实椭圆形，具狭翅状的侧棱；后者果实矩圆形，侧棱无翅。

12. 阿魏属 Ferula L.

多年生草本。全株无毛，常灰蓝色。叶为一至数回羽状或三出式羽状全裂。通常无总苞片，或总苞片小；小总苞片多片、数片或无，早落；花杂性；萼齿不明显或小；花瓣黄色，宽椭圆形或披针形，先端常具内卷小舌片；花柱基扁圆锥形，边缘波状。果椭圆形、矩圆形或近圆形，背腹极压扁；背棱与中棱丝状，稍隆起；侧棱宽翅状，较肥厚；每棱槽中具油管 1 至数条，合生面具 2 至多条，有时果熟时油管消失；果成熟时，2 相邻分生果在合生面靠合较紧密；胚乳腹面平坦；心皮柄 2 裂达基部。

内蒙古有 1 种。

1. 沙茴香（硬阿魏、牛叫磨）

Ferula bungeana Kitag. in J. Jap. Bot. 31:304. 1956; Fl. Intramongol. ed. 2, 3:655. t.261. f.1-5. 1989.

多年生草本，高 30 ～ 50cm。直根圆柱形，直伸，直径 4 ～ 8mm，淡棕黄色。根状茎圆柱形，长或短，顶部包被淡褐棕色的纤维状老叶残基。茎直立，具多数开展的分枝，表面具纵细棱，圆柱形，节间实心。基生叶多数，莲座状丛生，大型，具长叶柄与叶鞘，鞘条形，黄色；叶片质厚，坚硬，三至四回羽状全裂，轮廓三角状卵形，长与宽均为 10 ～ 20cm；一回羽片 4 ～ 5 对，具柄，远离；二回羽片 2 ～ 4 对，具柄，远

离；三回羽片羽状深裂，侧裂片常互生，远离；最终裂片倒卵形或楔形，长与宽均为 1 ～ 2mm，上半部具 (2 ～)3 个三角状牙齿。茎中部叶 2 ～ 3 枚，较小且简化；顶生叶极简化，有时只剩叶鞘。复伞形花序多数，常呈层轮状排列，直径 5 ～ 13cm，果期可达 25cm；伞辐 5 ～ 15，具细纵棱，花期长 2 ～ 6cm，果期长达 14cm，开展；总苞片 1 ～ 4，条状锥形，有时不存在；小伞形花序直径 1.5 ～ 3cm，具花 5 ～ 12 朵；花梗长 5 ～ 15mm；小总苞片 3 ～ 5，披针形或条状披针形，长 1.5 ～ 3mm；萼齿卵形；花瓣黄色。果矩圆形，背腹压扁，长 10 ～ 13mm，宽 4 ～ 6mm；果棱黄色，棱槽棕褐色；每棱槽中具油管 1 条，合生面具 2 条。花期 6 ～ 7 月，果期 7 ～ 8 月。

喜沙中旱生草本。常生于典型草原和荒漠草原地带的沙地。产辽河平原（科尔沁左翼后旗）、科尔沁（科尔沁右翼中旗、阿鲁科尔沁旗、巴林右旗、翁牛特旗、克什克腾旗、敖汉旗）、锡林郭勒（锡林浩特市、苏尼特左旗、镶黄旗、正蓝旗、商都县）、乌兰察布（武川县、达尔罕茂明安联合旗、固阳县、乌拉特中旗、乌拉特前旗）、阴山（大青山）、阴南平原（呼和浩特市、包头市）、鄂尔多斯、东阿拉善（磴口县、阿拉善左旗）、西阿拉善（阿拉善右旗）。分布于我国黑龙江西南部、吉林西部、辽宁西部和西北部、河北西北部、河南西北部、山西北部、陕西北部、宁夏、甘肃（河西走廊），蒙古国东部和南部及西部。为戈壁—蒙古分布种。

全草及根入药，能清热解毒、消肿、止痛、抗结核，主治骨结核、淋巴结核、脓疡、扁桃体炎、肋间神经痛。

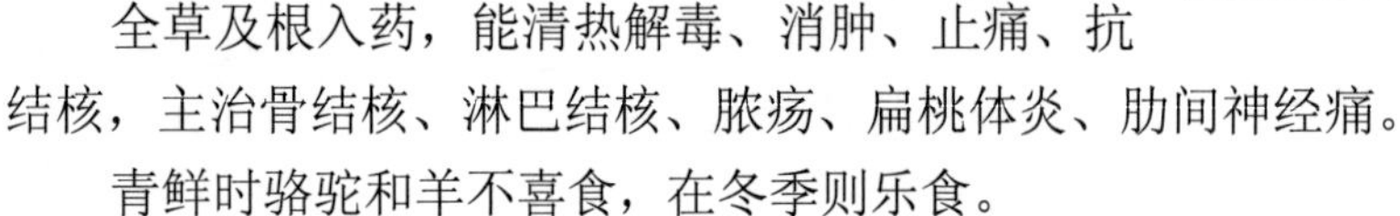

青鲜时骆驼和羊不喜食，在冬季则乐食。

13. 欧当归属 **Levisticum** Hill

多年生草本。全株无毛。叶为二至三回羽状复叶。总苞片与小总苞片 7 ～ 10，披针形，花后反折；萼齿不明显；花瓣黄色或淡绿黄色，椭圆形顶端具内卷小舌片。果矩圆形或椭圆形，背腹稍压扁；侧棱翅状；中棱与背棱狭三角形，锐尖；每棱槽中具油管 1 条，合生面具 2（稀 4）条；胚乳腹面平坦；心皮柄 2 裂达基部。

内蒙古有 1 栽培种。

1. 欧当归（保当归）

Levisticum officinale W. D. J. Koch in Nov. Act. Phys.-Med. Acad. Caes. Leop.-Carol. Nat. Cur. 12(1):101. 1824; Fl. Intramongol. ed. 2, 3:653. t.260. f.1-6. 1989.

多年生草本，高 150 ～ 200cm。全株具强烈香气，无毛。根多数，束状，圆柱形，直径 3 ～ 15mm，表面具横皱纹，棕褐色。根状茎肥大，肉质，短，直径 4 ～ 5cm，棕褐色，具横环纹，顶部具多头。茎直立，上部稍分枝，圆筒状，节间中空，具细纵棱，基部直径约 2cm，带红紫色，具光泽。基生叶与茎下部叶具长柄，叶柄圆筒形，中空，具细纵棱，叶鞘卵状矩圆形，带红紫色，抱茎；叶片三回羽状复叶，近菱形，长 35 ～ 50cm，宽 25 ～ 30cm；小叶近直立，卵状菱形或菱形，长 4 ～ 8cm，宽 1.5 ～ 3cm，上半部具少数齿状缺刻，2 ～ 3 裂或不整齐粗大牙齿，下半部全缘，先端锐尖，基部楔形或歪斜，上面绿色，下面淡蓝绿色，具光泽。中、上部叶简化，叶柄部分或全部成叶鞘。复伞形花序二歧聚伞式排列，直径 5 ～ 6cm；伞辐 14 ～ 18，长 1 ～ 2.5cm；总苞片 7 ～ 10，披针形或条状披针形，长 8 ～ 14mm，宽 2 ～ 3mm，先端长渐尖，边缘白色宽膜质，开花时向下反折；伞形花序直径约 1cm，具多数花；花梗长 1 ～ 3mm；小总苞片 10 片左右，下半部合生，披针形，长 5 ～ 7mm，边缘白色宽膜质，开花时向下反折；无萼齿；花瓣淡黄绿色，近椭圆形，长约 1.7mm，宽约 1mm；花柱基厚垫状，淡黄绿色，比子房宽大。果矩圆形，长 6 ～ 7mm，宽约 4mm，背腹稍压扁；背棱与中棱具狭翅，侧棱具较宽（约 1mm）的翅，翅灰黄色；棱槽棕褐色，每棱槽中具油管 1 条，合生面具 2 条；胚乳腹面平坦；心皮柄 2 裂达基部。花期 6 ～ 7 月，果期 8 ～ 9 月。

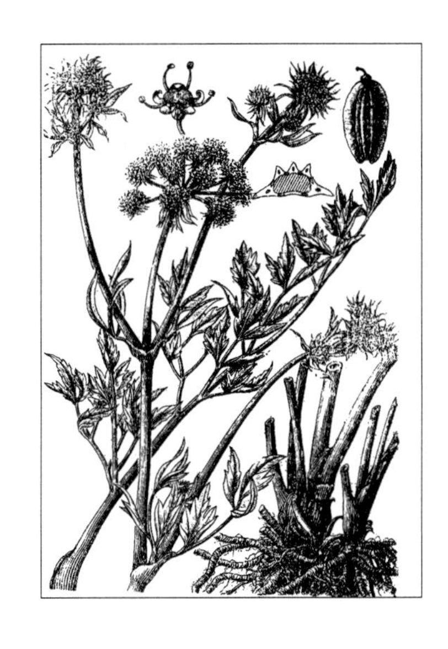

中生草本。原产欧洲和西南亚。为欧洲—西南亚分布种。现内蒙古及我国其他省区，北美洲有栽培。

在欧洲其根入药。根含有淀粉、糖、树脂与当归酸等。新鲜的根含挥发油 0.3% ～ 0.5%，干燥的根含挥发油 0.6% ～ 1%，挥发油的成分是棕榈酸、香荆芥酚、正丁叉苯酞、芳酮、萜等。

14. 防风属 **Saposhnikovia** Schischk.

多年生草本，茎自基部二叉状多分枝。叶为二至三回羽状全裂。通常无总苞片；小总苞片数片；萼齿三角状卵形；花瓣白色，宽卵形，先端钝截，具内卷小舌片；花柱基圆锥形；子房密被白色的瘤状突起，果期逐渐消失。果狭椭圆形或椭圆形，背腹稍压扁；背棱与中棱稍隆起，侧棱较宽；每果棱内具油管 1 条，每棱槽内具油管 1 条，合生面具油管 2 条；胚乳腹面平坦；心皮柄 2 裂达基部。

单种属。

1. 防风（关防风、北防风、旁风）

Saposhnikovia divaricata (Turcz.) Schischk. in Fl. U.R.S.S. 17:54. t.5. f.1. 1951; Fl. Intramongol. ed. 2, 3:663. t.261. f.6-11. 1989.——*Stenocoelium divaricatum* Turcz. in Bull. Soc. Imp. Nat. Mosc. 17:734. 1844.

多年生草本，高 30 ～ 70cm。主根圆柱形，粗壮，直径约 1cm，外皮灰棕色。根状茎短圆柱形，外面密被棕褐色纤维状老叶残基。茎直立，二歧式多分枝，表面具细纵棱，稍呈“之”字形弯曲，圆柱形，节间实心。基生叶多数簇生，具长柄与叶鞘；叶片二至三回羽状深裂，披针形或卵状披针形，长 10 ～ 15cm，宽 4 ～ 6cm；一回羽片具柄，3 ～ 5 对，远离，卵形或卵状

披针形；二回羽片无柄，2 ～ 3 对；最终裂片狭楔形，长 1 ～ 2cm，宽 2 ～ 5mm，顶部常具 2 ～ 3 缺刻状齿；齿尖具小凸尖，两面淡灰蓝绿色，无毛。茎生叶与基生叶相似，但较小并简化，顶生叶柄几乎完全呈鞘状，具极简化的叶片或无叶片。复伞形花序多数，直径 3 ～ 6cm；伞辐 6 ～ 10，长 1 ～ 3cm；通常无总苞片；小伞形花序直径 5 ～ 12mm，具花 4 ～ 10 朵；花梗长 2 ～ 5mm；小总苞片 4 ～ 10，披针形，比花梗短；萼齿卵状三角形；花瓣白色；子房被小瘤状突起。果长 4 ～ 5mm，宽 2 ～ 2.5mm。花期 7 ～ 8 月，果期 9 月。

旱生草本。生于森林带和草原带的高平原、丘陵坡地、固定沙丘，常为草原植被的伴生种。产兴安北部、岭东、岭西、呼伦贝尔、兴安南部（科尔沁右翼前旗、科尔沁右翼中旗、扎鲁特旗、巴林左旗、巴林右旗、克什克腾旗）、辽河平原（大青沟）、燕山北部（喀喇沁旗）、锡林郭勒东部和南部、阴山（大青山、蛮汗山）、阴南丘陵（准格尔旗）、鄂尔多斯。分布于我国黑龙江、吉林、辽宁、河北、山东、山西、陕西、宁夏东部、甘肃东部，朝鲜、蒙古国东部和北部、俄罗斯（达乌里地区、远东地区）。为华北—满洲—蒙古分布种。

根入药（药材名：防风），能发表、祛湿、止痛，主治风寒感冒、头痛、周身尽痛、风湿痛、神经病、破伤风、皮肤瘙痒。

青鲜时骆驼乐食，其他牲畜不喜食。

15. 蛇床属 Cnidium Cuss.

二年生或多年生草本，稀一年生草本。叶二至数回羽裂。总苞片数片或无；小总苞片多数；萼齿很小或不明显；花瓣白色或淡红色，倒心形或宽倒心形，先端具内卷的小舌片；花柱基圆锥形、短圆锥形或垫状；花柱于果期延长，比花柱基长数倍。果椭圆形、矩圆形或近圆形，稍背腹压扁，具 5 条木栓化翅的果棱；每棱槽具油管 1 条，合生面具 2 条；胚乳腹面近平坦；心皮柄 2 裂达基部。

内蒙古有 3 种。

分种检索表

1a. 二年生或多年生草本；茎平滑无毛；果椭圆形或近矩圆形，较大，长 2.5 ～ 4.5mm。

2a. 总苞片 6 ～ 9，条形，边缘宽膜质；小总苞片 8 ～ 12，倒披针形或倒卵形，边缘宽膜质；叶最终裂片卵形或披针形……………………………………………………………**1. 兴安蛇床 C. dauricum**

2b. 总苞片通常不存在，稀 1 ～ 2，条状锥形；小总苞片 4 ～ 9，条状锥形，边缘狭膜质；叶最终裂片条形……………………………………………………………………………**2. 碱蛇床 C. salinum**

1b. 一年生草本；茎下部被微短硬毛；果宽椭圆形，较小，长约 2mm……………………**3. 蛇床 C. monnieri**

1. 兴安蛇床（山胡萝卜）

Cnidium dauricum (Jacq.) Fisch. ex C. A. Mey. in Index Sem. Hort. Petrop. 2:33. 1836; Fl. Intramongol. ed. 2, 3:629. t.249. f.1-5. 1989.——*Laserpitium dauricum* Jacq. in Hort. Bot. Vindob. 3:22. 1776.

二年生或多年生草本，高（40 ～）80 ～ 150（～ 200）cm。根圆锥状，直径 6 ～ 15mm，肉质，黄褐色。茎直立，具细纵棱，平滑无毛，上部分枝。基生叶和茎下部叶具长柄，叶柄长度约为叶片的一半，基部具叶鞘，叶鞘抱茎，常带红紫色，边缘宽膜质；叶片二至三（四）回羽状全裂，变异大，菱形、三角形、卵形或披针形，长达 25cm，宽达 28cm；一回羽片 4 ～ 5 对，具柄，远离，披针形；二回羽片 3 ～ 5 对，远离，具短柄或无柄，卵状披针形；最终裂片卵形或披针形，长（0.5 ～）1 ～ 2cm，宽（4 ～）7 ～ 15mm，羽状深裂，先端锐尖，具小尖头，基部楔形或渐狭，边缘向下稍卷折，下面中脉隆起，沿脉与叶缘具微短硬毛。茎中、上部叶的叶柄全部成叶鞘，较小且简化。复伞形花序直径花时 3 ～ 7cm，果时 6 ～ 12cm；伞辐 10 ～ 20，具纵棱，内侧被微短硬毛；总苞片 6 ～ 9，条形，长 6 ～ 12mm，先端具短尖头，边缘宽膜质；小伞形花序直径约 1cm，具花 20 ～ 40 朵；花梗长 1 ～ 4mm，内侧被微短硬毛；小总苞片 8 ～ 12，倒披针形或倒卵形，长 3 ～ 7mm，宽约 2mm，先端具短尖头，具极宽的白色膜质边缘；萼齿不明显；花瓣白色，宽倒卵形，先端具

小舌片，内卷呈凹缺状；花柱基扁圆锥形。双悬果矩圆形或椭圆状矩圆形，长 3.5 ～ 4.5mm，宽 2.5 ～ 3mm；果棱翅淡黄色，棱槽棕色。花期 7 ～ 8 月，果期 8 ～ 9 月。

中生草本。生于森林带和草原的山地林缘、河边草地。产岭东（扎兰屯市）、岭西及呼伦贝尔（额尔古纳市、鄂温克族自治旗、海拉尔区、满洲里市）、兴安南部（科尔沁右翼前旗、科尔沁右翼中旗、乌兰浩特市、阿鲁科尔沁旗、巴林右旗）、锡林郭勒（西乌珠穆沁旗、锡林浩特市、多伦县）、阴山（大青山、蛮汗山）。分布于我国黑龙江西南部、吉林中部、河北北部、山西，日本、朝鲜、蒙古国东部和北部及西部、俄罗斯（西伯利亚地区）。为东古北极分布种。

2. 碱蛇床

Cnidium salinum Turcz. in Bull. Soc. Imp. Nat. Mosc. 17:733. 1844; Fl. Intramongol. ed. 2, 3:631. t.250. f.1-4. 1989.——*C. salinum* Turcz. var. *rhizomaticum* Y. C. Ma in Fl. Intramongol. 4:207. 1979; Fl. Intramongol. ed. 2, 3:633. 1989; Fl. China 14:137. 2005.

二年生或多年生草本，高 20 ～ 50cm。主根圆锥形，直径 4 ～ 7mm，褐色，具支根。茎直立或下部稍膝曲，上部稍分枝，具纵细棱，无毛，节部膨大，基部常带红紫色。叶少数。基生叶和茎下部叶具长柄与叶鞘；叶片二至三回羽状全裂，为卵形或三角状卵形；一回羽片 3 ～ 4 对，具柄，近卵形；二回羽片 2 ～ 3 对，无柄，披针状卵形；最终裂片条形，长 3 ～ 20mm，宽 1 ～ 2mm，顶端锐尖，边缘稍卷折，两面蓝绿色，光滑无毛，下面中脉隆起。茎中、上部叶较小且简化，叶柄全部成叶鞘，叶片简化成一或二回羽状全裂。复伞形花序直径花时 3 ～ 5.5cm，果时 6 ～ 8cm；伞辐 8 ～ 15，长 1.5 ～ 3cm，

具纵棱，内侧被微短硬毛；总苞片通常不存在，稀具1～2，条状锥形，与伞辐近等长；小伞形花序直径约1cm，具花15～20朵；花梗长1.5～3mm，具纵棱，内侧被微短硬毛；小总苞片4～9，条状锥形，比花梗长；萼齿不明显；花瓣白色，宽倒卵形，长约1mm，先端具小舌片，内卷呈凹缺状；花柱基短圆锥形；花柱于花后延长，比花柱基长得多。双悬果近椭圆形或卵形，长2.5～3mm，宽约1.5mm。花期8月，果期9月。

耐盐中生草本。生于森林带和草原带的河边草甸、湖边草甸、盐湿草甸。产兴安北部及岭西（阿尔山市五岔沟、鄂温克族自治旗）、兴安南部（克什克腾旗）、锡林郭勒（西乌珠穆沁旗、苏尼特左旗）、燕山北部（兴和县苏木山）、鄂尔多斯（伊金霍洛旗、乌审旗）、贺兰山。分布于我国黑龙江西部、河北北部、宁夏北部、甘肃东南部、青海东北部，蒙古国北部和东部及南部、俄罗斯（东西伯利亚地区）。为黄土—蒙古分布种。

3. 蛇床

Cnidium monnieri (L.) Cuss. in Mem. Soc. Med. Emul. Paris 280. 1782; Fl. Intramongol. ed. 2, 3:633. t.249. f.6-9. 1989.——*Selinum monnieri* L., Cent. P1.1:9.1755.

一年生草本，高30～80cm。根细瘦，圆锥形，直径2～4mm，褐黄色。茎单一，上部稍分枝，具细纵棱，下部被微短硬毛，上部近无毛。基生叶与茎下部叶具长柄与叶叶鞘；叶片二至三回羽状全裂，近三角形，长5～8cm，宽3～6cm；一回羽片3～4对，远离，具柄，三角状卵形；二回羽片具短柄或无柄，近披针形；最终裂片条形或条状披针形，长2～10mm，宽1～2mm，先端锐尖，具小刺尖，沿叶脉与边缘常被微短硬毛。茎中部与上部叶较小且简化，叶柄全部成叶鞘。复伞形花序直径花时1.5～3.5cm，果时达5cm；伞辐12～20，内

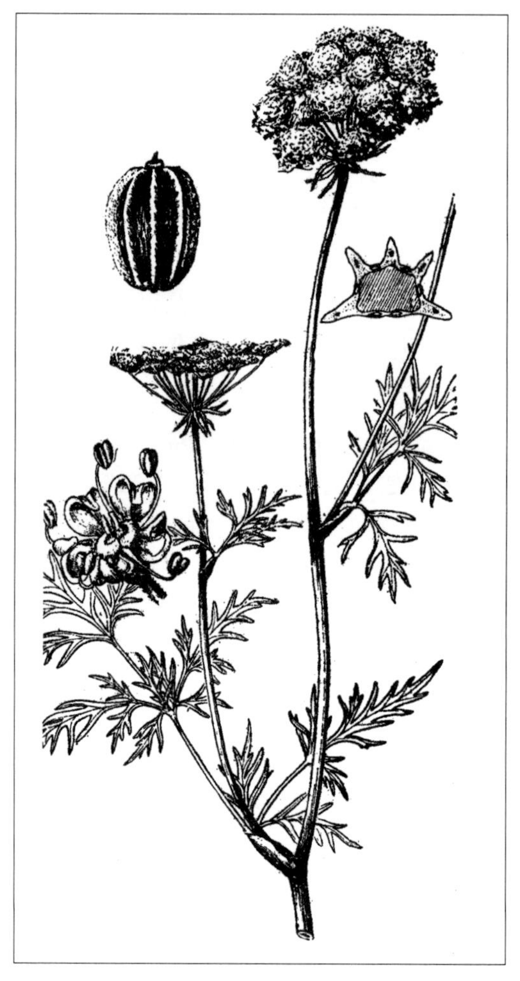

侧被微短硬毛；总苞片 7 ～ 13，条状锥形，边缘宽膜质和具短睫毛，长为伞辐的 1/3 ～ 1/2；小伞形花序直径约 5mm，具花 20 ～ 30 朵；花梗长 0.5 ～ 3mm；小总苞片 9 ～ 11，条状锥形，长 4 ～ 5mm，边缘膜质具短睫毛；萼齿不明显；花瓣白色，宽倒心形，先端具内卷小舌片；花柱基垫状。双悬果宽椭圆形，长约 2mm，宽约 1.8mm。花期 6 ～ 7 月，果期 7 ～ 8 月。

中生草本。生于森林带和草原带的河边或湖边草甸、田边。产兴安北部（额尔古纳市）、呼伦贝尔（海拉尔区、新巴尔虎右旗）、兴安南部（阿鲁科尔沁旗、克什克腾旗）、燕山北部（喀喇沁旗）。分布于我国除新疆、青海、西藏外的南北各地，朝鲜、蒙古国、俄罗斯（东西伯利亚地区、远东地区）、印度、老挝、越南，欧洲。为古北极分布种。

果实入药（药材名：蛇床子），能祛风、燥湿、杀虫、止痒、补肾，主治阴痒带下、阴道滴虫、皮肤湿疹、阳痿。果实也入蒙药，能温中、杀虫，主治胃寒、消化不良、青腿病、游痛症、滴虫病、痔疮、皮肤瘙痒、湿疹。

16. 藁本属 Ligusticum L.

多年生草本。叶为一至四回羽状全裂。总苞片和小总苞片 1 至数片或不存在；萼齿很短或不明显；花瓣白色或淡红色，倒卵形或倒心形，先端具小舌片，内卷呈凹缺状；花柱基短圆锥形。双悬果卵形、椭圆形或矩圆形，无毛。分生果背腹稍压扁，果棱明显凸起至狭翅状，尖锐；每棱槽中具油管 1 ～ 6 条，合生面具 2 ～ 10 条；胚乳腹面平坦或稍凹入；心皮柄 2 裂。

内蒙古有 2 种，另有 1 栽培种。

分种检索表

1a. 叶的最终裂片丝状条形或条形，萼齿三角状披针形……………………………………**1. 岩茴香 L. tachiroei**

1b. 叶的最终裂片卵形、披针形或条状披针形，萼齿不明显。

  2a. 根状茎节膨大，呈结节状拳形团块；花柱与果近等长。栽培…**2. 川芎 L. sinense** cv. **Chuanxiong**

  2b. 根状茎节不膨大，无结节状拳形团块；花柱长不及果的 1/2……………………**3. 辽藁本 L. jeholense**

1. 岩茴香（细叶藁本）

Ligusticum tachiroei (Franch. et Sav.) M. Hiroe et Constance in Umbell. Jap. 1:74. f.38. 1958; Fl. Intramongol. ed. 2, 3:635. t.250. f.5-8. 1989.——*Seseli tachiroei* Franch.et Sav. in Enum. Pl. Jap. 2:373. 1878.

多年生草本，高 15 ～ 50cm。根圆柱形，直径约 5mm，淡褐黄色。根状茎圆柱形，顶端包被残叶基。茎直立，单一，有时上部稍分枝，具细纵棱，基部有时带紫色，无毛。基生叶具细长的叶柄与叶鞘，叶鞘矩圆形，边缘宽膜质，抱茎；叶片三至四回羽状全裂，三角形或卵状三角形，长与宽均为 6 ～ 10cm；一回羽片 4 ～ 5 对，远离，具柄，卵形至披针形；二回羽片 2 ～ 4 对，远离，无柄；最终裂片丝状条形，长 3 ～ 10mm，宽 0.3 ～ 1mm，先端锐尖或钝，具小凸尖。茎生叶与基生叶相似，但较小且简化，叶柄逐渐缩短；上部叶只有叶鞘与少数狭裂片。复伞形花序直径花时 1.5 ～ 3cm，果时达 5cm；伞辐 5 ～ 10，具条棱，花时长 5 ～ 15mm，果时长达 23mm，内侧稍粗糙；总苞片数片，狭条形，边缘膜质，稍粗糙，长 5 ～ 10mm；小伞形花序直径约 1cm，具花 10 余朵，花梗长 1 ～ 3mm，内侧稍粗糙；小总苞片数片，条形，比花梗长，边缘稍粗糙；花两性或雄性，一般主伞为两性花，侧伞为雄性花；萼齿三角状披针形，先端锐尖；花瓣白色；花柱基圆锥形；花柱延长，果期下弯。果卵状长椭圆形，长 3 ～ 4.5mm，宽约 1.5mm，棱槽棕色；果棱黄色，尖锐，稍呈狭翅状。花期 7 ～ 8 月，果

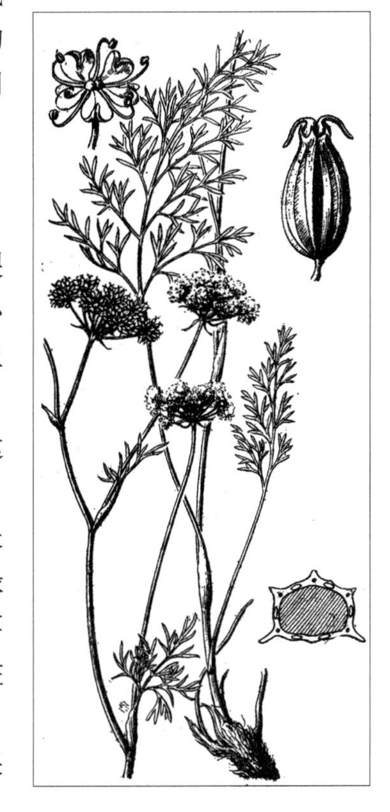

期8～9月。

中生草本。生于落叶阔叶林带的山地河边草甸、阴湿石缝处。产兴安南部（阿鲁科尔沁旗、巴林右旗、西乌珠穆沁旗汗乌拉山）、燕山北部（喀喇沁旗、宁城县、敖汉旗）、阴山（大青山、蛮汗山、乌拉山）、阴南丘陵（准格尔旗）。分布于我国吉林东部、辽宁东北部、河北、山西北部、河南西部，日本、朝鲜。为东亚北部分布种。

2. 川芎（小叶川芎）

Ligusticum sinense Oliver cv. **Chuanxiong** S. H. Qiu et al. in Act. Phytotax. Sin. 17(2):102. 1979. pro sp.; Fl. China 14:144. 2005.——*L. chuanxiong* Hort. ex S. H. Qiu et al. in Act. Phytotax. Sin. 17(2):101. 1979; Fl. Intramongol. ed. 2, 3:635. t.251. f.6-9. 1989.

多年生草本，高30～50cm。地下根状茎呈不规则的结节状拳形团块，黄褐色，有明显结节起伏的轮节，节盘膨大。茎直立，上部分枝，具纵棱与沟，节间中空；下部的节明显膨大呈盘状，常生不定根；中部以上的节不膨大。基生叶与茎下部叶具长柄，柄长9～17cm，叶鞘具膜质边缘，抱茎；叶片二至三回单数羽状全裂，卵形或宽卵形，长16～22cm，宽12～17cm；一回羽片3～4对，远离，具柄，卵形至披针形；二回羽片2～3对，具短柄或无柄；最终裂片卵形至条状披针形，长1.5～2.5cm，宽6～14mm，边缘成不整齐的卵状深裂或缺刻状粗齿；齿尖具小凸尖，两面无毛，仅上面沿脉稍粗糙，下面叶脉隆起。复伞形花序直径约4cm；伞辐12～16，长8～14mm，内侧被微短硬毛；无总苞片；小伞形花序直径约1cm，具花约20朵；花梗不等长，长2～6mm，内侧被微短硬毛；通常无小总苞片；萼齿不明显；花瓣白色，狭倒心形，前端1/4处内卷，顶端具凸尖头；花柱基扁圆锥形。果实未见。

中生草本。原产四川西部，为川西种。现河北、山西、河南、甘肃、湖北、四川及内蒙古有栽培。

根状茎入药（药材名：川芎），能活血行气、散风止痛，主治月经不调、经闭腹痛、痛经、胸胁胀痛、冠心病心绞痛、感冒风寒、头晕、头痛、风湿痹痛。根状茎也入蒙药（蒙药名：哈力当桄），功能、主治同上。

3. 辽藁本（热河藁本）

Ligusticum jeholense (Nakai et Kitag.) Nakai et Kitag. in Rep. First Sci. Exped. Manch. Sect. 4, 4:36. 90. 1936; Fl. Intramongol. ed. 2, 3:636. t.251. f.1-5. 1989.——*Cnidium jeholense* Nakai et Kitag. in Rep. Exped. Manch. Sect. 4, 1[Pl. Nov. Jehol. 1]:38. 1934.

多年生草本，高30～70cm。根圆锥形，分叉，表面深褐色。根状茎短，具芳香味。茎直立，圆柱形，中空，具细纵棱，下部常带紫色，上部分枝。基生叶具长柄，茎生叶向上渐短；叶片二至三回三出式羽状全裂，卵形，长10～20cm，宽8～16cm；一回羽片2～4对，远离，具柄，卵形或宽卵形；最终羽片 2 ～ 4 对，卵形，长 1.5 ～ 3cm，宽 8 ～ 18mm，先端锐尖具短尖头，边缘常 3 ～ 5 浅裂，上面绿色，沿主脉被短糙毛，下面淡绿色，无毛。复伞形花序直径 4 ～ 7cm；总苞片 2 ～ 6，早落；伞辐 8 ～ 16，长 2 ～ 3cm；花序梗顶部及伞辐内侧被微短硬毛；小伞形花序具花 15 ～ 20 朵，直径约 1cm；花梗不等长；小总苞片 8 ～ 10，钻形；萼齿不明显；花瓣白色，椭圆状倒卵形，具内折小舌片；花柱基短圆锥状；花柱细长，果期向下反曲。双悬果椭圆形，长 3 ～ 4mm，宽 2 ～ 2.5mm。分生果背腹压扁，背棱凸起，侧棱具狭翅；每棱槽内具油管 1（～ 2）条，合生面具 2 ～ 4 条；胚乳腹面平直。花期 8 月，果期 9 ～ 10 月。

中生草本。生于落叶、阔叶林带的山地林下。产兴安南部（克什克腾旗）、燕山北部（喀喇沁旗、宁城县、敖汉旗）。分布于我国吉林东南部、辽宁、河北、山东西部、山西。为华北分布种。

根和根状茎入药（药材名：藁本），能祛风、散寒、除湿、止痛，主治风寒感冒、巅顶疼痛、风湿、肢节痹痛。

17. 独活属 Heracleum L.

多年生或二年生草本，全株常被毛。叶为羽状复叶，小叶常羽状分裂。总苞片少数或不存在；小总苞片少数至多数；复伞形花序大型；主伞的花结实，侧伞的花有时不结实；萼齿明显或不明显；花白色，倒卵形；花序中央花的花瓣等型，先端具小舌片，内卷呈凹缺状；外缘花的外侧花瓣为辐射瓣；花柱基圆锥形或半球形，边缘微波状。果圆形、倒卵形或椭圆形，背腹极压扁；果棱的背棱和中棱细丝状，不明显，彼此靠近，侧棱宽薄翅状，与中棱分离；每棱槽中具油管 1 条，合生面具 2 ～ 4 条，全部油管大而短缩，长达分生果中部或中下部；胚乳腹面平坦；心皮柄 2 裂达基部。

内蒙古有 2 种。

分种检索表

1a. 伞梗 20 ～ 40；无总苞片；叶背面密被短茸毛，灰白色，侧生小叶多少成羽状深裂或缺刻，裂片多少成羽状缺刻……………………………………………………………………………**1. 兴安独活 H. dissectum**

1b. 伞梗 11 ～ 20；具总苞片；叶背面脉上或全面疏生短毛，不为灰白色。

  2a. 叶一回羽状分裂，侧生小叶多为 3 ～ 5 浅裂，稀中裂或深裂，裂片通常不再分裂………………………………………………………………………………**2a. 短毛独活 H. moellendorffii** var. **moellendorffii**

  2b. 叶二回羽状全裂，二回裂片卵状披针形…**2b. 狭叶短毛独活 H. moellendorffii** var. **subbipinnatum**

1. 兴安独活（兴安牛防风）

Heracleum dissectum Ledeb. in Fl. Alt. 1:301. 1829; Fl. Pl. Herb. China Bor.-Orient. 6:279. t.115. f.1-5. 1977.

多年生草本，高 70 ～ 150cm。根斜生，近纺锤形，分枝，直径 1 ～ 2cm，带灰黄色，具轻微的香气。茎直立，圆筒形，中空，表面具棱槽，被开展的粗毛。基生叶早枯。茎生叶三出或为羽状复叶，具 5 小叶，叶轴被粗毛；有柄，叶柄被粗毛，基部扩大成鞘状抱茎。2 对侧小叶广卵形；顶小叶较宽，近圆形或广椭圆状卵形；小叶有柄，基部微心形、楔形或歪斜，多少成羽状深裂或缺刻；小裂片卵状长圆形，常成羽状缺刻，边缘具锯齿状牙齿，表面被较稀疏的微细伏毛，背面密生短茸毛，呈灰白色。茎上部叶渐简化，叶柄全部呈宽鞘状，叶片极小。复伞形花序直径达 20cm；无总苞片；伞梗 20 ～ 40，不等长，内侧密被毛；小伞形花序直径达 2cm；小总苞片数枚，条状披针形，被毛；小伞梗多数，内侧被密毛；萼齿狭三角形；花瓣白色，二型；子房有毛，花柱基短圆锥形。双悬果倒卵状圆形或广椭圆形，长 8 ～ 9mm，宽 6 ～ 7mm，无毛或稍被毛；分生果的棱槽中各具 1 条油管，达果下部 2/3 处，合生面具 2 条油管，达果中部。花期 7 ～ 8 月，果期 8 ～ 9 月。

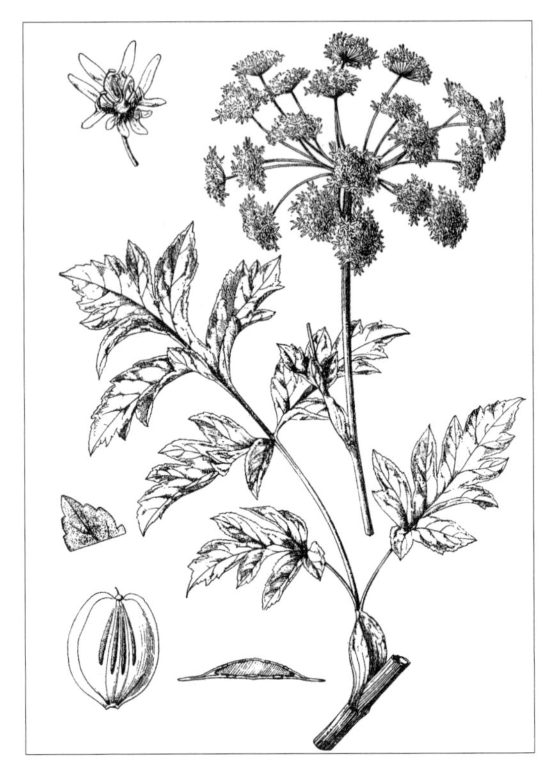

中生草本。生于森林带的林下、林缘、河岸湿草甸。产兴安北部（额尔古纳市、牙克石市）。分布于我国黑龙江、吉林东部、新疆（天山），朝鲜、蒙古国北部和西部及南部、俄罗斯（西伯利亚地区、远东地区），中亚。为东古北极分布种。

2. 短毛独活（短毛白芷、东北牛防风）

Heracleum moellendorffii Hance in J. Bot. 16:12. 1878; Fl. China 14:197. 2005.——*H. lanatum* Michx. in Fl. Bor. Amer. 1:166. 1803; Fl. Intramongol. ed. 2, 3:661. t.265. f.1-8. 1989.

2a. 短毛独活

Heracleum moellendorffii Hance var. **moellendorffii**

多年生草本，高 100 ～ 200cm。根圆锥形，粗大，多分枝，灰棕色。茎直立，有棱槽，上部开展分枝。叶有柄，长 10 ～ 30cm。叶片广卵形，薄膜质，三出式分裂，裂片广卵形至圆形或心形，不规则的 3 ～ 5 裂，长 10 ～ 20cm，宽 7 ～ 18cm；裂片边缘具粗大的锯齿，尖锐至长尖；小叶柄长 3 ～ 8cm；茎上部叶有显著宽展的叶鞘。复伞形花序顶生和侧生；花序梗长 4 ～ 15cm；总苞

片少数，条状披针形；伞辐12～30，不等长；小总苞片5～10，披针形；花柄细长，长4～20mm；萼齿不显著；花瓣白色，二型；花柱基短圆锥形，花柱叉开。分生果圆状倒卵形，顶端凹陷，背部扁平，直径约8mm，有稀疏的柔毛或近光滑；背棱和中棱线状凸起，侧棱宽阔；每棱槽内具油管1条，合生面具2条，棒形，其长度为分生果的一半；胚乳腹面平直。花期7月，果期8～10月。

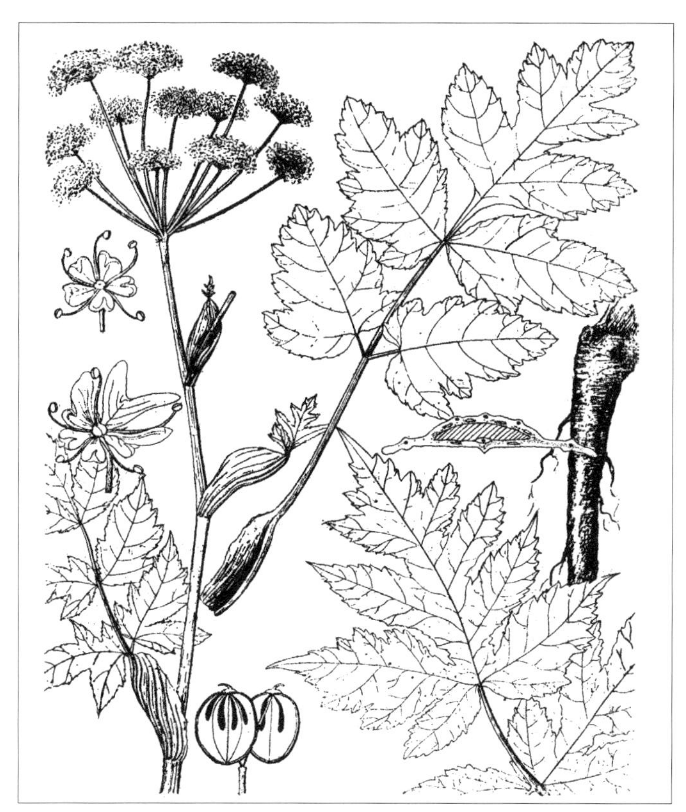

中生草本。生于森林带和森林草原带的林下、林缘、溪边。产兴安北部及岭东和岭西（额尔古纳市、根河市、牙克石市、鄂伦春自治旗、鄂温克族自治旗）、兴安南部（扎鲁特旗、阿鲁科尔沁旗、巴林右旗、克什克腾旗、东乌珠穆沁旗、西乌珠穆沁旗）、燕山北部（喀喇沁旗、宁城县、敖汉旗）、阴山（大青山、蛮汗山、乌拉山）。分布于我国黑龙江东半部、吉林东半部、辽宁、河北、山东、山西、陕西南部、甘肃东部、四川、云南西北部和北部、安徽南部、江苏、浙江北部、江西北部、湖南东部，日本、朝鲜。为东亚分布种。

2b. 狭叶短毛独活

Heracleum moellendorffii Hance var. **subbipinnatum** (Franch.) Kitag. in Rep. Inst. Sci. Res. Manch. 5:157. 1941; Fl. China 14:198. 2005.——*H. microcarpum* Franch. var. *subbipinnatum* Franch. in Nouv. Arch. Mus. Hist. Nat. Ser. 2, 6:18. 1883.

本变种与正种的区别：本种叶二回羽状全裂，二回裂片卵状披针形。

多年生中生草本。生于森林带和森林草原带的林下、林缘。产内蒙古东部。分布于我国黑龙江、吉林、河北，朝鲜。为华北—满洲分布变种。

18. 柳叶芹属 **Czernaevia** Turcz.

属的特征同种。

单种属。

分变种检索表

1a. 果背棱狭翅状，侧棱宽翅状；叶的小裂片披针形或卵状披针形…**1a. 柳叶芹 C. laevigata** var. **laevigata**

1b. 果背棱肋状，侧棱近无翅；叶的小裂片较窄，条状披针形…………………………………………………………………………………………………**1b. 无翼柳叶芹 C. laevigata** var. **exalatocarpa**

1. 柳叶芹（小叶独活）

Czernaevia laevigata Turcz. in Bull. Soc. Imp. Nat. Mosc. 17:740. 1844; Fl. Intramongol. ed. 2, 3:651. t.259. f.1-6. 1989.

1a. 柳叶芹

Czernaevia laevigata Turcz. var. **laevigata**

二年生草本，高 40 ～ 100cm。主根较细短，圆锥形，直径 3 ～ 6mm，黑褐色。茎单一，直立，不分枝或顶部稍分枝，基部直径 5 ～ 7mm，中空，具纵细棱，黄绿色，有光泽，无毛，仅花序下具长短不等的硬毛。基生叶于开花时早枯萎。茎生叶 3 ～ 5；茎下部具长柄与叶鞘，鞘三角状卵形，边缘膜质，抱茎；叶片二回羽状全裂，卵状三角形，长与宽均为 9 ～ 12cm；一回羽片 2 ～ 3 对，远离，具短柄；二回（最终）羽片披针形至矩圆状披针形，长 15 ～ 55mm，宽 5 ～ 16mm，先端渐尖，基部楔形或稍歪斜，边缘具白色软骨质的锯齿或重锯齿，齿尖常具小凸尖，上面沿中脉被短硬毛，下面无毛。中、上部叶渐小且简化，叶柄部分或全部成叶鞘，叶鞘披针状条形，抱茎。复伞形花序直径 4 ～ 9cm；伞辐 15 ～ 30，长短不等，长 15 ～ 45mm，内侧被短硬毛；通常无总苞片；小伞形花序直径 8 ～ 15mm，具多数花；花梗长 1 ～ 8mm，内侧被极短硬毛；小总苞片 2 ～ 8，条状锥形，常比花梗短；主伞为两性花，常结实；侧伞为雄花，常不结实；萼齿不明显；花瓣白色，倒卵形，长约 1mm；花序外缘花具辐射瓣，长约 3mm；花柱果时延长，下弯。果宽椭圆形，长约 3mm，宽约 2mm，背部稍扁；背棱与中棱狭翅状，侧棱为宽翅状，翅为黄色，棱槽为棕色；每棱槽具油管 3 ～ 5 条，合生面具 6 ～ 10 条。花期 7 ～ 8 月，果期 9 月。

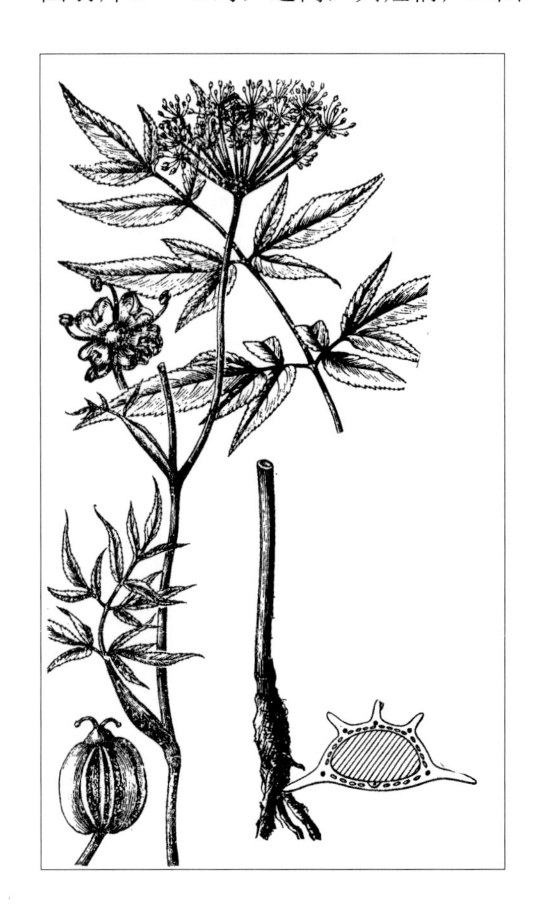

中生草本。生于森林带和森林草原带的河边沼泽草甸、山地灌丛、林下、林缘草甸。产兴安北部及岭东和岭西（额尔古纳市、根河市、牙克石市、扎兰屯市、阿荣旗）、兴安南部（科尔沁右翼前旗、扎鲁特旗、

阿鲁科尔沁旗、巴林左旗、巴林右旗、克什克腾旗）、燕山北部（喀喇沁旗、宁城县、敖汉旗）、锡林郭勒（东乌珠穆沁旗、西乌珠穆沁旗、多伦县）。分布于我国黑龙江、吉林、辽宁、河北北部、山东，朝鲜、俄罗斯（达乌里地区、远东地区）。为达乌里—满洲分布种。

1b. 无翼柳叶芹

Czernaevia laevigata Turcz. var. **exalatocarpa** Y. C. Chu in Fl. Herb. China Bor.-Orient. 6:266. 294. 1977; Fl. Intramongol. ed. 2, 3:651. 1989.

本变种与正种的区别：本种分生果的果棱呈肋状，侧棱几乎无翼，棱槽较宽阔。

湿中生草本。生于森林带的河边沼泽草甸。产岭西（额尔古纳市）。分布于我国黑龙江东北部、吉林、辽宁、河北北部（雾灵山）。为华北—满洲分布变种。

19. 贺兰芹属 Helania L. Q. Zhao et Y. Z. Zhao

多年生草本。全株具香气。根状茎细长，圆柱形。叶三至四回羽状分裂。复伞形花序顶生或侧生；总苞片 1 ～ 7，条形，全缘，边缘窄膜质，有时顶端叶状羽裂，果期常脱落；小总苞片 5 ～ 10，线形，花期与小花梗等长或稍长，边缘粗糙；萼齿线形，长约 0.5mm，果期易脱落；花瓣白色或淡粉红色；外缘花的外侧具辐射瓣，花瓣先端具小舌片，内卷呈凹缺状；花柱 2，果期向下反折，长约为果的一半。分生果背腹压扁，椭圆形；背棱狭翼状，侧棱具狭翅；每棱槽内具油管 1 条，合生面具油管 4 条；胚乳腹面平直。

单种属。

本属因小伞形花序外缘花具辐射瓣、果实背腹压扁而与柳叶芹相近，但本属为多年生草本，具细长根状茎，叶三至四回羽状分裂，萼齿线形，分生果侧棱具狭翅；而柳叶芹属为二年生草本，具直根，叶二回羽状全裂，萼齿不明显，分生果侧棱具比背棱宽 1 倍以上的宽翅，而明显不同。本属的根、茎、叶及果实虽然与藁本属较相似，但藁本属小伞形花序外缘花无辐射瓣，又与本属明显不同。

Herb perennial, strongly aromatic. Plants with thin terete rhizomes. Leaves 3-4-pinnate. Umbels compound, terminal or lateral, bracts 1-7, linear, margin narrowly membranous, entire, sometimes apex 2-3-lobed, unsully caducous in fruit; bracteoles 5-10, linear, entire, maigin scabrous, slightly longer than or subequaling pedicel in flower. Calyx teeth linear, ca. 0.5mm long, caduceus in fruit. Petals white or pale pinkish, apex notched with incurved apical lobule, outer petals conspicuously enlarged. Styles 2, reflexed in fruit, ca. 0.5×fruit. Fruit oblong, dorsally compressed, ribs all prominent, vittae 1, rarely 2 in each furrow, 4 on commissure. Seed face plane. Carpophore 2-cleft to base.

Genus monotype. Mt. Helanshan in China.

Type generis: Helania radialipetala L. Q. Zhao et Y. Z. Zhao

Hic genus Czernaeviae Turcz. affinis, sed herba perenni, rhizomate tenui longo; foliis 3-4-pinnatis; dentibus calycum linearibus; angulis coccorum lateralibus angustis alis differ.

Hic genus Ligustico L. affinis, sed petalis exterioribus conspicue dilatatis differ.

1. 贺兰芹

Helania radialipetala L. Q. Zhao et Y. Z. Zhao sp. nov.

多年生草本，高 20 ～ 50cm。全株具香气。根状茎细圆柱形，粗 2 ～ 5mm，节稍膨大，节间长 1 ～ 2.5cm，节上生数条须根。茎直立，圆柱形，具纵条纹，上部少分枝。叶片卵状三角形，长 5 ～ 17cm，宽 3 ～ 8cm，三至四回羽状分裂，末回裂片矩圆状披针形，顶端具小尖头；茎上部叶简化，较小，两面光滑无毛或沿脉粗糙。复伞形花序顶生或侧生；总苞片 1 ～ 7，条形，全缘，边缘窄膜质，有时顶端叶状羽状分裂，果期常脱落；伞辐 5 ～ 12，近等长，长 1 ～ 2.5cm，边缘粗糙；小总苞片 5 ～ 10，线形，花期与小花梗等长或稍长，边缘粗糙；小伞形花序具花 15 ～ 25 朵；花梗不等长，内侧粗糙；萼齿线形，长约 0.5mm，果期易脱落；花瓣白色或淡粉红色；外缘花的外侧具辐射瓣；花瓣先端具小舌片，内卷呈凹缺状；花柱基半球形，花柱 2，长 2 ～ 3mm，果期向下反折，长约为果的一半。分生果背腹压扁，椭圆形，长 4 ～ 5mm，宽 1.5 ～ 2mm；背棱狭翼状，侧棱具狭翅；每棱槽内具油管 1 条，合生面具油管 4 条；胚乳腹面平直。花果期 7 ～ 9 月。

内蒙古：阿拉善盟，阿拉善左旗，贺兰山，南寺沟，生于海拔 2500 ～ 3000m 的沟谷林缘草甸。2014-8-27，赵利清，秦帅，陈龙 14-001；2009-7-16，赵利清 09-002。

Herb perennial, 20-50cm tall, strongly aromatic. Rhizomes thin terete, 2-5mm in diameter, slightly swollen at nodes, internode 1-2.5cm, nodes with several thin fibrous roots. Stem erect, few branched on upper part. Blade ovate-triangular, 5-12cm×3-8cm, 3-4-pinnate, ultimate segments oblong-lanceolate, apex mucronulate. Upper leaves reduced. Umbels compound, terminal or lateral, bracts 1-7, linear, margin narrowly membranous, entire, sometimes apex 2-3-lobed, unsully caducous in fruit; rays 5-12, subequal, 1-2.5 cm, margin scabrous; bracteoles 5-10, linear, entire, maigin scabrous, slightly longer than or subequaling pedicel in flower. Umbellet 15-25-flowered, pedicel unequaling, inside scabrous. Calyx teeth linear, ca. 0.5mm long, caduceus in fruit. Petals white or pale pinkish, apex notched with incurved apical lobule, outer petals conspicuously enlarged. Stylopodium hemispheric, styles 2, reflexed in fruit, ca. 0.5×fruit. Fruit oblong, 4-5mm×1.5-2mm, dorsally compressed, ribs all prominent, vittae 1, rarely 2 in each furrow, 4 on commissure. Seed face plane. Carpophore 2-cleft to base. Fl.-fr. Jul.-Sept.

Holotype: China (中国). Inner Mongolia (内蒙古), Alashan (阿拉善盟), Alashanzuoqi (阿拉善左旗) Mt. Helanshan (贺兰山), on moutain slopes, 27 August 2014 Li-Qing Zhao,Shuai Qing, Long Chen N14-8-27 (HIMC).

Paratype: China (中国). Inner Mongolia (内蒙古), same location as holotype, 20 July 2009 Li-Qing Zhao N09-002 (HIMC).

20. 胀果芹属 **Phlojodicarpus** Turcz.

多年生草本。叶为二至三回羽状全裂。总苞片与小总苞片数片至 10 余枚；萼齿披针形或锥形；花瓣白色或苍白微带堇色，倒卵形，基部具短爪，顶端具小舌片，呈凹缺状内卷；花柱基短圆锥形。果椭圆形或近圆形，背腹压扁；背棱与中棱钝而隆起，木栓质，稍肥厚；侧棱较宽，翅状，木栓化，肥厚；各棱槽中具油管 1 ～ 3 条，合生面具 2 ～ 4 条，油管有时消失；胚乳腹面平坦；心皮柄 2 裂达基部。

内蒙古有 2 种。

分种检索表

1a. 花序、花及果实无毛或仅具疏短毛……………………………………………**1. 胀果芹 P. sibiricus**

1b. 花序、花及果实被柔毛或较密的绵毛……………………………………**2. 毛序胀果芹 P. villosus**

1. 胀果芹（燥芹、膨果芹）

Phlojodicarpus sibiricus (Fisch. ex Spreng.) K.-Pol. in Spisok Rast Gerb. Russk. Fl. Bot. Muz. Rossiisk. Akad. Nauk 8:117. 1922; Fl. Intramongol. ed. 2, 3:657. t.262. f.1-4. 1989; Fl. China 14:181. 2005.——*Cachrys sibirica* Fisch. ex Spreng. in Syst. Veg. 1:892. 1824.

多年生草本，高 15 ～ 30cm。主根粗大，圆柱形，直伸，直径 1 ～ 2cm，褐色，表面具横皱纹。根状茎具多头，包被许多褐色老叶柄和纤维。茎数条至 10 余条自根状茎顶部丛生，直立，不分枝，如花葶状，具细纵棱，无毛，仅花序下部被微短硬毛，有时带红紫色，有光泽。基生叶多数，丛生，灰蓝绿色，具长柄与叶鞘；鞘卵状矩圆形，具白色宽膜质边缘，有时带红紫色；叶片三回羽状全裂，矩圆形、矩圆状卵形或条形，长 4 ～ 6cm，宽 8 ～ 18mm；一回羽片 4 ～ 6 对，无柄，远离；二回羽片 1 ～ 3 对，无柄；最终裂片条形或条状披针形，长 1 ～ 4mm，宽 0.3 ～ 0.6mm，先端锐尖，两面平滑无毛。茎生叶 1 ～ 3，极简化，叶柄全部成宽叶鞘。复伞形花序单生茎顶，

直径 2 ～ 3cm；伞辐 8 ～ 14，长 3 ～ 10mm，内侧密被微短硬毛；总苞片数片至 10 余片，狭条形，边缘膜质，先端长渐尖，有时下面被微短硬毛，不等长，有时其中 1 片如顶生叶；小伞形花序直径 7 ～ 10mm，具花 10 余朵，花梗长 0.5 ～ 2mm，内侧被微短硬毛；小总苞片 5 ～ 10，条形，长 3 ～ 5mm，先端长渐尖，边缘膜质，沿脉稍被微短硬毛；萼齿披针形或狭三角形，长约 0.5mm；花瓣白色。果宽椭圆形，长 6 ～ 7mm，宽 4 ～ 5mm；果棱黄色，棱槽棕褐色，无毛或被微短硬毛。花期 6 月，果期 7 ～ 8 月。

嗜砾石旱生草本。生于草原带的石质山坡、向阳山坡。产岭西（额尔古纳市）、呼伦贝尔（满洲里市）、锡林郭勒（锡林浩特市、苏尼特左旗、太仆寺旗）、乌兰察布（乌拉特中旗）。分布于我国河北北部，蒙古国北部、西部及南部，俄罗斯（西伯利亚地区南部）。为蒙古高原草原分布种。

2. 毛序胀果芹

Phlojodicarpus villosus (Turcz. ex Fisch. et C.A. Mey.) Turcz. ex Ledeb. in Fl. Ross. 2:331. 1844; Fl. China 14:182. 2005.——*Libanotis villosa* Turcz. ex Fisch. et C.A. Mey. in Index Sem. Hort. Petrop. 1:31. 1833.——*P. sibiricus* (Fisch. ex Spreng.) K.-Pol. var. *villosus* (Turcz. ex Fisch. et C.A. Mey.) Y. C. Chu in Fl. Herb. China Bor.-Orient. 6:287. t.119. f.5-6. 1977; Fl. Intramongol. ed. 2, 3:657. 1989.

多年生草本，高 15 ～ 65cm。根颈粗大，常数个结成头状，其上存留多数棕色枯鞘纤维；主根粗大，圆锥形，直径 1 ～ 2cm。茎通常数个丛生，少有单生，直立，圆柱形，不分枝，如花葶状，具细纵条纹，下部条纹较细，不显著，上部条纹呈棱状凸起，茎和叶基部有时带紫红色。基生叶多数，丛生，带灰绿色，具长柄，叶柄长 4 ～ 9cm，基部具长卵状叶鞘；叶片为长圆形或长圆状卵形，三回羽状全裂，长 4 ～ 10cm，宽 1 ～ 3cm；一回羽片 4 ～ 7 对，下部羽片无柄或具短柄，上部者无柄；二回羽片 2 ～ 3 对，无柄；末回裂片条形或条状披针形，先端急尖，有小尖头，顶端裂片基部下延，长 (2 ～)4 ～ 20mm，宽 0.5 ～ 2.5mm，边缘反曲，两面平滑无毛。茎生叶 1 ～ 3，小型简化，无柄，仅有宽阔叶鞘抱茎，叶鞘常带堇色，边缘膜质。复伞形花序通常顶生，直径 3 ～ 8cm；花序梗通常有毛；总苞片 5 ～ 10，条状披针形，不等大，被稀疏或浓密的柔毛；伞辐 8 ～ 14，粗壮，近等长，有毛；每小伞形花序有花 10 余朵；小总苞片 6 ～ 12，条状披针形，先端长渐尖，白色膜质，比花柄长或近等长，小总苞片和花柄都被柔毛；花瓣倒卵形，白色，外面有毛；萼齿披针形，长约 1mm；花柱叉开或弯曲；花柱基细小，扁圆锥形。果实椭圆形，长 6 ～ 7mm，宽 4 ～ 5mm，成熟时浅黄色，有短硬毛；果皮肥厚，稍木质化；背棱和中棱粗钝甚隆起，侧棱宽翅状，肥厚；每棱槽内具油管 1 条，合生面具 2 条。花期 6 ～ 7 月，果期 7 ～ 8 月。

嗜砾石旱生草本。生于草原带的石质山坡。产呼伦贝尔（满洲里市）、兴安南部（扎鲁特旗）。分布于蒙古国北部、俄罗斯（西伯利亚地区南部）。为北蒙古分布种。

21. 前胡属 Peucedanum L.

多年生草本。叶一至数回三出全裂或羽状全裂。萼齿短或不明显；花瓣白色、淡绿色或紫色，先端具小舌片，内卷呈凹缺状；花柱基肥厚，圆锥形；花柱下弯，比花柱基长。果宽或狭椭圆形，背腹压扁；背棱与中棱稍隆起，侧棱翅状，与另一分生果侧棱互相紧密集合；每棱槽中具油管1～3条，合生面具2～6条；胚乳腹面稍内凹；心皮柄2裂达基部。

内蒙古有5种。

分种检索表

1a. 叶一至三回羽状深裂或全裂。

2a. 叶的最终裂片细条形，宽约1mm。

3a. 植株高大，高30～100cm；茎单一，分枝，无毛，具数个伞形花序…**1. 兴安前胡 P. baicalense**

3b. 植株矮小，高10～30cm；茎多数，不分枝，下部被短糙毛或无毛，每茎只具1个复伞形花序…………………………………………………………………………………**2. 刺前胡 P. hystrix**

2b. 叶的最终裂片披针形或卵状披针形，宽2mm以上。

4a. 茎、叶、果无毛；果实每棱槽具油管1条，合生面具2条………**3. 石防风 P. terebinthaceum**

4b. 茎、叶、果被细短硬毛；果实每棱槽具油管3～4条，合生面具6～8条…………………………………………………………………………………………**4. 华北前胡 P. harry-smithii**

1b. 叶一至二回羽状全裂，裂片披针状条形，略呈镰刀状弯曲………………………**5. 镰叶前胡 P. falcaria**

1. 兴安前胡

Peucedanum baicalense (I. Redowsky ex Willd.)W. D. J. Koch. in Nov. Act. Phys.-Med. Acad. Caes. Leop.-Carol. Nat. Cur. 12(1):94. 1824; Fl. China 14:188. 2005.——*Selinum baicalense* I. Redowsky ex Willd. in Enum. Pl. 1:306. 1809.

多年生草本，高30～100cm。根颈较长且粗壮，长4～5cm，直径1～1.5cm，密被棕色细而短的枯鞘纤维；根圆柱形，多支根，褐色。茎单一，圆柱形，直径3～5mm，直立，光滑无毛，下部细条纹不显著，上部细条纹凸起，自中部开始分枝。基生叶多数，具叶柄，叶柄长4～6cm，基部具狭窄短小叶鞘；叶片长圆形，长3～10cm，宽2～5cm，二至三回羽状全裂；具一回羽片4～5对，羽片无柄，长卵形，长1.5～3cm，宽0.8～1.2cm，羽状全裂；具二回羽片2～3对，无柄；末回裂片线形，叶片全缘，先端钝，有小尖头，长2～10mm，宽0.8～1mm，上表面叶脉凹陷，下表面叶脉凸起，两面均无毛，灰绿色，边缘反曲，叶轴有极细茸毛。茎生叶少数，无柄，有叶鞘抱茎；叶片二回羽状全裂，长圆形，较小；末回裂片短而狭窄。花序叶仅有一膜质叶鞘，叶片退化为锥形。复伞形花序略呈伞房状排列；总苞片1～3，披针形，先端长渐尖，白色膜质，无毛；伞形花序直径3～4(～10)cm；伞

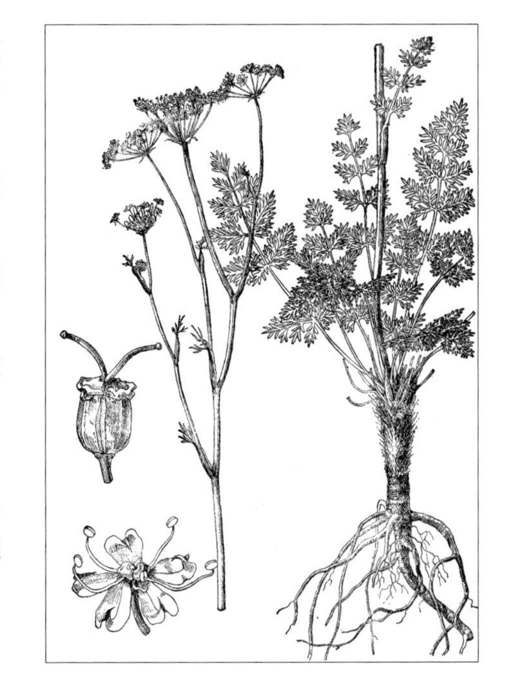

辐 10 ～ 15，长 1 ～ 2(～ 4)cm，近等长，有极短柔毛或近无毛；小总苞片 6 ～ 8，条状披针形，白色膜质，比花柄长或近等长；每小伞形花序有花 8 ～ 10 余朵，花瓣倒心形，白色；萼齿细小尖锐；花柱叉开，花柱基扁圆锥形。分生果椭圆形，长 3 ～ 4mm，宽 2.5 ～ 3mm；背棱及中棱线形凸起，侧棱狭翅状；每棱槽内具油管 1 条，合生面具 2 条。花期 7 ～ 8 月，果期 8 ～ 9 月。

中生草本。生于森林草原带的樟子松下、沙质土壤上。产岭西（鄂温克族自治旗）、科尔沁（翁牛特旗）。分布于我国黑龙江、吉林、辽宁，蒙古国东部和北部、俄罗斯（西伯利亚地区）。为西伯利亚—满洲分布种。

2. 刺前胡

Peucedanum hystrix Bunge in Verz. Suppl. Fl. Alt:23.1835. ——*Ferulopsis hystrix* (Bunge) Pimenov Bot. Zhurn. (Moscow et Leningrad) 76(10): 1391. 1992；Fl. U.S.S.R. 16:132-133. 1950.

多年生草本，高 10 ～ 30cm。根圆柱形，直径 8 ～ 9mm，木质化，灰黄色，具多数根头。茎

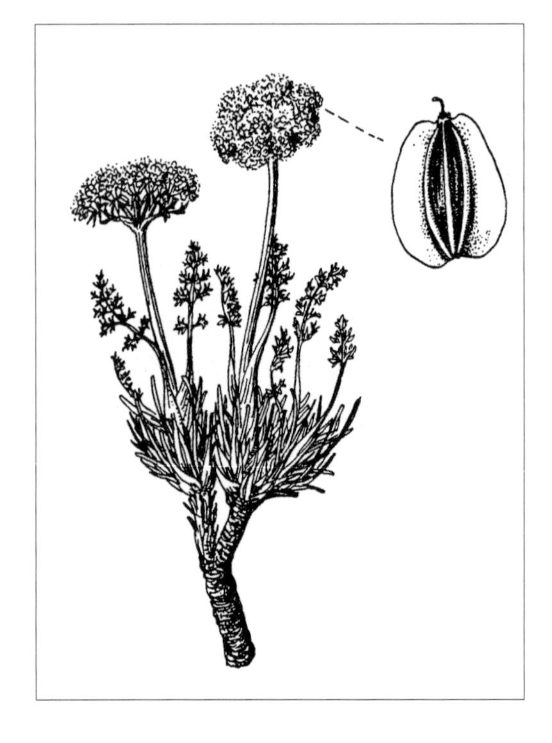

基部包被黑褐色的纤维状叶柄残基；茎多数，直立，上部不分枝，表面具细纵棱，无毛或疏毛，下部被短糙毛，每茎仅具 1 个复伞形花序。基生叶二回羽状复叶，被短糙毛或无毛，椭圆状披针形；小叶具二回羽状全裂，一回羽片 4 ～ 6 对小叶，具柄；二回羽片 1 ～ 2 对，无柄，线形，长 3 ～ 8mm，宽不超过 1mm，先端锐尖；基生叶柄基部扩大呈叶鞘状，具窄膜质边缘。茎生叶 1 ～ 2，或无，生于茎秆下部。复伞形花序直径 2 ～ 4cm；伞辐 10 ～ 20，不等长，内侧被糙毛；总苞片、小苞片各 5 ～ 7，披针形或锥形，易脱落，具宽膜质边缘；萼齿不明显；花瓣白色。翅果疏被糙毛，果球状椭圆形，长约 4mm，宽约 3mm；每棱槽中具 1 ～ 2 条油管，背棱、中棱明显隆起，侧棱翅状，宽约 1mm。花期 6 ～ 7 月，果期 8 ～ 9 月。

中生草本。生于草原带的砾石质坡地。产锡林郭勒（东乌珠穆沁旗乌里雅斯太山）。分布于蒙古国各地。为蒙古高原分布种。

3. 石防风

Peucedanum terebinthaceum (Fisch. ex Trev.) Ledeb. in Fl. Ross. 2:314. 1844; Fl. Intramongol. ed. 2, 3:659. t.263. f.1-5. 1989; Fl. China 14:188. 2005.——*Selinum terebinthaceum* Fisch. ex Trev. in Ind. Sem. Hort. Vratisl. 3:3. 1821.

多年生草本，高 35 ～ 100cm。主根圆柱形，直径约 1cm，灰黄色，具支根。根状茎较主根细，包被棕黑色纤维状叶柄残基。茎直立，上部分枝，表面具细纵棱，节部膨大，节间中实，无毛，具光泽。基生叶与茎下部叶具长柄，柄基部具叶鞘；叶片二至三回羽状全裂，卵状三角形，长与宽均为 7 ～ 10cm；一回羽片 2 ～ 3 对，具短柄或无柄，卵状披针形；二回羽片卵形至披针形，无柄，羽状中裂至深裂；最终裂片卵状披针形或披针形，长 5 ～ 10mm，宽 3 ～ 5mm，边缘具缺刻状牙齿，齿尖具斜的小凸尖，两面无毛，仅上面中脉被短硬毛。茎生叶较小且简化，叶柄一部分或全部成叶鞘；叶鞘条形，边缘膜质。复伞形花序直径 3 ～ 7cm；伞辐 10 ～ 20，长 1 ～ 3cm，果期长达 5cm，内侧被微短硬毛；通常无总苞片，稀 1，如顶生叶状；小伞形花序直径 7 ～ 20mm；花梗长 2 ～ 7mm，极不等长；小总苞片 7 ～ 9，条形，比花梗短，先端渐尖，边缘膜质；萼片狭三角形；花瓣白色，倒心形。果椭圆形或矩圆状椭圆形，长 4 ～ 4.5mm，宽约 2.5mm；果棱黄色；棱槽棕色，有光泽，

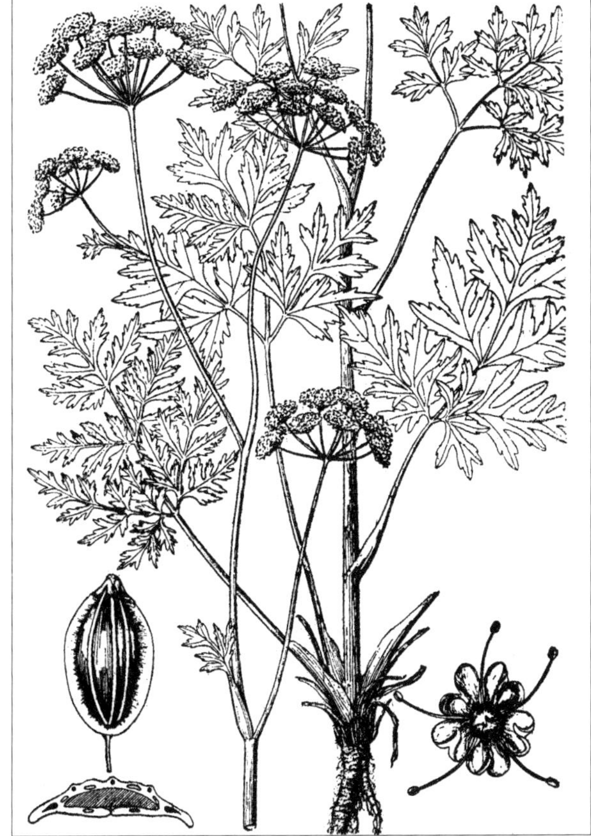

无毛；每棱槽中具油管 1 条，合生面具 2 条。花果期 8 ～ 9 月。

中生草本。生于森林带和森林草原带的山地林缘、山坡草地。产兴安北部及岭东和岭西（额尔古纳市、根河市、牙克石市、鄂伦春自治旗）、兴安南部（科尔沁右翼前旗、阿鲁科尔沁旗、巴林左旗、巴林右旗、林西县）、燕山北部（喀喇沁旗、宁城县、兴和县苏木山）、锡林郭勒（多伦县）。分布于我国黑龙江中北部和东南部、吉林东北部、辽宁、河北东北部，蒙古国北部（肯特）、俄罗斯（西伯利亚地区、远东地区）。为西伯利亚—满洲分布种。

根入药，能止咳祛痰，主治感冒咳嗽、支气管炎。

4. 华北前胡

Peucedanum harry-smithii Fedde ex H. Wolff in Repert. Spec. Nov. Regni Veg. 33:247. 1933; Fl. China 14:189. 2005.——*P. praeruptorum* Dunn subsp. *hirsutiusculum* Y. C. Ma in Fl. Intramongol. 4:198, 208. t.92. f.1-6 1979; Fl. Intramongol. ed. 2, 3:659. t.264. f.1-6. 1989.

多年生草本，高 (30 ～)60 ～ 100cm。根颈粗短，直径 4 ～ 10mm，木质化，皮层灰棕色或暗褐色，存留多数枯鞘纤维；根圆锥形，常有数个分枝。茎圆柱形，直径 0.5 ～ 1cm，有纵长细条纹凸起形成浅沟，越向上部沟纹越明显，髓部充实，下部有白色茸毛，上部茸毛更多。基生叶具柄，叶柄通常较短，长 0.5 ～ 5cm，一年生苗的叶柄较长，可长至 10cm，叶柄基部具卵状披针形叶鞘，外侧被茸毛，边缘膜质；叶片为广三角状卵形，三回羽状分裂或全裂，长 10 ～ 25cm；第一回

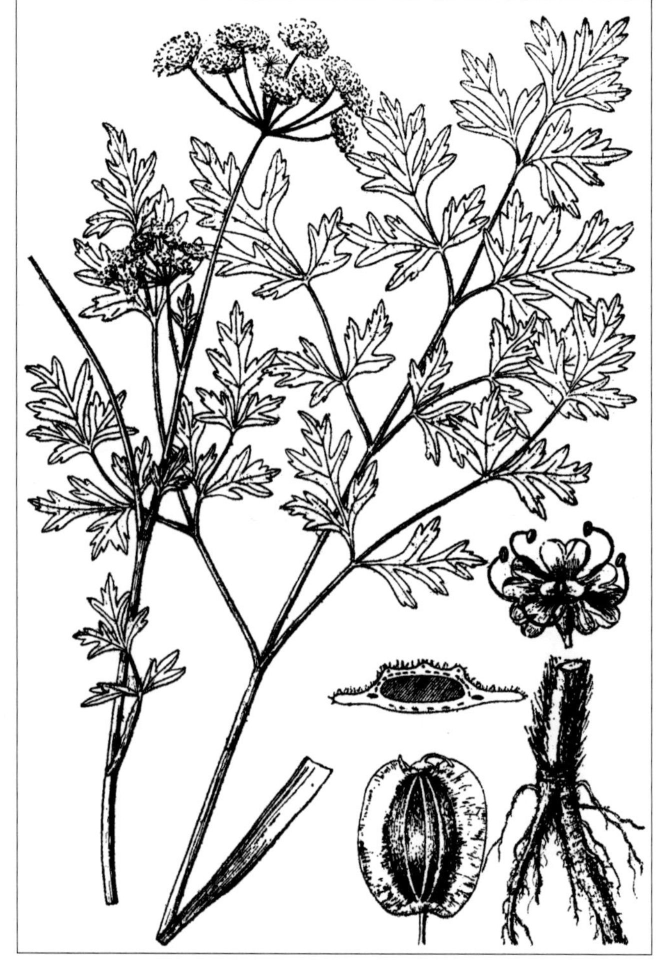

羽片有柄；末回裂片为菱状倒卵形、长卵形以至卵状披针形，基部截形以至楔形，边缘具 1 ～ 3 钝齿或锐齿，长 0.5 ～ 2(～ 4)cm，宽 0.8 ～ 1.5(～ 3)cm，上表面主脉凸起，疏生短毛，下表面主脉及网状脉均显著凸起，粗糙，密生短硬毛，干后带灰蓝色。茎生叶向上逐渐简化，无柄，叶鞘较宽，末回裂片更加狭窄。复伞形花序顶生和侧生，通常分枝较多，花序直径 2.5 ～ 8cm，果期达 10 ～ 12cm；无总苞片或有 1 至数片，早落，条状披针形，长约 5mm；伞辐 8 ～ 20，长 1 ～ 3cm，不等长，内侧被短硬毛；小伞形花序有花 12 ～ 20 朵，花柄粗壮，不等长，被短毛；小总苞片 6 ～ 10，披针形，先端长渐尖，边缘膜质，大小不等，比花柄短，外侧密生短毛；萼齿狭三角形，显著；花瓣倒卵形，白色，小舌片内曲，内侧被乳突状极短毛，外侧被白色稍长毛；花柱短，弯曲；花柱基圆锥形。果实卵状椭圆形，长 4 ～ 5mm，宽 3 ～ 4mm，密被短硬毛；背棱线形凸起，侧棱呈翅状；棱槽内具油管 3 ～ 4 条，合生面具 6 ～ 8 条。花期 8 ～ 9 月，果期 9 ～ 10 月。

中生草本。生于草原带的山地林缘、山沟溪边。产阴山（大青山、蛮汗山）、阴南丘陵（准格尔旗阿贵庙）、贺兰山。分布于我国河北西部、河南西部、山西、陕西、甘肃东南部、四川北部。为华北分布种。

此外，*Flora of China* (14:191. 2005.) 中记载内蒙古产蒙古前胡 *P. pricei* N. D. Simpson。经查，该种内蒙古没有分布。

5. 镰叶前胡

Peucedanum falcaria Turcz. in Bull. Soc. Imp. Nat. Mosc. 5:192. 1832;Fl. China 14:189. 2005.

多年生草本，高 40 ～ 60cm，全株光滑。根颈短，存留有短小枯鞘纤维；根细长圆锥形，黄褐色。茎单一，通常不分枝，直立，有细条纹轻微凸起。基生叶少数，有短柄，基部具披针形叶鞘；叶片为长卵形或椭圆形，一至二回羽状全裂；末回裂片 5 ～ 10，披针状条形或稍镰刀状弯曲，淡灰绿色，长 1 ～ 3.5cm，宽 1 ～ 3mm。茎生叶少数，向上逐渐简化，较小，无柄，叶鞘披针形或卵状披针形，边缘膜质，基部抱茎。复伞形花序顶生和腋生，直径 3 ～ 6cm；总苞片无或 1 ～ 3，细小，锥形；伞辐 7 ～ 12，不等长；小伞形花序有花 15 ～ 20 朵；花梗不等长；小总苞片 10 ～ 13，披针状条形，不等长，边缘膜质，比花梗短；萼齿三角状披针形，尖锐；花瓣宽卵形，顶端微凹，有内折的小舌片，长约 1.5mm；花柱基圆锥形，暗紫红色；花柱延长，弯曲。果实倒卵形或广椭圆形，先端较宽，长 5 ～ 6mm，宽 4 ～ 4.5mm；果棱丝状凸起，侧棱翅状，宽约 1mm；每棱槽内具油管 3 条，合生面具 4 ～ 6 条。花期 7 月，果期 8 月。

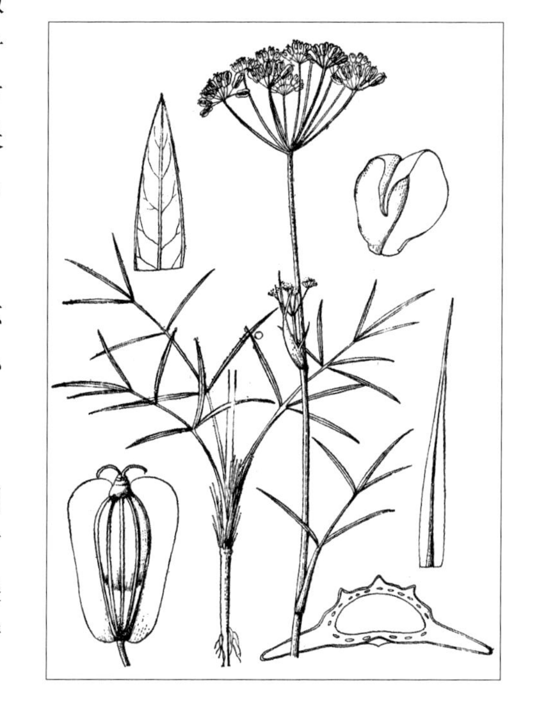

中生草本。生于荒漠带的涝坝边盐渍地，零星生长。产东阿拉善（阿拉善左旗巴彦浩特镇）。分布于我国新疆（哈密市巴里坤哈萨克自治县），蒙古国、俄罗斯（西伯利亚地区）。为亚洲中部分布种。

22. 山芹属 Ostericum Hoffm.

多年生草本。叶为二至四回羽状全裂或三出式羽状全裂。总苞片 1 至数枚或无；小总苞片 5 ～ 10，条形至披针形；萼齿明显，宿存；花瓣白色，先端具小舌片，内卷呈凹缺状；花柱基扁圆锥形。果矩圆形至椭圆形，背腹压扁；背棱与中棱隆起，中空，有时呈狭翅状；侧棱常呈宽翅状，中空；外果皮薄膜质，由一层凸镜状细胞组成，果熟时果皮部分与种子分离；每棱槽中具油管 1 ～ 4 条，合生面具 2 ～ 8 条；胚乳腹面平坦；心皮柄 2 裂达基部。

内蒙古有 3 种。

分种检索表

1a. 叶的最终裂片狭细，边缘全缘；植株具细长根状茎。

2a. 最终裂片条状披针形、矩圆状条形或条形，宽 1.5 ～ 5mm……………………………………………………1a. 全叶山芹 O. maximowiczii var. maximowiczii**

2b. 最终裂片丝形或条状丝形，宽 0.4 ～ 1mm……………**1b. 丝叶山芹 O. maximowiczii** var. **filisectum**

1b. 叶的最终裂片较宽，边缘具锯齿或牙齿；植株具直根。

3a. 花瓣淡绿色或白色，基部具长爪，爪长于瓣片；分生果的棱槽各具 1 条油管，合生面具 2 条……………………………………………………………………**2. 绿花山芹 O. viridiflorum**

3b. 花瓣白色，基部具短爪；分生果的棱槽各具 1 ～ 3 条油管，合生面具 4 ～ 8 条。

4a. 小叶具短柄，卵形，宽 2 ～ 6cm，基部心形或圆形…………**3a. 山芹 O. sieboldii** var. **sieboldii**

4b. 小叶无柄，椭圆形或菱状卵形，宽 1 ～ 3cm，基部楔形……………………………………………………………**3b. 狭叶山芹 O. sieboldii** var. **praeteritum**

1. 全叶山芹

Ostericum maximowiczii (F. Schmidt ex Maxim.) Kitag. in J. Jap. Bot. 12:232. 1936; Fl. Intramongol. ed. 2, 3:638. t.252. f.4-7. 1989.——*Gomphopetalum maximowiczii* F. Schmidt. et Maxim. in Mem. Acad. Imp. Sci. St.-Petersb. Div. Sav. 9(Prim. Fl. Amur.):126. 1859.

1a. 全叶山芹

Ostericum maximowiczii (F. Schmidt ex Maxim.) Kitag. var. **maximowiczii**

多年生草木，高 40 ～ 80cm。根分枝，具细长的地下匍匐枝，节上生根。茎直立，上部稍分枝，圆柱形，表面具纵棱。茎下部叶具长柄，柄基部具长叶鞘，抱茎。茎上部叶具短柄或无柄，但具长叶鞘；叶片三至四回三出羽状全裂；最终裂片细长，条状披针形、矩圆状条形或条形，长 1 ～ 3cm，宽 1.5 ～ 5mm，先端渐尖，全缘，沿叶脉及边缘常被短硬毛。复伞形花序直径 4 ～ 8cm；伞辐 7 ～ 16，稍不等长；总苞片通常 1，披针形，边缘白膜质，早落；小伞形花序直径 1 ～ 1.5cm，具花 10 至 20 余朵；花梗长 3 ～ 5mm；小总苞片 5 ～ 9，条状丝形，不等长；萼齿卵状三角形；花瓣白色，宽椭圆状倒心形，基部具短爪；花柱基短圆锥形。双悬果扁平，宽椭圆形，长 4 ～ 5mm，宽 3 ～ 4mm。分生果背棱隆起，稍尖，侧棱翼状，翼宽约 1mm；棱槽中各具 1 条油管，合生面具 2 条。花果期 8 ～ 10 月。

湿中生草本。生于森林带和草原带的山地沟谷草甸、林缘或林下草甸。产兴安北部（根河市、牙克石市）、呼伦贝尔（满洲里市）、锡林郭勒（锡林浩特市）。分布于我国黑龙江、吉林东北部，朝鲜、俄罗斯（远东地区）。为满洲分布种。

1b. 丝叶山芹

Ostericum maximowiczii (F. Schmidt ex Maxim.) Kitag. var. **filisectum** (Y. C. Chu) C. Q. Yuan et R. H. Shan in Bull. Nanjing Bot. Gard. Mem. Sun Yat Sen 1984-1985:3. 1985; Fl. China 14:170. 2005.——*O. filisectum* Y. C. Chu in Pl. Herb. Chin. Bor.-Orient. 6:245,294. 1977; Fl. Intramongol. ed. 2, 3:640. t.252. f.1-3. 1989.

本变种与正种的区别：本种最终裂片丝形或条状丝形，宽 0. 4 ～ 1mm。

湿中生草本。生于森林带的山地河边草甸、落叶松林下草甸。产兴安北部（额尔古纳市）。为大兴安岭分布变种。

2. 绿花山芹（绿花独活）

Ostericum viridiflorum (Turcz.) Kitag. in J. Jap. Bot. 12:235. 1936; Fl. Intramongol. ed. 2, 3:640. t.253. f.1-6. 1989.——*Gomphopetalum viridiflorum* Turcz. in Bull. Soc. Imp. Nat. Mosc. 141:54. 1841.

二年生或多年生草本，高 50 ～ 100cm。茎直立，上部或中部有分枝，中空，具纵行的粗锐棱。基生叶与茎下部叶具长柄，叶柄基部具长叶鞘；上部叶具短柄或无柄而具长叶鞘；二回三出羽状复叶，小叶卵形或披针状卵形，长 3 ～ 7cm，宽 1 ～ 3cm，先端渐尖，基部楔形、圆楔形或偏斜，边缘有稍不整齐的大牙齿状锯齿，两面脉上及边缘稍粗糙。复伞形花序顶生或侧生；顶生者花序梗短；侧生者花序梗较长，直径 5 ～ 8cm；伞辐 11 ～ 18，不等长，具纵棱，内侧稍粗糙；总苞片 2 ～ 3 或无；小伞形花序直径约 1cm，具花 10 ～ 20 朵；花梗长 3 ～ 5mm；小总苞片 5 ～ 9，条状被针形，边缘具细微齿；萼齿卵形；花瓣淡绿色或白色，椭圆状倒卵形，基部骤狭成长爪；花柱基短圆锥形。双悬果矩圆形，长约 5mm，宽约 3mm。分生果背棱隆起，尖锐，侧棱具宽翼；棱槽中各具 1 条油管，合生面具 2 条。花期 7 ～ 8 月，果期 8 ～ 9 月。

湿中生草本。生于森林带和草原带的河边湿草甸、沼泽草甸。产兴安北部（额尔古纳市）、呼伦贝尔（海拉尔区）、兴安南部（扎赉特旗、巴林右旗）。分布于我国黑龙江、吉林中部和东部、辽宁，俄罗斯（远东地区）。为满洲分布种。

3. 山芹（山芹独活、山芹当归、狭叶山芹）

Ostericum sieboldii (Miq.) Nakai in J. Jap. Bot. 18:219. 1942; Fl. Intramongol. ed. 2, 3:640. 1989. p.p.; Fl. China 14:171. 2005.——*Peucedanum sieboldii* Miq. in Ann. Mus. Bot. Lugduno-Batavi 3:63. 1867.

3a. 山芹

Ostericum sieboldii (Miq.) Nakai var. **sieboldii**

多年生草本，高 40 ～ 120cm。直根圆锥形，具支根，褐色。根状茎短，圆柱形，具横皱纹。茎直立，上部分枝，具宽沟槽与锐尖的棱，中空，无毛或茎下部被白色硬毛。基生叶与茎下部叶具长柄与叶鞘，叶鞘三角状卵形，具多数纵棱，抱茎；二回羽状复叶，长与宽均可达 25cm，小叶卵形或狭卵形，长 3 ～ 6cm，宽 2 ～ 6cm，顶端锐尖、渐尖或长渐尖，基部圆形、截形或微心形，有时歪斜，边缘具不整齐的粗牙齿状锯齿并稍粗糙，两面通常无毛。茎中、上部叶较小且简化，叶柄部分或全部成叶鞘。复伞形花序顶生和腋生，直径 3 ～ 6cm；伞辐 8 ～ 15，长 8 ～ 20mm，具纵条棱，内侧有时稍粗糙；总苞片 1 ～ 2，披针形，或无总苞片；小伞形花序直径 10 ～ 15mm，具花 20 余朵；花梗长 2 ～ 6mm，内侧有时粗糙；小总苞片 6 ～ 10，条形，比花梗短；萼齿三角状卵形；花瓣白色，基部骤狭成短爪。果矩圆状椭圆形，长 4 ～ 5mm，宽约 3mm，棕黄色，具光泽；每棱槽中具油管 1 ～ 3 条，合生面具 4 ～ 8 条。花期 7 ～ 8 月，果期 8 ～ 9 月。

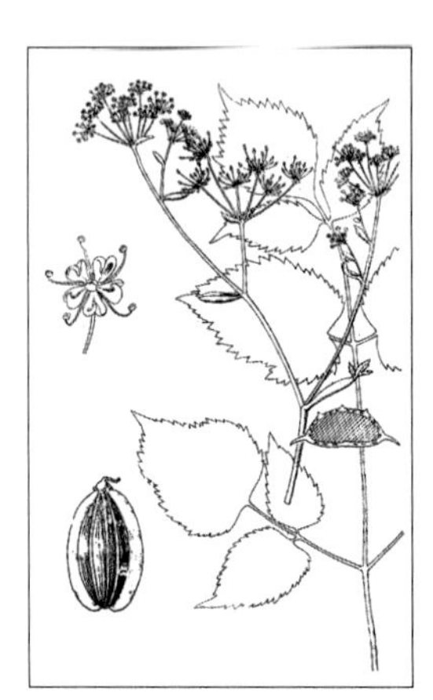

中生草本。生于森林带的山地林缘、林下、溪边草甸。产兴安北部及岭西（额尔古纳市、牙克石市、鄂温克族自治旗）、辽河平原（大青沟）、兴安南部（阿鲁科尔沁旗、巴林右旗）、燕山北部（喀喇沁旗、敖汉旗）、锡林郭勒（多伦县）。分布于我国黑龙江、吉林、辽宁、河北、山东、山西，日本、朝鲜、俄罗斯（远东地区）。为东亚北部分布种。

《内蒙古植物志》第二版中图版 254 图 1 ～ 5 并非正种，而是变种狭叶山芹。

3b. 狭叶山芹

Ostericum sieboldii (Miq.) Nakai var. **praeteritum** (Kitag.) Y. Huei Huang in Pl. Herb. Chin. Bor.-Orient. 6:252. 1977; Fl. Intramongol. ed. 2, 3:640. t.254. f.1-5. 1989. p.p.——*O. praeteritum* Kitag. in J. Jap. Bot. 41:369. 1971.

本变种与正种的区别：本种小叶无柄，椭圆形或菱状卵形，宽 1 ～ 3cm，基部楔形。

多年生中生草本。生于森林草原带的山地林缘、溪边草甸。产燕山北部（喀喇沁旗、宁城县、兴和县苏木山）、阴山（大青山、蛮汗山、乌拉山）。分布于我国黑龙江、吉林、陕西，朝鲜。为华北—满洲分布变种。

23. 当归属 Angelica L.

二年生或多年生草本。叶为一至数回羽状全裂、三出式羽状全裂或羽状复叶，叶缘常具白色软骨质与锯齿。总苞片和小总苞片数枚至 10 余枚或不存在；萼齿通常不明显；花瓣白色，倒卵形或倒披针形，先端具小舌片，内卷呈凹缺状；花柱基扁圆锥形或垫状。果矩圆形、椭圆形至近圆形，背腹压扁，果成熟时有 2 个分生果容易互相分离；背棱与中棱为丝状、肋状等隆起，钝或稍尖，侧棱宽翅状；果棱内的中果皮为海绵质，棱槽内的为膜质；每棱槽中具油管 1 至数条，合生面具 2 至数条；胚乳腹面平坦或稍凹；心皮柄 2 裂达基部。

内蒙古有 4 种，另有 1 栽培种。

分种检索表

1a. 叶 3 裂或一至二回羽状分裂，萼齿三角状锥形，花白色………**1. 白花下延当归 A. decursiva** f. **albiflora**

1b. 叶二至三回羽状分裂或全裂。

2a. 萼齿狭卵形，小总苞片 2 ～ 4。栽培…………………………………………………**2. 当归 A. sinensis**

2b. 萼齿无或不明显。

3a. 叶鞘囊状，红紫色；分生果背棱钝圆而肥厚，合生面具油管 2 条；小总苞片 10 余枚……………………………………………………………………………………**3. 兴安白芷 A. dahurica**

3b. 叶鞘宽兜状，分生果背棱狭而尖锐。

4a. 茎和叶鞘无毛，合生面具油管 2 ～ 4 条…………………………**4. 黑水当归 A. amurensis**

4b. 茎和叶鞘密被短柔毛，合生面具油管 2 条…………………………**5. 狭叶当归 A. anomala**

1. 白花下延当归（鸭巴前朝、白花日本前胡）

Angelica decursiva (Miq.) Franch.et Sav. f. **albiflora** (Maxim.) Nakai in J. Coll. Sci. Imp. Univ. Tokyo 16(1):268. 1909; Fl. Intramongol. ed. 2, 3:648. t.258. f.1-5. 1989.——*Peucedanum decursivum* (Miq.) Maxim. var. *albiflorum* Maxim. in Melanges Biol. Bull. Phys.-Math. Acad. Imp. Sci. St.-Petersb. 12:473. 1886; Fl. China 14:165. 2005.

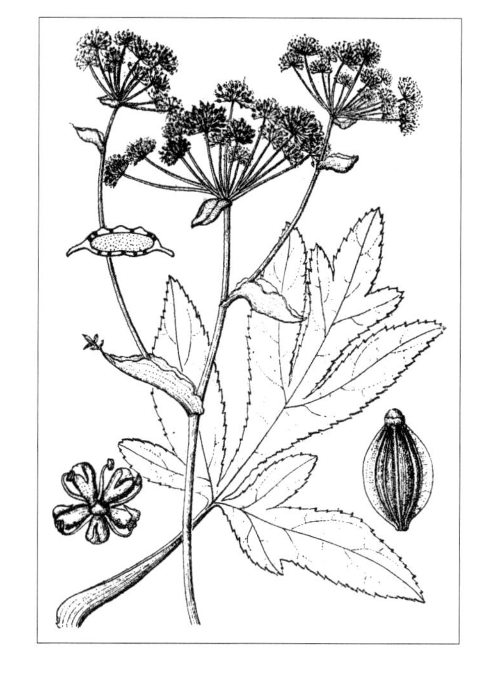

多年生草本，高达 100cm。全株带芳香气。根粗壮，分枝。茎直立，单一，具纵细棱，有光泽。基生叶与下部叶具长叶柄，上部叶具短柄或无柄，柄基部渐宽成长叶鞘，不膨大，抱茎；叶片一至二回三出羽状全裂，最终裂片披针形或矩圆状披针形，长 4 ～ 7cm，宽 1 ～ 2.5cm，先端锐尖，基部沿叶轴下延呈翅状，边缘及翅具锐尖牙齿，具白色软骨质狭边，上面绿色，下面带苍白色，主脉隆起，网脉清晰。顶生叶简化成叶鞘，顶端具极小的叶片。复伞形花序直径 4 ～ 8cm，常具 1 片鞘状总苞；总苞片卵形或椭圆形，向下反折；伞辐 10 ～ 20，内侧被微毛；小伞形花序直径约 1cm，具花约 20 朵；花梗长 2 ～ 4mm；小总苞片 3 ～ 7，条形或披针形；萼齿锥形；花瓣白色，椭圆状披针形，顶端内卷；花柱基矩圆锥形。双悬果椭圆形，长约 4mm，宽约 3mm，背腹扁。分生果背棱隆起，侧棱具狭翼；棱槽中各具1～3条油管，合生面具4～6条。花期8～9月，果期9～10月。

湿中生草本。生于落叶阔叶林带的林下、溪边、林缘湿草甸。产辽河平原（大青沟）。分布于我国黑龙江、吉林、辽宁，日本、俄罗斯（乌苏里地区）。为东亚北部（满洲—日本）分布变种。

2. 当归（秦归）

Angelica sinensis (Oliv.) Diels in Bot. Jahrb. Syst. 29:500. 1901; Fl. Intramongol. ed. 2, 3:644. t.259. f.7-11. 1989.

多年生草本，高30～100cm。主根粗短，肉质肥大，圆锥形，下部分生支根，黄棕色，具香气。茎直立，上部稍分枝，圆柱形，表面具纵细棱，无毛。基生叶具长柄与膨大的叶鞘，鞘紫褐色，抱茎；叶片为二至三回羽状全裂，三角状卵形，长与宽均为8～18cm；一回羽片3～4对，具柄，三角状卵形或卵形；二回羽片1～3对，具短柄或无柄，卵形或卵状披针形；最终裂片卵形或卵状披针形，长1～2cm，宽5～15mm，边缘具不整齐齿状缺刻或粗牙齿，齿尖具小凸尖，两面沿叶脉与边缘被微短硬毛。茎生叶与基生叶相似但简化且较小，叶柄全部成大型叶鞘。复伞形花序顶生或腋生；伞辐10～14，长短不等，具条棱，内侧稍粗糙；无总苞片，有时具1～2片；小伞形花序具花12～36朵；花梗长3～15mm，内侧稍粗糙；小总苞片2～4，条形；萼齿狭卵形；花瓣白色或绿白色；花柱基垫状圆锥形，紫色。果矩圆形或椭圆形，长5～6mm，宽3～3.5mm，侧棱翅宽约1mm。花期6～7月，果期8～9月。

中生草本。原产甘肃南部、四川、云南。为横断山脉分布种。内蒙古赤峰市、蛮汗山及我国其他一些地区有栽培。

根入药（药材名：当归），能补血、活血、调经止痛、润燥滑肠，主治月经不调、崩漏、血虚闭经、痛经、心腹诸病、痈疽疮疡、跌打损伤、贫血、血虚头痛、脱发、血虚便秘。根也入蒙药（蒙药名：当滚），能补血调经、清心，主治月经不调、痛症、血虚闭经、心热、心跳等。

3. 兴安白芷（大活、独活、走马芹）

Angelica dahurica (Fisch. ex Hoffm.) Benth. et Hook. ex Franch. et Sav. in Enum. Pl. Jap. 1:187. 1875; Fl. Intramongol. ed. 2, 3:644. t.255. f.1-6. 1989.——*Callisace dahurica* Fisch. ex Hoffm. in Gen. Pl. Umbell. ed. 2, 170. 1876.

多年生草本，高100～200cm。直根圆柱形，粗大，分枝，直径3～6cm，棕黄色，具香气。茎直立，上部分枝，基部直径5～9cm，节间中空，具细纵棱，除花序下部被短毛外，均无毛。基生叶与茎下叶具长柄，叶柄圆柱形，实心，具细纵棱，叶鞘矩圆形或卵状矩圆形，长10～30cm，宽6～9cm，紧抱茎，常带红紫色；叶片三回羽状全裂，三角形或卵状三角形，长与宽均为50～80cm；一回羽片3～4对，具柄，卵状三角形；二回羽片2～3对，具短柄

或无柄，远离，卵状披针形；最终裂片披针形或条状披针形，长4～12cm，宽2～6cm，先端渐尖或锐尖，基部稍下延，边缘具不整齐的锯齿与白色软骨质，上面绿色，沿中脉被微短硬毛或无毛，下面淡绿色，叶脉隆起，无毛。中、上部叶渐简化，叶柄几乎全部膨大成叶鞘，顶生叶简化成膨大的叶鞘。复伞形花序直径6～20cm；伞辐多数，内侧微被短硬毛，长2～8cm；无总苞片或具1椭圆形鞘状总苞；小伞形花序直径1～2cm，具多数花；花梗长3～8mm；小总苞片10余枚，条形或条状披针形，先端长渐尖，与花梗近等长；无萼齿；花瓣白色。果实椭圆形，背腹压扁，长5～7mm，宽4～5mm；果棱黄色，棱槽棕色，侧棱翅宽约1.5mm。花期7～8月，果期8～9月。

中生草本。散生于森林带和落叶阔叶林的山沟溪旁灌丛下、林缘草甸。产兴安北部（额尔古纳市、根河市）、岭西（鄂温克族自治旗）、兴安南部（科尔沁右翼前旗、扎鲁特旗、阿鲁科尔沁旗、巴林左旗、巴林右旗、克什克腾旗、西乌珠穆沁旗）、辽河平原（大青沟）、燕山北部（喀喇沁旗、宁城县、敖汉旗）。分布于我国黑龙江、吉林中东部、辽宁、河北、山西、陕西，日本、朝鲜、俄罗斯（东西伯利亚地区、远东地区）。为东西伯利亚—东亚北部分布种。

根入药，能祛风散湿、发汗解表、排脓、生肌止痛，主治风寒感冒、前额头痛、鼻窦炎、牙痛、痔漏便血、白带过多、痈疖肿毒、烧伤。

4. 黑水当归（朝鲜白芷）

Angelica amurensis Schischk. in Fl. U.R.S.S. 17:19. t.8. f.7. 1951; Fl. Intramongol. ed. 2, 3:645. t.256. f.1-5. 1989.

多年生草本，高100～200cm。全株具芬香气味。直根粗壮，直径2～3cm，分枝，灰褐色。茎直立，粗壮，中空，表面有纵细棱，基部常带紫色，上部分枝。基生叶与茎下部叶具长叶柄与膨大的叶鞘，二至三回羽状全裂；一回羽片2～3对，有柄；二回羽片常2对，有短柄或几无柄；最终裂片卵形、卵状矩圆形或披针形，长3～8cm，宽1.5～4.5mm，先端锐尖，基部常歪楔形，但顶裂片的基部常下延，边缘具稍不整齐的牙齿，齿端具小凸尖，有时边缘有1～2裂片，上面绿色，主脉常被短糙毛，下面带苍白色，无毛。最上部的叶简化成膨大的叶鞘，顶端具极小的叶片或几乎不存在。复伞形花序直径 7 ～ 16cm；无总苞片；伞辐多数，密被短糙毛；小伞形花序直径约 1.5cm，具花 30 ～ 40 朵；花梗长 3 ～ 5mm；小总苞片 5 ～ 7，条状披针形或条形，早落；萼齿不明显；花瓣白色，近倒卵形；花柱基短圆锥形。双悬果宽椭圆形或矩圆形，背腹扁，长约 5mm，宽约 4mm。分生果背棱隆起，侧棱具宽翼；棱槽各具油管 1 条，合生面具 2 ～ 4 条。花期 7 ～ 8 月，果期 8 ～ 9 月。

中生草本。生于森林带的山地湿草甸、林缘草甸。产兴安北部及岭东（牙克石市、根河市、鄂伦春自治旗）。分布于我国黑龙江、吉林东部、辽宁东北部，日本、朝鲜、俄罗斯（远东地区）。为东亚北部（满洲—日本）分布种。

5. 狭叶当归（额水独活）

Angelica anomala Ave-Lall. in Index Sem. Hort. Petrop. 9:57. 1843; Fl. Intramongol. ed. 2, 3:648. t.257. f.1-5. 1989.

多年生草本，高 80 ～ 100cm。全株具香气。根粗壮，常分枝，灰褐色。茎直立，上部分枝，具纵细棱，常带紫色，密被短柔毛。基生叶与下部叶具长叶柄，上部叶具短柄或无柄，柄基部有长叶鞘，鞘长圆筒形，不膨大，抱茎，表面密被短柔毛；叶片二至三回羽状全裂，卵状三角形，长达 30cm，宽达 25cm；一回羽片 3 ～ 4 对，有柄；二回羽片 2 ～ 3 对，具短柄或无柄；最终裂片矩圆状披针形至条状披针形，长 2 ～ 4cm，宽 0.5 ～ 1cm，先端长渐尖，基部楔形而稍下延，边缘具锐尖锯齿，齿尖有弯向上刺尖，具软骨质边缘，上面绿色，下面带苍白色。复伞形花序直径 5 ～ 10cm；无总苞片或有 1 片而早落；伞辐多数，具条棱，内侧粗糙；小伞形花序直径约 1cm，具花 20 余朵；花梗长 4 ～ 6mm；小总苞片 3 ～ 7，条状锥形；萼齿不明显；花瓣白色，倒卵形；花柱基短圆锥形。双悬果矩圆形或椭圆形，长 4.5 ～ 6mm，宽 3.5 ～ 4mm，背腹扁。分生果背棱隆起，侧棱具宽翼；棱槽各具 1 条油管，合生面具 2 条。花期 7 ～ 8 月，果期 8 ～ 9 月。

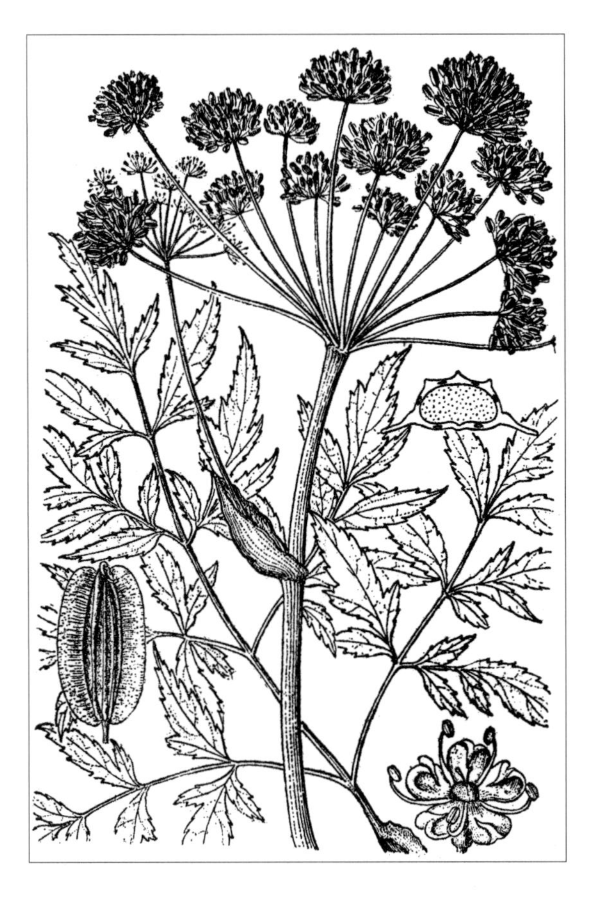

湿中生草本。生于森林带和落叶阔叶林带的河边草甸、林缘溪边湿草甸。产兴安北部（额尔古纳市）、岭东（扎兰屯市）、兴安南部（科尔沁右翼前旗）、燕山北部（宁城县）。分布于我国黑龙江、吉林东部，朝鲜、俄罗斯（达乌里地区、远东地区）。为达乌里—满洲分布种。

24. 古当归属 Archangelica Wolf

多年生高大草本。茎中空。叶大型，二至三回羽状全裂。复伞形花序，伞辐多数；萼片无齿或有短齿；花瓣白色或淡绿色，椭圆形，顶端渐尖，稍内折；花柱基扁平，边缘浅波状。果实卵形、椭圆形或近正方形，稍扁压；果棱均翅状增厚，背棱比棱槽宽；油管多数，几连接成环状，并同种子层联合。

内蒙古有 1 种。

1. 下延叶古当归

Archangelica decurrens Ledeb. in Fl. Alt. 1:316. 1829; Fl. China 14:156. 2005.

多年生草本。根粗壮，圆柱形，棕褐色。茎高 100 ～ 200cm，基部粗 2 ～ 6cm，中空，有细纵棱，光滑无毛。叶三出式二至三回羽状全裂；基生叶有长柄，连同叶片长可至 100cm 左右。茎生叶叶柄长 8 ～ 17cm，叶柄下部膨大呈兜状叶鞘，宽至 6cm，光滑无毛；叶片为宽三角状卵形，长 11 ～ 15(～ 20)cm，宽 11 ～ 17cm，顶生末回裂片常 3 裂，侧生裂片长圆形至卵状披针形，顶端渐尖，基部楔形下延，无柄或有短柄，边缘有锯齿或不规则的深齿，齿端有钝尖头；叶片上表面深绿色，下表面为粉绿色，两面均无毛。茎顶部叶简化成囊状鞘。复伞形花序近圆球形，直径 7 ～ 15cm；伞辐 20 ～ 50，长 2.5 ～ 5cm，有短糙毛；总苞片 4 ～ 7，披针形，被短毛，有时早落；小伞形花序密集呈球形，有花 30 ～ 50 朵；小总苞片 5 ～ 10，狭披针形，有缘毛，比花柄短或近等长；花白色；萼齿不明显；花瓣阔卵形，顶端稍内凹；花柱基平扁，边缘波状。果实椭圆形，长 5 ～ 10mm，宽 3 ～ 5mm；果棱均凸起，厚翅状，侧棱比果体狭；油管极多，连成环状。花期 7 ～ 8 月，果期 8 ～ 9 月。

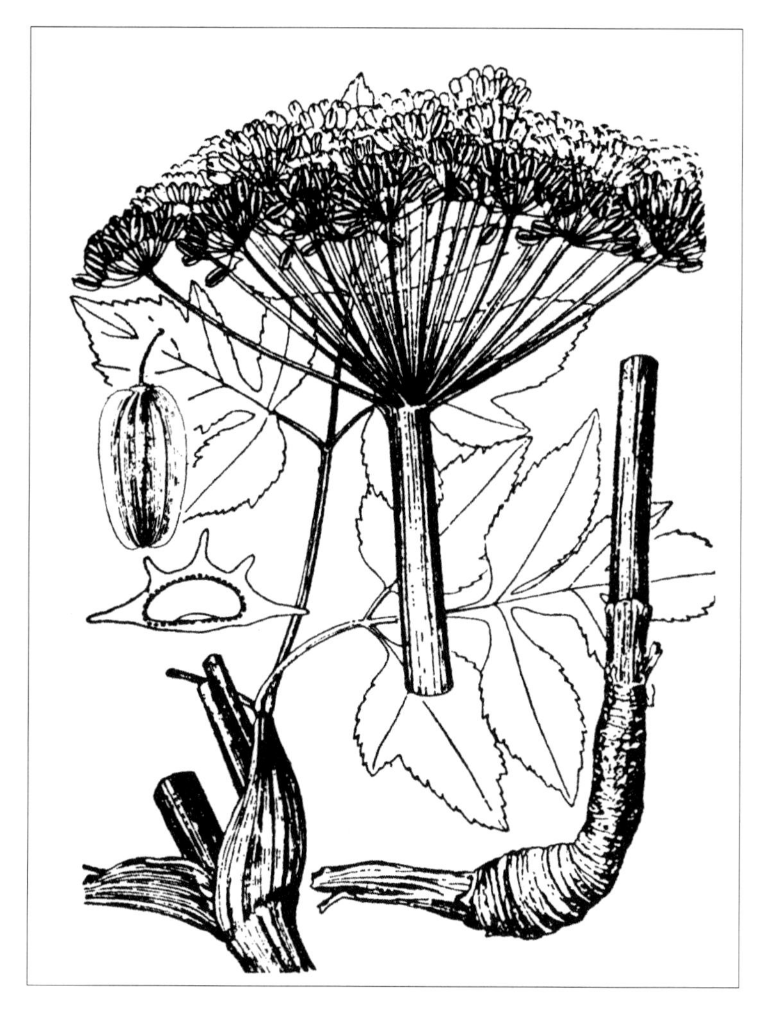

中生草本。生于荒漠带的山谷、林下、沟边灌丛或草丛中。产贺兰山。分布于我国新疆北部（伊犁哈萨克自治州阿勒泰地区、塔城地区），蒙古国、俄罗斯（西伯利亚地区），中亚。为中亚—亚洲中部山地分布种。

25. 芫荽属 Coriandrum L.

一年生草本。叶羽状深裂至全裂。无总苞片；小总苞片少数，丝状；花两性或部分为雄性；萼齿明显，先端尖锐，常不等形；花瓣白色或粉红色，倒卵形，顶端具内卷小舌片，具辐射瓣；花柱基圆锥形。果球形，坚硬，成熟时不易分开；主棱稍凸起，丝状微波形；次棱稍凸起，丝状直线形；每棱槽中无油管，在次棱下具小油管 1 条，合生面具 2 条；胚乳腹面凹陷；心皮柄 2 浅裂，下半部与合生面连合。

内蒙古有 1 栽培种。

1. 芫荽（香菜、胡荽）

Coriandrum sativum L., Sp. Pl. 1:256. 1753; Fl. Intramongol. ed. 2, 3:599. t.235. f.5-10. 1989.

植株高 20 ～ 60cm。无毛，具强烈香气。茎直立，多分枝，具细纵棱。基生叶和茎下部叶具长柄，叶鞘抱茎，边缘膜质；叶片一至二回羽状全裂，裂片 2 ～ 3 对，远离，具短柄或无柄；叶卵形或矩圆状卵形，长 1 ～ 2cm，边缘羽状深裂或具缺刻状牙齿。茎中部与上部叶的叶柄成叶鞘，叶鞘矩圆形，具宽膜质边缘，抱茎；叶片二至三回羽状全裂，三角形或三角状卵形；最终裂片狭条形，长 2 ～ 15mm，宽 0.5 ～ 1.5mm，先端稍尖，具小凸尖头，两面平滑无毛。复伞形花序直径 1.5 ～ 3cm；伞辐 4 ～ 8，长 6 ～ 14mm，具纵棱；通常无总苞片；小伞形花序直径 5 ～ 10mm，具花 10 余朵；花梗长 1 ～ 3mm；小总苞片通常 5，条形或披针状条形，有时大小不等形；萼片三角形或狭长三角形，长 0.3 ～ 0.7mm，常大小不等，宿存；小伞形花序中央花的花同形，倒卵形，长 1 ～ 1.3mm；花序外缘花的花瓣不等大，其外侧 1 片增大，长 3 ～ 4mm，2 深裂；其两侧 2 片斜倒卵形，2 浅裂，裂片大小不等，内侧 2 片较小。双悬果球形，黄色，直径约 3mm。花期 7 ～ 8 月，果期 8 ～ 9 月。

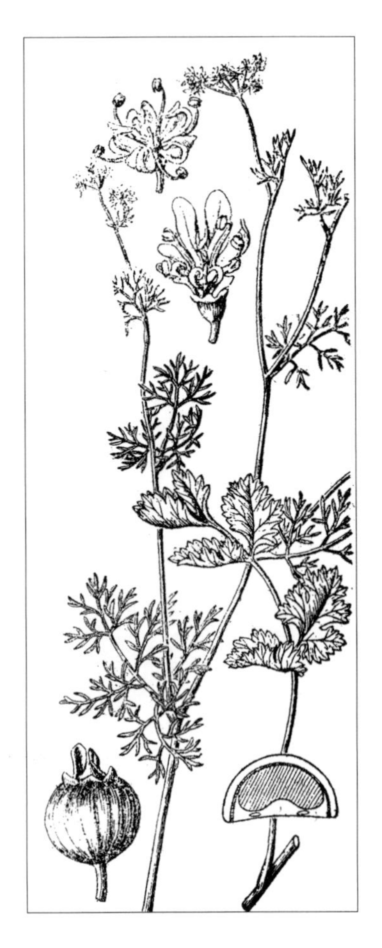

中生草本。原产地中海地区。为地中海地区分布种。内蒙古及我国其他地区普遍栽培。

茎叶可做蔬菜。果含挥发油（芫荽油）0.81% ～ 1%，可入药，并可提取芳香油。全草及果实入药。全草（药材名：胡荽）能发表透疹、健胃，主治麻疹不透、感冒无汗；果实能健胃，主治消化不良。果实也入蒙药（蒙药名：乌努日图 - 淖干 - 乌热），能清“巴达干”热、止渴、消食、开胃、止痛、透疹，主治烧心、吐酸水、胃痛、口干、麻疹。

26. 迷果芹属 Sphallerocarpus Bess. ex DC.

属的特征同种。

单种属。

1. 迷果芹（东北迷果芹）

Sphallerocarpus gracilis (Bess. ex Trev.) K.-Pol. in Bull. Soc. Imp. Nat. Mosc. n.s., 29:202. 1916; Fl. Intramongol. ed. 2, 3:594. t.233. f.1-7. 1989.

一、二年生草本，高 30 ～ 120cm。茎直立，多分枝，具纵细棱，被开展的或弯曲的长柔毛，毛长 0.5 ～ 3mm，茎下部与节部毛较密，茎上部与节间常无毛或近无毛。基生叶开花时早枯落；茎下部叶具长柄，叶鞘三角形，抱茎。茎中部或上部叶的叶柄一部分或全部成叶鞘，叶柄和叶鞘常被长柔毛；叶片三至四回羽状全裂，为三角状卵形；一回羽片 3 ～ 4 对，具柄，卵状披针形；二回羽片 3 ～ 4 对，具短柄或无柄，同上；最终裂片条形或披针状条形，长 2 ～ 10mm，宽 1 ～ 2mm，先端尖，两面无毛或有时被极稀疏长柔毛；上部叶渐小并简化。复伞形花序直径花期为 2.5 ～ 5cm，果期为 7 ～ 9cm；伞辐 5 ～ 9，不等长，长 5 ～ 20mm，无毛；通常无总苞片；小伞形花序直径 6 ～ 10mm，具花 12 ～ 20 朵；花梗不等长，长 1 ～ 4mm，无毛；小总苞片通常 5，椭圆状卵形或披针形，长 2 ～ 3mm，宽约 1mm，顶端尖，边缘具睫毛，宽膜质，果期向下反折；花两性（主伞的花）或雄性（侧伞的花）；萼齿很小，三角形；花瓣白色，倒心形，长约 1.5mm，先端具内卷小舌片，外缘花的外侧花瓣增大；花柱基短圆锥形。双悬果矩圆状椭圆形，长 4 ～ 5mm，宽 2 ～ 2.5mm，黑色，两侧压扁。分生果横切面圆状五角形；果棱隆起，狭窄，内有 1 条维管束，棱槽宽阔；每棱槽中具油管 2 ～ 4 条，合生面具 4 ～ 6 条；胚乳腹面具深凹槽；心皮柄 2 中裂。花期 7 ～ 8 月，果期 8 ～ 9 月。

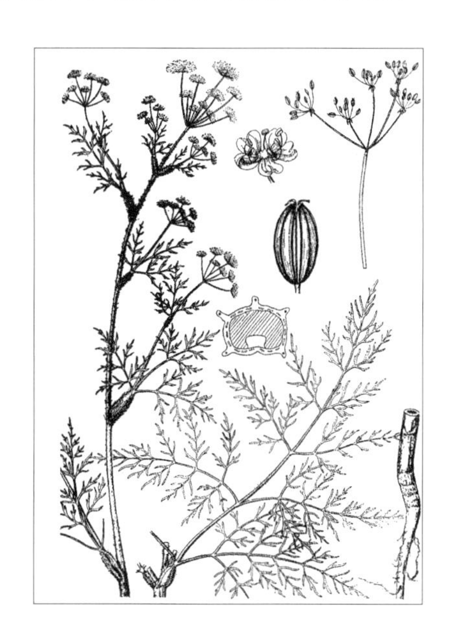

中生草本。生于森林带和草原带的田野村旁、撂荒地、山地林缘草甸。产兴安北部及岭东和岭西（额尔古纳市、牙克石市、鄂伦春自治旗）、呼伦贝尔、兴安南部、赤峰丘陵、燕山北部、锡林郭勒东部和南部、乌兰察布（达尔罕茂明安联合旗、固阳县）、阴山（大青山、蛮汗山、乌拉山）、东阿拉善（桌子山）、贺兰山、龙首山。分布于我国黑龙江西部、吉林、辽宁西北部、河北、山西、甘肃东部、青海、四川西北部、新疆东北部，日本、朝鲜、蒙古国北部和西部及南部、俄罗斯（西伯利亚地区、远东地区）。为东古北极分布种。

青鲜时骆驼乐食，在干燥状态不喜欢吃；其他牲畜不吃。

27. 峨参属 Anthriscus Pers.

一年生、二年生或多年生草本。叶为二至多回分裂。总苞片1至2或不存在；小总苞片多数，全缘，常反折；花杂性；萼齿不明显；花瓣常白色，倒卵形或矩圆形，先端凹缺或具短的内卷小舌片；外缘花具辐射瓣；花柱基圆锥形。双悬果宽卵形、矩圆形至条形，两侧压扁，果梗顶端有一圈刺毛。分生果基部圆钝，顶端渐尖成喙，表面被刺毛，具小凸起或平滑无毛，横切面近圆形；合生面具深沟，果棱不明显，油管极细以至消失；胚乳腹面具深凹槽；心皮柄不裂或顶端2浅裂。

内蒙古有2种。

分种检索表

1a. 果实平滑或稍具小凸起，无刺毛……………………………………………………**1. 峨参 A. sylvestris**

1b. 果实被刺毛…………………………………………………………………………**2. 刺果峨参 A. nemorosa**

1. 峨参（山胡萝卜缨子）

Anthriscus sylvestris (L.) Hoffm. in Gen. Umbell. 40. f.14. 1814; Fl. Intramongol. ed. 2, 3:596. t.234. f.1-6. 1989.——*Chaerophyllum sylvestris* L., Sp. Pl. 1:258. 1753.

多年生草本，高50～150cm。主根圆柱状圆锥形，肉质，直径1～1.5cm，黑褐色。根状茎圆柱形，具横皱纹。茎直立，中空，具细纵棱，通常无毛或被稀疏短柔毛，上部分枝。基生叶和茎下部叶具长柄，叶鞘抱茎，常被短柔毛；叶片二至三回羽状全裂，三角形，长与宽均可达25cm；一回羽片3～4对，具柄，披针状卵形；二回羽片2～4对，下部者具柄，向顶部逐渐短至无柄，近披针形；最终裂片卵状披针形或披针形，长1.5～2.5cm，宽8～14mm，先端尖，具小凸尖，边缘羽状深裂或具羽状疏牙齿，两面沿叶脉与边缘常被微短硬毛。茎中、上部叶渐小并简化，叶柄常全部成叶鞘。复伞形花序疏松，花时直径4～7cm，果时9cm；伞辐8～16，长15～35mm，无毛；通常无总苞片；小伞形花序直径10～18mm，具花10～18朵；花梗长1～4mm，无毛；小总苞片5，披针形，长约4mm，先端渐尖，边缘具睫毛，向下反折；花两性或雄性；无萼齿；花瓣白色，倒卵形或狭倒卵形，先端凹缺，无小舌片。双悬果条状矩圆形，长6～8mm；果梗顶部有一圈刺毛，坚硬，黑色带黄绿，具光泽，表面平滑或稍具小凸起。分生果横切面近圆形，直径约1mm；果棱与棱槽无区别；每棱槽中具微细油管1条，合生面具4条。花期7～8月，

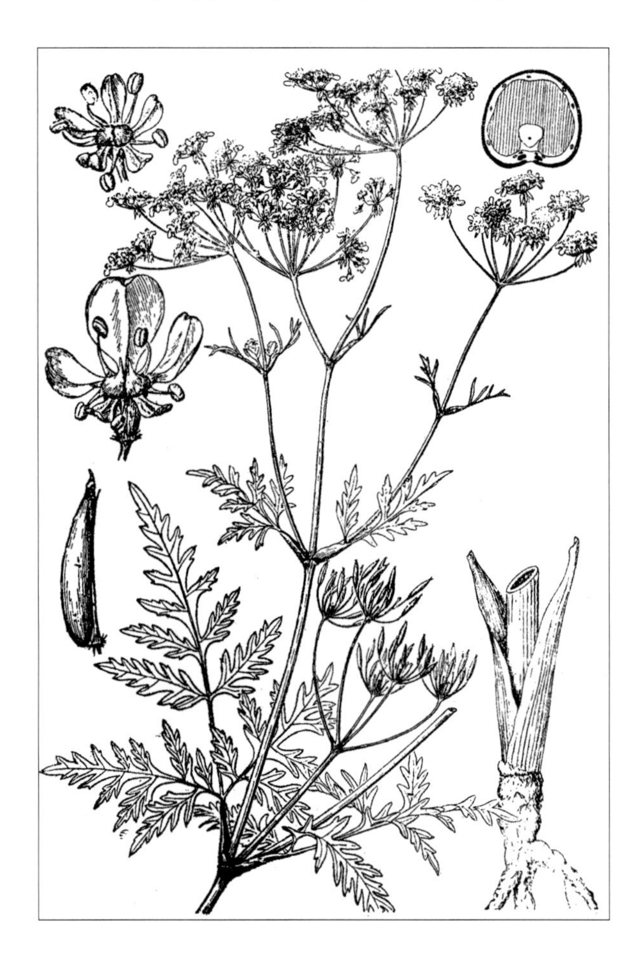

果期8～9月。

中生草本。生于森林草原带和草原带的山地林缘草甸、山谷灌木林下。产兴安南部（科尔沁右翼前旗、扎鲁特旗、阿鲁科尔沁旗、巴林右旗、克什克腾旗、东乌珠穆沁旗、西乌珠穆沁旗）、燕山北部（喀喇沁旗、宁城县）、阴山（大青山、蛮汗山）。分布于我国吉林东南部、辽宁东部、河北西部、河南西部、山东、山西中部、陕西南部、甘肃东南部、青海东部和南部、四川西部、云南西北部、西藏中部、安徽、湖北、江苏、江西、新疆西北部，日本、朝鲜、蒙古国东部和北部及西部、俄罗斯、印度北部、尼泊尔、巴基斯坦，克什米尔地区，欧洲、北美洲。为泛北极分布种。

根入药，为滋补强壮剂，主治脾虚食胀、肺虚咳喘、水肿等。

2. 刺果峨参（东北峨参）

Anthriscus nemorosa (Marschall von Bieb.) Spreng. in Umbell. Prodr. 27. 1813; Fl. Intramongol. ed. 2, 3:596. t.234. f.7. 1989.——*Chaerophyllum nemorosum* Marschall von Bieb. in Fl. Taur.-Caucas 1:232. 1808.

多年生草本，高50～100cm。直根肉质，胡萝卜状，粗1～5cm。茎直立，中空，具纵肋棱，近无毛，上部分枝。基生叶与茎下部叶具长柄，叶鞘抱茎，常被柔毛；叶片二至三回羽状分裂，三角形，长7～12cm；最终裂片披针形或矩圆状卵形，长3～7mm，宽2～4mm，先端锐尖或渐尖，下面沿叶脉与边缘具硬毛。茎中、上部叶渐小并简化。复伞形花序顶生或腋生，花时直径2～4cm，果时达8cm；伞辐5～11，长1～3cm，无毛；总苞片无或1；小伞形花序直径10～16mm，具花6～12朵；花梗长1～3mm，无毛；小总苞片5，卵状披针形或椭圆形，长约2mm，边缘膜质具睫毛，向下反折；花白色。双悬果条状矩圆形，长6～8mm，直径约2mm，近黑色，被向上弯曲的刺毛。花期6～7月，果期8月。

中生草本。生于森林草原带的山地林下。产兴安南部（科尔沁右翼前旗、阿鲁科尔沁旗、巴林左旗、克什克腾旗、西乌珠穆沁旗）、辽河平原（科尔沁左翼后旗）、燕山北部（喀喇沁旗）。分布于我国吉林东部、辽宁中部和东部、河北、陕西南部、甘肃东南部、青海南部、四川西部、西藏中部、新疆西北部，日本、朝鲜、俄罗斯（西伯利亚地区、远东地区）、印度北部、巴基斯坦、尼泊尔，克什米尔地区，中亚、欧洲东部。为古北极分布种。

28. 棱子芹属 **Pleurospermum** Hoffm.

二年生或多年生草本，全株无毛。叶二至三回羽裂。总苞片与小总苞片多数，常叶状，全缘或分裂；萼齿很小或不明显；花瓣白色，倒卵形，顶端钝或渐尖，无小舌片；花柱基扁圆锥形。果矩圆状卵形或近球形，两侧稍压扁；果棱粗厚隆起，同形；果皮中层疏松，果熟后分离，形成空腔；外果皮细胞呈透镜状凸起；每棱槽中具油管 1 条，合生面具 2 ～ 4 条；胚乳横切面略呈马蹄形，合生面具深凹槽；心皮柄 2 裂达基部。

内蒙古有 1 种。

1. 棱子芹（走马芹）

Pleurospermum uralense Hoffm. in Gen. Pl. Umbell. ix. 1814; Fl. China 14:45. 2005.——*P. camtschaticum* Hoffm. in Gen. Pl. Umbell. ed. 1, p.10. 1814; Fl. Intramongol. ed. 2, 3:599. t.236. f.1-6. 1989.

多年生草本，高 70 ～ 150cm。根粗大，芳香，常圆锥形，直径 1.5 ～ 2.5cm，有分枝，黑褐色。根状茎短圆柱形，具细密横皱纹，包被黑褐色枯叶鞘。茎直立，基部直径达 3cm，具纵细棱，节间中空，无毛。基生叶与茎下部叶具长柄，柄比叶片长 2 ～ 3 倍，叶鞘边缘宽膜质；叶片二至三回单数羽状全裂，近三角形或卵状三角形，长与宽均为 12 ～ 15cm；一回羽片 2 ～ 3 对，远离，具柄，卵状披针形；二回羽片 2 ～ 6 对，无柄，远离，披针形或卵形，羽状深裂；最终裂片卵形至披针形，先端锐尖，边缘羽状缺刻或具不规则尖齿，两面沿中脉与边缘有微硬毛。主伞（顶生复伞形花序）大，直径 10 ～ 20cm，侧伞（腋生复伞形花序）较小，常超出主伞；主伞（伞辐）20 ～ 40，长 3 ～ 13cm，被微短硬毛，侧伞的伞辐较少；总苞片多数，向下反折，常羽状深裂，裂片条形；小伞形花序直径 1.5 ～ 2.5cm，具多数花；花梗长 5 ～ 8mm，被微短硬毛；小总苞片 10 余片，向下反折，条形，长 5 ～ 8mm，宽 0.5 ～ 1mm，边缘膜质，沿下面中脉与边缘被微短硬毛；萼齿三角状卵形，膜质，先端钝；花瓣白色，倒卵形，长 2 ～ 2.5mm，宽约 1.5mm，先端钝圆，具 1 条中脉。果狭椭圆形或披针状椭圆形，长 5 ～ 8mm，宽 3 ～ 4mm，麦秆黄色，有光泽，被小瘤状突起。花期 6 ～ 7 月，果期 7 ～ 8 月。

中生草本。生于草原带的山地林下、林缘草甸、溪边。产兴安南部（阿鲁科尔沁旗、巴林右旗、西乌珠穆沁旗）、阴山（大青山、蛮汗山、乌拉山）。分布于我国黑龙江南部、吉林东部、辽宁中部和东部、河北西北部、山西中部和东北部、陕西，日本、朝鲜、蒙古国东部和北部、俄罗斯（远东地区）。为东亚北部分布种。

29. 羌活属 Notopterygium H.de Boiss.

多年生草本。叶为三出式二至三回羽状复叶。总苞片数片，条形，早落；小总苞片数片，条形；萼齿卵状三角形；花瓣淡黄色或白色，倒卵形或卵形，先端具内卷小舌片；花柱基扁圆锥形。果椭圆形、近球形或矩状椭圆形，背腹稍压扁；果棱均扩展成翅；每棱槽中具油管3～4条，合生面具4～6条；胚乳在合生面具深凹槽；心皮柄2裂达基部。

内蒙古有1种。

1. 宽叶羌活（龙牙香、福氏羌活）

Notopterygium franchetii H. de Boiss. in Bull. Herb. Boiss. Ser. 2, 3:839. 1903; Fl. China 14:54. 2005.——*N. forbesii* H.de Boiss. in Bull. Herb. Boiss. Ser.2, 3:839. 1903; Fl. Intramongol. ed. 2, 3:601. t.237. f.1-6. 1989.

多年生草本，高100～200cm。主根圆柱状，黑褐色；根状茎发达，包被残留叶鞘；根与根状茎具强烈芳香味。茎直立，上部少分枝，具纵细棱，中空，无毛，下半部常带暗紫色。基

生叶和茎下叶具长柄，柄基部具抱茎的叶鞘；叶为三出式三回羽状复叶，小叶无柄或具短柄，椭圆形、卵形或卵状披针形，长3～9cm，宽1～4.5cm，顶端锐尖，基部楔形（顶生小叶）或歪斜（侧生小叶），边缘粗锯齿，两面沿脉与边缘被细硬毛。茎上部叶较小，简化。复伞形花序顶生和腋生，直径5～12cm；伞辐14～28，长2～6cm，具纵棱，无毛；总苞片常不存在，稀1～3，条状披针形，早落；小伞形花序直径6～15mm，具多数花；花梗长4～8mm；小总苞片6～9，条状锥形，长2～4mm；萼齿卵状三角形；花瓣淡黄色，倒卵形。果矩圆状椭圆形，长6～8mm，宽约4mm，麦秆黄色，有光泽；果棱均扩展成翅，翅宽约1mm。花期7月，果期8～9月。

中生草本。生于森林草原带和草原带的山地林缘、灌丛、山沟溪边。产兴安南部（科尔沁右翼前旗索伦县）、阴山（大青山、蛮汗山）。分布于我国山西中部、陕西南部、甘肃中部和南部、青海、四川西部和东北部、云南西北部、湖北西部和北部。为华北—横断山脉分布种。

根状茎及根入药（药材名：羌活），能解表、祛湿、止痛，主治风寒感冒、风湿性关节疼痛、头痛身疼。

30. 变豆菜属 Sanicula L.

二年生或多年生草本。叶掌状 3 ～ 5 裂，裂片边缘有齿或分裂。单伞形花序或为不规则伸长的复伞形花序；总苞片和小总苞片存在；花单性；有萼齿；花瓣常白色，匙形或倒卵形，有小舌片；花柱基无或扁平如碟状。双悬果长椭圆状卵形或近球形，有皮刺或瘤状突起。

内蒙古有 2 种。

分种检索表

1a. 花瓣淡红色或紫红色，茎和花序不分枝，伞形花序雄花 15 ～ 20 朵………**1. 红花变豆菜 S. rubriflora**

1b. 花瓣白色或绿白色，茎和花序分枝，伞形花序雄花 3 ～ 7 朵………………………**2. 变豆菜 S. chinensis**

1. 红花变豆菜

Sanicula rubriflora F. Schmidt. et Maxim. in Mem. Acad. Imp. Sci. St.-Petersb. Div. Sav. 9(Prim. Fl. Amur.):123. 1859; Fl. China 14:20. 2005.

多年生草本，高可达 100cm。根状茎短，近直立或斜升，有许多细长的侧根。茎直立，无毛，下部不分枝。基生叶多数，柄长 13 ～ 55cm，基部有宽膜质鞘；叶片通常圆心形或肾状圆形，长 3.5 ～ 10cm，宽 6.5 ～ 12cm，掌状 3 裂，中间裂片倒卵形，基部楔形，侧面裂片宽倒卵形，通常 2 裂至中部或中部以下，所有裂片表面深绿色，背面淡绿色，上部 2 ～ 3 浅裂，边缘有锯齿，齿端尖，呈刺毛状。总苞片 2，叶状，无柄，每片 3 深裂；裂片倒卵形至倒披针形，长 3.5 ～ 9cm，宽 1.5 ～ 4.5cm，边缘有锯齿；伞形花序三出，中间的伞辐长于两侧的伞辐；小总苞片 3 ～ 7，倒披针形或宽线形，长 0.7 ～ 3.5cm，宽 3 ～ 6mm，全缘或疏生 1 ～ 3 齿；小伞形花序多花，雄花 15 ～ 20 朵，花柄长 2mm；萼齿卵状披针形，长 1.2 ～ 1.8mm，宽 0.6 ～ 1mm，顶部渐尖，中间有 1 脉；花瓣淡红色至紫红色，长 2 ～ 2.5mm，宽约 1mm，顶端内凹，基部渐窄；花丝长 3 ～ 4mm，花药长 0.7 ～ 1mm；两性花 3 ～ 5 朵，近无柄，萼齿、花瓣与雄花同色、同形；花柱长于萼齿 2 倍，向外反曲。果实卵形或卵圆形，长约 4.5mm，宽约 4mm，基部有瘤状突起，上部有淡黄色和金黄色的钩状皮刺；分生果横剖面卵形，具油管 5 条。花果期 6 ～ 9 月。

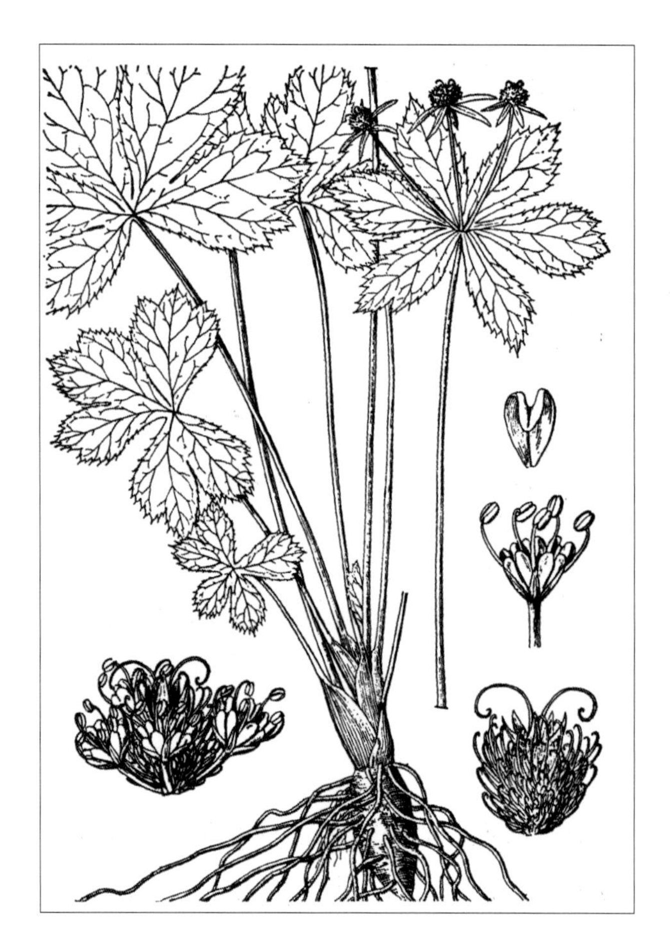

中生草本。生于落叶阔叶林带的林下、林缘、灌丛、阴湿肥沃土壤上。产辽河平原（科尔沁左翼中旗）、燕山北部（喀喇沁旗）。分布于我国黑龙江、吉林、辽宁，日本、朝鲜、俄罗斯（远东地区）。为东亚北部（满洲—日本）分布种。

2. 变豆菜（鸭掌芹）

Sanicula chinensis Bunge et Mem. in Acad. Imp. Sci. St.-Petersb. Div. Sav. 2:106. 1835; Fl. Intramongol. ed. 2, 3:592. t.232. f.5-8. 1989.

多年生草本，高 30 ～ 70cm。根状茎圆锥形，具多数须根。茎常单生，直立，具纵棱。基生叶和下部叶具长柄，中部和上部叶具短柄，叶柄基部加宽而抱茎；叶片掌状 3 全裂，有时 5

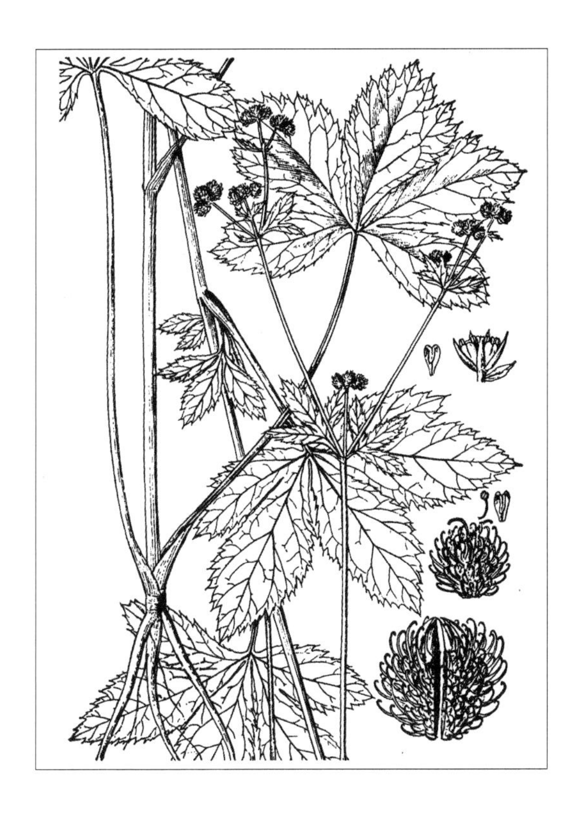

裂，中间裂片楔状倒卵形或倒卵形，长 4 ～ 8cm，宽 2 ～ 4cm，先端锐尖，基部楔形，边缘有重锯齿，齿端有尖刺，侧裂片与中裂片相近似但下部偏斜，下部边缘常 2 裂。花序二至三回叉状分枝，侧枝开展与伸长；总苞片 2，对生，叶状，通常 3 裂；伞形花序二至三出；小总苞片 8 ～ 10，卵状披针形或条形；小伞形花序有花 6 ～ 10 朵，雄花 3 ～ 7 朵；花梗长约 1mm；萼齿狭条形；花瓣白色或绿白色，倒卵形，长约 1mm；两性花 3 ～ 4 朵，无梗。双悬果卵圆形，长 4 ～ 5mm，顶端萼齿喙状，密被钩状皮刺；分生果横切面近圆形；背面油管不明显，合生面具 2 条大油管。

湿中生草本。生于落叶阔叶林带的林下阴湿处。产辽河平原（大青沟）。广布于除新疆、西藏、青海外的我国各地，亚洲、欧洲广泛分布。为古北极分布种。

31. 窃衣属 Torilis Adans.

一年生或多年生草本。全株伏生刚毛。叶二至三回羽裂。复伞形花序；总苞片存在或无；小总苞片条形；花两性或部分为雄性；萼齿三角形；花瓣白色或淡红色，倒卵圆形，先端有内折小舌片；花柱基圆锥形。双悬果卵形或矩圆形，被皮刺；每棱槽中具1条油管，合生面具2条；胚乳腹面凹陷。

内蒙古有1种。

1. 小窃衣（破子草）

Torilis japonica (Houtt.) DC. in Prodr. 4:219. 1830; Fl. Intramongol. ed. 2, 3:598. t.232. f.1-4. 1989.——*Caucalis japonica* Houtt. in Nat. Hist. 2(8):42. 1777.

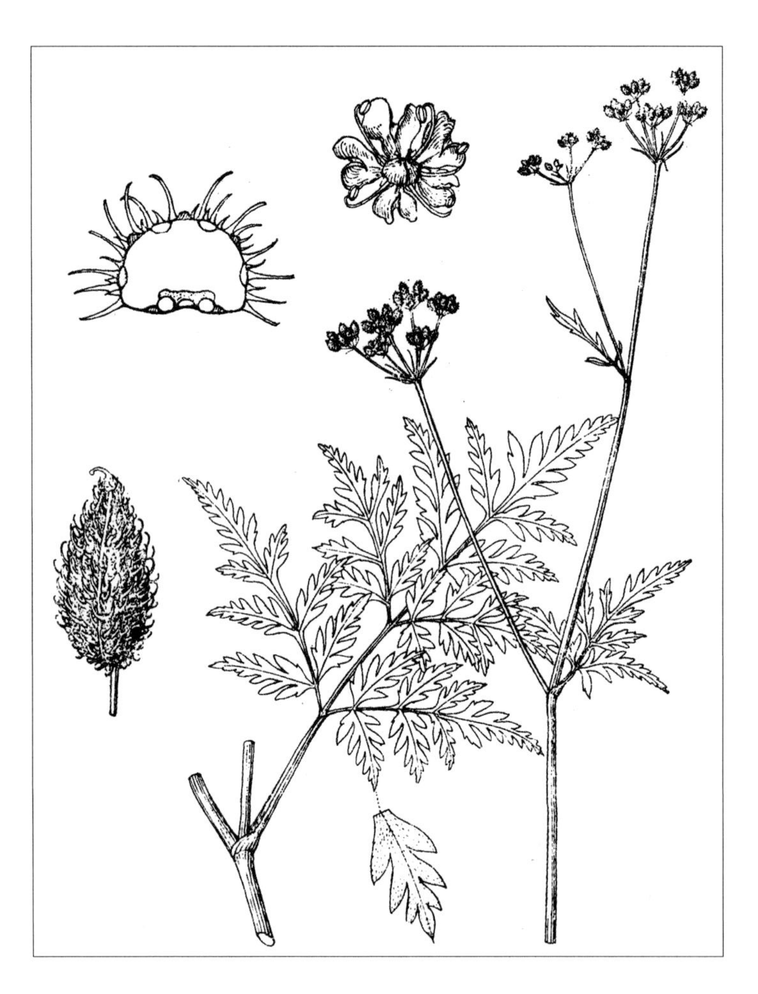

一年生草本，高20～80cm。全株密生短硬毛。茎直立，圆柱形，有纵条纹，上部有分枝。基生叶具长柄与叶鞘，茎生叶具短柄；叶片为一至二回羽状全裂，长卵形；最终裂片披针形至矩圆形，长5～30mm，宽2～8mm，先端锐尖，边缘有条裂状齿或分裂，两面伏生硬毛。复伞形花序顶生或腋生；总花梗长2～6cm；伞幅4～10，长短不等；总苞片4～10，狭条形；小总苞片5～8，条状锥形；小伞形花序具花4～10朵；花梗长1～3mm；萼片三角状披针形；花瓣白色，倒圆卵形，长约1mm；花柱基圆锥形。双悬果卵形，长3～4mm，密被钩状皮刺；胚乳腹面凹陷；各棱槽下具1条油管，合生面具2条。

中生草本。生于落叶阔叶林带的沟谷杂木林下。产辽河平原（大青沟）、燕山北部（宁城县）。广布于除新疆、黑龙江外的我国各地，日本、朝鲜、俄罗斯（远东地区）、印度、印度尼西亚。为东亚分布种。

茎叶可做蔬菜食用。果和根供药用。果含精油，能驱蛔虫；外用为消炎药。全草入药，有降低血压的功效。

32. 西风芹属 Seseli L.

多年生草本，稀二年生草本。叶为一至数回羽状全裂或分裂。总苞片少数或无；小总苞片少数至多数，基部合生；萼齿短而稍厚，宿存；花瓣白色或淡黄色，倒心形或卵状心形，先端常具内卷小舌片；花柱基圆锥形、垫状或金字塔状圆锥形；花柱细长或短，通常下弯。果卵形或矩圆形，稍两侧压扁，无毛，粗糙或被毛；果棱凸起，钝，相等或侧棱稍宽；每棱槽中具油管 1 条，稀 2 ～ 4 条，合生面具 2 条，稀较多；胚乳腹面平坦；心皮柄 2 裂达基部。

内蒙古有 2 种。

分种检索表

1a. 茎二叉状多次分枝，基生叶二回羽状全裂，无总苞片，植株光滑无毛……………………………………………………………………………………………………**1. 内蒙西风芹 S. intramongolicum**

1b. 茎数条，稍分枝，稀单一；基生叶二至三回羽状深裂；总苞片 6 ～ 9；植株被短硬毛……………………………………………………………………………………………………**2. 狼山西风芹 S. langshanense**

1. 内蒙西风芹（内蒙古邪蒿）

Seseli intramongolicum Y. C. Ma in Fl. Intramongol. 4:171,207. t.79. 1979; Fl. Intramongol. ed. 2, 3:626. t.247. f.1-6. 1989.

多年生草本，高 10 ～ 40cm。直根圆柱形，直径 4 ～ 8mm，棕褐色。根状茎短，圆柱形，包被老叶柄与多数纤维。茎直立，常二叉状多次分枝，淡蓝绿色，具纵细棱，光滑无毛。基生叶多数，淡蓝绿色，具长柄，柄基部具叶鞘，叶鞘卵状三角形，边缘宽膜质；叶片二回羽状全裂，卵形或卵状披针形，长 2 ～ 6cm，宽 1 ～ 3cm；一回羽片 2 ～ 3 对，远离，具柄；二回羽片无柄，羽状全裂或深裂；最终裂片条形，长 2 ～ 15mm，宽 0.5 ～ 1mm，先端锐尖，有小凸尖头，边缘稍卷折，两面无毛。茎生叶较小且极简化，一回羽状全裂，叶柄全部成叶鞘；顶生叶简化成叶鞘。复伞形花序直径 1 ～ 3cm；伞辐 2 ～ 5，长 3 ～ 12mm，具细纵棱，无毛；无总苞片；小伞形花序直径 4 ～ 8mm，具花 7 ～ 15 朵；花梗长 1 ～ 2.5mm，被稀疏乳头状毛；小总苞片 7 ～ 10，下半部合生，卵状披针形，长 1 ～ 1.5mm，先端长渐尖，边缘膜质，无毛；萼齿极小，三角形；花瓣白色，干时中央具棕色宽纹，倒卵形，长约 0.7mm，顶端具内卷小舌片，舌片近长方形；子房密被微乳头状毛；花柱基扁圆锥形。果矩圆形，长 3 ～ 3.5mm，宽约 1.5mm，密被微乳头状毛；果棱细条形；每棱槽中具油管 1 条，合生面具2条。花期7～8月，果期8～9月。

嗜砾石旱生草本。生于荒漠草原带和荒漠带的干燥石质山坡。产乌兰察布（达尔罕茂明安联合旗南部、固阳县察斯台山）、东阿拉善（狼山、桌子山）、贺兰山。分布于我国宁夏（贺兰山）。为东阿拉善山地分布种。

2. 狼山西风芹

Seseli langshanense Y. Z. Zhao et Y. C. Ma in Act. Sci. Nat. Univ. Intramongol. 22(3):407. f.1. 1991.

多年生草本，高 10 ～ 20cm。直根粗达 1cm。根颈密被枯叶柄鞘纤维。茎数条，稍分枝，稀单一，被短硬毛。基生叶丛生，狭矩圆形，长 3 ～ 10cm，宽 1 ～ 2cm，二至三回羽状深裂；柄比叶片短，基部加宽成鞘；一回裂片 4 ～ 7 对，远离，无柄；最终裂片披针形，长 1 ～ 5mm，宽 0.5 ～ 1mm，先端锐尖，光滑无毛。茎生叶较小，一至二回羽状深裂。复伞形花序直径 1.5 ～ 3cm；伞辐 10 ～ 15，不等长，被短硬毛；总苞片 6 ～ 9，条状披针形，先端尖，被短硬毛；小伞形花序直径 5 ～ 8mm，有花 20 ～ 30 朵，密集；花梗长 1 ～ 2mm；小总苞片 9 ～ 13，条状披针形，先端尖，基部合生，边缘狭膜质，比花梗长，被短硬毛；萼齿卵状披针形，被短硬毛；花瓣白色，背部疏被短柔毛；子房密被短柔毛；花柱基圆锥形，花柱长约 0.6mm。幼果椭圆形，长约 1.5mm，宽约 1mm，密被短硬毛；果棱 5，隆起；每棱槽内具油管 1 条，合生面具 2 条。花期 7 月。

嗜砾石旱生草本。生于草原化荒漠带海拔 1800 ～ 2000m 的沟谷或石质山坡。产东阿拉善（狼山呼鲁盖尔）。为狼山分布种。

Flora of China (14:120. 2007.) 把本种置于岩风属 *Libanotis*，且与 *L. abolinii* (Korovin) Korovin 合并，似觉不妥。因为本种小总苞片基部合生，属于西风芹属 *Seseli* 的特征，而岩风属 *Libanotis* 的小总苞片离生，二者区别甚殊。因此本种还是保留为佳。

33. 绒果芹属 **Eriocycla** Lindl.

多年生草本，全株通常被毛。叶一至二回羽状全裂。无总苞片；具小总苞片；萼齿不明显或明显；花瓣白色，倒卵形或卵形，顶端具内卷小舌片；花柱基扁圆锥形。果矩圆状椭圆形，密被短硬毛且混生柔毛，常稍背腹压扁；果棱稍凸起，钝；每棱槽中具油管 1 条，合生面具 2 条；胚乳腹面平坦；心皮柄 2 裂达基部。

内蒙古有 1 种。

1. 绒果芹（滇羌活）

Eriocycla albescens (Franch.) H. Wolff in Pflanzenr. 90(IV. 228):107. 1927; Fl. Intramongol. ed. 2, 3:614. t.243. f.1-8. 1989.——*Pimpinella albescens* Franch. in Pl. David. 1:239. 1884.

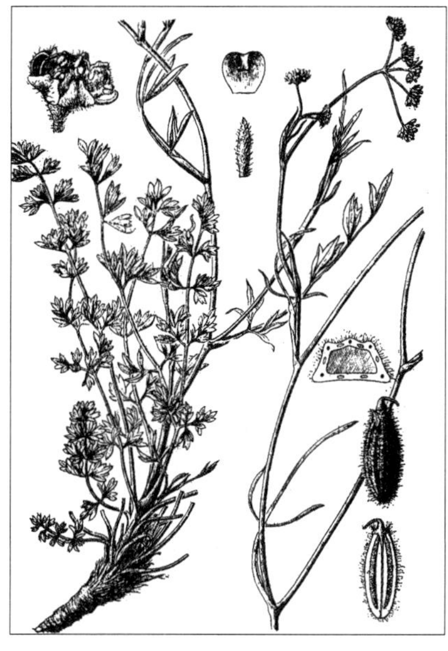

多年生草本，高 20 ～ 60cm。全株灰蓝绿色，被微短硬毛。主根圆柱形，直径 7 ～ 10mm，淡黄褐色。根状茎圆柱形，包被枯叶柄与多数纤维。茎自基部起二叉状多次分枝，具细纵棱。基生叶开花时，常早枯萎，具柄，柄长为叶片长度的 1/3 左右，具纵细棱，有时带紫色，基部具三角状卵形叶鞘；叶片二回羽状全裂，条状矩圆形，长（3 ～）6 ～ 12cm，宽（12 ～）25 ～ 40mm；一回羽状片 4 ～ 6 对，远离，具柄，卵状楔形或倒楔形，羽状 3 ～ 5 全裂至深裂；最终裂片倒卵状楔形或披针状楔形，长 6 ～ 15mm，宽 3 ～ 12mm，顶部 2 ～ 3 浅裂，稀不裂，先端锐尖，两面灰蓝绿色，疏生微短硬毛。茎生叶的叶柄全部成长叶鞘，叶鞘长椭圆形，长 1.5 ～ 2.5cm，具多数平行脉，边缘白色膜质；叶片较小且极简化；裂片渐狭，披针形至狭条形。顶生叶只剩长叶鞘与 1 狭裂片。复伞形花序直径花时 2 ～ 3cm，果时 3 ～ 4.5cm；伞辐 2 ～ 5，长 5 ～ 10（～ 20）mm，内侧密被微短硬毛，外侧近无毛；通常无总苞片，有时具 1 小片；小伞形花序直径 5 ～ 7mm，具花 8 ～ 15 朵；花梗长 1 ～ 2mm，被微短硬毛；小总苞片 6 ～ 10，基部合生，披针状锥形，与花梗近等长，被微短硬毛；萼齿卵状三角形，被微短硬毛；花瓣白色，背面被微短硬毛；花柱基圆锥形，基部边缘波状，花时黄色，果时变紫色。果矩圆状椭圆形，稍背腹压扁，长 3 ～ 3.5mm，宽约 1.5mm，密被短硬毛且混生柔毛。花期 8 ～ 9 月，果期 9 ～ 10 月。

中旱生草本。生于草原带和荒漠带的向阳石质山坡。产阴山（大青山）、贺兰山、额济纳（马鬃山）。分布于我国辽宁西部、河北北部。为华北分布种。

34. 山茴香属 Carlesia Dunn

多年生草本。根粗厚，顶端冠以多数纤维状枯叶残基。茎直立，多数，分枝。基生叶多数，三回羽状全裂，裂片线形；茎生叶少数。复伞形花序有多数总苞及小总苞；萼齿非常发达，宿存；花瓣白色，倒卵形或广卵形，基部楔形，顶端具 1 长的舌状片，内折呈微凹状；花柱基圆锥状，花柱直立，宿存，与果近等长。双悬果长圆形，被粗毛。分生果两侧压扁，横切面半圆形；果棱钝，丝状，稍凸起，合生面平坦；通常在各棱槽中具油管 3 条，在棱下具 1 条，合生面具 4 条，但有时油管数稍有变化；心皮柄 2 裂至基部。

单种属。

1. 山茴香

Carlesia sinensis Dunn in Hook. Icon. Pl. 28:2739. 1902; High. Pl. China 8:637. f.1019. 2001.

多年生草本，高 15 ～ 30cm。根粗壮肥厚，土褐色，略呈圆锥状，稍分枝，顶部密被纤维状枯叶残基，单头或二歧，着生多数基生叶。茎直立，单生或多数，有基部分枝，具明显的棱条，节部及花序下有糙毛。基生叶丛生，有长柄，叶柄与叶片等长或稍长，基部加宽；叶片为卵状椭圆形，三回羽状全裂；最终裂片狭条形，长 (3 ～)5 ～ 8(～ 15)mm，宽达 1mm，先端尖，平滑无毛。茎生叶少数，叶柄较短，基部稍加宽，抱茎；叶片较短小，分裂次数较少。复伞形花序顶生，直径 3 ～ 8cm，具较粗壮的花梗；总苞片及小总苞片多数，线形，先端尖，边缘有毛；伞梗 12 ～ 26，较粗壮，略不等长，具棱条，内侧被短毛；小伞形花序直径约 1cm，具 10 ～ 20 朵花；小伞梗内侧密被毛；萼齿极发达，披针状锥形，背面及边缘有毛，果期宿存；花瓣白色，倒卵形或广倒卵形，背面中部被短毛；子房密被毛，花柱基短圆锥状或近于半球状，花柱直立，特别长，下部疏生毛，果期叉开。双悬果长圆形，长 5 ～ 6mm(连萼齿在内)，被粗毛。分生果的果棱丝状，稍凸起，钝；各棱槽中具油管 3 条，通常在棱下具油管 1 条，合生面具油管 4 条，油管数有时稍有变化。花期 8 ～ 9 月，果期 9 ～ 10 月。

中生草本。生于阔叶林带的山地山顶石缝。产燕山北部（宁城县）。分布于我国辽宁中部和东南部、河北西北部、山东中部和东北部。为华北东部分布种。

35. 岩风属 Libanotis Hall. ex Zinn

多年生草本，稀半灌木。叶一至数回羽状全裂。总苞片多数、1～2或不存在；小总苞片数片至多数，常离生；萼齿披针形或披针状锥形，膜质，早落；花瓣白色或淡红色，无毛或背面被毛，先端常具内卷小舌片；花柱基扁圆锥形。双悬果卵形或椭圆形，被毛，背腹稍压扁。分生果横切面呈五角形；果棱隆起；每棱槽中具油管1条，稀3条，合生面具2～4条，稀6条；胚乳腹面平坦或稍凹入；心皮柄2裂达基部。

内蒙古有2种。

分种检索表

1a. 茎实心；子房与果实被微短硬毛；果棱同形，稍凸起；花柱在果期比果实短得多；花柱基黄色………………………………………………………………………………………………**1. 香芹 L. seseloides**

1b. 茎中空；子房与果实被长柔毛；果棱不同形，侧棱呈翅状；花柱在果期延伸，与果实近等长；花柱基紫色……………………………………………………………………………**2. 密花岩风 L. condensata**

1. 香芹（邪蒿）

Libanotis seseloides (Fisch. et C. A. Mey. ex Turcz.) Turcz. in Bull. Soc. Imp. Nat. Mosc. 17(4):725. 1844; Fl. Intramongol. ed. 2, 3:623. t.246. f.1-6. 1989.——*Ligusticum seseloides* Fisch. et C. A. Mey. ex Turcz. in Bull. Soc. Imp. Nat. Mosc. 11: 530. 1838.

多年生草本，高40～90cm。根直生或斜升，常分出数侧根，淡褐黄色，直径3～5mm；根状茎短，圆柱形，包被多数残叶柄纤维。茎直立，上部分枝，具纵向深槽及锐棱，节间实心，下部被短硬毛或无毛，花序下被短硬毛。基生叶和茎下部叶具长柄，基部具叶鞘，柄具纵细棱，常被短硬毛；叶片三回羽状全裂，为长椭圆形或卵状披针形，长7～20cm，宽3～9cm；一回羽片5～7对，远离，无柄，卵状披针形；二回羽片2～4对，远离，无柄，卵状披针形；最终裂片条形或条状披针形，长3～10mm，宽1～2.5mm，先端尖或稍钝，具小凸尖，边缘向下稍卷折，两面无毛，下面中脉凸起。茎中部与上部叶较小且简化，叶柄部分或全部成叶鞘。花序各部分与萼齿、花瓣以及子房均被微短硬毛；复伞形花序直径3～6cm；伞辐15～25，具细纵棱；总苞片通常无，稀1～5，狭条状钻形；小伞形花序直径约1cm，具花15～30朵；花梗长1～3mm；小总苞片10余片，条形或条状钻形，先端长渐尖；萼齿狭三角形，黄色。果卵形，长2～2.5mm，宽约1.5mm，两侧压扁，被微短硬毛；果棱同形，稍凸起，钝；每棱槽中具油管3条，合生面具6条。花期7～9月，果期9～10月。

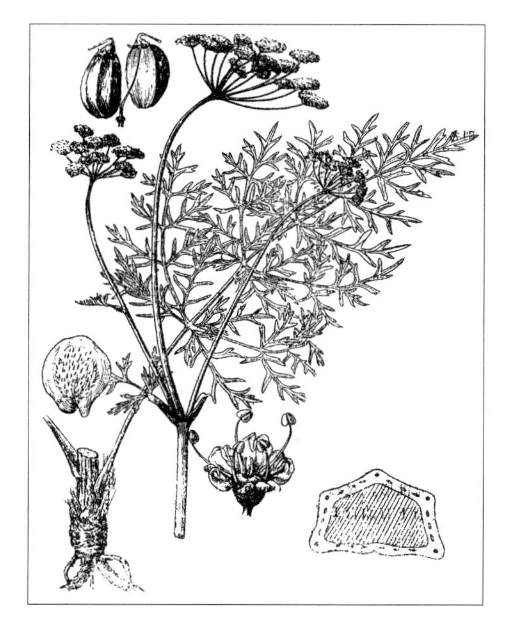

中生草本。生于森林和森林草原带的山地草甸、林缘。产兴安北部及岭东和岭西（额尔古纳市、牙克石市、鄂伦春自治旗、扎兰屯市、海拉尔区）、兴安南部（科尔沁右翼前旗、扎赉特旗、东乌珠穆沁旗）。分布于我国黑龙江、吉林、辽宁、河南西部、山东西部、江苏北部，朝鲜、蒙古国东部和北部及西部、俄罗斯（东西伯利亚地区、远东地区），东亚、中欧。为古北极分布种。

2. 密花岩风（密花香芹）

Libanotis condensata (L.) Crantz in Cl. Umbell. Emend. 105. 1767; Fl. Intramongol. ed. 2, 3:624. t.246. f.7-9. 1989.——*Athamanta condensata* L., Sp. Pl. 2:1195. 1753.

多年生草本，高 30 ～ 80cm。茎直立，上部稍分枝，圆筒状，具不明显的纵棱，无毛，基部包被多数棕褐色残叶纤维。基生叶花时枯萎。茎下部叶具长柄，柄基部具抱茎的叶鞘；叶片二至三回羽状全裂，长椭圆形或矩圆状披针形，长 5 ～ 10cm，宽 2.5 ～ 5cm；一回羽片 4 ～ 7 对，远离，近无柄，卵状披针形；二回羽片 2 ～ 3 对，无柄；最终裂片条形，长 3 ～ 6mm，宽 0.7 ～ 1mm，先端锐尖，常具短刺尖，两面沿叶脉和边缘被微短硬毛。茎中部和上部叶较小且简化，其叶柄几乎全部成叶鞘。复伞形花序直径 3 ～ 6cm，花序梗顶部密被硬毛；伞辐 10 ～ 30，长 1 ～ 2cm，内侧具微短硬毛；总苞片数片至多数，有时不存在，早落；小伞形花序直径 6 ～ 12mm，具花 20 ～ 30 朵；花梗长 2 ～ 3mm，内侧被微短硬毛；小总苞片 8 ～ 14，狭条形，边缘膜质，先端长渐尖，沿中脉与边缘被微短硬毛，与花梗等长或稍长；萼齿狭三角形；花瓣白色，无毛；花药紫色；子房密被开展柔毛；花柱基短坛状，紫色。双悬果密被开展柔毛，矩圆状椭圆形，长 3 ～ 4mm，宽 2 ～ 2.5mm，背腹压扁。分生果背棱与中棱稍隆起，侧棱翅状；每棱槽下具油管 3 ～ 4 条，合生面具 4 ～ 6 条；宿存花柱与果实近等长。花期 7 ～ 8 月，果期 8 ～ 9 月。

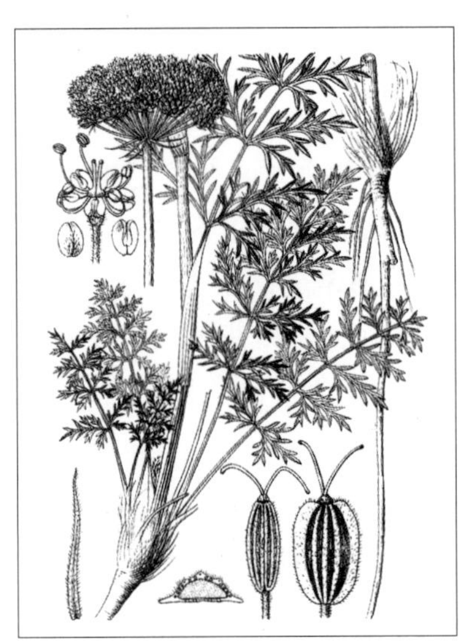

中生草本。生于森林和森林草原带的山地灌丛、林缘及河边草甸。产兴安北部（阿尔山市）、兴安南部（克什克腾旗、西乌珠穆沁旗、锡林浩特市）。分布于我国河北西北部、山西北部、新疆北部，哈萨克斯坦、蒙古国北部和西部、俄罗斯（西伯利亚地区）。为东古北极分布种。

36. 胡萝卜属 Daucus L.

二年生，稀一年生或多年生草本。叶多回羽状全裂。总苞片多数，羽状分裂或不裂；小总苞片多数，3 裂或全缘，有时不存在；萼齿小或不明显；花瓣白色、淡红色或淡黄色，倒卵形，先端具小舌片，内卷呈凹缺状，外缘花具辐射瓣；花柱基短圆锥形。果宽卵形或椭圆形，背腹稍压扁；主棱 5 条，线形，常被 2 列稍弯的刚毛；次棱 4 条，翅状，翅割裂成 1 行刺；每次棱下具油管 1 条，合生面具 2 条；胚乳腹面平坦或微凹；心皮柄不分裂。

内蒙古有 1 栽培种。

1. 胡萝卜

Daucus carota L. var. **sativa** Hoffm. in Deutschl. Fl. ed. 1:91. 1791; Fl. Intramongol. ed. 2, 3:665. t.266. f.1-7. 1989.

二年生草本，高约 100cm。主根粗大，肉质，长圆锥形，橙黄色或橙红色。茎直立，节间中空，表面具纵棱与沟槽，上部分枝，被倒向或开展的硬毛。基生叶具长柄与叶鞘；叶片二至三回羽状全裂，三角状披针形或矩圆状披针形，长 15 ～ 20cm，宽 11 ～ 16cm；一回羽片 4 ～ 6 对，具柄，卵形；二回羽片无柄，披针形；最终裂片条形至披针形，长 5 ～ 20mm，宽 1 ～ 5mm，先端尖，具小凸尖，上面常无毛，下面沿叶脉与边缘具长硬毛。茎生叶与基生叶相似，但较小且简化，叶柄一部分或全部成叶鞘。复伞形花序直径 5 ～ 10cm；伞辐多数，不等长，长 1 ～ 5cm，具细纵棱，被短硬毛；总苞片多数，呈叶状，羽状分裂，裂片细长，先端具长刺尖；小伞形花序直径 6 ～ 12mm，具多数花；花梗长 1 ～ 4mm；小总苞片多数，条形，有时上部 3 裂，边缘白色宽膜质，先端长渐尖；萼齿不明显；花瓣白色或淡红色。果椭圆形，长 3 ～ 4mm，宽约 2mm。花期 6 ～ 7 月，果期 7 ～ 8 月。

中生草本。原产欧洲、北非，现内蒙古及我国其他省区均有栽培。

根做蔬菜及多汁饲料，也可入药，能健脾、化滞，主治消化不良、久痢、咳嗽。全草浸剂可治疗水肿、慢性肾炎、膀胱病变等。

92. 山茱萸科 Cornaceae

乔木或灌木，稀草本。单叶对生或互生，全缘，稀具齿牙或裂片；无托叶。花两性，稀单性，辐射对称；萼片 4，稀 5，小或缺；花瓣 4，稀 5 或缺，常为镊合状排列；雄蕊与花瓣同数且互生，着生于花盘边缘；子房下位，常 2（1 ～ 3）室，稀 4 ～ 10 室，每室具 1 ～ 2 枚胚珠，花柱常 1，柱头头状或分裂；具上位花盘。果实常为核果，少浆果，含种子 1 ～ 3 粒；种子含胚乳，种皮膜质。

内蒙古有 1 属、2 种。

1. 山茱萸属 Cornus L.

——梾木属 *Swida* Opiz

多木本。冬芽细长，具 2 镊合状鳞片。叶对生，有柄，全缘，常贴生柔毛。花两性，小型，4 数，顶生聚伞或头状花序，基部有花瓣状苞片；萼筒杯形、钟形或球形，具细齿；花瓣卵形或椭圆形；雄蕊 4，花药长椭圆形；花柱单生，条形或圆柱形；子房下位，2 室。果实为核果，先端宿存萼及花柱，有骨质或硬壳质的核，核 2 室，含 2 粒种子；种子有大型的胚，胚直生或稍弯曲。

内蒙古有 2 种。

分种检索表

1a. 叶卵状椭圆形或宽卵形，先端尖或短凸尖，下面粉白色，疏被长柔毛，脉上几无毛；果乳白色，矩圆形，先端不对称……………………………………………………………………**1. 红瑞木 C. alba**

1b. 叶椭圆形或卵形，先端长渐尖或短尖，下面灰白色，密被短毛，脉上有毛；果蓝黑色，近球形。

  2a. 叶下面及花序上无卷曲毛………………………………**2a. 沙梾 C. bretschneideri** var. **bretschneideri**

  2b. 叶下面及花序上具有较密的卷曲毛………………………**2b. 卷毛沙梾 C. bretschneideri** var. **crispa**

1. 红瑞木（红瑞山茱萸）

Cornus alba L., Mant. 1:40. 1767.——*Swida alba* (L.) Opiz in Seznum 94.1852; Fl. Intramongol. ed. 2, 3:667. t.267. f.1-2. 1989.

落叶灌木，高达 200cm。小枝紫红色，光滑，幼时常被蜡状白粉，具柔毛。叶对生，卵状椭圆形或宽卵形，长 2 ～ 8cm，宽 1.5 ～ 4.5cm，先端尖或短凸尖，基部圆形或宽楔形，上面

暗绿色，贴生短柔毛，各脉下陷，弧形，侧脉5～6对，下面粉白色，疏被长柔毛，主、侧脉凸起，脉上几无毛；叶柄长0.5～1.5cm，被柔毛。顶生伞房状聚伞花序；花梗与花轴密被柔毛；萼筒杯形，齿三角形，与花盘几等长；花瓣4，卵状舌形，长3～3.5mm，宽1.5～2mm，黄白色；雄蕊4，与花瓣互生，花丝长约4mm，与花瓣近等长；花盘垫状，黄色；子房位于花盘下方，花柱单生，长1.5～2mm，柱头碟状，比花柱顶部宽。核果，乳白色，矩圆形，上部不对称，长约6mm，核扁平。花期5～6月，果期8～9月。

落叶中生灌木。生于森林带和草原带的山地杂木林中、溪流旁。产兴安北部及岭东和岭西（牙克石市、鄂伦春自治旗、鄂温克族自治旗、海拉尔区）、兴安南部（科尔沁右翼前旗、科尔沁右翼中旗、阿鲁科尔沁旗、巴林右旗、克什克腾旗、西乌珠穆沁旗哈尔干太山）、燕山北部（喀喇沁旗、宁城县）、阴山（乌拉山）。分布于我国黑龙江、吉林、辽宁、河北、山东、山西、江苏、江西、陕西、甘肃、青海，朝鲜、蒙古国东部和北部、俄罗斯，欧洲。为古北极分布种。

植株干红，叶绿，带白果，色彩艳丽，可做庭园绿化树种。种子含油约30%，可供工业用。锡林郭勒盟蒙医以茎杆做澳恩布的代用品。

2. 沙梾（毛山茱萸）

Cornus bretschneideri L. Henry in Jardin 13:309. f.154. 1899.——*Swida bretschneideri* (L. Henry) Sojak in Hort. Bot. Univ. Carol. Prag. 10. 1960; Fl. Intramongol. ed. 2, 3:668. t.267. f.3-4. 1989.

2a. 沙梾

Cornus bretschneideri L. Henry var. **bretschneideri**

落叶灌木，高达200cm。小枝紫红色或暗紫色，被短柔毛。叶对生，椭圆形或卵形，长3～7cm，宽2.5～5cm，先端长渐尖或短尖，基部楔形或圆形，上面暗绿色，贴生弯曲短柔毛，各脉下陷，脉上有毛，弧形侧脉5～7对，下面灰白色，密被短毛，主、侧脉凸起，脉上被短柔毛；叶柄长0.6～1.5cm，被柔毛。顶生圆锥状聚伞花序；花轴和花梗疏被柔毛；萼筒球形，密被柔

毛；花瓣 4，白色，长约 3mm，宽约 2mm；雄蕊 4，花丝长 3.5 ～ 4mm，比花瓣长约 1/3，具花盘；子房位于花盘下方，花柱长约 2mm，柱头头状，比花柱顶部宽。核果，近球形，蓝黑色，直径 5 ～ 6mm，核球状卵形，具条纹，稍具棱角。花期 5 ～ 6 月，果期 9 月。

落叶中生灌木。生于阔叶林带海拔 1500 ～ 2000m 的阴坡湿润的杂木林中或灌丛中。产燕山北部（喀喇沁旗、宁城县、兴和县苏木山）、阴山（大青山、蛮汗山）。分布于我国辽宁南部、河北、河南、山西、陕西、宁夏、甘肃、青海、四川。为华北分布种。

可做庭园绿化树种。

2b. 卷毛沙梾

Cornus bretschneideri L. Henry var. **crispa** W. P. Fang et W. K. Hu in J. Sichuan Univ. Nat. Sci. ed. 1980(3):157. t.3. f.1. 1980.——*Swida bretschneideri* (L. Henry) Sojak var. *crispa* (W. P. Fang et W. K. Hu) W. P. Fang et W. K. Hu in Bull. Bot. Res. Harbin 4(3):103. 1984; Fl. Intramongol. ed. 2, 3:668. 1989.

本变种与正种区别：本种叶下面及花序上具有较密的卷曲毛。

落叶中生灌木。生于阔叶林带的山坡林中、林缘。产燕山北部（喀喇沁旗、宁城县）、阴山（大青山、乌拉山）。分布于我国黑龙江、吉林、辽宁、山西、陕西、甘肃。为华北—满洲分布变种。

用途同正种。

植物蒙古文名、中文名、拉丁文名对照名录

说明：植物名称前的数字，第一个为科名代号，第二个为属名代号，第三个为种名及种下等级名代号。

53. 豆科 Leguminosae

云实亚科 Caesalpinioideae

53-1 皂荚属 *Gleditsia* L.

53-1-1 山皂荚 *Gleditsia japonica* Miq.

蝶形花亚科 Papilionoideae

53-2 槐属 *Sophora* L.

53-2-1 槐 *Sophora japonica* L.

53-2-2 苦豆子 *Sophora alopecuroides* L.

53-2-3 苦参 *Sophora flavescens* Aiton

53-3 沙冬青属 *Ammopiptanthus* S. H. Cheng

53-3-1 沙冬青 *Ammopiptanthus mongolicus* (Maxim. ex Kom.) S. H. Cheng

53-4 黄华属 *Thermopsis* R. Br.

53-4-1 披针叶黄华 *Thermopsis lanceolata* R. Br.

53-4-2 青海黄华 *Thermopsis przewalskii* Czefr.

53-4-3 高山黄华 *Thermopsis alpina* (Pall.) Ledeb.

53-4-4 蒙古黄华 *Thermopsis mongolica* Czefr.

53-5 百脉根属 *Lotus* L.

53-5-1 细叶百脉根 *Lotus krylovii* Schisachk. et Serg.

53-6 木蓝属 *Indigofera* L.

53-6-1 花木蓝 *Indigofera kirilowii* Maxim. ex Palib.

53-6-2 铁扫帚 *Indigofera bungeana* Walp.

53-7 紫穗槐属 *Amorpha* L.

53-7-1 紫穗槐 *Amorpha fruticosa* L.

53-8 刺槐属 *Robinia* L.

53-8-1 刺槐 *Robinia pseudoacacia* L.

53-8-2 毛刺槐 *Robinia hispida* L.

53-9 苦马豆属 *Sphaerophysa* DC.

(Maxim.) Boriss.

53-13-1 蒙古旱雀豆 *Chesniella mongolica*

53-13 旱雀儿豆属 *Chesniella* Boriss.

stenophylla Bunge

53-12-3 狭叶米口袋 *Gueldenstaedtia* Boriss.

53-12-2 少花米口袋 *Gueldenstaedtia verna* (Georgi)

53-12-1 米口袋 *Gueldenstaedtia multiflora* Bunge

53-12 米口袋属 *Gueldenstaedtia* Fisch.

53-11-5 刺果甘草 *Glycyrrhiza pallidiflora* Maxim.

Franch.

53-11-4 圆果甘草 *Glycyrrhiza squamulosa*

53-11-3 胀果甘草 *Glycyrrhiza inflata* Batalin

53-11-2 粗毛甘草 *Glycyrrhiza aspera* Pall.

53-11-1 甘草 *Glycyrrhiza uralensis* Fisch. ex DC.

53-11 甘草属 *Glycyrrhiza* L.

53-10-1 丽豆 *Calophaca sinica* Rehd.

53-10 丽豆属 *Calophaca* Fisch. ex DC.

(Pall.) DC.

53-9-1 苦马豆 *Sphaerophysa salsula*

53-15-8 黄花棘豆 *Oxytropis ochrocephala* Bunge

53-15-7 米尔克棘豆 *Oxytropis merkensis* Bunge

53-15-6 蓝花棘豆 *Oxytropis caerulea* (Pall.) DC.

53-15-5 线棘豆 *Oxytropis filiformis* DC.

53-15-4 贺兰山棘豆 *Oxytropis holanshanensis* H. C. Fu

Bunge

53-15-3 黑萼棘豆 *Oxytropis melanocalyx*

(Lam.) DC. var. *tenuis* Palib.

53-15-2b 小叶小花棘豆 *Oxytropis glabra*

glabra (Lam.) DC. var. *glabra*

53-15-2a 小花棘豆 *Oxytropis*

(Lam.) DC.

53-15-2 小花棘豆 *Oxytropis glabra*

53-15-1 急弯棘豆 *Oxytropis deflexa* (Pall.) DC.

53-15 棘豆属 *Oxytropis* DC.

Cheng ex H. C. Fu

53-14-1 大花雀儿豆 *Chesneya macrantha* S. H.

53-14 雀儿豆属 *Chesneya* Lindl ex Endl.

(Korsh.) Boriss.

53-13-2 戈壁旱雀豆 *Chesniella ferganensis*

53-15-9 宽苞棘豆 *Oxytropis latibracteata* Jurtz.

53-15-10 大花棘豆 *Oxytropis grandiflora* (Pall.) DC.

53-15-11 囊萼棘豆 *Oxytropis sacciformis* H. C. Fu

53-15-12 四子王棘豆 *Oxytropis siziwangensis* Y. Z. Zhao et Zong Y. Zhu

53-15-13 硬毛棘豆 *Oxytropis hirta* Bunge

53-15-14 缘毛棘豆 *Oxytropis ciliata* Turcz.

53-15-15 丛棘豆 *Oxytropis caespitosa* (Pall.) Pers.

53-15-16 大青山棘豆 *Oxytropis daqingshanica* Y. Z. Zhao et Zong Y. Zhu

53-15-17 阴山棘豆 *Oxytropis inshanica* H. C. Fu et S. H. Cheng

53-15-18 薄叶棘豆 *Oxytropis leptophylla* (Pall.) DC.

53-15-19 达茂棘豆 *Oxytropis turbinata* (H. C. Fu) Y. Z. Zhao et L. Q. Zhao

53-15-20 内蒙古棘豆 *Oxytropis neimonggolica* C. W. Chang et Y. Z. Zhao

53-15-21 异叶棘豆 *Oxytropis diversifolia* E. Peter

53-15-22 多枝棘豆 *Oxytropis ramosissima* Kom.

53-15-23 瘤果棘豆 *Oxytropis microphylla* (Pall.) DC.

53-15-24 多叶棘豆 *Oxytropis myriophylla* (Pall.) DC.

53-15-25 狼山棘豆 *Oxytropis langshanica* H. C. Fu

53-15-26 二色棘豆 *Oxytropis bicolor* Bunge

53-15-27 平卧棘豆 *Oxytropis prostrata* (Pall.) DC.

53-15-28 绵毛棘豆 *Oxytropis lanata* (Pall.) DC.

53-15-29 黄毛棘豆 *Oxytropis ochrantha* Turcz.

53-15-30 黄绿花棘豆 *Oxytropis viridiflava* Kom.

53-15-31 砂珍棘豆 *Oxytropis racemosa* Turcz.

53-15-31a 砂珍棘豆 *Oxytropis racemosa* Turcz. var. *racemosa*

53-15-31b 光果砂珍棘豆 *Oxytropis racemosa* Turcz. var. *glabricarpa* Y. Z. Zhao

53-15-32 尖叶棘豆 *Oxytropis oxyphylla* (Pall.) DC.

53-15-32a 尖叶棘豆 *Oxytropis oxyphylla* (Pall.）DC. var. *oxyphylla*

53-15-32b 光果尖叶棘豆 *Oxytropis oxyphylla* (Pall.）DC. var. *leiocarpa* (H. C. Fu) Y. Z. Zhao

53-16-37 糙叶黄芪 *Astragalus scaberrimus* Bunge

Zhao et L. Q. Zhao

53-16-36 哈拉乌黄芪 *Astragalus halawuensis* Y. Z.

53-16-35 变异黄芪 *Astragalus variabilis* Bunge

53-16-34 玉门黄芪 *Astragalus yumenensis* S. B. Ho

53-16-33 细弱黄芪 *Astragalus miniatus* Bunge

et L. R. Xu

53-16-32 兰州黄芪 *Astragalus lanzhouensis* Podlech

centrali-gobicus Z. Y. Chu et Y. Z. Zhao

53-16-31 中戈壁黄芪 *Astragalus*

Shadawang

53-16-30a 沙打旺 *Astragalus laxmannii* Jacq. cv.

laxmannii Jacq.

53-16-30 斜茎黄芪 *Astragalus*

53-16-29 莲山黄芪 *Astragalus leansanicus* Ulbr.

53-16-28 北黄芪 *Astragalus inopinatus* Boriss.

53-16-27 湿地黄芪 *Astragalus uliginosus* L.

53-16-26 灰叶黄芪 *Astragalus discolor* Bunge

Maxim.

53-16-25 长毛荚黄芪 *Astragalus monophyllus*

53-17 鹰嘴豆属 *Cicer* L.

53-16-52 阿卡尔黄芪 *Astragalus arkalycensis* Bunge

53-16-51 库尔楚黄芪 *Astragalus kurtschumensis* Bunge

53-16-50 胀萼黄芪 *Astragalus ellipsoideus* Ledeb.

53-16-49 包头黄芪 *Astragalus baotouensis* H. C. Fu

gobi-altaicus Ulzij.

53-16-48 戈壁阿尔泰黄芪 *Astragalus*

53-16-47 乌拉山黄芪 *Astragalus ochrias* Bunge

wulanchabuensis L. Q. Zhao et Z. Y. Zhao

53-16-46 乌兰察布黄芪 *Astragalus*

53-16-45 荒漠黄芪 *Astragalus alschanensis* H. C. Fu

53-16-44 卵果黄芪 *Astragalus grubovii* Sancz.

galactites Pall.

53-16-43 乳白花黄芪 *Astragalus*

53-16-42 圆果黄芪 *Astragalus junatovii* Sanchir.

53-16-41 酒泉黄芪 *Astragalus jiuquanensis* S. B. Ho

53-16-40 短龙骨黄芪 *Astragalus parvicarinatus* S. B. Ho

Ho

53-16-39 西域黄芪 *Astragalus pseudoborodinii* S. B.

53-16-38 短叶黄芪 *Astragalus brevifolius* Ledeb.

53-17-1 鹰嘴豆 *Cicer arietinum* L.

53-18 盐豆木属 *Halimodendron* Fisch. ex DC.

53-18-1 盐豆木 *Halimodendron halodendron* (Pall.) Druce

53-19 锦鸡儿属 *Caragana* Fabr.

53-19-1 树锦鸡儿 *Caragana arborescens* Lam.

53-19-2 小叶锦鸡儿 *Caragana microphylla* Lam.

53-19-3 柠条锦鸡儿 *Caragana korshinskii* Kom.

53-19-4 秦晋锦鸡儿 *Caragana purdomii* Rehd.

53-19-5 荒漠锦鸡儿 *Caragana roborovskyi* Kom.

53-19-6 鬼箭锦鸡儿 *Caragana jubata* (Pall.) Poir.

53-19-7 卷叶锦鸡儿 *Caragana ordosica* Y. Z. Zhao, Zong Y. Zhu et L. Q. Zhao

53-19-8 粉刺锦鸡儿 *Caragana pruinosa* Kom.

53-19-9 红花锦鸡儿 *Caragana rosea* Turcz. ex Maxim.

53-19-10 甘蒙锦鸡儿 *Caragana opulens* Kom.

53-19-11 昆仑锦鸡儿 *Caragana polourensis* Franch.

53-19-12 短脚锦鸡儿 *Caragana brachypoda* Pojark.

53-19-13 窄叶锦鸡儿 *Caragana angustissima* (C. K. Schneid.) Y. Z. Zhao

53-19-14 白皮锦鸡儿 *Caraganaleucophloea* Pojark.

53-19-15 狭叶锦鸡儿 *Caragana stenophylla* Pojark.

53-20 野豌豆属 *Vicia* L.

53-20-1 广布野豌豆 *Vicia cracca* L.

53-20-1a 广布野豌豆 *Vicia cracca* L. var. *cracca*

53-20-1b 灰野豌豆 *Vicia cracca* L. var. *canescens* (Maxim.) Franch. et Sav.

53-20-2 黑龙江野豌豆 *Vicia amurensis* Oett.

53-20-3 长柔毛野豌豆 *Vicia villosa* Roth

53-20-4 东方野豌豆 *Vicia japonica* A. Gray

53-20-5 大野豌豆 *Vicia sinogigantea* B. J. Bao et Turland

53-20-6 大叶野豌豆 *Vicia pseudo-orobus* Fisch. et C. A. Mey.

53-20-7 肋脉野豌豆 *Vicia costata* Ledeb.

53-20-8 多茎野豌豆 *Vicia multicaulis* Ledeb.
53-20-9 山野豌豆 *Vicia amoena* Fisch. ex Seringe
53-20-10 大龙骨野豌豆 *Vicia megalotropis* Ledeb.
53-20-11 索伦野豌豆 *Vicia geminiflora* Trautv.
53-20-12 大花野豌豆 *Vicia bungei* Ohwi
53-20-13 救荒野豌豆 *Vicia sativa* L.
53-20-14 柳叶野豌豆 *Vicia venosa* (Willd. ex Link) Maxim.
53-20-15 歪头菜 *Vicia unijuga* A. Br.
53-20-16 蚕豆 *Vicia faba* L.
53-21 豌豆属 *Pisum* L.
53-21-1 豌豆 *Pisum sativum* L.
53-22 兵豆属 *Lens* Mill.
53-22-1 兵豆 *Lens culinaris* Medikus
53-23 山黧豆属 *Lathyrus* L.
53-23-1 家山黧豆 *Lathyrus sativus* L.
53-23-2 大山黧豆 *Lathyrus davidii* Hance
53-23-3 矮山黧豆 *Lathyrus humilis* (Ser.) Spreng.
53-23-4 山黧豆 *Lathyrus quinquenervius* (Miq.) Litv.
53-23-5 毛山黧豆 *Lathyrus palustris* L. var. *pilosus* (Cham.) Ledeb.
53-23-6 三脉山黧豆 *Lathyrus komarovii* Ohwi
53-24 车轴草属 *Trifolium* L.
53-24-1 野火球 *Trifolium lupinaster* L.
53-24-2 白车轴草 *Trifolium repens* L.
53-24-3 红车轴草 *Trifolium pratense* L.
53-25 苜蓿属 *Medicago* L.
53-25-1 紫花苜蓿 *Medicago sativa* L.
53-25-2 天蓝苜蓿 *Medicago lupulina* L.
53-25-3 黄花苜蓿 *Medicago falcata* L.
53-25-4 阿拉善苜蓿 *Medicago alaschanica* Vass.
53-26 草木樨属 *Melilotus* (L.) Mill.
53-26-1 草木樨 *Melilotus officinalis* (L.) Lam.
53-26-2 细齿草木樨 *Melilotus dentatus* (Wald. et Kit.) Pers.
53-26-3 白花草木樨 *Melilotus albus* Medik.
53-27 扁蓿豆属 *Melilotoides* Heist. ex Fabr.
53-27-1 扁蓿豆 *Melilotoides ruthenica* (L.) Sojak
53-28 胡卢巴属 *Trigonella* L.

53-37-3 山竹子 *Corethrodendron fruticosum* (Pall.) B. H. Choi et H. Ohashi

53-37-3a 山竹子 *Corethrodendron fruticosum* (Pall.) B. H. Choi et H. Ohashi var. *fruticosum*

53-37-3b 羊柴 *Corethrodendron fruticosum* (Pall.) B. H. Choi et H. Ohashi var. *lignosum* (Trautv.) Y. Z. Zhao

53-38 驴豆属 *Onobrychis* Mill.

53-38-1 红豆草 *Onobrychis viciifolia* Scop.

53-39 胡枝子属 *Lespedeza* Michx.

53-39-1 胡枝子 *Lespedeza bicolor* Turcz.

53-39-2 多花胡枝子 *Lespedeza floribunda* Bunge

53-39-3 达乌里胡枝子 *Lespedeza davurica* (Laxm.) Schindl.

53-39-4 牛枝子 *Lespedeza potaninii* V. N. Vassil.

53-39-5 绒毛胡枝子 *Lespedeza tomentosa* (Thunb.) Sieb. ex Maxim.

53-39-6 长叶铁扫帚 *Lespedeza caraganae* Bunge

53-39-7 阴山胡枝子 *Lespedeza inschanica* (Maxim.) Schindl.

53-39-8 尖叶胡枝子 *Lespedeza juncea* (L. f.) Pers.

53-40 杭子梢属 *Campylotropis* Bunge

53-40-1 杭子梢 *Campylotropis macrocarpa* (Bunge) Rehd.

53-41 鸡眼草属 *Kummerowia* Schindl.

53-41-1 鸡眼草 *Kummerowia striata* (Thunb.) Schindl.

53-41-2 长萼鸡眼草 *Kummerowia stipulacea* (Maxim.) Makino

54. 酢浆草科 Oxalidaceae

54-1 酢浆草属 *Oxalis* L.

54-1-1 酢浆草 *Oxalis corniculata* L.

55. 牻牛儿苗科 Geraniaceae

55-1 牻牛儿苗属 *Erodium* L'Herit.

55-1-1 牻牛儿苗 *Erodium stephanianum* Willd.

55-1-2 芹叶牻牛儿苗 *Erodium cicutarium* (L.) L'Herit. ex Ait.

55-1-3 短喙牻牛儿苗 *Erodium tibetanum* Edgew.

55-2 老鹳草属 *Geranium* L.

55-2-1 毛蕊老鹳草 *Geranium platyanthum* Duthie

55-2-2 草地老鹳草 *Geranium pratense* L.

55-2-3 突节老鹳草 *Geranium krameri* Franch. et Savat.

55-2-4 灰背老鹳草 *Geranium wlassovianum* Fisch. ex Link

55-2-5 兴安老鹳草 *Geranium maximowiczii* Regel et Maack

55-2-6 鼠掌老鹳草 *Geranium sibiricum* L.

55-2-7 粗根老鹳草 *Geranium dahuricum* DC.

55-2-8 老鹳草 *Geranium wilfordii* Maxim.

55-2-9 尼泊尔老鹳草 *Geranium nepalense* Sweet

56. 亚麻科 Linaceae

56-1 亚麻属 *Linum* L.

56-1-1 野亚麻 *Linum stelleroides* Planch.

56-1-2 亚麻 *Linum usitatissimum* L.

56-1-3 宿根亚麻 *Linum perenne* L.

56-1-4 黑水亚麻 *Linum amrense* F. G. C. Alefeld

56-1-5 垂果亚麻 *Linum nutans* Maxim.

56-1-6 短柱亚麻 *Linum pallescens* Bunge

57. 白刺科 Nitrariaceae

57-1 白刺属 *Nitraria* L.

57-1-1 小果白刺 *Nitraria sibirica* Pall.

57-1-2 白刺 *Nitraria roborowskii* Kom.

57-1-3 泡泡刺 *Nitraria sphaerocarpa* Maxim.

58. 骆驼蓬科 Peganaceae

58-1 骆驼蓬属 *Peganum* L.

58-1-1 骆驼蓬 *Peganum harmala* L.

58-1-2 多裂骆驼蓬 *Peganum multisectum* (Maxim.) Bobr.

58-1-3 匍根骆驼蓬 *Peganum nigellastrum* Bunge

59. 蒺藜科 **Zygophyllaceae**

59-1 霸王属 *Sarcozygium* Bunge

59-1-1 霸王 *Sarcozygium xanthoxylon* Bunge

59-2 四合木属 *Tetraena* Maxim.

59-2-1 四合木 *Tetraena mongolica* Maxim.

59-3 蒺藜属 *Tribulus* L.

59-3-1 蒺藜 *Tribulus terrestris* L.

59-4 驼蹄瓣属 *Zygophyllum* L.

59-4-1 戈壁驼蹄瓣 *Zygophyllum gobicum* Maxim.

59-4-2 甘肃驼蹄瓣 *Zygophyllum kansuense* Y. X. Liou

59-4-3 石生驼蹄瓣 *Zygophyllum rosowii* Bunge

59-4-4 驼蹄瓣 *Zygophyllum fabago* L.

59-4-5 蝎虎驼蹄瓣 *Zygophyllum mucronatum* Maxim.

59-4-6 粗茎驼蹄瓣 *Zygophyllum loczyi* Kanitz

59-4-7 大花驼蹄瓣 *Zygophyllum potaninii* Maxim.

59-4-8 翼果驼蹄瓣 *Zygophyllum pterocarpum* Bunge

59-4-9 伊犁驼蹄瓣 *Zygophyllum iliense* Popov

60. 芸香科 **Rutaceae**

60-1 黄檗属 *Phellodendron* Rupr.

60-1-1 黄檗 *Phellodendron amurense* Rupr.

60-2 拟芸香属 *Haplophyllum* Juss.

60-2-1 北芸香 *Haplophyllum dauricum* (L.) G. Don

60-2-2 针枝芸香 *Haplophyllum tragacanthoides* Diels

60-3 白鲜属 *Dictamnus* L.

60-3-1 白鲜 *Dictamnus dasycarpus* Turcz.

63-3-1 地构叶 *Speranskia tuberculata*

63-3 地构叶属 *Speranskia* Baill.

63-2-1 铁苋菜 *Acalypha australis* L.

63-2 铁苋菜属 *Acalypha* L.

63-1-1 一叶萩 *Flueggea suffruticosa* (Pall.) Baill.

63-1 白饭树属 *Flueggea* Willd.

63. 大戟科 Euphorbiaceae

62-1-2 卵叶远志 *Polygala sibirica* L.

62-1-1 细叶远志 *Polygala tenuifolia* Willd.

62-1 远志属 *Polygala* L.

62. 远志科 Polygalaceae

altissima (Mill.) Swingle

61-1-1 臭椿 *Ailanthus*

61-1 臭椿属 *Ailanthus* Desf.

61. 苦木科 Simaroubaceae

64. 水马齿科 Callitrichaceae

63-5-13 狼毒大戟 *Euphorbia fischeriana* Steud.

63-5-12 林大戟 *Euphorbia lucorum* Rupr.

63-5-11 大戟 *Euphorbia pekinensis* Rupr.

63-5-10 甘肃大戟 *Euphorbia kansuensis* Prokh.

63-5-9 青藏大戟 *Euphorbia altotibetica* O. Pauls.

63-5-8 沙生大戟 *Euphorbia kozlovii* Prokh.

Decaisne

63-5-7 钩腺大戟 *Euphorbia sieboldiana* C. Morr. et

63-5-6 乳浆大戟 *Euphorbia esula* L.

63-5-5 刘氏大戟 *Euphorbia lioui* C. Y. Wu et J. S. Ma

63-5-4 泽漆 *Euphorbia helioscopia* L.

63-5-3 续随子 *Euphorbia lathyris* L.

63-5-2 斑地锦 *Euphorbia maculata* L.

63-5-1 地锦 *Euphorbia humifusa* Willd.

63-5 大戟属 *Euphorbia* L.

63-4-1 蓖麻 *Ricinus communis* L.

63-4 蓖麻属 *Ricinus* L.

(Bunge) Baill.

64-1 水马齿属 *Callitriche* L.

64-1-1 线叶水马齿 *Callitriche hermaphroditica* L.

64-1-2 沼生水马齿 *Callitriche palustris* L.

64-1-2a 沼生水马齿 *Callitriche palustris* L. var. *palustris*

64-1-2b 东北水马齿 *Callitriche palustris* L. var. *elegans* (Petr.) Y. L. Chang

65. 岩高兰科 Empetraceae

65-1 岩高兰属 *Empetrum* L.

65-1-1 东北岩高兰 *Empetrum nigrum* L. var. *japonicum* K. Koch

66. 漆树科 Anacardiaceae

66-1 盐肤木属 *Rhus* L.

66-1-1 火炬树 *Rhus typhina* L.

67. 卫矛科 Celastraceae

67-1 卫矛属 *Euonymus* L.

67-1-1 白杜 *Euonymus maackii* Rupr.

67-1-2 毛脉卫矛 *Euonymus alatus* (Thunb.) Sieb.

67-1-3 矮卫矛 *Euonymus nanus* M. Bieb.

67-1-4 小卫矛 *Euonymus nanoides* Loes. et Rehd.

67-2 南蛇藤属 *Celastrus* L.

67-2-1 南蛇藤 *Celastrus orbiculatus* Thunb.

68. 槭树科 Aceraceae

68-1 槭树属 *Acer* L.

68-1-1 元宝槭 *Acer truncatum* Bunge

68-1-2 色木槭 *Acer mono* Maxim.

68-1-3 茶条槭 *Acer ginnala* Maxim.

68-1-4 细裂槭 *Acer stenolobum* Rehd.

68-1-5 梣叶槭 *Acer negundo* L.

69. 无患子科 Sapindaceae

69-1 栾树属 *Koelreuteria* Laxim.

71-1-1b 枣 *Ziziphus jujuba* Mill. var. *inermis*
Hu ex H. F. Chow

71-1-1a 酸枣 *Ziziphus jujuba* Mill. var. *spinosa* (Bunge)

71-1 枣属 *Ziziphus* Mill.

71. 鼠李科 Rhamnaceae

Hemsl.

70-1-3 东北凤仙花 *Impatiens furcillata*
Impatiens noli-tangere L.

70-1-2 水金凤

70-1-1 凤仙花 *Impatiens balsamina* L.

70-1 凤仙花属 *Impatiens* L.

70. 凤仙花科 Balsaminaceae

Xanthoceras sorbifolia Bunge

69-2-1 文冠果

69-2 文冠果属 *Xanthoceras* Bunge

69-1-1 栾树 *Koelreuteria paniculata* Laxim.

72-2 地锦属 *Parthenocissus* Planchon

72-1-3 美洲葡萄 *Vitis labrusca* L.

72-1-2 葡萄 *Vitis vinifera* L.

72-1-1 山葡萄 *Vitis amurensis* Rupr.

72-1 葡萄属 *Vitis* L.

72. 葡萄科 Vitaceae

71-2-9 小叶鼠李 *Rhamnus parvifolia* Bunge

71-2-8 金钢鼠李 *Rhamnus diamantiaca* Nakai
Q. Zhao

71-2-7 蒙古鼠李 *Rhamnus mongolica* Y. Z. Zhao et L.

71-2-6 土默特鼠李 *Rhamnus tumetica* Grub.

71-2-5 钝叶鼠李 *Rhamnus maximovicziana* J. J. Vass.

71-2-4 锐齿鼠李 *Rhamnus arguta* Maxim.

71-2-3 鼠李 *Rhamnus davurica* Pall.

71-2-2 朝鲜鼠李 *Rhamnus koraiensis* C. K. Schneid.

71-2-1 柳叶鼠李 *Rhamnus erythroxylon* Pall.

71-2 鼠李属 *Rhamnus* L.
(Bunge) Rehd.

73-1-2 蒙椴 *Tilia mongolica* Maxim.

Maxim.

73-1-1 糠椴 *Tilia mandshurica* Rupr. et

73-1 椴树属 *Tilia* L.

73. 椴树科 Tiliaceae

Planch. var. *glabra* (Diels et Gilg) C. L. Li

72-3-3 掌裂蛇葡萄 *Ampelopsis delavayana*

Bunge var. *palmiloba* (Carr.) Rehd.

72-3-2b 掌裂草葡萄 *Ampelopsis aconitifolia*

Ampelopsis aconitifolia Bunge var. *aconitifolia*

72-3-2a 乌头叶蛇葡萄

Ampelopsis aconitifolia Bunge

72-3-2 乌头叶蛇葡萄

Bunge

72-3-1 葎叶蛇葡萄 *Ampelopsis humulifollia*

72-3 蛇葡萄属 *Ampelopsis* Michaux

quinquefolia (L.) Planchon

72-2-1 五叶地锦 *Parthenocissus*

Zucc.) Maxim.

75-1-1 葛枣猕猴桃 *Actinidia polygama* (Sieb. et

75-1 猕猴桃属 *Actinidia* Lindl.

75. 猕猴桃科 Actinidiaceae

74-3-1 苘麻 *Abutilon theophrasti* Medik.

74-3 苘麻属 *Abutilon* Mill.

74-2-2 野葵 *Malva verticillata* L.

cathayensis M. G. Gilbert., Y. Tang et Dorr

74-2-1 锦葵 *Malva*

74-2 锦葵属 *Malva* L.

74-1-2 野西瓜苗 *Hibiscus trionum* L.

74-1-1 木槿 *Hibiscus syriacus* L.

74-1 木槿属 *Hibiscus* L.

74. 锦葵科 Malvaceae

73-1-3 紫椴 *Tilia amurensis* Rupr.

79-3-1 河柏 *Myricaria bracteata* Royle

79-3-2 宽叶水柏枝 *Myricaria platyphylla* Maxim.

80. 半日花科 Cistaceae

80-1 半日花属 *Helianthemum* Mill.

80-1-1 鄂尔多斯半日花 *Helianthemum ordosicum* Y. Z. Zhao R. Caoet Zong Y. Zhu

81. 堇菜科 Violaceae

81-1 堇菜属 *Viola* L.

81-1-1 双花堇菜 *Viola biflora* L.

81-1-2 立堇菜 *Viola raddeana* Regel

81-1-3 奇异堇菜 *Viola mirabilis* L.

81-1-4 库页堇菜 *Viola sacchalinensis* H. Boiss.

81-1-5 堇菜 *Viola arcuata* Blume

81-1-6 鸡腿堇菜 *Viola acuminata* Ledeb.

81-1-7 掌叶堇菜 *Viola dactyloides* Roem. et Schult.

81-1-8 裂叶堇菜 *Viola dissecta* Ledeb.

81-1-9 南山堇菜 *Viola chaerophylloides* (Regel) W. Beck.

81-1-10 总裂叶堇菜 *Viola incisa* Turcz.

81-1-11 溪堇菜 *Viola epipsiloides* A. Love et D. Love

81-1-12 球果堇菜 *Viola collina* Bess.

81-1-12a 球果堇菜 *Viola collina* Bess. var. *collina*

81-1-12b 光叶球果堇菜 *Viola collina* Bess. var. *intramongolica* C. J. Wang

81-1-13 辽宁堇菜 *Viola rossii* Hemsl.

81-1-14 兴安堇菜 *Viola gmeliniana* Roem. et Schult.

81-1-15 东北堇菜 *Viola mandshurica* W. Beck.

81-1-16 紫花地丁 *Viola philippica* Cav.

81-1-17 斑叶堇菜 *Viola variegata* Fisch. ex Link.

81-1-18 深山堇菜 *Viola selkirkii* Pursh ex Goldie

81-1-19 兴安圆叶堇菜 *Viola brachyceras* Turcz.

81-1-20 茜堇菜 *Viola phalacrocarpa* Maxim.

81-1-21 北京堇菜 *Viola pekinensis* (Regel) W. Beck.

83-2-1 沙枣 *Elaeagnus angustifolia* L.

83-2 胡颓子属 *Elaeagnus* L.

sinensis Rousi

83-1-1 中国沙棘 *Hippophae rhamnoides* L. subsp.

83-1 沙棘属 *Hippophae* L.

83. 胡颓子科 Elaeagnaceae

82-2-1 狼毒 *Stellera chamaejasme* L.

82-2 狼毒属 *Stellera* L.

82-1-1 草瑞香 *Diarthron linifolium* Turcz.

82-1 草瑞香属 *Diarthron* Turcz.

82. 瑞香科 Thymelaeaceae

81-1-26 蒙古堇菜 *Viola mongolica* Franch.

81-1-25 阴地堇菜 *Viola yezoensis* Maxim.

81-1-24 白花堇菜 *Viola patrinii* DC. ex Ging.

81-1-23 细距堇菜 *Viola tenuicornis* W. Beck.

81-1-22 早开堇菜 *Viola prionantha* Bunge

86-1-1a 高山露珠草 *Circaea*

Circaea alpina L.

86-1-1 高山露珠草

86-1 露珠草属 *Circaea* L.

86. 柳叶菜科 Onagraceae

85-1-1 欧菱 *Trapa natans* L.

85-1 菱属 *Trapa* L.

85. 菱科 Trapaceae

84-1-1 千屈菜 *Lythrum salicaria* L.

84-1 千屈菜属 *Lythrum* L.

84. 千屈菜科 Lythraceae

orientalis (L.) Kuntze

83-2-1b 东方沙枣 *Elaeagnus angustifolia* L. var.

83-2-1a 沙枣 *Elaeagnus angustifolia* L. var. *angustifolia*

86-1-1b 深山露珠草 *Circaea alpina* L. var. *alpina*

86-1-2 露珠草 *Circaea cordata* Royle

86-1-3 水珠草 *Circaea quadrisulcata* (Maxim.) Franch. et Sav.

86-2 柳叶菜属 *Epilobium* L.

86-2-1 柳兰 *Epilobium angustifolium* L.

86-2-2 柳叶菜 *Epilobium hirsutum* L.

86-2-3 小花柳叶菜 *Epilobium parviflorum* Schreb.

86-2-4 沼生柳叶菜 *Epilobium palustre* L.

86-2-5 多枝柳叶菜 *Epilobium fastigiatoramosum* Nakai

86-2-6 毛脉柳叶菜 *Epilobium amurense* Hausskn.

86-2-7 细籽柳叶菜 *Epilobium minutiflorum* Hausskn.

86-3 月见草属 *Oenothera* L.

86-3-1 夜来香 *Oenothera biennis* L.

86-4 丁香蓼属 *Ludwigia* L.

86-4-1 柳叶菜状丁香蓼 *Ludwigia epilobioides* Maxim.

---

87. 小二仙草科 Haloragaceae

87-1 狐尾藻属 *Myriophyllum* L.

87-1-1 狐尾藻 *Myriophyllum spicatum* L.

87-1-2 轮叶狐尾藻 *Myriophyllum verticillatum* L.

88. 杉叶藻科 Hippuridaceae

88-1 杉叶藻属 *Hippuris* L.

88-1-1 杉叶藻 *Hippuris vulgaris* L.

88-1-2 四叶杉叶藻 *Hippuris tetraphylla* L. f.

89. 锁阳科 Cynomoriaceae

89-1 锁阳属 *Cynomorium* L.

89-1-1 锁阳 *Cynomorium songaricum* Rupr.

90. 五加科 Araliaceae

90-1 楤木属 *Aralia* L.

90-1-1 东北土当归 *Aralia continentalis* Kitag.

90-2 五加属 *Eleutherococcus* Maxim.

90-2-1 短梗五加 *Eleutherococcus sessiliflorus* (Rupr. et Maxim.) S. Y. Hu

90-2-2 刺五加 *Eleutherococcus senticosus* (Rupr. et Maxim.) Maxim.

91. 伞形科 Umbelliferae

91-1 柴胡属 *Bupleurum* L.

91-1-1 黑柴胡 *Bupleurum smithii* H. Wolff

91-1-1a 黑柴胡 *Bupleurum smithii* H. Wolff var. *smithii*

91-1-1b 小叶黑柴胡 *Bupleurum smithii* H. Wolff var. *parvifolium* R. H. Shan et Y. Li

91-1-2 兴安柴胡 *Bupleurum sibiricum* Vest ex Spreng.

91-1-3 大叶柴胡 *Bupleurum longiradiatum* Turcz.

91-1-4 锥叶柴胡 *Bupleurum bicaule* Helm

91-1-5 短茎柴胡 *Bupleurum pusillum* Krylov

91-1-6 红柴胡 *Bupleurum scorzonerifolium* Willd.

91-1-6a 红柴胡 *Bupleurum scorzonerifolium* Willd. var. *scorzonerifolium*

91-1-6b 线叶柴胡 *Bupleurum scorzonerifolium* Willd. var. *angustissimum* (Franch.) Y. H. Huang

91-1-7 银州柴胡 *Bupleurum yinchowense* R. H. Shan et Y. Li

91-1-8 北柴胡 *Bupleurum chinense* DC.

91-1-9 柞柴胡 *Bupleurum komarovianum* O. A. Lincz.

91-2 芹属 *Apium* L.

91-2-1 芹菜 *Apium graveolens* L.

91-3 泽芹属 *Sium* L.

91-3-1 泽芹 *Sium suave* Walt.

91-4 毒芹属 *Cicuta* L.

91-4-1 毒芹 *Cicuta virosa* L.

91-5 茴芹属 *Pimpinella* L.

91-5-1 羊红膻 *Pimpinella thellungiana* H. Wolff

91-5-2 蛇床茴芹 *Pimpinella cnidioides* H. Pearson

91-5-3 短柱茴芹 *Pimpinella brachystyla* Hand.-Mazz. ex H. Wolff

91-6 羊角芹属 *Aegopodium* L.

91-6-1 东北羊角芹 *Aegopodium alpestre* Ledeb.

91-7 水芹属 *Oenanthe* L.

91-7-1 水芹 *Oenanthe javanica* (Blume) DC.

91-8 葛缕子属 *Carum* L.

91-8-1 葛缕子 *Carum carvi* L.

91-8-2 田葛缕子 *Carum buriaticum* Turcz.

91-8-2a 田葛缕子 *Carum buriaticum* Turcz. var. *buriaticum*

91-8-2b 毛田葛缕子 *Carum buriaticum* Turcz.var. *helanense* L. Q. Zhao et Y. Z. Zhao

91-9 欧芹属 *Petroselinum* Hill

91-9-1 欧芹 *Petroselinum crispum* (Mill.) Nyman ex A. W. Hill

91-10 茴香属 *Foeniculum* Mill.

91-10-1 茴香 *Foeniculum vulgare* Mill.

91-11 莳萝属 *Anethum* L.

91-11-1 莳萝 *Anethum graveolens* L.

91-12 阿魏属 *Ferula* L.

91-12-1 沙茴香 *Ferula bungeana* Kitag.

91-13 欧当归属 *Levisticum* Hill

91-13-1 欧当归 *Levisticum officinale* W. D. J. Koch

91-14 防风属 *Saposhnikovia* Schischk.

91-14-1 防风 *Saposhnikovia divaricata* (Turcz.) Schischk.

91-15 蛇床属 *Cnidium* Cuss.

91-15-1 兴安蛇床 *Cnidium dahuricum* (Jacq.) Fesch. ex C. A. Mey.

91-15-2 碱蛇床 *Cnidium salinum* Turcz.

91-15-3 蛇床 *Cnidium monnieri* (L.) Cuss.

91-16 藁本属 *Ligusticum* L.

91-16-1 岩茴香 *Ligusticum tachiroei* (Franch. et Sav.) M. Hiroe et Constance

91-16-2 川芎 *Ligusticum sinense* Oliv. cv. *chuanxiong* S. H. Qiu et al.

Z. Zhao

91-19-1 贺兰芹 *Helania radialipetala* L. Q. Zhao et Y. Zhao

91-19 贺兰芹属 *Helania* L. Q. Zhao et Y. Z. *laevigata* Turcz. var. *exalatocarpa* Y. C. Chu

91-18-1b 无翼柳叶芹 *Czernaevia laevigata*

91-18-1a 柳叶芹 *Czernaevia laevigata* Turcz. var.

91-18-1 柳叶芹 *Czernaevia laevigata* Turcz.

91-18 柳叶芹属 *Czernaevia* Turcz. *moellendorffii* Hance var. *subbipinnatum* (Franch.) Kitag.

91-17-2b 狭叶短毛独活 *Heracleum Heracleum moellendorffii* Hance var. *moellendorffii*

91-17-2a 短毛独活 *Heracleum moellendorffii* Hance

91-17-2 短毛独活

91-17-1 兴安独活 *Heracleum dissectum* Ledeb.

91-17 独活属 *Heracleum* L. Kitag.) Nakai et Kitag.

91-16-3 辽藁本 *Ligusticum jeholense* (Nakai et

(F.Schmidt ex Maxim.) Kitag. var. *maximowiczii*

91-22-1a 全叶山芹 *Ostericum maximowiczii* Schmidt ex Maxim.) Kitag.

91-22-1 全叶山芹 *Ostericum maximowiczii* (F.

91-22 山芹属 *Ostericum* Hoffm. Turcz.

91-21-5 镰叶前胡 *Peucedanum falcaria* Fedde ex H. Wolff

91-21-4 华北前胡 *Peucedanum harry-smithii* (Fisch. ex Trev.) Ledeb.

91-21-3 石防风 *Peucedanum terebinthaceum*

91-21-2 刺前胡 *Peucedanum hystrix* Bunge Redowsky ex Willd.) W. D. J. Koch

91-21-1 兴安前胡 *Peucedanum baicalense* (I.

91-21 前胡属 *Peucedanum* L. (Turcz.ex Fisch. et C. A. Mey.) Turcz. ex Ledeb.

91-20-2 毛序胀果芹 *Phlojodicarpus villosus* (Fisch. ex Spreng.) K.-Pol.

91-20-1 胀果芹 *Phlojodicarpus sibiricus*

91-20 胀果芹属 *Phlojodicarpus* Turcz.

91-22-1b 丝叶山芹 *Ostericum maximowiczii* (F. Schmidt ex Maxim.) Kitag. var. *filisectum* (Y. C. Chu) C. Q. Yuan et R. H. Shan

91-22-2 绿花山芹 *Ostericum viridiflorum* (Turcz.) Kitag.

91-22-3 山芹 *Ostericum sieboldii* (Miq.) Nakai

91-22-3a 山芹 *Ostericum sieboldii* (Miq.) Nakai var. *sieboldii*

91-22-3b 狭叶山芹 *Ostericum sieboldii* (Miq.) Nakai var. *praeteritum* (Kitag.) Y. Huei Huang

91-23 当归属 *Angelica* L.

91-23-1 白花下延当归 *Angelica decursiva* (Miq.) Franch. et Sav. f. *albiflora* (Maxim.) Nakai

91-23-2 当归 *Angelica sinensis* (Oliv.) Diels

91-23-3 兴安白芷 *Angelica dahurica* (Fisch. ex Hoffm.) Benth. et Hook. ex Franch. et Sav.

91-23-4 黑水当归 *Angelica amurensis* Schischk.

91-23-5 狭叶当归 *Angelica anomala* Ave-Lall.

91-24 古当归属 *Archangelica* Wolf

91-24-1 下延叶古当归 *Archangelica decurrens* Ledeb.

91-25 芫荽属 *Coriandrum* L.

91-25-1 芫荽 *Coriandrum sativum* L.

91-26 迷果芹属 *Sphallerocarpus* Bess. ex DC.

91-26-1 迷果芹 *Sphallerocarpus gracilis* (Bess. ex Trev.) K.-Pol.

91-27 峨参属 *Anthriscus* Pers.

91-27-1 峨参 *Anthriscus sylvestris* (L.) Hoffm.

91-27-2 刺果峨参 *Anthriscus nemorosa* (Marschall von Bieb.) Spreng.

91-28 棱子芹属 *Pleurospermum* Hoffm.

91-28-1 棱子芹 *Pleurospermum uralense* Hoffm.

91-29 羌活属 *Notopterygium* H. de Boiss.

91-29-1 宽叶羌活 *Notopterygium franchetii* H. de Boiss.

91-30 变豆菜属 *Sanicula* L.

91-30-1 红花变豆菜 *Sanicula rubriflora* F. Schmidt. et Maxim.

91-30-2 变豆菜 *Sanicula chinensis* Bunge

91-31 窃衣属 *Torilis* Adans.

91-31-1 小窃衣 *Torilis japonica* (Houtt.) DC.

91-32 西风芹属 *Seseli* L.

91-32-1 内蒙西风芹 *Seseli intramongolicum* Y. C. Ma

91-32-2 狼山西风芹 *Seseli langshanense* Y. Z. Zhao et Y. C. Ma

91-33 绒果芹属 *Eriocycla* Lindl.

91-33-1 绒果芹 *Eriocycla albescens* (Franch.) H. Wolff

91-34 山茴香属 *Carlesia* Dunn

91-34-1 山茴香 *Carlesia sinensis* Dunn

91-35 岩风属 *Libanotis* Hall. ex Zinn

91-35-1 香芹 *Libanotis seseloides* (Fisch. et C. A. Mey. ex Turcz.) Turcz.

91-35-2 密花岩风 *Libanotis condensata* (L.) Crantz

91-36 胡萝卜属 *Daucus* L.

91-36-1 胡萝卜 *Daucus carota* L. var. *sativa* Hoffm.

92. 山茱萸科 **Cornaceae**

92-1 山茱萸属 *Cornus* L.

92-1-1 红瑞木 *Cornus alba* L.

92-1-2 沙梾 *Cornus bretschneideri* L. Henry

92-1-2a 沙梾 *Cornus bretschneideri* L. Henry var. *bretschneideri*

92-1-2b 卷毛沙梾 *Cornus bretschneideri* L. Henry var. *crispa* W. P. Fang et W. K. Hu

中文名索引

H

M

Z

拉丁文名索引